北京市高等教育精品教材

冶金物理化学

张家芸　邢献然
北京科技大学　宋　波　郭兴敏　编
项长祥

北　京
冶　金　工　业　出　版　社
2022

内 容 提 要

全书内容分为冶金热力学、冶金动力学和冶金电化学三篇。限于篇幅，计算冶金物理化学及材料物理化学的内容未独立成章，而是将有关的内容分散在第Ⅰ篇和第Ⅱ篇中介绍。本书在阐述基本理论的同时，还结合实例分析，启发学生的思路，力图为实际应用和后续课程的学习搭桥。各章都精选了一定量的例题和习题。

本书适用于冶金工程专业冶金物理化学课程的本科教学，还可作为材料、腐蚀、化工等专业的教学参考书，对冶金及材料领域的科技人员也有参考价值。

图书在版编目（CIP）数据

冶金物理化学/张家芸主编．—北京：冶金工业出版社，2004.9(2022.8 重印)
北京市高等教育精品教材
ISBN 978-7-5024-3566-0

Ⅰ．冶…　Ⅱ．张…　Ⅲ．冶金—物理化学—高等学校—教学参考资料
Ⅳ．FT01

中国版本图书馆 CIP 数据核字(2004)第 065943 号

冶金物理化学

出版发行　冶金工业出版社　　**电　话**　(010)64027926
地　址　北京市东城区嵩祝院北巷 39 号　　**邮　编**　100009
网　址　www.mip1953.com　　**电子信箱**　service@mip1953.com

责任编辑　高　娜　美术编辑　彭子赫　版式设计　张　青
责任校对　王贺兰　李文彦　责任印制　李玉山
北京虎彩文化传播有限公司印刷
2004 年 9 月第 1 版，2022 年 8 月第 10 次印刷
787mm×1092mm　1/16；22 印张；487 千字；338 页
定价 49.00 元

投稿电话　(010)64027932　投稿信箱　tougao@cnmip.com.cn
营销中心电话　(010)64044283
冶金工业出版社天猫旗舰店　yjgycbs.tmall.com
(本书如有印装质量问题，本社营销中心负责退换)

前言

本书是根据2002年北京市教育委员会精品教材建设规划编写的，适用作冶金工程专业冶金物理化学课程的本科教学，还可作为材料、腐蚀、化工等专业的教学参考书，对冶金及材料科技人员也有参考价值。

传统的冶金学科限于金属材料制备的范围。然而，随着工业的发展和科技的进步，冶金学科与新兴学科的交叉，又相继出现了生物冶金、微波冶金、等离子冶金等新领域。计算机技术的应用和普及，推动了冶金工艺技术的进步及冶金软科学的产生和发展。这使得冶金学科所涵盖的领域不断扩大，包括的内容也不断增加。现代冶金已经不单是生产金属产品的途径，也是制备其他多类材料的途径。同时，冶金物理化学已经不再局限于传统的冶金基础理论的范畴。到20世纪70年代，出现了计算冶金物理化学及材料物理化学两个新的学科分支。冶金物理化学已经发展成为冶金及材料制备的理论基础。当前，世界的科学技术进入飞速发展的新时期，能源、环境和新材料成为世界科技发展的三大主题，同时也是我国国民经济发展所面临的三大主题。新形势要求冶金材料工程与之相适应，以节能、环保的方式和途径提供现代工农业、科技及国防建设所需的材料产品，综合利用矿产资源和二次资源。这就要求我们掌握冶金物理化学理论，并特别注意该理论在冶金及材料制备中的应用。

本书的编写以魏寿昆教授所编的《冶金过程热力学》、李文超教授主编的《冶金与材料物理化学》及韩其勇教授主编的《冶金过程动力学》为基础，还参考了黄希祜教授所编的《钢铁冶金原理》、傅崇说教授主编的《有色冶金原理》等教材和专著。同时，考虑到学科发展的现状，还参考了近年来发表在国内外重要学术刊物上的一些冶金、材料物理化学文献，结合近年来的教学实践和冶金工程专业冶金物理化学教学大纲的要求对内容进行了调整和增删。本书在阐述基本理论的同时，还结合实例分析，启发思路，力图为实际应用和为后续课程学习搭桥。本书各章都精选了一定量的例题和习题，以巩固学生所学的知识。

全书共分3篇10章，第Ⅰ篇 冶金热力学(第1章～第4章)；第Ⅱ篇 冶金动力学(第5章～第7章)；第Ⅲ篇电化学(第8章～第10章)。由于本书的篇幅及本科生专业课程学时所限，计算冶金物理化学及材料物理化学的内容未编写成独立的篇、章，而是将部分有关的内容分散在第Ⅰ篇和第Ⅱ篇中介绍。

本书第1章、第3章由邢献然教授编写，第2章、第4章由项长祥教授编写；第5章、第7章的第4节由张家芸教授编写，第6章、第7章第1～3节由宋波教授编写；第8章～第10章由郭兴敏教授编写；全书由张家芸任主编。

初稿完成后，承蒙东北大学车荫昌教授和北京科技大学李文超教授审阅，并提出很多宝贵意见和建议，在此表示衷心的感谢！

由于水平所限，书中有疏漏、不妥之处，敬请读者批评指正。

编 者

2004年5月

目录

Ⅱ　冶金动力学

Ⅲ　冶金电化学

本书所用符号

物理量符号、名称

a　活度；塔菲尔公式常数项

A　指前因子

a_H　亨利标准态时的亨利活度

a_R　拉乌尔活度

$a_\%$　$w[i]=1\%$ 标准态时的亨利活度

b　塔菲尔公式中斜率，J/C

c　物质的量浓度，mol/m^3

c　质量热容，比热容，J/(K·kg)

c^b　本体物质的量浓度，mol/m^3

c^0　界面物质的量浓度，mol/m^3

c_e^0　界面上平衡的物质量浓度，mol/m^3

c_p　质量定压热容，J·(K·kg)

C_p　定压热容，J/K

$C_{p,m}$　摩尔定压热容，J·(K·mol)

d　距离；直径，m

D　扩散系数，m^2/s

D_0　扩散的指前因子，m^2/s

D_i　i 组元扩散系数，m^2/s

$\widetilde{D}$　互扩散系数，m^2/s

e　一个质子电荷的电荷，1.602×10^{-19}C

e^-　电子

E　电动势，V；活化能，J/mol

E_a　阿累尼乌斯活化能，J/mol

E_D　扩散活化能，J/mol

erf　误差函数

e_i^j　$w[i]=1\%$标准态时，j 对 i 的活度相互作用系数

F　法拉第常数，96500 C/mol

f　亨利活度系数

f_H　亨利标准态时的亨利活度系数

$f_\%$　$w[i]=1\%$ 标准态时的亨利活度系数

f_i^j　j 组元对 i 组元活度系数影响因子

fef　吉布斯自由能函数，J/(K·mol)

Gr　格拉晓夫数

$\Delta_f G^\ominus$　标准生成吉布斯自由能，J/mol

$\Delta_{fus} G^\ominus$　标准熔化吉布斯自由能，J/mol

$\Delta_{mix} G$　体系的混合吉布斯自由能，J

$\Delta_{mix} G_m$　体系的摩尔混合吉布斯自由能，J/mol

$G_{i,m}$　组元 i 的偏摩尔吉布斯自由能，J/mol

$\Delta_{mix} G_{i,m}$　组元 i 的偏摩尔混合吉布斯自由能，J/mol

$\Delta_{mix} G_m^E$　体系的过剩摩尔混合吉布斯自由能，J/mol

$\Delta_{mix} G_{i,m}^E$　组元 i 的过剩偏摩尔混合吉布斯自由能，J/mol

$\Delta_{sol} G_i^\ominus$　组元 i 的标准溶解吉布斯自由能，J/mol

$\Delta_r G^\ominus$　化学反应标准吉布斯自由能变化，J/mol

$\Delta_r G$　化学反应吉布斯自由能变化，J/mol

h　普朗克常数，6.62620×10^{-34} J·s

$\Delta_f H^\ominus$　标准生成焓，J/mol

$\Delta_f H_{298}^\ominus$　298K 时标准生成焓，J/mol

$\Delta_{fus} H^\ominus$　标准熔化焓，J/mol

$\Delta_{mix} H_m^E$　体系的过剩摩尔混合焓，J/mol

$\Delta_{mix} H_{i,m}^E$　组元 i 的过剩偏摩尔混合焓，J/mol

I　电流强度，A；离子强度

I_a　氧化反应电流，A

I_c　还原反应电流，A

I_0　交换电流，A

j　电流密度，A/m^2

j_a 氧化反应电流密度,A/m^2

j_c 还原反应电流密度, A/m^2

j_0 交换电流密度,A/m^2

j_d 扩散电流密度,A/m^2

$j_{净}$ 净反应的电流密度,A/m^2

J 摩尔扩散流密度,摩尔扩散通量,mol/(m^2 · s)

k 亨利常数;反应速率常数

k_B 玻耳兹曼常数,1.38062×10^{-23}J/K

$K^{\ominus}$ 标准平衡常数

K' 化学反应平衡值

k_d 传质系数,m/s

k_H 亨利标准态时的亨利常数

$k_{\%}$ $w[i]=1\%$标准态时的亨利常数

m 质量, kg; 质量摩尔浓度, mol/kg

M_B 物质 B 的摩尔质量, kg/mol

n 物质的量, mol

N 粒子个数

N_A 阿伏伽德罗常数,6.022×10^{23} mol^{-1}

Nu 努塞尔数

p 蒸气压,Pa

P 功率,W

$p^{\ominus}$ 标准压力,100kPa

p_i^* 纯组元 i 的饱和蒸气压,Pa

Pr 普朗特数

Q 实际条件下参与反应物质的活度比或压力比

Q 电量,C;热量,J

r 内阻,Ω;半径, m

R 电阻, Ω; R 摩尔气体常数, 8.314 J/(K · mol)

S 面积, m^2

t 时间, s;离子迁移数

T 温度,K

Sc 施密特数

$\Delta_f S^{\ominus}$ 标准生成熵,J/(K · mol)

$S^{\ominus}_{298}$ 298K 时标准绝对熵,J/(K · mol)

Sh 舍伍德数

$\Delta_{fus} S^{\ominus}$ 标准熔化熵,J/(K · mol)

$\Delta_{mix} S_m^E$ 体系的过剩摩尔混合熵,J/(K · mol)

$\Delta_{mix} S_{i,m}^E$ 组元 i 的过剩偏摩尔混合熵, J/(K · mol)

t 时间,s; 离子迁移数

T 热力学温度,K

$T_{f,i}^*$ 纯组元 i 的熔点,K

u 离子淌度, m^2/(V · s); 流体的线速度,m/s

U 电压, V

v 化学反应速率

V 体积, m^3

W 功, J

$w[i]$ 金属熔体中组元 i 的质量分数浓度

$w(i)$ 熔渣中组元 i 的质量分数浓度

x 摩尔分数

x_i^0 $w[i]_{\%}=1$ 对应的摩尔分数

z 反应得失电子数或离子价数

α 阿法函数

α_a 氧化反应的电子传递系数

α_c 还原反应的电子传递系数

γ 拉乌尔活度系数

γ^0 稀溶液中溶质的拉乌尔活度系数

γ_i^j $w[i]=1\%$ 标准态时,j 对 i 的二阶活度相互作用系数

$\gamma_i^{j,k}$ $w[i]=1\%$ 标准态时,j、k 对 i 的二阶交叉活度相互作用系数

$\gamma_{\pm}$ 平均活度系数

δ 边界层厚度,m

δ_C 浓度;扩散边界层厚度,m

δ_O 氧化态物质扩散边界层厚度,m

δ_R 还原态物质扩散层厚度,m

δ_T 热边界层厚度,m

δ_u 速度边界层厚度,m

ε 效率, %

ε_i^j 纯物质标准态时,j 对 i 的活度相互作用系数

η 过电势, V; 黏度,Pa · s

符号	含义
κ	电导率,S/m
Λ	光学碱度
Λ_m	摩尔电导, S·m^2/mol
μ	化学势,J/mol^{-1}
$\mu^\ominus$	标准化学势,J/mol
μ_i^*	纯物质 i 的化学势,J/mol
$\bar{\mu}$	电化学势 ,J/mol
ν_B	参与反应物质 B 的化学计量数
ξ	反应进度,mol;
$\dot{\xi}$	化学反应速率,mol/s
ρ	密度,kg/m^3;电阻率,Ω·m
ρ_i^j	纯物质标准态时,j 对 i 的二阶活度相互作用系数
$\rho_i^{j,k}$	纯物质标准态时,j、k 对 i 的二阶交叉活度作用系数
ϕ	电极内电势, V
φ	电极电势,V; 体积分数
φ_e	平衡电极电势, V
$\varphi_e^\ominus$	标准平衡电极电势,V
$\varphi_{1/2}$	半波电势,V
χ	表面电势, V
ψ	外电势,V

上下标

符号	含义
a	阳极, 氧化
aq	水溶液
b	沸腾
c	阴极, 还原
E	过剩
eq	平衡
eff	有效
f	生成
fr	耐火材料
fus	熔化
g	气态
l	液态
s	固态
i	溶液中的某组元
m	摩尔
Ox	氧化态
r	反应
Red	还原态
sat	饱和
scr	废钢
sl	炉渣
st	钢水
tr	相变
vap	蒸发
ter	三元
⊖	标准态
*	纯物质

绪　论

冶金物理化学应用物理化学的方法研究冶金及材料制备过程，是以实验为基础发展起来的学科，是冶金及材料制备的理论基础，是冶金及材料学科的一个重要分支。

人类在古代就先后掌握了炼铜术和冶铁术。但是，直至20世纪上半叶冶金物理化学成为一个独立的分支学科，冶金才从一门技艺发展成为一门科学。科技的进步、计算机技术的应用与发展以及与其他学科的交叉结合，使得冶金物理化学的研究领域不断扩大和内容不断丰富。目前，已包括冶金热力学(包括熔体理论)、冶金动力学与反应工程学、冶金及能源电化学、材料物理化学、计算冶金物理化学等分支。

冶金热力学研究反应的方向和限度，以及影响反应进行的各种因素，以期控制反应，使其向所需的方向进行，从而探索新工艺、新流程、新方法和新产品。应用冶金热力学可以确定冶金体系状态变化前后焓、熵及吉布斯自由能等热力学参数的变化。如由体系的焓变可以确知氧气转炉炼钢、铜转炉吹炼冰铜是自热过程，无需补充能量，而在铜闪速炉中进行的冰铜熔炼及在镍闪速炉中进行的铜冰镍熔炼是半自热过程。冶金热力学还应用于确定冶金反应进行的条件和方向。如冶金热力学表明，要在低于1700℃下吹炼超低碳不锈钢必须采用真空或氩氧混吹。应用热力学可以确定冶金体系状态变化时，过程进行的限度和与其影响因素的关系。应用标准平衡常数$K^{\ominus}$可以计算在一定的热力学件下(如温度、压力恒定)反应能进行的限度和生成物的理论最高产量。

冶金反应一般都包括一系列基元反应。通过添加催化剂，可以改变反应的机理，从而改变冶金反应的速率。从机理和速率的角度来研究冶金反应的规律及其影响因素属于冶金动力学的研究范畴。冶金热力学和冶金动力学两者研究内容不同，但它们相辅相成，互相补充。掌握冶金热力学与动力学对于开发冶金新工艺、新技术，对现行工艺过程的优化非常重要。

电化学在冶金中的应用属于冶金电化学的内容。电化学方法在冶金领域应用广泛，例如熔盐电解法制取金属铝、多种稀土金属及其合金；通过水溶液电解使阳极铜提纯得到电解铜。又例如，各种化学传感器、燃料电池、镍氢电池及锂离子电池的开发、研制及生产都需要应用冶金及固体电化学。

在总结冶金物理化学的发展史时，李文超教授等曾将其划分为开拓期(1925～1948)、发展期(1948～1970)和深化期(1971年以后)三个阶段，并得到冶金物化学术界的认同。在各个时期，都有代表性的研究成果或论文、专著。例如在开拓期，美国的奇普曼(Chipman)的炼钢炉渣基本三元系CaO-SiO_2-FeO中组元活度的测定结果；前苏联学者焦姆金和施瓦茨曼(Tёмкин-Шварцман)提出的炉渣完全离子溶液理论模型等对冶金物理化学起到开拓作用。

在发展期，埃林汉—理查森图(Ellinham-Richardson)后来成为提取冶金的基础。这一时期，应用吉布斯—杜亥姆方程(Gibbs-Duhem)，从已知一组元的活度求其余组元活度的方法有了较大进展；还产生了正规溶液模型、准化学平衡模型等，为溶液热力学奠定了基础。

在20世纪70年代，“固体电解质快速定氧探头的应用”被誉为冶金史上三大发明之一。固体电解质浓差电池在冶金体系热力学参数测定中的应用，成为冶金物理化学进入深化期的标志。冶金热力学数据库、计算相图相继出现，说明热力学进入了运用计算机、运用近代测试方法深化研究的新阶段。在20世纪最后30年中，日本的鞭严和美国的舍克里(Szekely)等将冶金动力学与反应工程结合并应用计算机技术建立了冶金过程计算机模拟和优化新领域。这一时期冶金物理化学发展出现新的分支，包括材料制备物理化学、计算冶金及材料物理化学。原有的传统学科分支也得到拓展，例如冶金电化学已拓展为冶金及能源电化学。

我国冶金物理化学研究起步于20世纪50年代。“文革”前，我国的冶金物理化学研究以冶金工艺理论为主，其内容逐渐由钢铁冶金工艺的相关理论拓宽到有色冶金；从以火法冶金为主扩大到火法冶金与湿法和电化学冶金并重。在经历了“文革”十年动乱造成的停滞后，1979年在昆明召开的第三届全国冶金物理化学学术会议标志着我国冶金物理化学进入了新的发展时期。以后每两年召开一次的全国冶金物理化学学术会议，至今已举行了15届。我国冶金物理化学学科发展已形成了自己的特点。在多金属矿综合利用物理化学、冶金热力学、计算冶金物理化学、材料物理化学、二次资源综合利用物理化学和环境化学等分支领域都取得了可喜的成绩。

我国冶金热力学研究基础较好，学术队伍实力雄厚。1964年魏寿昆教授出版了国际上第一部活度专著《活度在冶金物理化学中的应用》；同年邹元爔研究员首次提出由含化合物的二元相图提取活度的计算方法。1973年，周国治教授引入 R 函数，简化了三元系的活度计算法。随后，又领导其研究组提出一系列二元系活度计算的新方法。在1996年，周国治教授报道了通用的几何模型，将相图计算中的对称和非对称几何模型统一起来，解决了它们带来的在计算中人为设定积分路径的问题。近年来，非平衡态热力学理论在冶金中的应用也得到了重视和发展。

应用冶金热力学和动力学理论，指导了我国多金属矿共生矿综合提取中的工艺流程和技术路线研究，如攀西地区钒钛磁铁矿的综合利用、内蒙古白云鄂博铁矿稀土与铌的提取与利用、辽宁硼镁铁矿的综合利用等。在二次资源综合利用与环境化学领域也取得突破，我国开展了大量的实验研究和半工业试验，解决了冶金厂排出的废气、渣、烟尘，湿法冶金和电解车间排放出的废液的再利用问题。

在计算冶金物理化学方向，中科院过程工程研究所研发了为湿法冶金服务的水溶液及有机溶剂热物理性质数据库。其后，国家自然科学基金委又于20世纪90年代中期资助了智能化冶金动力学数据库的建立，为冶金新工艺的开发、现行冶金过程的优化提供必要的基本数据。此外，电磁冶金过程的计算机数值模拟也取得了突破。

在材料物理化学方向，我国科技工作者近年来应用物理化学、量子化学、近代数学理论，结合计算机统计模式识别、人工神经网络、遗传算法及分形研制了一系列新型氧化物与非氧化物复合材料。其中,具有典型性的有赛隆系列复合材料、功能梯度材料、氮化硼基复合材料等,实现了以化学为基础的材料设计。

从国内外冶金物理化学的发展可以看出,冶金物理化学的发展促进了冶金工艺的发展,指导了冶金工程和材料制备的实践,也拓展了自身的内容和研究领域。以下面图说明了冶金物理化学的基本内容以及经过 20 世纪末以来的拓宽所形成的几个主要研究方向。

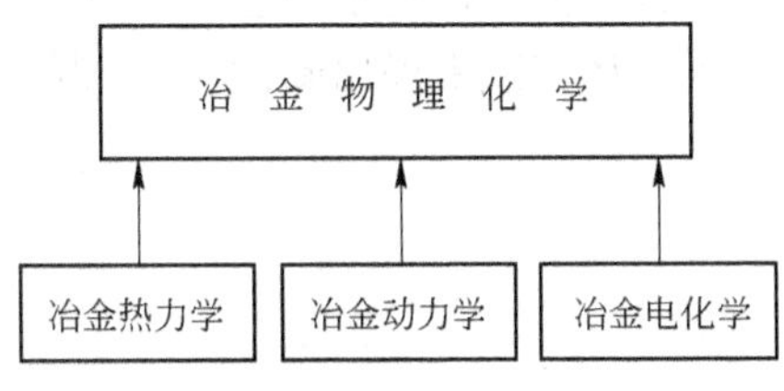

冶金物理化学的基本内容

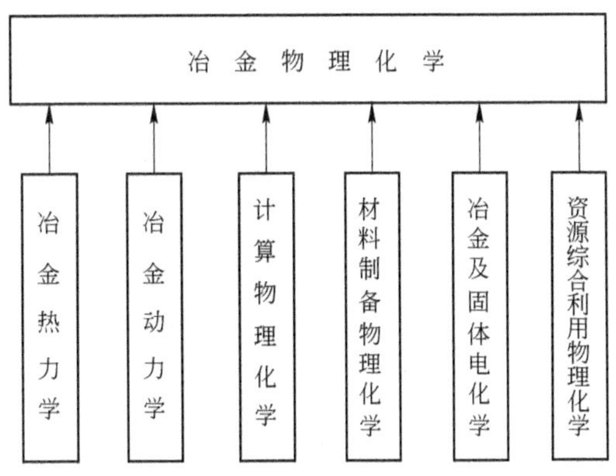

当前冶金物理化学的主要研究方向

当前,人类面对能源、资源与环境三大挑战。要实现国民经济可持续发展,应实行循环经济战略,即以资源利用最大化和污染排放最小化为主线,逐渐将清洁生产、资源综合利用、生态设计和可持续消费融为一体的战略。这就要求施行“3R”原则,一是要从源头节约资源及能量的消耗和排放(reduce);二是要求产品及包装材料多次使用(reuse),减少一次用品的污染;三是“再循环”,要求在产品使用后能够变成再生资源(recycle)。中科院过程工程研究所张懿院士提出的用铬铁矿清洁生产铬盐的新工艺是应用物理化学指导“3R” 清洁设计工艺生产流程设计的范例。

当前,形势的发展对我国冶金物理化学学科提出了新要求、新课题。首先,在“贫、杂、难”分离金属矿综合利用和二次金属资源再利用物理化学方向,要实现更深入的发展。为了节约资源、能源，要加强采选一冶金一材料一体化新工艺、新流程的应用理论研究；还应加强计算冶金与材料物理化学研究，为开发国民经济和科技发展所需的新材料和现行冶金、材料制备工艺优化进行基础方面的铺垫。

综上所述，一方面可以看到冶金物理化学对于冶金和材料制备工程实践的指导作用，同时，还可看到冶金工程和材料工程的发展又对冶金物理化学发展提出了新课题。这些都清楚地表明理论和实践之间互为依存、互相促进的关系。同样，在冶金物理化学的学习与研究中，也要坚持理论与实际相结合的方法，既要掌握基本概念、基本理论，同时还要与冶金、材料制备工艺相结合，用理论指导实践。还要从实践中提出新问题、新课题，以促进冶金物理化学的发展。

I 冶金热力学

1 冶金反应焓变及标准自由能变化计算

研究化学反应、溶液生成、物态变化(如晶型转变、熔化或蒸发等)以及其他物理变化和化学过程产生热效应的内容,称为热化学。冶金反应焓变的计算实际上是冶金热化学的主要内容。

冶金反应的特点是高温、多相。为了获得高温,依赖于物理热和化学热。高炉炼铁以及电炉、闪速炉熔炼铜锍为半自热熔炼,其热量来源既有物理热,又有化学热;电炉炼钢则需要电能转变为热能,而转炉炼钢、吹炼铜锍、镍锍则为自热熔炼,主要的热源是化学热。以氧气顶吹转炉炼钢为例,把1350℃的铁水升温到1650℃,主要依赖于铁水中的Si、Mn、C等元素氧化反应放热;即由化学能转变成热能。要控制氧气顶吹转炉的温度,需要进行冶金热化学计算(热平衡计算),温度偏高加降温剂,如废钢等;温度偏低则要加入提温剂,如硅铁等,以达到控制冶炼过程的目的。总之,金属的提取过程一般都伴有吸热或放热现象。因此,计算冶金反应焓变,不仅有理论意义,还有实际意义。

在冶金热力学中,另一个重要内容是冶金反应的标准吉布斯自由能变化计算,它是判断和控制反应发生的趋势、方向及达到平衡的重要参数。较之冶金热化学的计算,更能揭示冶金反应的实质,提供更多关键性的信息。

1.1 焓变计算方法

化学反应焓变是最基本的热化学计算,在提取冶金过程中占有很重要的地位。除此以外,物态变化的焓变即相变焓等在冶金过程中也会经常遇到。

1.1.1 物理热的计算

纯物质的焓变计算,一是利用热容;二是应用相对焓。

1.1.1.1 用恒压热容计算纯物质的焓变

一定量的物质升高一度所吸收的热量,称为热容(C),单位为$J\cdot K^{-1}$。若物质的量以kg计,则所吸收的热量称为质量热容,用c表示。若质量是1kg,则称为比质量热容(specific heat),单位是$J\cdot K^{-1}\cdot kg^{-1}$。若物质的量为1mol,则称为摩尔热容,用$c_m$表示,单位是$J\cdot K^{-1}\cdot mol^{-1}$。对于纯物质,则加上标“*”表示。对于成分不变的均相体系,在等压过程中的热容称为定压热容(c_p)，在等容过程中的热容称为定容热容(c_V)。

$$c_p=\left(\frac{\partial H}{\partial T}\right)_p \tag{1-1}$$

在恒压下加热某物质，温度由 T_1 升高到 T_2，对式(1-1)积分即得到该物质加热过程中所吸收的物理热

$$\Delta H=\int_{T_1}^{T_2} c_p \mathrm{d}T \tag{1-2}$$

当物质在加热过程中发生相变时，必须考虑相变焓($\Delta_{\mathrm{tr}}H$)，在恒压下相变温度为恒定值。此外，相变前后同一物质的定压热容不同。因此，计算公式需在式(1-2)的基础上改写为

$$\Delta H=\int_{T_1}^{T_{\mathrm{tr}}} c_{p(\mathrm{s})}\mathrm{d}T+\Delta_{\mathrm{tr}}H+\int_{T_{\mathrm{tr}}}^{T_2} c'_{p(\mathrm{s})}\mathrm{d}T \tag{1-3}$$

式中　T_{tr}、$\Delta_{\mathrm{tr}}H$——分别为纯物质的相变温度和相变焓；

c_p、c'_p——分别为相变前后纯物质的定压热容。

一定量的物质在恒温、恒压下发生相变化时与环境交换的热称为相变焓。固态物质由一种晶型转变成另一种晶型，称为晶型转化焓，即固相转化焓；固体变为液体，或液体变为固体，称为熔化焓或凝固焓，二者数值相同，符号相反；由液体变为气体，或气体变为液体的焓变，称为蒸发焓(气化焓)$\Delta_l^g H$($\Delta_l H$)，或冷凝焓；而由固体直接变成气体，或由气体直接变为固体的焓变，称为升华焓。

由此可见，将固态 1mol 某纯物质在恒压下由 298K 加热到温度 T 时，经液态变为气态，其所需的全部热量的计算式为

$$\Delta H_{\mathrm{m}}=\int_{298}^{T_{\mathrm{tr}}} c_{p,\mathrm{m(s)}}\mathrm{d}T+\Delta_{\mathrm{tr}}H_{\mathrm{m}}+\int_{T_{\mathrm{tr}}}^{T_{\mathrm{M}}} c'_{p,\mathrm{m(s)}}\mathrm{d}T+\Delta_{\mathrm{s}}^{l}H_{\mathrm{m}}$$
$$+\int_{T_{\mathrm{M}}}^{T_{\mathrm{B}}} c_{p,\mathrm{m}(l)}\mathrm{d}T+\Delta_l^g H_{\mathrm{m}}+\int_{T_{\mathrm{B}}}^{T} c_{p,\mathrm{m(g)}}\mathrm{d}T \tag{1-4}$$

式中　T_{tr}、T_{M}、T_{B}——分别为晶型转变温度、熔点和沸点；

$\Delta_{\mathrm{tr}}H_{\mathrm{m}}$、$\Delta_{\mathrm{s}}^{l}H_{\mathrm{m}}$、$\Delta_l^g H_{\mathrm{m}}$——分别为摩尔晶型转变焓、摩尔熔化焓和摩尔蒸发焓；

$c_{p,\mathrm{m(s)}}$、$c_{p,\mathrm{m}(l)}$、$c_{p,\mathrm{m(g)}}$——分别为固、液、气态下物质的恒压摩尔热容。

1.1.1.2　利用摩尔标准相对焓($H^{\ominus}_{\mathrm{m},T}-H^{\ominus}_{\mathrm{m},298}$)计算纯物质的焓变

在绝大多数情况下，量热给出了纯物质在 298K 时的热化学常数，所以，式(1-2)中的积分下限 T_1 常一般规定为 298.15K，为简化起见，本书均写为 298K，于是

$$H^{\ominus}_{\mathrm{m},T}-H^{\ominus}_{\mathrm{m},298}=\int_{298}^{T} c_{p,\mathrm{m}}\mathrm{d}T \tag{1-5}$$

式中，$H^{\ominus}_{\mathrm{m},T}-H^{\ominus}_{\mathrm{m},298}$ 称为摩尔标准相对焓，即 1mol 物质在常压下从 298K 加热到 TK 时所吸收的热量。焓是物质的容量性质，而相对焓却是强度性质。若物质的量为 $n$mol，其相对焓为

$$n(H^{\ominus}_{\mathrm{m},T}-H^{\ominus}_{\mathrm{m},298})=n\int_{298}^{T} c_{p,\mathrm{m}}\mathrm{d}T \tag{1-6}$$

若该物质在所研究的温度下为固体，且有固态相变，则相对焓

$$H^{\ominus}_{m,T}-H^{\ominus}_{m,298}=\int_{298}^{T_{tr}}c_{p,m(s)}\mathrm{d}T+\Delta_{tr}H_m+\int_{T_{tr}}^{T}c'_{p,m(s)}\mathrm{d}T \tag{1-7}$$

若在所研究温度下该物质为液态，则相对焓

$$H^{\ominus}_{m,T}-H^{\ominus}_{m,298}=\int_{298}^{T_{tr}}c_{p,m(s)}\mathrm{d}T+\Delta_{tr}H_m+\int_{T_{tr}}^{T_M}c'_{p,m(s)}\mathrm{d}T+\Delta_s^lH_m+\int_{T_{tr}}^{T}c'_{p,m(l)}\mathrm{d}T \tag{1-8}$$

若在所研究温度下该物质为气态，则相对焓为

$$H^{\ominus}_{m,T}-H^{\ominus}_{m,298}=\int_{298}^{T_{tr}}c_{p,m(s)}\mathrm{d}T+\Delta_{tr}H_m+\int_{T_{tr}}^{T_M}c'_{p,m(s)}\mathrm{d}T+\Delta_s^lH_m+\int_{T_M}^{T_B}c'_{p,m(l)}\mathrm{d}T+\Delta_l^gH_m+\int_{T_B}^{T}c_{p,m(g)}\mathrm{d}T \tag{1-9}$$

由物质的热容计算相对焓时，可直接从热力学数据手册查阅热容的数据。

1.1.2　化学反应焓变的计算

在化学反应进行的同时，往往伴随着放热和吸热现象。在恒压下化学反应所吸收或放出的热量，称为过程的焓变，又称化学反应的焓变 Δ_rH。一个化学反应的焓变决定于反应的进度(ξ)，定义 $\Delta_rH_m=\dfrac{\Delta_rH}{\xi}$为反应的摩尔焓变，即反应进行到生成或消耗 1mol 某物质时的焓变，其单位为 J/mol。对于纯固体或纯液体，处于标准压力 $p^{\ominus}$(注意，$p^{\ominus}$等于 100 kPa，而不是 101.325 kPa。$p^{\ominus}$的数值由 IUPAC 推荐，我国国标 GB 所采用)和温度为 T 的状态为标准态；对于气体则选择温度 T 时压力为标准压力时的理想气体作为标准状态，此时反应焓变就称为标准焓变，记为 $\Delta_rH^{\ominus}$。

化学反应焓变可以用量热法、测量平衡常数与温度关系、测量原电池电动势与温度关系等方法进行实验测定。然而，化学反应种类极多，不可能一一测量。而且有些化学反应或反应速度极慢，或反应温度太高，或伴有副反应等等，使测量难以实现。因此，要利用已知化合物的热力学数据进行计算。

1.1.2.1　应用赫斯定律计算化学反应焓变

1840 年赫斯 (Hess) 总结了大量的实验结果，提出了一条定律："在恒温恒压或恒温恒容下，化学反应焓变只取决于反应的始末态，而与过程的具体途径无关。即化学反应无论是一步完成或分几步完成，其反应焓变相同。"

赫斯定律奠定了热化学的基础，它使热化学方程式可以像代数方程式那样进行运算。从而，可以根据已经准确测定的反应焓变来计算难以测定，甚至是不能测定的反应焓变。

例如

已知 2000K 时，反应

$$C_{(s)}+O_2═══CO_2;\ \Delta_rH_1=-395.313\text{kJ}$$

$$CO+\frac{1}{2}O_2═══CO_2;\ \Delta_rH_2=-277.558\text{kJ}$$

求反应 $C_{(s)}+\frac{1}{2}O_2$ ══CO 的焓变($\Delta_r H_3$)。

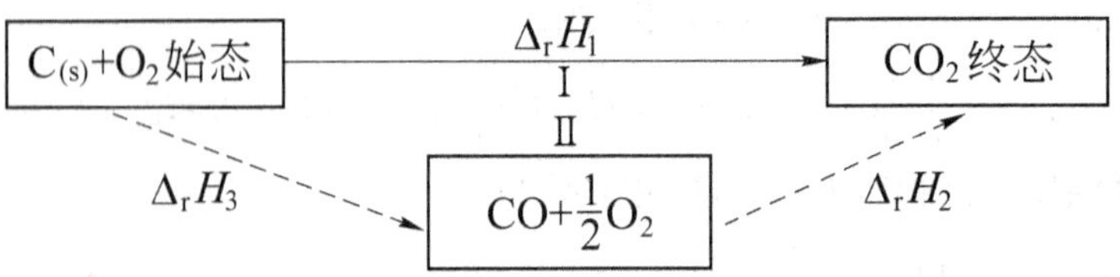

根据赫斯定律,在恒温、恒压下,途径Ⅰ和Ⅱ的反应焓变相同,于是

$$\Delta_r H_1=\Delta_r H_2+\Delta_r H_3$$

$$\Delta_r H_3=\Delta_r H_1-\Delta_r H_2=-117.755\text{kJ}$$

众所周知,碳燃烧总是同时产生 CO 和 CO_2,很难控制只生成 CO,而不继续氧化生成 CO_2。然而,利用赫斯定律,通过已准确测定了的反应焓变,算出了不能由实验测定的生成 CO 反应的焓变。

另外,还可利用 1919 年哈伯-波恩(Haber-Born)提出的热化学循环法计算生成焓。实际上,这也是赫斯定律的直接应用。例如,离子晶体 $LaOF_{(s)}$ 的生成焓可由下述过程能量变化算出(参见图 1-1)。

(1) 使金属 La 升华成为气体,所需升华焓 $\Delta_s^g H^{\ominus}=430.95\text{kJ/mol}$;

(2) 使气态金属 La 原于变成气态 La^{3+} 离子所需电离能为第一、二、三级电离能相加(打掉第一个电子所需能量称为第一电离能,打掉第二个电子所需能量称为第二电离能,依此类推),得到的总电离能 $\Sigma I=I_1+I_2+I_3=3480.25\text{kJ/mol}$;

(3) 使双原子氧、双原子氟分别解离成原子氧、原子氟的解离焓分别为 $\frac{1}{2}\Delta_d H_{O_2}=249.37\text{kJ/mol}$ 和 $\frac{1}{2}\Delta_d H_{F_2}=79.08\text{kJ/mol}$;

(4) 使原子氧、原子氟变成气体负离子,放出的电子亲和能(即气态原子得到一个电子放出的能量)分别为 $e_{F^-}=-379.91\text{kJ/mol}$ 和 $\Sigma e_{O^{2-}}=e_1+e_2=-525.93\text{kJ/mol}$;

(5) 使气态镧正离子 $La_{(g)}^{3+}$、气态氧负离子 $O_{(g)}^{2-}$、气态氟负离子 $F_{(g)}^{1-}$ 从无穷远聚集分布在一个晶体的一定晶格位置上,形成 $LaOF_{(s)}$ 晶体,放出晶格能 $U=-6610.72\text{kJ/mol}$,其计算公式为

$$U=1201.64\times\frac{z_a z_c \Sigma n}{r_a+r_c}\left(1-\frac{0.345}{r_a+r_c}\right)\quad \text{kJ/mol} \tag{1-10}$$

式中,1201.64 为马德隆常数;r_a、r_c 分别为阳离子、阴离子半径,其中 $r_{La}^{3+}=0.115\text{nm}$,$r_{OF}^{3-}=0.167\text{nm}$;$z_a$、$z_c$ 分别为阳离子与阴离子的电价;Σn 为阳离子与阴离子数的总和。

由图 1-1 可以看出,当完成一个循环后,可以求出 $LaOF_{(s)}$ 的标准生成焓

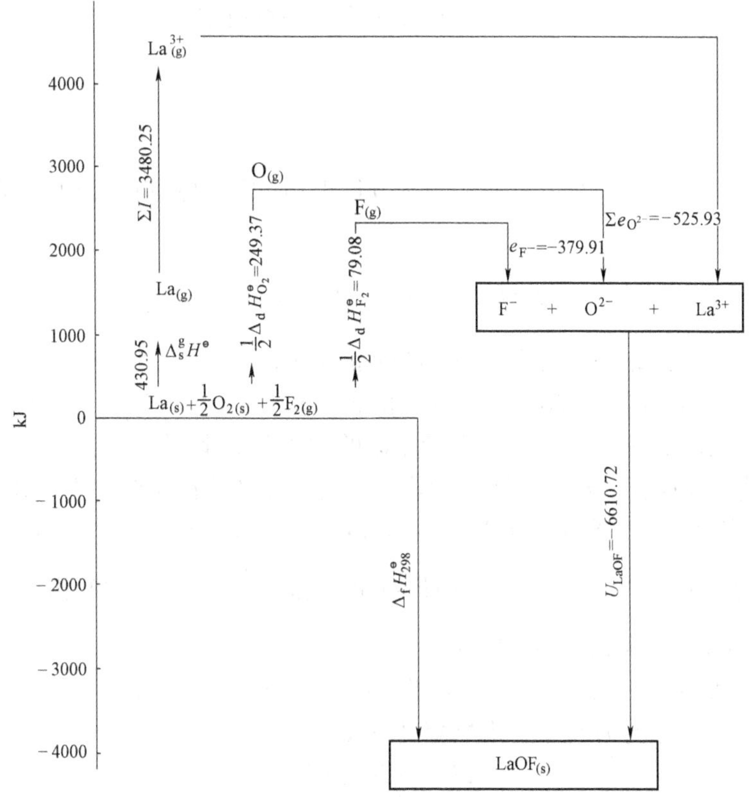

图 1-1　哈伯-波恩循环计算离子晶体 LaOF 的生成焓

$$\Delta_f H^{\ominus}_{298,\mathrm{LaOF}}=\Delta_s^g H_{\mathrm{La}}+\frac{1}{2}\Delta_d H_{O_2}+\frac{1}{2}\Delta_d H_{F_2}+\Sigma I_{\mathrm{La}^{3+}}+\Sigma e_{O^{2-}}+e_{F^-}+U_{\mathrm{LaOF}}$$
$$=-3276.91\mathrm{kJ/mol}$$

1.1.2.2　利用基尔霍夫(Kirchhoff)公式积分计算化学反应的焓变

基尔霍夫公式为

$$\left(\frac{\partial \Delta_r H}{\partial T}\right)_p=\Delta_r c_p \tag{1-11}$$

式中，$\Delta_r c_p$ 为反应的热容差，即生成物的热容总和减去反应物的热容总和。

$$\Delta_r c_p=\Sigma \nu_i c_{pi} \tag{1-12}$$

式中，ν_i——化学反应计量数，对于反应物取负号，生成物取正号。

基尔霍夫公式表示某一化学反应焓随温度变化是由生成物和反应物的热容不同所引起的，即反应焓随温度的变化率等于反应的热容差。与此类似，前面曾讨论过在恒压下，纯物质的焓随温度的变化率等于该纯物质的定压热容。这一关系也称为基尔霍夫公式，如式(1-1)所示。由

$$c_p=a+bT+cT^{-2}+dT^2+eT^{-3}$$

$$\Delta c_p=A+BT+CT^{-2}+DT^2+ET^{-3} \tag{1-13}$$

式中 $A=\Sigma\nu_i a_i$；

$B=\Sigma\nu_i b_i$；

C、D、E 依此类推。

若反应物及生成物的温度从 298K 变到 TK 时，而且各物质均无相变，式(1-11)定积分得

$$\Delta_r H_T^{\ominus}=\Delta_r H_{298}^{\ominus}+\int_{298}^{T}\Delta_r c_p \mathrm{d}T \tag{1-14}$$

式中 $\Delta_r H_{298}^{\ominus}$——标准反应焓，可由纯物质的标准生成焓计算。

在标准压力 $p^{\ominus}$下，和一定的反应温度时，由稳定单质生成 1mol 化合物的反应焓变称为该化合物的标准生成焓 $\Delta_f H_m^{\ominus}$。化学反应是分子间的键的重排，因此，任何化学反应中的生成物和反应物都应含有相同种类和相同数量的原子，即都可以认为由相同种类和数量的单质元素生成的。例如，当温度大于 843K 时，$Fe_3O_{4(s)}+CO=3FeO_{(s)}+CO_2$ 反应中，Fe_3O_4 可视为由 $3Fe_{(s)}+2O_2$ 生成；CO 由 $C_{(s)}+\frac{1}{2}O_2$ 生成；FeO 由 $Fe_{(s)}+\frac{1}{2}O_2$ 生成，CO_2 由 $C_{(s)}+\frac{1}{2}O_2$生成。因此，该反应的标准焓变可由赫斯定律推出

$$\Delta_r H_{298}^{\ominus}=3\Delta_f H_{298(FeO)}^{\ominus}+\Delta_f H_{298(CO_2)}^{\ominus}-\Delta_f H_{298(Fe_3O_4)}^{\ominus}-\Delta_f H_{298(CO)}^{\ominus}$$

由此可见，对任意化学反应的标准焓变可写成

$$\Delta_r H_{298}^{\ominus}=\Sigma\nu_i\Delta_f H_{298(i)}^{\ominus} \tag{1-15}$$

若参与反应的各物质中有一个或几个发生相变，则在 T(K)温度时该反应的焓变应考虑相变焓和相变前后物质的定压热容不同。因此，

$$\Delta_r H_T^{\ominus}=\Delta_r H_{298}^{\ominus}+\int_{298}^{T_{tr}}\Delta c_p \mathrm{d}T+\Delta_{tr}H+\int_{T_{tr}}^{T_M}\Delta c'_p \mathrm{d}T+\Delta_{fus}H$$

$$+\int_{T_M}^{T_b}\Delta c''_p \mathrm{d}T+\Delta_b H+\int_{t_{tr}}^{T}\Delta c'''_p \mathrm{d}T \tag{1-16}$$

式中 Δc_p——从 298K 到参与反应的某物质的固相相变温度(T_{rt})范围内的热容差；

$\Delta c'_p$——从 T_{tr}到参与反应的某物质的熔点(T_M)范围内的热容差；

$\Delta c'''_p$——从 T_M 到参与反应的某物质的沸点(T_b)范围内的热容差；

$\Delta_{tr}H$、$\Delta_{fus}H$、$\Delta_b H$——分别为固态晶型转变焓、熔化焓和蒸发焓。

生成物质发生相变取正号，反应物发生相变取负号。

例题 1-1 四氯化钛镁热还原法制取金属钛

$$TiCl_{4(g)}+2Mg_{(s)}=\!=\!=Ti_{(s)}+2MgCl_{2(s)}$$

试计算 $TiCl_4$ 和 Mg 在 1000K 反应时的焓变。已知下列数据

物 质	$\Delta_f H^{\ominus}_{m298}$ /kJ · mol^{-1}	相变温度 /K	相变焓 /kJ · mol^{-1}	恒压热容 $c_{p,m}$ /J · K^{-1} · mol^{-1}	适用温度/K
α-$Ti_{(s)}$		$T_{tr}=1155$	4.14	$22.13+10.25\times10^{-3}T$	298～1155
β-$Ti_{(s)}$		$T_M=1933$	18.62	$19.83+7.91\times10^{-3}T$	1155～1933
$Ti_{(l)}$				35.56	1933～3575
$MgCl_{2(s)}$	−641.4	$T_M=987$	43.10	$79.10+5.94\times10^{-3}T-8.62\times10^{5}T^{-2}$	298～987
$MgCl_{2(l)}$		$T_b=1691$	156.23	92.47	987～1691
$MgCl_{2(g)}$				$57.61+0.29\times10^{-3}T-5.31\times10^{5}T^{-2}$	298～2000
$TiCl_{4(g)}$	−763.2			$107.15+0.46\times10^{-3}T-10.54\times10^{5}T^{-2}$	298～2000
$Mg_{(s)}$		$T_M=923$	8.95	$22.30+10.25\times10^{-3}T-0.42\times10^{5}T^{-2}$	298～923
$Mg_{(l)}$		$T_b=1378$	127.61	31.80	923～1378
$Mg_{(g)}$				20.75	298～2000

解 根据已知数据，在 1000K 以下经过了两个相变，即 923KMg 熔化，987K $MgCl_2$ 熔化。因此，相应的热容差有：Δc_{p1}（298～923K）；Δc_{p2}（923～987K），Δc_{p3}（987～1155K）。首先计算上述三个热容差。

$$\Delta c_{p1}=28.58+1.17\times10^{-3}T-5.86\times10^{5}T^{-2}\quad \mathrm{J/(K\cdot mol)}$$
$$\Delta c_{p2}=9.58+21.67\times10^{-3}T-6.70\times10^{5}T^{-2}\quad \mathrm{J/(K\cdot mol)}$$
$$\Delta c_{p3}=36.32+9.79\times10^{-3}T+10.54\times10^{5}T^{-2}\quad \mathrm{J/(K\cdot mol)}$$

该反应在常温下的焓变 $\Delta_r H^{\ominus}_{298}$ 为

$$\Delta_r H^{\ominus}_{298}=2\cdot\Delta_f H^{\ominus}_{298(MgCl_2(s))}-\Delta_f H^{\ominus}_{298(TiCl_4(g))}$$
$$=-519.6\quad \mathrm{kJ/mol}$$

第二步计算 $\Delta_r H^{\ominus}_T$

$$\Delta_r H^{\ominus}_T=\Delta_r H^{\ominus}_{298}+\int_{298}^{923}\Delta c_{p1}\,dT-2\Delta_{fus}H_{(Mg)}+\int_{923}^{987}\Delta c_{p2}\,dT$$
$$+2\Delta_{fus}H_{(MgCl_2)}+\int_{987}^{T}\Delta c_{p3}\,dT$$

将第一步得到的数据代入上式得

$$\Delta_r H^{\ominus}_T=-519600+\int_{298}^{923}(28.58+1.17\times10^{-3}T-5.86\times10^{5}T^{-2})dT-2\times8950$$
$$+\int_{923}^{987}(9.58+21.70\times10^{-3}T-6.69\times10^{5}T^{-2})dT+2\times43100$$

$$+\int_{987}^{T}(36.32+9.79\times10^{-3}T+10.54\times10^{5}T^{-2})\mathrm{d}T$$

$$=-474155+36.32T+4.90\times10^{-3}T^{2}-10.54\times10^{5}\ T^{-1}\quad \mathrm{J/mol}$$

该式适用于 987～1155K 范围内，计算任一温度下镁热还原 $TiCl_4$ 反应焓变。将 $T=1000K$ 代入上式，即可求出 1000K 的反应焓变，$\Delta_r H^{\ominus}_{1000K}=-433950J/mol$。

由此例看出，式(1-16)十分重要。但是，计算时要针对具体情况灵活运用。

1.1.2.3　利用相对焓($H^{\ominus}_T-H^{\ominus}_{298}$)计算化学反应焓变

焓变的计算比较繁琐，利用相对焓进行计算，简化了计算过程。目前已有的热力学数据手册，列出上千种物质的相对焓($H^{\ominus}_T-H^{\ominus}_{298}$)。表 1-1 给出一些物质的相对焓。利用相对焓计算某温度下反应的焓变公式为

$$\Delta_r H^{\ominus}_T=\Delta_r H^{\ominus}_{298}+\Sigma\nu_i(H^{\ominus}_T-H^{\ominus}_{298})\tag{1-17}$$

表 1-1　不同温度下某些物质的相对焓($H^{\ominus}_T-H^{\ominus}_{298}$)，kJ/mol

温度/K	$C_{(s)}$	$CO_{(g)}$	$CO_{2(g)}$	$O_{2(g)}$	$H_{2(g)}$	$H_2O_{(g)}$	$HCl_{(g)}$
298	0	0	0	0	0	0	0
500	2.39	6.00	8.49	6.17	5.85	6.97	5.88
800	7.66	15.29	22.86	15.84	14.71	18.08	14.82
1000	11.82	21.70	33.10	22.55	19.63	26.02	20.98
1200	16.23	28.28	43.77	29.43	26.94	34.38	27.31
1500	23.20	38.46	60.53	40.00	36.46	47.73	37.15
1800	30.39	49.00	78.16	51.12	46.26	62.03	47.40
2000	35.26	56.24	90.37	58.70	52.96	72.10	54.46
2500	47.63	75.05	122.52	78.37	70.28	99.16	
温度/K	$TiCl_{4(g)}$	$Ti_{(s)}$	Mg	$MgCl_2$	$W_{(s)}$	$WO_{2(s)}$	$WO_{3(s)}$
298	0	0	0	0	0	0	0
500	20.26	5.30	5.28	15.28	5.00	12.86	16.64
800	51.71	13.94	13.94	39.52	12.78	34.48	44.78
1000	72.96	20.21	29.16	99.39	18.20	49.68	64.78
1200	94.31	30.81	35.52	117.88	23.81	65.46	86.25
1500	126.47	39.96	171.32	145.62	32.58	90.41	117.16
1800	158.72	49.83	177.55		41.76	117.23	
2000	180.27	75.42			48.12		
2500					64.84		

例题 1-2　用氢还原三氧化钨制取钨粉反应为

$$WO_{3(s)}+H_{2(g)}=\!=\!=WO_{2(g)}+H_2O\tag{1}$$

$$WO_{2(s)}+2H_{2(g)}=\!=\!=W_{(s)}+2H_2O\tag{2}$$

已知 各物质在 1100K 时的相对焓如表 1-2 所示。试计算 1100K 时各反应的焓变。

表 1-2 1100K 时各物质的相对焓

相对焓和标准生成焓	$WO_{3(s)}$	$WO_{2(s)}$	$W_{(s)}$	$H_{2(g)}$	$H_2O_{(g)}$
$(H^{\ominus}_{1100}-H^{\ominus}_{298})$/J · mol^{-1}	76280	57490	20990	23840	30150
$\Delta_f H^{\ominus}_{298}$/J · mol^{-1}	−842910	−589690	0	0	−242460

解 根据式(1-17)得

$$\Delta_r H^{\ominus}_{1100(1)}=\Delta_r H^{\ominus}_{298(1)}+\Sigma(H^{\ominus}_{1100}-H^{\ominus}_{298})_{生成物(1)}-\Sigma(H^{\ominus}_{1100}-H^{\ominus}_{298})_{反应物(1)}$$

$$=[(-589690-242460)-(-842910)]+(57490+30150)-(76280+23840)$$

$$=-1720\text{J/mol}$$

同理

$$\Delta_r H^{\ominus}_{1100(2)}=(-242460\times2+589690)+(2\times30150+20990)-(57490+2\times23840)$$

$$=80890\text{J/mol}$$

由上述计算结果不难看出，用氢还原钨的氧化物制取钨粉为吸热反应。因此，在还原工艺过程中，必须采取必要的供热措施。

1.2 热化学在冶金过程中的应用实例

冶金过程的物理变化和化学反应错综复杂，故各类反应的焓变的计算也比较复杂。因此，往往需要把条件进行简化才能进行运算。

1.2.1 最高反应温度(理论温度)计算

利用基尔霍夫公式计算化学反应焓变，前提是反应物与生成物的温度相同，为了使化学反应温度保持恒定，过程放出的热要及时散出；对吸热反应则必须及时供给热量。

如果化学反应在绝热条件下进行，或因反应进行得快，过程所放出的热量不能及时传出，此时也可视为绝热过程。在类似的体系中，温度将发生变化。对于放热反应，生成物将吸收过程发出的热，使自身温度高于反应温度。如果已知反应的焓变，以及生成物热容随温度变化的规律，即可计算该体系的最终温度，该温度称为最高反应温度(又叫理论最高反应温度)。对燃烧反应，就称为理论燃烧温度。绝热过程是理想过程，实际上和环境发生能量交换总是不可避免的。因此，反应所能达到的实际温度总是低于理论最高温度。

计算放热反应的理论最高温度，实际上是非等温过程焓变的计算。一般假定反应按化学计量比发生，反应结束时反应器中不再有反应物。因此，可认为反应热全部用于加热生成物，使生成物温度升高。实际上，反应结束时总还残留未反应的反应物。因此，也证实了实际能达到的温度比理论最高温度要低。

计算理论最高温度的方法是理论热平衡。

例题 1-3 镁还原制钛的总反应为

$$TiCl_{4(g)}+2Mg_{(s)}=\!=\!=Ti_{(s)}+2MgCl_{2(s)}$$

(1) 当反应在 298K、恒压下发生;

(2) 当反应物 $TiCl_4$ 和 Mg 分别预热至 1000K,再使它们接触发生反应。试用第一节的数据表,用试算法计算最高反应温度。

解 (1) 计算反应 $TiCl_{4(g)}+2Mg_{(s)}=\!=\!=Ti_{(s)}+2MgCl_{2(s)}$ 在 298K 发生反应时,所能达到的最高温度。

该反应在 298K 时的反应焓为 $\Delta_r H^{\ominus}_{298}=-519.65\text{kJ}$。此反应全部用于加热生成物 Ti 和 $MgCl_2$,使其温度升至 TK。运用理论热平衡方程得

$$\int_{298}^{T} c_{p,\mathrm{m(Ti)}}\,\mathrm{d}T+2\int_{298}^{T} c_{p,\mathrm{m(MgCl_2)}}\,\mathrm{d}T=519650\text{J/(K·mol)}$$

由相对焓定义式(1-5)积分可得到各纯物质的相对焓。

钛的相对焓计算如下:

$$(H^{\ominus}_{\mathrm{m},T}-H^{\ominus}_{\mathrm{m},298})_{\alpha\text{-Ti}}=22.13T+5.15\times10^{-3}T^2-7050\qquad(298\sim1155\text{K})$$

当 $T=1155$K 时,α-Ti 转变成 β-Ti,$\Delta_{\mathrm{tr}}H_{\mathrm{m}}=4140$J/mol

$$H^{\ominus}_{\mathrm{m},1155}-H^{\ominus}_{\mathrm{m},298}=25360\text{J/mol}$$

$$(H^{\ominus}_{\mathrm{m},T}-H^{\ominus}_{\mathrm{m},298})_{\beta\text{-Ti}}=1320+19.83T+3.95\times10^{-3}T^2\qquad(1155\sim1933\text{K})$$

当 $T=1933$K 时,β-Ti 熔化,$\Delta_{\mathrm{l}}^{\mathrm{s}}H_{\mathrm{m}}=18620$J/mol

$$H^{\ominus}_{\mathrm{m},1933}-H^{\ominus}_{\mathrm{m},298}=54430\text{J/mol}$$

$$(H^{\ominus}_{\mathrm{m},T}-H^{\ominus}_{\mathrm{m},298})_{\mathrm{Ti(l)}}=4300+35.56T\qquad(1933\sim3575\text{K})$$

$MgCl_2$ 的相对焓计算如下:

$$(H^{\ominus}_{\mathrm{m},T}-H^{\ominus}_{\mathrm{m},298})_{\mathrm{MgCl_{2(s)}}}=-26720+79.10T+2.97\times10^{-3}T^2+8.62\times10^{5}T^{-1}\qquad(298\sim987\text{K})$$

当 $T=987$K 时

$$H^{\ominus}_{\mathrm{m},987}-H^{\ominus}_{\mathrm{m},298}=55100\ \text{J/mol}$$

$$(H^{\ominus}_{\mathrm{m},T}-H^{\ominus}_{\mathrm{m},298})_{\mathrm{MgCl_2(l)}}=6930+92.47T\qquad(987\sim1691\text{K})$$

当 $T=1691$K 时

$$H^{\ominus}_{\mathrm{m},1691}-H^{\ominus}_{\mathrm{m},298}=163290\quad\text{J/mol}$$

$$(H^{\ominus}_{\mathrm{m},T}-H^{\ominus}_{\mathrm{m},298})_{\mathrm{MgCl_2(g)}}=221360+57.61T+0.15\times10^{-3}T^2+5.31\times10^{5}T^{-1}\qquad(1691\sim2000\text{K})$$

计算生成物相对焓之和:

$$\Sigma\nu_i(H^{\ominus}_{\mathrm{m},T}-H^{\ominus}_{\mathrm{m},298})_{i,\text{生成物}}=(H^{\ominus}_{\mathrm{m},T}-H^{\ominus}_{\mathrm{m},298})_{\mathrm{Ti}}+2(H^{\ominus}_{\mathrm{m},T}-H^{\ominus}_{\mathrm{m},298})_{\mathrm{MgCl_2}}\qquad(298\sim987\text{K})$$

$$\Sigma\nu_i(H^{\ominus}_{\mathrm{m},T}-H^{\ominus}_{\mathrm{m},298})_{i,\text{生成物}}=-60480+180.29T+11.07\times10^{-3}T^2+17.24\times10^{5}T^{-1}$$

当 $T=987$K 时,$\Sigma\nu_i(H^{\ominus}_{\mathrm{m},T}-H^{\ominus}_{\mathrm{m},298})_{i,\text{生成物}}=129980$J/mol

987～1155K

$$\Sigma\nu_i(H^{\ominus}_{m,T}-H^{\ominus}_{m,298})_{i,生成物}=6800+207.07T+5.13\times10^{-3}T^2$$

当 T=1155K 时，$\Sigma\nu_i(H^{\ominus}_{m,1155}-H^{\ominus}_{m,298})_{i,生成物}=252800\text{J/mol}$

1155～1691K

$$\Sigma\nu_i(H^{\ominus}_{m,T}-H^{\ominus}_{m,298})_{i,生成物}=15170+204.77T+3.95\times10^{-3}T^2$$

当 T=1691K 时，$\Sigma\nu_i(H^{\ominus}_{m,1691}-H^{\ominus}_{m,298})_{i,生成物}=372730\text{J/mol}$

1691～1933K

$$\Sigma\nu_i(H^{\ominus}_{m,T}-H^{\ominus}_{m,298})_{i,生成物}=444040+135.06T+4.25\times10^{-3}T^2+10.63\times10^5T^{-1}$$

当 T=1691K 时，$\Sigma\nu_i(H^{\ominus}_{m,1691}-H^{\ominus}_{m,298})_{i,生成物}=685190\text{J/mol}$

由上述计算可以看出，298K 时 $Mg_{(s)}$ 还原 $TiCl_{4(g)}$，反应放出的热量(－519.65kJ)大于加热生成物 $2MgCl_{2(l)}$ 和 β-Ti 到 1691K 所吸收的热量(372.73kJ)，但小于加热生成物 β-Ti 和 $2MgCl_{2(g)}$ 到 1691K 气化所需吸收的热量(685.19kJ)。因此，最高反应温度介于 $MgCl_2$ 液态与气化温度之间，即生成物的最终温度为 1691K。现用内插法说明：

$$T_{max}=\frac{1691-1691}{685.19-372.73}(519.65-372.73)+1691$$

$$=1691\quad K$$

(2) 计算当 $TiCl_{4(g)}$ 和 Mg 均预热到 1000K，再使其接触引发反应，所能达到的最高反应温度。

在此条件下，热平衡方程为

$$\Sigma\nu_i(H^{\ominus}_{m,T}-H^{\ominus}_{m,298})_{i,生成物}=\Sigma\nu_i(H^{\ominus}_{m,T}-H^{\ominus}_{m,298})_{i,反应物}-\Delta H^{\ominus}_{298}$$

$$\Sigma\nu_i(H^{\ominus}_{m,1000}-H^{\ominus}_{m,298})_{i,反应物}=(H^{\ominus}_{m,1000}-H^{\ominus}_{m,298})_{TiCl_4}+2(H^{\ominus}_{m,1000}-H^{\ominus}_{m,298})_{Mg}$$

$$=131.27\text{kJ/mol}$$

$$\Sigma\nu_i(H^{\ominus}_{m,T}-H^{\ominus}_{m,298})_{i,生成物}=(H^{\ominus}_{m,T}-H^{\ominus}_{m,298})_{Ti}+2(H^{\ominus}_{m,T}-H^{\ominus}_{m,298})_{MgCl_2}$$

$$=131.27+519.65$$

$$=650.93\text{kJ/mol}$$

用试差法计算最高反应温度。

若生成物加热至 T=1600K 时，则

$(H^{\ominus}_{m,1600}-H^{\ominus}_{m,298})_{Ti}+2(H^{\ominus}_{m,1600}-H^{\ominus}_{m,298})_{MgCl_2}=353.06\text{kJ/mol}$，此值小于 650.93kJ/mol。

若生成物加热至 T=1700K 时，则

$(H^{\ominus}_{m,1700}-H^{\ominus}_{m,298})_{Ti}+2(H^{\ominus}_{m,1700}-H^{\ominus}_{m,298})_{MgCl_2}=686.54\text{kJ/mol}$，此值大于 650.93kJ/mol。因此，生成物的最高反应温度必定在 1600～1700K 之间，用线性内插法计算此温度：

$$T_{max}=\frac{650.93-353.06}{686.54-353.06}(1700-1600)+1600$$

$$=1689\text{K}$$

由上述计算可以看出，镁热还原 $TiCl_4$ 制取海绵钛的反应，若不排出余热，反应所能达到的最高理论温度已接近 $MgCl_2$ 的沸点(1691K)，远超过了 Mg 的沸点。因此，反应开始后，排

出余热是控制工艺过程的重要条件之一。在生产实践中，镁热还原 $TiCl_4$ 工艺通常控制在 900℃左右，防止了镁的蒸发和高温下 Ti 与反应器作用生成 Fe-Ti 合金。

1.2.2　炼钢过程中元素氧化发热能力计算

氧气转炉炼钢过程所需的热量来源，一是加入转炉内 1350℃左右的铁水带来的物理热，但主要还是在吹炼过程中，铁水中各元素[C]、[Si]、[Mn]、[P]、[Fe]等氧化反应放出的化学热。虽然炉渣、炉气、炉衬等升温消耗一定热量，但过程产生的化学热仍过剩。因此，在氧气转炉炼钢过程中要加入冷却剂，借以消耗多余的热量。

例题 1-4　要计算铁水的总化学热，必须了解各元素氧化发热能力。当转炉开吹后，吹入 298K 的氧，溶解在铁水中的[Si]、[Mn]优先氧化，并释放化学热，使铁水温度升高。当炉温达到 1400℃左右时，大量溶解在铁水当中的[C]开始氧化，约 90%的[C]被氧化成 CO，10%被氧化成 CO_2。现以[C]氧化成 CO 为例，计算当铁水中 w[C]由 1%降至 0.1%时，将使炼钢熔池温度升高多少度？并计算添加废钢的冷却效果。

解　该问题属非等温条件下焓变的计算

(1) 计算[C]氧化放出的热量

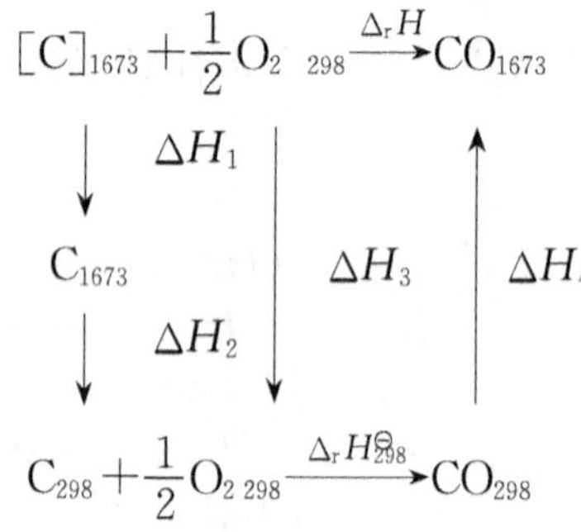

$$[C]_{1673}+\frac{1}{2}O_{2\ 298}\xrightarrow{\Delta_r H}CO_{1673}$$

$$\downarrow \Delta H_1 \qquad \qquad \qquad \qquad \uparrow \Delta H_4$$

$$C_{1673} \qquad \Delta H_3 \ (\downarrow)$$

$$\downarrow \Delta H_2$$

$$C_{298}+\frac{1}{2}O_{2\ 298}\xrightarrow{\Delta_r H^{\ominus}_{298}}CO_{298}$$

$$\Delta_r H=\Delta H_1+\Delta H_2+\Delta_r H^{\ominus}_{298}+\Delta H_4$$

由热力学数据表查得：$\Delta H_1=-21.34$kJ；用表中 1400K、1800K 的数据，以线性内插求出 $\Delta H_2=-27.57$kJ；$\Delta H_3=0$；$\Delta_r H^{\ominus}_{298}=-110.46$kJ；用线性内插法求出 $\Delta H_4=45.06$kJ。将这些数据代入上式计算得 $\Delta_r H=-114.31$kJ。将 1mol[C]氧化放热量折合成 1kg[C]的放热量 $\Delta H'$

$$\Delta H'=-114.31\times\frac{1000}{12}=-9525.83\text{kJ}$$

(2) 计算氧化 1%C 时，炼钢熔池温升值

碳氧化所产生的化学热不仅使钢水升温，而且也使炉渣、炉衬同时升温。通常，渣量(Q_{sl})约为钢水量(Q_{st})的 15%，被熔池加热部分炉衬(Q_{fr})约为钢水量的 10%，并忽略其他的热损失。

已知：钢水比定压热容 $c_{p,st}=0.84$kJ/(K·kg)，渣与炉衬比定压热容 $c_{p,sl,fr}=1.23$kJ/(K·kg)，热平衡方程为

$$\Delta H'=Q_{st}\cdot c_{p,st}\Delta T+(Q_{sl}+Q_{fr})c_{p,sl,fr}\cdot\Delta T$$

将有关数据代入上式，得 $\Delta T=84$K，即氧化 1%C 可使炼钢熔池的温度升高 84℃。因此，碳氧化 0.1%，可使熔池温度升高 8.4℃。

同理可以计算[Si]、[Mn]等元素氧化的发热能力及对炼钢熔池的提温作用。

(3) 计算冷却剂的冷却效应

冷却剂通常有废钢、矿石、氧化铁皮等。冷却效应是指加入 1kg 冷却剂后，在熔池内能吸收的热量。下面计算加入 1kg、298K 的废钢升温到炼钢温度 1873K 所吸收的热量($\Delta H''$)。

已知：废钢的比定压热容 $c_{p,\text{scr}}=0.699\text{kJ}/(\text{K}\cdot\text{kg})$；钢水比定压热容 $c_{p,\text{st}}=0.837\text{kJ}/(\text{K}\cdot\text{kg})$，废钢在 1773K 熔化，其熔化焓 $\Delta_{\text{fus}}H_{\text{M}}=271.96$ kJ。

吸收热量 $\Delta H''=c_{p,\text{scr}}(T_{\text{M}}-298)+\Delta_{\text{fus}}H_{\text{M}}+c_{p,\text{st}}(T-T_{\text{M}})$。

计算结果 $\Delta H''=1386.69$kJ。

1.3 集成热化学数据库(ITD)

1.3.1 无机热化学数据库简介

冶金热化学的计算现在都用集成热化学数据库完成。无机热化学数据库属科学数据库，数据库系统有两大核心部分。国内外权威数据库一般外延大，收录储存的数据较齐全，收集的数据经过评估，数据准确、可信。另一核心部分是强大的数据库管理系统，利用热力学数据可以计算化学反应、热力学参数状态图、热平衡、多元多相平衡、相图、化合物的稳定性等等，用户界面友好，开发质量高。

推荐下列文献作为无机热化学数据源：

(1) O. Knacke et al., Thermochemical Properties of Inorganic Substances, Berlin: Springer-Verlag, 1991;

(2) ACS and AIP for National Bureau of Standard, JANAF (Journal of Army Navy Air Force) Thermochemical Tables, 3rd edition, USA, 1990;

(3) I. Barin, Thermodynamic Data of Pure Substances, FRG: VCH, Weinheim, 1989; 2nd ed. Germany: VCH Weinheim, 1993;

(4) O. Kubaschewski et al., Materials Thermochemistry, New York: 6th edtion, Pergamon Press, Oxford, 1993;

(5) A. T. Dinsdale, SGTE Data for Pure Elements, Calphad, 1991, 15(4): 317;

(6) R. Hultgren et al., Selected Values of Thermodynamic Properties of the Metals & Alloys, J. Wiley & Sons Inc., USA, 1963; Selected Values of Thermodynamic Properties of the Elements, Ohio, USA: ASM, Metals Park, 1973; Selected Values of Binary Alloys, Ohio, USA: ASM, Metals Park, 1973;

(7) L. V. Gurvich et al., Thermodynamic Properties of Individual Substances, 4th edition, 1～5, New York: Hemisphere Publishing Corp., 1990;

(8) J. J. Christensen et al., Hand Book of Heat of Mixing, New York: John Wiley &Sons, 1982;

(9) J. Wisniak et al., Mixing and Excess Thermodynamic Properties-A Literature Source Book, Amsterdam: Elsevier, 1978; Suppl. 1,1982; Suppl. 2,1986;

(10) T. B. Massaski et al., Binary Alloy Phase Diagrams, 2nd edition Vol. (1～3), Ohio: ASM, Metals Park,1990.

为了满足科学研究和生产的需要，佩尔顿(Pelton)和艾瑞克松(Eriksson)等人提出集成热化学数据库系统概念，即ITD(*Integrated Thermochemical Database*)。ITD将现代化的计算机软件与经过严格评估且热力学性质自洽的热力学数据以及相关参数数据耦合起来，为科学研究和生产实践提供程序、数据及其相关信息。在ITD系统下，用户可以方便进行下述操作(视数据库功能而言)：查找和浏览任意温度、任意成分下化合物和溶液的数据；可以计算蒸气压，计算复杂气相化学平衡，计算和绘制 E-pH 图，计算化学反应的热力学性质变化，实现热平衡计算；还可以存放和调用专用数据，进行热力学性质的优化和评估、相图计算等。图1-2为集成热化学数据库示意图。

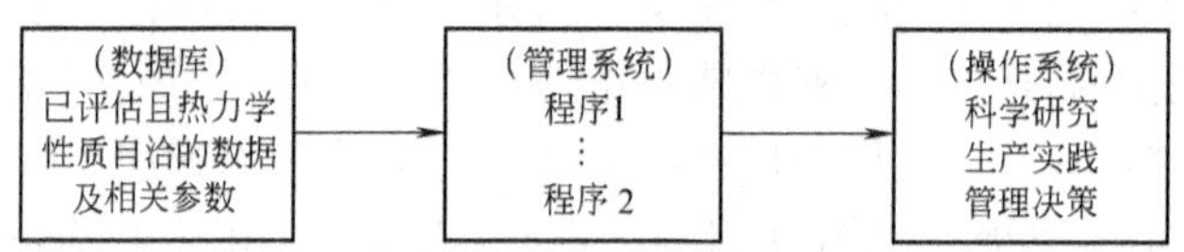

图1-2　集成热化学数据库示意图

国外热化学数据库研制较早，美国、英国、加拿大、德国等都开发了自己的热化学集成数据库，有些数据库通过联网，可以在全世界调用，充分发挥出数据库信息共享的优势。但数据库系统与通讯用户之间有一定的法律合同，有的要租用，实现商业运营。国外代表性集成热化学数据库有加拿大与德国合作研制的FactSage、瑞典的Thermo-Calc等。

1.3.2　应用实例

无机热化学数据库应用非常广泛，不同的集成热化学数据库操作系统各不相同，使用数据库语言不尽相同，完成一定的功能所编程的流程图也不尽相同，因此，本节在例题中没有给出流程图。以FactSage集成热化学数据库操作系统为例，强调应用数据库解决实际问题的思路和方法，读者可学一种数据库语言，试从解决热力学简单问题入手。

例题1-5　试查询 $MgCl_2$ 的 c_p 数据，并计算 $MgCl_2$ 的熔化焓、蒸发焓和生成焓。

解　在FactSage热化学数据库中，进入COMPOUND程序模块(即化合物模块)，可查询纯无机物质的热化学数据。只要进入该模块，输入分子式，首先得到有关 $MgCl_2$ 的概况(如表1-3所示)。

在COMPOUND程序模块的菜单中，可键入 C、H、S、G 或 D，得到等压热容 c_p、焓变

$H(T)$、熵 $S(T)$、吉布斯自由能 $G(T)$ 或所存在的相名及其温度范围。键入 C 可得到 $MgCl_2$ 的定压热容数据(如表1-4所示)。

表 1-3　$MgCl_2$ 的热力学性质

分子式:$MgCl_2$ 化合物:Magnesium Chloride (氯化镁) 摩尔质量:0.095211kg/mol		文献:128 单位:J(总压 100kPa)	
相	名　称	c_p 温度范围/K	密度/kg · m^{-3}
S_1	Solid	298.1～2000.0	2320
L_1	Liquid	298.1～660.0	2320
L_1	Liquid	660.0～2500.0	2320
G_1	Gas	298.1～6000.0	Ideal
相变焓:			
$S_1 \to L_1$　$T=987.00$K　$\Delta H=43095.000$J/mol			

表 1-4　$MgCl_2$ 的 c_p 表达式

分子式:$MgCl_2$

化合物:Magnesium Chloride (氯化镁)　　文献:128

摩尔质量:0.095211kg/mol　　单位:J(总压 100kPa)

$c_p(T) = \sum_{i=1}^{8} c(i) \times T^{p(i)}$　J/(mol · K)

相	名称	ΔH(298,J/mol)	S(298,J/(mol · K))	$c(i)$	$p(i)$	$c(i)$	$p(i)$
S_1	Solid	−641616.0	89.6	54.58 −1112119.22 399.18	0.0 −2.0 −0.5	0.21421E−01 −0.23567E−05	1.0 2.0
L_1	Liquid	−601680.1	129.2	193.41 — 3788503.94	0.0 −2.0	−0.36201 0.31998	1.0 2.0
L_1	Liquid	−606887.4	117.3	92.05	0.0		
G_1	Gas	−392459.0	276.9	62.36 67611239.30	0.0 −3.0	−695753	−2.0

注:$MgCl_2$ 液相第二个 c_p 是一个常数。

如气相 $MgCl_2$ 的 c_p 表达式为

$$c_p(G_1)=62.36-695753T^{-2}+67611239.30T^{-3}\text{J/(mol · K)}$$

若在菜单中键入 H,则可得到 $MgCl_2$ 在各温度范围的焓值。这里规定在 298.15K 时,稳定单质的焓值为"零"。如表 1-4 所示。

表 1-5 $MgCl_2$ 在各温度范围时的焓值

分子式：$MgCl_2$ 化合物：Magnesium Chloride（氯化镁） 摩尔质量：0.095211kg/mol			文献：128 单位：J（总压 100kPa）				
S_1	−676336.85		+54.5843	T	+0.10710E−01	T^2.0	298～2000
	+1112119.21	T^1.0	−0.78555E−06	T^3.0	+798.3534	T^0.5	298～2000
L_1	−658788.29		+193.408	T	−0.18100	T^0.2	298～660
	+3788503.93	T^1.0	+0.10666E−03	T^0.3			298～660
L_1	−634331.55		+92.0480	T			660～2500
G_1	−413006.15		+62.3641	T	+695753.73	T^1.0	298～6000
	−33805619.67	T^2.0					298～6000

将上述热力学数据用 REACTION 程序模块（反应模块），计算 $MgCl_2$ 的生成焓和相变焓（如图 1-3 所示）。

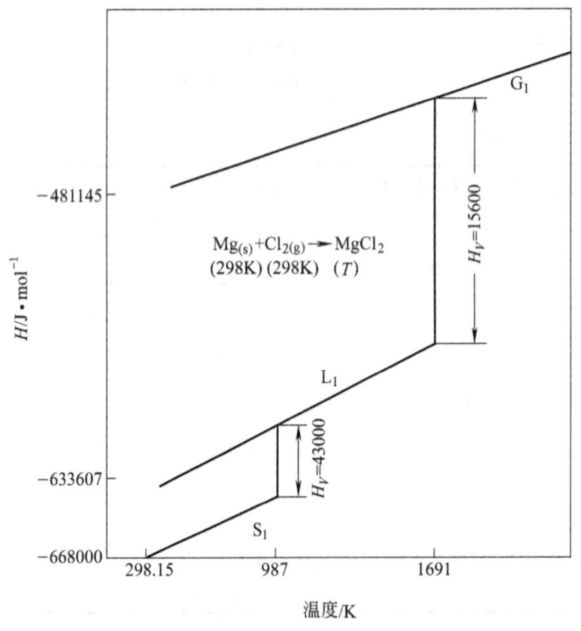

图 1-3 $MgCl_2$ 的生成焓和相变焓

1.4 标准吉布斯自由能变 $\Delta G^{\ominus}$ 的计算及其应用

在通常情况下，需采用范特霍夫（Van′t Hoff）等温式计算恒温条件下反应的 $\Delta_r G$。

$$\Delta_r G = \Delta_r G^{\ominus} + RT\ln Q \tag{1-18}$$

式中　Q——指定态下物质的压力比或活度比；

$\Delta_r G^{\ominus}$——标准状态下体系吉布斯自由能的变化。

$\Delta_r G$ 值越负，反应向指定方向进行的可能性越大。从式(1-18)可以看出，为计算 $\Delta_r G$ 必须首先计算 $\Delta_r G^{\ominus}$；由于 $\Delta_r G$ 与实际条件有关，而许多情况下反应的实际条件很复杂，难以计算 $\Delta_r G$，故又常常用 $\Delta_r G^{\ominus}$ 来进行近似分析。此外通过 $\Delta_r G^{\ominus} = -RT\ln K^{\ominus}$，又可以求出反应的标准平衡常数，从而知道反应进行的程度。因此，$\Delta_r G^{\ominus}$ 的计算具有重要的实际意义。

1.4.1　用积分法计算化合物的标准生成吉布斯自由能 $\Delta_f G^{\ominus}$ 或化学反应的标准自由能变 $\Delta_r G^{\ominus}$

当采用定积分时，根据吉尔霍夫(Kirchhoff)定律

$$\left[\frac{\partial(\Delta H_T^{\ominus})}{\partial T}\right]_p = \Delta c_p$$

可得

$$\Delta H_T^{\ominus} = \Delta H_{298}^{\ominus} + \int_{298}^{T} \Delta c_p \mathrm{d}T$$

同理有

$$\Delta S_T^{\ominus} = \Delta S_{298}^{\ominus} + \int_{298}^{T} \frac{\Delta c_p}{T} \mathrm{d}T$$

因为

$$\Delta G_T^{\ominus} = \Delta H_T^{\ominus} - T\Delta S_T^{\ominus}$$

故

$$\Delta G_T^{\ominus} = \Delta H_{298}^{\ominus} - T\Delta S_{298}^{\ominus} + \int_{298}^{T} \Delta c_p \mathrm{d}T - T\int_{298}^{T} \frac{\Delta c_p}{T} \mathrm{d}T \tag{1-19}$$

式中

$$\Delta c_p = \Delta a + \Delta bT + \Delta c(T)^2 + \Delta c'(T)^{-2}$$

将式(1-19)积分后可得

$$\Delta G_T^{\ominus} = \Delta H_{298}^{\ominus} - T\Delta S_{298}^{\ominus} - T(\Delta a M_0 + \Delta b M_1 + \Delta c M_2 + \Delta c' M_{-2}) \tag{1-20}$$

式中

$$M_0 = \ln\frac{T}{298} + \frac{298}{T} - 1$$

$$M_1 = \frac{(T-298)^2}{2T}$$

$$M_2 = \frac{1}{6}\left[(T)^2 + \frac{2\times 298^3}{T} - 3\times 298^2\right]$$

$$M_{-2} = \frac{(T-298)^2}{2\times 298^2 \times T^2}$$

式(1-20)称为焦姆金-席瓦尔兹曼(Темкин-Шварцман)公式，不同温度下的 M_0、M_1、M_2 及 M_{-2} 值均可从热力学手册中查出。

当采用不定积分时，根据吉布斯-亥姆霍兹(Gibbs-Helmholtz)方程式

$$\mathrm{d}\left(\frac{\Delta G_T^{\ominus}}{T}\right) = -\frac{\Delta H_T^{\ominus}}{T^2}\mathrm{d}T$$

$$\frac{\Delta G_T^{\ominus}}{T} = -\int \frac{\Delta H_T^{\ominus}}{T^2}\mathrm{d}T + C \tag{1-21}$$

式中 $\Delta H_T^\ominus = \int \Delta c_p \mathrm{d}T = \Delta H_0 + \Delta a T + \frac{\Delta b}{2}(T)^2 + \frac{\Delta c}{3}(T)^3 - \Delta c'(T)^{-1}$　(1-22)

将式(1-22)代入式(1-21)并积分得

$$\Delta G_T^\ominus = \Delta H_0 - \Delta a T\ln T - \frac{\Delta b}{2}(T)^2 - \frac{\Delta c}{6}(T)^3 - \frac{\Delta c'}{2}(T)^{-1} + IT \tag{1-23}$$

式(1-23)中 ΔH_0 及 I 为两个积分常数，一般可由 $T=298\text{K}$ 时的 $\Delta H_{298}^\ominus$ 及 $\Delta S_{298}^\ominus$ 通过式(1-22)及式(1-23)得到。

例题 1-6　求反应 $2\text{Fe}_{(s)} + \text{O}_{2(g)} = 2\text{FeO}_{(s)}$ 的 $\Delta_r G^\ominus$ 与 T 的关系式。

已知

$$c_{p,\text{FeO}} = 50.80 + 8.164\times10^{-3}T - 3.309\times10^5(T)^{-2}\ \text{J/(mol·K)}\quad(298\sim1650\text{K})$$

$$c_{p,\text{O}_2} = 29.96 + 4.184\times10^{-3}T - 1.67\times10^5(T)^{-2}\ \text{J/(mol·K)}\quad(298\sim3000\text{K})$$

$$c_{p,\text{Fe}} = 17.49 + 24.77\times10^{-3}T\quad \text{J/(mol·K)}\quad(273\sim1033\text{K})$$

$$\Delta_f H_{298,\text{FeO}}^\ominus = -272.04\text{kJ/mol};\ \Delta_f H_{298,\text{Fe}}^\ominus = 0\text{kJ/mol};\ \Delta_f H_{298,\text{O}_2}^\ominus = 0\text{kJ/mol}$$

$$S_{298,\text{FeO}}^\ominus = 60.75\text{J/(mol·K)};\ S_{298,\text{Fe}}^\ominus = 27.15\text{J/(mol·K)};\ S_{298,\text{O}_2}^\ominus = 205.04\text{J/(mol·K)}$$

解　$\Delta_r H_{298}^\ominus = \sum_i \nu_i \Delta_f H_{298,i}^\ominus = -544.08\text{kJ/mol}$

$$\Delta_r S_{298}^\ominus = \sum_i \nu_i S_{298,i}^\ominus = -137.48\text{J/(mol·K)}$$

$$\Delta_r G_{298}^\ominus = \Delta_r H_{298}^\ominus - 298\Delta_r S_{298}^\ominus = -544080 + 298\times137.84\text{J/mol} = -503003\text{J/mol}$$

$$\Delta c_p = 36.66 - 37.394\times10^{-3}T - 4.948\times10^5(T)^{-2}\text{J/(mol·K)}$$

所以　$\Delta a = 36.66\text{J/(mol·K)};\ \Delta b = -37.394\times10^{-3}\text{J/(mol·K}^2\text{)};\ \Delta c = 0;$

$$\Delta c' = -4.948\times10^5\text{J/(mol·K)}$$

将以上数据代入式(1-22)得

$$\Delta H_0 = -513928\text{J/mol}$$

将 $\Delta_r G_{298}^\ominus$，ΔH_0 及 Δa、Δb、$\Delta c'$ 代入式(1-23)得

$$-503003 = -513928 - 36.66\times298\times\ln298 + \frac{37.394\times10^{-3}}{2}\times298^2 + \frac{4.948\times10^5}{2\times298} + 298I$$

故　$I = 237\text{J/(mol·K)}$

从而得到 $\Delta_r G^\ominus$ 与 T 的关系式为

$$\Delta_r G^\ominus = -513928 - 36.66T\ln T + 18.70\times10^{-3}(T)^2 + 2.47\times10^5 T^{-1} + 237T\quad\text{J/mol}$$

用积分法求得的一般是 $\Delta_r G^\ominus$ 与 T 的多项式，对于实际系统常用二项式代替多项式。由多项式化为二项式常用的方法是数理统计中的最小二乘法。目前多采用微机处理计算 $\Delta_r G^\ominus$ 与 T 的多项式并进一步求出二项式。

1.4.2 由物质的标准生成吉布斯自由能 $\Delta_f G^\ominus$ 及标准溶解吉布斯自由能 $\Delta_{sol} G^\ominus$ 求化学反应的标准吉布斯自由能变化 $\Delta_r G^\ominus$

$\Delta_{sol} G^\ominus$ 为某一元素 i 溶解在溶剂中形成浓度 $w(i)$ 为 1%的溶液时自由能的变化。可以通

过 $\Delta_f G^\ominus$ 及 $\Delta_{sol} G^\ominus$ 求 $\Delta_r G^\ominus$，即

$$\Delta_r G^\ominus = \sum_i \nu_i \Delta_f G_i^\ominus (\text{或 } \Delta_{sol} G_i^\ominus) \tag{1-24}$$

例题 1-7 计算反应 $2[C]+\frac{2}{3}Cr_2O_{3(s)} = \frac{4}{3}[Cr]+2CO_{(g)}$ 的 $\Delta_r G^\ominus$ 与 T 的关系。

已知

$C_{(s)} = [C]_{1\%}$　　$\Delta_{sol} G_C^\ominus = (22590-42.26T)$　J/mol

$Cr_{(s)} = [C]_{1\%}$　　$\Delta_{sol} G_{Cr}^\ominus = (19250-46.86T)$　J/mol

$2Cr_{(s)}+\frac{3}{2}O_2 = Cr_2O_{3(s)}$　　$\Delta_f G_{Cr_2O_3}^\ominus = (-1120260+255.44T)$　J/mol

$C_{(s)}+\frac{1}{2}O_{2(g)} = CO_{(g)}$　　$\Delta_f G_{CO}^\ominus = (-116315-83.89T)$　J/mol

解 由(1-24)得

$$\Delta_r G^\ominus = \left(\frac{4}{3}\Delta_{sol} G_{Cr}^\ominus + 2\Delta_f G_{CO}^\ominus - 2\Delta_{sol} G_C^\ominus - \frac{2}{3}\Delta_f G_{Cr_2O_3}^\ominus\right)$$

$$= (494697-316.03T) \quad \text{J/mol}$$

1.4.3 由化学反应的标准平衡常数 $K^\ominus$ 求 $\Delta_r G^\ominus$

由 $\Delta_r G^\ominus = -RT\ln K^\ominus$ 可知，若通过实验测得几个温度下的标准平衡常数 $K^\ominus$，则可求出 $\Delta_r G^\ominus$ 与 T 的关系。

例题 1-8 实验测得反应 $Nd_2O_2S_{(s)} = 2[Nd]+2[O]+[S]$ 在三个温度下的标准平衡常数如下：

1823K　$K_{Nd_2O_2S}^\ominus = 9.33\times10^{-16}$　$\lg K_{Nd_2O_2S}^\ominus = -15.03$

1873K　$K_{Nd_2O_2S}^\ominus = 1.29\times10^{-14}$　$\lg K_{Nd_2O_2S}^\ominus = -13.89$

1933K　$K_{Nd_2O_2S}^\ominus = 1.62\times10^{-13}$　$\lg K_{Nd_2O_2S}^\ominus = -12.79$

用最小二乘法求得 $\lg K_{Nd_2O_2S}^\ominus$ 与 $1/T$ 的关系为

$$\lg K_{Nd_2O_2S}^\ominus = -\frac{70930}{T} + 23.91 (r=0.99)$$

由 $\Delta_r G^\ominus = -RT\ln K^\ominus = -2.303RT\lg K^\ominus$ 得

$$\Delta_r G_{Nd_2O_2S}^\ominus = (1358110-457.81T) \quad \text{J/mol}$$

1.4.4 由电化学反应的电动势求 $\Delta_r G^\ominus$

根据热力学推导

$$\Delta_r G^\ominus = -zEF$$

式中　z——电化学反应的得失电子数目；

E——电动势，V；

F——法拉第常数，96487 C/mol，可近似为 96500C/mol。

当参加反应的物质均处于标准态时，$\Delta_r G$ 即为 $\Delta_r G^\ominus$。

例题 1-9 利用 CaO 稳定的 ZrO_2 固体电解质浓差电池计算反应 $Fe_{(s)}+NiO_{(s)}=FeO_{(s)}+Ni_{(s)}$ 的 $\Delta_r G^\ominus$ 与温度 T 的关系，并利用所给 $\Delta_f G^\ominus_{FeO}$ 数据求出 $\Delta_f G^\ominus_{NiO}$ 与 T 的关系式。

已知电池设计如下：

(－) Pt|$Fe_{(s)}$,$FeO_{(s)}$|$ZrO_2\cdot CaO$|$NiO_{(s)}$,$Ni_{(s)}$|Pt(＋)

在不同温度下的电池电动势及 FeO 的标准生成吉布斯自由能数据见表 1-6。

表 1-6 不同温度下的 E 及 $\Delta_f G^\ominus_{FeO}$

温　度/K	E/mV	$\Delta_f G^\ominus_{FeO}$/J · mol^{-1}
1023	260	－197650
1173	276	－187900
1273	286	－181250
1373	296	－174770
1423	301	－171460

解 电池正极发生的反应为　$NiO_{(s)}+2e^-=Ni_{(s)}+O^{2-}$

电池负极发生的反应为　$Fe_{(s)}+O^{2-}=FeO_{(s)}+2e^-$

电池总反应为　$Fe_{(s)}+NiO_{(s)}=FeO_{(s)}+Ni_{(s)}$

由于参加反应的物质均为纯物质，故　$\Delta_r G=\Delta_r G^\ominus$

$\Delta_r G^\ominus=-zE^\ominus F$

将不同温度下电动势值代入上式即可得出不同温度下的 $\Delta_r G^\ominus$ 值。

由 $\Delta_r G^\ominus=\Delta_f G^\ominus_{FeO}-\Delta_f G^\ominus_{NiO}$ 可得

$$\Delta_f G^\ominus_{NiO}=\Delta_f G^\ominus_{FeO}-\Delta_r G^\ominus=\Delta_f G^\ominus_{FeO}+zE^\ominus F$$

将 $z=2$，$F=96500$ 以及不同温度下的 $\Delta_f G^\ominus_{FeO}$ 值及 $E^\ominus$ 值代入上式，即可计算出不同温度下的 $\Delta_f G^\ominus_{NiO}$ 如下：

温　度/K	1023	1173	1273	1373	1423
$\Delta_f G^\ominus_{NiO}$/J · mol^{-1}	－147470	－134632	－126052	－117642	－113367

用最小二乘法处理得 $\Delta_f G^\ominus_{NiO}=(-234630+85.23T)$　J/mol

1.4.5 由吉布斯自由能函数求 $\Delta_r G^\ominus$

热力学中将如下表达式称为焓函数

$$\frac{H^\ominus_T-H^\ominus_R}{T}$$

式中，$H^\ominus_R$ 一项为参考温度下物质的标准焓。对于气态物质，$H^\ominus_R$ 为 0K 时的标准焓，记为 $H^\ominus_0$；对于凝聚态物质，$H^\ominus_R$ 为 298K 时的标准焓，记为 $H^\ominus_{298}$。

由 $G^\ominus_T=H^\ominus_T-TS^\ominus_T$ 可得

$$\frac{G_T^\ominus - H_R^\ominus}{T} = \frac{H_T^\ominus - H_R^\ominus}{T} - S_T^\ominus \tag{1-25}$$

式中，$\frac{G_T^\ominus - H_R^\ominus}{T}$称为自由能函数，记为 fef。

使用自由能函数计算化学反应的 $\Delta_r G^\ominus$ 时，首先需计算出产物与反应物 fef 的差值，即 $\Delta fef = \sum \nu_i fef_i$

由　$$\Delta fef = \Delta\left(\frac{G_T^\ominus - H_R^\ominus}{T}\right) = \frac{\Delta G_T^\ominus}{T} - \frac{\Delta H_R^\ominus}{T} \text{ 得 } \Delta_r G_T^\ominus = \Delta_R H^\ominus + T \cdot \Delta fef \tag{1-26}$$

当参加反应的物质既有气态又有凝聚态时，则需将 $H_R^\ominus$ 统一。两种参考温度下 fef 的换算公式为

$$\frac{G_T^\ominus - H_{298}^\ominus}{T} = \frac{G_T^\ominus - H_0^\ominus}{T} - \frac{H_{298}^\ominus - H_0^\ominus}{T} \tag{1-27}$$

式(1-27)中各项均可从手册中查出。

例题 1-10　用吉布斯自由能函数法计算下述反应的 $\Delta_r G_{1000K}^\ominus$。

$$2Al_{(s)} + \frac{3}{2}O_{2(g)} = Al_2O_{3(s)}$$

已知 1000K 时下列数据：

物　质	$\frac{G_T^\ominus - H_{298}^\ominus}{T}$/J·mol^{-1}·K^{-1}	$\Delta H_{298}^\ominus$/J·mol^{-1}
$Al_{(l)}$	−42.7	0
$Al_2O_{3(s)}$	−102.9	−1672
物　质	$\frac{G_T^\ominus - H_0^\ominus}{T}$/J·mol^{-1}·K^{-1}	$H_{298}^\ominus - H_0^\ominus$/J·mol^{-1}
O_2	−212.12	8656.7

解　首先将气态 O_2 的 fef 值换算为 298K 时的 fef，即

$$\left[\frac{G_T^\ominus - H_{298}^\ominus}{T}\right]_{O_2} = \left(\frac{G_T^\ominus - H_0^\ominus}{T}\right)_{O_2} - \left(\frac{H_{298}^\ominus - H_0^\ominus}{T}\right)_{O_2} = -212.12 - \frac{8656.7}{1000}\text{J/(mol·K)}$$
$$= -220.78\text{J/(mol·K)}$$

$$\Delta fef = \sum_i \nu_i fef_i = fef_{Al_2O_3} - 2fef_{Al(l)} - \frac{3}{2}fef_{O_2}$$
$$= -102.9 - 2\times(-42.7) - \frac{3}{2}\times(-220.78)\text{J/(mol·K)}$$
$$= 313.67\text{J/(mol·K)}$$

所以　$$\Delta_r G_T^\ominus = \Delta G_{298}^\ominus + T\Delta fef = -1672\times1000 + 1000\times313.67\text{J/mol}$$
$$= -1358.33\text{kJ/mol}$$

若用 fef 计算化学反应 $\Delta_r G^\ominus$ 与 T 的二项式关系，则需求出各个温度下反应的 Δfef 及

$\Delta_r G^\ominus$，然后用回归法求出 $\Delta_r G^\ominus = A + BT$。为简单起见，也可求出指定温度范围内 Δfef 的平均值 $\Delta \overline{fef}$，则 $\Delta_r G_T^\ominus = \Delta H_{298}^\ominus + T\Delta \overline{fef}$。

1.4.6 由物质的相对摩尔吉布斯自由能 $G_i^\ominus$ 求 $\Delta_r G^\ominus$

从相关热力学数据表可查出各物质的相对摩尔吉布斯自由能 $G_i^\ominus$ 值。对于一个化学反应，其 $\Delta_r G^\ominus$ 可按下式计算：

$$\Delta_r G^\ominus = \sum_i \nu_i G_i^\ominus \tag{1-28}$$

例题 1-11 利用相对摩尔吉布斯自由能计算下述反应 1500K 时的 $\Delta_r G^\ominus$。

$$CO_{2(g)} + C_{(s)} = 2CO_{(g)}$$

解 查表得 1500K 时三种物质的 $G^\ominus$ 值(kJ/mol)为：

CO_2	$C_{(s)}$	CO
−769.82	−27.38	−444.29

所以
$$\begin{aligned}\Delta_r G_{1500K}^\ominus &= 2G_{CO}^\ominus - G_{CO_2}^\ominus - G_C^\ominus \\ &= 2\times(-444.29) - (-769.82) - (-27.38)\text{kJ/mol} \\ &= -91.38\text{kJ/mol}\end{aligned}$$

1.5 埃林汉(Ellingham)图及其应用

为了直观地分析和考虑各种元素与氧的亲和能力，了解不同元素之间的氧化和还原关系，比较各种氧化物的稳定顺序，埃林汉曾将氧化物的标准生成吉布斯自由能 $\Delta_f G^\ominus$ 数值折合成元素与 1mol 氧气反应的标准吉布斯自由能变化 $\Delta_r G^\ominus$ (J/molO$_2$)。即，将反应

$$\frac{2x}{y}M + O_2 = \frac{2}{y}M_xO_y$$

的 $\Delta_r G^\ominus$ 与温度 T 的二项式关系绘制成图，见图 1-4。该图又称为氧势图。

1.5.1 氧势图及其分析(氧化物)

图 1-4 给出多方面的热力学信息，下面分别叙述。

1.5.1.1 直线的斜率

将 $\Delta_r G^\ominus$ 与 T 的二项式关系 $\Delta_r G^\ominus = a + bT$ 对 T 微分得

$$(\partial \Delta_r G^\ominus / \partial T)_p = b = -\Delta S^\ominus$$

表明图 1-4 中直线的斜率即为反应 $\frac{2x}{y}M + O_2 = \frac{2}{y}M_xO_y$ 的标准熵变。当反应物质发生相变时，直线斜率也发生变化，表现在直线中出现转折点。

1.5.1.2 直线的位置

不同元素的氧化物 $\Delta_r G^\ominus$ 与 T 的关系构成位置高低不同的直线，由此可得出：

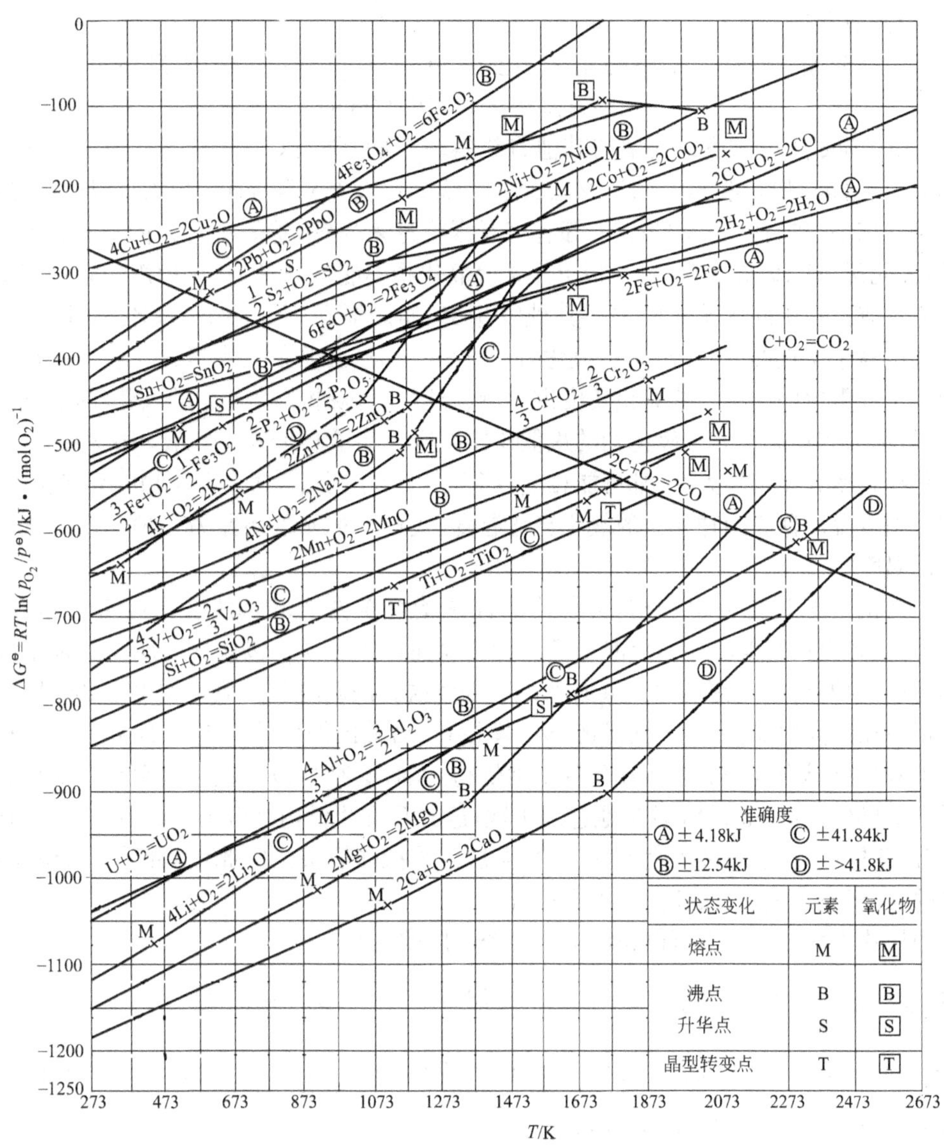

图 1-4　氧化物的 $\Delta_r G^{\ominus}$-T 关系图

(1) 位置越低，表明 $\Delta_r G^{\ominus}$ 负值越大，在标准状态下所生成的氧化物越稳定，越难被其他元素还原。

(2) 在同一温度下，若几种元素同时与氧相遇，则位置低的元素最先氧化。如 1673K 时，元素 Si、Mn、Ca、Al、Mg 同时与氧相遇时，最先氧化的是金属 Ca，然后依次为 Mg、Al、Si、Mn。

(3) 位置低的元素在标准状态下可以将位置高的氧化物还原。如 1600℃时，Mg 可以还原 SiO_2 得到液态硅。

$$2Mg_{(g)}+SiO_{2(s)}=Si_{(l)}+2MgO_{(s)}\qquad \Delta_rG^{\ominus}=(-514620+212.04T)\text{J/mol}$$

$$\Delta_rG^{\ominus}_{1873K}=-117469\text{J/mol}$$

(4) 由于生成 CO 的直线斜率与其他直线斜率不同，所以 CO 线将图分成三个区域。在 CO 线以上的区域，如元素 Fe、W、P、Mo、Sn、Ni、Co、As 及 Cu 等的氧化物均可以被 C 还原，所以在高炉冶炼中，矿石中若含 Cu、As 等有害元素将进入生铁，给炼钢带来困难。在 CO 线以下区域，如元素 Al、Ba、Mg、Ca 以及稀土元素等氧化物不能被 C 还原，在冶炼中它们以氧化物形式进入炉渣。在中间区域，CO 线与其他线相交，如元素 Cr、Nb、Mn、V、B、Si、Ti 等氧化物线。当温度高于交点温度时；元素 C 氧化，低于交点温度时，其他元素氧化。这一点在冶金过程中起着十分重要的作用。从氧化角度讲，交点温度称为碳和相交元素的氧化转化温度；从还原角度讲，称为碳还原该元素氧化物的最低还原温度。除了 CO 线以外，任何两种元素的氧化物的氧势线斜率若相差较大时，都可能相交，那么在交点温度下，两个氧化物的氧势相等，稳定性相同。则该温度称为两种元素的氧化转化温度，或称一种元素还原另一种元素的氧化物的最低还原温度。

从上面的分析讨论可以理解，为什么在高炉冶炼条件下，尽管铁矿内含有 CaO、MgO、Al_2O_3 或 BaO，但它们也从来不会被 C 还原为金属而进入生铁。包头铁矿所含的稀土氧化物也自然地进入炉渣。大冶铁矿的 Cu 必然地进入生铁。铁矿内 P 的氧化物也全部还原进入生铁。根据现在的高炉操作，包头铁矿的 Nb，攀枝花、马鞍山铁矿的 V 绝大部分进入生铁。含 Si 较高的灰口铁是在高炉高温操作条件下冶炼得到的，这时 C 以石墨状态存在。如果高炉采用较低温度操作，可以限制 Si 较少地进入生铁，这时 C 在生铁内结合为 Fe_3C 而成白口铁。对攀枝花含 Ti 铁矿，被还原进入生铁的 Ti 与高炉冶炼操作有关。因此，尽量采用低温操作，不使多量的 Ti 还原入铁，以保证高炉正常运行。

例如从热力学数据表中可以查出下面两个反应的 $\Delta_fG^{\ominus}$：

$$Mg_{(g)}+\frac{1}{2}O_2=MgO_{(s)}\qquad \Delta_fG^{\ominus}_{MgO}=(-731150+205.39T)\qquad \text{J/mol}(1500\sim2000\text{K})$$

$$2Al_{(l)}+\frac{3}{2}O_2=Al_2O_{3(s)}\qquad \Delta_fG^{\ominus}_{Al_2O_3}=(-1679880+321.79T)\qquad \text{J/mol}(1500\sim2000\text{K})$$

均折合成与 1 molO_2 反应的数值，即

$$2Mg_{(g)}+O_2=2MgO_{(s)}\qquad \Delta_rG^{\ominus}=(-1462300+410.78T)\qquad \text{J/mol}(1500\sim2000\text{K})$$

$$\frac{4}{3}Al_{(l)}+O_2=\frac{2}{3}Al_2O_{3(s)}\qquad \Delta_rG^{\ominus}=(-1119920+214.53T)\qquad \text{J/mol}(1500\sim2000\text{K})$$

两个反应的 $\Delta_rG^{\ominus}$ 相等时的温度即为 Mg 和 Al 的氧化转化温度 $T_{转}=1745\text{K}$。温度大于 1745K 时 Al_2O_3 稳定，小于 1745K 时 MgO 稳定。所以 1745K 是 Al 还原 MgO 的最低还原温度。

(5) 直接还原与间接还原。从图 1-4 还可分析氧化物被还原的方式，在高炉内氧化物被

焦炭还原的反应称直接还原反应。风口吹入的大量热空气，到高炉内即将一部分焦炭燃烧成CO气，含有CO的炉气上升时遇到铁矿石，CO能否起还原作用呢？我们知道

$$2CO+O_2 =\!=\!= 2CO_2;\Delta_r G^\ominus=(-558146+167.78T)\quad J/mol$$

和其他元素一样，可以把CO看做为一个元素。这样在CO氧化成为CO_2时的$\Delta_r G^\ominus$线之上的氧化物，其元素都可被CO从氧化物还原出来，例如Cu、As、Ni、Sn、Mo、P等元素。

$$2Ni_{(s)}+O_2 =\!=\!= 2NiO_{(s)};\Delta_r G^\ominus=(-476976+168.62T)\quad J/mol$$

所以 $$2CO+2NiO_{(s)} =\!=\!= 2Ni_{(s)}+2CO_2;\Delta_r G^\ominus=(-81170-0.84T)\quad J/mol$$

可以看出CO与氧化镍的反应$\Delta_r G^\ominus$在任何温度下都为负，该反应可以进行。用CO还原氧化物的反应称之为间接还原反应。

如图1-4所示，Cr、Mn、Nb、V、B、Si及Ti等氧化物生成的$\Delta_r G^\ominus$线都远在CO氧化为CO_2的$\Delta_r G^\ominus$线之下，所以如果铁矿石内含有这些元素的氧化物，它们不能被CO还原，而只能被C还原，使这些元素进入生铁。也就是说，这些元素是在高炉下部的高温熔炼区以直接还原方式进入生铁的。

在图1-4的温度范围内生成FeO的$\Delta_r G^\ominus$线在CO氧化为CO_2的$\Delta_r G^\ominus$线之下，这样(根据图1-4)CO是不能还原FeO的。但生产实践证明，当铁矿石自高炉炉顶加入，在下降过程预热中，即被上升的含有CO的炉气还原。如铁矿石是Fe_2O_3，即被CO先还原为Fe_3O_4，再由Fe_3O_4被CO还原为FeO，而大量的FeO又被CO还原为Fe。

尽管反应$2C_{(s)}+O_2=2CO$的$\Delta_r G^\ominus=(-114400-85.77T)$ J/mol直线斜率为负值，但却不能得出CO的稳定性随温度升高而增加的结论。事实正好相反，温度升高，CO(压力一定)的分解压增大。这是因为上述反应是放热的，温度升高，平衡向左移动所致。在比较同一种氧化物在低温和高温下的稳定性时，不属于恒温条件，故不能用反应的$\Delta_r G^\ominus$来判断。

1.5.2 铁液、铜液中元素氧化能力比较

图1-4是在参加反应的物质及生成物均为纯物质时绘出的。因而，对于有溶液参加的反应则不再适合。为了分析比较炼钢过程及铜、镍的氧化精炼过程中元素的氧化规律，也可绘制成铁液或铜液中元素被氧气直接氧化或被溶解态的氧间接氧化的氧势图，参看图1-5及图1-6。图1-5是反应$\frac{2x}{y}[M]+O_2=\frac{2}{y}M_xO_y$的$\Delta G^\ominus$与温度的关系图，图1-6是反应$\frac{2x}{y}[M]+2[O]=\frac{2}{y}M_xO_y$的$\Delta G^\ominus$与温度的关系图，[M]代表溶于铁(或铜)液中的元素，[M]和[O]都是以$w[M]=1\%$且符合亨利定律的状态为标准态(参见2.1.2.2)。这样，图1-5及图1-6的纵坐标应该为"$\Delta G^\ominus/(kJ/mol)$"，而不是"$\Delta G^\ominus/(kJ/(molO_2))$"。应注意，这里的mol指上述两个氧化反应(直接氧化和间接氧化)的反应进度为1mol。从图1-5(a)可以清楚地看出以下几点。

(1) [Cu]、[Ni]、[Mo]、[W]等氧化的$\Delta_r G_T^\ominus$线均在[Fe]线之上。因此，从热力学角度讲，

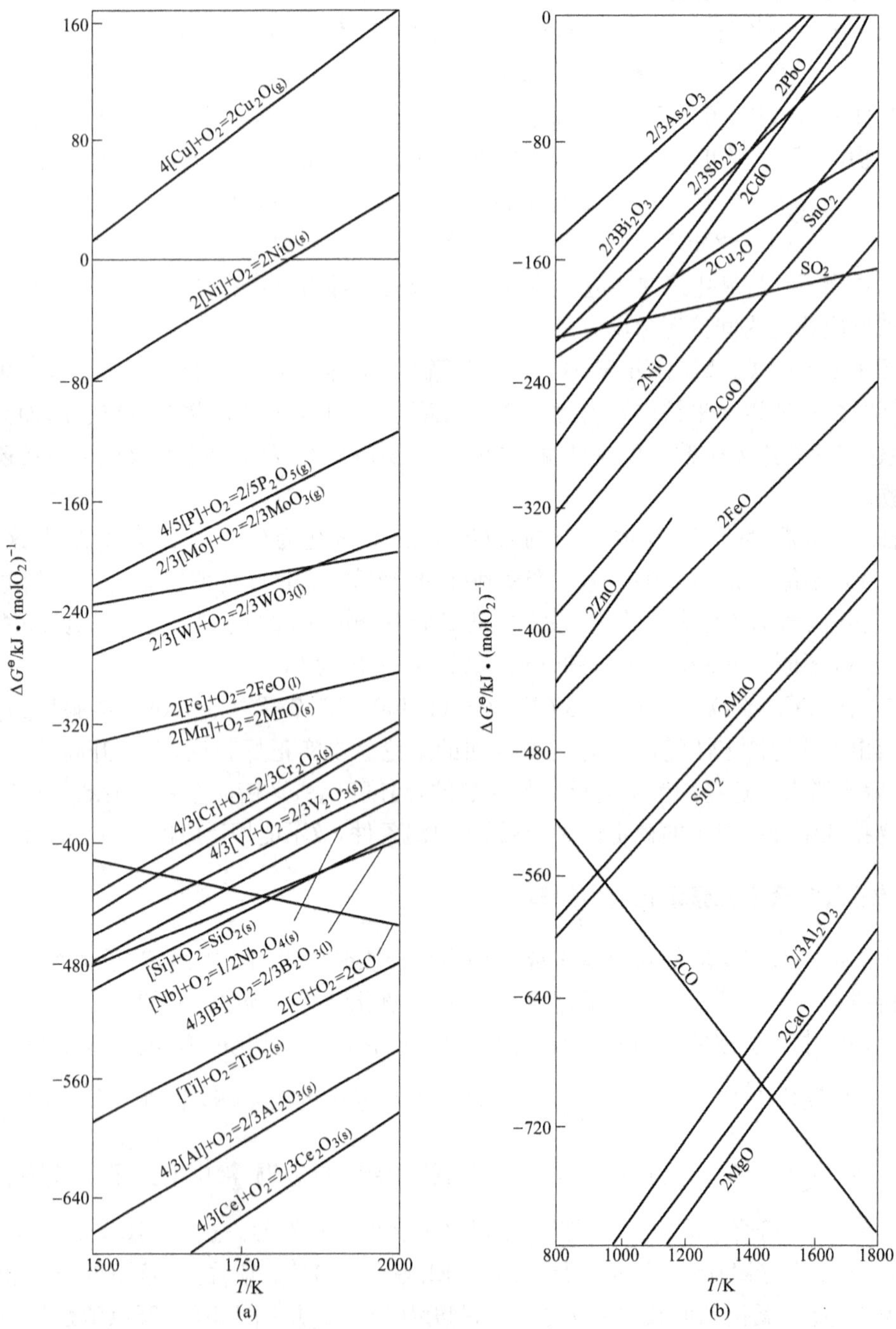

图 1-5　铁液、铜液中元素直接氧化的 $\Delta_r G^{\ominus}$ 与 T 关系图(相应于反应进度为 1mol)

(a)溶解于铁液中元素直接氧化的 $\Delta_r G_T^{\ominus}$；(b)溶解于铜液中元素直接氧化的 $\Delta_r G_T^{\ominus}$

吹氧时上述元素均不被氧化，而被[Fe]保护起来。故若铁水中含有[Cu]，用常规的炼钢方法是无法去除的，必须采取一些其他技术手段去除铜。[Ni]、[Mo]、[W]等均为合金元素，在电炉冶炼装料时可预先放在炉底，吹氧时它们不会被氧化。

（2）[P]的 $\Delta_r G_T^\ominus$ 线也在[Fe]线之上，吹氧不会使[P]氧化，铁水中的[P]只能通过造碱性渣去除一部分。

（3）[Si]、[B]、[Ti]、[Al]、[Ce]的 $\Delta_r G^\ominus$ 线均在[Fe]线之下，吹氧时最容易氧化，它们是强脱氧剂，同时又是合金元素，在炼钢中必须后加入。如在出钢前加入炉内或加在钢水包中或在浇注时加入。

（4）[Cr]、[Mn]、[Nb]等元素的 $\Delta_r G_T^\ominus$ 线与[C]氧化的 $\Delta_r G_T^\ominus$ 相交，并与C的氧化相互间有很大影响，这些元素的氧化程度随冶炼条件而不同，因此存在氧化转化温度。温度高于 $T_{转}$ 时[C]氧化，低于 $T_{转}$ 时元素氧化。该图不仅给出了炼钢过程元素氧化的一般规律，同时也对一些合金钢的冶炼工艺提供了理论依据。

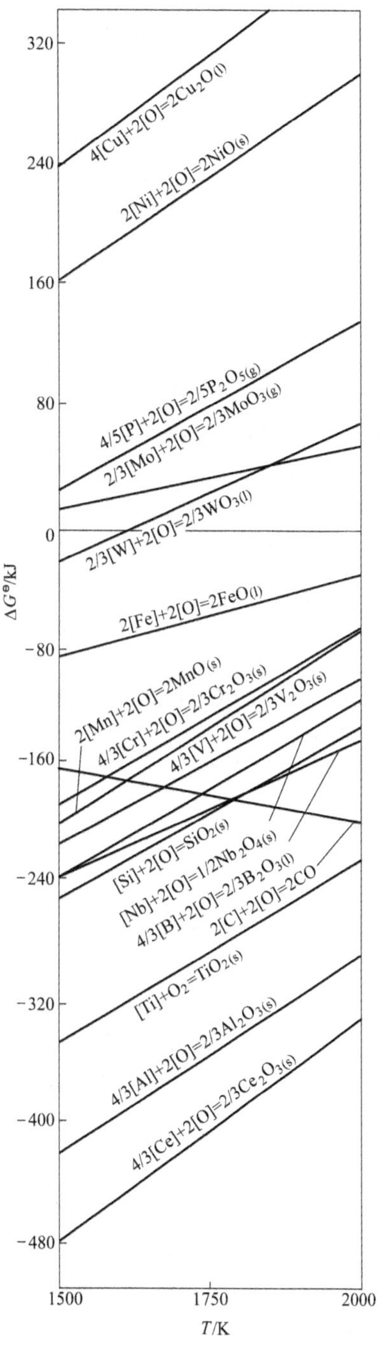

图1-6　溶解于铁液中元素以 w[O]间接氧化的 $\Delta_r G_T^\ominus$（相应于反应进度为1mol）

习　　题

1-1　计算氧气转炉钢熔池（受热炉衬为钢水量的10%）中，每氧化0.1%的[Si]使钢水升温的效果。若氧化后 SiO_2 与CaO成渣生成 $2CaO\cdot SiO_2$（渣量为钢水量的15%），需加入多少石灰（石灰中有效灰占80%），才能保持碱度不变（0.81kg），即 $R=\dfrac{w(CaO)}{w(SiO_2)}=3$；增加的石灰吸热多少（答案：1092.02kJ）？欲保持炉温不变，还须加入矿石多少千克？

已知：$SiO_2+2CaO=2CaO\cdot SiO_2$；$\Delta_r G_{298}^\ominus=-97.07$kJ

钢的比定压热容 $c_{p,\mathrm{st}}=0.84$kJ/(K·kg)；炉渣和炉衬的比定压热容，$c_{p,\mathrm{sl,fr}}=1.23$kJ/(K·kg)，石灰的比定压热容 $c_{p,\mathrm{lime}}=0.90$kJ/(K·kg)

（答案：111.11kg）

1-2　实验测得 $NaCl_{(s)}$ 的生成焓 $\Delta_f G_{298}^\ominus=-410.87$kJ，试用哈伯-波恩热化学循环法计算反应 $Na_{(s)}+\frac{1}{2}Cl_{2(g)}=NaCl_{(s)}$ 的生成焓。并与实验值加以比较。

已知 钠的升华热 $\Delta_s^g H_{Na}=108.78kJ$；双原子氯的解离热 $\Delta_d H_{Cl_2}=241.81kJ$。

1-3 已知下表数据，试计算 1800K 碳不完全燃烧生成 CO 反应的焓变。

不同温度时物质的摩尔焓　　kJ/mol

温度/K	物质					
	$C_{(石墨)}$	$O_{2(g)}$	$CO_{(g)}$	$CO_{2(g)}$	$H_{2(g)}$	$H_2O_{(g)}$
298	0	0	−110.50	−393.40	0	−242.50
400	1.051	3.059	−107.50	−389.40	2.937	−239.00
500	2.393	6.159	−140.60	−385.00	5.837	−235.50
1000	11.820	22.540	−88.820	−360.40	20.750	−216.50
1100	13.990	25.960	−85.570	−355.10	23.830	−212.30
1800	30.420	51.130	−61.550	−315.40	46.270	−180.50

（答案：$\Delta_r H_{1800}=-117.54kJ$）

1-4 指出 1000K 时，在标准状态下，下述几种氧化物哪一个最容易生成。

已知 各氧化物的标准生成吉布斯自由能如下：

MnO　　$\Delta_f G^\ominus=(-384930+76.36T)$　J/mol

Mn_2O_3　　$\Delta_f G^\ominus=(-969640+254.18T)$　J/mol

MnO_2　　$\Delta_f G^\ominus=(-52300+201.67T)$　J/mol

Mn_3O_4　　$\Delta_f G^\ominus=(-1384900+350.62T)$　J/mol

（答案：MnO）

1-5 在 298～932K（Al 的熔点）温度范围内，计算 Al_2O_3 的标准生成吉布斯自由能与温度的关系。

已知

$$\Delta H^\ominus_{298(Al_2O_3)}=-1673600J/mol$$

$$S^\ominus_{298(Al_2O_3)}=51.04J/(K\cdot mol)$$

$$S^\ominus_{298(Al)}=28.33J/(K\cdot mol)$$

$$S^\ominus_{298(O_2)}=205.13J/(K\cdot mol)$$

$$c_{p,Al_2O_3(s)}=(114.77+12.80\times10^{-3}T)\quad J/(K\cdot mol)$$

$$c_{p,Al(s)}=(20.67+12.39\times10^{-3}T)\quad J/(K\cdot mol)$$

$$c_{p,O_2}=(29.96+4.19\times10^{-3}T)\quad J/(K\cdot mol)$$

（答案：$\Delta_f G^\ominus_{Al_2O_3}=-1681280-28.49T\ln T+498.71T+9.13\times10^{-3}T^2 J/mol$）

1-6 利用气相与凝聚相平衡法求 1273K 时 FeO 的标准生成吉布斯自由能 $\Delta_f G^\ominus_{Fe_xO}$。

已知：反应 $FeO_{(s)}+H_{2(g)}=Fe_{(s)}+H_2O_{(g)}$ 在 1273K 时的标准平衡常数 $K^\ominus=0.668$

$$H_{2(g)}+\frac{1}{2}O_{2(g)}=H_2O_{(g)}\qquad \Delta_f G^\ominus_{H_2O}=-249580+51.11T\quad J/mol$$

（答案：$\Delta_f G^\ominus_{FeO}=-181150J/mol$）

1-7 利用电池

$(Pt\text{-}Rh)|Fe_{(s)}, FeO\cdot Al_2O_{3(s)}, Al_2O_{3(s)}|ZrO_2(CaO)_{(s)}|MoO_{2(s)}, Mo_{(s)}|(Pt\text{-}Rh)$

测得反应 $Fe_{(s)}+\frac{1}{2}O_{2(g)}+Al_2O_{3(s)}=FeO\cdot Al_2O_{3(s)}$

在 1373～1700K 的平衡氧分压为

$$\lg(p_{O_2}/p_a)=-\frac{3.128\times10^4}{T}+12.895$$

已知 $Mo_{(s)}+O_2 = MoO_{2(s)}$ $\Delta_f G^\ominus=(-578200+166.5T)$ J/mol

$2Al_{(l)}+\frac{3}{2}O_2 = Al_2O_{3(s)}$ $\Delta_f G^\ominus=(-1687200+326.8T)$ J/mol

试计算(1) $FeAl_2O_4$ 的标准生成吉布斯自由能 $\Delta_f G^\ominus$ 与 T 的关系式；

(2) 在 1600K 时上述电池的电动势为多少？

(答案：(1)$\Delta_f G^\ominus_{FeAl_2O_4}=(-1986660+402.38T)$ J/mol；(2)0.12V)

1-8 利用吉布斯自由能函数法计算下列反应在 1000K 时的 $\Delta_f G^\ominus$。

$$Mg_{(l)}+\frac{1}{2}O_{2(g)}=MgO_{(s)}$$

已知 1000K 时的下列数据

物质	$\frac{G_T^\ominus-H_{298}^\ominus}{T}$/J·mol^{-1}·K^{-1}	$\Delta H_{298}^\ominus$/kJ·mol^{-1}
$Mg_{(l)}$	−47.2	0
$MgO_{(s)}$	−48.1	−601.8
物质	$\frac{G_T^\ominus-H_0^\ominus}{T}$/J·mol^{-1}·K^{-1}	$H_{298}^\ominus-H_0^\ominus$/J·mol^{-1}
O_2	−212.12	8656.7

(答案：−492300J/mol)

1-9 用 Si 热法还原 MgO，即 $Si_{(s)}+2MgO_{(s)}=2Mg_{(s)}+SiO_{2(s)}$ 的标准吉布斯自由能与温度的关系为：$\Delta_r G^\ominus=(523000-211.71T)$ J/mol

试计算：(1) 在标准状态下还原温度；

(2) 若欲使还原温度降到 1473K，需创造什么条件？

(答案：(1)2470K；(2)$p_{Mg}<18.27$Pa)

1-10 已知 在 460～1200K 温度范围内，下列两反应的 $\Delta G^\ominus$ 与 T 的关系式如下

$3Fe_{(s)}+C_{(s)} = Fe_3C_{(s)}$ $\Delta_f G^\ominus=(26670-24.33T)$ J/mol

$C_{(s)}+CO_2 = 2CO$ $\Delta_f G^\ominus=(162600-167.62T)$ J/mol

问：将铁放在含有 CO_2 20%、CO75%、其余为氮气的混合气体中，在总压为 202.65kPa，温度为 900℃的条件下，有无 Fe_3C 生成？若要使 Fe_3C 生成，总压需多少？

(答案：不能生成 Fe_3C；$p_{总}>973.73$kPa)

1-11 计算反应 $ZrO_{2(s)}=Zr_{(s)}+O_2$ 在 1727℃时的标准平衡常数及平衡氧分压。指出 1727℃时纯 ZrO_2 坩埚在 1.3×10^{-3}Pa 真空下能否分解，设真空体系中含有 21%的 O_2。

已知 $ZrO_{2(s)}=Zr_{(s)}+O_{2(g)}$ $\Delta_r G^\ominus=1087600+18.12T\lg T-247.36T$ J/mol

(答案：$K^\ominus=2.4\times10^{-19}$，$p_{O_2,eq}=2.43\times10^{-14}$Pa，$ZrO_2$ 不会分解)

1-12 在 600℃下用碳还原 FeO 制取铁，求反应体系中允许的最大压力。

已知 $FeO_{(s)} = Fe_{(s)}+\frac{1}{2}O_{2(g)}$ $\Delta_r G^\ominus=(259600-62.55T)$ J/mol

$C_{(s)}+O_{2(g)} = CO_{2(g)}$ $\Delta_r G^\ominus=(-394100+0.84T)$ J/mol

$2C_{(s)}+O_{2(g)} = 2CO_{(g)}$ $\Delta_r G^\ominus=(-223400-175.30T)$ J/mol

(答案：最大压力为 20265Pa)

1-13 在 900～1200K 温度范围内，测得下列两个电池的电动势(mV)与温度(K)之间的关系为

(1) $Sn_{(s)}$，$SnO_{2(s)}$ | $ZrO_2 \cdot CaO_{(s)}$ | $NiO_{(s)}$，$Ni_{(s)}$　　$E(mV)=277.72-0.09544T$

(2) $Ni_{(s)}$，$NiO_{(s)}$ | $ZrO_2 \cdot CaO_{(s)}$ | $Cu_2O_{(s)}$，$Cu_{(s)}$　　$E(mV)=346.68-0.07046T$

已知　$Ni_{(s)}+\frac{1}{2}O_2 = NiO_{(s)}$　　$\Delta_f G^\ominus=(-235600+86.06T)$　J/mol

求　900～1200K 范围内 SnO_2 和 Cu_2O 的 $\Delta_f G^\ominus$ 与温度 T 的关系。

（答案：$\Delta_f G^\ominus_{SnO_2}=-578400+208.96T$　J/mol；$\Delta_f G^\ominus_{Cu_2O}=-168690+72.46T$　J/mol）

思　考　题

1-1 使用一种数据库语言，编制一个简单的小型数据库，收集 50 种无机化合物的热容、焓、熵和吉布斯自由能数据，完成化合物的反应焓和反应的吉布斯自由能变化计算功能。

2 真实溶液

在冶金过程的热力学计算中，常涉及溶液理论。描述稀溶液中的溶剂及理想溶液中任何一组元蒸气压规律的拉乌尔定律(Raoult's Law)以及描述稀溶液中具有挥发性的固体或液体溶质蒸气压规律的亨利定律(Henry's Law)，是两个最基本的定律。前者可表示为

$$p_i = p_i^* \cdot x_i \tag{2-1}$$

式中，p_i^* 为纯溶剂 i 的蒸气压或理想溶液中任一纯组元 i 的蒸气压，单位为 Pa；其值主要与温度有关，而压力的影响不大；p_i 为溶液中组元 i 的蒸气压，单位为 Pa；x_i 为组元 i 的摩尔分数，其定义为 $x_i = n_i/\Sigma n$，其中 n_i 为 i 组元的物质的量，单位为 mol，Σn 为各组元物质的量的总和。n_i 的定义为 $n_i = m_i/M_i$，m_i 为组元 i 的质量，M_i 为组元 i 的摩尔质量，单位为 kg/mol。

当使用摩尔分数表示浓度时，亨利定律可描述为

$$p_i = k_{\mathrm{H},i} \cdot x_i \tag{2-2}$$

使用质量分数表示浓度时，亨利定律可描述为

$$p_i = k_{\%,i} \cdot w[i]_{\%} \tag{2-3}$$

以上两式中，x_i 及 $w[i]_{\%}$ 为稀溶液中溶质的浓度；p_i 为溶质 i 的蒸气压；k_{H} 及 $k_{\%}$ 为亨利常数，单位为 Pa，其值与温度、压力、溶剂和溶质的性质有关。

需要指出的是，质量分数的定义为 $w[i] = m_i/\Sigma m$，其中 m_i 为 i 组元的质量，Σm 为各组元的质量总和。为了沿用已有的热力学数据与公式，同时又使用质量分数这一概念，本教材中引入质量百分数 $w[i]_{\%}$，其值等于 100 倍的 $w[i]$。例如，生铁中碳的质量分数为 3%，即 $w[\mathrm{C}] = 0.03 = 3\%$，则 $w[\mathrm{C}]_{\%} = 3$。

在真实溶液中，由于组成溶液的各组元的分子大小、结构以及同类分子之间或异类分子之间的作用力均变得比较复杂，其组元的蒸气压规律已不再符合拉乌尔定律及亨利定律。因此，用来描述理想溶液及稀溶液的热力学关系式，就不再适用于真实溶液。

2.1 活度与活度系数

2.1.1 活度概念的引入

图 2-1 中曲线 a 与 b 为真实溶液中组元 i 的蒸气压与浓度之间的关系曲线，直线 c 描述的是拉乌尔定律，而直线 d 及 e 描述的是亨利定律。可以看出，真实溶液中很大一部分浓度范围内，组元的蒸气压已不再符合拉乌尔定律及亨利定律。若从理论上寻求描述真实溶液中蒸气压与组元浓度之间的关系是十分困难的。因此，比较简单的方法是将真实溶液中组元的浓度

乘以一个系数，使之仍旧可以使用理想溶液及稀溶液的一些规律。

对于真实溶液，将式(2-1)中的 x_i 乘以一个系数 γ_i，使之重新符合拉乌尔定律，即

$$p_i = p_i^* \cdot (\gamma_i \cdot x_i) = p_i^* \cdot a_{R,i} \tag{2-4}$$

将式(2-2)及式(2-3)中的 x_i 及 $w[i]_{\%}$ 分别乘以系数 $f_{H,i}$ 及 $f_{\%,i}$，使之重新符合亨利定律，即

$$p_i = k_{H,i} \cdot (f_{H,i} \cdot x_i) = k_{H,i} \cdot a_{H,i} \tag{2-5}$$

$$p_i = k_{\%,i} \cdot (f_{\%,i} \cdot w[i]_{\%}) = k_{\%,i} \cdot a_{\%,i} \tag{2-6}$$

式(2-4)中，$a_{R,i}$ 称为拉乌尔活度，由于 x_i 无量纲，所以 $a_{R,i}$ 也是无量纲的；γ_i 称为拉乌尔活度系数。显然，当 $\gamma_i=1$ 时，式(2-4)就转化为式(2-1)，即图 2-1 中 a 线或 b 线与 c 线的重合部分。表明当 $x_i \to 1$ 时，真实溶液已符合拉乌尔定律。当 $\gamma_i>1$ 时，即图 2-1 中 a 线与 c 线的不重合部分，表明真实溶液中组元 i 的蒸气压对拉乌尔定律产生了正的偏差。当 $\gamma_i<1$ 时，即图 2-1 中 b 线与 c 线的不重合部分，表明真实溶液中组元 i 的蒸气压对拉乌尔定律产生了负的偏差。

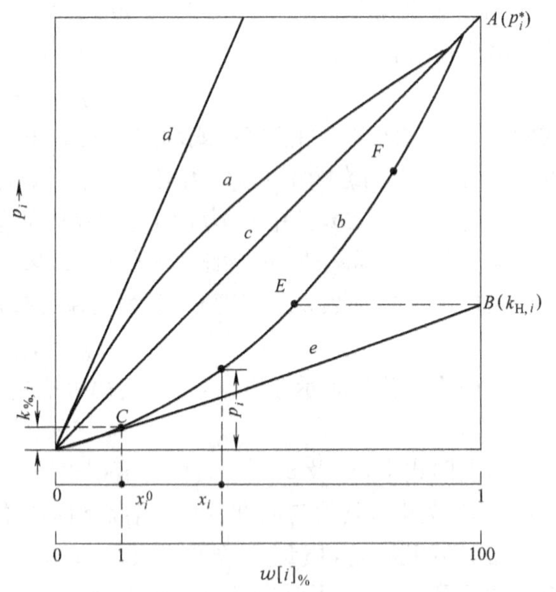

图 2-1　真实溶液中组元蒸气压与浓度的关系

式(2-5)及式(2-6)中，$a_{H,i}$ 及 $a_{\%,i}$ 称为亨利活度，其值也是无量纲的；$f_{H,i}$ 及 $f_{\%,i}$ 称为亨利活度系数。显然，当 $f_{H,i}=1$ 或 $f_{\%,i}=1$ 时，式(2-5)及式(2-6)就转化为式(2-2)及式(2-3)，即图 2-1 中 a 线与 d 线的重合部分或 b 线与 e 线的重合部分，表明当 $x_i \to 0$ 或 $w[i] \to 0$ 时，真实溶液已符合亨利定律。当 $f_{H,i}>1$ 或 $f_{\%,i}>1$ 时，即图 2-1 中 b 线与 e 线不重合部分，表明真实溶液的蒸气压对亨利定律(e 线)产生了正的偏差。当 $f_{H,i}<1$ 或 $f_{\%,i}<1$ 时，即图 2-1 中 a 线与 d 线不重合部分，表明真实溶液的蒸气压对亨利定律(d 线)产生了负的偏差。可以看出，真实溶液若对拉乌尔定律产生正的偏差，则对亨利定律必产生负的偏差，反之亦然。

2.1.2　活度的标准态与参考态

2.1.2.1　活度选取标准态的必要性

a　标准化学势 $\mu_i^\ominus$ 与标准态有关

活度的热力学表达式为

$$\mu_i = \mu_i^\ominus + RT\ln a_i \tag{2-7}$$

式中　μ_i ——组元 i 在溶液中的化学势；

$\mu_i^\ominus$——组元 i 的活度 a_i 等于 1 的标准化学势。

由于组元 i 的拉乌尔活度 $a_{R,i}$ 及亨利活度 $a_{H,i}$、$a_{\%,i}$ 在数值上各不相等，因此对于不同活度标准态所得标准化学势 $\mu_i^\ominus$ 也各不相同。当比较组元 i 在不同相（相Ⅰ及相Ⅱ）中的活动能力大小时，只能用 μ_i^{I} 和 μ_i^{II} 相比较，若 $\mu_i^{\text{I}} > \mu_i^{\text{II}}$，则表明组元 i 会从相Ⅰ向相Ⅱ迁移，直到 $\mu_i^{\text{I}} = \mu_i^{\text{II}}$ 为止，即组元在两相中达到平衡。如果用组元 i 的活度 a_i 进行比较，必须在 $\mu_i^\ominus$ 相同的前提下才能进行。从式(2-7)可以看出，当 $\mu_i^\ominus$ 相同时，μ_i^{I} 与 μ_i^{II} 的大小就反映了 a_i^{I} 及 a_i^{II} 的大小。所以活度本身是个相对值，若比较其大小，必须指出是以什么标准态计算出的活度，否则活度就无法比较，化学势也就无法比较。

b 标准吉布斯自由能变化 $\Delta_r G^\ominus$ 及标准平衡常数 $K^\ominus$ 与标准态有关

对于任意一化学反应

$$aA + bB = cC + dD$$

若想判断反应的方向、趋势及限度，必须计算该反应的吉布斯自由能变化 $\Delta_r G$。由等温方程式可知

$$\Delta_r G = \Delta_r G^\ominus + RT\ln Q = -RT\ln\frac{a_C^c \cdot a_D^d}{a_A^a \cdot a_B^b} + RT\ln\frac{a'^c_C \cdot a'^d_D}{a'^a_A \cdot a'^b_B} \tag{2-8}$$

式中 a_A、a_B、a_C、a_D——反应达到平衡时，参与反应物质 A、B、C、D 的活度；

a'_A、a'_B、a'_C、a'_D——某一指定条件下反应物质 A、B、C、D 的活度。

显然，当活度采取不同标准态计算时，活度商$\dfrac{a_C^c \cdot a_D^d}{a_A^a \cdot a_B^b}$是不同的，即 $\Delta_r G^\ominus$ 值是不同的。由 $\Delta_r G^\ominus = -RT\ln K^\ominus$ 可知，标准平衡常数 $K^\ominus$ 值也不同。故若用 $\Delta_r G^\ominus$ 判断不同化学反应的趋势大小时，必须指出活度标准态。由于式(2-8)中同一组元在平衡态和指定态的活度计算所采用的标准态必须一致。例如 a_A 与 a'_A 的标准态必须一致，所以计算所得 $\Delta_r G$ 值仍是相同的。即活度的标准态不同时，所得化学反应的 $\Delta_r G^\ominus$ 值不同，标准平衡常数 $K^\ominus$ 值不同，但 $\Delta_r G$ 值仍相同。因此，对同一个化学反应，组元的活度可选用任意的标准态，例如 a_A 和 a_B 的标准态可以不同，它不会影响对反应进行方向、趋势及限度的判断。

原则上讲，标准态可任意选取。例如可选图 2-1 中 F 点状态为标准态，则 $a_F = 1$，标准态蒸气压 $p_{标} = p_F$，组元 i 在其他浓度处的活度可表示为 $a_i = p_i / p_F$。然而上述这种标准态取法是不允许的。如同讲一座山的高度，以不同的平面作基准可得出不同的山高，山的高度是个相对值。但为了便于比较，地图上规定山的高度一律以海平面为准，称为海拔高度。活度的标准态也如此。因为活度概念的引出是基于拉乌尔定律和亨利定律，因此，标准态必须反映出这两个定律。以拉乌尔活度为例，从式(2-4)看，活度 $a_{R,i} = 1$ 时，$p_{标} = p_i^*$，而 p_i^* 正好是拉乌尔定律式(2-1)中 $x_i = 1$ 时的蒸气压。图 2-1 中 F 点的浓度值不为 1，故 F 点不能作为标准态。因此，活度的标准态可定义为："浓度的数值为 1 且符合拉乌尔定律或亨利定律，同时活度也为 1 的状态"。根据该活度标准态定义，冶金科学中常用的活度标准态有以下几种。

2.1.2.2 冶金科学中常用的活度标准态

a 纯物质标准态

纯物质标准态是指活度为1，摩尔分数也为1且符合拉乌尔定律的状态。也就是图2-1中A点状态。此时，标准态蒸气压$p_{标}=p_i^*$，即纯组元i符合拉乌尔定律时的蒸气压。由式(2-7)可知，标准态时化学势$\mu_i^\ominus=\mu_i^*$，即纯物质i的化学势。这是第一种标准态，常用于稀溶液中溶剂或熔渣中组元的活度。

b 亨利标准态

亨利标准态是指活度为1，摩尔分数也为1且符合亨利定律的状态。也就是图2-1中B点状态。此时，标准态蒸气压$p_{标}=k_{H,i}$，即纯组元i符合亨利定律时的蒸气压。显然这是一种假想状态，因为纯组元i不可能符合亨利定律。标准态时的化学势$\mu_i^\ominus=\mu_{H,i}^\ominus$，即当$x_i=1$仍符合亨利定律状态的化学势。这是第二种标准态，常用于稀溶液中溶质组元的活度。

由图2-1可以看出，b线表示的真实溶液中，当浓度为x_E时，其蒸气压p_E等于$k_{H,i}$，E点的活度$a_{H,i}^E=p_E/p_{标}=p_E/k_{H,i}=1$。但$E$点状态并不是标准态，因为$E$点已不符合亨利定律，或者说$x_E$不等于1。因此，只讲活度为1的状态是标准态还是不全面的，必须讲活度为1浓度也为1的状态才是标准态。

c $w[i]=1\%$溶液标准态

$w[i]=1\%$标准态是指活度为1，$w[i]$为1%且符合亨利定律的状态。也就是图2-1中C点状态。标准态蒸气压$p_{标}=k_{\%,i}$，即$w[i]$为1%且符合亨利定律时的蒸气压。标准态化学势$\mu_i^\ominus=\mu_{\%,i}^\ominus$，即当$w[i]=1\%$时符合亨利定律的化学势。这是第三种标准态，常用于稀溶液中溶质组元的活度。

特别需要指出，在$w[i]=1\%$溶液标准态中，C点指的是符合亨利定律的状态。若$w[i]_\%=1$时真实溶液已不再符合亨利定律，如图2-2中D点，则标准态仍然是假想$w[i]=1\%$时仍符合亨利定律的状态，即图2-2中C点状态。此时标准态蒸气压为C点处蒸气压p_C，而不是D点处蒸气压p_D。例如，有一组不同浓度蒸气压的实验数据，需要求以$w[i]=1\%$溶液为标准态活度时，必须首先判断$w[i]=1\%$时溶液是否符合亨利定律，不能不加判断地认为$w[i]=1\%$时的溶液的蒸气压就是标准态蒸气压。如果$w[i]=1\%$时溶液已不符合亨利定律，则为了求标准态蒸气压，须以理想稀溶液作为参考，即在$w[i]\to 0$时，$\lim\limits_{w[i]\to 0}\dfrac{a_{\%,i}}{w[i]_\%}=1$，也就是说真实溶液的活度系数$f_{\%,i}=1$。如图2-2中$H$点以下浓度段溶液。以这段溶液的浓度与蒸气压关系为参考，求出亨利

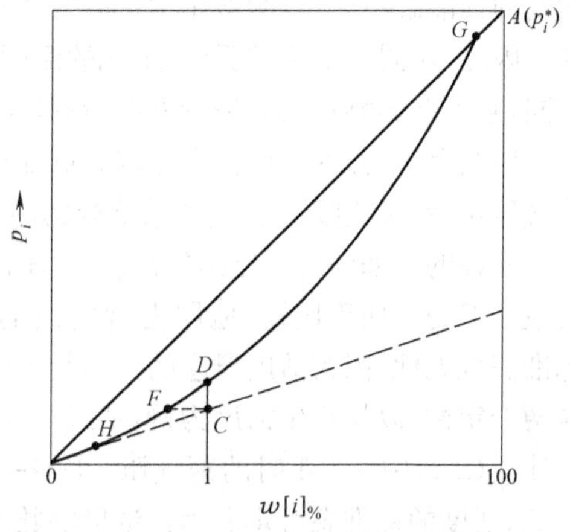

图2-2 真实溶液中组元蒸气压与浓度关系

常数，外推到 $w[i]=1\%$，即可求出标准态蒸气压 $k_{\%,i}$。H 点以下这段溶液，也就是实际溶液已符合亨利定律这段溶液称为参比溶液，或称为参考态。因此，参考态就是实际溶液活度系数为 1 的状态。

一般来讲，参考态主要是对亨利活度而设定的。因为稀溶液中纯溶质的蒸气压不符合亨利定律，而 $w[i]=1\%$ 时，也往往不符合亨利定律，因此，必须以理想稀溶液为参考，求出 $x_i=1$ 或 $w[i]=1\%$ 时的亨利常数 $k_{H,i}$ 或 $k_{\%,i}$。所以亨利活度的标准态常表述为"以假想纯物质仍符合亨利定律为标准态，以理想稀溶液为参考态；或以假想 $w[i]=1\%$ 时溶液仍符合亨利定律为标准态，以理想稀溶液为参考态"。

当然对于拉乌尔活度也有参考态，如图 2-2 中 G 点以上浓度段的实际溶液已符合拉乌尔定律，即当 $x_i\to1$ 时，$\lim\limits_{x_i\to1}\dfrac{a_{R,i}}{x_i}=1$，即实际溶液的活度系数 $\gamma_i=1$，那么该浓度段溶液也称为参考态。当实验数据中缺乏 p_i^* 的数值时，也可以从 GA 段溶液的浓度与蒸气压关系求出直线斜率，外推到 $x_i=1$ 即可求出标准态蒸气压 p_i^*。

如上所述，标准态就是浓度为 1，活度也为 1 的状态。标准态是个点状态，如图 2-1 中 A 点、B 点及 C 点的状态。参考态是线状态，如图 2-2 中 H 点以下浓度段及 G 点以上浓度段。

应指出，理想稀溶液中，溶质的浓度不为 1，活度也不为 1，而理想稀溶液中溶质的活度系数为 1，故理想稀溶液只是参考态，而不是标准态。

例题 2-1 1600℃时假设摩尔质量 $M_B=58.71\times10^{-3}$ kg/mol 的 B 组元溶于摩尔质量 $M_A=55.85\times10^{-3}$ kg/mol 的 A 熔体中，形成 A-B 液态合金。已知在不同浓度时，B 组元的蒸气压如下表所示，试用三种活度标准态分别求出 B 组元的活度及活度系数（只求 $w[B]=0.2\%$ 及 $w[B]=100\%$ 两种浓度）。

$w[B]$	0.1%	0.2%	0.5%	1.0%	2.0%	3.0%	100%
x_B	9.33×10^{-4}	1.87×10^{-3}	4.67×10^{-3}	9.34×10^{-3}	1.87×10^{-2}	2.81×10^{-2}	1
p_B/Pa	1	2	5	14	24	40	2000

解 (1) 以纯组元 B 为标准态

$$p_{标}=p_B^*=2000\text{Pa},\qquad a_{R,B}=\frac{p_B}{p_{标}}=\frac{p_B}{2000}$$

当 $w[B]=0.2\%$ 时，$a_{R,B}=\dfrac{2}{2000}=1\times10^{-3}$，$\gamma_B=\dfrac{a_{R,B}}{x_B}=\dfrac{1\times10^{-3}}{1.87\times10^{-3}}=0.54$

当 $w[B]=100\%$ 时，$a_{R,B}=\dfrac{2000}{2000}=1$，$\gamma_B=\dfrac{a_{R,B}}{x_B}=\dfrac{1}{1}=1$

(2) 以假想纯物质仍符合亨利定律为标准态，以理想稀溶液为参考态

此时必须以理想的稀溶液为参考求出亨利常数 $k_{H,B}$。由表中数据可以看出，在 $w[B]\leqslant0.5\%$ 时，[B]已遵从亨利定律，取最低浓度 $x_B=9.33\times10^{-4}$，对应的 $p_B=1$Pa。所以

$$k_{H,B}=\frac{p_B}{x_B}=\frac{1}{9.33\times10^{-4}}=1072\quad Pa$$

当 $w[B]=0.2\%$ 时，$a_{H,B}=\frac{p_B}{k_{H,B}}=\frac{2}{1072}=1.87\times10^{-3}$，$f_{H,B}=\frac{a_{H,B}}{x_B}=\frac{1.87\times10^{-3}}{1.87\times10^{-3}}=1$

当 $w[B]=100\%$ 时，$a_{H,B}=\frac{p_B}{k_{H,B}}=\frac{2000}{1072}=1.87$，　　$f_{H,B}=\frac{a_{H,B}}{x_B}=\frac{1.87}{1}=1.87$

(3) 以假想 $w[B]=1\%$ 时仍符合亨利定律为标准态，以理想稀溶液为参考态

由表中所给数据可以看出，当 $w[B]=1\%$ 时，$p_B=14Pa$，若以此求亨利常数，则 $k_{\%,B}=\frac{14}{1}=14\ Pa$。然而对于理想稀溶液，即 $w[B]=0.1\%$ 时，$p_B=1Pa$，$k_{\%,B}=\frac{1}{0.1}=10Pa$，二者不相等，说明 $w[B]=1\%$ 时，溶液已不符合亨利定律。所以此时标准态蒸气压 $p_{标}=k_{\%,B}=10Pa$ 而不是 14Pa。

当 $w[B]=0.2\%$ 时，$a_{\%,B}=\frac{p_B}{k_{\%,B}}=\frac{2}{10}=0.2$，$f_{\%,B}=\frac{a_{\%,B}}{w[B]_{\%}}=\frac{0.2}{0.2}=1$

当 $w[B]=100\%$ 时，$a_{\%,B}=\frac{p_B}{k_{\%,B}}=\frac{2000}{10}=200$，$f_{\%,B}=\frac{a_{\%,B}}{w[B]_{\%}}=\frac{200}{100}=2$

由此例题可以看出，对于同一浓度的组元 B，当采取三种标准态计算活度时，所得活度值各不相同；当 $x_B\to1$ 时，$\gamma_B\to1$，即合金中组元 B 已符合拉乌尔定律。组元 B 浓度降低时，$\gamma_B<1$，对拉乌尔定律产生负偏差；当 $w[B]\to0$ 时，$f_{H,B}\to1$，$f_{\%,B}\to1$，即稀溶液时组元 B 蒸气压已符合亨利定律，组元 B 浓度增加时，$f_{H,B}>1$，$f_{\%,B}>1$，对亨利定律产生了正偏差。

2.1.3 不同标准态活度及活度系数之间关系

当温度及溶液浓度一定时，溶液中 i 组元的蒸气压也是定值。但对于不同的标准态，i 组元的活度值各不相同，下面分别讨论三种标准态活度之间关系及活度系数之间关系。

2.1.3.1 纯物质标准态活度 $a_{R,i}$ 与亨利标准态活度 $a_{H,i}$ 之间关系

设组元 i 在浓度为 x_i 时蒸气压为 p_i

则由式(2-4)及式(2-5)可知

$$p_i=p_i^*\cdot a_{R,i},\qquad p_i=k_{H,i}\cdot a_{H,i}$$

由以上两式得

$$\frac{a_{R,i}}{a_{H,i}}=\frac{k_{H,i}}{p_i^*}$$

若令 $\frac{k_{H,i}}{p_i^*}=\gamma_i^0$，则

$$\frac{a_{R,i}}{a_{H,i}}=\gamma_i^0 \tag{2-9}$$

式(2-9)即为 $a_{R,i}$ 与 $a_{H,i}$ 之间的关系，其中 γ_i^0 是一个十分重要的热力学参数，应深入了解其物理意义。

2.1.3.2 纯物质标准态活度 $a_{R,i}$ 与 $w[i]=1\%$ 标准态活度 $a_{\%,i}$ 之间的关系

由式(2-4)及式(2-6)可得

$$p_i^* \cdot a_{R,i} = k_{\%,i} \cdot a_{\%,i}$$

$$\frac{a_{R,i}}{a_{\%,i}} = \frac{k_{\%,i}}{p_i^*} \tag{2-10}$$

式中，$k_{\%,i}$是当 i 组元浓度为 $w[i]=1\%$时的标准蒸气压。若令 $w[i]=1\%$所对应的摩尔分数为 x_i^0，则由图 2-1 中三角形相似关系可得：

$$\frac{k_{\%,i}}{x_i^0} = \frac{k_{H,i}}{1} \qquad 即 \qquad k_{\%,i} = k_{H,i} \cdot x_i^0$$

将上式代入式(2-10)中得

$$\frac{a_{R,i}}{a_{\%,i}} = \frac{k_{\%,i}}{p_i^*} = \frac{k_{H,i}}{p_i^*} \cdot x_i^0 = \gamma_i^0 \cdot x_i^0 \tag{2-11}$$

根据溶液中 i 组元的摩尔分数 x_i 与 $w[i]_{\%}$之间的关系

$$x_i = \frac{\dfrac{w[i]_{\%}}{M_i}}{\dfrac{w[i]_{\%}}{M_i} + \dfrac{100 - w[i]_{\%}}{M_1}} = \frac{w[i]_{\%} \cdot M_1}{w[i]_{\%}(M_1 - M_i) + 100M_i}$$

$$x_i = \frac{w[i]_{\%} \cdot M_1}{w[i]_{\%}\Delta M + 100M_i} \tag{2-12}$$

式中，M_1 为溶剂的摩尔质量；M_i 为组元 i 的摩尔质量；ΔM 为溶剂与组元 i 摩尔质量之差。

当溶液很稀，即 $w[i]_{\%} \to 0$ 时，或 M_1 与 M_i 相差很小，即 $\Delta M \to 0$ 时，$w[i]_{\%} \cdot \Delta M \ll 100M_i$，则式(2-12)可近似地写为

$$x_i = \frac{w[i]_{\%} \cdot M_1}{100M_i} \tag{2-13}$$

式(2-13)即为常用的摩尔分数 x_i 与质量百分数 $w[i]_{\%}$之间的关系。

当 $w[i]=1\%$时，$x_i = x_i^0$，则

$$x_i^0 = \frac{M_1}{100M_i} \tag{2-14}$$

将式(2-14)代入式(2-11)得

$$\frac{a_{R,i}}{a_{\%,i}} = \frac{M_1}{100M_i} \cdot \gamma_i^0 \tag{2-15}$$

式(2-15)即为 $a_{R,i}$与 $a_{\%,i}$之间的关系。

2.1.3.3 亨利标准态活度 $a_{H,i}$与 $w[i]=1\%$溶液标准态活度 $a_{\%,i}$之间的关系

用式(2-15)除以式(2-9)可得

$$\frac{a_{H,i}}{a_{\%,i}} = \frac{M_1}{100M_i} \tag{2-16}$$

式(2-16)即为 $a_{H,i}$与 $a_{\%,i}$之间的关系。

2.1.3.4 活度系数 γ_i 与 $f_{\%,i}$之间的关系

根据式(2-11) $\dfrac{a_{R,i}}{a_{\%,i}} = \gamma_i^0 \cdot x_i^0$ 得

$$\frac{\gamma_i \cdot x_i}{f_{\%,i} \cdot w[i]_{\%}} = \gamma_i^0 \cdot x_i^0$$

则 $$\gamma_i=\gamma_i^0\cdot f_{\%,i}\cdot\left(x_i^0\cdot\frac{w[i]_\%}{x_i}\right)$$

将式(2-13)及式(2-14)代入上式

$$\gamma_i=\gamma_i^0\cdot f_{\%,i}\cdot\left(\frac{M_1}{100M_i}\cdot\frac{w[i]_\%\cdot 100M_i}{w[i]_\%\cdot M_1}\right)$$

所以 $$\gamma_i=\gamma_i^0\cdot f_{\%,i} \tag{2-17}$$

2.1.3.5 γ_i 与 $f_{H,i}$ 之间的关系

由式(2-9)$\frac{a_{R,i}}{a_{H,i}}=\gamma_i^0$ 得 $$\frac{\gamma_i\cdot x_i}{f_{H,i}\cdot x_i}=\gamma_i^0$$

故 $$\gamma_i=\gamma_i^0\cdot f_{H,i} \tag{2-18}$$

从形式上看，式(2-17)与式(2-18)是一样的，但从前面的推导可知，式(2-17)是在 $w[i]\to 0$ 或 $\Delta M\to 0$ 条件下得出的，所以式(2-17)是一种近似关系。而式(2-18)是不带近似性的。

2.1.3.6 $f_{\%,i}$ 与 $f_{H,i}$ 之间的关系

由式(2-17)和式(2-18)可知，当 $w[i]\to 0$ 或 M_1 与 M_i 近似相等时，$f_{\%,i}=f_{H,i}$。所以对于亨利活度系数，可不区别 $f_{\%,i}$ 与 $f_{H,i}$，而统一用 f_i 表示即可。

2.1.3.7 γ_i^0 的物理意义

从以上推导可以看出，γ_i^0 在不同标准态活度及活度系数的换算中作用十分重要，其物理意义可归纳为以下几点：

(1) $\gamma_i^0=\frac{k_{H,i}}{p_i^*}$，即 γ_i^0 是两种标准态蒸气压之比；

(2) $\gamma_i^0=\frac{a_{R,i}}{a_{H,i}}$，即 γ_i^0 是两种标准态活度之比；

(3) $\gamma_i^0=\frac{\gamma_i}{f_i}$，即 γ_i^0 是两种标准态活度系数之比；

(4) 由 $\gamma_i=\gamma_i^0\cdot f_i$ 可知，对于稀溶液，溶质一般符合亨利定律，即 $f_i=1$，这样 $\gamma_i=\gamma_i^0$。

上述第 4 点说明，在稀溶液中，若溶质的活度以纯物质作标准态时，其活度系数 γ_i 即为 γ_i^0，这一点在活度计算中应用广泛。γ_i^0 可通过作图法($a_i\sim x_i$ 图或 $\gamma_i\sim x_i$ 图)、标准溶解吉布斯自由能法、α 函数法或利用正规溶液性质求出，其应用实例见本章例题 2-2 及 2-7。

2.1.4 组元 i 的标准溶解吉布斯自由能 $\Delta_{sol}G_i^\ominus$

当溶质组元 i 由纯物质(固态、液态或气态)溶解到某一溶剂(铁液、有色金属或炉渣)中形成标准态溶质(即 $a_i=1$)时，其溶解过程必然有一个标准吉布斯自由能的改变，即 $i=[i]$

$$\Delta_{sol}G_i^\ominus=\mu_i^\ominus-\mu_i^*$$

式中 μ_i^*——纯组元 i 的化学势；

$\mu_i^\ominus$——溶质 i 在溶液中的标准化学势。

显然，当标准态不同时，$\mu_i^\ominus$ 不同，$\Delta_{sol}G_i^\ominus$ 也不同。

(1) 当$[i]$以纯 i 作标准态时，则 $\mu_i^{\ominus}=\mu_i^*$

$$\Delta_{sol}G_i^{\ominus}=\mu_i^{\ominus}-\mu_i^*=\mu_i^*-\mu_i^*=0 \tag{2-19}$$

这里特别需要指出的是，溶液中$[i]$的标准态必须是以相对应的凝聚态纯 i 为标准，例如对于溶解反应 $i_{(l)}=[i]$

当$[i]$以纯液态 i 为标准态时　　$\Delta_{sol}G_i^{\ominus}=\mu_{i(l)}^*-\mu_{i(l)}^*=0$

而当$[i]$以纯固态 i 为标准态时　　$\Delta_{sol}G_i^{\ominus}=\mu_{i(s)}^*-\mu_{i(l)}^*$

式中　$\mu_{i(s)}^*$——纯固态 i 的化学势；

$\mu_{i(l)}^*$——纯液态 i 的化学势。

在熔点温度，$\mu_{i(s)}^*$ 与 $\mu_{i(l)}^*$ 相等，而在任意温度下，它们的差值为组元 i 在该温度下的标准熔化吉布斯自由能，故 $\Delta_{sol}G_i^{\ominus}$ 不等于零。

(2) $[i]$的标准态为亨利标准态时，则 $i=[i]$

$$\Delta_{sol}G_{H,i}^{\ominus}=\mu_{H,i}^{\ominus}-\mu_i^*$$

当$[i]$不处于标准态时，其溶液中$[i]$的化学势为：

$$\mu_i=\mu_i^*+RT\ln a_{R,i}\quad（纯\ i\ 为标准态）$$

或写为

$$\mu_i=\mu_{H,i}^{\ominus}+RT\ln a_{H,i}\quad（亨利标准态）$$

所以

$$\mu_i^*+RT\ln a_{R,i}=\mu_{H,i}^{\ominus}+RT\ln a_{H,i}$$

$$\mu_{H,i}^{\ominus}-\mu_i^*=RT\ln\frac{a_{R,i}}{a_{H,i}}=RT\ln\gamma_i^0$$

故

$$\Delta_{sol}G_{H,i}^{\ominus}=RT\ln\gamma_i^0 \tag{2-20}$$

(3) 当$[i]$以 $w[i]=1\%$ 溶液为标准态时，则

$$i=[i]_{\%},\Delta_{sol}G_{\%,i}^{\ominus}=\mu_{\%,i}^{\ominus}-\mu_i^*$$

由 $\mu_i^*+RT\ln a_{R,i}=\mu_{\%,i}^{\ominus}+RT\ln a_{\%,i}$得

$$\mu_{\%,i}^{\ominus}-\mu_i^*=RT\ln\frac{a_{R,i}}{a_{\%,i}}=RT\ln\left(\gamma_i^0\cdot\frac{M_1}{100M_i}\right)$$

故

$$\Delta_{sol}G_{\%,i}^{\ominus}=RT\ln\left(\gamma_i^0\cdot\frac{M_1}{100M_i}\right) \tag{2-21}$$

对于铁液 $M_1=M_{Fe}=55.85\times10^{-3}$kg/mol，则

$$\Delta_{sol}G_{\%,i}^{\ominus}=RT\ln\left(\gamma_i^0\cdot\frac{55.85\times10^{-3}}{100M_i}\right) \tag{2-22}$$

式(2-21)及式(2-22)将组元 i 的活度系数 γ_i^0 与以 $w[i]=1\%$ 溶液为标准态的标准溶解吉布斯自由能 $\Delta_{sol}G_{\%,i}^{\ominus}$联系起来，知道其中一个，便可以求出另一个。不同元素溶解在铁液中的 $\Delta_{sol}G_{\%,i}^{\ominus}$及 γ_i^0 值见附录 6。

例题 2-2　试求 1473K 时，粗铜氧化精炼除铁限度。反应式为

$$Cu_2O_{(s)}+[Fe]_{Cu液}=\!=\!=FeO_{(s)}+2Cu_{(l)} \tag{1}$$

已知 FeO 及 Cu_2O 的标准生成吉布斯自由能与温度的关系式分别为

$$\Delta_fG_{FeO}^{\ominus}=(-264430+64.6T)\quad J/mol$$

$$\Delta_f G^\ominus_{Cu_2O}=(-180750+78.1T)\quad J/mol$$

$$\gamma^0_{Fe}=19.5$$

解　第一种解法　铜液中的铁以纯固态铁为标准态。

由于题目给出了 γ^0_{Fe}，相当于给出了铁在铜液中以纯物质为标准态的活度系数 γ_{Fe}。

反应式(1)的标准吉布斯自由能变化为

$$\Delta_r G^\ominus_a=\Delta_f G^\ominus_{FeO}-\Delta_f G^\ominus_{Cu_2O}+2\Delta_f G^\ominus_{Cu}-\Delta_{sol} G^\ominus_{Fe}$$

式中铜为单质，所以 $\Delta_f G^\ominus_{Cu}=0$。

对于

$$Fe_{(s)}=[Fe]_{Cu}\tag{2}$$

由于以纯固态铁为标准态，故 $\Delta_{sol} G^\ominus_{Fe}$ 也为零。

由此得 $\Delta_r G^\ominus_a=\Delta_f G^\ominus_{FeO}-\Delta_f G^\ominus_{Cu_2O}=(-264430+64.6T)-(-180750+78.1T)$

$$=(-83680-13.5T)\quad J/mol$$

1473K 时，　$\Delta_r G^\ominus_a=-103566\quad J/mol$

由 $\Delta_r G^\ominus_a=-RT\ln K^\ominus_a$ 得

$$\lg K^\ominus_a=-\frac{\Delta_r G^\ominus_a}{2.303RT}=\frac{103566}{2.303\times 8.314\times 1473}=3.67$$

$$K^\ominus_a=\frac{1}{a_{[Fe]}}=\frac{1}{\gamma_{Fe}\cdot x_{Fe}}$$

因为铁在铜液中为稀溶液，$f_{Fe}\to 1$，$\gamma_{Fe}=\gamma^0_{Fe}$

所以

$$K^\ominus_a=\frac{1}{\gamma^0_{Fe}\cdot x_{Fe}}=4.68\times 10^3$$

$$x_{Fe}=\frac{1}{19.5\times 4.68\times 10^3}=1.1\times 10^{-5}$$

将 x_{Fe} 化为质量分数，根据式(2-13) $x_i=\dfrac{w[i]_\%\cdot M_1}{100M_i}$

$$w[Fe]_\%=\frac{x_{Fe}\cdot 100M_{Fe}}{M_{Cu}}=\frac{1.1\times 10^{-5}\times 100\times 55.85\times 10^{-3}}{63.4\times 10^{-3}}$$

$$w[Fe]_\%=1.0\times 10^{-3}$$

故氧化精炼除铁限度为 $w[Fe]=0.001\%$。

第二种解法　铜液中铁以 $w[Fe]=1\%$溶液为标准态。

将式(1)与式(2)相加得：

$$Cu_2O_{(s)}+Fe_{(s)}=\!=\!=FeO_{(s)}+2Cu_{(l)}\tag{3}$$

1473K 时，$\Delta_r G^\ominus_c=-103566$ J/mol

对于溶解反应

$$Fe_{(s)}=[Fe]_{Cu,1\%}\tag{4}$$

由式(2-21)得　$\Delta_{sol} G^\ominus_d=RT\ln\left(\gamma^0_{Fe}\dfrac{M_{Cu}}{100M_{Fe}}\right)$

$$=8.314\times1473\ln\left(\frac{19.5\times63.4\times10^{-3}}{100\times55.85\times10^{-3}}\right)=-18470\text{J/mol}$$

反应式(3)减去反应式(4)得

$$Cu_2O_{(s)}+[Fe]_{Cu,1\%}=FeO_{(s)}+2Cu_{(l)} \tag{5}$$

1473K 时 $\Delta_r G_e^{\ominus}=-103566-(-18470)=-85096\ \text{J/mol}$

由 $\Delta_r G_e^{\ominus}=-RT\ln K_e^{\ominus}$ 得

$$\ln K_e^{\ominus}=-\frac{\Delta_r G_d^{\ominus}}{RT}=\frac{85096}{8.314\times1473}=6.948$$

所以 $K_e^{\ominus}=1.0\times10^3$

由 $K_e^{\ominus}=\frac{1}{a_{[Fe]}}=\frac{1}{f_{Fe}\cdot w[Fe]_{\%}}$ 得

$$w[Fe]_{\%}=\frac{1}{f_{Fe}\cdot K_d^{\ominus}}=\frac{1}{1\times10^3}=1.0\times10^{-3}\quad(f_{Fe}\approx1)$$

$$w[Fe]=0.001\%$$

两种解法所得结果相同。对于第一种解法，即以纯物质为标准态时，可不需要 $\Delta_{sol}G^{\ominus}$ 数据，但必须考虑 γ^0，因为稀溶液中溶质对拉乌尔定律往往产生较大的偏差，即 $\gamma\neq1$，而 f 可认为是 1，所以 $\gamma^0\neq1$。对于第二种解法，即以 $w[i]=1\%$溶液为标准态时，活度系数 f 可看做 1，不会引起大的误差，但计算标准平衡常数时必须考虑标准溶解吉布斯自由能 $\Delta_{sol}G^{\ominus}$。

2.1.5 多元系中组元活度系数的计算

当溶液中组元 i 的活度以 $w[i]=1\%$为标准态时，活度的表达式为

$$a_i=f_i\cdot w[i]_{\%}$$

在 Fe-i 二元系中，组元 i 的亨利活度系数 f_i 除了与温度有关外，还与 i 的浓度 $w[i]$有关，$w[i]$不同时，f_i 也不同。

当在 Fe-i 二元系中加入第三组元 j 后，组元 i 的活度系数除了与温度及 i 的浓度 $w[i]_{\%}$ 有关外，还与第三组元 j 的种类及浓度 $w[j]$有关。

多元系中，组元 i 的活度系数 f_i 可表示为

$$f_i=f_i^i\cdot f_i^j\cdot f_i^k\cdot f_i^m\cdots\cdots \tag{2-23}$$

式中 f_i^i 为 i 组元自身浓度变化对 f_i 的影响，f_i^j、f_i^k、f_i^m 等为其他组元浓度变化对 f_i 的影响。许多研究者通过实验测得大量的 f_i^j 与 $w[j]_{\%}$的关系数据，例如图 2-3 是铁液中第三组元[M]对硫的活度系数的影响结果。

将式(2-23)取对数得

$$\lg f_i=\lg f_i^i+\lg f_i^j+\lg f_i^k+\lg f_i^m+\cdots\cdots \tag{2-24}$$

将 $\left(\frac{\partial\lg f_i^j}{\partial w[j]_{\%}}\right)_{w[i];w[j]\to0}$ 定义为 e_i^j，称为定浓度活度相互作用系数，以下简称活度相互作用系数。其物理意义为，当铁液中组元 i 的浓度保持不变时，j 组元的质量分数每增加 1%时，所

引起 i 组元活度系数对数值的改变。

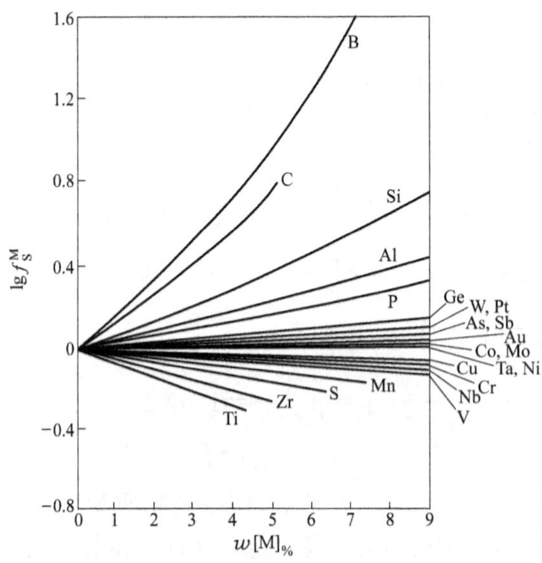

图 2-3　铁液中第三组元 M 对硫的活度系数影响

由于定义规定 $w[i]_\%$ 不变，所以 f_i^i 不变，这样

$$\frac{\partial \lg f_i}{\partial w[j]_\%}=\frac{\partial \lg f_i^i}{\partial w[j]_\%}+\frac{\partial \lg f_i^j}{\partial w[j]_\%}=0+\frac{\partial \lg f_i^j}{\partial w[j]_\%}$$

所以 $\left(\frac{\partial \lg f_i^j}{\partial w[j]_\%}\right)_{w[i];w[j]\to 0}$ 即是 $\left(\frac{\partial \lg f_i}{\partial w[j]_\%}\right)_{w[i];w[j]\to 0}$

需要指出，定义规定 $w[j]\to 0$。因为只有 $w[j]\to 0$ 时，$\lg f_i^j$ 与 $w[j]$ 才呈直线关系。而当 $w[j]$ 较大时，$\lg f_i^j$ 与 $w[j]$ 关系变成曲线，此时只用 e_i^j 还不能反映出组元 j 对 f_i 的影响，故又有二级活度相互作用系数及二级交叉活度相互作用系数概念。

对于 Fe-i-j…m 多元系，将式(2-24)展成级数，组元 i 活度采用 $w[i]=1\%$ 溶液标准态

$$\lg f_i=\lg f_i^0+\sum_{j=2}^{m}\frac{\partial \lg f_i}{\partial w[j]_\%}\cdot(w[j]_\%)+\sum_{j=2}^{m}\frac{1}{2}\frac{\partial^2 \lg f_i}{\partial w[j]_\%^2}\cdot(w[j]_\%)^2+\sum_{\substack{j,k=2\\ j<k}}^{m}\frac{\partial^2 \lg f_i}{\partial w[j]_\% \partial w[k]_\%}\cdot(w[j]_\% w[k]_\%)+\cdots \tag{2-25}$$

当 $w[i]\to 0$ 时，$f_i^0=1$，$\lg f_i^0=0$，故式(2-25)中第一项可去掉。

若组元 i 的活度采用纯物质标准态时，式(2-24)应写为

$$\ln\gamma_i=\ln\gamma_i^i+\ln\gamma_i^j+\ln\gamma_i^k+\ln\gamma_i^m+\cdots \tag{2-26}$$

将上式展成级数

$$\ln\gamma_i = \ln\gamma_i^0 + \sum_{j=2}^{m}\frac{\partial\ln\gamma_i}{\partial x_j}\cdot x_j + \sum_{j=2}^{m}\frac{1}{2}\frac{\partial^2\ln\gamma_i}{\partial x_j^2}\cdot x_j^2 + \sum_{\substack{j,k=2\\ j<k}}^{m}\frac{\partial^2\ln\gamma_i}{\partial x_j\partial x_k}\cdot x_j\cdot x_k + \cdots \tag{2-27}$$

当 $x_i\to 0$ 时，$\gamma_i\to\gamma_i^0$，而 γ_i^0 为一不为零的常数，故式(2-27)中第一项 $\ln\gamma_i^0$ 应保留。根据式(2-25)及式(2-27)得出如下定义：

当组元 i 以 $w[i]=1\%$ 溶液为标准态时，活度相互作用系数 $e_i^j=\dfrac{\partial \lg f_i}{\partial w[j]_{\%}}$

二级活度相互作用系数 $\gamma_i^j=\dfrac{1}{2}\dfrac{\partial^2\lg f_i}{\partial w[j]_{\%}^2}$

二级交叉活度相互作用系数 $\gamma_i^{j,k}=\dfrac{\partial^2\lg f_i}{\partial w[j]_{\%}\partial w[k]_{\%}}$

当组元 i 活度以纯物质为标准态时，活度相互作用系数 $\varepsilon_i^j=\dfrac{\partial\ln\gamma_i}{\partial x_j}$

二级活度相互作用系数 $\rho_i^j=\dfrac{1}{2}\dfrac{\partial^2\ln\gamma_i}{\partial x_j^2}$

二级交叉活度相互作用系数 $\rho_i^{j,k}=\dfrac{\partial^2\ln\gamma_i}{\partial x_j\partial x_k}$

因此，多元系中组元 i 的活度系数可表示为

$$\lg f_i = e_i^i w[i]_{\%} + e_i^j w[j]_{\%} + e_i^k w[k]_{\%} + \cdots + \gamma_i^i w[i]_{\%}^2 + \gamma_i^j w[j]_{\%}^2 + \gamma_i^k w[k]_{\%}^2 + \cdots + \gamma_i^{i,j} w[i]_{\%} w[j]_{\%} + \gamma_i^{i,k} w[i]_{\%} w[k]_{\%} + \gamma_i^{j,k} w[j]_{\%} w[k]_{\%} + \cdots \tag{2-28}$$

$$\ln\gamma_i = \ln\gamma_i^0 + \varepsilon_i^i x_i + \varepsilon_i^j x_j + \varepsilon_i^k x_k + \cdots + \rho_i^i x_i^2 + \rho_i^j x_j^2 + \rho_i^k x_k^2 + \cdots + \rho_i^{i,j} x_i x_j + \rho_i^{i,k} x_i x_k + \rho_i^{j,k} x_j x_k + \cdots \tag{2-29}$$

通常活度相互作用系数 e_i^j 反映了组元 j 与 i 之间的作用力性质。当组元 j 与 i 之间亲和力比较强时，j 的加入加强了对组元 i 的吸引作用，或者说加强了对组元 i 的牵制作用，使 i 组元活动能力下降，从而降低了组元 i 的活度系数，此时 e_i^j 为负值。组元 j 与 i 的亲和力越大，e_i^j 越负。例如，铝与氧的亲和力较强，e_O^{Al} 比较负，由附录 6 可知为－3.9。稀土元素对氧的亲和力比铝更大，所以 e_O^{RE} 的数值应比 e_O^{Al} 更负，若实验求出 e_O^{RE} 的数值不如 e_O^{Al} 负，说明实验不太准确。此外，由 $a_i=f_i w[i]_{\%}$ 可知，当 $w[i]$ 达到在该指定温度下 i 在铁液中的溶解度值时，a_i 为常数，f_i 与 i 在铁液中的溶解度成反比。因此，如若想提高组元 i 的溶解度，可加入少量使 f_i 降低的组元，即 e_i^j 为负值的组元。例如，$e_N^{Cr}=-0.046$，当向 Fe-N 溶液中加入 2%的金属铬时，可使 1873K、100kPa 的氮气在铁液中的溶解度由 0.04%增大到 0.05%。

e_i^j 的数据主要是通过实验测得 $\lg f_i^j$ 与 $w[j]$ 的关系曲线(如图 2-3)，然后在低浓度处作曲线切线，由切线斜率而得到。由于各研究者所做实验的浓度范围不同，因此所得 e_i^j 数值也不同。从理论上讲，实验浓度越低越好，但浓度太低会给样品分析带来困难。产生的误差也较

大。因此，排除试样中夹杂物的干扰并采用灵敏度高的分析方法，往往可以得到较为准确的 e_i^j 值。

活度相互作用系数之间存在如下几个关系

(1)
$$e_i^j=\frac{1}{230}\left\{(230e_j^i-1)\frac{M_i}{M_j}+1\right\} \tag{2-30}$$

式中，M_i 及 M_j 分别为第二组元 i 及第三组元 j 的摩尔质量，当 M_i 与 M_j 相差不大时，式(2-30)可简化为：
$$e_i^j=\frac{M_i}{M_j}e_j^i \tag{2-31}$$

(2)
$$e_i^j=\frac{1}{230}\left\{(\varepsilon_i^j-1)\frac{M_1}{M_j}+1\right\} \tag{2-32}$$

式(2-32)中 M_1 为溶剂组元的摩尔质量。当 M_1 与 M_j 相差不大时，式(2-32)可简化为：
$$e_i^j=\frac{1}{230}\frac{M_1}{M_j}\varepsilon_i^j \tag{2-33}$$

(3)
$$\varepsilon_j^i=\varepsilon_i^j \tag{2-34}$$

1600℃时溶于铁液中各元素的 e_i^j 见附录 7。

例题 2-3 在 2000K 下，含 $w[Al]=0.0105\%$ 的液态铁与氧化铝坩埚达到平衡，平衡用反应式 $Al_2O_{3(s)}=\!=\!=2[Al]+3[O]$ 表示。铁液中[Al]及[O]均以 $w[i]=1\%$ 溶液为标准态，其标准平衡常数为 $K^{\ominus}_{2000K}=3.16\times10^{-12}$，试计算熔体中残留氧含量。

已知 Fe-O 二元系中 $f_O^O=1$

Fe-Al 二元系中 $f_{Al}^{Al}=1$；$e_O^{Al}=-3.15$

Al 和 O 的摩尔质量分别为 $M_{Al}=26.98\times10^{-3}$ kg/mol，$M_O=16.00\times10^{-3}$ kg/mol

解 该反应的标准平衡常数为 $K^{\ominus}=\dfrac{a_{[Al]}^2\cdot a_{[O]}^3}{a_{Al_2O_3(s)}}$

Al_2O_3 可视为纯物质，其活度 $a_{Al_2O_3(s)}=1$

则
$$K^{\ominus}=a_{[Al]}^2\cdot a_{[O]}^3=f_{Al}^2\cdot w[Al]_{\%}^2\cdot f_O^3\cdot w[O]_{\%}^3$$

式中
$$f_O=f_O^O\cdot f_O^{Al},\ f_{Al}=f_{Al}^{Al}\cdot f_{Al}^O$$
$$\lg f_O=\lg f_O^O+\lg f_O^{Al}=0+e_O^{Al}w[Al]_{\%}$$
$$\lg f_{Al}=\lg f_{Al}^{Al}+\lg f_{Al}^O=0+e_{Al}^O w[O]_{\%}=\frac{M_{Al}}{M_O}\cdot e_O^{Al}\cdot w[O]_{\%}$$

将 $\lg f_O$ 及 $\lg f_{Al}$ 代入 $\lg K^{\ominus}$ 表达式
$$\lg K^{\ominus}=2\lg f_{Al}+2\lg w[Al]_{\%}+3\lg f_O+3\lg w[O]_{\%}$$
$$=2\cdot\frac{M_{Al}}{M_O}\cdot e_O^{Al}\cdot w[O]_{\%}+2\lg w[Al]_{\%}+3e_O^{Al}w[Al]_{\%}+3\lg w[O]_{\%}$$

2000K 时，

$$\lg 3.16\times10^{-12}=2\times\frac{26.98\times10^{-3}}{16.00\times10^{-3}}\times(-3.15)w[O]_{\%}+$$

$$2\lg 0.0105+3\times(-3.15)\times0.0105+3\lg w[O]_{\%}$$

整理后得 $\lg w[O]_{\%}-3.54w[O]_{\%}+2.48=0$

用牛顿迭代法解得 $w[O]_{\%}=0.0034$

例题 2-4 若铁钒溶液与固态 VO 平衡，其平衡氧分压为 $p_{O_2}=6.7\times10^{-6}\text{Pa}$，试计算以下不同标准态时铁液中钒的活度：

(1) 纯固态钒为标准态；

(2) 纯液态钒为标准态；

(3) 亨利标准态；

(4) $w[i]=1\%$ 溶液标准态。

已知 $V_{(s)}=\!=\!=[V]$ $\Delta_{sol}G^{\ominus}_{V(s)}=(-15480-45.6\ T)$ J/mol

$2V_{(s)}+O_{2(g)}=\!=\!=2VO_{(s)}$ $\Delta_r G^{\ominus}=(-861490+150.2T)$ J/mol

钒的熔点为 $T^{*}_{f,V}=2188\text{K}$，标准熔化焓 $\Delta_{fus}H^{\ominus}_{V}=17573$ J/mol

$M_{Fe}=55.85\times10^{-3}$ kg/mol，$M_V=50.94\times10^{-3}$ kg/mol

解 (1) 以纯固态钒为标准态

则 $V_{(s)}=[V]$的 $\Delta_{sol}G^{\ominus}_{V(s)}=0$ (1)

已知 $2V_{(s)}+O_{2(g)}=2VO_{(s)}$ $\Delta_r G^{\ominus}=(-861490+150.2T)$ J/mol (2)

由式(1)与式(2) 得

$$2[V]+O_{2(g)}=2VO_{(s)}\qquad \Delta_r G^{\ominus}=(-861490+150.2T)\quad \text{J/mol}$$

令
$$\Delta_r G=\Delta_r G^{\ominus}+RT\ln\frac{a^2_{VO(s)}}{a^2_{R,V(s)}\cdot(p_{O_2}/p^{\ominus})}=0$$

式中，VO 为纯固态，其活度为 1，则

$$\Delta_r G^{\ominus}=-RT\ln\frac{1}{a^2_{R,V(s)}\cdot(p_{O_2}/p^{\ominus})}$$

将 $T=1873\text{K}$ 及 $p_{O_2}=6.7\times10^{-6}\text{Pa}$ 代入得

$$a_{R,V(s)}=0.998\times10^{-3}$$

(2) 以纯液态钒为标准态

对于钒的熔化反应 $V_{(s)}=V_{(l)}$ (3)

其标准熔化吉布斯自由能为

$$\Delta_{fus}G^{\ominus}_{V}=\Delta_{fus}H^{\ominus}_{V}-T\frac{\Delta_{fus}H^{\ominus}_{V}}{T^{*}_{f,V}}$$

$$\Delta_{fus}G^{\ominus}_{V}=17573-T\frac{17573}{2188}=17573-8.03T\quad \text{J/mol}$$

由式(2)与式(3)得

$$2V_{(l)}+O_{2(g)}=\!=\!=2VO_{(s)}\qquad \Delta_r G^{\ominus}=-896636+166.26T\quad \text{J/mol}$$

对于液态钒的溶解反应 $V_{(l)}=[V]$ 其 $\Delta_{sol}G^{\ominus}_{V(l)}=0$

由此得
$$2[V]+O_{2(g)}=\!=\!=2VO_{(s)}$$

$$\Delta_r G^{\ominus}=(-896636+166.26T)=-RT\ln\frac{a^2_{VO(s)}}{a^2_{R,V(l)}\cdot(p_{O_2}/p^{\ominus})}\quad J/mol$$

当 $T=1873K$ 时,解得　$a_{R,V(l)}=8.50\times10^{-4}$

(3) 亨利标准态

当 $T=1873K$ 时,钒为固态。

由 $V_{(s)}=[V]$的 $\Delta_{sol}G^{\ominus}_{V(s)}=(-15480-45.6T)$　J/mol

求得
$$\Delta_{sol}G^{\ominus}_{V(s)}=RT\ln\gamma^0_V\frac{0.5585\times10^{-3}}{M_V}=RT\ln\gamma^0_V\frac{0.5585\times10^{-3}}{50.94\times10^{-3}}$$

$$\gamma^0_V=0.140$$

根据式(2-9)
$$\frac{a_{R,i}}{a_{H,i}}=\gamma^0_i$$

故
$$a_{H,V}=\frac{a_{R,V(s)}}{\gamma^0_V}=\frac{0.998\times10^{-3}}{0.140}=7.13\times10^{-3}$$

(4) $w[i]=1\%$ 溶液标准态

根据式(2-16)$\dfrac{a_{H,i}}{a_{\%,i}}=\dfrac{M_1}{100M_i}$得

$$a_{\%,V}=\frac{a_{H,V}\cdot100M_V}{M_{Fe}}=\frac{7.13\times10^{-3}\times100\times50.94\times10^{-3}}{55.85\times10^{-3}}$$

$$a_{\%,V}=0.650$$

近年来,随着计算机技术的发展,许多研究者利用不同的溶液模型,并结合一些热力学基本关系式,推导出计算任意二元系中组元活度及计算金属稀溶液中组元的活度系数和活度相互作用系数公式。这样就可以在不进行高温实验的情况下,用模型预测未知的组元活度系数及活度相互作用系数。其中利用 Miedema 生成热模型,并假定过剩熵为零所导出的铁液中组元活度系数 γ^0_i 及活度相互作用系数ε^i_i、ε^j_i 的工作,以及利用自由能体积理论、Miedema 生成热模型及 Toop 几何模型建立的三元系液态合金中的组元之间活度相互作用系数的计算模型工作,都取得了较好的结果。

2.2　二元系中组元活度的实验测定与计算

熔体中组元的活度是冶金生产过程中进行热力学分析必不可少的物理化学参数,因此,活度的测定与计算一直受到冶金科学工作者的重视。下面介绍几种比较常用的二元系中组元活度的实验测定方法及活度计算方法。

2.2.1　二元系中组元活度的实验测定

2.2.1.1　蒸气压法

用蒸气压法测定二元系中组元活度是一种最常用的方法。通过静态法(如沸点法、露点

法)或动态法(如气流携带法、喷射法)测量出二元系溶液上方某组元的蒸气压与浓度的关系后,即可求出溶液中该组元在不同浓度下的活度。

例题 2-5 实验测出 1903K 时硫在 Fe-S 溶液上方的饱和蒸气压如下:

$w[S]$	1.00%	0.80%	0.60%	0.40%	0.30%	0.20%	0.10%
p_S/Pa	12.07	10.42	8.16	5.68	4.31	2.91	1.46

试求不同浓度下,硫在 Fe-S 溶液中的活度。

解 以 $w[S]=1\%$ 溶液符合亨利定律为标准态,以理想稀溶液为参考态

在最低实验浓度点 $w[S]=0.1\%$ 时,$p_S=1.46$Pa

故
$$k_{\%,S}=\frac{p_S}{w[S]_{\%}}=\frac{1.46}{0.1}=14.6\text{Pa}$$

该 $k_{\%,S}$ 值即为标准态蒸气压,可见实际溶液 $w[S]=1\%$ 时蒸气压为 12.07Pa,已不符合亨利定律。

由 $p_S=k_{\%,S}\cdot a_{\%,S}$ 即可计算出各浓度时硫的活度如下:

$w[S]$	1.00%	0.80%	0.60%	0.40%	0.30%	0.20%	0.10%
$a_{\%,S}$	0.83	0.71	0.56	0.40	0.30	0.20	0.10

2.2.1.2 等蒸气压法

在一个密封容器内,用等蒸气压法可以同时测出一组二元合金中某一组元的活度,其实验装置示意图如下:

T_R		<		T_I		<	T_S
田	①	②	③	④	⑤	⑥	⑦
纯组元 B 例如 B=Ga 等 Mn Sb							A-B 合金 例如Ni-Ga 等 Ni-Sb Cu-Mn

将一组浓度各不相同的 A-B 二元合金①~⑦置于高温炉的不同部位。炉内温度从左向右逐渐升高,即 $T_R<T_I<T_S$。在炉子最左端放入纯组元 B(Ga、Mn、Sb 等)。这样在炉内存在一个 T_R 温度下纯组元 B 的饱和蒸气压 $p^*_{B(T_R)}$。经过一段时间后,炉内溶解反应达到平衡,以试样⑦为例,即

$$p_{B(T_S)}=p^*_{B(T_R)}$$

此平衡过程可作如下解释,若 $p^*_{B(T_R)}$ 大于 T_S 下试样⑦中组元 B 的蒸气压 $p_{B(T_S)}$,则将有气相中组元 B 向试样⑦中溶解,造成试样⑦中组元 B 浓度增加,而纯组元 B(T_R 处)挥发,T_R 处纯组元 B 数量减少。即发生 T_R 处组元 B 向 T_S 处试样⑦中迁移。最终由于试样⑦中组元 B 浓度增大,$p_{B(T_S)}$ 增加,与 $p^*_{B(T_R)}$ 达到平衡。反之,若 $p_{B(T_S)}$ 大于 $p^*_{B(T_R)}$,则发生组元 B 从试样⑦向 T_R 处纯组元 B 中迁移,试样⑦中组元 B 浓度下降,最终与 $p^*_{B(T_R)}$ 达到平衡。总之,T_R 处的 $p^*_{B(T_R)}$ 是不变的,它最终会与各个温度下试样①~⑦中组元 B 的蒸气压达到平衡。平衡时则有

$$a_{B(T_S)}=\frac{p_{B(T_S)}}{p^*_{B(T_S)}}=\frac{p^*_{B(T_R)}}{p^*_{B(T_S)}}$$

以及 $$a_{B(T_1)}=\frac{p_{B(T_1)}}{p^*_{B(T_1)}}=\frac{p^*_{B(T_R)}}{p^*_{B(T_1)}}$$ 等。

当纯组元 B 的蒸气压 p^*_B 与温度 T 的关系式 $p^*_B=f(T)$ 已知时，即可求出不同温度下试样①～⑦中组元 B 以纯物质为标准态的活度。

该方法的优点是一次实验可同时求出几种浓度下 A-B 合金中组元 B 的活度，结果比较准确，与相图符合得很好。其缺点是平衡时间比较长。

2.2.1.3 化学平衡法

用化学平衡法测定二元系中组元 i 的活度是冶金物理化学研究中常采用的一种经典方法。它既可以测定二元合金中组元 i 的活度，也可以测定熔渣中以及固溶体中组元 i 的活度。根据不同的研究目标，可以设计不同的化学平衡实验，例如

(1) 渣-金属-气相间平衡；

(2) 化合物的分解平衡；

(3) 分配平衡(包括液-液分配平衡，液-固分配平衡等)；

(4) 渣-金属液间平衡；

(5) 气相与凝聚相间平衡等。下面列举几种常见的平衡实验。

a 气相与凝聚相间平衡

该法是多年来一直沿用的经典方法，方法要点如下：

(1) 在一定温度下，做混合气体与铁液中某组元的平衡实验，如($CO+CO_2$)气体与铁液中[C]的平衡，(H_2+H_2S)气体与铁液中[S]的平衡等。实验时不断改变气体比例，如 p_{H_2}/p_{H_2S} 比，则对于平衡反应 $[S]+H_{2(g)}=H_2S_{(g)}$，可得到一组平衡值 K'，即

$K'=\frac{p_{H_2S}}{p_{H_2}}\cdot\frac{1}{w[S]_{\%}}$，而标准平衡常数为 $K^{\ominus}=\frac{p_{H_2S}}{p_{H_2}}\cdot\frac{1}{a_{[S]}}$

作 $\lg K'$ 对硫浓度 $w[S]_{\%}$ 的关系图。

(2) 将所得曲线进行线性回归并外推到 $w[S]\to 0$

则 $\lim\limits_{w[S]\to 0}\frac{a_{[S]}}{w[S]_{\%}}=1$($a_{[S]}$ 以 1%溶液为标准态)

因此 $\lim\limits_{w[S]\to 0}\lg K'=\lg K^{\ominus}$，从而求出 $K^{\ominus}$。

(3) 由 $K^{\ominus}=\frac{p_{H_2S}}{p_{H_2}}\cdot\frac{1}{a_{[S]}}$ 可求出不同 p_{H_2S}/p_{H_2} 比时，即不同硫浓度时硫的活度 $a_{[S]}$。

(4) 改变温度，可测出不同温度下硫的活度。

b 液-液分配平衡

利用分配系数测定组元活度是有色冶金中常使用的一种方法。当溶质 i 在互不相溶的两种溶剂Ⅰ和Ⅱ中达到平衡时，其化学势相等

$$\mu_i^{\mathrm{I}} = \mu_i^{\mathrm{II}}$$

当组元 i 的活度以纯 i 为标准态时，则有

$$\mu_i^* + RT\ln a_i^{\mathrm{I}} = \mu_i^* + RT\ln a_i^{\mathrm{II}}$$

故
$$a_i^{\mathrm{I}} = a_i^{\mathrm{II}}$$

$$\gamma_i^{\mathrm{I}} x_i^{\mathrm{I}} = \gamma_i^{\mathrm{II}} x_i^{\mathrm{II}}$$

或
$$\frac{\gamma_i^{\mathrm{I}}}{\gamma_i^{\mathrm{II}}} = \frac{x_i^{\mathrm{II}}}{x_i^{\mathrm{I}}}$$

式中 γ_i^{I} 及 γ_i^{II}——反应达到平衡时组元 i 在两相中的活度系数；

x_i^{I} 及 x_i^{II}——组元 i 在两相中的平衡浓度，其值可通过对试样的分析得出。

因此，若知道 γ_i^{I} 或 γ_i^{II} 中一个数值，即可求出另一个，从而求出不同浓度下组元 i 的活度。

c 渣—金属—气相间平衡

利用还原性气体或其他还原剂将渣中某一组元还原进入金属相，平衡后，将试样急冷，然后对渣和金属相进行分析，从而可测定出渣中组元活度。

例如对于反应 $(SiO_2) + 2H_{2(g)} = [Si]_{Fe} + 2H_2O_{(g)}$ (a)

目标是求不同渣浓度下 SiO_2 的活度 $a_{(SiO_2)}$

上述反应的标准吉布斯自由能变化为 $\Delta_r G_a^\ominus = -RT\ln \dfrac{a_{[Si]}}{a_{(SiO_2)}} \cdot \left(\dfrac{p_{H_2O}/p^\ominus}{p_{H_2}/p^\ominus}\right)^2$

该 $\Delta_r G_a^\ominus$ 可由下面三个反应的 $\Delta_r G^\ominus$ 求出：

$$SiO_{2(s)} + 2H_{2(g)} = Si_{(l)} + 2H_2O_{(g)} \quad (1)$$

反应(1)的 $\Delta_r G_1^\ominus$ 可由热力学手册查出：

$$Si_{(l)} = [Si] \quad (2)$$

当[Si]以纯液态 $Si_{(l)}$ 为标准态时，$\Delta_{sol} G_2^\ominus = 0$

$$SiO_{2(s)} = (SiO_2) \quad (3)$$

当(SiO_2)以纯 $SiO_{2(s)}$ 为标准态时，$\Delta_{sol} G_3^\ominus = 0$

所以，$\Delta_r G_a^\ominus$ 就等于 $\Delta_r G_1^\ominus$。

实验分两步进行，第一步先求 Fe-Si 溶液中不同硅浓度 x_{Si} 时[Si]的活度 $a_{[Si]}$。可用 SiO_2 坩埚做实验，气相为 $H_2O_{(g)}$ 和 $H_{2(g)}$ 的混合气体。其反应为

$$SiO_{2(s)} + 2H_{2(g)} = [Si]_{Fe} + 2H_2O_{(g)}$$

由于使用纯 SiO_2 坩埚，所以 $a_{(SiO_2)} = 1$。反应的标准平衡常数为

$K^\ominus = \left(\dfrac{p_{H_2O}}{p_{H_2}}\right)^2 \cdot a_{[Si]}$，其值可由 $\Delta_r G_a^\ominus$ 求出。

实验时，不断改变 p_{H_2O}/p_{H_2} 比值，即相当于不断改变铁液中硅的浓度 x_{Si}，从而可求出不同 x_{Si} 时硅的活度 $a_{[Si]}$，作 $a_{[Si]} \sim x_{Si}$ 关系图。

第二步再求二元渣系中(SiO_2)的活度 $a_{(SiO_2)}$。做反应(a)的平衡实验，由

$$\Delta_r G_a^\ominus = -RT\ln \frac{a_{[Si]}}{a_{(SiO_2)}} \cdot \left(\frac{p_{H_2O}/p^\ominus}{p_{H_2}/p^\ominus}\right)^2$$

可知，上式中 $\Delta_r G_a^\ominus$ 已经求出，分析试样中的 x_{Si}，根据 $a_{[Si]} \sim x_{Si}$ 关系图求出 $a_{[Si]}$，从而可求出不同 p_{H_2O}/p_{H_2} 比值下渣中(SiO_2)的活度 $a_{(SiO_2)}$。

2.2.1.4 电动势法

电动势法测定组元活度是近二十多年来常采用的一种方法。目前使用氧化物固体电解质可以成功地测量 Fe、Ag、Sn、Pb、Na 等金属液中氧的活度、固溶体及炉渣中组元的活度。

将固体电解质，如 CaO 部分稳定的 ZrO_2 固体电解质，置于不同氧分压之间，并用金属电极（Pt 或 Mo）连接时，则在电解质与电极之间发生电极反应，并分别建立不同的平衡电极电势，从而构成原电池，其电动势 E 的大小与电解质两侧氧分压有关，如图 2-4所示。因为两个电极的 p_{O_2} 值不同，所以建立的电极电势也不同，如此两个电极情况不同，而形成正、负极（原电池称正、负极，电解池称阴、阳极），电池反应为

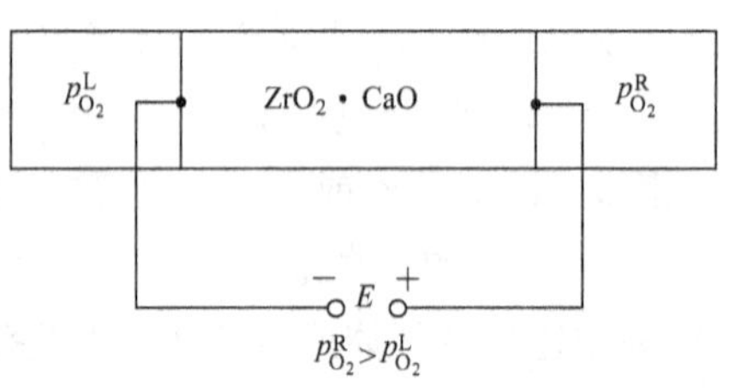

图 2-4 固体电解质氧浓差电池示意图

正极（还原），高氧分压侧 $O_2(p_{O_2}^R) + 4e = 2O^{2-}$

负极（氧化），低氧分压侧 $2O^{2-} - 4e = O_2(p_{O_2}^L)$

总的电池反应为 $O_2(p_{O_2}^R) = O_2(p_{O_2}^L)$

上述反应的吉布斯自由能变化为

$$\Delta_r G = (G_{O_2}^\ominus + RT\ln p_{O_2}^L/p^\ominus) - (G_{O_2}^\ominus + RT\ln p_{O_2}^R/p^\ominus)$$

式中，$G_{O_2}^\ominus$ 为氧的分压 $p_{O_2}/p^\ominus = 1$ 时的标准吉布斯自由能。

则 $$\Delta_r G = -RT\ln \frac{p_{O_2}^R}{p_{O_2}^L}$$

因为 $$\Delta_r G = -4EF$$

所以 $$4EF = RT\ln \frac{p_{O_2}^R}{p_{O_2}^L}$$

$$E = \frac{RT}{4F}\ln \frac{p_{O_2}^R}{p_{O_2}^L} \tag{2-35}$$

式中，$F = 96500\ C \cdot mol^{-1}$；$E$ 为电池平衡电动势，V。

所以，当测量出某一温度下电池电动势 E 值后，即可由已知一侧氧分压求出另一侧氧分压。这类电池称为固体电解质氧浓差电池。

对于钢液中氧活度的测量常使用下面两种电池：

（负极）$Pt|[O]_{Fe}|ZrO_2 \cdot CaO|Mo, MoO_2|Pt$（正极） (1)

（负极）$Pt|Cr, Cr_2O_3|ZrO_2 \cdot CaO|[O]_{Fe}|Pt$（正极） (2)

其中 Mo+MoO_2 及 Cr+Cr_2O_3 称为参比电极，其作用是提供一个稳定可靠的氧分压。电池(a)适用于测定铁液中高氧活度，电池(b)适用于测定铁液中低氧活度。

对于电池(a)，由附录 3 和附录 6 可查出下面的热力学数据

$$Mo_{(s)}+O_2 = MoO_{2(s)} \qquad \Delta_f G^{\ominus}=(-547270+142.97T) \quad J/mol$$

$$\frac{1}{2}O_2 = [O] \qquad \Delta_{sol} G^{\ominus}=(-117150-2.89T) \quad J/mol$$

电极反应　　正极　　$MoO_2(s)+4e^- = Mo_{(s)}+2O^{2-}$

　　　　　　负极　　$2O^{2-}-4e^- = 2[O]$

电池反应　　　　　　$MoO_{2(s)} = Mo_{(s)}+2[O]$

$$\Delta_r G^{\ominus}=2\times(-117150-2.89T)-(-547270+142.97T) \quad J/mol$$

$$=(312970-148.75T) \quad J/mol$$

因为　　$\Delta_r G=\Delta_r G^{\ominus}+RT\ln a_{[O]}^2$

所以　　$-4EF=312970-148.75T+2RT\ln a_{[O]}$

整理后得

$$\lg a_{[O]}=-\frac{(8173+10080E)}{T}+3.88 \qquad (2\text{-}36)$$

式(2-36)即为用 Mo+MoO_2 作参比极时，钢液中氧活度的计算公式。活度标准态为 1% 溶液符合亨利定律状态，理想稀溶液为参考态。公式中 E 的单位为 V。

对于电池(b)，已知

$$2Cr_{(s)}+\frac{3}{2}O_2 = Cr_2O_{3(s)} \qquad \Delta_f G^{\ominus}=(-1131980+256.69T) \quad J/mol$$

$$\frac{1}{2}O_2 = [O] \qquad \Delta_{sol} G^{\ominus}=(-117150-2.89T) \quad J/mol$$

电极反应　　正极　　$[O]+2e^- = O^{2-}$

　　　　　　负极　　$O^{2-}-2e^-+\frac{2}{3}Cr_{(s)} = \frac{1}{3}Cr_2O_{3(s)}$

电池反应　　　　　　$\frac{2}{3}Cr_{(s)}+[O] = \frac{1}{3}Cr_2O_{3(s)}$

$$\Delta_r G^{\ominus}=\frac{1}{3}\times(-1131980+256.69T)-(-117150-2.89T) \quad J/mol$$

$$=(-260177+88.45T) \quad J/mol$$

$$\Delta_r G=\Delta_r G^{\ominus}+RT\ln[1/a_{[O]}]$$

故　　$-2EF=-260177+88.45T+RT\ln\frac{1}{a_{[O]}}$

整理后得

$$\lg a_{[O]}=-\frac{(13588-10080E)}{T}+4.62 \qquad (2\text{-}37)$$

式(2-37)即为 Cr+Cr_2O_3 作为参比电极时，钢液中氧活度的计算公式，其中 E 的单位为 V。

当温度高及氧分压很低时，固体电解质会出现部分电子导电，此时应对式(2-35)进行

修正。

$$E=\frac{RT}{F}\ln\frac{p_{O_2R}^{1/4}+p_{e'}^{1/4}}{p_{O_2L}^{1/4}+p_{e'}^{1/4}} \tag{2-38}$$

式中，$p_{e'}$ 为固体电解质的特征氧分压，其值可由实验测定。此时对式(2-36)及式(2-37)也应相应地加以适当修正。

2.2.2 二元系中组元活度的计算

2.2.2.1 熔化自由能法

该法是从二元系共晶相图求算组元活度的一种方法，也称为冰点下降法，其原理如下。

设图 2-5 为某一 A-B 二元系共晶相图，欲求组元 A 在浓度为 x_A 时 T 温度下液态 AB 溶液中的活度 $a_{A(T)}^{(l)}$。可分为如下 a、b 两步进行。

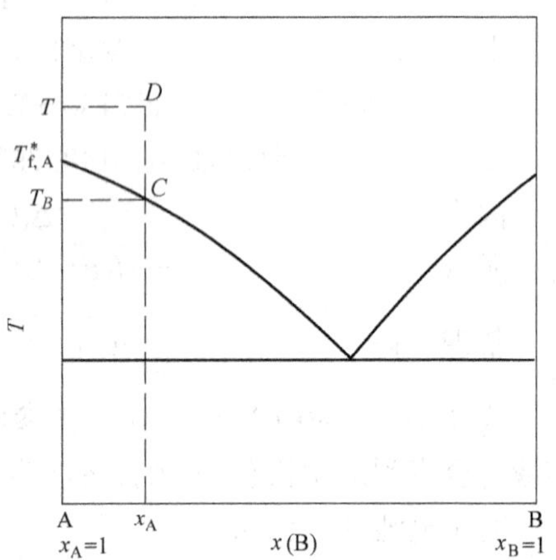

图 2-5 A-B 二元共晶相图

a 利用标准熔化吉布斯自由能求出液相线上组元 A 的活度 $a_{A(T_B)}^{(l)}$

在液相线上，即 C 点处(温度为 T_B)，溶液析出纯固态组元 A，所以液相中组元 A 与纯固态 A 平衡，其化学势相等。

$$\mu_A^{(l)}=\mu_A^{(S)}=\mu_A^{*(S)}$$

若溶液中组元 A 的活度以液相线温度 T_B 下纯液态 A 为标准态(即以过冷的液态 A 为标准态)时，

$$\mu_A^{(l)}=\mu_A^{*(l)}+RT\ln a_{A(T_B)}^{(l)}$$

所以

$$\mu_A^{*(l)}+RT\ln a_{A(T_B)}^{(l)}=\mu_A^{*(S)}$$

$$\mu_A^{*(l)}-\mu_A^{*(S)}=-RT\ln a_{A(T_B)}^{(l)}$$

上式左边为 T_B 温度下组元 A 的标准熔化吉布斯自由能，即

$$\Delta_{fus}G_{A(T_B)}^{\ominus}=-RT\ln a_{A(T_B)}^{(l)}$$

可用近似法求出 T_B 温度下的 $\Delta_{fus}G_{A(T_B)}^{\ominus}$。设纯固态 A 的熔点为 $T_{f,A}^*$，标准熔化焓为 $\Delta_{fus}H_A^{\ominus}$。

则在熔点处

$$\Delta_{fus}G_A^{\ominus}=\Delta_{fus}H_A^{\ominus}-T_{f,A}^*\cdot\Delta_{fus}S_A^{\ominus}=0$$

$$\Delta_{fus}S_A^{\ominus}=\frac{\Delta_{fus}H_A^{\ominus}}{T_{f,A}^*}$$

设 $\Delta_{fus}H_A^{\ominus}$ 与 $\Delta_{fus}S_A^{\ominus}$ 随温度变化不大，则 T_B 温度时的标准熔化吉布斯自由能为

$$\Delta_{fus}G_{A(T_B)}^{\ominus}=\Delta_{fus}H_A^{\ominus}-T_B\frac{\Delta_{fus}H_A^{\ominus}}{T_{f,A}^*}=\frac{\Delta_{fus}H_A^{\ominus}(T_{f,A}^*-T_B)}{T_{f,A}^*}$$

$$\frac{\Delta_{\text{fus}}H_{\text{A}}^{\ominus}\cdot\Delta T}{T_{\text{f,A}}^{*}}=-RT\ln a_{\text{A}(T_{\text{B}})}^{(\text{l})} \tag{2-39}$$

所以，只要知道纯组元 A 的熔点 $T_{\text{f,A}}^{*}$、熔点处的标准熔化焓 $\Delta_{\text{fus}}H_{\text{A}}^{\ominus}$ 以及冰点下降 ΔT，即可求出液相线上组元 A 的活度 $a_{\text{A}(T_{\text{B}})}^{(\text{l})}$ 及活度系数 $\gamma_{\text{A}(T_{\text{B}})}^{(\text{l})}$。

b 利用正规溶液性质求 T 温度下溶液中组元 A 的活度 $a_{\text{A}(T)}^{(\text{l})}$

根据正规溶液性质 $\ln\gamma$ 与 T 成反比，即

$$T_1\ln\gamma_{T_1}=T_2\ln\gamma_{T_2}$$

故 $$\ln\gamma_{\text{A}(T)}^{(\text{l})}=\frac{T_{\text{B}}\cdot\ln\gamma_{\text{A}(T_{\text{B}})}^{(\text{l})}}{T}$$ ，从而求出 $\gamma_{\text{A}(T)}^{(\text{l})}$

所以 $$a_{\text{A}(T)}^{(\text{l})}=\gamma_{\text{A}(T)}^{(\text{l})}\cdot x_{\text{A}}$$

2.2.2.2 斜率截距法

a 斜率截距法计算二元系中组元活度的基本原理

该方法的实质是由二元系溶液中体系的摩尔混合吉布斯自由能 $\Delta_{\text{mix}}G_{\text{m}}$ 求出两个组元的偏摩尔混合吉布斯自由能 $\Delta_{\text{mix}}G_{1,\text{m}}$ 及 $\Delta_{\text{mix}}G_{2,\text{m}}$

由于 $$\Delta_{\text{mix}}G_{\text{m}}=x_1\Delta_{\text{mix}}G_{1,\text{m}}+x_2\Delta_{\text{mix}}G_{2,\text{m}}$$

其中 $$\Delta_{\text{mix}}G_{1,\text{m}}=G_{1,\text{m}}-G_{1,\text{m}}^{*}$$

当以纯物质为标准态时，

$$\Delta_{\text{mix}}G_{1,\text{m}}=(G_{1,\text{m}}^{*}+RT\ln a_1)-G_{1,\text{m}}^{*}=RT\ln a_1$$

同理有 $$\Delta_{\text{mix}}G_{2,\text{m}}=RT\ln a_2$$

所以只要求出组元的偏摩尔混合吉布斯自由能，即可求出该组元的活度

b $\Delta_{\text{mix}}G_{\text{m}}$ 与 $\Delta_{\text{mix}}G_{1,\text{m}}$、$\Delta_{\text{mix}}G_{2,\text{m}}$ 关系推导

由 $x_2=\dfrac{n_2}{n_1+n_2}$ 得

$$\frac{\partial x_2}{\partial n_2}=\frac{\partial\left(\dfrac{n_2}{n_1+n_2}\right)_{T,P,n_1}}{\partial n_2}=\frac{1}{n_1+n_2}+n_2\left[-\frac{1}{(n_1+n_2)^2}\right]=\frac{n_1}{(n_1+n_2)^2}=\frac{x_1}{n_1+n_2}$$

所以 $$\frac{\partial x_2}{x_1}=\frac{\partial n_2}{n_1+n_2} \tag{2-40}$$

根据体系总的混合吉布斯自由能 $\Delta_{\text{mix}}G_{\Sigma}$ 与组元偏摩尔混合吉布斯自由能关系

$$\Delta_{\text{mix}}G_{\Sigma}=n_1\Delta_{\text{mix}}G_{1,\text{m}}+n_2\Delta_{\text{mix}}G_{2,\text{m}}$$

可得 $$\Delta_{\text{mix}}G_{2,\text{m}}=\left(\frac{\partial\Delta_{\text{mix}}G_{\Sigma}}{\partial n_2}\right)_{T,P,n_1}=\frac{\partial}{\partial n_2}[(n_1+n_2)\Delta_{\text{mix}}G_{\text{m}}]_{T,P,n_1}$$

$$=\Delta_{\text{mix}}G_{\text{m}}+(n_1+n_2)\frac{\partial\Delta_{\text{mix}}G_{\text{m}}}{\partial n_2} \tag{2-41}$$

将式(2-40)代入式(2-41)得

$$\Delta_{\text{mix}}G_{2,\text{m}}=\Delta_{\text{mix}}G_{\text{m}}+\frac{\partial\Delta_{\text{mix}}G_{\text{m}}}{\partial x_2}\cdot x_1$$

即
$$\Delta_{mix}G_{2,m}=\Delta_{mix}G_m+(1-x_2)\frac{\partial\Delta_{mix}G_m}{\partial x_2} \tag{2-42}$$

同理可得
$$\Delta_{mix}G_{1,m}=\Delta_{mix}G_m-(1-x_1)\frac{\partial\Delta_{mix}G_m}{\partial x_2} \tag{2-43}$$

由式(2-42)及式(2-43)可知，若知道 $\Delta_{mix}G_m$ 与 x_2 的关系曲线，即可通过求斜率得到 $\Delta_{mix}G_{2,m}$ 及 $\Delta_{mix}G_{1,m}$。

图 2-6 中曲线 apb 为 $\Delta_{mix}G_m$ 与 x_2 的关系曲线。因为当 $x_1=1$ 或 $x_2=1$ 时，$\Delta_{mix}G_m$ 均为零，所以曲线与纵轴交点为零线点。又因为以纯物质为标准态时，组元活度小于 1，所以 $\Delta_{mix}G_{1,m}=RT\ln a_1<0$，$\Delta_{mix}G_{2,m}=RT\ln a_2<0$，故 $\Delta_{mix}G_m<0$，即曲线在零线以下。

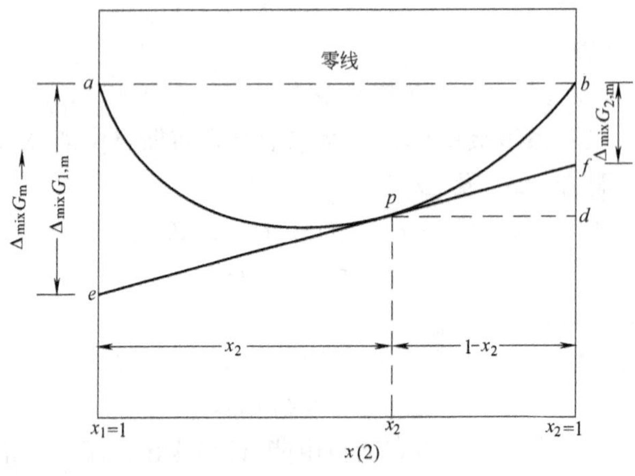

图 2-6　$\Delta_{mix}G_m$ 与 x_2 的关系图

从图 2-6 可以看出，过浓度为 x_2 对应的 $\Delta_{mix}G_m$ 点 p 作切线，其斜率为

$$\frac{\partial\Delta_{mix}G_m}{\partial x_2}=\frac{fd}{1-x_2}$$

由于斜率大于零，且 $1-x_2>0$，所以 $fd>0$，为正值。

故
$$\Delta_{mix}G_{2,m}=\Delta_{mix}G_m+(1-x_2)\frac{\partial\Delta_{mix}G_m}{\partial x_2}$$
$$=\Delta_{mix}G_m+(1-x_2)\cdot\frac{fd}{1-x_2}=\Delta_{mix}G_m+fd$$

因为 p 点的 $\Delta_{mix}G_m$ 值为 bd 且为负值，fd 为正值，所以 $\Delta_{mix}G_m=bf$ 且为负值。即曲线在 x_2 等于 1 的纵轴截距 bf 即为 $\Delta_{mix}G_{2,m}$。同理可证明曲线在 $x_1=1$ 的纵轴截距 ae 为 $\Delta_{mix}G_{1,m}$，从而可求出溶液中当组元 2 的浓度为 x_2 时，组元 1 及组元 2 的活度 a_1 及 a_2。

2.2.2.3　α 函数法

二元系的吉布斯—杜亥姆方程如式(2-44)所示

$$x_1\mathrm{d}G_{1,m}+x_2\mathrm{d}G_{2,m}=0 \tag{2-44}$$

式中，$G_{1,m}$及 $G_{2,m}$分别为组元 1 和组元 2 的偏摩尔吉布斯自由能，可表示为

$$G_{1,m} = G_{1,m}^{\ominus} + RT\ln a_1$$
$$G_{2,m} = G_{2,m}^{\ominus} + RT\ln a_2$$

在恒温恒压条件下

$$dG_{1,m} = RT\mathrm{d}\ln a_1$$
$$dG_{2,m} = RT\mathrm{d}\ln a_2$$

代入式(2-44)得

$$x_1\mathrm{d}\ln a_1 + x_2\mathrm{d}\ln a_2 = 0 \tag{2-45}$$
$$x_1\mathrm{d}\ln(\gamma_1 x_1) + x_2\mathrm{d}\ln(\gamma_2 x_2) = 0$$

整理后得

$$x_1\mathrm{d}\ln\gamma_1 + x_2\mathrm{d}\ln\gamma_2 = 0 \tag{2-46}$$

式(2-45)及式(2-46)分别为吉布斯—杜亥姆方程的另外两种表达形式。

在 $x_1=1$ 至 $x_1=x_1$ 浓度范围内对式(2-46)积分

$$\int_{x_1=1}^{x_1=x_1}\mathrm{d}\ln\gamma_1 = \int_{x_1=1}^{x_1=x_1}\left(-\frac{x_2}{x_1}\right)\mathrm{d}\ln\gamma_2$$

采用纯物质作标准态，当 $x_1=1$ 时 $\gamma_1=1$，$\ln\gamma_1=0$。

故
$$\ln\gamma_1 = \int_{x_1=1}^{x_1=x_1}\left(-\frac{x_2}{x_1}\right)\mathrm{d}\ln\gamma_2$$

即
$$\ln\gamma_1 = \int_{x_2=0}^{x_2=x_2}\left(-\frac{x_2}{1-x_2}\right)\mathrm{d}\ln\gamma_2$$

采用分部积分得
$$\ln\gamma_1 = -\frac{x_2}{1-x_2}\ln\gamma_2 + \int_{x_2=0}^{x_2=x_2}\ln\gamma_2\mathrm{d}\left(\frac{x_2}{1-x_2}\right)$$

$$\ln\gamma_1 = -\frac{x_2}{(1-x_2)^2}\cdot(1-x_2)\ln\gamma_2 + \int_{x_2=0}^{x_2=x_2}\ln\gamma_2\frac{\mathrm{d}x_2}{(1-x_2)^2} \tag{2-47}$$

令 $\alpha_2=\dfrac{\ln\gamma_2}{(1-x_2)^2}$，称为 α 函数。

则
$$\ln\gamma_1 = -\alpha_2 x_1 x_2 + \int_{x_2=0}^{x_2=x_2}\alpha_2\mathrm{d}x_2 \tag{2-48}$$

或
$$\ln\gamma_1 = -\alpha_2 x_1 x_2 - \int_{x_1=1}^{x_1=x_1}\alpha_2\mathrm{d}x_1 \tag{2-49}$$

从式(2-48)可知，当知道组元 2 在浓度 x_2 时的 α 函数后，即可通过图解积分求出式(2-48)中的后一项，从而进一步求出 γ_1 及 a_1。

此外，用 α 函数法还可直接求组元的活度系数 γ^0。在式(2-48)中，当 $x_1\to 0$，$x_2\to 1$ 时，$\gamma_1\to\gamma_1^0$，所以 $\ln\gamma_1^0 = \int_{x_2=0}^{x_2=1}\alpha_2\mathrm{d}x_2$。

2.3 二元正规溶液模型

理想溶液把同种分子和异种分子间的作用力视为相等，而真实溶液中分子对之间的作用力不可能完全相等，于是提出了一些新的溶液模型，其中正规溶液模型是最接近理想溶液的一种溶液模型。

2.3.1 正规溶液模型的引入

2.3.1.1 混合过程吉布斯自由能的变化——摩尔混合吉布斯自由能 $\Delta_{mix}G_m$

设有 n_1 摩尔纯组元 1 与 n_2 摩尔纯组元 2 混合

(1) 假设形成理想溶液，则混合前体系总的吉布斯自由能为

$$G_{前}=n_1G_{1,m}^{*}+n_2G_{2,m}^{*}$$

混合后为

$$G_{后}=n_1G_{1,m}+n_2G_{2,m}$$

故体系的混合吉布斯自由能变化为

$$\Delta_{mix}G^{id}=G_{后}-G_{前}=n_1(G_{1,m}^{*}+RT\ln x_1)+n_2(G_{2,m}^{*}+RT\ln x_2)-(n_1G_{1,m}^{*}+n_2G_{2,m}^{*})$$

即

$$\Delta_{mix}G^{id}=RT(n_1\ln x_1+n_2\ln x_2)$$

而体系的摩尔混合吉布斯自由能变化为

$$\Delta_{mix}G_m^{id}=RT(x_1\ln x_1+x_2\ln x_2) \tag{2-50}$$

(2) 对于真实溶液，则体系的摩尔混合吉布斯自由能为

$$\Delta_{mix}G_m=RT(x_1\ln a_1+x_2\ln a_2) \tag{2-51}$$

式(2-51)也可写成集合形式

$$\Delta_{mix}G_m=x_1\Delta_{mix}G_{1,m}+x_2\Delta_{mix}G_{2,m} \tag{2-52}$$

其中 $\Delta_{mix}G_{i,m}$称为组元 i 的偏摩尔混合吉布斯自由能。对比式(2-51)和式(2-52)可以得出

$$\Delta_{mix}G_{i,m}=RT\ln a_i \tag{2-53}$$

2.3.1.2 体系的过剩摩尔混合吉布斯自由能 $\Delta_{mix}G_m^E$

物理化学中常使用“过剩”函数，或称“超额”函数来表示真实溶液对理想溶液的偏差程度。即真实溶液与相同浓度的理想溶液的摩尔热力学性质之差，称为“过剩” 函数。例如，体系形成真实溶液时的摩尔混合吉布斯自由能与形成理想溶液时的摩尔混合吉布斯自由能之间的差值称为体系的过剩摩尔混合吉布斯自由能，用符号 $\Delta_{mix}G_m^E$ 表示。

因此，用式(2-51)减式(2-50)得

$$\begin{aligned}\Delta_{mix}G_m^E&=RT(x_1\ln a_1+x_2\ln a_2)-RT(x_1\ln x_1+x_2\ln x_2)\\&=RT(x_1\ln\gamma_1x_1+x_2\ln\gamma_2x_2)-RT(x_1\ln x_1+x_2\ln x_2)\end{aligned}$$

即

$$\Delta_{mix}G_m^E=RT(x_1\ln\gamma_1+x_2\ln\gamma_2) \tag{2-54}$$

式(2-54)也可写成

$$\Delta_{mix}G_m^E=x_1\Delta_{mix}G_{1,m}^E+x_2\Delta_{mix}G_{2,m}^E \tag{2-55}$$

其中 $\Delta_{mix}G_{i,m}^E$称为组元 i 的过剩偏摩尔混合吉布斯自由能。对比式(2-54)和式(2-55)可以得出

$$\Delta_{mix}G_{i,m}^E=RT\ln\gamma_i \tag{2-56}$$

由此可以看出，组元 i 的过剩偏摩尔混合吉布斯自由能与其活度系数有关，这一点在冶金物理化学中十分重要。

2.3.1.3 正规溶液模型的基本假设

由式(2-55)可知，溶液偏离理想溶液是由于真实溶液的摩尔混合吉布斯自由能 $\Delta_{mix}G_m$ 与理想溶液的摩尔混合吉布斯自由能 $\Delta_{mix}G_m$ 不相等造成的，即 $\Delta_{mix}G_m^E\neq0$。由于

$$\Delta_{mix}G_m^E = \Delta_{mix}H_m^E - T\Delta_{mix}S_m^E$$

所以，$\Delta_{mix}G_m^E$ 不为零有两种可能的情况：其一，$\Delta_{mix}H_m^E=0$ 而 $\Delta_{mix}S_m^E\neq0$，该溶液称为无热溶液；其二，$\Delta_{mix}H_m^E\neq0$ 而 $\Delta_{mix}S_m^E=0$，在热力学中该溶液称为正规溶液，或规则溶液。所以，希尔勃兰德(Hildebrand)给正规溶液定义为“当极少量的一个组分从理想溶液迁移到与之具有相同成分的另一个溶液中时，如果没有熵的变化，并且总的体积不变，则后者称为正规溶液”。简言之，“混合热不为零，但混合熵与理想溶液相同的溶液，称为正规溶液”。所以正规溶液的重要特征是没有过剩熵，即 $\Delta_{mix}S_{i,m}^E=0$ 及 $\Delta_{mix}S_m^E=0$ 。

2.3.2 二元正规溶液的混合函数

2.3.2.1 摩尔混合吉布斯自由能

因为正规溶液也是一种实际溶液，由式(2-51)可知，

$$\Delta_{mix}G_m^{正规} = RT(x_1\ln a_1 + x_2\ln a_2)$$

或
$$\Delta_{mix}G_m^{正规} = x_1\Delta_{mix}G_{1,m} + x_2\Delta_{mix}G_{2,m}$$

其中
$$\Delta_{mix}G_{i,m} = RT\ln a_i$$

2.3.2.2 摩尔混合熵

正规溶液的摩尔混合熵与理想溶液的摩尔混合熵相同，即

$$\Delta_{mix}S_m^{正规} = \Delta_{mix}S_m^{id} = -\left(\frac{\partial\Delta_{mix}G_m^{id}}{\partial T}\right)_p = -R(x_1\ln x_1 + x_2\ln x_2)$$

或写为
$$\Delta_{mix}S_m^{正规} = x_1\Delta_{mix}S_{1,m} + x_2\Delta_{mix}S_{2,m}$$

其中
$$\Delta_{mix}S_{i,m} = -R\ln x_i$$

2.3.2.3 摩尔混合焓

由公式
$$\Delta_{mix}G_m^{正规} = \Delta_{mix}H_m^{正规} - T\Delta_{mix}S_m^{正规}$$
得

$$\begin{aligned}\Delta_{mix}H_m^{正规} &= \Delta_{mix}G_m^{正规} + T\Delta_{mix}S_m^{正规} \\ &= RT(x_1\ln a_1 + x_2\ln a_2) - RT(x_1\ln x_1 + x_2\ln x_2) \\ &= RT(x_1\ln\gamma_1 + x_2\ln\gamma_2)\end{aligned}$$

或
$$\Delta_{mix}H_m^{正规} = x_1\Delta_{mix}H_{1,m} + x_2\Delta_{mix}H_{2,m}$$

其中
$$\Delta_{mix}H_{i,m} = RT\ln\gamma_i$$

2.3.3 二元正规溶液的过剩函数

2.3.3.1 过剩摩尔混合吉布斯自由能 $\Delta_{mix}G_m^E$

因为
$$\Delta_{mix}G_m^E = \Delta_{mix}H_m^E - T\Delta_{mix}S_m^E，且\ \Delta_{mix}S_m^E=0，$$

所以
$$\Delta_{mix}G_m^E = \Delta_{mix}H_m^E$$

2.3.3.2 过剩偏摩尔混合吉布斯自由能 $\Delta_{mix}G_{i,m}^E$

式(2-56)已给出
$$\Delta_{mix}G_{i,m}^E = RT\ln\gamma_i$$

2.3.3.3 过剩偏摩尔混合焓 $\Delta_{mix}H_{i,m}^E$

因为
$$\Delta_{mix}H_{i,m}^E = \Delta_{mix}H_{i,m} - \Delta_{mix}H_{i,m}^{id} = \Delta_{mix}H_{i,m} - 0$$

所以 $$\Delta_{\text{mix}} H_{i,\text{m}}^{\text{E}} = \Delta_{\text{mix}} H_{i,\text{m}} = RT\ln\gamma_i$$

即在正规溶液中 $$\Delta_{\text{mix}} G_{i,\text{m}}^{\text{E}} = \Delta_{\text{mix}} H_{i,\text{m}}^{\text{E}} = \Delta_{\text{mix}} H_{i,\text{m}} = RT\ln\gamma_i$$

因此，在二元溶液中，如果组成溶液的任一组元符合：

$$\Delta_{\text{mix}} S_{i,\text{m}} = -R\ln x_i \quad 且 \quad \Delta_{\text{mix}} H_{i,\text{m}} = RT\ln\gamma_i$$

则该二元溶液为正规溶液，若 $\gamma_i > 1$，对理想溶液产生正偏差，混合过程会产生吸热现象。$\gamma_i < 1$对理想溶液产生负偏差，混合过程会产生放热现象。

2.3.4　二元正规溶液的几个重要性质

2.3.4.1　$\Delta_{\text{mix}} G_{\text{m}}^{\text{E}}$、$\Delta_{\text{mix}} G_{i,\text{m}}^{\text{E}}$与温度无关

因为 $$\Delta_{\text{mix}} S_{\text{m}}^{\text{E}} = 0, \Delta_{\text{mix}} S_{i,\text{m}}^{\text{E}} = 0$$

又 $$\left(\frac{\partial \Delta_{\text{mix}} G_{\text{m}}^{\text{E}}}{\partial T}\right)_{\text{p}} = -\Delta_{\text{mix}} S_{\text{m}}^{\text{E}} = 0$$

$$\left(\frac{\partial \Delta_{\text{mix}} G_{i,\text{m}}^{\text{E}}}{\partial T}\right)_{\text{p}} = -\Delta_{\text{mix}} S_{i,\text{m}}^{\text{E}} = 0$$

所以，$\Delta_{\text{mix}} G_{\text{m}}^{\text{E}}$ 及 $\Delta_{\text{mix}} G_{i,\text{m}}^{\text{E}}$均与温度无关。

但 $\Delta_{\text{mix}} G_{i,\text{m}}^{\text{E}} = RT\ln\gamma_i$，所以正规溶液的 $RT\ln\gamma_i$ 不随温度变化而为常数。尽管 $RT\ln\gamma_i$ 中显含 T 这个变量，但由于 $RT\ln\gamma_i$ 与温度无关，所以 $\ln\gamma_i$ 与温度成反比，即

$$\ln\gamma_i \propto \frac{1}{T} \quad 或 \quad T_1 \ln\gamma_{T_1} = T_2 \ln\gamma_{T_2}$$

这是正规溶液的一个十分重要的性质。若知道某一温度下的 γ_i 值，即可由此式求出另一温度下的 γ_i 值。

2.3.4.2　$\Delta_{\text{mix}} H_{\text{m}}^{\text{E}}$、$\Delta_{\text{mix}} H_{i,\text{m}}^{\text{E}}$与温度无关

因为 $\Delta_{\text{mix}} H_{\text{m}}^{\text{E}} = \Delta_{\text{mix}} G_{\text{m}}^{\text{E}}$，$\Delta_{\text{mix}} H_{i,\text{m}}^{\text{E}} = \Delta_{\text{mix}} G_{i,\text{m}}^{\text{E}}$，所以 $\Delta_{\text{mix}} H_{\text{m}}^{\text{E}}$ 及 $\Delta_{\text{mix}} H_{i,\text{m}}^{\text{E}}$也与温度无关。

2.3.4.3　二元正规溶液的 α 函数与浓度无关

前面已经提到，α 函数的定义为：$\alpha_i = \dfrac{\ln\gamma_i}{(1-x_i)^2}$，对二元系中每个组元可写出

$$\alpha_1 = \frac{\ln\gamma_1}{(1-x_1)^2} 及 \alpha_2 = \frac{\ln\gamma_2}{(1-x_2)^2}$$

或 $$\ln\gamma_1 = \alpha_1 x_2^2 及 \ln\gamma_2 = \alpha_2 x_1^2$$

对于一般溶液，$\alpha_1 \neq \alpha_2$，且 α_i 与组元的浓度有关。但大量的实验总结出，在正规溶液中，α_i 与组元的浓度无关。所以由 $\ln\gamma_1 = -\alpha_2 x_1 x_2 + \int_{x_1=x_1}^{x_1=1} \alpha_2 \mathrm{d}x_1$ 可得

$$\begin{aligned}\ln\gamma_1 &= -\alpha_2 x_1 x_2 + \alpha_2(1-x_1) \\ &= -\alpha_2 x_1 x_2 + \alpha_2 x_2 = \alpha_2 x_2(1-x_1) = \alpha_2 x_2^2\end{aligned}$$

与 $\ln\gamma_1 = \alpha_1 x_2^2$ 对比可得 $$\alpha_1 = \alpha_2 = \alpha$$

即在正规溶液中有 $$\ln\gamma_1 = \alpha x_2^2 及 \ln\gamma_2 = \alpha x_1^2$$

二元正规溶液中 α 函数与浓度无关是正规溶液的另一个重要特征。

$\ln\gamma_1 \sim x_2$ 的关系和 $\ln\gamma_2 \sim x_1$ 的关系是对称的。从而导出二元正规溶液的 $\Delta_{mix}H_m$ 及 $\Delta_{mix}G_m^E$ 与浓度的关系也是对称的。

$$\begin{aligned}\Delta_{mix}G_m^E &= \Delta_{mix}H_m = x_1\Delta_{mix}H_{1,m}^E + x_2\Delta_{mix}H_{2,m}^E \\ &= x_1RT\ln\gamma_1 + x_2RT\ln\gamma_2 \\ &= RT(x_1\alpha x_2^2 + x_2\alpha x_1^2) \\ &= \alpha RTx_1x_2\end{aligned}$$

令 $\Omega=\alpha RT$，则 $\Delta_{mix}G_m^E=\Delta_{mix}H_m=\Omega x_1x_2$，在温度一定时，$\Omega$ 是常数，$\Delta_{mix}H_m$ 与 x_1（或 x_2）呈抛物线关系，而且对称。因为 $\ln\gamma_i$ 与温度成反比，由 $\alpha_i=\dfrac{\ln\gamma_i}{(1-x_i)^2}$ 可以看出 α 也与温度成反比。但 $\Omega=\alpha RT$，可见 Ω 实际上不随温度变化，也不是浓度的函数。Ω 是一个与作用能有关的量，其量纲与 RT 相同。

例题 2-6　已知在银的摩尔分数 $x_{Ag}=0.70$ 的液态 Au-Ag 合金中，银的偏摩尔混合吉布斯自由能 $\Delta_{mix}G_{Ag,m}$ 在 1080℃时为 $-5188\text{J}\cdot\text{mol}^{-1}$。若在该温度下 Au-Ag 合金为正规溶液，求该液态 Au-Ag 合金的过剩摩尔混合吉布斯自由能 $\Delta_{mix}G_m^E$。

解　已知对 i-j 二元正规溶液有 $\Delta_{mix}G_{i,m}^E=RT\ln\gamma_i=RT\alpha(1-x_i)^2=RT\alpha x_j^2$

式中，α 不随溶液组分变化，是个常数。所以

$$\alpha=\frac{\Delta_{mix}G_{Au,m}^E}{RTx_{Ag}^2}=\frac{\Delta_{mix}G_{Ag,m}^E}{RTx_{Au}^2}$$

而

$$\begin{aligned}\Delta_{mix}G_{Ag,m}^E &= \Delta_{mix}G_{Ag,m}-\Delta_{mix}G_{Ag,m}^{id}=-5188-RT\ln x_{Ag} \\ &= -5188-8.314\times(1080+273)\ln0.7=-1174\quad \text{J/mol}\end{aligned}$$

$$\Delta_{mix}G_{Au,m}^E=\Delta_{mix}G_{Ag,m}^E\cdot\frac{x_{Ag}^2}{x_{Au}^2}=\frac{-1174\times0.7^2}{0.3^2}=-6392\quad \text{J/mol}$$

所以

$$\begin{aligned}\Delta_{mix}G_m^E &= x_{Ag}\Delta_{mix}G_{Ag,m}^E+x_{Au}\Delta_{mix}G_{Au,m}^E \\ &= -0.7\times1174-0.3\times6392 \\ &= -2739\quad \text{J/mol}\end{aligned}$$

例题 2-7　溶于铁液中的钒与气相中氮的反应为

$$[\text{V}]+\frac{1}{2}\text{N}_{2(g)}=\!=\!=\text{VN}_{(s)}$$

在 1600℃及 $p_{N_2}=1p^{\ominus}$ 下，铁液中平衡的钒含量为 $w[\text{V}]=32.4\%$。已知 $\gamma_V^0=0.18$ 且设 Fe-V 为二元正规溶液。试分别求上述反应在两种标准态（纯固态钒及 1% 溶液）下的 $\Delta_rG_{1873K}^{\ominus}$。

解　(1) 以纯固态钒为标准态时，反应的标准平衡常数为

$$K^{\ominus}=\frac{a_{VN}}{a[\text{V}]\cdot(p_{N_2}/p^{\ominus})}=\frac{1}{\gamma_V\cdot x_V}$$

其中
$$x_V=\frac{\frac{32.4}{51}}{\frac{32.4}{51}+\frac{100-32.4}{55.85}}=0.344$$

因为 Fe-V 为正规溶液，所以 α 函数与浓度无关。

即
$$\alpha=\left[\frac{\ln\gamma_V}{(1-x_V)^2}\right]_{x_V\to 0}=\left[\frac{\ln\gamma_V}{(1-x_V)^2}\right]_{x_V=0.344}$$

而当 $x_V\to 0$ 时，$\ln\gamma_V=\ln\gamma_V^0$，故 $\alpha=\frac{\ln\gamma_V^0}{1}=\ln 0.18$

所以
$$\ln\gamma_V=\alpha(1-x_V)^2=(\ln 0.18)\cdot(1-0.344)^2=-0.738$$

由此得
$$x_V=0.344\text{ 时},\gamma_V=0.478$$

所以 $\Delta_r G^\ominus=-RT\ln K^\ominus=-8.314\times 1873\times \ln\frac{1}{0.344\times 0.478}=-28100\quad \text{J/mol}$

(2) 以 1%溶液为标准态时，反应的标准平衡常数为

$$K^\ominus=\frac{a_{VN}}{a_{[V]}\cdot(p_{N_2}/p^\ominus)}=\frac{1}{f_V\cdot w[V]_\%}$$

其中
$$f_V=\frac{\gamma_V}{\gamma_V^0}=\frac{0.478}{0.18}=2.66$$

所以 $\Delta_r G^\ominus=-RT\ln K^\ominus=-8.314\times 1873\times \ln\frac{1}{2.66\times 32.4}=69397\quad \text{J/mol}$

2.4 熔渣的化学性质及组元活度计算

2.4.1 冶金炉渣概况

在火法冶金中，除获得产物金属或合金或中间产物熔锍外，还同时得到另一种副产物炉渣。熔融的炉渣也称为熔渣。该熔渣主要由矿物原料中脉石成分及冶金过程中生成的氧化物熔融而成。炉渣是火法冶金的必然产物。

2.4.1.1 *炉渣的来源*

冶金炉渣主要有以下四个来源：

(1) 矿石或精矿石中的脉石。如高炉炉料中没有被还原的 SiO_2、Al_2O_3、CaO 等。这类炉渣通常称为冶炼渣或还原渣。

(2) 粗金属在精炼过程中形成的氧化物。如炼钢过程中吹氧产生的 FeO、MnO、SiO_2、P_2O_5 等。这类炉渣称为精炼渣或氧化渣。

(3) 被熔融的金属及炉渣侵蚀冲刷而掉下的炉衬。例如，在炼钢炉渣中的 MgO 主要来源于炉衬材料。

(4) 冶炼过程中加入的熔剂。如为了制造有一定流动性及有一定脱硫脱磷能力的炉渣而加入的 CaO、CaF_2、Fe_2O_3 等。

2.4.1.2 冶金炉渣的作用

炉渣在冶炼过程中主要起分离杂质，富集有用金属及完成氧化精炼等作用。炉渣的作用主要有两个方面。

炉渣的有益作用如下：

(1) 炉渣可以容纳炉料中全部脉石及大部分杂质。如高炉冶炼中，矿石中大量脉石、燃料中的灰分以及熔剂等均进入炉渣。从而与被还原的金属分离。

又如，在硫化矿的造锍熔炼中，Cu、Ni 的硫化物与 FeS 富集为熔锍，铁的氧化物及熔剂 SiO_2 以及其他脉石均进入炉渣。从而使硫化物与杂质分离。

再如，炼钢过程中，杂质的氧化物富集于炉渣。同时冶炼过程中的脱磷、脱硫等反应均在渣-钢界面上进行。

(2) 覆盖在金属表面的炉渣可以保护金属熔体不被氧化性气氛氧化。同时还可以减少有害气体在金属熔体中的溶解(如 H_2、N_2 等)。

(3) 在某些冶炼炉，如电渣重熔炉中，炉渣作为发热体为冶炼或精炼提供所需热源。

(4) 在某些冶金过程中，炉渣是冶炼的主要产品。如在含 Cu、Pb、As 及其他金属杂质较多的 Sn 矿中，首先是使 90%以上的 Sn 造渣，炼出含杂质较少的 Sn 渣。然后再从含 Sn 渣中提炼出粗 Sn。

(5) 炉渣作为固体废弃物本身还有很多用途。对炉渣进行综合处理不仅可以回收其中的有用元素，同时处理后的炉渣还可用做建筑材料、铺路、回填等。

炉渣的不利作用如下：

(1) 炉渣可以侵蚀和冲刷炉衬，缩短炉衬的使用寿命。

(2) 炉渣可带走大量的热，增加燃料消耗。

(3) 炉渣可带走一些有用金属，降低金属的回收率。如炼钢炉渣中含有 20%～30%的 FeO 及 Fe_2O_3 以及少量的 V、Ti 等有用金属，铜闪速炉和铜转炉渣会夹带铜锍是火法炼铜中造成铜损失的主要原因之一。

2.4.1.3 对冶金炉渣的要求

炉渣的性质对保证冶炼过程的顺利进行及保证金属产品的质量起十分重要的作用。在冶炼过程中，应根据不同的冶炼目的选用不同成分的炉渣。同时，为了在冶炼过程中，充分利用炉渣的有利作用而尽量抑制其不利作用。应保证炉渣具有所需要的一些物理性质如热容、黏度、密度、表面张力、电导率以及化学性质如酸碱性、氧化还原性、吸收有害元素能力(即容量性质)等。

2.4.2 炉渣的结构理论

炉渣的性质与炉渣结构密切相关。例如，炉渣的基本质点是什么？质点间相互作用力的性质如何等？由于高温熔体的结构十分复杂，所以受研究方法和实验手段的限制，现有的炉渣结构理论仍不完善。关于炉渣的结构，目前在实践中应用的主要有两种理论，即分子结构假说及离子结构理论。

2.4.2.1　炉渣的分子结构假说

分子结构假说是关于炉渣结构的最早理论，它把炉渣看成是各种分子质点组成的理想溶液。

a　分子结构假说的要点

分子结构假说有以下三个要点：

(1) 分子结构假说认为，炉渣是由简单氧化物或曰自由氧化物分子及其相互作用形成的复杂化合物分子所组成。该假说规定的简单氧化物分子有：CaO、MgO、MnO、FeO、SiO_2、P_2O_5、Fe_2O_3、Al_2O_3 等。复杂化合物有：

硅酸盐：$CaO \cdot SiO_2$、$2CaO \cdot SiO_2$、$3CaO \cdot SiO_2$、$2FeO \cdot SiO_2$、$2MnO \cdot SiO_2$ 等；

磷酸盐：$3CaO \cdot P_2O_5$、$4CaO \cdot P_2O_5$ 等；

铝酸盐：$2CaO \cdot Al_2O_3$ 等；

铁酸盐：$CaO \cdot Fe_2O_3$、$3CaO \cdot Fe_2O_3$ 等。

(2) 分子结构假说认为，炉渣中只有自由氧化物才能参与金属液间的反应。已经结合为复杂化合物的氧化物不再参与反应。例如，炉渣中只有自由 CaO 才参与钢渣的脱硫、脱磷反应，而已经结合成 $2CaO \cdot SiO_2$、$3CaO \cdot SiO_2$ 中的 CaO 不再起脱硫、脱磷作用。又如，炉渣的氧化能力只取决于渣中自由 FeO 的浓度，而已经结合成 $2FeO \cdot SiO_2$ 中的 FeO 不再参与炉渣—金属液间的氧化反应。所以，当向渣中加入 SiO_2 时，由于 SiO_2 与 CaO、FeO 生成了复杂化合物，降低了渣中自由 CaO、FeO 的浓度，炉渣的脱硫、脱磷能力及氧化能力均随之降低。因此，炉渣和金属液间的化学反应常用物质的分子式表出，它能简单、直观地说明炉渣组成对反应平衡移动的作用。

在假定炉渣是理想溶液时，自由氧化物的浓度就等于其活度。自由氧化物的浓度等于化学分析所测定的氧化物总浓度与该氧化物结合浓度之差，即

$$n_{i(自)} = n_{i(总)} - n_{i(结)}$$

而组元 i 的活度

$$a_i = \frac{n_{i(自)}}{\Sigma n}$$

式中　$n_{i(自)}$、$n_{i(结)}$、Σn 分别为组分 i 的自由氧化物、复合氧化物、自由氧化物及复合氧化物总和的物质的量。

$n_{i(结)}$ 取决于复合化合物分子式的选择。如果选择得当，那么计算的活度值与测定值相符合，否则将会产生一定的误差。

(3) 由酸性氧化物及碱性氧化物复合成复杂化合物的过程中存在着动态平衡。

如：

$$2(CaO) + (SiO_2) = (2CaO \cdot SiO_2)$$

平衡常数为

$$K = \frac{x_{2CaO \cdot SiO_2}}{x_{CaO}^2 \cdot x_{SiO_2}}$$

对于一个由 CaO、FeO、SiO_2 组成的三元渣系，渣中存在有 CaO、FeO、SiO_2、$CaO \cdot SiO_2$、$2CaO \cdot SiO_2$、$3CaO \cdot SiO_2$、$FeO \cdot SiO_2$、$2FeO \cdot SiO_2$ 等八种氧化物及复合氧化物分子。若想确定每种

分子的摩尔分数浓度，则必须解八个方程。这其中有五个复合氧化物的离解反应，如：

$$2CaO \cdot SiO_2 = 2(CaO) + (SiO_2)$$

另有三个物料平衡式，如：

$$n_{CaO(总)} = n_{CaO} + n_{CaO \cdot SiO_2} + 2n_{2CaO \cdot SiO_2} + 3n_{3CaO \cdot SiO_2}$$

显然这是十分复杂的。因此，在用分子结构假说计算渣中组元活度时，往往假设这些复合氧化物不发生分解，这势必会给计算带来一定的误差。

分子结构假说能够简单定性地解释熔融炉渣与金属熔体之间一些作用规律，并给出一些简单的经验公式，如硫、磷分配比经验公式，有益于指导生产。但分子理论假设的一些复合氧化物分子还缺乏依据。如分子理论认为渣中存在缔合的双分子式$(2CaO \cdot SiO_2)_2$、$(4CaO \cdot P_2O_5)_2$ 等在相图中并不存在。此外，渣中复合化合物种类太多，用分子理论计算渣中组分活度的方法过于复杂。同时分子理论无法解释熔融炉渣导电的现象。

b 分子结构假说计算渣中组分活度

分子结构假说将渣中自由氧化物的摩尔分数称为活度。例如，$a_{FeO} = x_{FeO}$。

例题 2-8 熔渣的组成为 $w(CaO)=48\%$，$w(SiO_2)=20\%$，$w(FeO)=15\%$，$w(MgO)=7\%$，$w(MnO)=5\%$，$w(P_2O_5)=5\%$，假定渣中存在的简单氧化物为：CaO、MgO、MnO、FeO，复合氧化物为：$2CaO \cdot SiO_2$、$4CaO \cdot P_2O_5$，且假设复合氧化物不发生分解。试计算渣中(FeO)的活度。已知实验测得与该渣平衡的钢液中 $w[O]=0.075\%$。试比较计算值与实验值的相近性。

解 计算熔渣组分活度的公式为 $a_{FeO} = x_{FeO} = \dfrac{n_{FeO(自)}}{\Sigma n}$

首先计算 100g 渣中各氧化物物质的量。

$$n_{CaO} = \frac{48}{56} = 0.857\text{mol} \quad n_{SiO_2} = \frac{20}{60} = 0.333\text{mol} \quad n_{FeO} = \frac{15}{72} = 0.208\text{mol}$$

$$n_{MgO} = \frac{7}{40} = 0.175\text{mol} \quad n_{MnO} = \frac{5}{71} = 0.070\text{mol} \quad n_{P_2O_5} = \frac{5}{142} = 0.035\text{mol}$$

$$n_{2CaO \cdot SiO_2} = n_{SiO_2} = 0.333\text{mol} \qquad n_{4CaO \cdot P_2O_5} = n_{P_2O_5} = 0.035\text{mol}$$

渣中自由氧化物 n_{RO} 的量为

$$n_{RO} = [n_{CaO} + n_{MgO} + n_{MnO} + n_{FeO}] - [2n_{2CaO \cdot SiO_2} + 4n_{4CaO \cdot P_2O_5}]$$

$$= 0.857 + 0.175 + 0.070 + 0.208 - 2 \times 0.333 - 4 \times 0.035 = 0.504\text{mol}$$

$$\Sigma n = n_{RO} + n_{2CaO \cdot SiO_2} + n_{4CaO \cdot P_2O_5} = 0.504 + 0.333 + 0.035 = 0.872\text{mol}$$

$$a_{FeO} = x_{FeO} = \frac{n_{FeO(自)}}{\Sigma n} = \frac{0.208}{0.876} = 0.24$$

金属液中氧的质量分数与熔渣内氧化铁的活度有关，氧在熔渣-金属液间的分配常数为：

$$(FeO) = [Fe] + [O] \qquad L_O = \frac{w[O]_\%}{a_{FeO}}$$

实验测得 $\lg L_O = -\dfrac{6320}{T} + 2.734$，$T = 1873\text{K}$ 时，$L_O = 0.23$

若令 $L'_O = \dfrac{w[O]_\%}{a_{FeO}}$ 代表某一状态下钢液中 $w[O]_\%$ 与渣中 a_{FeO} 的比值，则 $L'_O > L_O$ 时，氧从

钢液向渣中扩散，反之，向钢液中扩散。

本例题中实验测得与该渣平衡的钢液中 $w[O]=0.075\%$。由 $L_O=\frac{w[O]_{\%}}{a_{FeO}}=\frac{0.075}{a_{FeO}}=$ 0.23得，渣中氧化铁的实际活度值为 $a_{FeO}=0.32$，与计算值 $a_{FeO}=0.24$ 有一些差别。这可能与渣中复合氧化物种类的选择以及部分复合氧化物的离解有关。

此题中若计算氧化钙的活度 a_{CaO}，则 $a_{CaO}=\frac{n_{CaO(自)}}{\Sigma n}$ 中 $n_{CaO(自)}$ 一项必须扣除生成 $2CaO \cdot SiO_2$ 及 $4CaO \cdot P_2O_5$ 中的 CaO。

2.4.2.2 炉渣的离子结构理论

离子结构理论是赫拉希缅科(Herasymenko)在1938年首先提出的。离子结构理论认为，熔渣是由简单阳离子和复杂络阴离子组成。阳离子和阴离子所带电荷相等，熔渣总体不带电。离子结构理论认为的离子种类有：

简单阳离子：Ca^{2+}、Mg^{2+}、Mn^{2+}、Fe^{2+} 等；

简单阴离子：O^{2-}、S^{2-}、F^- 等；

复杂阴离子：SiO_4^{4-}、PO_4^{3-}、AlO_3^{3-}、FeO_2^-、$Si_2O_7^{6-}$、$P_2O_7^{4-}$ 等。

为了能够用离子结构理论来定量处理金属液-炉渣(包括气相)间反应的热力学问题，需要由熔渣的组成来计算组元的活度，为此，建立了多种离子溶液模型。如完全离子溶液模型、正规离子溶液模型、马松模型、离子反应平衡商模型等。其中完全离子溶液模型较为常用，下面对其加以介绍。

a 完全离子溶液模型要点

完全离子溶液模型是焦姆金(Тёмкин)在1946年提出的，其要点有：

(1) 熔渣完全由离子构成，且正、负离子电荷总数相等，熔渣总体不带电；

(2) 离子周围均与异号离子相邻，等电荷的同号离子与周围异号离子的作用等价，因此它们在熔渣中的分布完全是统计无序状态；

(3) 完全离子溶液形成时其混合焓为零。阳离子与阳离子、阴离子与阴离子分别形成理想溶液；

(4) 碱性氧化物以简单阳离子存在，酸性氧化物以复杂阴离子存在。

故　　完全离子溶液 = 理想阳离子溶液+理想阴离子溶液

且　　$a_{M^{2+}}=x_{M^{2+}}, a_{O^{2-}}=x_{O^{2-}}$

b 焦姆金完全离子溶液模型计算炉渣组分活度公式

对于熔渣中的氧化物(MO)，有　　$x_{M^{2+}}=\frac{n_{M^{2+}}}{\Sigma n^+}, x_{O^{2-}}=\frac{n_{O^{2-}}}{\Sigma n^-}$

式中，Σn^+ 为熔渣中所有阳离子物质的量，Σn^- 为所有阴离子物质的量。

根据完全离子溶液模型可推导出(MO)的活度为

$$a_{MO}=x_{M^{2+}} \cdot x_{O^{2-}}$$

同理，熔渣中硫化物(MS)的活度为 $a_{MS}=x_{M^{2+}}\cdot x_{S^{2-}}$

需指出，该计算方法只适用于渣中 $w(SiO_2)<11\%$ 的碱性渣。因为，若渣中 $w(SiO_2)>11\%$，则由于硅氧络阴离子团结构比较复杂，必须考虑熔渣性质与理想溶液的偏离。此时应利用离子活度系数加以修正，即采用活度代替其浓度。

如： $a_{FeO}=a_{Fe^{2+}}\cdot a_{O^{2-}}=\gamma_{Fe^{2+}}\cdot x_{Fe^{2+}}\cdot\gamma_{O^{2-}}\cdot x_{O^{2-}}=\gamma_{\pm FeO}^2\cdot x_{Fe^{2+}}\cdot x_{O^{2-}}$

上式中 $\gamma_{\pm FeO}^2$ 称为离子的平均活度系数，可由实验测定或借助于经验公式计算出。例如，萨马林(Самарин)给出的修正公式为：当 $w(SiO_2)$ 在 11%～30% 范围内时，

$$\lg\gamma_{Fe^{2+}}\cdot\gamma_{O^{2-}}=1.53\sum x_{SiO_4^{4-}}-0.17 \tag{2-57}$$

式中 $\sum x_{SiO_4^{4-}}$ 表示渣中所有络阴离子的摩尔分数之和。

当 $w(SiO_2)>30\%$ 时，完全离子溶液模型不再适用。虽然完全离子溶液模型在应用上受到了一定限制，但它在熔渣理论上起了犹如理想溶液对实际溶液标准态的作用，可用来衡量某种实际溶液对此标准态的偏差。另外，由它导出的组分的活度等于其组成离子摩尔分数的乘积的公式，又是熔盐等离子溶液模型计算活度的基本公式。

例题 2-9 仍以例题 2-8 为例，用完全离子溶液模型理论计算渣中氧化铁的活度 a_{FeO}。

设渣中络阴离子按下列反应形成。

$$SiO_2+2O^{2-}=\!=\!=SiO_4^{4-} \quad P_2O_5+3O^{2-}=\!=\!=2PO_4^{3-}$$

解 因为 1mol 的碱性氧化物电离形成 1mol 的阳离子及 O^{2-}，所以阳离子物质的量总和为 $\sum n^+=n_{CaO}+n_{MgO}+n_{MnO}+n_{FeO}=0.857+0.175+0.070+0.208=1.310(mol)$

由上面的反应式可以看出，形成的络阴离子物质的量为

$$n_{SiO_4^{4-}}=n_{SiO_2}=0.333mol, n_{PO_4^{3-}}=2n_{P_2O_5}=2\times0.035\ mol$$

渣中自由的氧离子物质的量等于碱性氧化物物质的量之和减去形成络阴离子所消耗的碱性氧化物物质的量之和的差值。而 1mol SiO_2 消耗 2mol 碱性氧化物，1mol P_2O_5 消耗 3mol 碱性氧化物。故消耗的氧离子物质的量为

$$n_{O^{2-}(消耗)}=2n_{SiO_2}+3n_{P_2O_5}=2\times0.333+3\times0.035=0.771mol$$

所以，渣中自由的氧离子物质的量为

$$n_{O^{2-}}=\sum n^+-n_{O^{2-}(消耗)}=1.310-0.771=0.539mol$$

$$x_{O^{2-}}=\frac{n_{O^{2-}}}{\sum n^-}=\frac{n_{O^{2-}}}{n_{O^{2-}}+n_{SiO_4^{4-}}+n_{PO_4^{3-}}}=\frac{0.539}{0.539+0.333+2\times0.035}$$

$$=\frac{0.539}{0.942}=0.572$$

而 $$x_{Fe^{2+}}=\frac{n_{Fe^{2+}}}{\sum n^+}=\frac{0.208}{1.310}=0.159$$

最后得 FeO 的活度为 $a_{FeO}=x_{Fe^{2+}}\cdot x_{O^{2-}}=0.159\times0.572=0.091$

前面算出渣中实际的氧化铁活度为 $a_{FeO}=0.32$。可见，由完全离子溶液模型计算出的 a_{FeO} 与实际相差较大。这是由于渣中(SiO_2)含量较高，已达到 20%所致。那么只假设渣中存

在 SiO_4^{4-} 及 PO_4^{3-} 就不够了，可能有更复杂的络阴离子存在，此时必须对 a_{FeO}进行修正。

根据萨马林给出的修正公式

$$\lg\gamma_{Fe^{2+}}\cdot\gamma_{O^{2-}}=1.53\Sigma x_{SiO_4^{4-}}-0.17$$

则 $$\lg\gamma_{Fe^{2+}}\cdot\gamma_{O^{2-}}=1.53\Sigma x_{SiO_4^{4-}}-0.17=1.53\left[\frac{n_{SiO_2}+2n_{P_2O_5}}{\Sigma n^-}\right]-0.17$$

$$=1.53\times\left[\frac{0.333+2\times0.035}{0.942}\right]-0.17=0.485$$

所以 $$\gamma_{Fe^{2+}}\cdot\gamma_{O^{2-}}=3.0345$$

$$a_{FeO}=\gamma_{Fe^{2+}}\cdot\gamma_{O^{2-}}\cdot x_{Fe^{2+}}\cdot x_{O^{2-}}=0.3035\times0.091=0.28$$

故引入离子活度系数后，a_{FeO}的计算值 0.28 与实际的 $a_{FeO}=0.32$ 就比较接近了。

2.4.3 炉渣研究的新趋势

冶金反应的热力学和动力学与熔渣的化学和物理性质密切相关，而熔渣的物理化学性质决定于熔渣的结构。现代高温实验技术的发展和装备的进步，推动了熔渣的结构研究。如高温拉曼光谱、核磁共振方法已用于研究熔渣的结构，如测定某些二、三元熔渣中各种离子键的键长、夹角等参数。另外，穆斯堡尔谱法已广泛地用于测定炉渣中过渡族金属离子的价态，得出渣中不同价态的同种过渡族金属(包括铁、钛、铬等)离子的含量比，并研究影响这一含量比的因素。同时，近 20 年来，利用计算机进行的分子动力学模拟在研究熔渣的结构、预报熔渣物理性质等方面也取得进展。但是，对于多组元复杂熔渣的结构和性质还需要用实验的或半经验的方法来研究。

2.4.4 熔渣的化学性质

2.4.4.1 酸碱性

炉渣主要由氧化物组成。按照氧化物对氧离子的行为，把氧化物分为三类。渣中能离解出 O^{2-} 的氧化物是碱性氧化物，如 CaO、MgO、FeO 等；能吸收 O^{2-}，转变为络阴离子的氧化物是酸性氧化物，如 SiO_2、P_2O_5 等。

$$CaO = Ca^{2+}+O^{2-} \qquad SiO_2+2O^{2-} = SiO_4^{4-}$$

另外，少数氧化物在酸性渣中能离解出 O^{2-}，显示碱性，而在碱性渣中能吸收 O^{2-}，显示酸性，称为两性氧化物。例如 Al_2O_3 就是一个典型的两性氧化物：

$$Al_2O_3 = 2Al^{3+}+3O^{2-}\text{（酸性渣中）}$$

$$Al_2O_3+O^{2-} = 2AlO_2^{1-}\text{（碱性渣中）}$$

按此原则，可将熔渣中的氧化物分为三类：

第一类碱性氧化物如 CaO、MgO、MnO、FeO、V_2O_3 等；

第二类酸性氧化物如 SiO_2、P_2O_5、Fe_2O_3、V_2O_5 等；

第三类两性氧化物如 Al_2O_3、TiO_2、Cr_2O_3 等。

同一种金属元素的氧化物,如钒的氧化物,在高价时显酸性,低价时显碱性。根据氧化物中阳离子静电势的大小,可确定氧化物的酸碱性强弱顺序如下:

CaO MnO FeO MgO CaF_2 Fe_2O_3 Al_2O_3 TiO_2 SiO_2 P_2O_5

↑

碱性增强 ← 中性 → 酸性增强

强碱性氧化物能从复合氧化物中将弱碱性氧化物取代出来。例如,CaO 能从$2FeO \cdot SiO_2$中取代出 FeO,提高 FeO 的活度。

$$(2FeO \cdot SiO_2)+2(CaO)=\!=\!=(2CaO \cdot SiO_2)+2(FeO)$$

熔渣的酸碱性有以下几种表示方法。

a 碱度

所谓碱度,就是熔渣中碱性氧化物与酸性氧化物浓度的比值,用符号 R 表示。碱度通常用氧化物的质量分数的比值来表示,但有时也用摩尔分数比来表示。如:

$$R=\frac{w(CaO)}{w(SiO_2)},或 R=\frac{x(CaO)}{x(SiO_2)}$$

碱度是控制冶炼操作的一个重要指标,为了使用方便,计算碱度的方法越简单越好。所以,生产上通常多采用质量分数表示的简单方法。此外,对于不同冶炼的炉渣,碱度也有不同的表示方法。例如

对于高炉渣,碱度常表示为: $\frac{w(CaO)}{w(SiO_2)+w(Al_2O_3)}$或$\frac{w(CaO)+w(MgO)}{w(SiO_2)+w(Al_2O_3)}$;

对于炼钢渣,碱度常表示为: $\frac{w(CaO)}{w(SiO_2)+w(P_2O_5)}$;

对于铁合金渣,碱度常表示为: $\frac{w(CaO)+1.4w(MgO)}{w(SiO_2)+0.84w(P_2O_5)}$。

最下面的表示方法是假定炉渣内 1molMgO 与 1molCaO 相当,同时炉渣内含有$(2CaO \cdot SiO_2)$及$(4CaO \cdot P_2O_5)$,1molP_2O_5 相当于 2molSiO_2。其中系数 1.4 是 CaO 与 MgO 摩尔质量的比值。系数 0.84 是 P_2O_5 和 SiO_2 与 CaO 化合的化学计量数比值。

b 过剩碱

过剩碱也称剩余碱,是由炉渣分子结构假说导出的概念。炉渣的全部 CaO 量减去结合成化合物的 CaO 量称为自由 CaO 量。炉渣分子结构假说认为,只有自由 CaO 才在脱硫脱磷反应中起作用。过剩碱常用符号 B 表示。若渣中碱性氧化物用 RO 表示,生成的复合氧化物有$2RO \cdot SiO_2$、$4RO \cdot P_2O_5$、$2RO \cdot Al_2O_3$、$RO \cdot Fe_2O_3$ 等,则过剩碱可以表示为

$$B=\Sigma n(CaO)-2n(SiO_2)-4n(P_2O_5)-n(Fe_2O_3)-2n(Al_2O_3)$$

上式中酸性氧化物前的系数为 1mol 酸性氧化物形成复合氧化物消耗的碱性氧化物物质的量。其中 $\Sigma n(CaO)$一项,包含渣中所有碱性氧化物物质的量。

由于在假定生成的复合化合物方面存在着意见分歧,所以对于同一炉渣可能会有不同的

过剩碱计算值。此外,过剩碱在生产实际中使用也不方便。

c　光学碱度

前面讲到的炉渣碱度计算方法及过剩碱概念均建立在炉渣分子结构假说基础上。用该方法计算碱度必须首先弄清氧化物的酸碱性,以及渣中复合氧化物的种类。这在某些情况下比较困难且不很合理。而采用从炉渣离子理论观点导出的光学碱度来表征炉渣性质较为合理。光学碱度概念是1970年代由杜菲(Duffy)等在研究玻璃等硅酸盐物质时提出,并由萨莫维耶(Sommerville)引入冶金领域,后证实在研究炉渣及熔盐的性质方面具有应用价值。

氧化物的光学碱度　因为炉渣的碱度与其组成中的自由氧离子浓度有关。所以,从热力学角度看,用这些氧化物或渣中 O^{2-} 的活度表示熔渣的碱度更合理。但是,炉渣中 O^{2-} 的活度较难单独测量。因此,提出了在氧化物中加入某种显示剂,然后用光学的方法测定氧化物施放电子的能力来表示出 O^{2-} 的活度,从而确定其酸碱性的光学碱度概念。

作为测定氧化物光学碱度的显示剂,通常采用含有 $d^{10}s^2$ 电子结构层的 Pb^{2+} 的氧化物。这种氧化物中的 Pb^{2+} 受到光的照射后,吸收相当电子从 $6s$ 轨道跃迁到 $6p$ 轨道的能量 E。此能量,$E=h\nu$,式中 h 为普朗克常数,ν 为吸收的光子的频率。这种电子的跃迁能量可以在紫外线吸收光谱中显示的波峰测出。

当将这种含正电性很强的 $d^{10}s^2$ 电子层结构的 Pb^{2+} 加入到氧化物中(用量 $w[Pb]=0.04\%\sim1\%$)时,氧化物中的 O^{2-} 的核外电子受 Pb^{2+} 的影响会产生一种"电子云膨胀效应",从而使频率 ν 发生变化。如以 $E_{Pb^{2+}}$ 表示纯 PbO 中 Pb^{2+} 的电子从 $6s\rightarrow6p$ 跃迁吸收的能量,而 $E_{M^{2+}}$ 为氧化物 MO 内加入的 Pb^{2+} 的电子发生同样跃迁吸收的能量,则 $E_{Pb^{2+}}-E_{M^{2+}}$ 就是由于 MO 中 O^{2-} 施放电子给 Pb^{2+},Pb^{2+} 的电子跃迁比其在 PbO 中少吸收的能量。所以,它代表了 MO 中 O^{2-} 施放电子的能力。与此类似,$E_{Pb^{2+}}-E_{Ca^{2+}}$ 表示 CaO 中加入 Pb^{2+} 后少吸收的能量,如图 2-7 所示。因为 CaO 是炉渣中标准的碱性氧化物,所以,规定以 CaO 作为比较的标准来定义氧化物的光学碱度,用符号 Λ 表示。

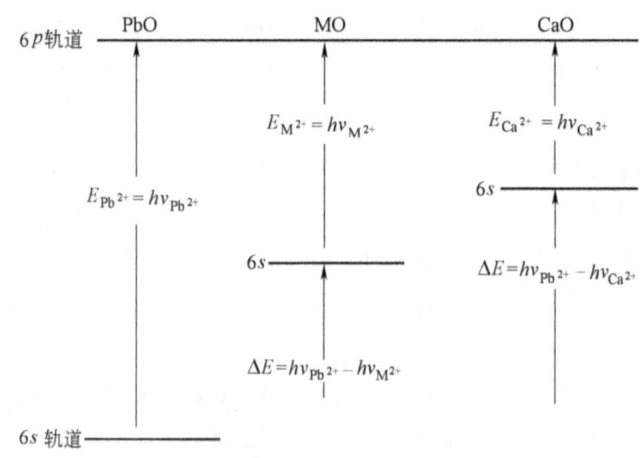

图 2-7　PbO、MO 及 CaO 中 Pb^{2+} 的电子跃迁的能量

$$\Lambda=\frac{E_{Pb^{2+}}-E_{M^{2+}}}{E_{Pb^{2+}}-E_{Ca^{2+}}}=\frac{h\nu_{Pb^{2+}}-h\nu_{M^{2+}}}{h\nu_{Pb^{2+}}-h\nu_{Ca^{2+}}}=\frac{\nu_{Pb^{2+}}-\nu_{M^{2+}}}{\nu_{Pb^{2+}}-\nu_{Ca^{2+}}}$$

实验测得 $\nu_{Pb^{2+}}=60700cm^{-1}$，$\nu_{Ca^{2+}}=29700cm^{-1}$，所以，任一氧化物的光学碱度为

$$\Lambda_{MO}=\frac{60700-\nu_{M^{2+}}}{60700-29700}=\frac{60700-\nu_{M^{2+}}}{31000}$$

对于 CaO，由上式可得出 $\Lambda_{CaO}=1$，故氧化物的光学碱度就是以 CaO 的光学碱度为 1 作标准得出的相对值。表 2-1 为冶金中常见的氧化物的光学碱度及有关参数。

表 2-1 氧化物的光学碱度及其有关参数

氧化物	光学碱度 Λ		电负性 χ	氧化物	光学碱度 Λ		电负性 χ
	测定值	理论值			测定值	理论值	
K_2O	1.40	1.37	0.8	SrO	1.07	1.01	1.0
Na_2O	1.15	1.15	0.9	CaO	1.00	1.00	1.0
BaO	1.15	1.15	0.9	MgO	0.78	0.80	1.2
MnO	0.59	0.60	1.5	Fe_2O_3	0.48	0.48	1.8
Cr_2O_3	0.55	0.55	1.6	SiO_2	0.48	0.48	1.8
FeO	0.51	0.48	1.8	B_2O_3	0.42	0.43	2.0
TiO_2	0.61	0.60	1.5	P_2O_5	0.40	0.40	2.1
Al_2O_3	0.605	0.60	1.5	CaF_2		0.20	4.0

除使用上述光学方法测定外，还可利用氧化物中金属元素的电负性来计算光学碱度。因为电负性是金属原子与电子的结合能力的量度。电负性小时，金属原子易失去电子，而其氧原子形成 $a_{O^{2-}}$ 较大的 O^{2-}。因此，金属原子的电负性就与 O^{2-} 施放电子的能力成反比。用测定的氧化物的光学碱度 Λ 的倒数 $1/\Lambda$ 对其电负性作图，就可得出下列关系式。

$$\Lambda'=\frac{0.74}{\chi-0.26}$$

式中，χ 为金属原子的电负性，这样计算出的光学碱度称为理论光学碱度，用 Λ' 表示。从表2-1可以看出，它与测量值十分吻合。

需要指出的是，上述两种方法不适合过渡元素的氧化物（如：FeO、Fe_2O_3、MnO、Cr_2O_3 等）。因为这些氧化物原子的外层电子已被填满，且它们又是多价的。而电负性只适用于恒定价数的元素。因此，对于过渡元素的氧化物，只能采用其他方法进行测定。如采用硫化物容量作为炉渣的碱性指标，导出它和光学碱度的关系来间接推出。

炉渣的光学碱度 由多种氧化物或其他化合物组成的炉渣，其碱度则和渣中的 $a_{O^{2-}}$ 有关。在这种情况下，$a_{O^{2-}}$ 应由渣中各化合物施放电子能力的总和来表示炉渣的光学碱度。即可用下式计算炉渣的光学碱度：

$$\Lambda=\sum_{i=1}^{n}x_i\Lambda_i \tag{2-58}$$

式中 Λ_i——氧化物的光学碱度；

x_i——氧化物中阳离子的摩尔分数，它是每个阳离子的电荷中和负电荷的分数，即氧化物在渣中氧原子的摩尔分数，

$$x_i=\frac{n_O x_i'}{\Sigma n_O x_i'} \tag{2-59}$$

式中 x_i'——氧化物的摩尔分数；

n_O——氧化物中氧原子数。

例如，对于 1∶1 的 CaO-SiO_2 二元渣系，$x'_{SiO_2}=x'_{CaO}=0.5$

所以
$$x_{SiO_2}=\frac{2x'_{SiO_2}}{x'_{CaO}+2x'_{SiO_2}}=\frac{2\times0.5}{1\times0.5+2\times0.5}=\frac{1}{1.5}=\frac{2}{3}$$

$$x_{CaO}=\frac{x'_{CaO}}{x'_{CaO}+2x'_{SiO_2}}=\frac{1\times0.5}{1\times0.5+2\times0.5}=\frac{0.5}{1.5}=\frac{1}{3}$$

对于氟化物，如 CaF_2，因为 2 个 F^{1-} 与 1 个 O^{2-} 的电荷数相同，所以 1 个氟原子数应取 1/2，那么在 CaF_2 分子中，氟原子数 n_F 应为 1。

例题 2-10 试计算成分为 $w(CaO)=44.05\%$，$w(SiO_2)=48.95\%$，$w(MgO)=2.0\%$，$w(Al_2O_3)=5.0\%$的炉渣的光学碱度。

解 按式(2-59)首先应计算渣中各氧化物的摩尔分数 x_i'。$x_i'=\frac{n_i}{\Sigma n_i}=\frac{w(i)_{\%}/M_i}{\Sigma n_i}$。以 100g 渣计算。

组分	CaO	SiO_2	MgO	Al_2O_3	
$M_i/kg\cdot mol^{-1}$	56×10^{-3}	60×10^{-3}	40×10^{-3}	102×10^{-3}	
n_i/mol	0.79	0.82	0.05	0.05	$\Sigma n_i=1.71$mol
x_i'	0.46	0.48	0.03	0.03	

$$\Sigma n_O x_i'=1\times0.46+2\times0.48+1\times0.03+3\times0.03=1.54$$

从表 2-1 查出，各氧化物的光学碱度为

$\Lambda_{CaO}=1$，$\Lambda_{SiO_2}=0.48$，$\Lambda_{MgO}=0.78$，$\Lambda_{Al_2O_3}=0.605$。

则由公式(2-58)可得炉渣的光学碱度为

$$\Lambda=\Sigma x_i\Lambda_i=\frac{1\times0.46}{1.54}\times1+\frac{2\times0.48}{1.54}\times0.48+\frac{1\times0.03}{1.54}\times0.78+\frac{3\times0.03}{1.54}\times0.605=0.65$$

与传统的碱度相比较，光学碱度为理解熔渣性质奠定了较好的基础。在冶金生产中，用光学碱度代替传统的碱度也逐渐显示出某些优越性。

2.4.4.2 熔渣的氧化性

氧化性是熔渣最重要的性质之一。在炼钢渣中，有氧化渣和还原渣之分。当氧化渣和金属铁液接触时，渣中氧化铁将铁液中的杂质氧化。如果在接触界面氧化铁未遇到铁液中杂质元素，则它将通过分配定律使[O]进入金属液内部。还原渣中氧化铁很少，金属液中的[O]可以扩散到渣界面，再按分配定律以氧化铁形式进入熔渣。因此，熔渣的氧化性是以渣中氧化铁

含量表示的。

但是，熔渣中氧化铁有两种形式，即 FeO 和 Fe_2O_3。通常化学分析可确定渣中的总铁含量 $\Sigma w(Fe)$ 以及 $w(FeO)$，再通过计算可得出 Fe_2O_3 的含量。熔渣的氧化性一般用 $\Sigma w(FeO)$ 表示。为此，常将 $w(Fe_2O_3)$ 折合成 $w(FeO)$。其折合方法有两种：

全氧法 $\Sigma w(FeO)=w(FeO)+1.35w(Fe_2O_3)$；

全铁法 $\Sigma w(FeO)=w(FeO)+0.9w(Fe_2O_3)$。

前者是按反应 $Fe_2O_3+Fe=3FeO$ 计算的。1kg Fe_2O_3 形成 $3\times72/160=1.35$kg FeO；后者是按反应 $Fe_2O_3=2FeO+\frac{1}{2}O_2$ 计算的，1kg Fe_2O_3 形成 $2\times72/160=0.9$kg FeO。全铁法比较合理，因为熔渣在取样及冷却时，部分 FeO 会被氧化成 Fe_2O_3 或 Fe_3O_4，使全氧法的计算值偏高。

严格地讲，用渣中氧化铁含量来代表熔渣的氧化性不够正确。因为熔渣不是理想溶液，所以，只有用氧化铁的活度才能代表熔渣的氧化性。

金属液中氧的质量分数与熔渣内氧化铁的活度有关。氧在熔渣-金属液间的分配常数为：

$$(FeO)==[Fe]+[O] \qquad L_o=\frac{w[O]_\%}{a_{FeO}}$$

则 $$\lg a_{FeO}=-\lg L_o+\lg w[O]_\%=\frac{6320}{T}-2.734+\lg w[O]_\%$$

因此，a_{FeO}增大时，与之接触的金属液中氧浓度也增大，而金属液中被氧化元素的浓度就越低。

熔渣是氧的传递媒介，传递是通过 FeO 的氧化来完成的。当含氧的炉气与熔渣接触时，渣中的(FeO)被氧化成(Fe_2O_3)，后者从熔渣表面扩散到与金属铁液的交界面，在那里被金属[Fe]还原成(FeO)。该(FeO)通过分配定律进入金属铁液中，成为游离的[O]。图 2-8 是氧通过炉渣传递的示意图。因此，Fe_2O_3 在决定熔渣的氧化能力上有很重要的作用，其含量越大，渣的氧化能力就越强。但是，反应生成的 Fe_2O_3 只有与渣中 CaO 结合成铁酸钙($CaO\cdot Fe_2O_3$)或 FeO_2^{1-} 络阴离子时，才能稳定存在，起到传递氧的作用，它们的生成反应为

$$2(FeO)+\frac{1}{2}O_2+(CaO)==(CaO\cdot Fe_2O_3)$$

或 $$2(Fe^{2+})+\frac{1}{2}O_2+3(O^{2-})==2(FeO_2^{1-})$$

因此，熔渣有较高的碱度时，就同时具有较高的氧化性。

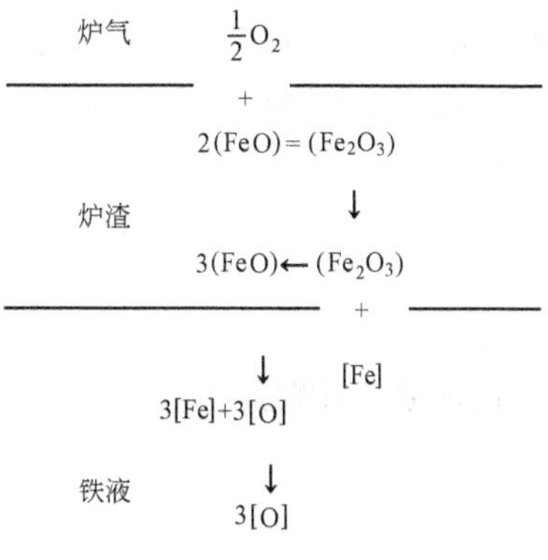

图 2-8 氧通过炉渣传递的示意图

2.4.4.3　渣容量

炉渣对有害气体杂质的吸收能力称为渣容量。例如，S_2、P_2、N_2、H_2 及 H_2O 气等，均能在渣中溶解，并保留在渣中。渣容量定义是建立在渣—气平衡的热力学基础上的，最早是由芬恰姆(C. J. B. Fincham)和瑞恰森(F. D. Richardson)分析渣气两相的硫分配比而建立的。

a　硫化物容量及硫酸盐容量

硫化物容量这一概念使用于气相中氧分压低于 0.1Pa 的条件下，此时硫以硫化物形式存在于渣中。相应的反应为

$$\frac{1}{2}S_{2(g)}+(O^{2-})=(S^{2-})+\frac{1}{2}O_{2(g)} \tag{2-60}$$

反应(2-60)的平衡常数为

$$K^{\ominus}=\frac{a_{(S^{2-})}}{a_{(O^{2-})}}\cdot\left(\frac{p_{O_2}/p^{\ominus}}{p_{S_2}/p^{\ominus}}\right)^{\frac{1}{2}}=\frac{\gamma_{(S^{2-})}\cdot x_{(S^{2-})}}{a_{(O^{2-})}}\cdot\left(\frac{p_{O_2}}{p_{S_2}}\right)^{\frac{1}{2}}$$

若 Σn 为渣中所有组元物质的量，则有

$$K^{\ominus}=\frac{\gamma_{(S^{2-})}\cdot\dfrac{w(S)_{\%}}{32\Sigma n}}{a_{(O^{2-})}}\cdot\left(\frac{p_{O_2}}{p_{S_2}}\right)^{\frac{1}{2}}$$

所以

$$K^{\ominus}=\left[w(S)_{\%}\cdot\left(\frac{p_{O_2}}{p_{S_2}}\right)^{\frac{1}{2}}\right]\cdot\frac{\gamma_{(S^{2-})}}{(32\Sigma n)\cdot a_{(O^{2-})}} \tag{2-61}$$

上式中等号右边括弧内一项称为炉渣的硫化物容量，用符号 C_S 表示，即

$$C_S=w(S)_{\%}\cdot\left(\frac{p_{O_2}}{p_{S_2}}\right)^{\frac{1}{2}} \tag{2-62}$$

对比式(2-61)和(2-62)可得：

$$C_S=K^{\ominus}\cdot(32\Sigma n)\cdot\left(\frac{a_{(O^{2-})}}{\gamma_{(S^{2-})}}\right) \tag{2-63}$$

硫化物容量 C_S 是渣中硫的质量分数 $w(S)$ 与脱硫反应中氧分压和硫分压平衡的关系式，它能表示出熔渣容纳或吸收硫化物的能力。从式(2-63)可以看出，在一定温度下，硫化物容量随渣中氧离子的活度 $a_{(O^{2-})}$，即熔渣的碱度增加及渣中硫离子活度系数 $\gamma_{(S^{2-})}$ 的减小(或硫在渣中浓度的增大)而增大。说明硫化物容量与炉渣组成，特别是炉渣碱度有很大的关系。

当体系的氧分压大于 0.1Pa 时，渣中硫以硫酸盐形式存在，其反应为

$$\frac{1}{2}S_{2(g)}+\frac{3}{2}O_{2(g)}+(O^{2-})=(SO_4^{2-})$$

此时定义硫酸盐容量为

$$C_S=\frac{w(S)_{\%}}{\left(\dfrac{p_{O_2}}{p^{\ominus}}\right)^{\frac{3}{2}}\cdot\left(\dfrac{p_{S_2}}{p^{\ominus}}\right)^{\frac{1}{2}}}$$

硫化物容量取决于渣—气间反应平衡，它表示熔渣的脱硫能力。可以用来估算熔渣组成

尤其是碱度对脱硫的影响。还能代替脱硫反应中难以测定的离子活度，直接计算熔渣-金属液间硫的分配比。

$$\frac{1}{2}S_{2(g)}=\!=\!=[S] \qquad K_S^\ominus=\frac{a_{[S]}}{\left(\frac{p_{S_2}}{p^\ominus}\right)^{\frac{1}{2}}} \qquad \lg K_S^\ominus=\frac{7054}{T}-1.224$$

$$\frac{1}{2}O_{2(g)}=\!=\!=[O] \qquad K_O^\ominus=\frac{a_{[O]}}{\left(\frac{p_{O_2}}{p^\ominus}\right)^{\frac{1}{2}}} \qquad \lg K_O^\ominus=\frac{6118}{T}+0.151$$

所以 $$\frac{K_S^\ominus}{K_O^\ominus}=\frac{(p_{O_2}/p_{S_2})^{\frac{1}{2}}\cdot a_{[S]}}{a_{[O]}}=\frac{w(S)_\%}{w(S)_\%}\cdot\left(\frac{p_{O_2}}{p_{S_2}}\right)^{\frac{1}{2}}\cdot\frac{f_S\cdot w[S]_\%}{a_{[O]}}$$

即 $$\frac{K_S^\ominus}{K_O^\ominus}=C_S\cdot\frac{w[S]_\%}{w(S)_\%}\cdot\frac{f_S}{a_{[O]}}$$

硫的分配比与硫化物容量之间的关系为

$$\frac{w(S)_\%}{w[S]_\%}=C_S\cdot\frac{f_S}{a_{[O]}}\cdot\frac{K_O^\ominus}{K_S^\ominus} \tag{2-64}$$

利用下列两种反应式也可以导出由硫化物容量求硫分配比的公式：

$$[C]+\frac{1}{2}O_{2(g)}=\!=\!=CO_{(g)} \qquad K_C^\ominus=\frac{p_{CO}/p^\ominus}{a_C\cdot\left(\frac{p_{O_2}}{p^\ominus}\right)^{\frac{1}{2}}}$$

$$\frac{1}{2}S_{2(g)}=\!=\!=[S] \qquad K_S^\ominus=\frac{f_S\cdot w[S]_\%}{\left(\frac{p_{S_2}}{p^\ominus}\right)^{\frac{1}{2}}}$$

所以 $$\frac{K_S^\ominus}{K_C^\ominus}=\left(\frac{p_{O_2}}{p_{S_2}}\right)^{\frac{1}{2}}\cdot w[S]_\%\cdot\left(\frac{f_S\cdot a_C}{p_{CO}/p^\ominus}\right)=C_S\cdot\frac{w[S]_\%}{w(S)_\%}\cdot\left(\frac{f_S\cdot a_C}{p_{CO}/p^\ominus}\right)$$

则硫的分配比与硫化物容量之间的关系为

$$\frac{w(S)_\%}{w[S]_\%}=C_S\cdot\left(\frac{f_S\cdot a_C}{p_{CO}/p^\ominus}\right)\cdot\frac{K_C^\ominus}{K_S^\ominus} \tag{2-65}$$

对于一定的高炉操作，由于已知 C_S 与炉渣碱度的关系，可根据式(2-65)计算该高炉在该操作条件下的硫分配比。

特克道根考虑如下炉渣-金属液间反应平衡

$$[S]+(O^{2-})=\!=\!=(S^{2-})+[O]$$

提出了一种硫化物容量，用 C_S' 表示，

$$C_S'=w(S)_\%\frac{a_{[O]}}{a_{[S]}}$$

用以下反应可将 C_S' 与用渣-气两相平衡定义的硫化物容量 C_S 联系起来。

$[S]+\frac{1}{2}O_{2(g)}=\!=\!=[O]+\frac{1}{2}S_{2(g)}$， 其标准平衡常数：$K_{OS}^\ominus=\frac{a_{[O]}}{a_{[S]}}\left(\frac{p_{S_2}}{p_{O_2}}\right)^{1/2}$

$$\lg K_{OS}^{\ominus} = -935/T + 1.375$$

C'_S 在脱硫文献中也十分常用。C'_S 可以用炉渣—金属的平衡实验结果来计算，然后依下式转化为 C_S。

$$C_S = \frac{C'_S}{K_{OS}}$$

熔渣的硫化物容量一般需要实验测定或在实验数据的基础上建立半经验的模型估算。

通过与流动混合气体的平衡实验测定熔渣的硫化物容量 C_S　可以通过渣相与已知相关元素化学势的气相平衡实验来直接测定硫化物容量。通常是在实验温度下，使渣相与已知硫和氧分压的气相达到平衡，然后测定熔渣中硫的质量分数，并利用相关的吉布斯自由能数据计算出 p_{O_2} 和 p_{S_2}，通过式(2-62)求出 C_S。

通过与金属液相平衡的实验测定熔渣的硫化物容量　当渣相与金属液相达到平衡后，金属液中有关元素的化学势已定，可根据实验获得硫在渣相与金属液间的分配比，硫化物容量即可通过式(2-64)或式(2-65)计算出。除硫化物容量外，这种方法还广泛用于确定渣中磷酸物、氮化物容量等值。

利用熔渣的碱度求硫化物容量　曾实验测过一些渣系的硫化物容量与碱度的关系，例如式(2-66)是高炉渣系的 C_S 与碱度的关系

$$\lg C_S = -5.57 + 1.39R \tag{2-66}$$

式中，$R = \dfrac{x_{(CaO)} + \frac{1}{2}x_{(MgO)}}{x_{(SiO_2)} + \frac{1}{3}x_{(Al_2O_3)}}$，这里考虑了 MgO 对 CaO 的碱当量以及 Al_2O_3 对 SiO_2 的酸当量。

若将式(2-66)中氧化物的摩尔分数转换成质量分数，并由几个温度的 $\lg C_S$ 与 $1/T$ 关系作图，则可得出带有温度影响的下式

$$\lg C_S = 1.35 \times \frac{1.79w(CaO) + 1.24w(MgO)}{1.66w(SiO_2) + 0.33w(Al_2O_3)} - \frac{6911}{T} - 1.649 \tag{2-67}$$

对于含氧化铁的高碱度炼钢熔渣，实验测得 1573～1953K 范围内的硫化物容量与渣组分的关系为

$$\lg C_S = -4.210 + 3.645(BI) \tag{2-68}$$

式中，$(BI) = x_{(CaO)} + x_{(FeO)} + 0.5x_{(MgO)} + 0.5x_{(P_2O_5)}$。式(2-68)适用于含 MnO 量低的高碱度(为 CaO、MgO 饱和)的熔渣。

利用熔渣的光学碱度求硫化物容量　杜菲和伊格拉木提出 1500℃下硫化物容量和光学碱度的关系

$$\lg C_S = 12.0\Lambda - 11.9$$

索辛斯基(D. J. Sosinsky) 和萨莫维耶利用大量实验数据对上式做了修正，得出更精确的公式

$$\lg C_S = 12.6\Lambda - 12.3 \tag{2-69}$$

其后，又提出了包含温度变量的更为广泛和精确的公式如下

$$\lg C_S=\left(\frac{22690-54640\Lambda}{T}\right)+43.6\Lambda-25.2 \tag{2-70}$$

雍(R. W. Young)和杜菲等估算了硫化物容量随光学碱度的变化，同时也对那些不能通过实验测定的氧化物光学碱度的计算进行了修正。$\Lambda<0.8$ 时，修正式如下

$$\lg C_S=-13.913+42.84\Lambda-23.82\Lambda^2-\frac{11710}{T}-0.02223w(SiO_2)-0.02275w(Al_2O_3)$$

在应用上式时，如果炉渣含过渡族金属氧化物，则应该采用雍和杜菲等推荐的这些氧化物光学碱度值来计算炉渣光学碱度，而不是用表 2-1 中的数据。对 MnO、FeO、Fe_2O_3、Cr_2O_3 和 ZnO 相应的光学碱度依次为 0.94～1.03、0.86～1.08、0.73～0.81、0.70、0.82～0.98。

多元熔渣体系硫化物容量的估算 为了在难以得到实验数据的情况下，估算多元熔渣的硫化物容量，尼尔森(R. Nilsson)和杜(Du Sichen)等建立了国际上所称的 KTH 硫化物容量模型。对于反应式(2-60)

$$\frac{1}{2}S_{2(g)}+(O^{2-})=\!=\!=(S^{2-})+\frac{1}{2}O_{2(g)}$$

已知平衡常数与硫化物容量的关系为(式 2-63)

$$C_S=K^{\ominus}\cdot(32\Sigma n)\cdot\left(\frac{a_{(O^{2-})}}{\gamma_{(S^{2-})}}\right)$$

由反应式(2-60)的平衡常数关系式 $\ln K^{\ominus}=-\frac{\Delta_rG^{\ominus}}{RT}$ 可得

$$C_S=\exp\left(-\frac{\Delta_rG^{\ominus}}{RT}\right)\cdot(32\Sigma n)\cdot\left(\frac{a_{(O^{2-})}}{\gamma_{(S^{2-})}}\right) \tag{2-71}$$

引入 $\xi=(32\Sigma n)\cdot\left(\frac{a_{(O^{2-})}}{\gamma_{(S^{2-})}}\right)$

即
$$C_S=\exp\left(-\frac{\Delta_rG^{\ominus}}{RT}\right)$$

该模型认为，对一元系，ξ 仅是温度的函数。对液态 FeO 系，$\xi=0$；测得反应式(2-60)的 $\Delta_rG^{\ominus}$ 与温度的关系为

$$\Delta_rG^{\ominus}=118535-58.8157T \qquad \text{J/mol}$$

对于多元系，硫离子和氧离子的活度常难以确定。KTH 模型提出，多元系中 ξ 与温度和渣的组成有关，即

$$\xi=\Sigma x_i\zeta_i+\zeta_{mix}$$

式中，x_i 为 i 组元的摩尔分数，ζ_i 可由实验测定不同温度液态纯 i 的硫化物容量得到。ζ_{mix} 是温度和熔渣组成的函数。从一系列二、三元熔渣的 C_S 实验数据，通过优化计算获得一系列优化的模型参数，得到 ζ_{mix}。该模型将复杂多元熔渣的硫化物容量与其组成二、三元熔渣的 C_S 相关联。从而用二、三元熔渣优化的模型参数，预测指定温度和组成下复杂体系的 C_S 值。用该方法已预测了含 CaO、SiO_2、MnO、MgO、Al_2O_3、FeO 的渣系的硫化物容量。

例题 2-11 试利用炉渣的光学碱度计算 1773K 时，下述炉渣成分的硫化物容量。

$w(SiO_2)$＝37.5%，$w(CaO)$＝42.5%，$w(Al_2O_3)$＝10.0%，$w(MgO)$＝10.0%。

解　按式(2-59)，首先应计算渣中各氧化物的摩尔分数 x_i'。$x_i'=n_i/\Sigma n_i$。

组元	CaO	SiO_2	MgO	Al_2O_3	
$M_i/kg\cdot mol^{-1}$	56×10^{-3}	60×10^{-3}	40×10^{-3}	102×10^{-3}	
n_i/mol	0.759	0.625	0.25	0.098	$\Sigma n_i=1.732mol$
x_i'	0.438	0.361	0.144	0.057	

$$\Sigma n_O x_i'=1\times0.438+2\times0.361+1\times0.144+3\times0.057=1.475$$

从表 2-1 查出，各氧化物的光学碱度为：

$$\Lambda_{CaO}=1,\Lambda_{SiO_2}=0.48,\Lambda_{MgO}=0.78,\Lambda_{Al_2O_3}=0.605。$$

则炉渣的光学碱度为：

$$\Lambda=\Sigma x_i\Lambda_i=\frac{1\times0.438}{1.475}\times1+\frac{2\times0.361}{1.475}\times0.48+\frac{1\times0.144}{1.475}\times0.78+\frac{3\times0.057}{1.475}\times0.605$$

$$=0.678$$

根据式(2-65)　$$\lg C_S=12.6\Lambda-12.3$$

可得　$$\lg C_S=12.6\times0.678-12.3=-3.757$$

$$C_S=1.75\times10^{-4}$$

例题 2-12　试计算为碳饱和的铁液(含 $w[Mn]=1\%$，$w[Si]=1\%$，$w[C]=4.96\%$)与成分为 $w(SiO_2)$＝37.5%，$w(CaO)$＝42.5%，$w(Al_2O_3)$＝10.0%，$w(MgO)$＝10.0%的高炉渣间硫的分配比。温度为 1800K，炉缸内 $p_{CO}=1.5\times10^5$ Pa 。

解　由式(2-65)知，硫的分配比与硫化物容量之间的关系为

$$\frac{w(S)_{\%}}{w[S]_{\%}}=C_S\cdot\left(\frac{f_S\cdot a_C}{p_{CO}/p^{\ominus}}\right)\cdot\frac{K_C^{\ominus}}{K_S^{\ominus}}$$

式中硫化物容量 C_S 由式(2-67)求得：

$$\lg C_S=1.35\times\frac{1.79w(CaO)+1.24w(MgO)}{1.66w(SiO_2)+0.33w(Al_2O_3)}-\frac{6911}{T}-1.649$$

$$\lg C_S=1.35\times\frac{1.79\times42.5+1.24\times10.0}{1.66\times37.5+0.33\times10.0}-\frac{6911}{1800}-1.649=-3.666$$

所以，$C_S=2.16\times10^{-4}$。因为铁液中碳饱和，所以 $a_C=1$(纯石墨为标准态)，$p_{CO}/p^{\ominus}=1.5$。

以下由公式 $\lg f_S=e_S^S w[S]_{\%}+e_S^{Si}w[Si]_{\%}+e_S^{Mn}w[Mn]_{\%}+e_S^C w[C]_{\%}$ 求 f_S。其中，$e_S^{Si}=0.063$，$e_S^{Mn}=-0.026$，$e_S^C=0.11$，$e_S^{Si}=-0.028$。由于 $w[S]_{\%}\ll1$，所以上式中第一项 $e_S^S w[S]_{\%}$ 可以忽略，故 $\lg f_S=0.063\times1-0.026\times1+0.11\times4.96=0.583$，$f_S=3.828$

再求 $K_C^{\ominus}$ 与 $K_S^{\ominus}$，对于反应$[C]_{饱和}+\frac{1}{2}O_{2(g)}= CO_{(g)}$，$\Delta_r G^{\ominus}=-114400-85.77T$ J/mol所以，$-RT\ln K_C^{\ominus}=-114400-85.77T$，$\ln K_C^{\ominus}=17.96$，$K_C^{\ominus}=6.31\times10^7$。

对于反应 $\frac{1}{2}S_{2(g)}=[S]$ $\lg K_S^\ominus=\frac{7054}{T}-1.224=\frac{7054}{1800}-1.224=2.695$

得 $K_S^\ominus=4.95\times10^2$。将以上各数据带入式(2-65)得到硫的分配比为

$$\frac{w(S)_\%}{w[S]_\%}=2.16\times10^{-4}\times\frac{3.828\times1}{1.5}\times\frac{6.31\times10^7}{4.95\times10^2}=70.27$$

b 磷酸盐容量

在炼钢的氧化过程中，渣中的磷一般是以 PO_4^{3-} 形式存在。磷在氧化性渣中的溶解度可利用磷酸盐容量来表示。

气态磷在碱性氧化渣中的溶解反应为

$$\frac{1}{2}P_{2(g)}+\frac{5}{4}O_{2(g)}+\frac{3}{2}(O^{2-})=\!=\!=(PO_4^{3-}) \tag{2-72}$$

即 P_2 需首先氧化到 P^{5+}，再与 O^{2-} 结合形成(PO_4^{3-})络离子。上式反应的平衡常数为

$$K_P^\ominus=\frac{a_{(PO_4^{3-})}}{\left(\frac{p_{P_2}}{p^\ominus}\right)^{\frac{1}{2}}\cdot\left(\frac{p_{O_2}}{p^\ominus}\right)^{\frac{5}{4}}\cdot a_{(O^{2-})}^{\frac{3}{2}}}=\frac{\gamma_{(PO_4^{3-})}\cdot x_{(PO_4^{3-})}}{\left(\frac{p_{P_2}}{p^\ominus}\right)^{\frac{1}{2}}\cdot\left(\frac{p_{O_2}}{p^\ominus}\right)^{\frac{5}{4}}\cdot a_{(O^{2-})}^{\frac{3}{2}}}$$

$$=\frac{\gamma_{(PO_4^{3-})}\cdot\frac{w(PO_4^{3-})_\%}{M_{(PO_4^{3-})}\cdot\Sigma n}}{\left(\frac{p_{P_2}}{p^\ominus}\right)^{\frac{1}{2}}\cdot\left(\frac{p_{O_2}}{p^\ominus}\right)^{\frac{5}{4}}\cdot a_{(O^{2-})}^{\frac{3}{2}}}$$

$$=w(PO_4^{3-})_\%\cdot\frac{1}{\left(\frac{p_{P_2}}{p^\ominus}\right)^{\frac{1}{2}}\cdot\left(\frac{p_{O_2}}{p^\ominus}\right)^{\frac{5}{4}}}\cdot\frac{\gamma_{(PO_4^{3-})}}{a_{(O^{2-})}^{\frac{3}{2}}\cdot M_{(PO_4^{3-})}\cdot\Sigma n}$$

令上式中等号右边第1项及第2项为 $C_{PO_4^{3-}}$，称为炉渣的磷酸盐容量。

即

$$C_{PO_4^{3-}}=w(PO_4^{3-})_\%\cdot\frac{1}{\left(\frac{p_{P_2}}{p^\ominus}\right)^{\frac{1}{2}}\cdot\left(\frac{p_{O_2}}{p^\ominus}\right)^{\frac{5}{4}}} \tag{2-73}$$

所以

$$C_{PO_4^{3-}}=K_P^\ominus\cdot\frac{a_{(O^{2-})}^{\frac{3}{2}}\cdot M_{(PO_4^{3-})}\cdot\Sigma n}{\gamma_{(PO_4^{3-})}} \tag{2-74}$$

从式(2-73)可以看出，只要测出渣中 $w(PO_4^{3-})$ 及气相中 p_{P_2}，p_{O_2}，就可计算出渣中的磷酸盐容量 $C_{PO_4^{3-}}$。$C_{PO_4^{3-}}$ 与温度及 $a_{(O^{2-})}$ 即碱度有关，提高碱度则 $a_{(O^{2-})}$ 增大及 $\gamma_{(PO_4^{3-})}$ 降低，从而 $C_{PO_4^{3-}}$ 增加。

利用 $C_{PO_4^{3-}}$ 也可以计算出熔渣—金属液间磷的分配比 $\frac{w(P)_\%}{w[P]_\%}$，二者关系导出如下：

$$\frac{1}{2}O_{2(g)}=[O],\qquad K_{[O]}^\ominus=\frac{a_{[O]}}{\left(\frac{p_{O_2}}{p^\ominus}\right)^{\frac{1}{2}}},\qquad \lg K_{[O]}^\ominus=\frac{6118}{T}+0.151;$$

$$\frac{1}{2}P_{2(g)}=[P],\qquad K^{\ominus}_{[P]}=\frac{a_{[P]}}{\left(\frac{p_{P_2}}{p^{\ominus}}\right)^{\frac{1}{2}}},\qquad \lg K^{\ominus}_{[P]}=\frac{6381}{T}+1.01;$$

所以

$$\frac{K^{\ominus}_{[P]}}{K^{\ominus}_{[O]}}=\frac{a_{[P]}}{\left(\frac{p_{P_2}}{p^{\ominus}}\right)^{\frac{1}{2}}}\cdot\frac{\left(\frac{p_{O_2}}{p^{\ominus}}\right)^{\frac{1}{2}}}{a_{[O]}}=\frac{f_P\cdot w[P]_{\%}\cdot\left(\frac{p_{O_2}}{p^{\ominus}}\right)^{\frac{7}{4}}}{\left(\frac{p_{P_2}}{p^{\ominus}}\right)^{\frac{1}{2}}\cdot\left(\frac{p_{O_2}}{p^{\ominus}}\right)^{\frac{5}{4}}\cdot a_{[O]}}$$

$$=\frac{w(PO_4^{3-})_{\%}}{w(PO_4^{3-})_{\%}}\cdot\frac{f_P\cdot w[P]_{\%}\cdot\frac{a_{[O]}^{\frac{7}{2}}}{(K^{\ominus}_{[O]})^{\frac{7}{2}}}}{\left(\frac{p_{P_2}}{p^{\ominus}}\right)^{\frac{1}{2}}\cdot\left(\frac{p_{O_2}}{p^{\ominus}}\right)^{\frac{5}{4}}\cdot a_{[O]}}=C_{PO_4^{3-}}\cdot\frac{f_P\cdot w[P]_{\%}}{w(P)_{\%}\cdot\frac{M_{PO_4^{3-}}}{M_P}}\cdot\frac{a_{[O]}^{\frac{5}{2}}}{(K^{\ominus}_{[O]})^{\frac{7}{2}}}$$

其中

$$w(PO_4^{3-})_{\%}=w(P)_{\%}\times\frac{M_{(PO_4^{3-})}}{M_P}$$

式中　$M_{(PO_4^{3-})}$，M_P——PO_4^{3-} 及 P 的摩尔质量。

故

$$\frac{w(P)_{\%}}{w[P]_{\%}}=C_{PO_4^{3-}}\cdot\frac{M_P}{M_{PO_4^{3-}}}\cdot\frac{f_P\cdot a_{[O]}^{\frac{5}{2}}}{K^{\ominus}_{[P]}\cdot(K^{\ominus}_{[O]})^{\frac{5}{2}}}\tag{2-75}$$

式(2-75)即为磷酸盐容量与磷分配比之间的关系式。

对于钢液的脱磷反应：$[P]+\frac{5}{2}[O]+\frac{3}{2}(O^{2-})═══(PO_4^{3-})$

$$C'_{PO_4^{3-}}=w(PO_4^{3-})_{\%}\cdot\frac{1}{f_P\cdot w[P]_{\%}\cdot a_{[O]}^{\frac{5}{2}}}\tag{2-76}$$

式(2-76)中 $C'_{PO_4^{3-}}$ 即为铁液中磷在熔渣中溶解的磷酸盐容量。$C_{PO_4^{3-}}$ 与 $C'_{PO_4^{3-}}$ 的关系为

$$C_{PO_4^{3-}}=(K^{\ominus}_{[O]})^{\frac{5}{2}}\cdot K^{\ominus}_{[P]}\cdot C'_{PO_4^{3-}}\tag{2-77}$$

所以，式(2-75)也可写为

$$\frac{w(P)_{\%}}{w[P]_{\%}}=C'_{PO_4^{3-}}\cdot f_P\cdot\frac{M_P}{M_{PO_4^{3-}}}\cdot a_{[O]}^{\frac{5}{2}}\tag{2-78}$$

有研究者从实验得出，熔渣的光学碱度与磷酸盐容量的关系为

$$\lg C'_{PO_4^{3-}}=\frac{29990}{T}-23.74+17.55\Lambda\tag{2-79}$$

上式只适用于渣成分变化较小的范围内，因为在导出上式时忽略了渣成分对 $\gamma_{(PO_4^{3-})}$ 的影响，所以只能近似使用。

习　题

2-1　实验测得 Fe-C 熔体中碳的活度 a_C（以纯石墨为标准态）与温度 T 及浓度 x_C 的关系如下

$$\lg a_C = \lg\left(\frac{x_C}{1-2x_C}\right) + \frac{1180}{T} - 0.87 + \left(0.72 + \frac{3400}{T}\right) \quad \left(\frac{x_C}{1-x_C}\right)$$

(1) 求 $\lg\gamma_C$ 与温度 T 及浓度 x_C 的关系式；

(2) 求 $\lg\gamma_C^0$ 与温度 T 的关系式及 1600℃时的 γ_C^0；

(3) 求反应 $C_{(石墨)}=[C]_{1\%}$ 的 $\Delta_{sol}G^\ominus$ 与温度 T 的二项式关系表达式；

(4) 当 1600℃铁液含碳量为 $w[C]=0.24\%$时，碳的活度(以 $w[C]=1\%$溶液为标准态)是多少？

(答案：(2) $\gamma_C^0=0.575$，(4) $a_{\%,C}=0.258$)

2-2 Fe-Si 溶液与纯固态 SiO_2 平衡，平衡氧分压 $P_{O_2}=8.26\times10^{-9}$ Pa。试求 1600℃时[Si]在以下不同标准态时的活度：

(1) 纯固态硅；(2)纯液态硅；(3)亨利标准态；(4) $w[Si]=1\%$溶液标准态。

已知 $Si_{(s)}+O_{2(g)}=SiO_{2(s)}$ $\quad \Delta_f G^\ominus=(-902070+173.64T)$ J/mol

$T_{f,Si}^*=1410$℃，$\Delta_{fus}H_{Si}^\ominus=50626$ J/mol，$\gamma_{Si}^0=0.00116$，$M_{Fe}=55.85$ kg/mol，$M_{Si}=28.09$kg/mol

(答案：(1) 0.001 (2) 0.00146 (3)1.26 (4)63.30)

2-3 不同组成的 Zn-Sn 液态溶液在 700℃时 Zn 的蒸气压数据如下

x_{Zn}	0.231	0.484	0.495	0.748	1.000
p_{Zn}/Pa	2.46×10^3	4.58×10^3	4.70×10^3	6.20×10^3	7.88×10^3

计算上述各成分下 Zn 的拉乌尔活度 $a_{R,Zn}$ 及活度系数 γ_{Zn}，并从 $a_{R,Zn}\sim x_{Zn}$ 及 $\gamma_{Zn}\sim x_{Zn}$ 关系图中分别确定 Zn 为稀溶液时的 γ_{Zn}^0。

(答案：1.56)

2-4 在 500℃的铅液中加锌提银，其反应为

$$2[Ag]+3[Zn]=\!=\!=Ag_2Zn_{3(s)}$$

当铅液中 Ag 与 Zn 均以纯物质为标准态时，500℃下，上述反应的 $\Delta_r G^\ominus=-128$ kJ/mol。已知铅液中锌及银均服从亨利定律，$\gamma_{Zn}^0=11$，$\gamma_{Ag}^0=2.3$。加锌后铅中锌含量为 $w[Zn]=0.32\%$。铅、锌、银的摩尔质量分别为 $M_{Pb}=207.2\times10^{-3}$ kg/mol，$M_{Zn}=65.38\times10^{-3}$ kg/mol，$M_{Ag}=107.87\times10^{-3}$ kg/mol。试计算残留在铅中的银含量 $w[Ag]$。

(答案：0.029%)

2-5 高炉渣中(SiO_2)与生铁中的[Si]可发生下述反应

$$(SiO_2)+[Si]=\!=\!=2SiO_{(g)}$$

问：1800K 上述反应达到平衡时，SiO 的分压可达多少 Pa？

已知 渣中(SiO_2)活度为 0.09。生铁中 $w[C]=4.1\%$，$w[Si]=0.9\%$，

$e_{Si}^{Si}=0.109$，$e_{Si}^{C}=0.18$，

$Si_{(l)}+SiO_{2(s)}=\!=\!=2SiO_{(g)}$ $\quad \Delta_r G^\ominus=(633000-299.8T)$ J/mol

$Si_{(l)}=\!=\!=[Si]$ $\quad \Delta_{sol}G^\ominus=(-131500-17.24T)$ J/mol

(答案：14.62Pa)

2-6 根据所给数据回答下面两个问题：

(1) 在炼钢温度下，标准状态时，钢液中的[Mn]能否将 $SiO_{2(s)}$ 还原？

(2) 若组成为 $w(Al_2O_3)=30\%$、$w(SiO_2)=55\%$、$w(MnO)=15\%$的炉渣与成分为 $w[C]=0.30\%$、$w[Si]=0.35\%$、$w[Mn]=1.5\%$、$w[P]=0.05\%$、$w[S]=0.045\%$的钢液接触，问钢液中的[Mn]能否将

炉渣中(SiO_2)还原?

已知下列数据:

(1) $Si_{(l)}+O_2 = SiO_{2(s)}$　　$\Delta_f G^\ominus=(-947676+196.86T)$　J/mol

$2Mn_{(l)}+O_2 = 2MnO_{(s)}$　　$\Delta_r G^\ominus=(-816300+177.57T)$　J/mol

$Si_{(l)} = [Si]_{1\%}$　　$\Delta_{sol} G^\ominus=(-131500-17.24T)$　J/mol

$Mn_{(l)} = [Mn]_{1\%}$　　$\Delta_{sol} G^\ominus=(4080-38.16T)$　J/mol

(2) $e_{Si}^{Si}=0.11, e_{Si}^{C}=0.18, e_{Si}^{Mn}=0.002, e_{Si}^{P}=0.11, e_{Si}^{S}=0.056$,

$e_{Mn}^{Mn}=0, e_{Mn}^{C}=-0.07, e_{Mn}^{Si}=-0.0002, e_{Mn}^{P}=-0.0035, e_{Mn}^{S}=-0.048$

(3) $\gamma_{MnO}=1.2, \gamma_{SiO_2}=1.4$

(4) $M_{Al_2O_3}=102kg/mol, M_{SiO_2}=60kg/mol, M_{MnO}=71kg/mol$

(答案:(1)不能　(2)能)

2-7　根据铝在铁、银间的分配平衡实验,得到 Fe-Al 合金($0<x_{Al}<0.25$)中铝的活度系数在 1600℃时为 $\ln\gamma_{Al}=1.20x_{Al}-0.65$。求铁的摩尔分数 $x_{Fe}=0.85$ 的合金中在 1600℃时铁的活度。

(答案:0.83)

2-8　以 Cr、Cr_2O_3 为参比电极时,测定钢液中氧含量的电池组成如下

$$(-)Pt|[O]_{Fe}|ZrO_2 \cdot CaO|Cr,Cr_2O_3|Pt(+)$$

试写出电极反应及电池反应,并计算 1600℃时当电池电动势为 20mV 时,钢液中氧含量为多少?假设钢中氧服从亨利定律。

已知　$\frac{2}{3}Cr_{(s)}+\frac{1}{2}O_2 = \frac{1}{3}Cr_2O_3(s)$　　$\Delta_r G^\ominus=(-377310+85.56T)$　J/mol

$\frac{1}{2}O_2 = [O]$　　$\Delta_{sol} G^\ominus=(-117150-2.89T)$　J/mol

(答案:$w[O]=0.002\%$)

2-9　将含 $w[C]=3.8\%$、$w[Si]=1.0\%$ 的铁水兑入转炉中,在 1250℃下吹氧炼钢,假定气体压力为 100kPa,生成的 SiO_2 为纯物质,试问当铁水中[C]与[Si]均以纯物质为标准态以及均以 1%溶液为标准态时,铁水中哪个元素先氧化?

已知　$e_C^C=0.14, e_C^{Si}=0.08, e_{Si}^{Si}=0.11, e_{Si}^{C}=0.18$

$C_{(s)}+\frac{1}{2}O_2 = CO$　　$\Delta_f G^\ominus=(-117990-84.35T)$　J/mol

$Si_{(l)}+O_2 = SiO_{2(s)}$　　$\Delta_f G^\ominus=(-947676+196.86T)$　J/mol

$C_{(s)} = [C]_{1\%}$　　$\Delta_{sol} G^\ominus=(22594-42.26T)$　J/mol

$Si_{(l)} = [Si]_{1\%}$　　$\Delta_{sol} G^\ominus=(-131500-17.24T)$　J/mol

(答案:Si 先氧化)

2-10　高炉冶炼含钒矿石时,渣中(VO)被碳还原的反应为

$$(VO)+2C_{(s)}=[V]+2CO$$

设 $p_{CO}=100kPa$,生铁中含有 $w[V]=0.45\%, w[C]=4.0\%, w[Si]=0.8\%$,渣中(VO)的摩尔分数为 $x_{VO}=0.001528$。计算 1500℃时,与此生铁平衡的渣中(VO)的活度及活度系数。

已知　$C_{(s)}+\frac{1}{2}O_2 = CO$　　$\Delta_f G^\ominus=(-114390-85.77T)$　J/mol

$V_{(s)}+\frac{1}{2}O_2 = VO_{(s)}$　　$\Delta_f G^{\ominus}=(-424700+80.0T)$　　J/mol

$V_{(s)} = [V]_{\%}$　　$\Delta_{sol} G^{\ominus}=(-20700-45.6T)$　　J/mol

$e_V^C = -0.34, e_V^{Si}=0.042, e_V^V=0.015$

（答案：$a_{(VO)}=6.7\times10^{-5}$，$\gamma_{(VO)}=0.044$）

2-11 由测定 Zn-Cd 液态合金在 527℃的电动势，得到镉的活度系数值如下：

x_{Cd}	0.2	0.3	0.4	0.5
γ_{Cd}	2.153	1.817	1.544	1.352

(1) 确定 Zn-Cd 溶液是否显示正规溶液行为；

(2) 若为正规溶液，试计算当 $x_{Cd}=0.5$ 时，Zn-Cd 溶液中 Zn 和 Cd 的偏摩尔混合焓、全摩尔混合焓、全摩尔混合熵、Zn 和 Cd 的偏摩尔混合吉布斯自由能及全摩尔吉布斯自由能。

（答案：(1)符合；(2) $\Delta_{mix}H_{Zn,m}=\Delta_{mix}H_{Cd,m}=\Delta_{mix}H_m=2006$　J/mol，$\Delta_{mix}S_m=5.764$　$J\cdot mol^{-1}/K$，$\Delta_{mix}G_{Zn,m}=\Delta_{mix}G_{Cd,m}=\Delta_{mix}G=-2604$　J/mol）

2-12 设 Fe-Al 液态合金为正规溶液，合金中铝的过剩偏摩尔混合吉布斯自由能在 1600℃时可用下式表示：

$$\Delta_{mix}G_{Al,m}^{E}=-53974+93094x_{Al}\quad J/mol$$

纯液态铁的蒸气压与温度的关系如下式表示：

$$\lg(p^*/p^{\ominus})=-\frac{20150}{T}-1.27\lg T+13.98-\lg 760$$

试求 1600℃时铁的摩尔分数 $x_{Fe}=0.6$ 的合金中铁的蒸气压。

（答案：$p_{Fe}=5.77$Pa）

2-13 已知炉渣的组成如下

组元	CaO	SiO_2	Al_2O_3	MnO	MgO	FeO	P_2O_5
$w(i)$	46.89%	10.22%	2.47%	3.34%	6.88%	29.00%	1.20%

(1) 按完全离子溶液模型计算 1600℃时炉渣中(CaO)的活度。

假设　a. 强碱性炉渣中，各酸性氧化物与氧离子 O^{2-} 结合成络阴离子的反应分别为：

$$SiO_2+2O^{2-} = SiO_4^{4-}$$

$$P_2O_5+3O^{2-} = 2PO_4^{3-}$$

$$Al_2O_3+3O^{2-} = 2AlO_3^{3-}$$

b. 设渣中正离子及 O^{2-} 离子都是由碱性氧化物提供的。

(2) 按分子理论计算上述炉渣中(CaO)的活度。

假设　渣中存在的复杂氧化物为：

$2CaO\cdot SiO_2$、$4CaO\cdot P_2O_5$、$3CaO\cdot Al_2O_3$

简单氧化物为：CaO，MgO，MnO，FeO

（答案：(1) $a_{CaO}=0.466$，(2) $a_{CaO}=0.322$）

2-14 已知　在某一温度下炉渣的组成如下：

组元	CaO	SiO_2	MgO	FeO	Fe_2O_3
$w(i)$	40.62%	10.96%	4.56%	33.62%	10.24%

求炉渣中(FeO)的活度。已知炉渣完全由离子组成，阳离子是 Ca^{2+}、Mg^{2+}、Fe^{2+}；络阴离子是 SiO_4^{4-}、

$Fe_2O_5^{4-}$ 及 O^{2-}。

（答案：$a_{FeO}=0.276$）

2-15 已知炼钢炉渣组成如下：

组元	CaO	SiO₂	MnO	MgO	FeO	Fe₂O₃	P₂O₅
$w(i)$	27.60%	17.50%	7.90%	9.80%	29.30%	5.20%	2.70%

应用分子理论计算 1600℃时炉渣中(CaO)和(FeO)的活度。

假设 渣中存在的复杂氧化物为

$$4CaO \cdot 2SiO_2、CaO \cdot Fe_2O_5、4CaO \cdot P_2O_5$$

简单氧化物为 CaO，MgO，MnO，FeO

（答案：$a_{CaO}=0.206, a_{FeO}=0.535$）

2-16 已知炼钢炉渣组成如下：

组元	CaO	SiO₂	MnO	MgO	FeO	P₂O₅
$w(i)$	42.68%	19.34%	8.84%	14.97%	12.03%	2.15%

试用完全离子溶液模型计算 1600℃时炉渣中(CaO)、(MnO)、(FeO)的活度及活度系数。在 1600℃时测得与此渣平衡的钢液中 $w[O]=0.058\%$，试确定此模型计算(FeO)活度的精确度。

假设渣中的络阴离子按下列反应形成：

$$SiO_2+2O^{2-}=\!=\!=SiO_4^{4-}$$

$$P_2O_5+3O^{2-}=\!=\!=2PO_4^{3-}$$

已知 氧在渣—钢之间分配系数与温度的关系式为 $\lg L_O=\lg\dfrac{a_{FeO}}{w[O]_{\%}}=\dfrac{6320}{T}-2.734$，

离子活度系数修正公式为：$\lg\gamma_{Fe^{2+}}\cdot\gamma_{O^{2-}}=1.53\Sigma x(SiO_4^{4-})-0.17$

（答案：$a_{CaO}=0.362, a_{MnO}=0.060, a_{FeO}=0.079, \gamma_{CaO}=0.84, \gamma_{MnO}=0.85, \gamma_{FeO}=0.83$，
与 $w[O]=0.058\%$ 平衡的 $a_{FeO}=0.252$，修正后的 $a_{FeO}=0.166$）

2-17 已知炉渣组成如下：

组元	CaO	SiO₂	MnO	MgO	FeO	Al₂O₃	CaF₂
$w(i)$	47%	18%	0.2%	14%	1.8%	5%	14%

试计算温度为 1873K 时炉渣的光学碱度及硫化物容量。

（答案：$\Lambda=0.718, C_S=1.64\times10^{-3}$）

2-18 已知高炉渣的组成如下：

组元	CaO	SiO₂	MgO	Al₂O₃
$w(i)$	43.46%	35.32%	2.76%	18.48%

试用碱度法和光学碱度法分别计算温度为 1673K 时炉渣的硫化物容量。

（答案：碱度法 $C_S=8.4\times10^{-5}$，光学碱度法 $C_S=5.2\times10^{-5}$）

2-19 已知炉渣组成如下：

组元	CaO	SiO₂	MnO	MgO	FeO	Al₂O₃	P₂O₅
$w(i)$	45%	20%	7%	7%	16%	3%	2%

试用光学碱度法计算温度为 1873K 时炉渣的磷酸盐容量。

（答案：$C_{PO_4^{-3}}=6.0\times10^4$）

思 考 题

2-1 活度采用不同标准态时对下列热力学参数有何影响，为什么？

$$a_i、\mu_i^{\ominus}、\Delta_r G^{\ominus}、K^{\ominus}、\Delta_{sol} G^{\ominus}、\Delta_r G$$

2-2 活度为 1 的状态即是标准态的提法是否合适，为什么？

2-3 有了活度的标准态后为什么还要提参考态，参考态的作用是什么？

2-4 以极稀溶液为标准态的提法是否正确，为什么？

2-5 通常情况下铁液中组元的活度以及炉渣中组元的活度均采用什么标准态，为什么？

2-6 γ_i^0 的数值能否等于 1，若等于 1，表明该溶液是一种什么性质的溶液？

2-7 总结一下 γ_i^0 的求法主要有几种方法。

2-8 组元 i 的 α 函数与其过剩偏摩尔混合吉布斯自由能 $\Delta_{mix} G_i^E$ 有何关系。

2-9 利用范德霍夫等温方程式计算有溶液参加的化学反应的吉布斯自由能变化 $\Delta_r G$ 时应注意什么？

2-10 定性分析一下活度相互作用系数 e_i^j 数值的正负及大小反映什么问题，e_i^j 的适用条件是什么？

3 相　　图

相图又称为状态图或平衡图，用以描述体系的相关系，反映物质的相平衡规律。相图是体系热力学函数在满足热力学平衡条件下轨迹的几何描述。相图为冶金、化工、材料、地质和陶瓷等领域提供必要的信息，因而应用极为广泛。

随着科学技术的发展，传统的热分析、X射线衍射和金相法等测试技术不断改进，以及新的测试手段的出现，实验相图的研究范围不断扩大，精度及可信度不断提高，大大促进了实验相图的研究和发展。随着计算机技术的发展和应用，20世纪60年代末70年代初人们将计算技术和热力学理论结合起来研究相图，使相图计算发展为一个新兴的学科分支。至今相图应用和相图理论的研究仍异常活跃，呈现勃勃生机。

在相图研究和计算中，经常涉及几个原理和规律，现简介如下：

相律　相图属热力学参数状态图的一种，遵循热力学基本定律，遵守吉布斯相律。相律反映热力学平衡体系中独立组元数 C、相数 P 和自由度 F 之间存在的关系。

$$F=C-P+2$$

式中，2表示体系的温度和压力两个热力学参数。

由相律可知，体系的相数比组元数多2时，自由度 F 为零，是个无变量体系，在相图中对应一个固定的点；若体系的相数比组元数多1，自由度 F 等于1，是个单变体系，与相图中的一条线上的点对应；若体系的相数等于组元数，自由度 F 为2，是个双变体系，对应于某个面上的点。

连续原理　当决定体系状态的参数连续发生变化时，在新相不出现、旧相不消失的情况下，体系中各相的性质以及整个体系的性质也连续变化。如果体系的相数发生变化，自由度变了，体系各相的性质以及整个体系的性质都要发生跃变。

相应原理　在一给定的热力学体系中，任何互成平衡的相或相组成在相图中都有一定的几何元素（点、线、面、体）与之对应。

本章所述相图指体系的组成—温度图，考虑到二元系和三元系在冶金上有很重要的用途，本章内容限于讨论二元和三元系相图。

3.1　二元相图小结

3.1.1　简单低共熔（共晶）型二元系

在这一类体系中没有或不考虑气相存在，其两个组元在液态下完全互溶，形成单相溶液，但固态下却完全不互溶，即体系中只能出现一种液相（两个组元的液态混合物）和两种固相（纯组元 A 和纯组元 B 的固相）结晶出来。严格说来，液态下完全互溶，固态完全不互溶的体系不多，只能将一些固态互溶较小的归入这一类，如 Cd-Bi，Sn-Zn，KBr-AgBr，CaO -MgO 等。

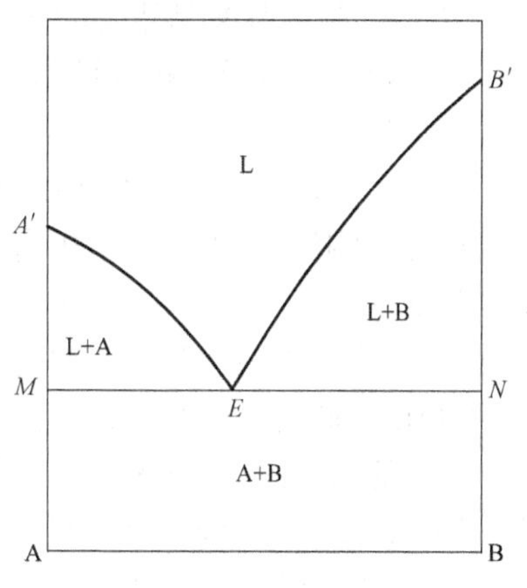

图 3-1 简单低共熔（共晶）型二元系相图

如图 3-1 所示，A-B 简单低共熔（共晶）型二元系由四个面三条线和一个共晶点组成。液相 L、固液两相平衡共存区 L＋A 和 L＋B 及纯 A 纯 B 混合区 A＋B；两条曲线是液相线 $A'E$ 和 $B'E$，液相线上的点固液两相平衡共存（L＋A 或 L＋B），由于本章所示的相图都为等压相图，其自由度为 $F=2-2+1=1$，是单变线；直线 MN 上的点三相平衡共存（L＋A＋B），自由度 $F=3-2+1=0$，其中低共熔点 E 在 MN 直线上，当体系冷却发生共晶反应为 L＝A＋B，直至液态全部结晶为纯 A 和纯 B。

3.1.1.1 冷却曲线（或加热曲线）

测定冷却曲线是常用的制作实验相图的方法。用组元 A 和组元 B 配制成分不同的样品（由纯 A 到纯 B），放在特制的容器中，加热、熔化，然后冷却，记录样品的冷却曲线，得到图 3-2a。

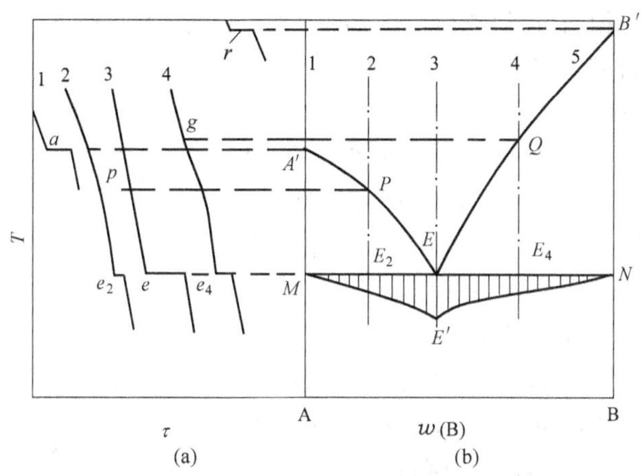

图 3-2 简单低共熔（共晶）型二元系相图

曲线 1 为纯组元 A 的冷却曲线。线上 a 点以上的一段与 A 的熔体冷却过程对应。冷到 a 点时，开始析出 A 的晶体，并放出熔化焓，此时的自由度 $F=1-2+1=0$，故温度保持不变，冷却曲线上出现平台，平台温度为纯 A 的熔点。平台以下的部分为纯 A 的固态冷却曲线，将 a 点所在的平台线延长，交 A 的纵坐标于 A'。

曲线 3 是低共熔物的冷却曲线。线上 e 点以上的一段与熔体的冷却过程相当，冷到 e 点时同时析出 A 和 B 的晶体，自由度 $F=2-3+1=0$，故温度保持不变，冷却曲线上也出现了一个平台。延长平台线交相应组元的纵坐标于 E（图 3-2b 所示），E 点就是相图的最低共熔点，也称为共晶点。

试样 2 中含 B 低于低共熔混合物，称为亚低共熔混合物，冷却曲线 p 点以上是熔体的冷却过程，温度降到 p 点时开始析出晶体 A，并放出熔化焓，冷却速度减慢，曲线上出现转折，自由度为 $F=2-2+1=1$，结晶的温度随着组成改变。冷却到 e_2 点时 A、B 的晶体同时析出，自由度为零，冷却曲线上出现温度停歇平台，过 p 点引水平线交试样 2 组成相应的纵坐标于 p 点（液相点），低共熔温度相应于相图上的 E_2 点。同理可分析样品 4 和样品 5 的冷却过程，得到相图上的相应的点，将固液相平衡的点连接起来，得到液相线 $A'PE$ 和液相线 $B'QE$，连接 E_2、E 和 E_4 等三相平衡点得到共晶线 MN，可得到图 3-2b 的二元简单共晶相图。

3.1.1.2　塔曼三角形

在用冷却曲线作相图时，共晶点常用两条液相线的延长线交点决定。当熔体的组成越接近低共熔物，最初析出的固体 A 或 B 的量就越少，冷却曲线上相应的转折很难准确观察出来，这时用延长的办法会引入相当大的误差，实际上常用塔曼三角形来决定。从图 3-2a 的冷却曲线不难看出，曲线 2、3 和 4 上都有与低共熔凝固过程相对应的温度停歇平台，停歇的长短与各熔体中液态低共熔物凝固所需时间相当。若各样品的量相同，熔体的组成越接近共晶点 E，在析出 A 或 B 的晶体后剩余的低共熔物越多，停歇平台越长，在共晶点 E 停歇最长，在纯 A、纯 B 的冷却曲线上没有停歇。在低共熔线 MN 的下面相应处作垂直线段，令其长度与有关冷却曲线上停歇平台的长短相当，连接线段的下端，得到塔曼三角形 $ME'N$（如图 3-2b 所示），三角形顶点即与共晶点的组成相当。

3.1.1.3　杠杆规则

由图 3-3 所示，当温度开始下降到 Q 点时有纯固态 B 晶体析出，冷却到 H 点时仍是固液两相平衡，液相的组成在 K 点所相应的坐标上，此时所剩液相的质量 m_l 和析出纯 B 晶体的质量 m_B 用下式计算：

$$m_l/m_B=HJ/KH$$

其中，KH、HJ 等都是线段的长度。当体系冷却到二元共晶温度的瞬间，即到达 R 点时开始析出低共熔物，液相量 m_l 和固相量 m_S 由杠杆规则得到

$$m_l/m_S=RN/ER$$

此时液相的组元不变，自由度为零，当液体全部凝固，体系成为 A 和 B 的晶体后才能进入固相区。

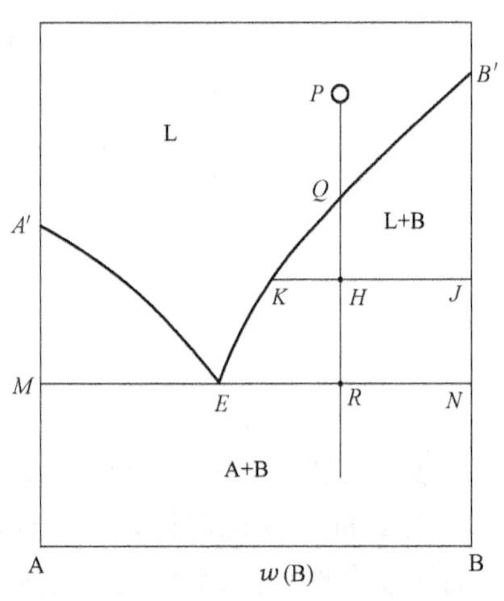

图 3-3　二元系相图杠杆规则示意图

图 3-4 为 Bi-Cd 二元系相图。与很多相图一样，该图给出了上、下两个横坐标，分别为一个组元（Cd）的质量分数和摩尔分数。在应用杠杆规则时，若按上

边的质量分数坐标读出刻度确定线段的长度，则得出的长度比相当于质量比。若按下边的摩尔分数坐标读出刻度并确定线段的长度，则得出的长度比相当于摩尔比。已知熔体 P 的质量为 200g，可用杠杆规则计算冷却到 200℃时 Cd 的结晶质量。设 m_{Cd} 表示 Cd 的质量，m_{melt} 表示剩余熔体的质量，则

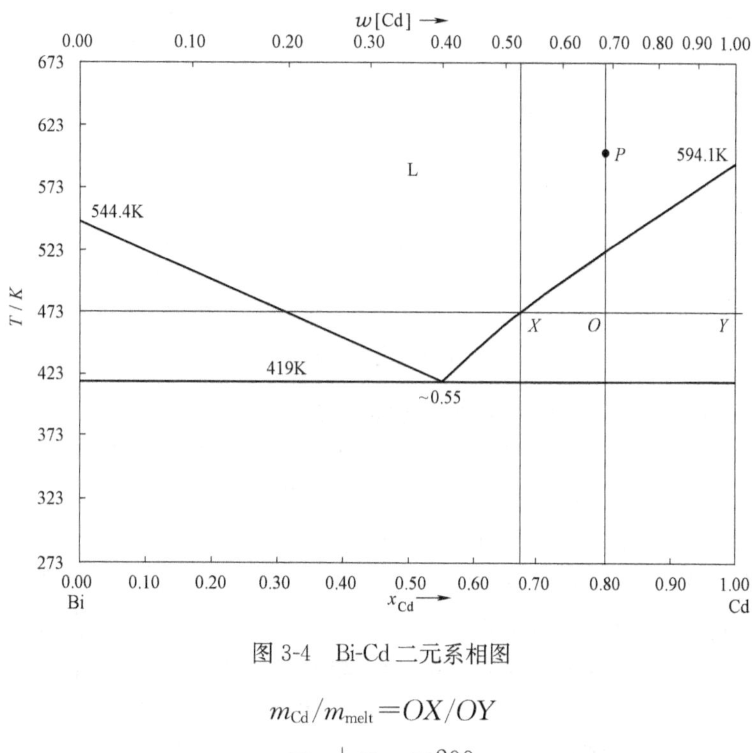

图 3-4 Bi-Cd 二元系相图

$$m_{Cd}/m_{melt}=OX/OY$$

$$m_{Cd}+m_{melt}=200$$

从图中的质量分数坐标读出，$OX=0.16$，$OY=0.32$，所以，算得 $m_{Cd}=66.67$g。

3.1.2 含有中间化合物的二元系相图

为简单起见，本小节所讨论的相图都只包含一个中间化合物，且无固溶体生成，液态完全互溶。

3.1.2.1 同成分熔化化合物的二元化合物相图

由图 3-5a 看出，化合物在熔化时生成的液相组成与化合物的组成相同，此化合物称之为同成分熔化化合物，这类二元系称为含有同成分熔化化合物 C 的二元系。该体系有两个最低共晶点 E_1 和 E_2，该体系分为两个二级体系 A-C 和 C-B，这两个二级体系都属简单共晶系，熔体的结晶过程同上一小节所述。两个二级体系合并成 A-B 二元系时，必须进行组成的换算。值得注意的是，中间化合物 C 的溶解度曲线 E_1SE_2 的最高点 S 处的尖锐度与 C 在熔体中解离度有关，若 E_1S 与 E_2S 成锐角，则 C 在熔体中稳定；若两条线在 S 处交接光滑，曲率越小，解离

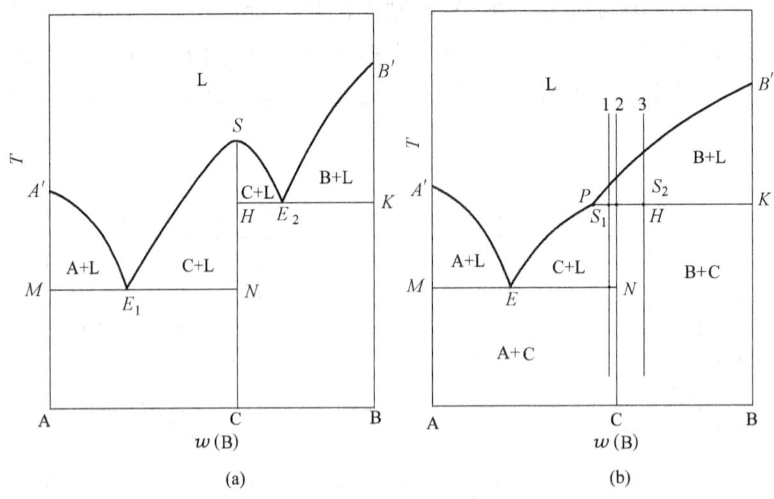

图 3-5　含有中间化合物的二元系相图

度越大。图 3-5a 所示的化合物 C 在熔化时有部分解离。

总之，当任意一个固相熔化时，若所得液相的组成与原固相一致，称为同成分熔化；而当任意一个固相熔化时，析出另一种固相，并且还得到一种组成不同的液相，称为异成分熔化。

3.1.2.2　含异成分熔化化合物的二元系相图

若化合物在熔化时分解为液相和另一组成与原化合物不同的固相，这样的化合物为固液异成分熔化化合物(简称异成分熔化化合物)。与图 3-5a 不同，图 3-5b 含有一个异成分熔化化合物 C，P 点的左半部分熔体的结晶过程，与简单共晶二级体系 A-C 相当。在 P 点的右半部分，熔体冷却到 PHK 线时析出的都是晶体 B，液相组成沿着 $B'P$ 线下移，当冷却到 PHK 线上时发生转熔反应。如冷却曲线 1 上 S_1 点的转熔反应为：

$$\mathrm{L+B=C}$$

体系继续放热，晶体 B 消耗完后，进入 L+C 区，温度下降到共晶温度时有共晶反应 L=A+C 发生。冷却曲线 2 的熔体组成与化合物 C 组成相同，所以在 H 点发生转熔反应 L+B=C，液相 L 和晶体 B 全部消耗尽，生成化合物 C；曲线 3 交 PHK 线于 S_2 点，由于熔体初始组成 B 大于化合物 C 的含量，转熔反应结束后进入 C+B 两相区。

3.1.3　含固溶体的二元系相图

含固溶体生成的相图十分普遍，分固态下完全互溶的连续固溶体和固态下部分互溶的有限固溶体两种情况。

3.1.3.1　不形成最高点或最低点的完全互溶二元系

图 3-6a 是有连续固溶体生成的二元系相图，当体系中的 P 点冷却到 H 点时进入固液平衡两相区，液相组成在 K 点，而固相在 J 点，是晶体 A 和晶体 B 形成的固溶体相 S。S 相随着

组成的变化连续地、均匀地变化。

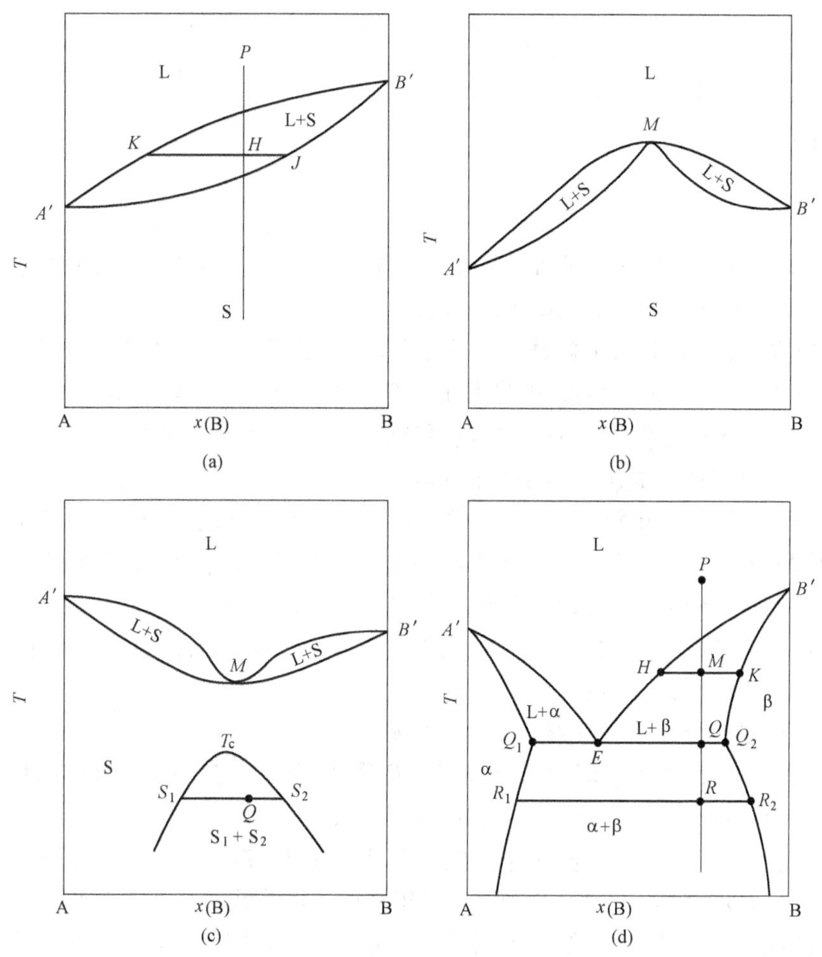

图 3-6　含固溶体的二元系相图

Cu-Ni、Si-Ge、Ag-Au、NiO-CoO、CoO-MgO 等体系属这类二元系。这类二元合金体系被应用于区域熔炼法提纯金属，如从 Si-Ge 二元系中提高纯 Si，也可用于提纯单晶。

3.1.3.2　有最高点或最低点的体系

图 3-6b 是含有一最高点的连续固溶体相图，在最高点 M 液相线与固相线相切；从热力学原理我们可以证明，在等压相图上，M 点处组成对温度的导数等于零。当体系达到热力学平衡时，体系的自由能改变为零，即，

$$\mathrm{d}G^{\mathrm{l}}=S^{\mathrm{l}}\mathrm{d}T+x_{\mathrm{A}}^{\mathrm{l}}\mathrm{d}\mu_{\mathrm{A}}+x_{\mathrm{B}}^{\mathrm{l}}\mathrm{d}\mu_{\mathrm{B}}=0$$

$$\mathrm{d}G^{\mathrm{s}}=S^{\mathrm{s}}\mathrm{d}T+x_{\mathrm{A}}^{\mathrm{s}}\mathrm{d}\mu_{\mathrm{A}}+x_{\mathrm{B}}^{\mathrm{s}}\mathrm{d}\mu_{\mathrm{B}}=0$$

二式相减得到，

$$-(S^{l}-S^{s})\frac{dT}{dx_{B}}=(x_{A}^{l}-x_{A}^{s})\frac{d\mu_{A}}{dx_{B}}+(x_{B}^{l}-x_{B}^{s})\frac{d\mu_{B}}{dx_{B}}$$

由于$-(S^{l}-S^{s})\frac{\Delta_{fus}H}{T_{fus}}\neq 0$，且 $x_{A}^{l}=x_{A}^{s}$，$x_{B}^{l}=x_{B}^{s}$

故第三式的右边等于零，所以

$$\frac{dT}{dx_{B}}=0$$

这类有最高点的相图可副分成两个类似于图 3-6a 的二级相图，即以假想组成同最高点的化合物 M 存在，分成 A-M 和 M-B 两个二元系。

图 3-6c 是含最低点的连续固溶体二元系相图，且在温度 T_C 以下存在一个溶解间隙，相图在 T_C 温度以上部分与图 3-6b 相似，差异在于一个是最高点，一个是最低点，相平衡的分析情况相同；温度 T_C 以下固溶液分层，如在 Q 点要分成 S_1 和 S_2 两固溶液平衡。

3.1.3.3　*液态完全互溶固态部分互溶的二元系*

图 3-6d 是带有两个端际固溶体的二元系相图，在富 A 端形成一个含少量 B 的固溶体 α，而在富 B 端则形成一个含少量 A 的固溶体 β；当组成为 P 点的熔体冷却到 M 点时出现固液两相平衡 $L_H+\beta_K$，继续冷却到 Q 点时发生简单共晶反应 $L_E \rightarrow \alpha Q_1+\beta Q_2$，析出的是固溶体 α 和 β，当体系继续冷却，液相消失，温度降到 R 点时，存在 R_1 点的 α 和 R_2 点的 β 两相平衡。

Ag-Cu、MgO-CuO 等二元系属这一类型。

3.1.3.4　*液态部分互溶——形成偏晶型二元系*

与固体一样，液态组元混合时也可出现完全互溶、完全不互溶和部分互溶的情况，限于篇幅，本节仅介绍液态部分互溶的例子——Pb-Zn 二元系。

如图 3-7 所示，在 500℃，向液态铅中加入锌，开始只是锌溶于铅液中，溶液仍保持单相。直到铅液中锌的浓度达到 a 点（3.5％Zn），这时铅液中开始出现第二个液相即富锌相，成分由 b 点（98％Zn）表示。如果保持温度不变，继续向体系加入锌，体系总成分 x_0 由 a 向 b 移动，而两个液相的成分并不改变，只是富锌液相的量不断增加，富铅相的量相对减少，可用杠杆规则计算。直到总成分 x_0 到达 b 点。此后若再加入锌，富铅相消失，体系又成为单一液相。

图 3-7 右上角为此类型的示意图，图中分溶线与组元锌的液相线交于 c 及 d，在 fdc 线温度下，体系出现下列反应：

$$L_d=L_c+Zn$$

该反应称为偏晶反应，此时体系处于三相平衡，自由度为零。

以上介绍的是最简单和最基本的几个二元系相图。在冶金及材料研究领域中，涉及的相图类型很多，其中有些也很复杂。但是，复杂的相图往往可分解成若干简单相图。学习的关键在于掌握最基本的相图类型，学会用相律和热力学基础知识分析相图，进而达到应用相图指导科研和生产实践的目的。

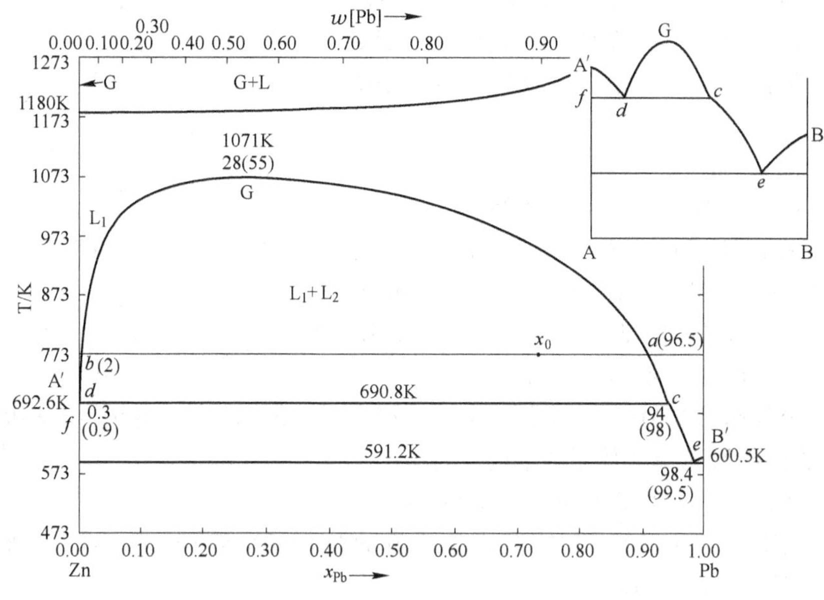

图 3-7 形成偏晶型的二元系相图

3.2 三元系相图

3.2.1 概述

在冶金和材料研究和生产过程中常遇到的熔盐、熔渣、合金、耐火材料、熔锍等，多属多元体系。当多元系的热力学性质主要由其中三个组元决定时，可将多元系简化为三元系。此时，其他次要组元视为影响因素来考虑。另外，许多先进材料均为三元或多元体系，因而，三元系是多元系相图的基础。

在凝聚态体系中，压力对相平衡的影响不很大，通常可按常压处理，压力下的相律为

$$F=C-P+1$$

故体系最大自由度为3，最多可能出现的共平衡相数目为4。因此要完整地表示一个三元系的状态，需用三个坐标的立体图表示。通常用垂直轴表示温度，用等边三角形底平面表示三个组元的浓度。

3.2.1.1 罗策布浓度三角形

在三元系中组元的浓度(质量分数或摩尔分数)常用罗策布三角形表示。如图 3-8 所示，罗策布浓度三角形是一个等边三角形，所根据的原理是：由等边三角形内任意一点，分别向三个边作平行线，逆时针(或顺时针)方向读取平行线在各边所截线段，此三线段长度之和为一常数，等于三角形的边长。通常将三角形每一边长分为 100 等份，每个顶点仍代表纯组元。

于是，三角形内任意一点 M 代表一个三元体系的组成，其各个组元的浓度可以通过 M 点

分别作三条边的平行线来确定。如图 3-8 所示，GG' // AB，EE' // BC，FP // AC，按逆时针方向依次读取三条边上的截距，该相应的截距就对应各组元的浓度。

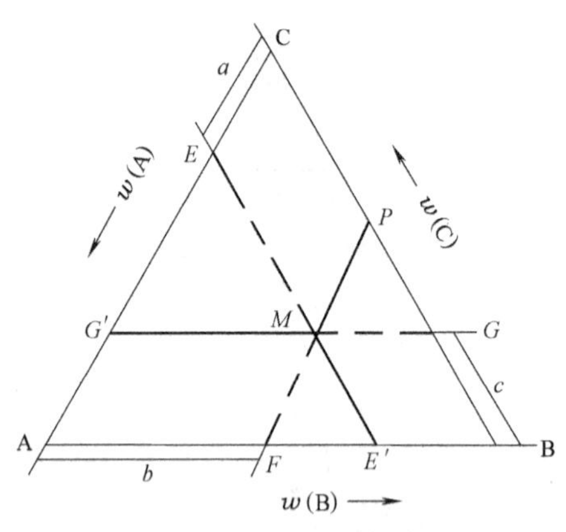

图 3-8　罗策布浓度三角形表示方法

$$CE=a, AF=b, BG=c$$

$$a+b+c=CE+AF+BG=AB=1$$

反之，若知道体系的组成（A 组元的浓度为 $a\%$，B 组元的浓度为 $b\%$，C 组元的浓度为 $c\%$）也可确定三角形的相应代表点，即从 C 点在 AC 边上截取线段 $CE=a\%$，从 B 点在 BC 边上截取 $BG=c\%$。过 E 点、G 点分别作 BC、AB 边的平行线 EE'、GG'，两条平行线的交点 M 就是该体系的组成代表点。

由罗策布浓度三角形可得到下列两个性质：

(1) 平行于浓度三角形的任何一边的直线，在此线上的所有点所代表的三元系中，直线所对的顶角组元的浓度均相同；

(2) 从浓度三角形的一个顶点到对边的任意直线，在此线上所有点代表的三元系中，另外二个组元浓度之比相同。

3.2.1.2　杠杆规则与重心规则

a　杠杆规则

如图 3-9a 所示，若三元系中有两个组成点 P_1 和 P_2 构成一个新的三元系点 P，则在浓度三角形内新成分点 P 必在原始组成点 P_1 和 P_2 的连线上，P 点的组成由 P_1 和 P_2 的质量按杠杆规则确定，即

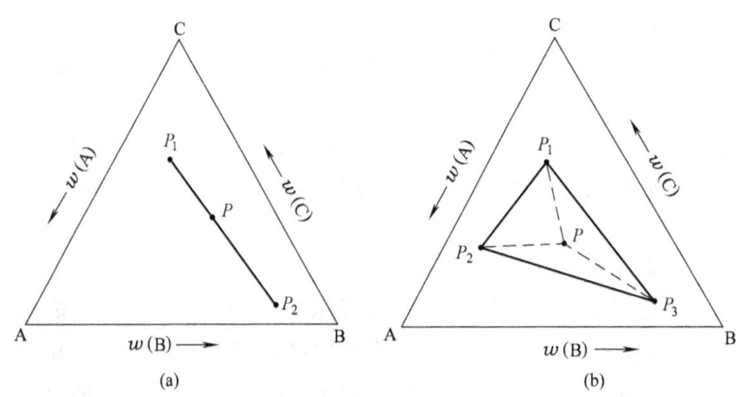

图 3-9　三角形杠杆规则与重心规则

(a)三角形杠杆规则；(b)三角形重心规则

$$\frac{m_{P_1}}{m_{P_2}}=\frac{PP_2}{P_1P}$$

反之，当一个已知成分和质量 m_P 的三元系点 P，分解出两个相互平衡的相 P_1 和 P_2，则此两相的组成代表点 P_1 和 P_2 必在通过 P 点的直线上，分解出的两相质量 m_{P_1} 和 m_{P_2} 可按杠杆规则计算，即

$$m_{P_1}=\frac{PP_2}{P_1P_2}m_P\ ;m_{P_2}=\frac{P_1P}{P_1P_2}m_P$$

b 重心规则

如图 3-9b 所示，P_1、P_2 和 P_3 为三元系 A-B-C 中三个已知成分点，假设这三个三元物系的质量分别为 m_1、m_2、m_3。将它们混合，形成的新体系的对应于成分点为 P。可以证明 P 点必定在 $\Delta P_1P_2P_3$ 之内，而且位于此三角形的重心位置。并且，有下列关系式成立。

$$m_{P_1}:m_{P_2}:m_{P_3}=\Delta PP_2P_3:\Delta PP_3P_1:\Delta PP_1P_2\text{（面积比）}$$

ΔPP_2P_3、ΔPP_3P_1 和 ΔPP_1P_2 分别表示相应三角形的面积。这就是三元系的重心规则。

重心规则同杠杆规则一样，在生产实际中应用非常广泛。例如，用三个三元母合金配制一个新的合金，求新合金的成分；或由已知最终产物的成分点，求平衡相的组成等。无论使用质量分数还是摩尔分数等表示三元系组成，杠杆规则和重心规则都能成立和应用。一般来说，只要表示组成的方法能使体系中各组元的浓度之和为一常数，这些规则都适用。但应注意，用摩尔分数表示组成时，各相的量之比是摩尔比；用质量分数表示组成时，各相的量之比是质量比。

3.2.2 简单低共熔(共晶)型三元系

3.2.2.1 立体图

浓度三角形再加上温度变量就构成了一个三维空间的三棱柱体。图 3-10 是以 Pb-Sn-Cd 系为例绘出的简单低共熔型三元相图，又称共晶相图。三元共晶相图属于最简单也是最基本的一类相图。其中，图 3-10 中，每两个组元之间都存在一个由二纯组元形成的二元共晶。

三棱柱的底为浓度三角形。三个侧面分别为三个简单共晶二元系。它们的共晶点分别为 e_1、e_2、e_3。三个上顶角分别为三组元的熔点。棱柱上方为三个表示液相的曲面所封闭，这些曲面也称为初晶面。它表示

(1) 开始凝固温度；

(2) 与某纯组元的固相共存的液相(故称液相面)；

(3) 该液相的浓度即为相应组元的(饱和)溶解度；

(4) 相变曲面。

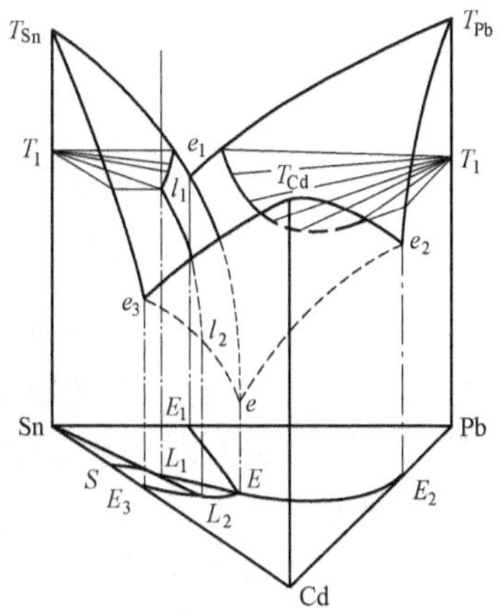

图 3-10 简单共晶三元系立体图

这些液相面可以看做是因第三组元的加入，使二元系液相线扩展的结果。例如，Pb-Sn 系液相线$\widehat{T_{Sn}e_1}$会因加入 Cd 而向棱柱内、且向下（因凝固点下降规则）而扩展为一曲面。

液相面彼此相交，形成三条交线$\widehat{e_1e}$、$\widehat{e_2e}$、$\widehat{e_3e}$。从这些线上的液相中要同时析出两个纯组元的固相，所以这三条交线称为二元共晶线。二元共晶线还可以看做是由于第三组元的加入使二元共晶点延伸所得。当液相处于该线时，必有另外两个固相与之共存，即这时体系必是三相共存，自由度 $f=3-3+1=1$。

三条二元共晶线相交于 e 点。e 点是同时析出三个纯组元的液相点，称为三元共晶点。在液相处于该点时，体系必定为四相共存，$f=3-4+1=0$，即 e 点是该体系的无变量点。e 点的温度是体系的最低熔点。冷却到此点以下，体系要全部凝固为固相。e 点所示的三组元固相混合物升温到 T_e 时，三组元将同时熔化，故 e 点又称为最低熔点。

3.2.2.2　平面投影图

立体图使用起来多有不便，实际上普遍采用平面投影图代替立体图。把立体图中所有的点、线、面都垂直投射到浓度三角形上，即得图 3-11 所示的投影图。

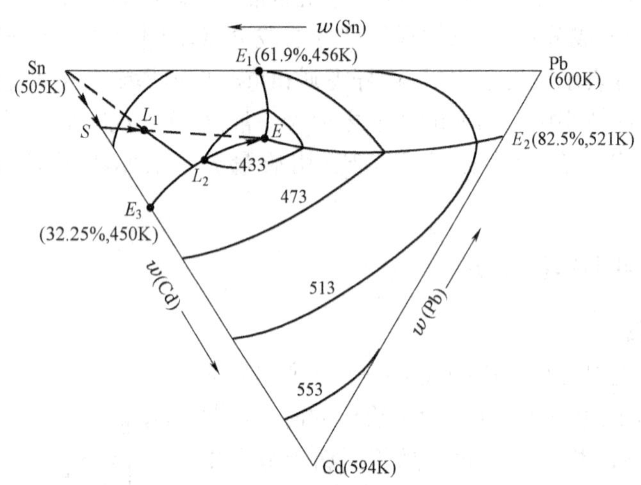

图 3-11　Pb-Sn-Cd 三元平面投影相图

平面投影图中$\widehat{E_1E}$、$\widehat{E_2E}$、$\widehat{E_3E}$分别是立体图中$\widehat{e_1e}$、$\widehat{e_2e}$、$\widehat{e_3e}$之投影，E 是 e 的投影（坐标为 32%Pb、50%Sn，418K）。三条二元共晶线将投影图分为三个区，该三个区分别为析出顶角组元的初晶区。图中标有温度数据的曲线称为等温线，是等温截面与液相面交线的投影。等温线即相应温度的液相线，其值越低，表示体系开始凝固（熔化终了）的温度越低；越接近纯组元，温度就越高。

3.2.2.3　结晶过程

现在讨论一下如图 3-10 中垂线所示的三元共晶系中熔体的冷却过程。熔体 l 冷却到液相面上的 l_1 点时，开始析出固体 Sn。由于熔体中 Sn 含量减少，Pb、Cd 的含量相对增加，随着温度的下降，液相组成在液相面上沿 $l_1 \to l_2$ 方向变化，当它变到 e_3e 线上的 l_2 时，Cd也将和Sn一起饱和析出。温度继续下降时，液相组成沿 $l_2 \to e$ 线变化，直至 e 点时，Pb也达饱和，形成Pb-Cd-Sn的三元共晶（Pb、Cd、Sn同时析出）。这时，体系呈四相平衡，$f=0$，即此时温度和各相组成均保持不变，直到液相全部消失为止。温度再下降时，体系将为Pb、Cd、Sn三个固相的冷却。

用三元系的平面投影（即图3-11）也可以说明上述冷却过程。在整个冷却过程中，液相的成分点将沿着 $L_1 \to L_2 \to E$ 变化。如果把冷却过程的固体（无论有几种）看成是一个"固相体系"，则它的组成将沿着 Sn→$S \to L_1$ 变化。按直线规则，物系点 L_1、液相组成点和"固相系"组成点始终在一直线上。这条直线开始是 Sn→L_1，后为 Sn→L_2，再绕 L_1（L_1 为中心）反时针方向旋转而变为 S-E 为止，最后变为 L_1-E。

3.2.2.4　杠杆规则的应用

在投影图上，利用杠杆规则可很方便地计算出结晶过程中各个相的量。

例题3-1　已知如图3-12中 F 点表示A-B-C三元的熔体质量为 m_F。试分别回答以下的四个问题。

(1) 能获得多少一次结晶出的A?

当液相组成点由 $F \to H$ 时，析出的全部是A，正好到 H 点时，所得A的量即为所可能得到的全部初晶A量。依据杠杆规则，所得A的质量 m_A 与 m_F 关系为

$$m_A = \frac{\overline{FH}}{\overline{AH}} \cdot m_F$$

(2) 在二次结晶过程，液相组成变化为 $H \to L$，当液相组成达到 L 时，获得多少固相?

$$m_K = \frac{\overline{FL}}{\overline{KL}} \cdot m_F$$

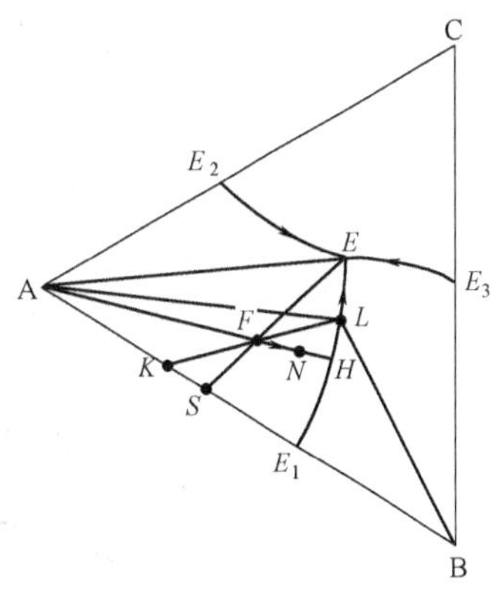

图3-12　杠杆规则应用

注意，这时的固相为 $A_{(s)}$ 和 $B_{(s)}$（其中既有初晶A，又有A+B的二元共晶），此时，固相系的组成为 $m_A/m_B = \overline{BK}/\overline{AK}$。

(3) 三元共晶开始前，尚余多少液相?

$$m_{L_E} = \frac{\overline{FS}}{\overline{ES}} \cdot m_F$$

此 m_{L_E} 即为该熔体所能获得的三元共晶总质量。

(4) 熔体完全凝固后，体系中有多少二元共晶?

这一问留给读者自己完成。

3.2.2.5　等温截面图

用与底平面平行的一系列平面去截三元相图的立体图，得到三元相图的等温截面图。在生产和研究实践中常用等温图来研究某一定温度时的相态关系。例如，图3-10中的扇形面是

温度为 T_2 时 Pb-Sn-Cd 三元系的等温截面。图 3-13 是几种典型的三元等温截面图。

图 3-13a 所示截面的温度 T 低于 A 和 C 的熔点，高于 B 的熔点和所有二元共晶温度。它与 A 和 C 的液相面相交，得到两条等温液相线。图中扇形区为两相区（L＋A 和 L＋C），两相区内的细线是连接二平衡相相点的直线，称为结线。通过结线可得两个平衡共存相的组成。图中其余部分为液态单相区。图 3-13b 所示等温截面的温度低于三个纯组元的熔点，等于 A-C二元系共晶温度。

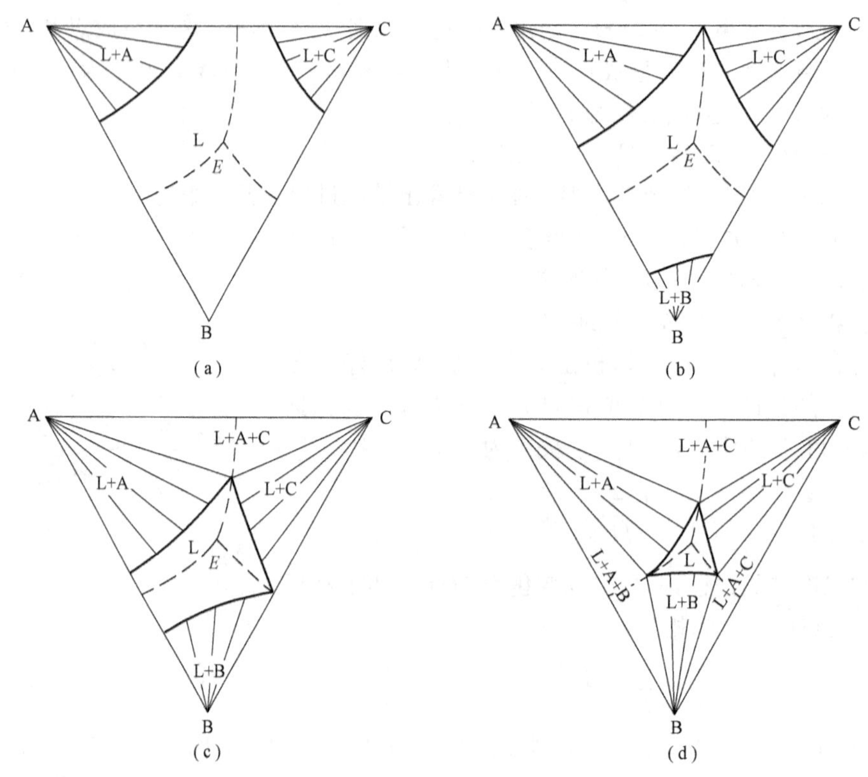

图 3-13　等温截面图

图 3-13c 是温度等于在 B-C 二元系共晶温度时，得到的等温截面。这一温度低于 A-C 共晶点。因此，该截面与 A-C 二元共晶线相交。这样，图中出现"液相＋A＋C"的三相共存区。共存三相的相点连接所得三角形，称为结线三角形。结线三角形内的任何体系，在该温度下，均处于 L⇔A＋C 的三相平衡状态。三相的量可通过杠杆规则或重心规则确定。图 3-13d 是温度低于三个二元共晶温度，但是高于三元共晶温度所得的等温截面图。

等温截面图在冶金生产和理论研究中均获得了广泛应用。

3.2.3 生成二元不稳定化合物的三元系

3.2.3.1 投影图和等温线图

图 3-14 为一个不形成固溶体，只生成一个化合物的三元相图的投影图。这里除了 A、B、C 三个组分的一次结晶面外，还包括一个化合物 S 的一次结晶面 Ee_1P_1P，在这个区域内进行的两相平衡过程是由液相析出固体 S。应当注意，化合物 S 的组成点在这个区域之外。比较生成不稳定化合物的 A-B 二元体系中的相应情况，对这点就不难理解了。

在图 3-14 中，共有四个液相面，相邻液相面交界处共有五条三相平衡的单变线。其中 e_1E、e_2P 及 e_3E 代表进行 L+A+S、L+B+C 及 L+A+C 过程时液相组成的变化。此外，P_1P 和 PE 分别是进行 L+B+S 和 L+C+S 过程时的单变线。至于二次结晶区，由于在 CPP_1S 区内出现了相当复杂的结晶过程，划分不像低共熔型体系中那样明确。不过各顶点（包括 S 的组成点）和无变点 E、P 的连线（除去 AP 和 BE 以外）对划分结晶过程不同的区域方面仍然具有重要意义。最后，在△ASC 内的体系都经历三元低共熔反应，并留下 A、S、C 三个固相。而△CSB 内的体系都经历三元转熔反应，并留下 C、S、B 三个固相。值得注意的是，窄长的△CPS 内的体系，在进行三元低共熔反应之前先要经历三元包晶（转熔）反应。

为了表示液相面和单变线的温度变化趋向，图 3-14 中还画出了相应的箭头。比较 E 和 P 周围单变线的温度变化，可以注意到 E 比任何单变线上任一点的温度都低，而 P 则低于两条却高于第三条单变线 PE 的温度。这是 E（三元低共熔点）和三元转熔点 P 的一个重要区别。有时，还用作等温线的方法来表示图中液相面等的温度变化。所谓等温线就是将液相面上温度相同的点联结成相应的曲线。作许多不同温度下的等温线就得到如图 3-15 所示的等温线图。比起箭头来，等温线图给出的温度变化情况更为鲜明、直观。可以注意到，E 点周围的等温线是“封闭”的，而 P 点周围则是“开放”的，这同样反映了它们的差别。

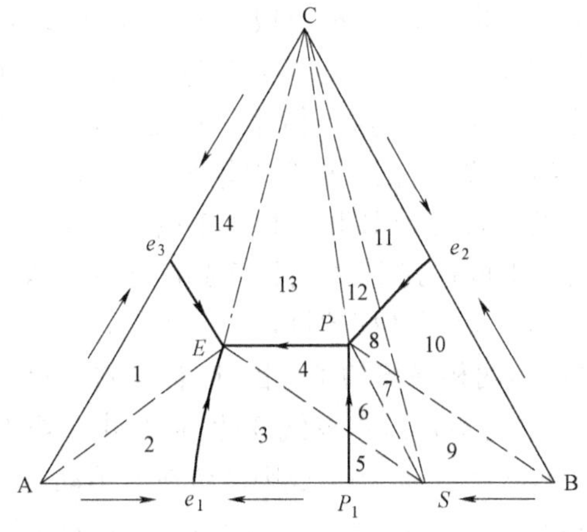

图 3-14 生成二元不稳定化合物的三元系投影图

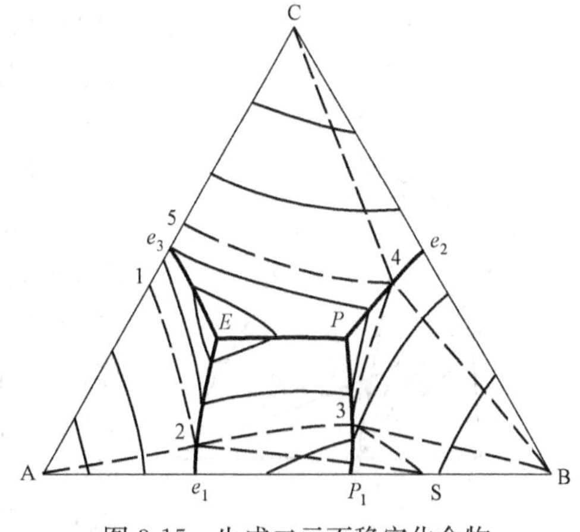

图 3-15 生成二元不稳定化合物的三元系的等温线图

知道了各种温度下的等温线，作等温截面图就容易了。比如，设在温度 t 时的等温线是图 3-15 中的 1-2-3-4-5 虚线。立刻可以知道，1-2、2-3、3-4、4-5 等线条正是 L＋A、L＋S、L＋B、L＋C等两相平衡的结线扇形面上的曲线，而 2、3、4 等在单变线上的点又正是结线三角的液相顶点。例如，由于点 3 是在 L＋S＋B 三相平衡的单变线上，所以以 3 为液相顶点的结线三角的另外两顶点应当是 S 和 B。这样可以作出 A2S，S3B，B4C 等结线三角。明确了扇形面和结线三角的位置分布，等温截面图也就作出来了。图 3-16 就是上述温度 t 时的等温截面图。不言而喻 1-2-3-4-5 线所包围的是液相区。为便于比较，投影图上的单变线仍然保留下来。

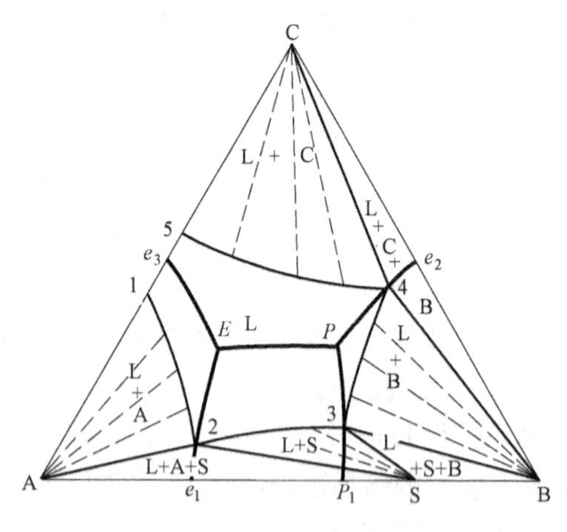

图 3-16　t 温度等温截面图

3.2.3.2　结晶过程

前面提到，这种体系中的结晶过程，特别是 CPP_1S 区内结晶过程是比较复杂的。事实上，如图 3-14 所标明的，整个体系可以划分为 14 个结晶过程不同的区域。其中 1、2、3、4、13、14 六个区的结晶过程和以前低共熔型体系没有很大差别。3、4 区一次结晶时析出的固相都是 S，而 e_1E 和 PE 分别是 A 及 C 与 S 平衡的单变线。9、10、11 三个区的特点是：在三相平衡过程（B、液相 L、S 或 C）以后，在转熔点 P 经过四相平衡（B，S，C 和 L）的转熔过程后就结束整个结晶过程（而不是在 E）。下面就着重分析第 6 和 7 区中体系的结晶过程，说明为什么它们的情况比较复杂。

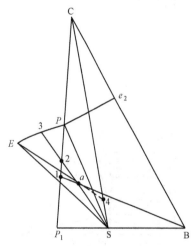

图 3-17　图 3-14 中第 6 区中 a 点的结晶路线示意图

先考虑图 3-14 上 6 区中的 a 点（见图 3-17）。一次结晶开始后，因为析出的是 B，液相组成将沿 Ba1 线改变，而固相组成始终是 B 点。当液相组成到达 1 时，开始了 L＋S＋B 的三相平衡过程。这时体系是单变的，液相组成必须沿 1→2（P_1P 线）变化。每个固相组成保持不变，但整个固相的混合组成却因 B 和 S 相对量改变而沿 B→S 线变化。当液相组成移到 2 时，可以看到固相混合组成已变到 S 的组成点。根据杠杆原则，这说明体系中 B 晶体已经消失，又成为两相平衡的了。因此，体系自由度数又恢复为 2，液相组成不再沿单变线变化，而是由于继续析出 S，沿 S→2→3 改变。固相组成则停留在 S 不动。液相组成变到 3 以后，又开始了新的三相平衡过程，即 L＋S＋C 三相共存。所以，液相组成又要沿单变线从 3 向 E

移动。这时，因为共存的两个固相是 S 和 C，所以，固相混合组成应当始终在 SC 线上。也就是，随液相组成的改变（即温度降低）而沿 S4 移动。液相组成到达 E 点时，固相混合组成也移到 4。此后，体系处于四相平衡，液相组成不能再改变，而固相混合组成由于 A、C、S 三种固体相对量的改变而沿 $4aE$ 变化。当固相混合组成变到与体系原来组成一样，即到 a 点时，液相全部消失，整个结晶过程也就结束。从以上所述可以看出，在 6 区中体系结晶过程中，经过了两次两相平衡，两次三相平衡和一次四相平衡的阶段。两次两相平衡过程的区别是析出之固体不同。两次三相过程的区别有二：除去共存的固相不同；反应性质也不一样。第一次（L、B、S 三相共存）为转熔过程，即 L＋B⇔S。根据切线规则就能肯定这点。因此，过程结束是 B 相消失。而按照切线规则知道，第二次（L、S、C 三相共存）进行的应当是低共熔反应 L⇔S＋C。此外，可以看到，第一次三相平衡过程的起始及结束温度分别是液相组成达到 1 和 2 点的温度；第二次的起始温度相当于 3 点的温度，而过程终结于三元低共熔温度 E。注意到 1 点是 Ba 联线延长线和 P_1P 线的交点，2 和 3 点是 Sa 联线延长线分别和 P_1P 及 PE 线的交点，就不难求得 6 区中任何体系三相平衡过程的起始和终止温度，这对于作变温截面图很有用。综上所述，a 点体系的结晶过程可以归纳为：①L⇔B；②L＋B⇔S；③L⇔S；④L⇔S＋C；⑤L⇔S＋C＋A；⑥S＋A＋C 等步骤。

再考虑图 3-18 所示 b 体系的结晶过程。b 点对应的熔体组成位于图 3-14 中的 7 区，代表 7 区内任意一点。开始析出 B 时，液相组成移向 Bb5 线的 5，以后就开始了三相的转熔反应 L＋B⇔S。在这一过程中，液相组成沿 5P 线变化，固相混合组成沿 BS 线改变。当这一混合组成移动到 6 时（P、b、6 在一直线上），即 B 晶体尚未消失时，液相组成已到达 P 点。此时，体系中除 B、S 外，开始出现第三种固体 C，即开始了四相共存的无变平衡过程。因此，液相组成不再改变，而只是随着 B、S、C 三个固体相对量的变化固相混合组成沿 $6bP$ 线由 6 向 b 移动。由于 P 点位于 B、S、C 三点构成的三角形外，不可能由液体中同时析出上述三种固体。所以，该四相平衡过程为三元转熔反应：L＋B⇔S＋C。可见，在液相量减少时，B 晶体也消耗了。事实上，当固相混合组成变化到达 b6、CS 两线交点的 7 时，由重心规则可知 B 已消耗完。同时，根据杠杆规则可知，（液相量）/（固相总量）＝$b7/Pb$。所以，液相尚未消失，但这时体系中只有三个相，是单变的。因此，液相组成将继续沿单变线 PE 变化，而固相混合组成则在 CS 线上由 7 向 8 移动。无疑，这里进行的是低共熔反应 L⇔S＋C。在液相组成变到 E，固相混合组成移至 8 后，开始了三元低共熔反应 L⇔S＋C＋A。此后液相组成保持不变，而固相混合组成由 8 向 b 移动，并在到达 b 点时结束结晶过程。由上述说明可见，b 点结晶过程中同样经历了两次三相

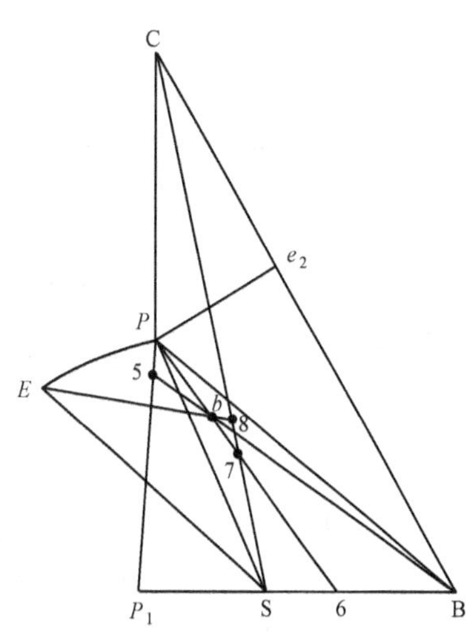

图 3-18　图 3-14 中第 7 区中 b 点的结晶路线示意图

平衡阶段。但和 a 点不同，只经历一次两相共存阶段，却经历两次四相共存的无变反应。此外，在三相平衡过程的起止温度方面，b 点（7 区中任何体系）代表的熔体的冷却结晶过程也有自己的特点：第一次三相过程的终止温度总是三元转熔温度 P，而第二次三相平衡过程都是从 P 开始到 E 结束。归纳上述一切可知 b 点的结晶过程分为以下步骤：L⇔B；L＋B⇔S；L＋B⇔S＋C；L⇔S＋C；L⇔S＋C＋A；S＋A＋C。

下面在表 3-1 中，以列表的形式，将各区的结晶过程进行比较、总结，区号与图 3-14 所示相同。

表 3-1 各区结晶过程

区 号	结 晶 过 程
1	L⇔A；L⇔A＋C；L⇔A＋C＋S；S＋A＋C
2	L⇔A；L⇔A＋S；L⇔A＋C＋S；S＋A＋C
3	L⇔S；L⇔A＋S；L⇔A＋C＋S；S＋A＋C
4	L⇔S；L⇔S＋C；L⇔A＋C＋S；S＋A＋C
5	L⇔B；L＋B⇔S；L⇔S；L⇔S＋A；L⇔S＋C＋A；S＋A＋C
6	L⇔B；L＋B⇔S；L⇔S；L⇔S＋C；L⇔S＋C＋A；S＋A＋C
7	L⇔B；L＋B⇔S；L＋B⇔S＋C；L⇔S＋C；L⇔S＋C＋A；S＋A＋C
8	L⇔B；L⇔B＋C；L＋B⇔S＋C；L⇔S＋C；L⇔S＋C＋A；S＋A＋C
9	L⇔B；L＋B⇔S；L＋B⇔S＋C；S＋A＋C
10	L⇔B；L⇔B＋C；L＋B⇔S＋C；S＋B＋C
11	L⇔C；L⇔B＋C；L＋B⇔S＋C；S＋B＋C
12	L⇔C；L⇔B＋C；L＋B⇔S＋C；L⇔S＋C；L⇔S＋C＋A；S＋A＋C
13	L⇔C；L⇔S＋C；L⇔S＋C＋A；S＋A＋C
14	L⇔C；L⇔A＋C；L⇔S＋C＋A；S＋A＋C

3.2.4 实例

实际应用中，这类生成化合物的体系相当常见。而且，在这类体系中生成化合物往往不止一个，同时，还可能生成三元化合物。这样它们的相图就显得很复杂。这里先看一个例子。

CaO、SiO_2、Al_2O_3 三个组元是高炉渣的主要成分，CaO-SiO_2-Al_2O_3 这个三元系的相图对于研究高炉渣很重要。此外，还有许多硅酸盐工业的产品（如水泥、耐火材料、陶瓷等）也处于该三元系的组成范围内。所以，该体系对硅酸盐工业也具有实际意义。

3.2.4.1 CaO-SiO_2-Al_2O_3 系相图

图 3-19 是 CaO-SiO_2-Al_2O_3 系三元系相图。该体系生成三个三元化合物。其中，钙斜长石 CaO · Al_2O_3 · $2SiO_2$（CAS_2）和铝方柱石 C_2AS 都是稳定化合物。不稳定化合物 C_3AS 在图中没有标明。另外，还有 10 种二元化合物，它们在相图中都位于三角形的边上。这些三元和二元化合物的名称以及熔点均列在表 3-2 中。

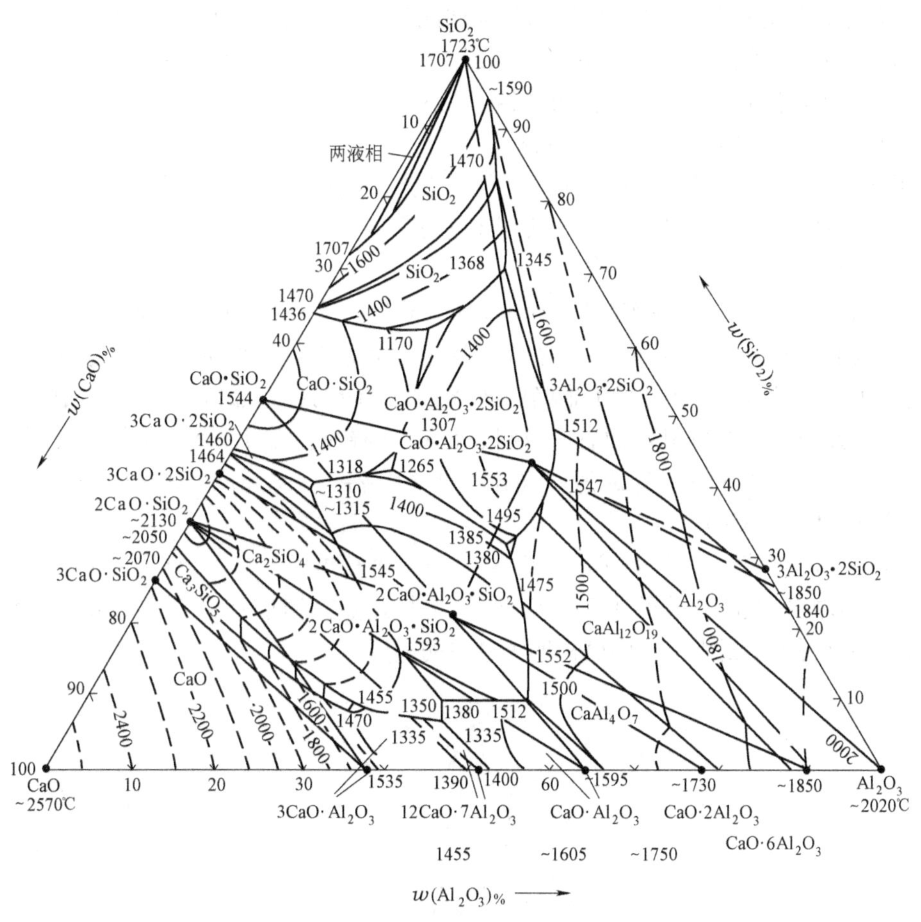

图 3-19 $CaO\text{-}SiO_2\text{-}Al_2O_3$ 系相图

表 3-2 $CaO\text{-}SiO_2\text{-}Al_2O_3$ 系的化合物与熔点

化 合 物	熔点/℃	化 合 物	熔点/℃
C_3A	1535 分解	CS	1544
$C_{12}A_7$	1455	C_3S_2	1464 分解
CA	1605	C_2S	2130
CA_2	1750	C_3S	在 1250～2150 存在
CA_6	1850 分解	CAS_2	1553
A_3S_2	1850	C_2AS	1593

在图 3-19 所示相图中，标有数字的虚线是等温线，粗实线表示二元共晶线或二元包晶线，

线上的箭头表示温度下降方向。整个相图被二元共晶线以及二元包晶线分割成许多小块，每小块属于各化合物的初晶区，图内已标明了各初晶物质的名称。此体系共有 15 个初晶区，即 CaO、SiO_2、Al_2O_3 三个纯组元以及 10 个二元化合物和两个三元化合物的初晶区。除此之外，在 CaO-SiO_2 边附近还出现一个狭长的液相分层区。

3.2.4.2　CaO-SiO_2-Al_2O_3 系相图分析

由于该三元系相图比较复杂，为了弄清楚图中点、线、面的意义，可以将整个图分割成若干个简单的三元系相图，逐个加以讨论，最后再汇总到一起。

a　SiO_2-CS-CAS_2 系

见图 3-19 的左上角，用细实线把 SiO_2、CS 和 CAS_2 三个顶点连接起来，得到一个小三角形，把三顶点的组元 SiO_2，CS 和 CAS_2 看做是这个三元系的三个组元。将它与简单三元共晶相图比较，可知二者类似。所以，不难确定这个三角形内的各初晶区。位于上面的属于 SiO_2 初晶区，左下方为 CS 的初晶区，而右下方则是 CAS_2 的初晶区。E_1 是三元共晶点，在此点上，SiO_2、CS 和 CAS_2 三个固相与组成为 E_1 的液相平衡共存，$f=3-4+1=0$。

b　CS-CAS_2-C_2AS 系

连接图 3-20 中 CS、CAS_2、C_2AS 三点，得到另一小三角形。它属于 CaO-SiO_2-Al_2O_3 系中的一个生成简单共晶的三元子体系。E_2 是三元共晶点。用前述办法可以确定 CS-CAS_2-C_2AS 体系各初晶区，在图 3-20 中已标明了这些初晶区。

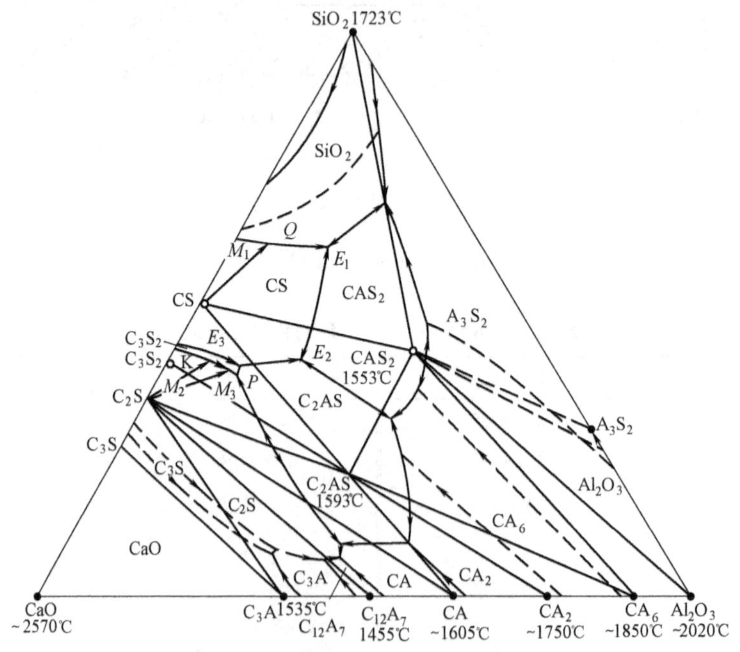

图 3-20　CaO-SiO_2-Al_2O_3 系初晶区分布图

c $CS-C_2AS-C_2S$ 系

在这个小三元系相图的 $CS-C_2S$ 边上存在一个不稳定的二元化合物 C_3S_2。为便于说明，可把这个小三角形单独取出放大，见图 3-21。在图中以 A 代替 C_2S，B 代替 CS，C 代替 C_2AS，M 代替 C_3S_2。该图与具有一个二元不稳定化合物的三元相图基本一致。该三元系相图的 AB 边为生成不稳定化合物的二元相图（C_2S-CS）的投影。N 点是 A-B 二元系的包晶点。n 是 N 在 AB 边的投影。nP 为三元系相图内的二元包晶线。e_3e_3 是二元共晶线，E_3 是三元共晶点。各物的初晶区已在图中标出。

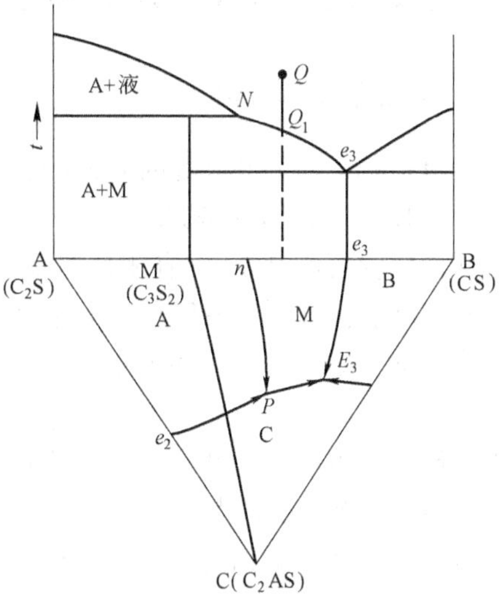

$CaO-SiO_2-Al_2O_3$ 系中其他各部分的初晶区均可用类似方法确定。最后，可以得到如图3-20所示的一个完整的初晶区分布图。

图 3-21 $C_2S-CS-C_2AS$ 部分的放大图

3.2.4.3 冷却过程分析

由于 $CaO-SiO_2-Al_2O_3$ 系相图比较复杂，所以，当 $CaO-SiO_2-Al_2O_3$ 熔体组成对应于相图中的不同位置时，其冷却过程可能有很大差异。但是，讨论的方法和依据大体相同。以下举两个例子加以说明。

(1) 设在图 3-20 中物系点为 M_1。开始温度很高时，体系全部为液相，物系点与液相组成是一致的。温度下降到液相面时，因 M_1 点位于 CS 的初晶区内，开始析出固相 CS。体系变为固相 CS 和组成为 M_1 的熔体两项平衡共存。当温度继续下降时，液相组成沿 M_1Q 变化，达 Q 点时 SiO_2 开始析出。然后，液相组成沿 QE_1 变化。凝固过程最终结束在 E_1 点。在 E_1 点的温度以下，液相消失，体系变为 CS、SiO_2、CAS_2 三固相平衡共存。

(2) 设物系点为 M_2，位于图 3-20 中 $CS-C_2AS-C_2S$ 三角形内。当温度下降到液相面时，开始析出 C_2S。此后随着温度的下降，液相组成沿 M_2K 变化。达 K 点，C_2S 与液相反应生成 C_3S_2，即进行 C_2S+液相→C_3S_2 的包晶反应，体系为三相平衡，$f=1$。从 K 点开始，随着温度的下降，液相组成沿 KP 线移动，达三元包晶点 P 时，出现 C_2AS，发生下列反应

$$C_2S+\text{液相}\longrightarrow C_3S_2+C_2AS$$

直到液相消失为止。因物系点 M_2 位于以 C_2S、C_2AS、C_3S_2 为顶点的三角形内，所以凝固过程将终止于 P 点，而不会再达到 E_3 点。最终所得固相应是这三个顶点的组元。

如果物系点位于 $C_2AS-C_3S_2-CS$ 的三角形内（M_3 点），可以预计，冷却到最后得到的固相是 C_2AS、C_3S_2、CS，而得不到 C_2S，并且凝固过程结束于 E_3 点。

3.3 相图的若干基本规则及相图正误的判定

3.3.1 相图的基本规则

在进行相图研究和计算时，必须遵循以下若干基本规则。

3.3.1.1 相区邻接规则

相区邻接规则规定，只有相数的差为 1 的相区方可直接毗邻。

对 n 元相图而言（包括立体图、平面图、等温截面图），其中某个区域内相的总数与邻接的区域内相的总数之间有下述关系：

$$R_1 = R - D^- - D^+ \geqslant 0$$

式中 R_1——邻接两个相区边界的维数；

R——相图的维数；

D^-——从一个相区进入邻接相区后消失的相数；

D^+——从一个相区进入邻接相区后新出现的相数。

现以图 3-22 所示 Pb-Sn-Cd 三元系在 160℃时的等温截面图为例加以说明。

若从Ⅰ相区进入Ⅱ相区，由于固相 Cd 产生，$D^+=1$；没有旧相消失，$D^-=0$，相图为二维，$R=2$，即

$$R_1 = 2-0-1 = 1$$

$R_1=1$，说明 R_1 相区Ⅰ与相区Ⅱ边界是一维的，即有一条线。

若从Ⅰ相区进入Ⅴ相区，有固相 Sn 和 Cd 产生，$D^+=2$；同样，没有旧相消失，$D^-=0$；相图为二维，$R=2$，即

$$R_1 = 2-0-2 = 0$$

$R_1=0$，表明Ⅰ相区与Ⅴ相区之间边界维数是 0，边界为一个点。

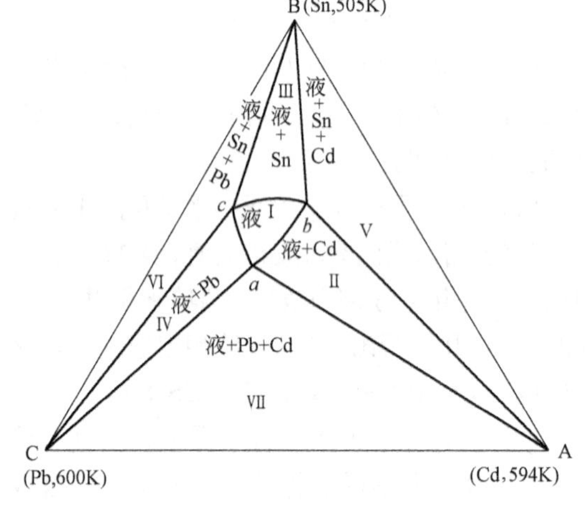

图 3-22 相区邻接规则

当将相区邻接规则应用到有零变反应的相图区域时，应将零变相区视为退化相区，分别由体、面、线退化为相应的面、线、点。由此可以得出下列三个推论：

（1）两个单相区相毗邻处只能是一个点，接触点必然落在极点上。同时，如图 3-23 所示，两个单相区一定是被包含有这两个单相的两相区所分开。

（2）如图 3-24a 所示，单相区与零变线只能相交于特殊组成点，两个零变线必然被它们所共有的两相区分开。

（3）两个两相区不能直接毗邻，或被单相区隔开，或被零变线隔开，如图 3-24b 所示。

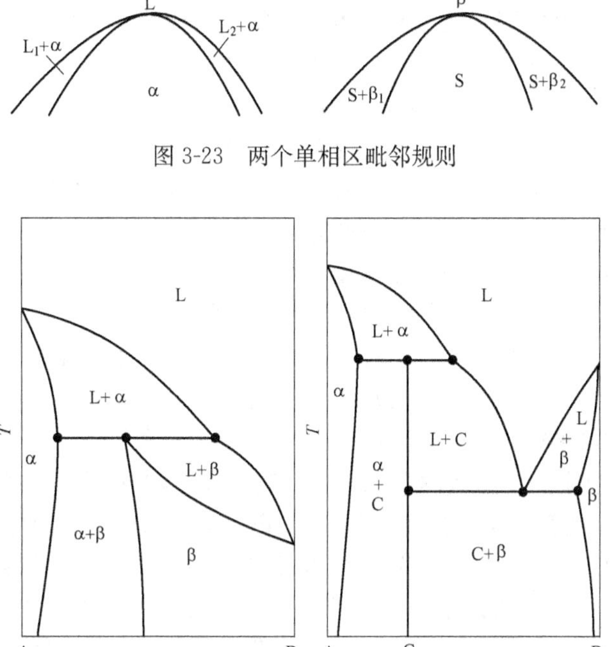

图 3-23　两个单相区毗邻规则

图 3-24　零变线毗邻规则

3.3.1.2　相界线构筑规则

相界线构筑规则规定，在三元系中，单相区与两相区邻接的界线的延长线，必须同时进入两个两相区，或同时进入三相区(参见图 3-25)。如果相区邻接界线的延长线分别进入两相区和三相区，或同时进入单相区，则界线构筑错误。

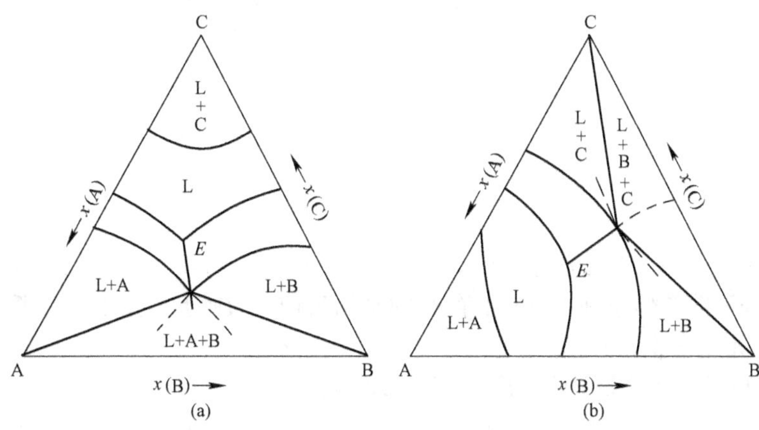

图 3-25　三元系界线的构筑规则

此规则拓展到二元系可得下列推论：二元系中，单相区与两相区邻接的界线延长线必须进入两相区，不能进入单相区，即单相区两条边界线的交角应小于180°。如图3-24所示的两个二元系，其单相区α相或β相区与两相区界线的交角均应小于180°。

3.3.1.3　复杂三元系二次体系副分规则

含有二元或三元化合物的三元系称为复杂三元系。复杂三元系一般要副分成若干个简单的三元系，也就是对二次体系进行分析。如果三元系中只有一个化合物，二次体系的副分只有一种情况，即将三角形的相应顶点与化合物的点连接起来，将复杂三角形副分成两个(存在一个二元化合物情况)或三个(存在一个三元化合物情况)二次体系。如果在复杂三元系中，存在两个或两个以上化合物时，二次体系的副分要根据下列方法进行：

(1) 连线规则。连接各界线两侧固相成分代表点的直线，彼此不能相交。

(2) 四边形对角线不相容原理。三元系中任意四个固相代表点构成的四边形，只有一条对角线上的两个固相可平衡共存。

图3-26a所示的复杂三元系有两个二元化合物D_1、D_2，根据连线规则直线D_2B与D_1C不能相交，这两条直线只能有一条存在，即三角形ABC划分二次体系是唯一的。究竟哪一条连线正确要由实验来确定。其方法是取两条对角线交点M的熔体，熔体冷却后作物相分析，如果出现D_2和B两相，D_2B连线是正确的；如果出现D_1和C两相，D_1C连线是正确的。如果知道化合物的热力学性质，还可以通过热力学计算，确定哪两相平衡共存。

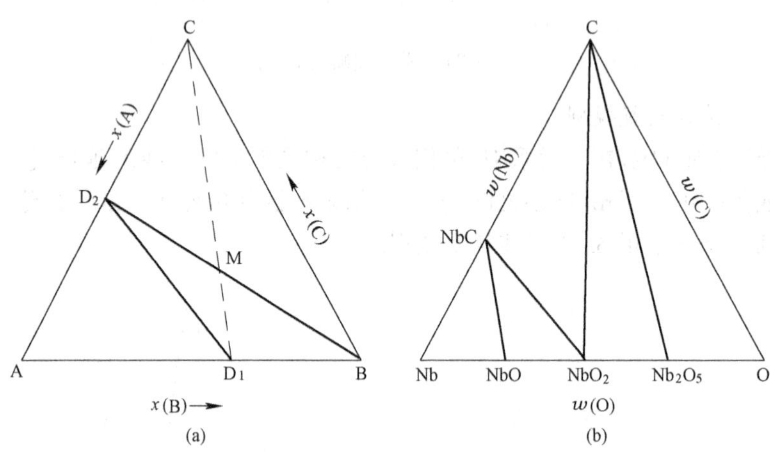

图3-26　三元系二次体系的划分

图3-26b是Nb-C-O三元系，共有四个二元化合物NbC、NbO、NbO_2、Nb_2O_5。可利用四边形不相容原理证明该体系在298K下存在的平衡反应，并副分二次体系。事实上只需证明C-NbO_2、NbC-NbO_2平衡共存即可。

(1) C-Nb_2O_5-NbO_2-NbC四边形，两对角线的反应为

$$\frac{1}{2}C_{(s)}+\frac{5}{2}NbO_2 = \frac{1}{2}NbC+Nb_2O_5$$

$$\Delta_r G^{\ominus} = \frac{1}{2}\Delta_f G^{\ominus}_{NbC} + \Delta_f G^{\ominus}_{Nb_2O_5} - \frac{5}{2}\Delta_f G^{\ominus}_{NbO_2}$$

查在 298K 时有关热力学数据表，并代入得

$$\Delta_r G^{\ominus} = 8160 + 34.35T \quad J/mol$$

上式在任何温度下都大于零，表明正反应不可能发生，逆反应自由能为负。即 C-NbO_2 两相平衡共存，此两点可连一条直线。

(2) C-NbC-NbO-NbO_2 四边形，两对角线反应为

$$NbO_{2(s)} + NbC_{(s)} = C + 2NbO_{(s)}$$

$$\Delta_r G^{\ominus} = 113390 + 7.11T \quad J/mol$$

由于上述反应的 $\Delta_r G^{\ominus}$ 大于零，所以只有 NbO_2-NbC 平衡共存，可连一条直线。再连接 C-Nb_2O_5 和 NbC-NbO直线，即完成了这一复杂三元系二次体系的副分。

由图 3-26a 和图 3-26b 可以看出，连线规则和四边形对角线不相容原理是一致的。

3.3.1.4　阿尔克马德规则（罗策布规则）

阿尔克马德规则规定，在三元系中，若连接平衡共存两个相的成分点的连线或其延长线，与划分这两个相的分界线或其延长线相交，那么该交点就是分界线上的最高温度点。或者说，当温度下降时，液相成分点的变化方向总是沿着分界线，向着离开共存线的方向。

如图 3-27 所示，E_1E_2 是 C、D 同时析出的最低共熔线。根据阿尔克马德规则，连接 CD 直线，与 E_1E_2 线的交点 M 就是这条最低共熔线的最高点，降温矢量指向离开该点的方向。在前面所讲的 CaO-SiO_2-Al_2O_3 三元系中，涉及的零变点多，其单变线的最高点温度可用该规则确定，读者不妨试一试。

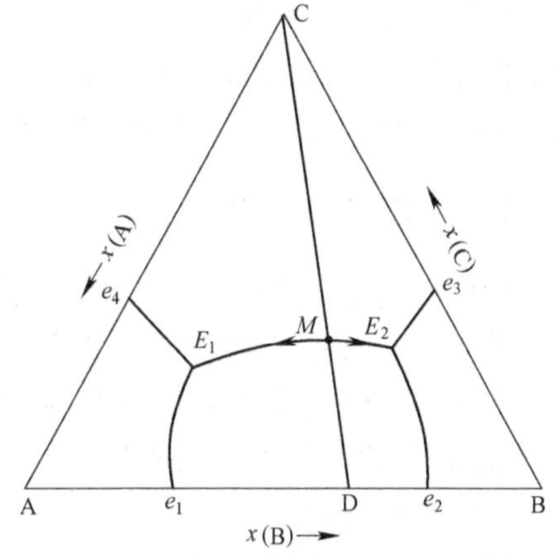

图 3-27　阿尔克马德规则

3.3.1.5　三元系零变点的判断规则

在复杂三元系中，三条相界线的交点的自由度为零，该点称为零变点。若三条界线温度冷却的方向都指向该点，则此点是三元低共熔点，如图 3-28a 点 E 所示。由于 E 点位于三角形 DBC 之内，根据重心规则，从液相 L_E 可析出 D、B、C，即发生共晶反应：L_E＝D＋B＋C，故 E 点是三元共晶点。

若三条界线的降温矢量不是都指向三条界线的交点，即其中有一条或两条界线的降温矢量离开该点，则此点称之为转熔点。在图 3-28a 中，交汇于 P 点的有三条线降温矢，有一条线降温矢指向 E 点，且该线位于三角形 ADC 之外。根据 P、C、A、D 四点的位置，在 P 点只能发生转熔反应 L_K＋A＝D＋C，故 P 点是转熔点。

在三元转熔点中有两类情形。第一类转熔点如图 3-28b 所示，交汇于 P 的三条界线中一

条界线的降温矢背离该点，称之为单降点，其转熔反应为 $L+S_1=S_2+S_3$；第二类转熔点称为双降点，交汇于该点的三条界线中有两条界线的降温矢背离该点，如图 3-28c 所示。其转熔反应为 $L+S_1+S_2=S_3$。

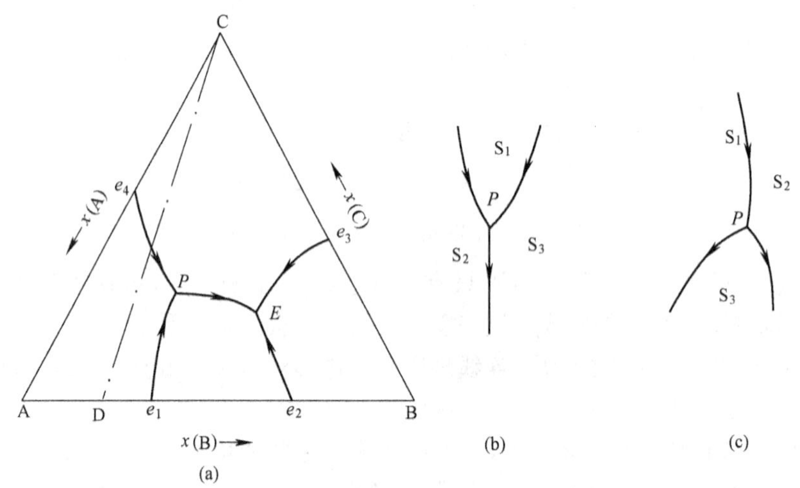

图 3-28　三元系零变点的规则

这里应注意两个问题，一是零变点的性质取决于该点是在平衡各相成分点所构成的三角形之内还是之外；二是分界线的性质除了与各相成分点的相对位置有关外，还与分界线的形状有关，但是与化合物性质并没有明显关系。

3.3.2　相图正误的判定

相图的类型变化较多。构筑一个完整的复杂体系相图工作量大，并且有一定的难度。由于实验条件的限制，以及研究人员认识上的局限性，有时构筑的相图会出现错误，或者部分不正确。我们在应用或研究相图时，应根据热力学基本定律、相律、相图构造的若干规则，去分析、判断相图的正误及其合理性。

3.3.2.1　相律判断

相律是构筑和判断相图正误的基本定律，我们可以根据相律来分析和判断复杂体系相图上特殊的点、线、面、体的性质及其变化规律，从而判断其合理性。图 3-29 是等压二元系相图，三个二元系都不正确。

图 3-29a 中三相平衡共存时，其自由度 $F=2-3+1=0$，即温度和压力都不变，零变线应该是水平线；在等压二元系相图中，由于自由度最小为零，所以可能平衡共存的最大相数为 3，而图 3-29b 和图 3-29c 中的零变线上平衡共存的相数都超过 3，因此也是错误的。

3.3.2.2　相图构造规则判断

相区邻接规则、相界线构筑规则及其推论都是判定相图正误的依据。在图 3-30a 中，有两

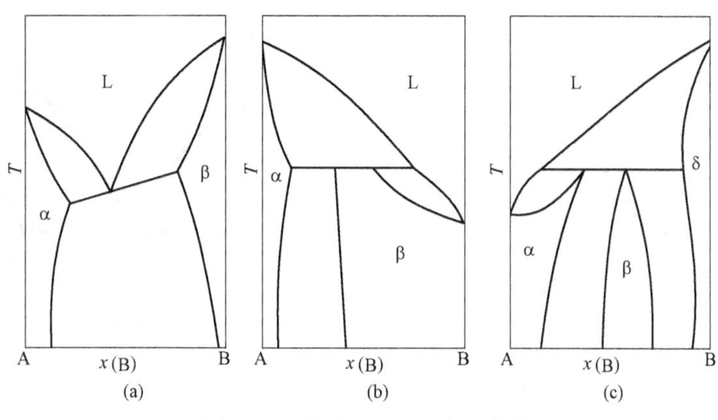

图 3-29 错误的二元系相图结构

条相界线的延长线分别进入一个两相区和一个三相区；在图 3-30b 的两条相界线的延长线同时进入单相区 L。这两个图都违背了相界线构筑规则，因而是错误的。而在图 3-30c 中，两个单相被一个两相区隔开，违背了相区邻接规则规定的两个单相区毗邻只能在极点上。图 3-31 所示的单相区 α 两条边界线交角大于 180°，也违背了相界线邻接规则。

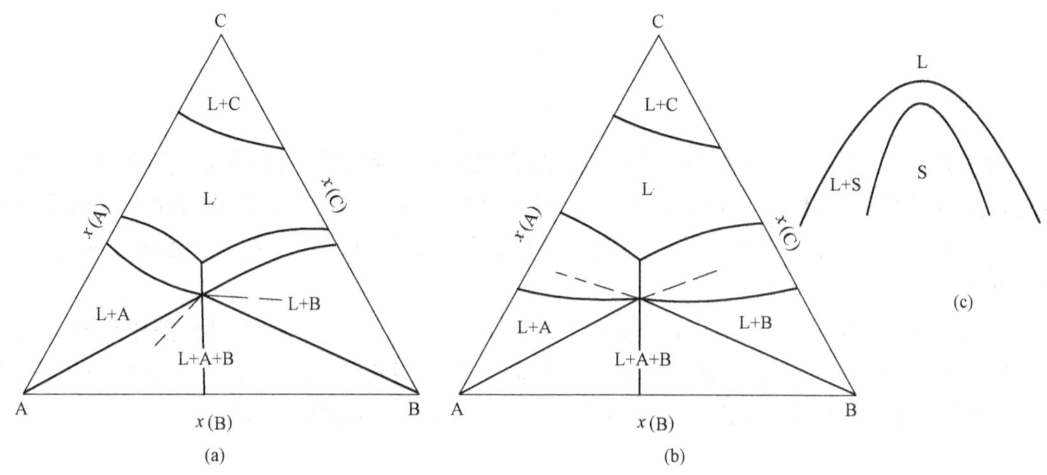

图 3-30 违背相图构造规则的相图

3.3.2.3 热力学判据

相图是体系在热力学平衡条件下几何轨迹的描述。从可靠、精确的实验相图可以提取热力学数据。反之，由可靠必需的热力学性质又可以构筑相图。通常，我们可以用热力学性质分析实验相图的可靠性和合理性，以下以纯组元的熔化焓为例，对此作说明。如图 3-32 所示的 A-B 二元相图，在 B 端形成少量 A 溶于 B 的 α 固溶体。由热力学理论可以推导得出，纯组元 B 的熔化焓 $\Delta_{fus}H_B^*$、熔化温度 $T_{fus(B)}^*$ 有下述关系

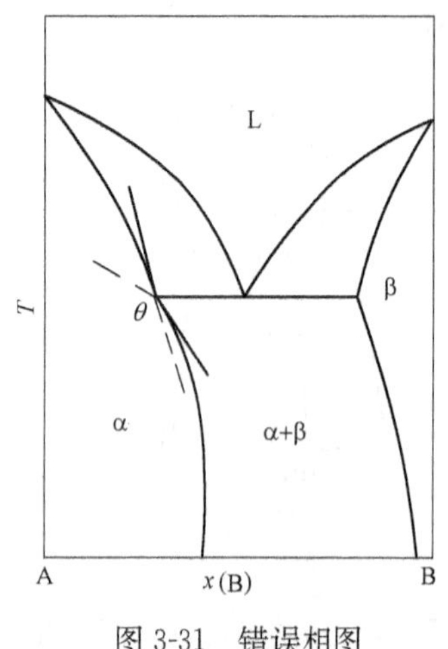

图 3-31　错误相图

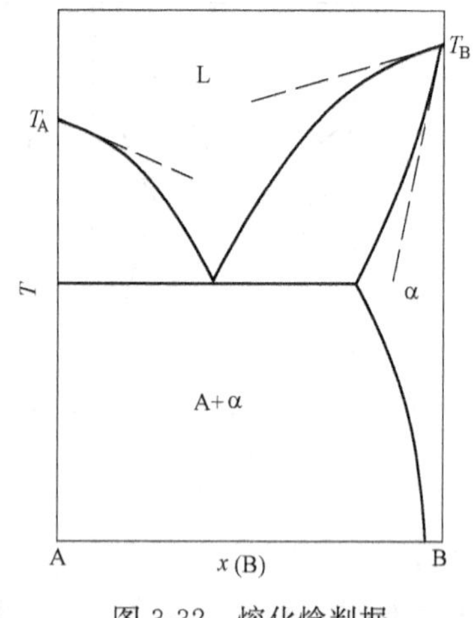

图 3-32　熔化焓判据

$$\Delta_{fus}H_B^* = RT_{fus(B)}^{*2}\left[\left(\frac{dx_B^l}{dT}\right)-\left(\frac{dx_B^s}{dT}\right)\right]_{x_B\to 1}$$

对于 A 端来说，由于没有端际固溶体，即

$$\frac{dx_A^s}{dT}=0$$

$$\Delta_{fus}H_A^* = RT_{fus(A)}^{*2}\left(\frac{dx_A^l}{dT}\right)_{x_A\to 1}$$

由图 3-32 的两个纯组元的熔点处，分别作液相线和固相线的切线，量取每条切线的斜率，并连同熔点值代入上述式中，求出组元 A 和组元 B 的熔化焓。将计算值与可靠的实验测量值比较，如果两者之差在允许误差范围之内，说明该相图两端曲线可靠；若差异远大于实验误差，则该相图不可靠。

此方法应用的成功例子是 EuI_2－MI(M＝Li，Na)二元系相图，在实验相图中没有发现端际固溶体存在，但由实验相图切线求出的 MI 熔化焓与实测值相差较大。通过计算发现，在 MI 端应有一个端际固溶体，这使计算相图与热力学相符合，是比较合理的。

习　题

3-1　Ni-Cu 体系从高温逐渐冷却时，得到如下数据。试画出其相图并标明各相区。

w(Cu)/%	100	80	60	40	20	0
开始结晶温度/K	1355	1467	1554	1627	1683	1724
结晶终了温度/K	1355	1407	1467	1543	1629	1724

(1) 把含 w(Ni)＝30％的熔体从 1600K 开始冷却，试问在什么温度开始有固体析出，其组成如何？最后

一滴熔体凝结时的温度和组成各为多少？

（答案：1511K，30%熔体、53%固相；1436K，14%熔体、30%固相）

(2) 将含 w(Ni)=50%的合金 0.24kg 冷却到 1550K，Ni 在熔体和固体中的含量各为多少？

（答案：熔体含镍 0.073kg，固相含镍 0.047kg）

3-2 (1)指出相图(a)中的错误，并说明理由(S_1 是化学计量化合物)，如何改正？写出相应的反应及中英文名称；

(2) 根据 $MgSO_4$-H_2O 体系的相图(图 b)分析，从 $MgSO_4$ 的稀溶液制取最大量的 $MgSO_4 \cdot 6H_2O$ 应选择的条件和采取的步骤(图中 $S_1=MgSO_4 \cdot 12H_2O$, $S_2=MgSO_4 \cdot 7H_2O$, $S_3=MgSO_4 \cdot 6H_2O$)。

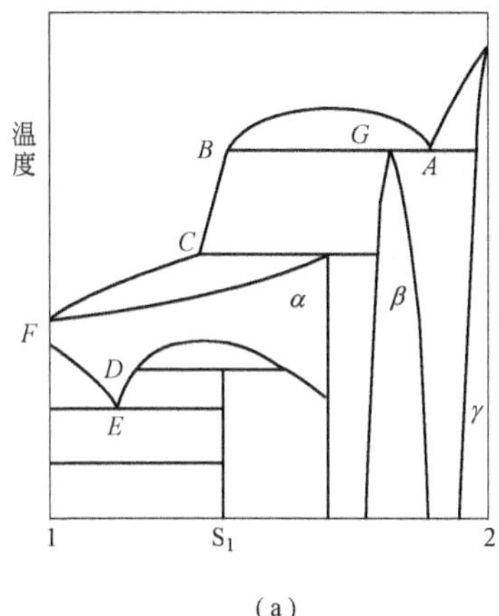

(a)

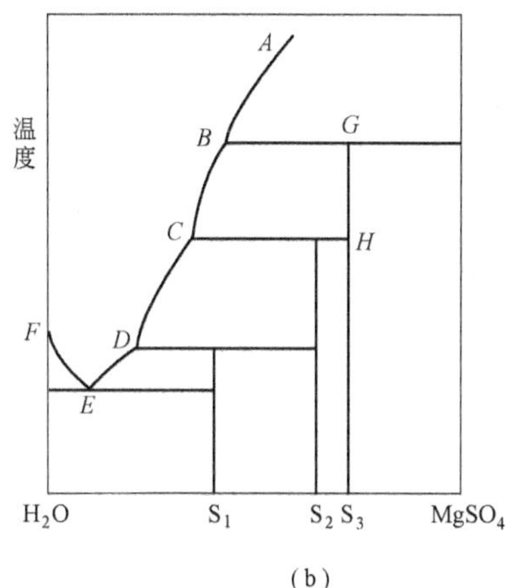

(b)

题 3-2 图

3-3 在三元系 A-B-C 中，纯组元熔化温度和二元共晶温度的顺序为 A>B>C>e_1>e_4>e_2>e_3，试判断零变点 K、J 的性质，并讨论图中成分为 Q_1、Q_2、Q_3 点的熔体的结晶过程。

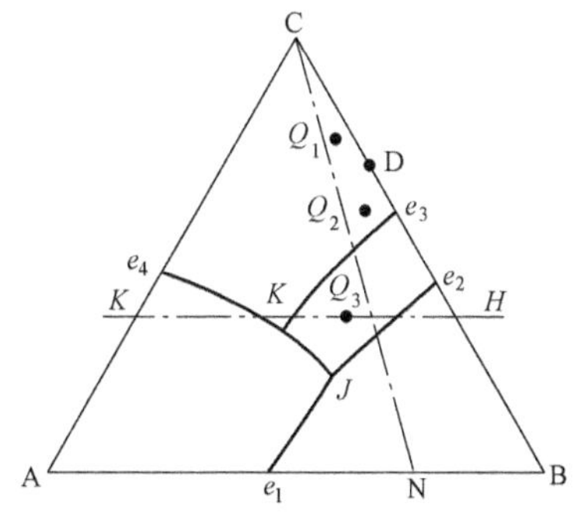

题 3-3 图

3-4 在氧气顶吹转炉的某次吹炼中，已知终渣简化成分为：$w(CaO)=60\%$，$w(FeO)=20\%$，$w(SiO_2)=20\%$，即图中的 M 点所示。试用杠杆规则计算 1600℃温度下该终渣的平衡物相组成。

（答案：50%液相（L_E：$w(CaO)=50\%$，$w(FeO)=10\%$，$w(SiO_2)=40\%$），25% C_2S 固相、25%

C_3S 固相)。

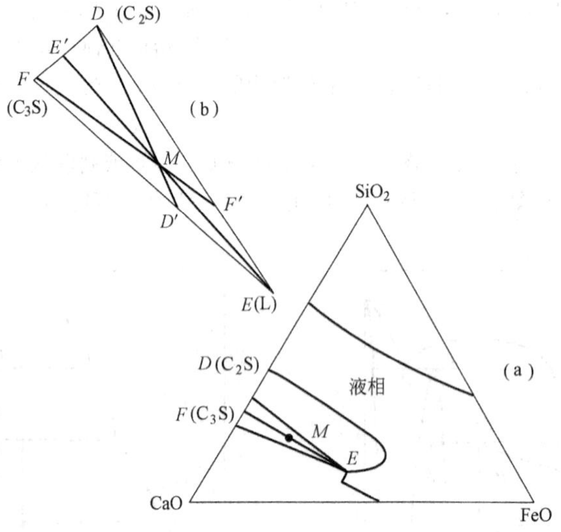

题 3-4 图

(a) CaO-FeO-SiO_2 系在 1600℃的等温截面图;

(b) $C_2S(2CaO \cdot SiO_2)$-$C_3S(3CaO \cdot SiO_2)$-E 部分放大图

思 考 题

3-1 相图是在热力学平衡条件下,热力学函数的几何表述。试从本节所叙述的内容,谈谈你对相图上点、线、面、体的理解。

4 热力学在冶金中应用实例

冶金热力学是冶金物理化学的一个组成部分，对冶金过程进行热力学分析，是了解和掌握冶金反应规律的首要步骤。任何冶金过程，包括钢铁冶金以及有色金属提取过程，其特点均是高温、多相、多组元反应。欲使任何化学反应能够顺利进行，首先必须满足热力学这一根本的条件。热力学分析，尤其是热效应、吉布斯自由能和氧化转化温度的计算以及选择性氧化还原理论，是冶炼新技术产生及冶金新工艺建立的理论基础。下面通过几个常见的冶金生产实例，介绍热力学在冶金中的应用。

4.1 选择性氧化——奥氏体不锈钢的去碳保铬及含钒铁水吹炼的去钒保碳

4.1.1 奥氏体不锈钢冶炼工艺发展的三个阶段

奥氏体不锈钢是一种重要的金属材料，其特点是具有良好的抗晶间腐蚀能力。其含碳量越低，抗腐蚀能力越强。奥氏体不锈钢的一般钢号为1Cr18Ni9(Ti)，即，$w(C)\leqslant 0.12\%$，$w(Cr)17\%\sim 19\%$，$w(Ni)8\%\sim 9.5\%$，$w(Mn)1\%\sim 2\%$，$w(S)\leqslant 0.02\%$，$w(P)\leqslant 0.035\%$。钢号为0Cr18Ni9的不锈钢，$w(C)\leqslant 0.08\%$。对于超低碳优质不锈钢，$w(C)\leqslant 0.02\%$。不锈钢冶炼工艺的发展经历了三个阶段，其发展的理论基础是如何运用选择性氧化理论，达到冶炼过程中“去碳保铬”的目的。

4.1.1.1 第一个阶段——配料熔化法(1926年～20世纪40年代)

从工艺名称可以看出，该方法特点就是使用各种低碳原料，如工业纯铁、纯镍、低碳铬铁及低碳废钢等。按钢号要求事先配好料，然后在电炉内熔化生产不锈钢。所以该法在电炉中只是个单纯的熔化过程。由于在熔化过程中，电极会向熔池渗碳，因此必须使用低碳原料。配料熔化法存在如下两个主要问题：

(1) 不能使用不锈钢返回料。不锈钢生产中会产生大约30%～50%的返回料。如果使用这些返回料，那么由于熔化过程中，电极会向熔池渗碳0.08%左右，因此将造成钢水中含碳量超标。

(2) 如果使用返回料，不能用铁矿石氧化去碳。在当时，吹氧氧化去碳技术还未产生，氧化剂主要是铁矿石。然而，若想使用返回料，用铁矿石作氧化剂，只会造成铬的大量氧化，而碳并不氧化，从而达不到去碳保铬的目的。我们把这个问题作为第一个问题提出，后面将通过理论分析加以解释。

4.1.1.2 第二个阶段——返回吹氧法(1939 年)

该法在 1939 年由美国发明,称为不锈钢冶炼史的一次革命。该法的优点是可以使用返回料,并通过吹氧的方法达到去碳的目的。这个问题作为第二个问题提出。该法同样存在下面两个问题:

(1) 吹氧时,钢水中的[Cr]也要氧化一部分,大约 2%~2.5%,造成一定的浪费。

(2) 配料时 Cr 不能一次配足。即,生产 1Cr18Ni9 不锈钢时,Cr 不能一次配到 18%,而只能配到 12%~13%。这个问题作为第三个问题提出。这样停吹后,由于吹氧损失 2%~2.5% 的 Cr,熔池中含 Cr 只有 10%左右。所以必须在氧化期末补加一定量的低碳铬铁,从而提高了生产成本。

4.1.1.3 高碳真空吹炼法

这是 20 世纪 60 年代发展起来的一种新方法,被称为不锈钢冶炼史上的新纪元。该工艺具有如下四个特点:

(1) 原材料不受任何限制,各种高碳材料均可以使用;

(2) 配料时 Cr 可以一次配足,这个问题作为第四个问题提出;

(3) 采用真空或半真空吹炼,或者先在常压下吹氧脱碳到一定程度后,再进行真空或半真空处理;

(4) 钢液中[Cr]的回收率高,可达 97%~98%。

4.1.2 奥氏体不锈钢冶炼工艺发展的理论分析

以上三种工艺方法从热力学角度讲,均涉及一个“去碳保铬”问题。即如何控制钢液中[Cr]和[C]的氧化转化温度问题。

4.1.2.1 氧化转化温度计算

对于反应

$$\frac{3}{2}[\mathrm{Cr}]+2\mathrm{CO}_{(g)}=\!=\!=2[\mathrm{C}]+\frac{1}{2}(\mathrm{Cr_3O_4}) \tag{4-1}$$

$$\Delta_r G^\ominus=-464816+307.40T \quad \mathrm{J/mol}$$

$$\Delta_r G=\Delta_r G^\ominus+RT\ln\frac{a_\mathrm{C}^2\cdot a_{(\mathrm{Cr_3O_4})}^{1/2}}{a_\mathrm{Cr}^{3/2}\cdot(p_\mathrm{CO}/p^\ominus)^2}$$

$$=\Delta_r G^\ominus+RT\ln\frac{f_\mathrm{C}^2\cdot w[\mathrm{C}]_\%^2}{f_\mathrm{Cr}^{3/2}\cdot w[\mathrm{Cr}]_\%^{3/2}\cdot(p_\mathrm{CO}/p^\ominus)^2} \tag{4-2}$$

因为渣中的$(\mathrm{Cr_3O_4})$处于饱和状态,所以其活度为 1。f_C 和 f_Cr分别按下式计算:

$$\lg f_\mathrm{C}=e_\mathrm{C}^\mathrm{C}\cdot w[\mathrm{C}]_\%+e_\mathrm{C}^\mathrm{Cr}\cdot w[\mathrm{Cr}]_\%+e_\mathrm{C}^\mathrm{Ni}\cdot w[\mathrm{Ni}]_\%$$

$$\lg f_\mathrm{Cr}=e_\mathrm{Cr}^\mathrm{Cr}\cdot w[\mathrm{Cr}]_\%+e_\mathrm{Cr}^\mathrm{C}\cdot w[\mathrm{C}]_\%+e_\mathrm{Cr}^\mathrm{Ni}\cdot w[\mathrm{Ni}]_\%$$

将有关 e_i^j 数据代入上面两式求出 f_C 和 f_Cr,然后由式(4-2)得出 $\Delta_r G$ 的表达式(4-3)如下:

$$\Delta_r G = -464816 + 307.40T + 19.14T \begin{Bmatrix} 0.46w[C]_{\%} - 0.0476w[Cr]_{\%} + 0.0237w[Ni]_{\%} \\ + 2\lg w[C]_{\%} - 1.5\lg w[Cr]_{\%} - 2\lg(p_{CO}/p) \end{Bmatrix} \quad (4\text{-}3)$$

从式(4-3)可以看出,$\Delta_r G$ 与 T,$w[C]$,$w[Cr]$,$w[Ni]$以及 p_{CO}有关。代入相应的数值可得表 4-1。表中最后一项为不同钢水成分及不同 CO 分压时,反应(4-1)中[C]和[Cr]的氧化转化温度。从埃林汉图可知,吹炼温度必须高于氧化转化温度,才能使钢水中的[C]氧化而[Cr]不氧化,也就是可以达到去碳保铬的目的。

表 4-1 [C]和[Cr]的氧化转化温度计算结果

实例	钢水成分			p_{CO}	$\Delta_r G$/J · mol^{-1}	氧化转化温度
	$w[Cr]_{\%}$	$w[Ni]_{\%}$	$w[C]_{\%}$	/Pa	$\Delta_r G^{\ominus} = -464816 + 307.40T$	/℃
1	12	9	0.35	101325	$-464816+255.15T$	1549
2	12	9	0.10	101325	$-464816+232.24T$	1728
3	12	9	0.05	101325	$-464816+220.29T$	1837
4	10	9	0.05	101325	$-464816+224.05T$	1802
5	18	9	0.35	101325	$-464816+244.82T$	1626
6	18	9	0.10	101325	$-464816+221.92T$	1821
7	18	9	0.05	101325	$-464816+209.79T$	1943
8	18	9	0.35	67550	$-464816+251.47T$	1575
9	18	9	0.05	50662	$-464816+221.29T$	1827
10	18	9	0.05	20265	$-464816+236.63T$	1691
11	18	9	0.05	10132	$-464816+248.04T$	1601
12	18	9	0.02	5066	$-464816+244.07T$	1631
13	18	9	1.00	101325	$-464816+267.98T$	1461
14	18	9	4.50	101325	$-464816+323.53T$	1164

4.1.2.2 氧气或铁矿石氧化时钢水升降温的计算

a 用氧气氧化 1%[Cr]提高钢水温度的计算

对于反应

$$\frac{3}{2}[Cr] + O_{2(g)} = \frac{1}{2}Cr_3O_{4(s)}$$

$$\Delta_r G^{\ominus} = -746426 + 223.51T \quad \text{J/mol}$$

所以

$$\Delta_r H^{\ominus} = -746426 \quad \text{J}$$

即,在含 1%[Cr]的钢水中,$\frac{3}{2}$mol 的[Cr]被 1mol 的 O_2 氧化生成$\frac{1}{2}$molCr_3O_4 时,产生的热为 746426J。因为

$$\frac{3}{2}[Cr] = \frac{3}{2} \times 52 = 78 \quad \text{g}$$

所以 78gw[Cr]为 1%的钢水中含[Fe]为 $\frac{78\times 99}{55.85}=138$　mol

吹入的氧气温度为室温，根据表 4-2 所给数据，可以求出钢水升高的温度 Δt。

表 4-2　计算钢水升降温所需数据

物质	M_i /kg · mol^{-1}	c_p/J · (K · mol)$^{-1}$ 1800K	H_T-H_{298}/kJ · mol^{-1} 1800K
Cr_3O_4	220×10^{-3}	131.80	
Fe_2O_3	159.7×10^{-3}	158.16	217.07
Cr	52×10^{-3}	45.10	
Fe	55.85×10^{-3}	43.93	
C	12×10^{-3}	24.89	30.67
CO	28×10^{-3}	35.94	
O_2	32×10^{-3}	37.24	51.71

$$\Delta t=(746426-51710)/\left(138\times 43.93+\frac{1}{2}\times 131.8\right)$$

$$\Delta t=113℃$$

即吹氧氧化 1%[Cr]时，可使钢水温度提高 113℃。

b　用氧气氧化 1%[C]提高钢水温度的计算

对于反应　$2[C]+O_{2(g)}=\!=\!=2CO_{(g)}$

$$\Delta_r G^\ominus=-281165-84.18T \quad J/mol$$

所以　$\Delta_r H^\ominus=-281165$　J

24gw[C]为 1%的钢水中含[Fe]为 $\frac{24\times 99}{55.85}=42.6$　mol

所以　$\Delta t=(281165-51760)/(42.6\times 43.93+2\times 35.94)$

$=118$　℃

即氧化 0.1%[C]时，可使钢水温度提高 11.8℃。

c　用铁矿石氧化 1%[Cr]提高钢水温度的计算

对于反应　$\frac{2}{3}Fe_2O_{3(s)}+\frac{3}{2}[Cr]=\frac{4}{3}[Fe]+\frac{1}{2}Cr_3O_{4(s)}$

$$\Delta_r G^\ominus=-202506+54.85T \quad J/mol$$

所以　$\Delta_r H^\ominus=-202506$　J

$$\Delta t=\left(202506-\frac{2}{3}\times 217070\right)/\left[\left(138+\frac{4}{3}\right)\times 43.93+\frac{1}{2}\times 131.8\right]$$

$=8$　℃

即用铁矿石氧化 1%[Cr]时，只能使钢水温度提高 8℃。

d 用铁矿石氧化1%[C]降低钢水温度的计算

对于反应
$$\frac{2}{3}Fe_2O_{3(s)}+2[C]══\frac{4}{3}[Fe]+2CO_{(g)}$$

$$\Delta_r G^{\ominus}=262755-252.00T \quad J/mol$$

所以
$$\Delta_r H^{\ominus}=262755 \quad J$$

该反应是吸热反应，只能使钢水温度降低。

$$\Delta t=\left(-262755-\frac{2}{3}\times217070\right)\Big/\left[\left(42.6+\frac{4}{3}\right)\times43.93+2\times35.94\right]$$
$$=-20.4 \quad ℃$$

即用铁矿石氧化0.1%[C]时，可使钢水温度降低20.4℃。

4.1.2.3 分析讨论并回答前面提出的四个问题

(1) 为什么吹氧发明前不能使用不锈钢返回料？即为什么用铁矿石作氧化剂时不能达到去碳保铬的目的？

从表4-1中例1、2、3可以看出，如若使用返回料，将Cr配到12%左右，则w[C]从0.35%降到0.1%时，吹炼温度必须从1549℃升高到1728℃。而若使w[C]再降到0.05%时，吹炼温度必须达到1837℃。即降低w[C]必须在高温下完成，而高温的获得靠的是钢液中[Cr]的氧化。当使用铁矿石作氧化剂时，每氧化1%[Cr]只能使钢液温度提高8℃，这个温度远远抵消不了氧化0.1%[C]使钢液降低的温度20.4℃。这样，加入铁矿石只能大量氧化[Cr]而不能去[C]。所以，如果使用返回料，由于电极增碳，用铁矿石氧化又不能去掉所增加的碳，故在吹氧发明前不能使用返回料。

(2) 为什么吹氧时可使用返回料而不怕增碳？

从表4-1中实例1、2、3可以看出，熔池中的w[C]从0.35%降到0.05%时，熔池温度必须从1549℃升至1837℃。为了满足去碳保铬，吹炼温度必须大于氧化转化温度。上述所升高的约290℃，主要靠吹氧氧化钢液中的[Cr]来实现。因为每氧化1%[Cr]可使钢水温度升高118℃，那么氧化约2%～2.5%的[Cr]可使钢水温度升高约236～295℃。此外，w[C]从0.35%降至0.05%氧化掉3%，也可使钢水升温约36℃。所以，为了使用返回料并达到去碳保铬的目的，必须首先损失掉2%～2.5%的[Cr]，以满足w[C]降至0.05%所需要的290℃热。当w[C]降到要求后，再补加一部分低碳铬铁，使w[Cr]达到钢号要求的18%。因此，返回吹氧法吹炼不锈钢时，必须做到“吹氧提温”。

(3) 为什么在返回吹氧法中，Cr不能一次配足至18%，而只能配到12%～13%？

从表4-1中实例5、6、7可以看出，若w[Cr]一次配足到18%，那么当w[C]为0.35%时，开吹温度必须高于1626℃。w[C]降至0.1%时，吹炼温度必须高于1822℃。w[C]继续降到0.05%时，吹炼温度必须高于1943℃。这么高的吹炼温度炉衬设备是难以承受的。因此，氧化转化温度太高是造成Cr不能一次配足的主要原因。

(4) 为什么高碳真空吹炼法Cr可以一次配足？

从表 4-1 中实例 8～11 可以看出，当一氧化碳分压 p_{CO} 小于标准压力 101325Pa 时，氧化转化温度可降低。p_{CO} 越小，氧化转化温度越低。例如，当 $p_{CO}=10132$Pa 时，$w[Cr]=18\%$、$w[C]=0.05\%$，氧化转化温度只有 1601℃，这个温度在生产中是可以达到的。为了吹炼超低碳不锈钢，如 $w[C]=0.02\%$，从实例 12 可以看出，当 $p_{CO}=5066$Pa 时，氧化转化温度为 1631℃，仍是可行的。因此，采用真空或半真空吹炼，可以将 Cr 一次配足。

从表 4-1 中实例 13、14 还可以看出，当[C]含量越高时，氧化转化温度越低。如实例 14，$w[C]=4.5\%$，$p_{CO}=101325$Pa 时，氧化转化温度只有 1164℃。所以，吹炼开始时，可以先在常压下吹氧脱碳。但当 $w[C]$ 下降到一定程度时，必须采用真空吹炼。

4.1.3 钒钛磁铁矿中钒的提取

钒钛磁铁矿是钒、钛和铁的共生矿。如何将钒与钛分离出来，使铁矿石在高炉中顺利冶炼是个很重要的问题。通常首先将原矿粉碎，经磁选分为铁精矿和钛精矿两部分，其成分如下：

成分/%	TFe	TiO_2	V_2O_5
铁精矿	53～57	10～15	0.73～0.95
钛精矿	30～32	39～41	0.06～0.12

其中，钛与铁的分离是将钛精矿与适量的炭粉混合，在电炉内还原。95%以上的铁进入生铁，98%的钛进入炉渣（$TiO_2>70\%$），从而与铁分离。

而钒与铁的分离是将铁精矿经烧结后入高炉冶炼。在高炉中，Fe 与 V 以含钒铁水形式回收，而绝大部分 Ti 以 TiO_2 形式进入炉渣。含钒铁水再经雾化提钒工艺处理，将铁与钒分离。

4.1.3.1 雾化提钒工艺

目前，含钒铁水的吹炼主要采用雾化提钒工艺。将铁水罐中的铁水经中间罐倒入特制的雾化室中，铁水被从雾化器中喷出的高压氧气流粉碎成细小的铁珠，使其表面积增大，造成很好的氧化动力学条件。铁水中的[V]被氧化进入渣相，而[C]留在铁水中。将半钢与渣一起倒入半钢罐，再进行钢与渣分离，所得半钢进电炉冶炼，钒渣采用湿法冶金方法处理，钒以 V_2O_5 形式提出。

4.1.3.2 钒的选择性氧化——去钒保碳

与奥氏体不锈钢的去碳保铬不同，雾化提钒的关键是选择好适当的氧化转化温度，使铁水中钒氧化而碳不氧化，即去钒保碳。

设铁水和炉渣的主要成分如下：

铁水　　$w[C]4\%$，$w[V]0.4\%$，$w[Si]0.8\%$，$w[P]0.6\%$

炉渣　　$w(FeO)55.15\%$，$w(SiO_2)19.10\%$，$w(V_2O_3)6.89\%$（折合为 $x_{V_2O_3}=0.041$）

碳、钒的氧化反应分别为

$$\frac{4}{3}[V]+O_2=\frac{2}{3}(V_2O_3) \quad \Delta_r G_V^{\ominus}=-779000+211.42T \quad J/mol$$

$$2[C]+O_2=2CO \quad \Delta_r G_C^{\ominus}=-278650-85.02T \quad J/mol$$

由以上两个反应得 $\frac{4}{3}[V]+2CO=\frac{2}{3}(V_2O_3)+2[C]$

$$\Delta_r G^{\ominus}=-500350+296.44T \quad J/mol$$

$$\Delta_r G=\Delta_r G^{\ominus}+RT\ln\frac{\gamma_{V_2O_3}^{\frac{2}{3}}\cdot x_{V_2O_3}^{\frac{2}{3}}\cdot f_C^2\cdot w[C]_{\%}^2}{f_V^{\frac{4}{3}}\cdot w[V]_{\%}^{\frac{4}{3}}\cdot(p_{CO}/p^{\ominus})^2}$$

由附录查得 $e_C^C=0.14, e_C^{Si}=0.08, e_C^V=-0.077, e_C^P=0.051, e_V^C=-0.34, e_V^V=0.015$

$e_V^{Si}=0.042, e_V^P=0.041$，从而求出 $f_C=4.207, f_V=0.045$

再设 $\gamma_{V_2O_3}=10^{-5}$，$p_{CO}=1p^{\ominus}$，将以上数据代入 $\Delta_r G$ 表达式得

$$\Delta_r G=-500350+306.33T \quad J/mol$$

从而得氧化转化温度 $T_{转}=1633K(1360℃)$，即吹炼温度必须低于 1360℃，否则碳将被氧化。

4.1.3.3 从钒渣中提取五氧化二钒

将钒渣去除机械混入的铁，然后与钠盐(Na_2CO_3、Na_2SO_4)混合磨细，制成球；

在回转窑中进行氧化钠化焙烧，其作用有如下两点：

(1) 将钒渣中以钒铁尖晶石形式存在的三价钒氧化成五价钒：

$$4(FeO\cdot V_2O_3)+5O_2 = 2Fe_2O_3+4V_2O_5$$

(2) 进行钠化反应，生成可溶性的钒酸盐：

$$Na_2CO_3+V_2O_5 = Na_2O\cdot V_2O_5+CO_2$$

将焙烧后的钒渣在热水中浸出可溶性的钒酸盐，得钒酸钠水溶液，再用铵盐将钒沉淀出来，发生如下反应，生成钒酸铵沉淀：

$$6NaVO_3+2H_2SO_4+(NH_4)_2SO_4 = (NH_4)_2H_2V_6O_{17}\downarrow+3Na_2SO_4+H_2O$$

将钒酸铵沉淀经煅烧得 V_2O_5 产品：

$$(NH_4)_2H_2V_6O_{17} = 3V_2O_5+2NH_3+2H_2O$$

以上例子说明，采用选择性氧化、控制氧化转化温度在冶炼中起关键作用。

4.2 选择性还原——从红土矿中提取钴和镍

世界上不少国家，例如古巴、希腊、阿尔巴尼亚等国都产红土矿。该种矿除含 Fe 外，还含有数量不等的 Ni、Co、Cr、Ti 等元素。由于 Ni、Co、Cr 是有用的合金元素，所以在冶炼红土矿时，必须考虑综合利用问题。如果将此种矿直接入高炉冶炼，那么 Ni、Co、Cr 将进入生铁。而在炼钢时，大部分 Cr 进入钢渣，但 Co 和 Ni 则被留在钢液中。这样的钢不可能是普通碳素钢，而且由于矿石内的 Co、Ni 全部进入钢中，钢中的 Co、Ni 含量将随着矿石的品位而波动，所得的镍钴合金钢很难控制成分。因此，在冶炼红土矿时，一般入高炉前需将 Co、Ni 事先除去，

其方法就是在沸腾炉中进行“选择性的还原焙烧”。

4.2.1　红土矿中铁的还原

铁的还原为逐级还原。即 $Fe_2O_3 \longrightarrow Fe_3O_4 \longrightarrow FeO$。

为了提高红土矿中总含铁量，应控制还原条件使矿石中的 Fe_2O_3 还原为 FeO，但不能还原成 Fe，以便与已经还原成 Co、Ni 等金属分离。这样做的关键在于“选择适当的还原温度和还原气相组成”。

4.2.1.1　绘制 CO 气体还原氧化铁平衡图

由附录可查出下面几个反应的 $\Delta_r G^\ominus$：

$$Fe_3O_{4(s)} + CO_{(g)} = 3FeO_{(s)} + CO_{2(g)} \tag{4-4}$$

$$\Delta_r G^\ominus_{4-4} = 35120 - 41.55T \quad J/mol$$

$$FeO_{(s)} + CO_{(g)} = Fe_{(s)} + CO_{2(g)} \tag{4-5}$$

$$\Delta_r G^\ominus_{4-5} = -17500 + 21.00T \quad J/mol$$

$$\frac{1}{4}Fe_3O_{4(s)} + CO_{(g)} = \frac{3}{4}Fe_{(s)} + CO_{2(g)} \tag{4-6}$$

$$\Delta_r G^\ominus_{4-6} = 0.17T \quad J/mol$$

由式(4-4)、(4-5)、(4-6)可得三个反应的平衡常数与温度的关系为

$$\lg K^\ominus_{4-4} = -\frac{1834}{T} + 2.17 \tag{4-7}$$

$$\lg K^\ominus_{4-5} = \frac{914}{T} - 1.10 \tag{4-8}$$

$$\lg K^\ominus_{4-6} = -0.009 \tag{4-9}$$

再结合

$$\frac{p_{CO}}{p^\ominus} + \frac{p_{CO_2}}{p^\ominus} = 1 \tag{4-10}$$

的条件，即可作出氧化铁还原的平衡图(图 4-1)。

以反应(4-5)的标准平衡常数与温度的关系曲线式(4-8)为例。

$$\lg K^\ominus_{4-5} = \frac{914}{T} - 1.10$$

又

$$\lg K^\ominus_{4-5} = \lg \frac{p_{CO_2}/p^\ominus}{p_{CO}/p^\ominus} = \frac{914}{T} - 1.10 \tag{4-11}$$

将式(4-10)代入式(4-11)得

$$\lg \frac{1 - p_{CO}/p^\ominus}{p_{CO}/p^\ominus} = \frac{914}{T} - 1.10$$

在压力不高时，用 CO 气体的体积分数 φ_{CO} 代替分压 $p_{CO}/p^\ominus$，则

$$\lg \frac{1 - \varphi_{CO}}{\varphi_{CO}} = \frac{914}{T} - 1.10 \tag{4-12}$$

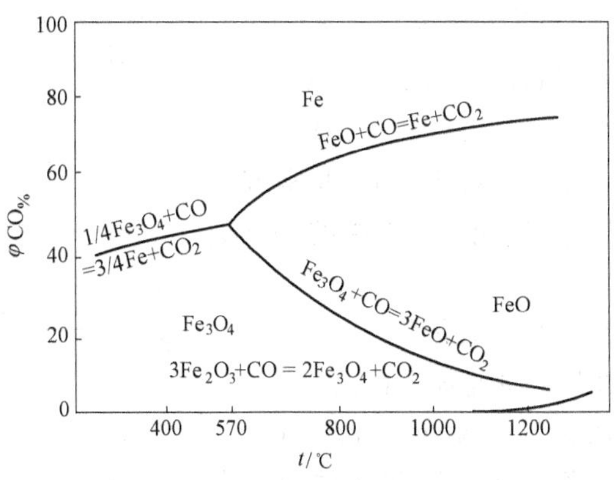

图 4-1 氧化铁还原平衡图

式(4-12)即为反应(4-5)φ_{CO}与温度 T 的曲线方程。取不同的 T 即可得到不同的 φ_{CO}值，从而画出反应(4-5)在图 4-1 中的曲线。

其中，反应 $3Fe_2O_{3(s)}+CO_{(g)}=2Fe_3O_{4(s)}+CO_{2(g)}$ 由于其平衡常数十分大，

$$\lg K^{\ominus}=\frac{1440}{T}+2.98$$

即平衡时 p_{CO_2} 很大，p_{CO}很小，所以曲线在最下面。由式(4-7)、(4-8)、(4-9)可得三条曲线相交于一点，交点温度为 570℃(841K)。

三条曲线把图分为三个区域，最上面是 Fe 的稳定区，下面是 Fe_3O_4 的稳定区，右边弧线内为 FeO 的稳定区。并且可以看出，温度在 570℃以下，Fe_3O_4 直接还原成 Fe；而在 570℃以上，Fe_3O_4 先还原成 FeO，然后再还原成 Fe。

4.2.1.2 Co、Ni、Cr 的还原

由附录可以查出下述反应的 $\Delta_r G^{\ominus}$：

$$CoO_{(s)}+CO_{(g)}=\!=\!=Co_{(s)}+CO_{2(g)}$$

$$\Delta_r G^{\ominus}=-40170-2.09T \quad \text{J/mol}$$

$$NiO_{(s)}+CO_{(g)}=\!=\!=Ni_{(s)}+CO_{2(g)}$$

$$\Delta_r G^{\ominus}=-40590-0.42T \quad \text{J/mol}$$

$$\frac{1}{3}Cr_2O_{3(s)}+CO_{(g)}=\!=\!=\frac{2}{3}Cr_{(s)}+CO_{2(g)}$$

$$\Delta_r G^{\ominus}=94350-1.26T \quad \text{J/mol}$$

由以上数据可以绘制出 CoO、NiO 及 Cr_2O_3 还原平衡图，并将其与氧化铁的还原平衡图放在一起，如图 4-2 所示。

以 CoO 还原曲线为例：

$$CoO_{(s)}+CO_{(g)}=\!=\!=Co_{(s)}+CO_{2(g)}$$

$$\Delta_r G^{\ominus}=-40170-2.09T=-RT\ln\frac{\varphi_{CO_2}}{\varphi_{CO}}$$

由 $\ln\frac{\varphi_{CO_2}}{\varphi_{CO}}=\frac{4832}{T}+0.251$ 可得

T/K	773	973	1173	1373	1573
φ_{CO}	0.15	0.54	1.25	2.25	3.48

从图 4-2 可以清楚地看出，CoO 和 NiO 非常容易被还原，而 Cr_2O_3 不能被还原，只能用最上端的一条横线来表示。

4.2.1.3 选择性还原条件的确定

从图 4-2 可以看出，如果还原温度选在低于 570℃（约为交点温度 841K），那么为了避免生成金属 Fe，$\varphi_{CO_2}/\varphi_{CO}$必须大于 1。这样低的温度不仅还原速度太慢，而且生成的 Fe_3O_4 不如 FeO 中铁含量高。假如还原温度大于 1000℃，则沸腾炉床筛板及管道钢件烧损严重。所以一般选择在 700～800℃范围内。同时从图 4-2 还可以看出，为了避免生成金属铁，气相中 $\varphi_{CO_2}/\varphi_{CO}$不要小于$\frac{1}{2}$。即组成线不要超过 bc 线。

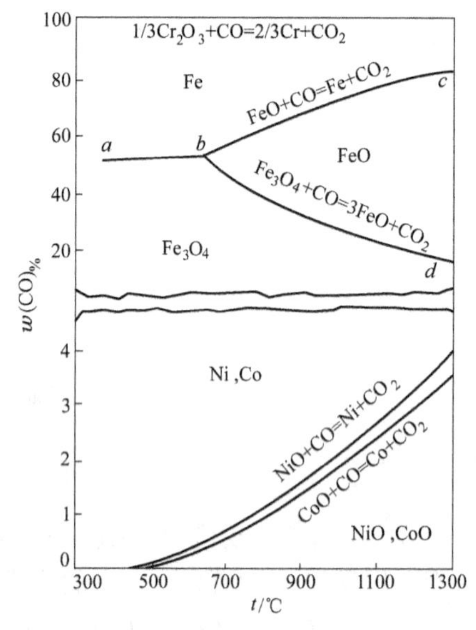

图 4-2 氧化物还原平衡图

生产中还原焙烧用两个沸腾炉，一个用于加热，一个用于还原。首先利用"加热沸腾炉"传热快的特点，迅速将小于 3mm 的矿石加热到 780～830℃；然后将热矿石进入充满还原气体的还原沸腾炉中进行还原。还原后的焙砂在惰性气体下冷却，还原后的 Fe 以 FeO 存在，而 Ni、Co 以金属态存在。

4.2.1.4 从还原后的焙砂中提取 Co、Ni

生产中一般采用湿法处理焙砂来提取 Co 和 Ni。其工艺主要分为两部分。

a 氨浸

焙砂在高压空气（1.5～5$p^{\ominus}$）和 55～65℃下用氨水并通 CO_2 浸出。Ni 与 Co 生成络合物溶于溶液中，而过滤后的残渣，即铁精矿渣，送高炉炼铁。其浸出反应为

$$Ni+\frac{1}{2}O_2+(NH_4)_2CO_3+4NH_4OH=Ni(NH_3)_6CO_3+5H_2O$$

$$2Co+\frac{3}{2}O_2+3(NH_4)_2CO_3+6NH_4OH=[Co(NH_3)_6]_2(CO_3)_3+9H_2O$$

氨浸焙砂需有空气参加反应，这样浸出率高，对 Ni 可达 75%～80%，对 Co 可达40%～60%。

b 氢气还原

含 Ni、Co 的络合物滤液先蒸去 NH_3 和 CO_2，Ni 则以碱性碳酸镍 $NiCO_3\cdot Ni(OH)_2$ 形式析出。而 Co 则以 $Co(OH)_3$ 形式析出。将混合的晶体用硫酸铵溶解，然后在一定的 pH 值下，通入氢气还原。先还原 Ni，过滤后再还原 Co。

4.3 炉渣脱硫脱磷的热力学分析

4.3.1 钢液脱硫的热力学分析

钢液脱硫是生产优质钢和高级优质钢的主要条件之一。一般钢种允许的硫的质量分数为0.015%～0.045%，优质钢的硫含量小于0.02%或更低(易切削钢除外)。但炼钢用生铁中$w[S]$为0.05%～0.08%，已远高于钢种允许的硫含量，并且在用矿物燃料的炉内，金属还可自炉气中吸收硫。因此，炼钢过程必须尽力完成脱硫任务。

4.3.1.1 钢液中硫的来源

钢液中硫的来源主要有以下三个途径：

(1) 金属料，如生铁、废钢、矿石等。铁矿石一般含有黄铁矿 FeS_2，在高炉冶炼时硫以 FeS 形式进入生铁。

(2) 熔剂，如石灰石可能含有石膏 $CaSO_4 \cdot 2H_2O$ 或无水石膏 $CaSO_4$，烧制石灰时，硫留在石灰内带入高炉。

(3) 燃料，如焦炭中含有有机硫化合物及无机硫酸盐。

4.3.1.2 炉渣的分子理论脱硫

分子理论认为脱硫按下面步骤进行：

(1) 在钢-渣界面上，钢水中的[FeS]按分配定律进入炉渣。

$$[FeS] = (FeS)$$

(2) 渣中(FeS)与渣中自由(CaO)结合为稳定的(CaS)。

$$(FeS) + (CaO) = (FeO) + (CaS)$$

二者结合起来为

$$[FeS] + (CaO) = (FeO) + (CaS) \tag{4-13}$$

生产中常采用硫分配比概念来衡量炉渣的脱硫能力。分子理论给出了许多分配比的经验公式，如

$$\frac{w(S)}{w[S]} = 1.4 + 16[w(CaO) + w(MnO) - 2w(SiO_2) - 4w(P_2O_5) - w(Fe_2O_3) - 2w(Al_2O_3)]$$

在氧气顶吹转炉中，$\frac{w(S)}{w[S]} \approx 5 \sim 16$，而高炉中约为20～80。可见，脱硫的任务主要在高炉完成。

4.3.1.3 炉渣的离子理论脱硫

离子理论认为，脱硫实质上是在熔渣-钢水界面上的电子传递作用。已知脱硫反应为

$$[FeS] + (CaO) = (FeO) + (CaS)$$

而氧在渣-钢界面上存在平衡

$$(FeO) = [FeO]$$

所以有

$$[FeS]+(CaO)═══[FeO]+(CaS)$$

上式可按离子形式表示

$$Fe_{(l)}+[S]+(Ca^{2+})+(O^{2-})═══(Ca^{2+})+(S^{2-})+Fe_{(l)}+[O]$$

即

$$[S]+(O^{2-})═══(S^{2-})+[O]$$

上式可解释为

$$[S]+2e═══(S^{2-})$$

$$(O^{2-})-2e^{-}═══[O]$$

所以脱硫是一个渣-钢界面上的电子传递过程。但是放出电子的不一定是 O^{2-} 离子，也可由铁原子完成。即

$$Fe_{(l)}-2e^{-}═══(Fe^{2+})$$

$$[S]+2e^{-}═══(S^{2-})$$

所以

$$Fe_{(l)}+[S]═══(Fe^{2+})+(S^{2-}) \tag{4-14}$$

[S]从铁水中得到2个电子后进入炉渣。式(4-14)即为 FeS 的分配平衡式。令 K_S 表示式(4-14)的平衡常数，则

$$K_S=\frac{a_{Fe^{2+}}\cdot a_{S^{2-}}}{a_{Fe_{(l)}}\cdot a_{[S]}}$$

其中 $a_{Fe_{(l)}}=1$，所以有

$$K_S=\frac{\gamma_{Fe^{2+}}\cdot x_{Fe^{2+}}\cdot\gamma_{S^{2-}}\cdot x_{S^{2-}}}{f_S\cdot w[S]_{\%}}$$

所以

$$\frac{x_{S^{2-}}}{w[S]_{\%}}=\frac{K_S\cdot f_S}{\gamma_{Fe^{2+}}\cdot\gamma_{S^{2-}}\cdot x_{Fe^{2+}}}$$

将 $x_{S^{2-}}$ 转化为 $w(S)_{\%}$

因为

$$x_{S^{2-}}=\frac{n_{S^{2-}}}{\Sigma n^{-}}$$

若渣以100g计算，则 $x_{S^{2-}}=\dfrac{\frac{w(S)_{\%}}{32}}{\Sigma n^{-}}=\dfrac{w(S)_{\%}}{32\Sigma n^{-}}$，而 $x_{Fe^{2+}}=\dfrac{n_{Fe^{2+}}}{\Sigma n^{+}}$

所以

$$\frac{w(S)_{\%}}{w[S]_{\%}}=\frac{32K_S\cdot f_S}{\gamma_{Fe^{2+}}\cdot\gamma_{S^{2-}}}\cdot\frac{\Sigma n^{-}\cdot\Sigma n^{+}}{n_{Fe^{2+}}} \tag{4-15}$$

式(4-15)中各项计算如下：

$$\Sigma n^{+}=n_{CaO}+n_{MgO}+n_{MnO}+n_{FeO}$$

$$\Sigma n^{-}=\Sigma n^{+}-n_{SiO_2}-n_{P_2O_5}-n_{Al_2O_3}-n_{Fe_2O_3}+n_S$$

$$\lg K_S=-\frac{920}{T}-0.5784 \tag{4-16}$$

$$\lg\gamma_{Fe^{2+}}\cdot\gamma_{S^{2-}}=1.53\Sigma x_{SiO_4^{4-}}-0.17 \tag{4-17}$$

式(4-17)中 $\Sigma x_{SiO_4^{4-}}$ 代表所有络阴离子的摩尔分数之和。即

$$\Sigma x_{SiO_4^{4-}}=\frac{n_{SiO_2}+2n_{P_2O_5}+2n_{Al_2O_3}+n_{Fe_2O_3}}{\Sigma n^-}$$

f_S 可用活度相互作用系数计算。一般对于生铁，$f_S=5\sim6$，对于含碳较低的钢水，$f_S\approx1$。

4.3.1.4 提高脱硫率的措施——“三高一低”

a 提高炉渣的碱度

从分子理论看，式(4-13)中(CaO)高有利于反应向右进行。从离子理论看，式(4-15)中，碱度高即 Ca^{2+}、Mg^{2+}、Mn^{2+} 等阳离子浓度高，也就是 Σn^+ 高，相应地 Σn^- 也高，式(4-15)中分子增大，有利于脱硫；此外，碱度高则 $\Sigma x_{SiO_4^{4-}}$ 就低，从式(4-17)看，$\gamma_{Fe^{2+}}\cdot\gamma_{S^{2-}}$ 就低，式(4-15)中分母变小，均有利于脱硫。

但碱度高还要注意渣的流动性，流动性不好，即使碱度高对脱硫也不利。

b 提高温度

从式(4-16)看，温度升高则 K_S 变大，式(4-15)中分子变大，有利于脱硫。从分子理论看，式(4-13)为吸热反应，温度升高有利于反应向右进行。此外，提高温度可促使石灰溶解，提高渣的流动性。所以，使用高温铁水及采用留渣操作，均可提高前期的脱硫效果。

c 增大渣量

炼钢过程脱硫率可表示为 $$\eta_S=\frac{w[S]_{铁水}-w[S]_{钢}}{w[S]_{铁水}}\times100\%$$

该 η_S 与渣量有关。表 4-3 列出一个计算例子，说明同样成分的炉渣(有相同的硫分配比)，对于同一铁水，因为渣量不同而有不同的脱硫率。

表 4-3 渣量对脱硫率的影响

项 目	1	2
渣量/kg · 100kg 钢$^{-1}$	11.8	21.7
$w[S]_{铁水}$	0.04%	0.04%
$w[S]_{钢水}$	0.021%	0.015%
$w(S)$	0.161%	0.115%
$\frac{w[S]_{钢水}}{w(S)}$	7.7%	7.7%
$\eta_S=\frac{w[S]_{铁水}-w[S]_{钢}}{w[S]_{铁水}}$	47.5%	62.5%

从表 4-3 可以看出，加大渣量，则脱硫率提高。但渣量也不宜过大，过大将会带来造渣原料增多，延长冶炼时间，增加钢材成本，且侵蚀炉衬，吹炼时易产生喷溅等缺点。

d 降低 ΣFeO 含量

从分子理论看，式(4-13)中(FeO)低反应向右进行，有利于脱硫。从离子理论看，式(4-15)中(FeO)对 $\frac{\Sigma n^+\cdot\Sigma n^-}{\Sigma n_{Fe^{2+}}}$ 一项起双重作用。ΣFeO 降低，分子分母都降低，而对分母的影响更大，

所以可提高脱硫效果。但是为了使石灰溶解，渣中应有一定量的(FeO)，为了迅速造流动性好的初渣，ΣFeO 还可高一些。而终渣中 ΣFeO 应少一些，以减少铁损。

除以上三高一低外，从式(4-15)还可以看出，提高铁液中硫的活度系数 f_S 有利于脱硫。计算表明，高炉中 f_S 大，脱硫效果好。而钢水中 f_S 低，脱硫效果相对差一些。例如转炉中单渣操作，可脱硫 40%，最高 60%，双渣留渣可达 70%。

为了更好地提高钢材质量，还应注意尽量选用低硫原料，并采用炉外脱硫。如在混铁炉中或铁水罐中脱硫，以及出钢后在钢包中进一步精炼脱硫等。

e 气化脱硫

由于硫对氧的亲和能力远远小于硅、锰、碳等元素，所以钢水中反应

$$2[O]+[S]=\!=\!=SO_{2(g)}$$

及

$$[S]+O_{2(g)}=\!=\!=SO_{2(g)}$$

都不能进行。研究表明，炼钢中存在一定比例的气化脱硫。但主要是通过炉渣内硫的气化。

即

$$(S^{2-})+\frac{3}{2}O_{2(g)}=\!=\!=SO_{2(g)}+(O^{2-})$$

当渣中碱度高时，意味着(O^{2-})也高，对气化脱硫不利。所以应适当调整渣的碱度，促使气化脱硫，从而提高总的脱硫效率。气化脱硫大约占铁水含硫量的 10%～50%。

4.3.2 钢液脱磷的热力学分析

磷是一般钢种中有害元素之一。钢中最大允许的磷含量为 0.02%～0.05%，而对某些钢种则要求在 0.008%～0.015%范围内。铁矿石中含磷灰石 $Ca_5[(F,Cl)(PO_4)_3]$，在高炉冶炼时，它分解为 CaO 和 P_2O_5，而 P_2O_5 全部被还原，磷进入铁水。所以，高炉冶炼不能够脱磷。

在炼钢过程中，磷氧化为 P_2O_5 进入炉渣，然后与渣中的(CaO)结合，成为 $3CaO\cdot P_2O_5$ 或 $4CaO\cdot P_2O_5$。

4.3.2.1 *脱磷是钢-渣界面反应*

P_2O_5 是酸性氧化物，可与渣中碱性氧化物结合成为复合氧化物，如：

$$4(CaO)+2[P]+5[O]=\!=\!=(4CaO\cdot P_2O_5) \tag{4-18}$$

$$\Delta_r G^{\ominus}_{4-18}=-1528830+652.7T \quad J/mol$$

$$3(CaO)+2[P]+5[O]=\!=\!=(3CaO\cdot P_2O_5) \tag{4-19}$$

$$\Delta_r G^{\ominus}_{4-19}=-1486160+635.9T \quad J/mol$$

$$3(MgO)+2[P]+5[O]=\!=\!=(3MgO\cdot P_2O_5) \tag{4-20}$$

$$\Delta_r G^{\ominus}_{4-20}=-1269430+652.7T \quad J/mol$$

$$3(MnO)+2[P]+5[O]=\!=\!=(3MnO\cdot P_2O_5) \tag{4-21}$$

$$\Delta_r G^{\ominus}_{4-21}=-1245580+702.9T \quad J/mol$$

在渣-钢液-气三相交界点，也可进行直接气化脱磷

$$3(CaO)+2[P]+\frac{5}{2}O_{2(g)}=(3CaO\cdot P_2O_5) \quad (4\text{-}22)$$

$$\Delta_r G^{\ominus}_{4-22}=-2071920+621.5T \quad J/mol$$

在氧气顶吹转炉中,脱磷主要按式(4-19)进行。

4.3.2.2 脱磷反应的热力学分析

为简化起见,将式(4-19)两边的(CaO)去掉:

$$2[P]+5[O]═══(P_2O_5) \quad (4\text{-}23)$$

$$\Delta_r G^{\ominus}_{4-23}=-632620+517.73T \quad J/mol$$

$$\Delta_r G_{4-23}=\Delta_r G^{\ominus}_{4-23}+RT\ln\frac{\gamma_{P_2O_5}\cdot x_{P_2O_5}}{f_P^2 w[P]_{\%}^2\cdot f_O^5 w[O]_{\%}^5}$$

$$=-RT\ln K^{\ominus}+RT\ln Q=RT\ln\frac{Q}{K^{\ominus}}$$

若使式(4-23)进行,$\Delta_r G_{4-23}$应小于零。即 $Q<K^{\ominus}$。

由 $\Delta_r G^{\ominus}_{4-23}=-632620+517.73T=-RT\ln K^{\ominus}$ 得

$$\lg K^{\ominus}=\frac{33050}{T}-27.0 \quad (4\text{-}24)$$

在炼钢温度下,$T=1873K$ 时,得 $K^{\ominus}=4.4\times10^{-10}$

所以,脱磷反应进行的条件是 $Q<4.4\times10^{-10}$

即

$$\frac{\gamma_{P_2O_5}\cdot x_{P_2O_5}}{f_P^2 w[P]_{\%}^2\cdot f_O^5 w[O]_{\%}^5}<4.4\times10^{-10} \quad (4\text{-}25)$$

所以,若使式(4-23)进行,必须满足式(4-25)。下面举例分析。

设钢水含磷 $w[P]=0.02\%$,$w[O]=0.1\%$,渣中 $x_{P_2O_5}=0.01$(相当于 $w(P_2O_5)=2.0\%$),$f_P\approx1$,$f_O\approx1$。则可得:$\frac{\gamma_{P_2O_5}\times0.01}{0.02^2\times0.1^5}<4.4\times10^{-10}$。

这样 $\gamma_{P_2O_5}<1.8\times10^{-16}$

此时钢水中 $w[P]=0.02\%$,要想继续脱磷,必须满足上式。根据 $\gamma_{P_2O_5}$ 的计算式,

$$\lg\gamma_{P_2O_5}=-1.12(22x_{CaO}+15x_{MgO}+13x_{MnO}+12x_{FeO}-2x_{SiO_2})-\frac{44600}{T}+23.80 \quad (4\text{-}26)$$

在 $T=1873K$ 时,后两项为零。假设此时炉渣成分如下:

$$x_{CaO}=0.60, x_{MgO}=0.05, x_{MnO}=0.01, x_{FeO}=0.15, x_{SiO_2}=0.18, x_{P_2O_5}=0.01$$

则 $\lg\gamma_{P_2O_5}=-1.12(22\times0.6+15\times0.05+13\times0.01+12\times0.15-2\times0.18)=-17.4$

故 $\gamma_{P_2O_5}=3.98\times10^{-18}<1.8\times10^{-16}$

因此,上述炉渣对含磷0.02%的钢水仍可继续脱磷。

事实上，在碱性炉渣中，由于 P_2O_5 被一些强碱性氧化物强烈吸引住，P_2O_5 的活动能力很弱，$\gamma_{P_2O_5}$ 很小，脱磷可以进行。

4.3.2.3 提高脱磷效率的措施

前面讲到提高脱硫效率的措施是"三高一低"，即，高碱度、高温、高渣量及低 ΣFeO。提高脱磷效率的措施同样为"三高一低"，即，高碱度、高 ΣFeO、高渣量及低温。二者有所差别。

a 高碱度

从式(4-26)看，$\gamma_{P_2O_5}$ 与炉渣组成及温度有关。增加炉渣中 CaO、MgO、MnO、FeO 含量，减少 SiO_2 含量，即提高炉渣碱度，可使 $\gamma_{P_2O_5}$ 变小，从式(4-25)看，$\gamma_{P_2O_5}$ 减小有利于脱磷。从分子理论看，式(4-18)～式(4-21)中，CaO、MgO、MnO 增加，反应向右进行，有利于脱磷。一般碱度 R 为 3～4 为宜。

b 高渣量

与脱硫一样，脱磷率可写为 $\eta_P = \dfrac{w[P]_{铁水} - w[P]_{钢}}{w[P]_{铁水}} \times 100\%$。同样可以证明，增加渣量可提高 η_P。中磷铁水采用双渣操作，或双渣留渣操作，目的就是为了提高渣量。

c 高 ΣFeO

从式(4-25)看，增加钢水中的[O]含量有利于脱磷。由于脱磷是渣-钢界面反应，而钢水中的[O]与渣中(FeO)存在一个分配平衡。所以渣中 $w(FeO)$ 高，即钢中 $w[O]$ 高，有利于脱磷。从分子理论也可以看出，式(4-18)～式(4-21)中，增加钢水中的[O]含量，有利于脱磷反应进行。

d 低温

从式(4-24)看，温度降低，反应(4-23)的平衡常数 $K^{\ominus}$ 可提高，有利于脱磷。此外，从式(4-26)看，温度降低还可降低渣中 $\gamma_{P_2O_5}$，也有利于脱磷。

4.3.2.4 气化脱磷问题

根据热力学计算，反应

$$2[P] + 5[O] = P_2O_{5(g)}$$

$$\Delta_r G^{\ominus} = -632620 + 517.73T \quad J/mol$$

令 $\Delta_r G^{\ominus} = 0$，得氧化转化温度 $T_{转} = 950℃$。即，在标准状态下，温度高于 950℃时，反应不能进行。在实际状况下，如 $w[P] = 1\%$，$w[O] = 0.1\%$，$p_{P_2O_5} = 10^{-4} p^{\ominus}$，$f_O \approx 1$，$f_P \approx 1$，则

$$\Delta_r G = -632620 + 536.85T \quad J/mol$$

令 $\Delta_r G = 0$，得 $T_{转} = 905℃$。气化脱磷也不能进行。同样，由于[Fe]比[P]更容易与 O_2 作用，所以 O_2 气直接氧化[P]的反应 $2[P] + \frac{5}{2}O_{2(g)} = P_2O_{5(g)}$ 也很难进行。因此，在炼钢过程中，不存在氧化性气化脱磷。

气氛中的氢能否将钢液中磷氧化呢？可通过下面的热力学计算看出。

$$\frac{1}{2}P_{2(g)}+\frac{3}{2}H_{2(g)}=\!=\!=PH_{3(g)}\quad \Delta_r G^{\ominus}=-71550+108.20T\quad \text{J/mol}$$

$$\frac{1}{2}P_{2(g)}=\!=\!=[P]\quad \Delta_{sol}G^{\ominus}=-122170-19.25T\quad \text{J/mol}$$

由以上两式得 $\frac{3}{2}H_{2(g)}+[P]=\!=\!=PH_{3(g)}\quad \Delta_r G^{\ominus}=50620+127.45T\quad \text{J/mol}$

可以看出，在标准状态下，上述反应不能进行。反应的 $\Delta_r G$ 为

$$\Delta_r G=\Delta_r G^{\ominus}+RT\ln\frac{(p_{PH_3}/p^{\ominus})}{(p_{H_2}/p^{\ominus})^{\frac{3}{2}}\cdot f_P\cdot w[P]_{\%}}$$

假设 $f_P\approx 1$，$w[P]\approx 1\%$，$p_{PH_3}\approx 10^{-4}p^{\ominus}$，$p_{H_2}\approx 10^{-4}p^{\ominus}$，得 $\Delta_r G=361050$ J/mol，即使 PH_3 的分压再降低，$\Delta_r G$ 仍是正值，即在炼钢条件下，氢脱磷的反应不能进行。由上述等温方程式可以看出，当 p_{PH_3}/p_{H_2} 很小时，即在很强的还原性气氛下，氢才可能脱磷。由于 PH_3 是剧毒物，已经有人研究氢脱磷及随后在氧化性气氛中将 PH_3 氧化为 P_2O_5 和 H_2O 的条件，以使氢脱磷成为安全的。

4.3.2.5 还原脱磷问题

在冶炼含铬的不锈钢和含易氧化元素 Si、Mn、Ti 等的合金钢时，随着返回料使用量的逐渐增大，原料中的磷含量也随之增加。若使用氧化法脱磷，将会导致易氧化元素的烧损，采用还原脱磷方法可避免上述现象发生。

a 还原脱磷的热力学条件

钢液中的[P]在氧化条件下可以形成溶于碱性渣的磷酸盐，而在强还原条件下，也可还原成溶于渣的磷化物，其反应如下：

$$Ca_{(l)}+\frac{2}{3}[P]+\frac{4}{3}O_2=\!=\!=\frac{1}{3}(3CaO\cdot P_2O_5)\quad \Delta_r G^{\ominus}=-1307960+299.40T\quad \text{J/mol}$$

$$Ca_{(l)}+\frac{2}{3}[P]=\!=\!=\frac{1}{3}(Ca_3P_2)\qquad \Delta_r G^{\ominus}=-99150+34.96T\quad \text{J/mol}$$

由以上两式得 $(Ca_3P_2)+4O_2=\!=\!=(3CaO\cdot P_2O_5)\quad \Delta_r G^{\ominus}=-3626430+793.32T\quad \text{J/mol}$

设 $a_{Ca_3P_2}=1$，$a_{3CaO\cdot P_2O_5}=1$，得 $\quad \Delta_r G^{\ominus}=-RT\ln\frac{1}{(p_{O_2}/p^{\ominus})^4}=4RT\ln(p_{O_2}/p^{\ominus})$

故 $$\lg(p_{O_2}/p^{\ominus})=-\frac{47344}{T}+10.36$$

在 1673～1773K 范围内，$p_{O_2}=1.2\times10^{-13}\sim4.5\times10^{-12}$ Pa 之间。所以，当 $p_{O_2}>1.2\times10^{-13}\sim4.5\times10^{-12}$ Pa 时，磷以 P^{5+} 形式存在，发生氧化脱磷反应；当 $p_{O_2}<1.2\times10^{-13}\sim4.5\times10^{-12}$ Pa 时，磷以 P^{3-} 形式存在，发生还原脱磷反应。

b 常用的还原脱磷剂

常用的还原脱磷剂有金属 Ca、Mg、B、RE 以及含 Ca 的合金 CaC_2、CaSi 等。为增加脱磷

产物 Ca_3P_2 在渣中的稳定性，有时还需配入一定量的 CaF_2 或 $CaCl_2$ 等。

CaC_2 的脱磷反应为

$$CaC_{2(s)}+\frac{2}{3}[P]=\!=\!=\frac{1}{3}(Ca_3P_2)+2[C]\quad \Delta_rG^\ominus=590837-107.82T\quad J/mol$$

由此可见，用 CaC_2 进行还原脱磷，钢液会增碳，所以必须考虑脱磷后的钢液脱碳问题。此外，脱磷产生的[C]还能影响 CaC_2 的分解速度。实验发现，当 $w[C]<0.5\%$时，CaC_2 分解速度很快，而当 $w[C]>1\%$时，CaC_2 分解较慢，即有一个最佳碳含量问题。

CaSi 的脱磷反应为

$$3CaSi_{(s)}+2[P]=\!=\!=(Ca_3P_2)+3[Si]\quad \Delta_rG^\ominus=-39172-10.13T\quad J/mol$$

由于[Si]能提高磷的活度，所以反应产生的[Si]有利于还原脱磷。

除了钢液中的[C]、[Si]以外，钢液中的[Cr]、[Ni]以及炉渣的性质和钢液的温度也对还原脱磷有一定的影响。

目前还原脱磷在生产中尚未得到推广，主要是工艺上还存在很多问题。此外炉渣的处理也是一项很复杂的技术，因为渣中的 Ca_3P_2 与空气中的水气作用后，能放出剧毒的 PH_3 气体。

4.4　氯化冶金热力学

在高品位的矿石资源逐渐枯竭的情况下，对大量存在的低品位矿石及复杂难处理的氧化矿来说，氯化冶金是有效的提炼手段。铁矿内所含的少量有色金属（特别是硫酸工业遗留的黄铁矿烧渣），会恶化钢铁性能，经氯化处理后，可以回收有色金属，氯化后的氧化铁渣也成为炼铁原料。一些难熔金属，例如钛、锆、钽、铌等，可以用氯化冶金方法提炼出来。但是，应重视解决氯化冶金所用的氯化剂及氯化冶金产物所带来的环境问题。

4.4.1　氯化冶金原理

由于不同金属元素的氯化顺序以及所生成的氯化物的熔点、沸点及蒸气压等性质相差较大，因此在冶金生产中，常常利用氯化剂，如：Cl_2 气、HCl 气、NaCl、$CaCl_2$、$MgCl_2$ 等，来焙烧矿石，以达到金属相互间的分离或金属与脉石的分离，为进一步提取金属做好准备。

4.4.1.1　氯化冶金实例

以下用高钛渣提取金属钛作为应用实例介绍氯化冶金。利用浮选富集的钛精矿（含有金红石 TiO_2 及钛铁矿 $FeTiO_3$）在电弧炉中用焦炭还原，其中氧化铁还原为铁水，剩余的渣就是高钛渣，其主要成分为 TiO_2，占 90%以上。其他杂质主要有 SiO_2、Fe_2O_3、Al_2O_3、CaO、MgO 以及少量的 ZrO_2、V_2O_5 等。根据上述各种元素氯化物的沸点不同，采用蒸馏的方法，可得纯度为 99.9%的 $TiCl_4$ 气体。然后再用 Mg 还原 $TiCl_4$，可得金属 Ti。有关氯化物的沸点见表4-4。

表 4-4 几种有关氯化物的沸点 ℃

易挥发的氯化物		不易挥发的氯化物	
$SiCl_4$	57.6	$FeCl_2$	1026
SCl_2	59.0	CuCl	1490
$TiCl_4$	136.4	$MgCl_2$	1412
$VOCl_3$	126.7	NaCl	1413
$FeCl_3$	315.0	$CaCl_2$	>1600
$AlCl_3$	182.7		
$ZrCl_4$	331.0		

当高钛渣在 800～900℃范围内与 Cl_2 气作用时，生成表 4-4 中两类氯化物。冷却后再分级蒸馏。

(1) 在 70～100℃范围内蒸馏，由于 $SiCl_4$、SCl_2 沸点低，生成气体分离掉；

(2) 由于 $TiCl_4$ 与 $VOCl_3$ 沸点接近，所以在二次蒸馏时加入些铜丝球，在 140℃下进行蒸馏，其反应为：

$$2Cu_{(s)}+VOCl_{3(g)}=\!=\!=CuO_{(s)}+VCl_{2(s)}+CuCl_{(s)}$$

Cu 丝与 $VOCl_3$ 反应后生成的全是固体，从而可去掉 $VOCl_3$；

(3) 将蒸馏液再次在 140℃下精馏，即可得到纯度为 99.9%的 $TiCl_4$；

(4) 在还原釜内 800～900℃下，用金属 Mg 还原 $TiCl_4$，即可得到纯度为 99.5%～99.7%的金属钛。

4.4.1.2 氯化物的 $\Delta_rG^\ominus$ 与 T 关系图

与氧化物的 $\Delta_rG^\ominus$ 与 T 关系图一样，将不同元素与 1mol Cl_2 气反应的标准吉布斯自由能变化 $\Delta_rG^\ominus$ 与温度 T 的关系画在同一图内，得到图 4-3。

从图 4-3 可以看出以下几点：

(1) 某一元素的 $\Delta_rG^\ominus$ 线越低，则该元素生成的氯化物的 $\Delta_rG^\ominus$ 值越负，该氯化物越稳定，越难分解。

(2) 在一定温度下，$\Delta_rG^\ominus$ 线较低的元素，可将它以上各元素的氯化物还原，夺得后者的氯而本身氧化为氯化物。

例如，Na 和 Mg 可作为还原剂，将 $TiCl_4$ 还原为金属 Ti。即

$$2Na_{(l)}+\frac{1}{2}TiCl_{4(g)}=\!=\!=\frac{1}{2}Ti_{(s)}+2NaCl_{(l)}\quad \Delta_rG^\ominus=-451035+130.96T\ \ \text{J/mol}$$

$$Mg_{(l)}+\frac{1}{2}TiCl_{4(g)}=\!=\!=\frac{1}{2}Ti_{(s)}+MgCl_{2(l)}\quad \Delta_rG^\ominus=-231375+68.20T\ \ \text{J/mol}$$

以上两个反应均很容易进行。

(3) C 不能作为还原剂。

因为$\frac{1}{2}CCl_4$ 的 $\Delta_rG^\ominus$ 线在最上面，最不稳定，所以 C 不能作为还原剂还原其他金属氯化物。

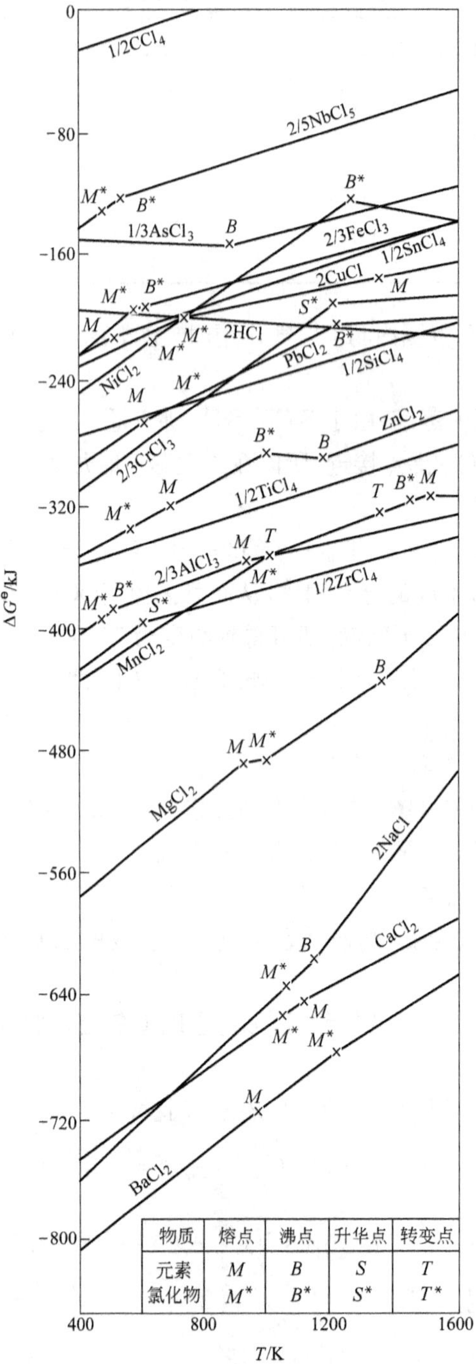

图 4-3　氯化物的 $\Delta_r G^\ominus$ 与 T 关系图

(4) H_2 可还原部分金属的氯化物。

由于 2HCl 的 $\Delta_r G^\ominus$ 线在图的中上部，所以 H_2 可还原其线以上的氯化物。如 1600℃时 H_2 可还原 CCl_4、$NbCl_5$、$AsCl_3$、$NiCl_2$、$SnCl_4$、$FeCl_3$、CuCl、$CrCl_3$、$PbCl_2$ 及 $SiCl_4$ 等。

4.4.1.3 Cl_2 气与金属氧化物反应的 $\Delta_r G^\ominus$ 与 T 关系图

因为有色金属矿石中很多元素以氧化物形式存在，所以有必要绘制 Cl_2 气与金属氧化物反应的 $\Delta_r G^\ominus$ 与 T 关系图(见图 4-4)。从图 4-4 可以看出，在标准状态下，许多氧化物不能被

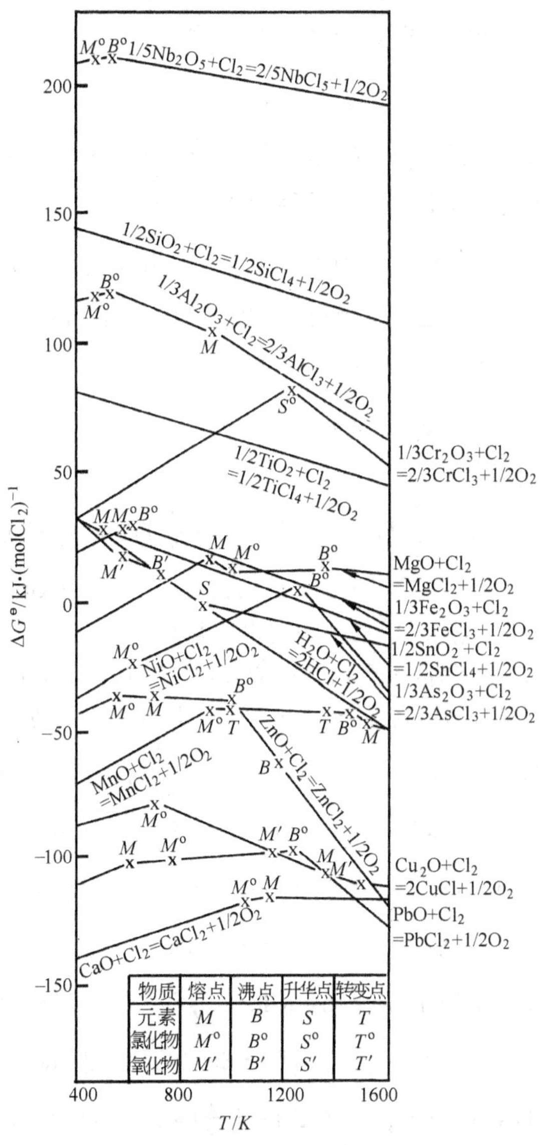

物质	熔点	沸点	升华点	转变点
元素	M	B	S	T
氯化物	M°	B°	S°	T°
氧化物	M′	B′	S′	T′

图 4-4 Cl_2 与氧化物反应的 $\Delta_r G^\ominus$ 与 T 关系图

(折合成 1mol 的 Cl_2)

Cl_2 气氯化，因为其氯化反应的 $\Delta_r G^\ominus$ 大于零。例如：Nb_2O_5、SiO_2、Al_2O_3、Cr_2O_3、TiO_2、MgO、Fe_2O_3 等。

以 TiO_2 为例　　$\frac{1}{2}TiO_{2(s)}+Cl_{2(g)}=\!=\!=\frac{1}{2}TiCl_{4(g)}+\frac{1}{2}O_{2(g)}$

$$\Delta_r G^\ominus=92257-28.87T\quad \text{J/mol}$$

$$T_{转}=3195\text{K}$$

所以，在一般温度下，Cl_2 气不能氯化 TiO_2。但前面的例子讲到，生产中常用 Cl_2 气氯化高钛渣以制取 $TiCl_4$，这是由于加入了添加剂的结果。

4.4.2　添加剂的作用

由于许多氯化反应的 $\Delta_r G^\ominus$ 为正值，因此必须采取措施使之变为负值。其中常用的方法有两种，即加入添加剂或制造真空。仍以 TiO_2 为例。

$$\frac{1}{2}TiO_{2(s)}+Cl_{2(g)}=\!=\!=\frac{1}{2}TiCl_{4(g)}+\frac{1}{2}O_{2(g)}$$

$$\Delta_r G^\ominus=92257-28.87T\quad \text{J/mol}$$

$$C_{(s)}+\frac{1}{2}O_{2(g)}=\!=\!=CO_{(g)}$$

$$\Delta_r G^\ominus=-116315-83.89T\quad \text{J/mol}$$

将以上两个反应合并，得

$$C_{(s)}+\frac{1}{2}TiO_{2(s)}+Cl_{2(g)}=\!=\!=\frac{1}{2}TiCl_{4(g)}+CO_{(g)}$$

$$\Delta_r G^\ominus=-24058-112.76T\quad \text{J/mol}$$

可见，在标准状态下，上述反应在任何温度下均可进行。这是由于加入了添加剂 C，而 C 与 O_2 生成了更稳定的 CO，降低了产物的化学势，使 $\Delta_r G^\ominus$ 变得更负。

常用的添加剂除了 C 以外，还有 SO_2 或 SO_3。下面再看一例。

$$Na_2O_{(s)}+Cl_{2(g)}=\!=\!=2NaCl_{(s)}+\frac{1}{2}O_{2(g)}\quad (371\sim1073\text{K})$$

$$\Delta_r G^\ominus=-399363+38.49T\quad \text{J/mol}$$

$$Na_2O_{(s)}+Cl_{2(g)}=\!=\!=2NaCl_{(l)}+\frac{1}{2}O_{2(g)}\quad (1073\sim1156\text{K})$$

$$\Delta_r G^\ominus=-408986+46.86T\quad \text{J/mol}$$

$$Na_2O_{(s)}+Cl_{2(g)}=\!=\!=2NaCl_{(l)}+\frac{1}{2}O_{2(g)}\quad (1156\sim1193\text{K})$$

$$\Delta_r G^\ominus=-453755+86.40T\quad \text{J/mol}$$

$$Na_2O_{(l)}+Cl_{2(g)}=2NaCl_{(l)}+\frac{1}{2}O_{2(g)}\quad (1193\sim1600\text{K})$$

$$\Delta_r G^\ominus=-306478-36.82T\quad \text{J/mol}$$

以上几个反应的 $\Delta_r G^\ominus$ 均很负，说明 NaCl 很稳定，它不可能氯化其他金属氧化物。但是，当某些氧化物矿石含有少量硫化物时，焙烧时将产生 SO_2 或 SO_3，从而使 NaCl 分解产生出 Cl_2 气，Cl_2 气又可氯化氧化物矿石。

$$2NaCl_{(s)}+\frac{1}{2}O_{2(g)}=\!=\!=Na_2O_{(s)}+Cl_{2(g)} \tag{4-27}$$

$$\Delta_r G^\ominus=399363-38.49T \quad J/mol$$

$$Na_2O_{(s)}+SO_{3(g)}=\!=\!=Na_2SO_{4(s)}$$

$$\Delta_r G^\ominus=-575216-62.34T\lg T+350.45T \quad J/mol$$

由以上两式得

$$2NaCl_{(s)}+SO_{3(g)}+\frac{1}{2}O_{2(g)}=\!=\!=Na_2SO_{4(s)}+Cl_{2(g)} \tag{4-28}$$

$$\Delta_r G^\ominus=-175853-62.34T\lg T+311.96T \quad J/mol$$

又因为

$$SO_{2(g)}+\frac{1}{2}O_{2(g)}=\!=\!=SO_{3(g)}$$

$$\Delta_r G^\ominus=-93722+89.96T \quad J/mol$$

则可得

$$2NaCl_{(s)}+SO_{2(g)}+O_{2(g)}=\!=\!=Na_2SO_{4(s)}+Cl_{2(g)} \tag{4-29}$$

$$\Delta_r G^\ominus=-269576-62.34T\lg T+401.92T \quad J/mol$$

以上可以看出，式(4-27)的 $\Delta_r G^\ominus$ 很正，NaCl 分解出 Cl_2 的反应不易进行；而式(4-28)及式(4-29)两个反应的 $\Delta_r G^\ominus$ 均为负值。即在 SO_2 或 SO_3 的加入下，NaCl 可以分解出 Cl_2 气。这是由于 SO_2 或 SO_3 与 Na_2O 可以生成稳定的硫酸盐，从而降低了 Na_2O 的化学势，使反应(4-27)有利于向右进行。

与 SO_2、SO_3 的作用类似，矿石中存在的 SiO_2 可以与 CaO、MgO、Na_2O 等作用，生成稳定的硅酸盐，减小了这些氧化物的化学势，从而增强了 $CaCl_2$、$MgCl_2$ 及 NaCl 的氯化作用。

4.4.3 几种常见的氯化剂

除 Cl_2 气外，常见的氯化剂还有固体氯化剂 $CaCl_2$、$MgCl_2$、NaCl 以及气体氯化剂，如 HCl、CCl_4 等。

4.4.3.1 $CaCl_2$ 的氯化作用

从图 4-4 可以看出，$CaO_{(s)}+Cl_{2(g)}=\!=\!=CaCl_{2(l)}+\frac{1}{2}O_{2(g)}$ 的 $\Delta_r G^\ominus$ 线在最下面。而其他氧化物的 $\Delta_r G^\ominus$ 线均在 $CaCl_2$ 的 $\Delta_r G^\ominus$ 线之上。即在标准状态下，这些氧化物均不能被 $CaCl_2$ 氯化。然而在工业生产中，$CaCl_2$ 又是一种常使用的氯化剂。其原因是采用降低产物的分压的操作，使不能进行的反应变为可以进行。

例如，$CaCl_2$ 氯化 MnO

$$MnO_{(s)}+Cl_{2(g)}=\!=\!=MnCl_{2(g)}+\frac{1}{2}O_{2(g)}$$

$$\Delta_r G^{\ominus}=67153-74.06T \quad \mathrm{J/mol} \quad (1530\sim2000\mathrm{K})$$

$$CaO_{(s)}+Cl_{2(g)}=CaCl_{2(l)}+\frac{1}{2}O_{2(g)}$$

$$\Delta_r G^{\ominus}=-115060 \quad \mathrm{J/mol} \quad (1123\sim1755\mathrm{K})$$

由以上两式得

$$CaCl_{2(l)}+MnO_{(s)}=MnCl_{2(g)}+CaO_{(s)}$$

$$\Delta_r G^{\ominus}=182213-74.06T \quad \mathrm{J/mol}$$

当 $\Delta_r G^{\ominus}=0$ 时，$T=2460\mathrm{K}$。即在标准状态下，$CaCl_2$ 不能氯化 MnO。

然而，在等温方程式 $\Delta_r G=\Delta_r G^{\ominus}+RT\ln\left(\frac{p_{MnCl_2}}{p^{\ominus}}\right)$中，假设氯化温度为 1600K，则

$$\Delta_r G=182213-118496+306401\mathrm{g}\left(\frac{p_{MnCl_2}}{p^{\ominus}}\right)$$

若使 $\Delta_r G<0$，则应使 $p_{MnCl_2}<810\mathrm{Pa}$。因此，倘若燃烧废气或流动的载气中所含 $MnCl_{2(g)}$ 的体积分数 $\varphi(MnCl_2)$小于 0.8%时，用 $CaCl_2$ 氯化 MnO 的反应是可以进行的。

以上例子说明，在图 4-4 中 CaO 线以上且距离 CaO 线不太远的氧化物，如：PbO、Cu_2O、ZnO、MnO 等，在工业条件下完全可以用 $CaCl_2$ 氯化。尤其是温度高达 1200℃以上时，有些氧化物氯化的 $\Delta_r G^{\ominus}$线斜率改变方向向下移，对氯化更为有利。然而位于 CaO 线以上比较远的氧化物，如：Fe_2O_3、TiO_2、Cr_2O_3、Al_2O_3、SiO_2 及 Nb_2O_5 等，由于用 $CaCl_2$ 氯化的 $\Delta_r G^{\ominus}$ 正值太大，所以不能被 $CaCl_2$ 氯化。因此，$CaCl_2$ 可以对金属氧化物进行选择性氯化，这一点在生产中有着广泛的应用。下面以黄铁矿制硫酸为例加以说明。

工业上制造硫酸常使用黄铁矿作原料。黄铁矿经焙烧使硫氧化得到 SO_2 去制硫酸，而剩下的烧渣中除了含 Fe_2O_3 外，还含有少量的 Cu、Pb、Zn 及贵金属 Ag 等有用金属的氧化物。但是，这些少量的有色金属元素直接影响钢铁性能。因此，在炼铁前必须对烧渣进行处理。一方面要脱除有害元素使烧渣符合炼铁的要求；另一方面也可综合回收有价元素。

工业上处理烧渣是采用高温选择性氯化挥发法。用 $CaCl_2$ 作为氯化剂，将烧渣中的 Cu、Pb、Zn、Ag 等元素的氧化物转变为容易挥发的氯化物挥发出去，而 Fe 的氧化物不易被 $CaCl_2$ 氯化留在残渣中，作为炼铁原料。

首先看 Ag。从图 4-4 可以看出，只有 Ag_2O 氯化的 $\Delta_r G^{\ominus}$线在 CaO 线之下。也就是说，在标准状态下，只有 Ag_2O 可以被 $CaCl_2$ 氯化，其反应为：

$$Ag_2O_{(s)}+CaCl_{2(l)}=2AgCl_{(l)}+CaO_{(s)}$$

$$\Delta_r G^{\ominus}_{1273}=-88\mathrm{kJ/mol}$$

式中，$\Delta_r G^{\ominus}$为负值，表明在 1273K 时，Ag_2O 可以被 $CaCl_2$ 氯化。

而 PbO、ZnO、CuO 等与上面讲的 MnO 一样，由于燃烧废气或载气流中的 p_{PbCl_2}、p_{ZnCl_2}、p_{CuCl}实际很小，所以它们也可以被 $CaCl_2$ 氯化。

再看 Fe_2O_3。由于 Fe_2O_3 的氯化线在 CaO 之上且距离比较远，因此 Fe_2O_3 不能被 $CaCl_2$

氯化。

$$\frac{1}{3}Fe_2O_{3(s)}+CaCl_{2(l)}═══\frac{2}{3}FeCl_{3(g)}+CaO_{(s)}$$

$$\Delta_rG^{\ominus}_{1273}=146.43kJ/mol$$

这表明在标准状态下，温度为1273K时，Fe_2O_3 不能被 $CaCl_2$ 氯化。这样，通过高温选择性氯化，就可以使烧渣中 Fe_2O_3 与Cu、Pb、Zn、Ag等元素分离，从而达到综合利用的目的。

4.4.3.2　$MgCl_2$ 的氯化作用

从图4-4可以看出，很多氧化物的 $\Delta_rG^{\ominus}$ 线在MgO线之下。说明 $MgCl_2$ 对这些氧化物来讲是很好的氯化剂。但应指出，在493℃(766K)时，下面两个反应的 $\Delta_rG^{\ominus}$ 线相交。

$$MgO_{(s)}+Cl_{2(g)}═══MgCl_{2(g)}+\frac{1}{2}O_{2(g)}$$

$$H_2O_{(g)}+Cl_{2(g)}═══2HCl_{(g)}+\frac{1}{2}O_{2(g)}$$

在温度大于493℃时，在标准状态下，在上述两个反应中，后者比前者更易进行，即反应

$$H_2O_{(g)}+MgCl_{2(g)}═══2HCl_{(g)}+MgO_{(s)}$$

的 $\Delta_rG^{\ominus}<0$。当 $MgCl_2$ 遇到载气中 H_2O 气时，会发生水解而失去氯化作用。故 $CaCl_2$ 氯化剂比 $MgCl_2$ 更好些。

4.4.3.3　HCl的氯化作用

用HCl作为氯化剂氯化金属氧化物的反应为

$$2HCl_{(g)}+MO═══MCl_2+H_2O_{(g)}$$

其中MO表示在 H_2O+Cl_2 的 $\Delta_rG^{\ominus}$ 线以下的任一氧化物。但与 $MgCl_2$ 一样，凡在图4-4中，位于 H_2O+Cl_2 的 $\Delta_rG^{\ominus}$ 线以上的氧化物，其氯化产物遇水均会发生水解。

如：

$$\frac{1}{2}TiCl_{4(g)}+H_2O_{(g)}═══2HCl_{(g)}+\frac{1}{2}TiO_{2(s)}$$

$$\Delta_rG^{\ominus}=-30962-40.38T<0$$

所以，这些氧化物在标准状态下均不能被HCl气体氯化。

以上实例说明，使用添加剂及载气流，使许多氯化剂的作用得以增强。

面临着对环保要求的日益苛刻，冶金科技工作者也在不懈地努力找寻从源头上避免污染环境的冶金新方法、新工艺，如生物冶金在某些有色金属的提取中已获应用。以氢代替碳和碳氢化合物作为还原剂的氢冶金也在探讨之中。

习　　题

4-1　已知

$$Mg_{(g)}+\frac{1}{2}O_2═══MgO_{(s)}\quad \Delta_fG^{\ominus}=-731150+205.39T\quad J/mol$$

$$2Al_{(l)}+\frac{3}{2}O_2 = Al_2O_{3(s)} \quad \Delta_f G^{\ominus}=-1679880+321.79T \quad J/mol$$

试求 Al 还原 MgO 的最低还原温度并用图表示之。

（答案：1744K）

4-2 SiO_2 是制造半导体硅的材料。SiO_2 先以 Cl_2 气氯化得 $SiCl_4$，但必须有 C 参加反应。试从热力学角度分析添加剂 C 的必要性。

4-3 冶炼不锈钢有下述反应：

$$\frac{2}{3}[Cr]+CO_{(g)} = \frac{1}{3}(Cr_2O_3)+[C]$$

已知有两种成分的钢液：

(1) $w[Cr]=10\%$，$w[Ni]=9\%$，$w[C]=0.05\%$，$p_{CO}=101325Pa$；

(2) $w[Cr]=18\%$，$w[Ni]=9\%$，$w[C]=0.05\%$，$p_{CO}=101325Pa$。

试求(1) 两种成分下[Cr]与[C]的氧化转化温度各为多少？

(2) 若反应按$\frac{4}{3}[Cr]+2CO_{(g)} = \frac{2}{3}(Cr_2O_3)+2[C]$计算，问转化温度与前面的是否一样？

（答案：2098K，2228K；一样）

4-4 生产中用硅热法还原氧化镁来制取金属镁。

试问(1) 在标准状态下，下面反应的还原温度为多少？

$$Si_{(s)}+2MgO_{(s)} = 2Mg_{(g)}+SiO_{2(s)} \quad \Delta_r G^{\ominus}=522500-211.71T \quad J/mol$$

(2) 当加入添加剂 CaO 后，还原温度下降到多少？

已知 $2CaO_{(s)}+SiO_{2(s)} = Ca_2SiO_{4(s)} \quad \Delta_r G^{\ominus}=-126236-5.02T \quad J/mol$

(3) 在加入 CaO 的基础上，若想使还原温度继续下降到 1473K，应采取什么措施？

（答案：2470K，1830K，$p_{Mg}\leqslant 4320Pa$）

4-5 (1) 假定钢液用硅脱氧生成的 SiO_2 是纯物质，求钢液中硅与氧的溶度积与温度的关系式。

(2) 在 1873K 使 1 吨钢水中的氧从 $w[O]=0.1\%$降至 0.01%，求所需要的硅铁(含硅 50%)量。

已知

$$SiO_{2(l)} = Si_{(l)}+O_{2(g)} \quad \Delta_r G^{\ominus}=896600-196.65T \quad J/mol$$

$$Si_{(l)} = [Si]_{\%} \quad \Delta_{sol} G^{\ominus}=-121300-1.26T \quad J/mol$$

$$O_{2(g)} = 2[O] \quad \Delta_{sol} G^{\ominus}=-233700-4.77T \quad J/mol$$

（答案：(1)$\lg(w[Si]_{\%}\cdot w[O]^2_{\%})=-\frac{28300}{T}+10.60$；(2)7.96kg）

4-6 已知下列反应的标准吉布斯自由能数据：

$$4Cu_{(s)}+S_{2(g)} = 2Cu_2S_{(s)} \quad \Delta_r G^{\ominus}=-262337+121.38T \quad J/mol$$

$$2Pb_{(l)}+S_{2(g)} = 2PbS_{(s)} \quad \Delta_r G^{\ominus}=-650155+346.70T \quad J/mol$$

试问：(1) 对混合的 Cu-Pb 硫化物精矿，讨论在 1100K 时利用 H_2 进行选择性还原的条件；

(2) 在有 CaO 存在的条件下，问选择性还原是否容易进行？提出其进行的条件。

（答案：(1)p_{H_2S}/p_{H_2} 不同；(2)容易，T 不同）

思 考 题

4-1 何为氧化转化温度或最低还原温度？举例说明氧化转化温度在冶金过程中的应用。

4-2 当一个反应在标准状态下不能进行时，一般采取什么手段使之变得能够进行？结合冶金过程举几个例子加以分析。

4-3 举例说明热力学在提取冶金中的应用。

4-4 从热力学角度分析用液态 $CaCl_2$ 作为氯化剂氯化 Cu_2O 的可能性，在什么条件下下述氯化反应可以进行？

$$CaCl_{2(l)} + Cu_2O_{(l)} = 2CuCl_{(l)} + CaO_{(s)}$$

4-5 何为选择性氧化和还原？能否再各举一例说明选择性氧化及选择性还原在冶金过程中的应用？

4-6 "金属或非金属热还原法"制备纯金属的热力学原理是什么？试举例加以说明。

4-7 试举出几种炼钢脱氧方法，并从热力学角度加以分析。

4-8 从埃林汉图看，在标准状态下 CO 不能还原 FeO。但在高炉冶炼中 CO 还原 FeO 是可以进行的，试结合高炉生产实际并通过热力学计算加以解释。

Ⅱ 冶金动力学

冶金动力学研究各种金属的提取及精炼过程的机理、反应过程的速率及其影响因素。因而,其研究的内容和解决的问题与热力学不同。冶金过程一般比较复杂,都包括化学反应及物理过程(主要是传输过程)。研究冶金动力学首先要了解化学反应动力学基础,如化学反应速率与浓度的关系、与温度的关系等。这些内容称为化学反应动力学或称为微观动力学。另一方面,冶金过程速率还与传质速率有关,同时还受传热以及反应器的形状、尺寸等因素的影响。冶金过程速率及机理的研究要求在化学反应动力学基础上,研究流体的流动特性、传质和传热的特点等对过程速率的影响,这部分内容又称为宏观动力学。

冶金动力学的研究,对阐明反应机理、强化冶金过程、优化过程操作工艺、提高生产效率有重要的意义。火法冶金过程多为高温多相反应,在大多数情况下,化学反应本身迅速进行。与化学反应速率相比,传质速率较慢,传质步骤通常是限制性环节。在本书第 5 章中将简要介绍化学反应动力学的内容。在第 6 章中介绍扩散及相际传质。第 7 章为多相反应动力学。其中,7.1 节～7.4 节分别为气/固、气/液、液/液、固/液反应动力学。

5 化学反应动力学

5.1 化学反应速率及反应级数

5.1.1 化学反应进度

设有如下已知计量学的化学反应，且该计量方程式适用于整个化学反应时间范围

$$-\nu_A A-\nu_B B=\nu_Y Y+\nu_Z Z \tag{5-1}$$

或写为
$$\nu_Y Y+\nu_Z Z+\nu_A A+\nu_B B=0$$

式中,ν_i 为化学计量数,是无因次量,其中 i 分别取 A、B、Y 和 Z。对于反应物 ν_i 值为负,对于生成物,ν_i 值为正。

设反应起始时,$t=0$,反应物、生成物物质的量依次为 n_A°、n_B°、n_Y°和 n_Z°;而当 $t=t$ 时,各物质的量则分别为 n_A、n_B、n_Y 和 n_Z。定义在 $t=0\sim t$ 时间范围内,反应进度 ξ 为

$$\xi=\frac{n_i-n_i^{\circ}}{\nu_i} \tag{5-2}$$

式中，n_i°、n_i 为物质的量，mol。

无论 i 代表反应物还是生成物，反应进度 ξ 均为正值。

引入反应进度 ξ 这个量的最大优点是在反应进行到任意时刻，都可以用反应中任一个反应物或生成物物质的量变化来表示反应进行的程度，而且，所得的值都相等，即

$$\xi=\frac{\Delta n_A}{\nu_A}=\frac{\Delta n_B}{\nu_B}=\frac{\Delta n_Y}{\nu_Y}=\frac{\Delta n_Z}{\nu_Z} \tag{5-3}$$

或用微分形式表示为

$$d\xi=\frac{dn_A}{\nu_A}=\frac{dn_B}{\nu_B}=\frac{dn_Y}{\nu_Y}=\frac{dn_Z}{\nu_Z}$$

当反应物按其计量方程式给定的计量系数比进行了一个单位的化学反应时，即 $\Delta n_i/\text{mol}=\nu_i$ 时，反应进度 $\xi=1\text{mol}$。

5.1.2 化学反应速率

依式(5-1)，给出反应速率的定义式为

$$\dot{\xi}=\frac{d\xi}{dt}=\frac{1}{\nu_i}\frac{dn_i}{dt} \quad \text{mol/s} \tag{5-4}$$

当反应过程中体积 V 保持不变，则反应速率可用 v 表示，其定义式为

$$v=\frac{1}{\nu_i V}\cdot\frac{dn_i}{dt}=\frac{1}{\nu_i}\cdot\frac{dc_i}{dt} \quad \text{mol/(s}\cdot\text{m}^3) \tag{5-5}$$

或

$$v=\dot{\xi}/V=\nu_i^{-1}\frac{dc_i}{dt}$$

如果是气体反应，也可以用分压来代替浓度表示反应速率，记作 v_p，则有

$$v_p=\nu_i^{-1}\frac{dp_i}{dt}$$

若反应过程中体积发生变化，则

$$v=\frac{1}{\nu_i}\cdot\frac{dc_i}{dt}+\frac{1}{\nu_i V c_i}\cdot\frac{dV}{dt} \tag{5-6}$$

式中，c_i 为反应中任意一个物质 i 的物质的量浓度，简称浓度，mol/m^3。

5.1 3 反应速率方程和反应级数

表示反应速率与参加反应的物质的浓度、温度等参数间关系或表示浓度等参数与时间关系的数学表达式称为化学反应的速率方程，或称动力学方程。对于基元反应，质量作用定律指出，一定温度下的反应速率与各反应物浓度(附带相应指数)的乘积成正比。若反应(5-1)为基元反应，则速率方程可写为

$$v=kc_A^{-\nu_A}\cdot c_B^{-\nu_B} \tag{5-7}$$

式中，指数中的 ν_A、ν_B 就是反应式(5-1)中各反应物的计量数，它们前面要加负号，以使整个指数为正值。k 称为化学反应速率常数。

实验已证实，大多数化学反应都要经过两个或更多个基元反应方能得到最后的反应生成物。这类反应称为复合反应(在以前出版的教科书中，称为复杂反应)，而其中包括的基元反应称为复合反应的基元步骤。复合反应的速率为几个基元步骤速率的综合表现。由于各基元步骤的反应物和生成物物质的量时常难以确定，故习惯上常用类似于式(5-7)的表达式，式中的 k、ν_A 和 ν_B 等的值则是由实验测定的。由于复合反应的复杂性，实验测定的 ν_A 和 ν_B 等不一定是整数。而且，在整个反应过程中也不一定是不变的数值。

反应速率方程中各浓度的指数之和称为该反应的级数，用 n 表示。与复合反应相对应的反应级数称为表观级数，其值一般要由实验确定。

速率方程式(5-7)是速率的微分式。将式(5-7)与式(5-5)结合并积分，得到反应浓度和时间关系的代数方程，称为速率的积分式或积分的动力学方程。级数(或表观级数)不同的反应，其浓度的变化规律不同。这可以从相应的速率微分式及积分的动力学方程式看出。

5.1.3.1 一级反应

速率微分式
$$-\frac{\mathrm{d}c}{\mathrm{d}t}=kc \tag{5-8}$$

式中，c 为反应物浓度。

设 $t=0$ 时，$c=c_0$；$t=t$ 时，$c=c_0-x$(x 为已消耗的浓度)，积分上式得

$$\ln\frac{c_0}{c_0-x}=kt \tag{5-9}$$

或
$$c=c_0e^{-kt} \tag{5-10}$$

反应物消耗一半所需的时间称为反应的半衰期，记作 $t_{1/2}$。由式(5-10)得到

$$t_{1/2}=\frac{\ln 2}{k} \tag{5-11}$$

由上式可以看出，一级反应的重要特征之一是其半衰期与浓度无关。另一重要特征是 $\ln\frac{c_0}{c_0-x}$ 与时间成正比，比例系数即速率常数 k 的因次为[时间]$^{-1}$。

5.1.3.2 n 级反应

$$-\frac{\mathrm{d}c}{\mathrm{d}t}=kc^n \tag{5-12}$$

式中，$n\neq1$，可为其他任意常数(包括零)。积分上式得

$$t=\frac{1}{k(n-1)}\left(\frac{1}{c^{(n-1)}}-\frac{1}{c_0^{(n-1)}}\right)\quad(n\neq1) \tag{5-13}$$

半衰期为

$$t_{1/2}=\frac{2^{(n-1)}-1}{k(n-1)c_0^{(n-1)}}\quad(n\neq1) \tag{5-14}$$

由式(5-14)可以看出，级数不为 1 的反应的半衰期与反应物初始浓度的 $n-1$ 次幂成反

比。还可以得出，反应速率 k 的单位$[k]$与反应级数有关。因为

$$[k]=[M]^{(1-n)}\cdot[l]^{(n-1)}\cdot[t]^{-1}$$

式中，$[M]$、$[l]$、$[t]$分别为物质的量、长度和时间的单位。

5.1.3.3 二级反应(两种反应物)

设反应为

$$a\mathrm{A}+b\mathrm{B}=\mathrm{P} \tag{5-15}$$

当 $c_{\mathrm{A}}\neq c_{\mathrm{B}}$ 时，反应速率为

$$-\frac{\mathrm{d}c_{\mathrm{A}}}{a\mathrm{d}t}=kc_{\mathrm{A}}c_{\mathrm{B}} \tag{5-16}$$

设 $t=0$ 时，A 与 B 的浓度为 c_{A0} 及 c_{B0}；$t=t$ 时为 c_{A} 及 c_{B}。由其化学计量方程式可知

$$c_{\mathrm{B}}=c_{\mathrm{B0}}-\frac{b}{a}c_{\mathrm{A0}}+\frac{b}{a}c_{\mathrm{A}} \tag{5-17}$$

积分式(5-16)得

$$t=\frac{1}{k(bc_{\mathrm{A0}}-ac_{\mathrm{B0}})}\ln\frac{c_{\mathrm{A}}c_{\mathrm{B0}}}{c_{\mathrm{A0}}c_{\mathrm{B}}} \tag{5-18}$$

故 A 的半衰期为

$$t_{1/2}=\frac{1}{k(ac_{\mathrm{B0}}-bc_{\mathrm{A0}})}\ln\left[2-\frac{bc_{\mathrm{A0}}}{ac_{\mathrm{B0}}}\right] \tag{5-19}$$

5.1.4 反应级数的测定

反应速率一般需要用实验来测定。冶金过程中一、二级反应比较常见。实验条件不同，反应的机理不同，反应级数(表观级数)也会有变化。此外，一个化学反应的计量方程式并不能预示反应的级数。如化工上著名的合成氨反应，用钨做催化剂，反应级数为零，其计量方程式为

$$N_2+3H_2 = 2NH_3$$

测定反应级数是动力学研究的主要问题之一。知道了反应级数，可以假设反应的机理。有了这些信息，可以帮助找寻优化的工艺，并进行过程的控制。

例如，LD 转炉生产，脱碳过程大致可分为三期，第一期铁水含碳量较高，铁水温度较低，碳的氧化速率较慢，主要是 Si、Mn 等的氧化。而脱碳速率与时间成直线关系

$$v=k_1t+a \tag{5-20}$$

式中，k_1 和 a 皆为常数。从上式看出，第一期脱碳是无级数反应。第二期的特征是脱碳速率与碳浓度的零次幂成正比，即反应级数为零。

$$v=k_2w[\mathrm{C}]^0=k_2 \tag{5-21}$$

式中，k_2 是与供氧速率有关的系数，供氧速率恒定时为常数。当钢水碳含量降到 0.1%以后，进入第三期，脱碳速率为

$$v=k_3w[\mathrm{C}] \tag{5-22}$$

即反应为一级。k_3 与钢水温度、吹入氧气的纯度、渣中 FeO 含量等有关。当这些条件不变时，k_3 则为常数。式(5-20)～式(5-22)成为后来发展起来的转炉炼钢静态模型的基础。

建立钢铁冶炼及有色金属提取过程的数学模型是现代冶金生产的重大课题，如高炉、LD 炼钢转炉、有色金属的电解、金属的气相沉积等，要建立过程的数学模型都会涉及确定反应级数及机理的问题。

应用动力学理论可以帮助进行动力学实验设计。一般需要先测定出反应过程不同时刻反应物(或生成物)浓度，再应用计算机分析浓度变化规律和特点，确定反应级数。常用的确定方法有积分法、半衰期法和微分法。

5.1.4.1 积分法

先测定不同反应时间的反应物(或生成物)浓度，再将浓度值分别代入对应于不同反应级数的积分式中，求 k。如果按其中某一个积分式求得的 k 值为常数，则该式对应的级数为所求的反应级数。或者，令动力学积分式 $f(c_A)=kt$ 中，$f(c_A)=y$，用 y 对时间 t 作图，如得到直线，则相应于 $f(c_A)$ 的级数为该反应的级数。例如，图 5-1 为一个示意图，因为按二级反应的 $f(c_A)$ 对时间 t 作图为直线，则所求的反应级数为 2。

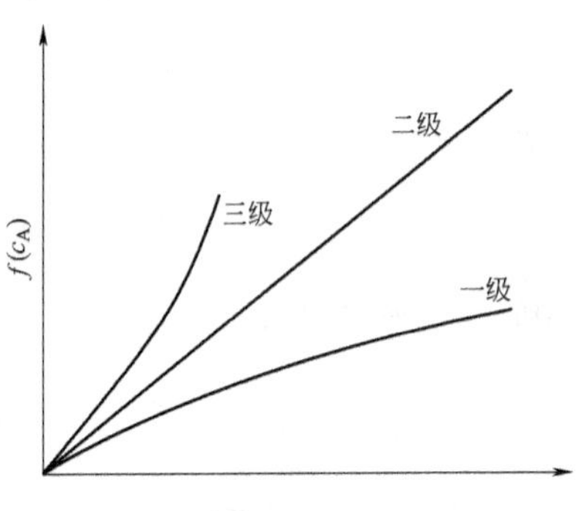

图 5-1 二级反应数据按一级、二级、三级作不同处理的结果

5.1.4.2 半衰期法

半衰期法实际上是积分法的一种。测定不同的起始浓度 c_0 及其对应的 $t_{1/2}$ 值。按不同级数相应的 $f(c_{A0})$ 对测得的 $t_{1/2}$ 作图，能够给出直线关系的，其级数即为所求反应的级数。若反应服从 $v=kc^n$ 规律，也可以通过两次实验，两次的初始浓度分别为 $(c_0)_1$、$(c_0)_2$，得到的相应的半衰期分别为 $(t_{1/2})_1$、$(t_{1/2})_2$。由式(5-14)可得

$$\frac{(t_{1/2})_1}{(t_{1/2})_2}=\left[\frac{(c_0)_2}{(c_0)_1}\right]^{n-1}$$

两边取对数后整理得到反应级数

$$n=1+\lg\frac{(t_{1/2})_1}{(t_{1/2})_2}\Bigg/\lg\frac{(c_0)_2}{(c_0)_1} \tag{5-23}$$

5.1.4.3 微分法

对于简单级数的反应，其速率为

$$v=-\frac{\mathrm{d}c}{\mathrm{d}t}=kc_A^n$$

故有

$$\lg\frac{v}{[v]}=\lg\frac{k}{[k]}+n\cdot\lg\frac{c_A}{[c_A]} \tag{5-24}$$

式中，$[v]$、$[k]$、$[c_A]$分别表示 v、k、c_A 的单位。因此，对数符号内都应是无因次量。

测定不同反应时间 t_1、t_2、t_3、…时的一系列反应速率 v_1、v_2、v_3、…及反应物浓度$(c_A)_1$、

$(c_A)_2$、$(c_A)_3$、…。由式(5-24)看出，$\lg \frac{v}{[v]}$与$\lg \frac{c_A}{[c_A]}$图应满足直线关系，由直线的斜率及截距可求出反应级数 n 及速率常数 k。但因反应速率不易测准，故微分法的误差较大。

5.2 几种典型复合反应的动力学分析

复合反应是由两个或多于两个基元步骤组成的。由于这些基元步骤的组合方式不同，控速步骤会不同，造成了复合反应速率规律的复杂性及多样性。以下介绍几种典型的复合反应，对它们的动力学分析是复合反应分析的基础。这一分析的基本出发点是动力学中的反应"独立性原理"，即认为组成复合反应的每个基元步骤各自服从质量作用定律，彼此互不影响。还可以表述为，在复杂反应体系中，某物质浓度变化率等于该体系中各基元步骤中该物质浓度变化率的代数和。

5.2.1 一级可逆反应

可逆反应指逆反应不能忽略的反应。其中最简单的是一级可逆反应。其反应机理可用如下公式表示：

$$A \underset{k_{-1}}{\overset{k_1}{\rightleftharpoons}} B \tag{5-25}$$

式中，k_1 和 k_{-1}分别为正、逆反应的速率常数。

设反应开始时，$t=0$，A、B 物质的起始浓度分别为 c_{A0}、c_{B0}；$t=t$ 时，A 物质浓度为 $c_A=c_{A0}-x$，B 物质的浓度 $c_B=c_{B0}+x$。按反应的独立性原理，反应消耗 A 的净速率为正、逆反应速率的代数和，故一级可逆反应的速率为

$$\frac{dx}{dt}=k_1(c_{A0}-x)-k_{-1}(c_{B0}+x) \tag{5-26}$$

当 $t\to\infty$，即反应达平衡时，$x\to x_\infty$。由于反应平衡时，正、逆反应速率相等。由上式得出

$$\frac{dx}{dt}=k_1(c_{A0}-x_\infty)-k_{-1}(c_{B0}+x_\infty)=0 \tag{5-27}$$

解方程式(5-27)得到

$$x_\infty=\frac{k_1c_{A0}-k_{-1}c_{B0}}{k_1+k_{-1}} \tag{5-28}$$

式(5-26)可改写为

$$\frac{dx}{dt}=(k_1+k_{-1})\left(\frac{k_1c_{A0}-k_{-1}c_{B0}}{k_1+k_{-1}}-x\right) \tag{5-29}$$

可以看出，式(5-29)右边第二括号内第一项等于 x_∞，代入式(5-28)并积分，得到

$$\ln\frac{x_\infty}{x_\infty-x}=(k_1+k_{-1})t \tag{5-30}$$

与一级不可逆反应速率积分式(5-9)

$$\ln\frac{c_0}{c_0-x}=kt \tag{5-31}$$

比较，其差别仅为(k_1+k_{-1})代替了k，x_∞代替了c_0。还要注意，$k_1/k_{-1}=K_c^\ominus$，$K_c^\ominus$为化学平衡常数。$K_c^\ominus$当然可以从热力学计算得到。由于$K_c^\ominus=(c_{B0}+x_\infty)/(c_{A0}-x_\infty)$，故可以从动力学实验值得到$x_\infty$，再计算出$K_c^\ominus$。

5.2.2 平行反应

下面给出一个最简单的平行反应的机理

$$\mathrm{A}\begin{cases}\xrightarrow{k_1}\mathrm{B}\\ \xrightarrow[k_2]{}\mathrm{C}\end{cases} \tag{5-32}$$

设反应开始时，$t=0$，A物质的起始浓度为c_{A0}，B、C物质的起始浓度皆为零。$t=t$时，A物质浓度变为$c_A=c_{A0}-x$，x为已消耗的A的浓度。按反应的独立性原理，反应速率以A的消耗速率表示时，得到

$$\begin{aligned}\frac{dx}{dt}&=k_1(c_{A0}-x)+k_2(c_{A0}-x)\\&=(k_1+k_2)(c_{A0}-x)\end{aligned} \tag{5-33}$$

由$t=0$到$t=t$积分得到

$$\ln\frac{c_{A0}}{c_{A0}-x}=(k_1+k_2)t \tag{5-34}$$

或写为

$$c_{A0}-x=c_{A0}\cdot\exp[-(k_1+k_2)t] \tag{5-35}$$

从式(5-34)和式(5-35)可以看出，仅有c_{A0}、x及t的实验值还不可能确定k_1和k_2。为了确定k_1和k_2，需要分别考虑产物B和C的浓度c_B和c_C的变化率

$$\frac{dc_B}{dt}=k_1(c_{A0}-x),\quad \frac{dc_C}{dt}=k_2(c_{A0}-x) \tag{5-36a,b}$$

将式(5-35)代入式(5-36a)，得

$$dc_B=k_1c_{A0}e^{-(k_1+k_2)t}dt$$

已知$t=0$时，$c_B=0$；$t=t$时，$c_B=c_B$；

作定积分得到

$$c_B=c_{A0}\frac{k_1}{k_1+k_2}[1-e^{-(k_1+k_2)t}] \tag{5-37}$$

同理，得到C物质的浓度

$$c_C=c_{A0}\frac{k_2}{k_1+k_2}[1-e^{-(k_1+k_2)t}] \tag{5-38}$$

产物 B 和 C 的浓度 c_B 和 c_C 的比为

$$\frac{c_B}{c_C}=\frac{k_1}{k_2} \tag{5-39}$$

若三个或更多反应平行进行时，用同样的方法可以得出反应物和各个产物浓度的变化规律。

5.2.3 串联反应

若反应物首先转变为一个或一系列中间产物，然后才转变为生成物反应称为串联反应，或连续反应。其中的中间产物可能是普通分子，也可能是自由原子或基团，它们的化学活性较强。

最简单的串联反应由两个一级的基元反应（步骤）组合而成

$$A \underset{v_1}{\xrightarrow{k_1}} B \underset{v_2}{\xrightarrow{k_2}} C \tag{5-40}$$

A 物质的起始浓度为 c_{A0}，中间产物 B 及终产物 C 的起始浓度皆为零。$t=t$ 时，物质 A 、B、C 的浓度分别为 c_A、c_B 和 c_C。第一步消耗 A 的速率为

$$v_1=-\frac{dc_A}{dt}=k_1c_A \tag{5-41}$$

积分得到

$$c_A=c_{A0}\exp(-k_1t) \tag{5-42}$$

生成中间产物 B 的净速率为

$$\frac{dc_B}{dt}=k_1c_A-k_2c_B \tag{5-43}$$

为求解上式，先将式(5-42) 代入式(5-43)以消去 c_A，再将全式乘以 $\exp(k_2t)$，得到如下全微分式

$$\exp(k_2t)\frac{dc_B}{dt}+k_2c_B\exp(k_2t)=k_1c_{A0}\exp[(k_2-k_1)t] \tag{5-44}$$

积分上式，并注意到 $t=0$ 时，$c_B=0$，得到

$$c_B=\frac{k_1c_{A0}}{k_2-k_1}[\exp(-k_1t)-\exp(-k_2t)] \tag{5-45}$$

C 的生成速率为

$$v_2=\frac{dc_C}{dt}=k_2c_B=\frac{k_1k_2c_{A0}}{k_2-k_1}[\exp(-k_1t)-\exp(-k_2t)] \tag{5-46}$$

由物质守恒可得如下关系

$$c_C=c_{A0}-c_A-c_B \tag{5-47}$$

代入式(5-42)及式(5-45)，得到 C 物质的浓度

$$c_C=c_{A0}\left[1-\frac{k_2}{k_2-k_1}\exp(-k_1t)+\frac{k_1}{k_2-k_1}\exp(-k_2t)\right] \tag{5-48}$$

已知 k_1 和 k_2 可以绘制出 A、B 和 C 的浓度随时间的变化图。图 5-2 为这样的一个示意

图。为了便于比较，图中纵坐标用相对浓度表示，A、B和C的相对浓度分别为 c_A、c_B 和 c_C 与A的初始浓度 c_{A0} 的比值。可见，随着反应的进行，c_A 逐渐减小，c_C 逐渐增大。而中间产物浓度在 $t=0$ 时为零，然后逐渐增大，中间出现一个极大值，随后逐渐减小，当 $t\rightarrow\infty$ 时，$c_B\rightarrow 0$。由式(5-45)可得 c_B 的最大值对应的时间 t_{max} 为

$$t_{max}=\frac{\ln\frac{k_2}{k_1}}{k_2-k_1} \tag{5-49}$$

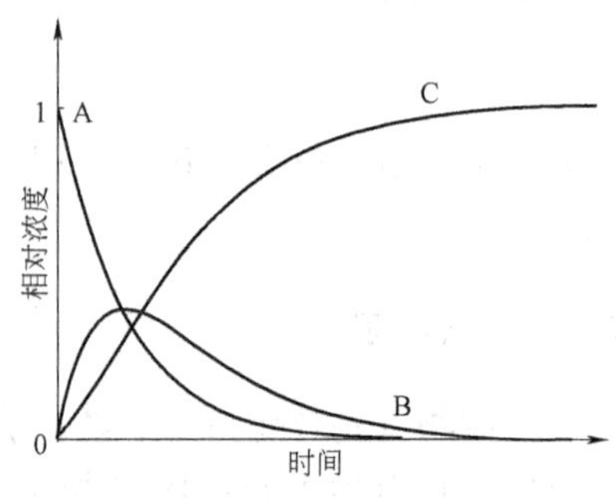

图 5-2　A→B→C 串联反应中各物质相对浓度随时间的变化

将式(5-49)代入式(5-45)，并令 $q=k_2/k_1$，得到中间产物的最大浓度为

$$(c_B)_{max}=\frac{c_{A0}}{q-1}\left[\exp\left(-\frac{\ln q}{q-1}\right)-\exp\left(-\frac{q\ln q}{q-1}\right)\right] \tag{5-50}$$

5.2.4　稳态或准稳态原理

稳态或准稳态原理是动力学研究的重要方法，用于复杂串联反应的动力学分析。为便于说明问题，以包括两个基元步骤的串联反应为例。由式(5-43)

$$\frac{dc_B}{dt}=k_1c_A-k_2c_B$$

可知，反应开始时，上式右方第一项为 k_1c_{A0}，第二项为零；随着反应的进行，第一项逐渐减小，第二项逐渐增大，到某一时刻两项相等，即

$$\frac{dc_B}{dt}=k_1c_A-k_2c_B=0 \tag{5-51}$$

假定此后生成和消耗B的速率完全相等，$\frac{dc_B}{dt}$ 自动地保持为零，则认为反应达到了稳态。假定 $\frac{dc_B}{dt}$ 达到零以后，B物质在反应的进行中的消耗很小，在一段时间内其浓度接近于一极大值 $c_B\approx(c_B)_{max}$，即

$$\frac{dc_B}{dt}=k_1c_A-k_2c_B\approx 0 \tag{5-52}$$

这时反应达到了准稳态(或称准静态)。

无论反应达到稳态或准稳态，都可以用代数方程 $k_1c_A-k_2c_B=0$ 代替微分方程来处理动力学问题。这种方法也称为稳态或准稳态近似原理。

对于串联反应式(5-40)

$$A\xrightarrow[v_1]{k_1}B\xrightarrow[v_2]{k_2}C$$

应用稳态或准稳态法，即式(5-52)

$$\frac{dc_B}{dt}=k_1c_A-k_2c_B\approx 0$$

其中

$$-\frac{dc_A}{dt}=k_1c_A,\quad c_A=c_{A0}\exp(-k_1t) \tag{5-53}$$

代入式(5-52)，得

$$c_B=(k_1/k_2)c_{A0}\exp(-k_1t) \tag{5-54}$$

产物 C 的生成速率

$$\frac{dc_C}{dt}=k_2c_B$$

代入式(5-54)并积分，得

$$c_C=c_{A0}[1-\exp(-k_1t)] \tag{5-55}$$

式(5-53)～式(5-55)为稳态法的浓度近似公式，与相应的精确式(5-42)、式(5-45)和式(5-48)比较看出，k_2/k_1 越大，近似式越准确。当 $k_2\gg k_1$ 时，近似式与精确式趋于一致。同时，通过分析得出应用稳态或准稳态处理的条件是

$$\frac{dc_B}{dt}\ll\frac{dc_C}{dt} \tag{5-56}$$

或

$$\frac{dc_B}{dt}\ll-\frac{dc_A}{dt} \tag{5-57}$$

即中间产物的浓度变化率要远远小于稳定的反应物或产物的浓度变化率。这一结论对于更复杂的串联反应也是适用的。

以下举一个有可逆反应的串联反应的例子。设有某个均相反应，且假定其机理为

$$A\underset{k_{-1}}{\overset{k_1}{\rightleftharpoons}}B\xrightarrow{k_2}C \tag{5-58}$$

按照反应独立性原理，各个物质浓度变化率为

$$-\frac{dc_A}{dt}=k_1c_A-k_{-1}c_B \tag{5-59}$$

$$\frac{dc_B}{dt}=k_1c_A-k_{-1}c_B-k_2c_B \tag{5-60}$$

$$\frac{dc_C}{dt}=k_2c_B \tag{5-61}$$

应用稳态原理

$$k_1c_A-k_{-1}c_B-k_2c_B=0$$

得到

$$c_B=\frac{k_1}{k_{-1}+k_2}c_A=(c_B)_{ss} \tag{5-62}$$

式中，$(c_B)_{ss}$表示应用稳态原理所得的中间产物的浓度。将它分别代入式(5-59)、式(5-61)得到

$$-\frac{dc_A}{dt}=\frac{k_1k_2}{k_{-1}+k_2}c_A \tag{5-63}$$

$$\frac{dc_C}{dt}=\frac{k_1k_2}{k_{-1}+k_2}c_A \tag{5-64}$$

可见，应用稳态原理得出

$$-\frac{dc_A}{dt}=\frac{dc_C}{dt} \tag{5-65}$$

可以证明知，只有$\frac{dc_B}{dt}\approx 0$才能使$-\frac{dc_A}{dt}=\frac{dc_C}{dt}$关系成立。

稳态近似原理在化学动力学及冶金动力学中得到广泛应用。在本书后面的章节中还要进一步举例说明它的应用。

5.3 反应速率与温度的关系

5.3.1 阿累尼乌斯公式与活化能

阿累尼乌斯(Arrhenius)从实验得到化学反应速率常数与温度的关系

$$k=Ae^{-\frac{E_a}{RT}} \tag{5-66}$$

即为阿累尼乌斯公式或阿累尼乌斯定律。式中，A称为指前因子，与温度、浓度无关，其单位与反应速率k的单位相同。不同的反应A值不同。对基元反应E_a称为活化能，对于复合反应称为表观活化能，或总的活化能。其单位为J/mol。E_a通常需要实验测定，故也称为实验活化能，或阿累尼乌斯活化能。阿累尼乌斯公式的微分形式为

$$E_a=RT^2\frac{d\ln\frac{k}{[k]}}{dT} \tag{5-67}$$

阿累尼乌斯公式积分式为

$$\ln\frac{k}{[k]}=\ln\frac{A}{[A]}-\frac{E_a}{RT} \tag{5-68}$$

式中，$[k]$表示k的单位，$[A]$为A的单位，故$k/[k]$、$A/[A]$皆为无因次数。

阿累尼乌斯指出，对于反应

$$A \rightarrow B \tag{5-69}$$

经历了如下两个步骤，先吸收能量变为异构形态的活化分子，第二步才由活化分子得到产物B，即

$$A+E_a \underset{\text{第一步}}{\rightleftharpoons} A^* \underset{\text{第二步}}{\longrightarrow} B \tag{5-70}$$

式中，A^*表示活化分子。阿累尼乌斯认为活化能为活化分子的平均能量与普通分子的平均能

量的差。至今还没有理论计算活化能的满意方法，一般要通过实验测定。最粗略的方法是测量两个不同温度下的反应速率，应用式(5-68)，得到

$$\ln[k_1/k_2]=\frac{E_a}{R}\left[\frac{1}{T_2}-\frac{1}{T_1}\right] \tag{5-71}$$

由直线的斜率可得活化能 E_a 的值。更精确的方法是测量一系列不同温度时的 k 值，并对$1/T$作图，根据式(5-68)所得图形应为一直线，由直线的斜率可得活化能 E_a，由其截距得到指前因子 A。图 5-3 是其示意图。

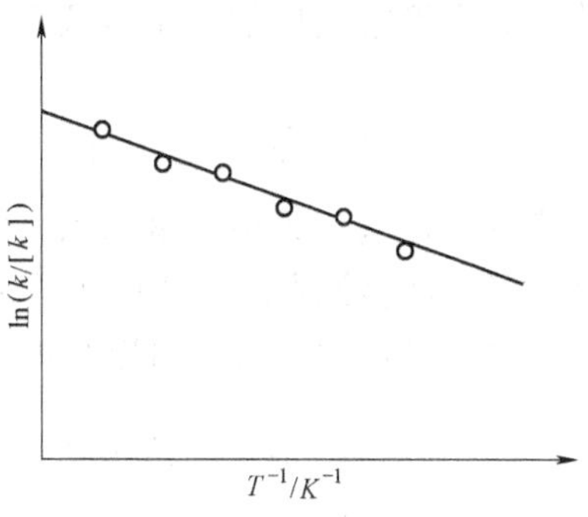

图 5-3 由阿累尼乌斯公式求活化能及指前因子
○—实验值；——计算值

5.3.2 活化能与热力学函数变化的关系

下面讨论活化能与热力学函数变化间的关系。设有如下可逆反应，最后总要达到平衡，这时，正、逆反应速率相等，即

$$\mathrm{A}\underset{k_-}{\overset{k_+}{\rightleftharpoons}}\mathrm{B} \tag{5-72}$$

已知在等容条件下该反应的标准平衡常数为 $K_c^\ominus$，k_+ 和 k_- 为正、逆反应的速率常数，$K_c^\ominus=k_+/k_-$，故得出

$$K_c^\ominus=\exp\left(\frac{-\Delta_r F_m^\ominus}{RT}\right)=\exp\left(-\frac{\Delta_r U_m^\ominus-T\Delta_r S_m^\ominus}{RT}\right)$$
$$=\exp\left(\frac{\Delta_r S_m^\ominus}{R}\right)\exp\left(-\frac{\Delta_r U_m^\ominus}{RT}\right) \tag{5-73}$$

式中，$\Delta_r S_m^\ominus$、$\Delta_r U_m^\ominus$、$\Delta_r F_m^\ominus$ 分别为反应的标准摩尔熵变、标准摩尔内能变化和亥姆霍兹标准摩尔自由能变化。再结合(5-66)则有

$$K_c^\ominus=\frac{k_+}{k_-}=\frac{A_+\cdot\exp\left(-\frac{E_+}{RT}\right)}{A_-\cdot\exp\left(-\frac{E_-}{RT}\right)}=\frac{A_+}{A_-}\exp\left(-\frac{E_+-E_-}{RT}\right) \tag{5-74}$$

式中，A_+、A_- 分别为正、逆反应的指前因子；E_+、E_- 分别为正、逆反应的活化能。

比较式(5-73)和式(5-74)得

$$\frac{A_+}{A_-}=\exp\left(\frac{\Delta_r S_m^\ominus}{R}\right) \tag{5-75}$$

$$E_+-E_-=\Delta_r U_m^\ominus \tag{5-76}$$

式(5-76)说明活化能等于正逆反应的标准摩尔内能之差。

同时，$\Delta_r U_m^\ominus$ 又等于生成物平均能量 $\overline{E}_P$ 与反应物的平均能量 $\overline{E}_R$ 之差，即

$$\Delta_r U_m^\ominus=\overline{E}_P-\overline{E}_R=Q_V \tag{5-77}$$

式中，Q_V 为等容反应热。结合式(5-76)和式(5-77)，得到

$$\overline{E}_P - \overline{E}_R = E_+ - E_- = Q_V \tag{5-78}$$

图 5-4 是这一关系的示意图。因为 Q_V 是温度的函数，所以，严格说来阿累尼乌斯活化能也应是温度的函数。式(5-66)、式(5-68)可以修正为

$$k = AT^m e^{-\frac{E_a}{RT}} \tag{5-79}$$

$$\ln \frac{k}{[k]} = \ln \frac{A}{[A]} + m\ln T - \frac{E_a}{RT} \tag{5-80}$$

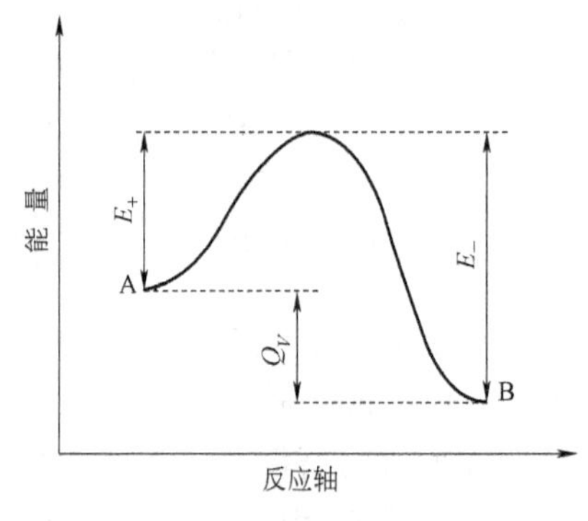

图 5-4　活化能示意图

式中，m 也和 A、E_a 一样，需由实验确定。但是，在不太宽的温度范围内，可以忽视活化能随温度的变化。

后来，一些学者对活化能又提出了各自的理论，其中较重要的是有效碰撞理论和活化络合物理论。

5.4　有效碰撞理论及过渡态理论

5.4.1　有效碰撞理论

设有气体 A 和 B 之间的双分子反应

$$A + B \longrightarrow P \tag{5-81}$$

碰撞理论假定 A、B 都是刚性球，它们之间的化学反应是分子相互碰撞的结果。在相互碰撞的过程中能够达到的最近距离为 d_{AB}，称为碰撞直径，由气体分子运动论在得出单位时间内，单位体积中所有运动的 A、B 分子的相互碰撞数 Z_{AB} 为

$$Z_{AB} = d_{AB}^2 \left[\frac{8\pi RT}{\mu}\right]^{1/2} N_A^2 c_A c_B \tag{5-82}$$

式中，N_A 为阿伏伽德罗常数；μ 为摩尔折合质量，$\mu = \dfrac{M_A M_B}{M_A + M_B}$，$M_A$、$M_B$ 为 A、B 的摩尔质量；c_A、c_B 为 A、B 物质的量浓度。

若只有 A 一种反应物分子，则 $\dfrac{1}{M_A} + \dfrac{1}{M_B} = \dfrac{2}{M_A}$，每次两个 A 分子碰撞只能算一次，故有

$$Z_{AA} = \frac{\sqrt{2}}{2} d_{AA}^2 \left[\frac{8\pi RT}{M_A}\right]^{1/2} N_A^2 c_A^2 \tag{5-83}$$

常温常压下 Z_{AB} 的数量级约为 $10^{35}\,m^{-3} \cdot s^{-1}$。若 A、B 分子每次碰撞都能起反应，则有 $-dc_A/dt = Z_{AB}/N_A$，由式(5-82)及速率常数定义，可得

$$k = d_{AB}^2 N_A \left[\frac{8\pi RT}{\mu}\right]^{1/2} \tag{5-84}$$

同理，对于同种分子间的双分子反应，由式(5-83)可得

$$k=\frac{\sqrt{2}}{2}d_{\mathrm{AA}}^{2}N_{\mathrm{A}}\left[\frac{8\pi RT}{M_{\mathrm{A}}}\right]^{1/2} \tag{5-85}$$

根据以上两式计算得的速率常数 k 值要比实验值大得多。可以推断 Z_{AB} 中只有一部分碰撞是能发生反应的有效碰撞。令 q 代表有效碰撞在 Z_{AB} 中所占的分数，则反应速率为

$$v=-\frac{\mathrm{d}c_{\mathrm{A}}}{\mathrm{d}t}=\frac{Z_{\mathrm{AB}}}{N_{\mathrm{A}}}\cdot q \tag{5-86}$$

后来提出的有效碰撞理论则解决了有效碰撞分数 q 的计算问题。

在有效碰撞理论中曾提出，只有反应物分子相对动能在其连心线上的分量大于某个定值 ε_{c} 时，其相互碰撞才能发生反应，这样的碰撞称为有效碰撞。有效的反应碰撞占总碰撞数的分数为

$$q=\exp\left(-\frac{\varepsilon_{\mathrm{c}}}{k_{\mathrm{B}}T}\right) \tag{5-87}$$

若为 1mol 反应物粒子，则需将上式中括号内分子、分母同乘以 N_{A}，得出

$$q=\exp\left(-\frac{E_{\mathrm{c}}}{RT}\right) \tag{5-88}$$

E_{c} 称为反应阈能，某些教科书上称为有效碰撞理论的活化能。E_{c} 与实验活化能 E_{a} 的关系为

$$E_{\mathrm{a}}=E_{\mathrm{c}}+\frac{1}{2}RT \tag{5-89}$$

如果 $E_{\mathrm{c}}\gg\frac{1}{2}RT$，则可认为 $E_{\mathrm{c}}\approx E_{\mathrm{a}}$。但两者的物理意义不同，$E_{\mathrm{c}}$ 值才是与温度无关的常数。若用 E_{a} 代替 E_{c}，则反应速率方程应改写为

$$k=d_{\mathrm{AB}}^{2}N_{\mathrm{A}}\left[\frac{8\pi k_{\mathrm{B}}T\cdot \mathrm{e}}{\mu}\right]^{1/2}\exp\left(-\frac{E_{\mathrm{a}}}{RT}\right) \tag{5-90}$$

式中，e＝2.718，是自然对数的底数。对照阿累尼乌斯公式(5-69)，指前因子 A 所代表的物理意义应是

$$A=d_{\mathrm{AB}}^{2}N_{\mathrm{A}}\left[\frac{8\pi k_{\mathrm{B}}T\cdot \mathrm{e}}{\mu}\right]^{1/2} \tag{5-91}$$

上式中的所有因子均不必从动力学实验中获得，通过计算即可得到指前因子 A。

对于一些常见的反应，用上述理论计算所得的 k 值和 A 值与实验值基本相符。但还有不少反应，计算所得的结果要比实验值大，有时甚至大很多，使碰撞理论遇到困难。为了进行修正，曾引入校正因子 P，即

$$k=PZ_{\mathrm{AB}}\mathrm{e}^{-\frac{E_{\mathrm{a}}}{RT}} \tag{5-92}$$

式中 P 称为概率因子或方位因子。P 的值可以从 1 变到 10^{-9} 之间。对于复杂分子，虽已活化，但由于结构因素等影响，仅限于在某一定的方位上相碰才是有效的碰撞，从而降低了反应

速率。

总之，有效碰撞理论认为，不是所有分子的碰撞都能引起化学反应，只有极少数能量较大的活化分子间在一定方位的碰撞，即有效碰撞才能进行化学反应。化学反应的速率即单位时间的有效碰撞数。有效碰撞理论对阿累尼乌斯经验式中的指数项、指前因子及阈能都提出了较明确的物理意义。但阈能还需要由实验活化能求得。因此，碰撞理论还是半经验的。尽管如此，该理论在动力学中还是起了很大作用。

5.4.2　过渡态理论

过渡态理论又称为活化络合物理论或绝对速度理论。该理论认为，反应分两步进行，第一步反应物分子碰撞形成活化络合物，第二步活化络合物分解成为产物，如 A 与 BC 间生成 AC 与 B 的反应就经历了下式表示的步骤

$$A+BC \underset{}{\overset{\text{快}}{\rightleftharpoons}} \overset{(M^{\neq})}{[A\cdots B\cdots C]^{\neq}} \overset{\text{慢}}{\longrightarrow} AC+B \tag{5-93}$$

式中，$[A\cdots B\cdots C]^{\neq}$表示活化络合物，或用记号 $M^{\neq}$表示，而活化能为活化络合物分子与反应物分子平均能量之差，图 5-5 是其示意图。

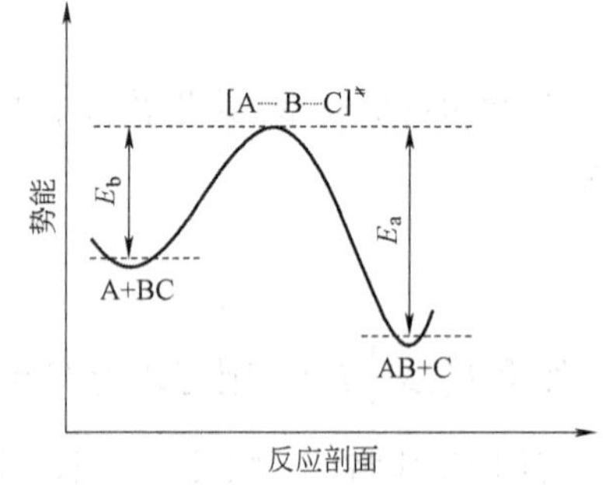

图 5-5　反应路径与势能剖面

式(5-93)表示的过程第一步很快达到平衡，第二步慢，是控速步骤，其反应速率等于整个反应的速率。由此出发，再结合统计力学理论，可得反应速率和第一步生成活化络合物反应的平衡常数 $K_c^{\neq}$ 的关系

$$k=\frac{k_B T}{h}(K_c^{\neq}) \tag{5-94}$$

式中，k_B 为玻耳兹曼常数；h 为普朗克常数。

由热力学求得 $K_c^{\neq}$ 即可得到反应速率。气体的化学势一般用压力表示：

$$\mu_B=\mu_B^{\ominus}(T,p^{\ominus})+RT\ln\frac{p_B}{p^{\ominus}} \tag{5-95}$$

B 表示反应物或生成物。

在动力学中，反应速率一般用浓度随时间的变化率表示。理想气体的压力和浓度存在如下关系：

$$p_B=\frac{n_B RT}{V}=c_B RT$$

c_B 是 B 的物质的量浓度，其 SI 单位为 mol/m^3，其常用单位为 mol/dm^3。标准的物质的量浓度用 $c^{\ominus}$ 表示，$c^{\ominus}=1mol/dm^3$。以 c_B 自变量表示 B 的化学势时，则有

$$\mu_B = \mu_B^\ominus(T, c^\ominus) + RT\ln\frac{c_B}{c^\ominus} \tag{5-96}$$

根据热力学的基本关系，有

$$\sum_B \nu_B \mu_B^\ominus(T, c^\ominus) = \Delta_r G_m^\ominus(c^\ominus) = -RT\ln\prod_B\left(\frac{c_B}{c^\ominus}\right)^{\nu_B} = -RT\ln(K_c^\ominus) \tag{5-97}$$

对于式(5-93)表示的反应

$$K_c^\ominus = \frac{[ABC]^{\neq}/c^\ominus}{\frac{[A]}{c^\ominus}\cdot\frac{[B]}{c^\ominus}} = K_c^{\neq}(c^\ominus)^{2-1} \tag{5-98}$$

对于一般反应，则有

$$K_c^\ominus = K_c^{\neq}(c^\ominus)^{n-1} \tag{5-99}$$

式中，n 为所有反应物的系数之和。因此，在形成活化络合物过程中的标准摩尔活化吉布斯自由能变化为

$$\Delta_r G_m^\ominus(c^\ominus) = -RT\ln[K_c^{\neq}(c^\ominus)^{n-1}]$$

或

$$K_c^{\neq} = (c^\ominus)^{1-n}\exp\left(\frac{-\Delta_r^{\neq}G_m^\ominus(c^\ominus)}{RT}\right) \tag{5-100}$$

将式(5-100)代入式(5-94)得

$$k = \frac{k_B T}{h}(c^\ominus)^{1-n}\exp\left(\frac{-\Delta_r^{\neq}G_m^\ominus(c^\ominus)}{RT}\right) \tag{5-101}$$

考虑到热力学函数间的基本关系 $\Delta G = \Delta H - \Delta S$，由上式可以得出

$$k = \frac{k_B T}{h}(c^\ominus)^{1-n}\exp\left(\frac{\Delta_r^{\neq}S_m^\ominus(c^\ominus)}{R}\right)\exp\left(\frac{-\Delta_r^{\neq}H_m^\ominus(c^\ominus)}{RT}\right) \tag{5-102}$$

式中，$\Delta_r^{\neq}S_m^\ominus(c^\ominus)$ 和 $\Delta_r^{\neq}H_m^\ominus(c^\ominus)$ 分别为各物质用浓度表示时的标准摩尔活化熵变和标准摩尔活化焓变。式(5-101)和式(5-102)为活化络合物理论(或称为过渡态理论)的基本公式。它适用于任何形式的基元反应，只要能计算出 $\Delta_r^{\neq}S_m^\ominus(c^\ominus)$、$\Delta_r^{\neq}H_m^\ominus(c^\ominus)$ 或 $\Delta_r^{\neq}G_m^\ominus(c^\ominus)$ 就有可能计算出反应的速率常数。

如果对于气相反应的化学势仍用压力表示，标准态为 $p^\ominus$，则得出的相应关系式为

$$k = \frac{k_B T}{h}\left(\frac{p^\ominus}{RT}\right)^{1-n}\exp\left(\frac{\Delta_r^{\neq}S_m^\ominus(p^\ominus)}{R}\right)\exp\left(\frac{-\Delta_r^{\neq}H_m^\ominus(p^\ominus)}{RT}\right) \tag{5-103}$$

用式(5-102)、式(5-103)所计算的速率常数 k 值是相等的，但 $\Delta_r^{\neq}G_m^\ominus(c^\ominus) \neq \Delta_r^{\neq}G_m^\ominus(p^\ominus)$，$\Delta_r^{\neq}S_m^\ominus(c^\ominus) \neq \Delta_r^{\neq}S_m^\ominus(p^\ominus)$，$\Delta_r^{\neq}H_m^\ominus(c^\ominus) \neq \Delta_r^{\neq}H_m^\ominus(p^\ominus)$。热力学数据表上给出的数值都是指标准态为 $p^\ominus$ 时的数值。

从式(5-102)、式(5-103) 看出，过渡态理论计算的速率常数 k 一方面与物质的结构相联系，另一方面也与热力学函数建立了联系，还表明速率常数不仅与活化能 E_a 有关，而且与活化熵有关。在活化络合物理论中不需要引入概率因子 P。但对于复杂反应体系，过渡态理论应

用仍有不少困难，还要进一步做大量的实验和理论工作。

5.4.3 $\Delta_r^{\neq} H_m^{\ominus}$、$\Delta_r^{\neq} S_m^{\ominus}$ 与 E_a 和指前因子 A 之间的关系

由式 E_a 的定义得出

$$E_a = RT^2 \frac{\mathrm{d}\ln k}{\mathrm{d}T}$$

$$= RT^2 \left\{ \left(\frac{\mathrm{d}\ln K_c^{\neq}}{\mathrm{d}T} \right)_V + \frac{1}{T} \right\} \tag{5-104}$$

根据平衡常数与温度的关系式

$$\left(\frac{\mathrm{d}\ln K_c^{\neq}}{\mathrm{d}T} \right)_V = \frac{\Delta_r^{\neq} U_m^{\ominus}}{RT^2} \tag{5-105}$$

将式(5-105)代入式(5-104)得

$$E_a = RT + \Delta_r^{\neq} U_m^{\ominus} = RT + \Delta_r^{\neq} H_m^{\ominus} - \Delta(pV)_m \tag{5-106}$$

式中，$\Delta(pV)_m$ 表示的形成 1mol 活化络合物时体系 pV 的改变。对于凝聚相反应，$\Delta(pV)_m$ 很小，$\Delta_r^{\neq} U_m^{\ominus} \approx \Delta_r^{\neq} H_m^{\ominus}$，则有

$$E_a = RT + \Delta_r^{\neq} H_m^{\ominus} \tag{5-107}$$

对于理想气体，符合 $pV = nRT$ 关系式，则

$$\Delta(pV)_m = nRT \tag{5-108}$$

式中，n 是反应形成活化络合物时气态物质的物质量的变化。将式(5-108)代入式(5-96)得

$$E_a = \Delta_r^{\neq} H_m^{\ominus} + (1-n)RT$$

$$= \Delta_r^{\neq} H_m^{\ominus} + nRT \tag{5-109}$$

式中，n 为气态反应物的系数之和。可以看出，在温度不太高的情况下，将 E_a 与 $\Delta_r^{\neq} H_m^{\ominus}$ 看做近似相等也不致引起很大的误差。

如将式(5-109)代入式(5-102)得

$$k = \frac{k_B T}{h} \mathrm{e}^n (c^{\ominus})^{1-n} \exp\left(\frac{\Delta_r^{\neq} S_m^{\ominus}(c^{\ominus})}{R} \right) \exp\left(\frac{-E_a}{RT} \right) \tag{5-110}$$

与阿累尼乌斯公式相比较得

$$A = \frac{k_B T}{h} \mathrm{e}^n (c^{\ominus})^{1-n} \exp\left(\frac{\Delta_r^{\neq} S_m^{\ominus}(c^{\ominus})}{R} \right) \tag{5-111}$$

从式(5-111)看出，指前因子 A 与形成过程过渡态的熵变有关。除单分子外，由反应物形成活化络合物时，分子数总是减少的，对熵贡献最大的平动自由度也减少，故总熵变 $\Delta_r^{\neq} S_m^{\ominus}$ 一般小于零。

5.5 链反应

在动力学中有一类特殊的反应，只要用热、光、辐射或其他方法可以使反应引发，即可通过活性组分(自由基或原子)相继发生一系列的连续反应，像链条一样使反应自动发展下去，这类反应称为链反应。有很多重要的工艺过程，如塑料、高分子化合物的制备，石油的裂解，冶金反应器中碳氢化合物的氧化，都与链反应有关。所有的链反应都由下列三个基本步骤组成：

(1) 链的开始。即由起始分子借热、光等外因生成自由基的反应。在这个反应过程中要断裂分子中的化学键，故所需的活化能与化学键的键能为同一数量级。

(2) 链的传递。即由自由原子或自由基与饱和分子作用生成新的分子和新的自由基(或原子)，这样不断交替，若不受阻，反应一直进行，直至反应物被耗尽。由于原子或自由基有较强的反应能力，故所需活化能一般小于 40 kJ · mol^{-1}。

(3) 链的中止。当自由基被消除时，链就中止。断链的方式可以是两个自由基结合成分子，也可以是器壁断链，如

$$\text{Cl}+\text{器壁}\longrightarrow\text{断链}$$

改变反应器的形状或表面涂料等都可能影响反应速率，这种器壁效应是链反应的特点之一。

根据链的传递方式不同，可以将链反应分为直链反应和支链反应。

5.5.1 直链反应

以下用 H_2 和 Cl_2反应为实例，说明直链反应的特征。这个反应的总结果是

$$H_2+Cl_2\longrightarrow 2HCl \tag{5-112}$$

研究结果表明，生成 HCl 的速率与$[Cl]^{\frac{1}{2}}$成正比，与$[H_2]$一次方成正比，即

$$v=\frac{1}{2}\frac{d[HCl]}{dt}=k[Cl_2]^{\frac{1}{2}}[H_2] \tag{5-113}$$

这里用方括号[B]表示参与反应各物质的浓度。有人推测反应的历程为

(1) $Cl_2+M\longrightarrow 2Cl+M$ 链的引发

(2) $Cl+H_2\longrightarrow HCl+H$

(3) $H+Cl_2\longrightarrow HCl+Cl$ 链的发展

⋮

(4) $2Cl+M\longrightarrow Cl_2+M$ 链的中止

反应式(5-112)的速率可以用生成 HCl 的速率来表示。在步骤(2)、(3)都有 HCl 分子生成，所以

$$\frac{d[HCl]}{dt}=k_2[Cl][H_2]+k_3[H][Cl_2] \tag{5-114}$$

速率方程(5-114)不但涉及反应物 H_2 和 Cl_2 的浓度，而且涉及活性很大的自由原子 Cl 和 H 的浓度，这些中间产物极活泼，浓度低，寿命又短，所以可以近似地认为在反应达到稳定状

态后，它们的浓度基本不随时间而变化，可以用稳态法近似地处理，即

$$\frac{d[Cl]}{dt}=0 \qquad \frac{d[H]}{dt}=0$$

根据上述反应的历程，按独立反应原理，可得

$$\frac{d[Cl]}{dt}=2k_1[Cl_2][M]-k_2[Cl][H_2]+k_3[H][Cl_2]-2k_4[Cl]^2[M]=0 \tag{5-115}$$

$$\frac{d[H]}{dt}=k_2[Cl][H_2]-k_3[H][Cl_2]=0 \tag{5-116}$$

将式(5-116)代入式(5-115)得

$$2k_1[Cl_2]=2k_4[Cl]^2$$

$$[Cl]=\left(\frac{k_1}{k_4}[Cl_2]\right)^{\frac{1}{2}} \tag{5-117}$$

将式(5-116)、式(5-117)代入式(5-114)得

$$\frac{d[HCl]}{dt}=2k_2(k_1/k_4)^{\frac{1}{2}}[Cl_2]^{\frac{1}{2}}[H_2]$$

所以

$$\frac{1}{2}\frac{d[HCl]}{dt}=k[Cl_2]^{\frac{1}{2}}[H_2] \tag{5-118}$$

根据这个速率方程，Cl_2 和 H_2 的反应是 1.5 级。式中 $k=k_2(k_1/k_4)^{\frac{1}{2}}$，根据阿累尼乌斯公式

$$k_1=A_1\exp\left(\frac{-E_{a,1}}{RT}\right),k_2=A_2\exp\left(\frac{-E_{a,2}}{RT}\right),k_4=A_4\exp\left(\frac{-E_{a,4}}{RT}\right)$$

则

$$k=A_2\left(\frac{A_1}{A_4}\right)^{\frac{1}{2}}\exp\frac{\left(-\left[E_{a,2}+\frac{1}{2}(E_{a,1}-E_{a,4})\right]\right)}{RT}=A\exp\left(-\frac{E_a}{RT}\right)$$

所以，H_2 和 Cl_2 的总反应的表观指前因子和表观活化能分别为

$$A=A_2(A_1/A_4)^{\frac{1}{2}}$$

$$E_a=E_{a,2}+\frac{1}{2}(E_{a,1}-E_{a,4})$$

有人用上述三个基元反应的活化能得到总反应的活化能 E_a 为 146.5 kJ · mol^{-1}。

若 H_2 和 Cl_2 的反应是基元反应而不是依照链反应的方式进行，则可以按照 30％规则，由氢键和氯键的键能 ε_{H-H}、ε_{Cl-Cl}估算其活化能，得到

$$\begin{aligned}E_a&=0.3(\varepsilon_{H-H}+\varepsilon_{Cl-Cl})\\&=0.3\times(435.0+242.7)\\&=203(kJ\cdot mol^{-1})\end{aligned}$$

显然反应会选择活化能较低的链反应方式进行，又由于 $\varepsilon_{Cl-Cl}<\varepsilon_{H-H}$，故一般链引发总是从 Cl_2 开始而不是从 H_2 开始。同理，H_2 与 Br_2 和 I_2 的反应所以有其自己所特有的历程，也

因为按照那种历程所需的活化能最低。

5.5.2 支链反应

H_2 和 O_2 的混合气体在一定的条件下会发生爆炸。由于造成爆炸的原因不同，爆炸可分为两种类型，即热爆炸和支链爆炸。

当 H_2 和 O_2 发生支链反应时

链的开始 $$H_2 \longrightarrow H+H \tag{5-119a}$$

直链 $$H+O_2+H_2 \longrightarrow H_2O+OH \tag{5-119b}$$

$$OH+H_2 \longrightarrow H_2O+H \tag{5-119c}$$

支链 $$H+O_2 \longrightarrow OH+O \tag{5-119d}$$

$$O+H_2 \longrightarrow OH+H \tag{5-119e}$$

链在气相中的中断 $$2H+M \longrightarrow H_2+M \tag{5-119f}$$

$$OH+H+M \longrightarrow H_2O \cdot M \tag{5-119g}$$

链在器壁上的中断 $$H+\text{壁} \longrightarrow \text{销毁} \tag{5-119h}$$

$$OH+\text{壁} \longrightarrow \text{销毁} \tag{5-119i}$$

在支链反应中，每一个自由原子参加反应后可以产生两个自由原子(如图 5-6 所示)。这些自由原子又可以参加直链或支链的反应。所以反应的速率迅速加快，最后可以达到爆炸的程度。

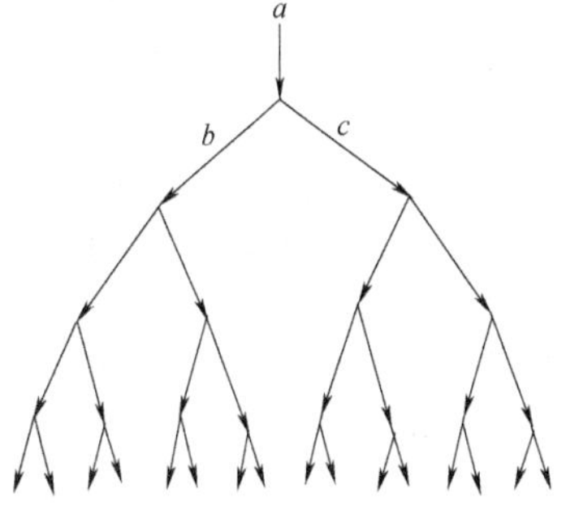

图 5-6 支链链反应

当某放热反应在无法散热的情况下进行，反应体系的温度剧烈上升，而温度又使其反应速率按指数规律上升，放出的热量也随着上升。如此循环，很快使反应速率几乎无止境地增加，最后引发爆炸。这样发生的爆炸为热爆炸。

爆炸反应通常都有一定的爆炸区，当反应达到燃烧或爆炸的压力范围时，反应的速率由平稳而突然增加。图 5-7 是氢氧混合体系的爆炸界限与温度、压力的关系。当总压力低于 p_1(参阅图 5-7 左图)即 AB 段，反应进行得平稳。当压力在 $p_1 \sim p_2$ 之间，反应的速率自动地加速，发生爆炸或燃烧。当压力超过 p_2，一直到 p_3 的阶段，即 CD 段，反应速率反而减慢。当压力超过 p_3，又发生爆炸。

上述体系中两个压力限与温度的关系，可用图 5-7 中的右图来表示，图中 ab 为低的爆炸界限，bc 为高的爆炸界限，cd 代表第三爆炸界限。第三爆炸界限以上的爆炸是热爆炸(对于 H_2 和 O_2 的反应来说存在 cd 线，但是否所有的爆炸反应都有第三爆炸界限，尚不能肯定)。

很多可燃气体都有一定的爆炸界限。因此在使用这些气体时应十分注意。若在反应器的适当位置上，装上带有化学传感器的警报器，可告知或自动记录反应体系中易爆炸物的成分，以避免发生事故。

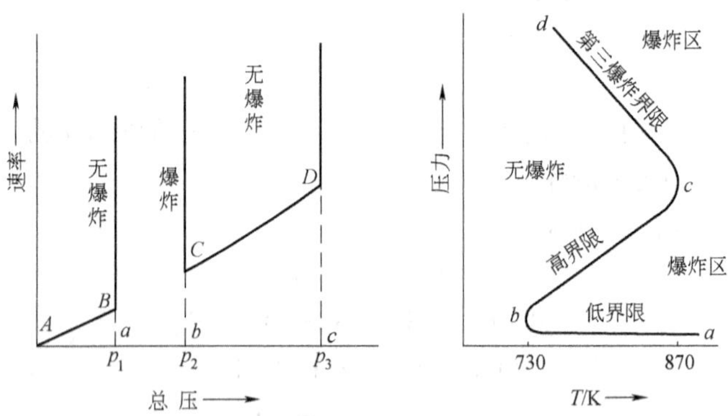

图 5-7　H_2 和 O_2 混合体系的爆炸界限与温度、压力的关系

习　题

5-1　(1) 比较、总结零级、一级和二级反应的动力学特征，并用列表形式表示。

(2) 某二级反应的反应物起始浓度为 $0.4\times10^3 mol\cdot m^{-3}$。该反应在 80 分钟内完成 30%，计算其反应速率常数及完成反应的 80%所需的时间。

（答案：$k=1.339\times10^{-5} m^3\cdot mol^{-1}\cdot min^{-1}$，$t=746.8min$）

5-2　已知 A、B 两个反应的频率因子相同，活化能之差：$E_A-E_B=16.628kJ\cdot mol^{-1}$。

求：(1) 1000K 时反应的速率常数之比 $k_A/k_B=$？(2)1500K 时反应的速率常数之比 k_A/k_B 有何变化？

（答案：$k_A/k_{B,1000}=0.1353$，$k_A/k_{B,1500}=0.2635$ ）

5-3　某电炉冶炼 1Cr18Ni9 不锈钢，试验中每 2 分钟取样一次，碳的质量分数的分析结果如下表所示。

t/min	0	2	4	6	8	10	12	14	16	18	20	22
w[C]/%	1.6	1.25	1.04	0.78	0.52	0.30	0.23	0.16	0.11	0.074	0.05	0.034

要求：

(1) 根据碳含量变化，绘出 w[C]-t 及 lg$w$[C]-t 图。分析在 w[C]≈0.2%附近，反应的表观级数有何变化。如果以 w[C]=0.2%为界，将脱碳过程分为两个阶段，问两个阶段的表观级数 n_1、n_2 和表观速率常数 k_1、k_2 各为多少？

(2) 已知当 w[C]<0.2%以后，温度与时间呈线性关系，可以写为 $dT/dt=k_3$，k_3 仅为吹氧速率的函数。试推导 w[C]随温度变化的微分式及其积分式。

*(3) 如果 $k_2/k_3=8.7\times10^{-3}K^{-1}$，又知同样的吹炼条件下，有如下原始数据：

吹炼起始温度为 1600℃，起始钢液成分：w[C]=1.41%，w[Si]=0.44%，w[Cr]=19.38%，w[Ni]=10.60%。应用(2)中推导的 w[C]与温度的关系式，并设该式可以外推到起始温度、成分。求终点碳控制在 0.08%时，温度应控制在多少摄氏度附近？(忽略硅含量的影响)

碳含量与温度关系

$$-\frac{dw[C]}{dT}=\frac{k_2w[C]}{\frac{dT}{dt}}=\frac{k_2}{k_3}w[C]$$

$$\ln\frac{w[C]_0}{w[C]}=\frac{k_2}{k_3}(T-T_0)$$

（答案：(1) $k_1=0.00111\text{min}^{-1}$，$k_2=0.1930\text{min}^{-1}$，(3) 终点温度：1929℃）

思 考 题

5-1 什么是稳态和准稳态？说明它们的主要特征。

5-2 试说明阿累尼乌斯公式中指前因子与活化能的物理意义。

5-3 试说明有效碰撞理论和活化络合物理论中的活化能与阿累尼乌斯公式中的活化能的关系。

5-4 什么是链反应？试结合事例说明直链反应和支链反应的特征。

6 扩散及相际传质

传质(物质传输)、传热(热量传输)及动量传输是自然界及各种生产过程中存在的最普遍的现象。冶金过程与传质、传热及动量传输有密切关系。传质是由于体系中化学势梯度所引起的原子、分子的运动以及由于外力场或密度差造成的流体微元的运动引起的物质的迁移。传质可以分为:(1) 在宏观上静止的介质中分子或原子等质点的扩散;(2) 在层流中的传质;(3)紊流中的传质;(4) 相际传质。

分析传质过程可知,在固体中只存在分子或原子等质点的扩散;在流体(液体及气体)中的传质,既有微观质点扩散的贡献,也有流体中自然对流或强制对流传质的贡献。在冶金过程常有气体和液体反应物或产物的参与,如硫化矿的氧化焙烧、钢液中的脱碳及湿法冶金中的电解与电镀等过程。熔渣、金属液、熔盐、熔锍、炉气及电解质溶液的流动影响相应体系中的传质,从而影响反应过程。传质还在两相之间进行,如钢的脱硫、脱磷或钢液中锰的氧化反应,在钢液和熔渣之间有相际传质发生;在硫化矿的焙烧、陶瓷的烧结过程中,在气相和固相之间发生相际传质;钢液的脱碳过程中,在气相和液相之间,有相际传质发生。因此,讨论冶金过程动力学时,必须研究流体中及相际传质的特点。本章中主要讨论相际传质。

扩散是一种重要的传质方式。扩散的严格定义应该是:由于热运动导致体系中任何一种物质的质点(原子、分子或离子等)由化学势高的区域向化学势低的区域转移的运动过程就是扩散。

扩散是冶金生产和材料制备过程中最重要的物理现象之一,它影响着冶金产品及材料的质量。如钢锭中的偏析就与组元在固态和液态的扩散系数的重大差异有关。利用扩散可以在金属表面进行渗氮、渗碳等处理,以提高材料的表面硬度,或耐腐蚀、耐磨性,达到提高材料使用寿命的目的。

6.1 扩散定律

6.1.1 菲克第一定律

在单位时间内,通过垂直于传质方向单位截面的某物质的量,称为该物质的物质流密度,又称为物质的通量(mass flux)。若组元 A 的传质是以扩散方式进行时,则该物质的物质流密度又称为摩尔扩散流密度,简称扩散流密度,或摩尔扩散通量,通常以符号 $J_{A,x}$ 表示。其中 A 为组元名称,x 为扩散方向。菲克在 1856 年总结大量实验结果得出,在稳态扩散条件下,扩散流密度与扩散组元浓度梯度间存在如下关系

$$J_{A,x} = -D_A \frac{\partial c_A}{\partial x} \tag{6-1}$$

称为菲克第一定律。菲克第一定律表示对于二元系中的一维扩散，扩散流密度与在扩散介质中的浓度梯度成正比，比例常数称为扩散系数。扩散系数的物理意义是在恒定的外界条件（如恒温及恒压）下某一扩散组元在扩散介质中的浓度梯度等于 1 时的扩散流密度。扩散流密度 $J_{A,x}$ 单位应为 mol·(m^{-2}·s^{-1})；浓度 c_A 的 SI 单位为 mol·m^{-3}。故扩散系数的因次为 L^2T^{-1}，其 SI 单位应为 m^2·s^{-1}。

菲克第一定律是一个普遍的表象经验定律，它可应用于稳态扩散，即 $\frac{dc}{dt}=0$ 的情况，亦可用于非稳态扩散，即 $\frac{dc}{dt}\neq 0$ 的情况。在不少专著中，若指明是组元 A 在 A－B 二元系中的扩散，则 D_A 还可以为 D_{AB} 或 D_{A-B} 替代，即

$$J_{A,x} = -D_{AB} \frac{\partial c_A}{\partial x} \tag{6-2}$$

也可以用组元 A 的摩尔分数 x_A 代替式(6-1)、式(6-2)中物质的量浓度 c_A，则有

$$J_{A,x} = -cD_{AB} \frac{\partial x_A}{\partial x} \tag{6-3}$$

式(6-3)中 c 为溶液中所有组元在被测浓度梯度点处局部的物质的量浓度；溶液中组元 A 的摩尔分数为 $x_A = \frac{c_A}{c}$。

式(6-3)不受等温等压条件的限制，c 可以随温度压力变化。如总的浓度在等温等压下为常数，则式(6-3)变为式(6-2)，即式(6-2)为式(6-3)的特殊形式。

无论以哪种形式表示扩散流密度，D_A（或 D_{AB}）的意义和因次都是固定不变的，称为本征扩散系数。

6.1.2　菲克第二定律

在稳态扩散情况下，通过实验很容易由菲克第一定律确定出扩散系数。在物质的浓度随时间变化的体系中发生的是非稳态扩散，在实际生产和科学实验中的扩散现象为非稳态扩散。阐明非稳态扩散规律的是菲克第二定律。

6.1.2.1　菲克第二定律的表示式

$$\frac{\partial c_A}{\partial t} = \frac{\partial}{\partial x}\left(D_A \frac{\partial c_A}{\partial x}\right) \tag{6-4}$$

式(6-4)为在直角坐标系中菲克第二定律的表示式。

若 D_A 为常数，即可以忽略 D_A 随浓度及距离的变化，则式(6-4)简化为

$$\frac{\partial c_A}{\partial t} = D_A \frac{\partial^2 c_A}{\partial x^2} \tag{6-5}$$

式(6-4)、式(6-5)表示一维扩散规律。若在 $x-y-z$ 三维空间中，则菲克第二定律的表

示式为

$$\frac{\partial c_A}{\partial t}=D_A\left(\frac{\partial^2 c_A}{\partial x^2}+\frac{\partial^2 c_A}{\partial y^2}+\frac{\partial^2 c_A}{\partial z^2}\right) \tag{6-6}$$

由于三维扩散方程的求解复杂，一般在实验安排中要使扩散可测量，并在单一方向进行，于是可以对式(6-4)、式(6-5)求解。对菲克第二定律的微分方程式，若扩散达到稳态，则$\frac{\partial c_A}{\partial t}=0$；对$x$积分，得到$D_A\frac{\partial c_A}{\partial x}=$常数，即菲克第一定律。因此，菲克第一定律是菲克第二定律的特解。

严格来说，菲克定律只适用于稀溶液。因为它未能考虑许多因素对扩散系数的影响，如组织结构、晶体缺陷和化学反应等。

6.1.2.2 菲克第二定律的求解

应用菲克第二定律求稀溶液中组元的扩散系数，主要是根据边界条件解菲克定律的偏微分方程。许多实际溶液中，扩散组元浓度高，其扩散系数与浓度有关。严格来说，由于两组元的扩散同时存在，测量和求解的都是考虑二组元扩散的互扩散系数$\widetilde{D}$。对稀溶液，可认为$\widetilde{D}\approx D_{溶质}$。为简捷起见，以下推导中略去溶质组元的下标。

a 扩散偶法

扩散偶法（又称扩散对法）是求扩散组元扩散系数的重要方法之一。

两根等截面的细杆(或液体柱)对接，其中一根杆(或液柱)中扩散组元A的浓度$c=c_0$，而另一根中其浓度$c=0$。大量实验结果得出结论：(a) $t>0$的全部时间内，在两杆相接处(设$x=0$)，当D与组元浓度无关时，A的浓度$c_{x=0}=0.5c_0$，而$x<0$和$x>0$这两侧得到以$x=0$为中心对称的浓度变化曲线；(b) 当两杆足够长时，在整个扩散时间范围，两端的浓度保持其初始值，不发生变化(参见图6-1)。

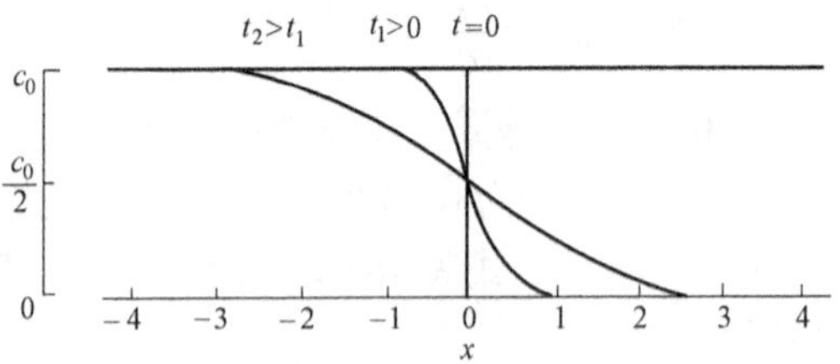

图6-1 经不同扩散时间后，扩散偶中扩散组元的浓度分布

由于$x<0$及$x>0$两侧浓度分布曲线的对称性，可只讨论一侧，如$x>0$时，方程$\frac{\partial c}{\partial t}=D\frac{\partial^2 c}{\partial x^2}$的解。

初始条件　$t=0, x>0, c=0$；

边界条件　$t>0, x=0, c=\frac{c_0}{2}$；$x=\infty, c=0$；

读者已学习过一维热传导问题$\frac{\partial T}{\partial t}=\lambda\frac{\partial^2 T}{\partial x^2}$在初始和边界条件

$$t=0, x>0, T=0;$$

$$t>0, x=0, T=\frac{T_0}{2}; x=\infty, T=0$$

下的解，考虑到扩散和热传导的相似性，这里不拟讨论求解的详细过程，仅给出最后的结果，并进行讨论。

所得的扩散偶问题解为

$$c = \frac{c_0}{2}\left(1 - \frac{2}{\sqrt{\pi}}\int_0^{\frac{x}{2\sqrt{Dt}}} \mathrm{e}^{-\xi^2}\,\mathrm{d}\xi\right) \tag{6-7}$$

积分函数 $\frac{2}{\sqrt{\pi}}\int_0^{\frac{x}{2\sqrt{Dt}}} \mathrm{e}^{-\xi^2}\,\mathrm{d}\xi$ $\left(式中\ \xi=\frac{x}{2\sqrt{Dt}}\right)$称为误差函数，记作 $\mathrm{erf}\,\frac{x}{2\sqrt{Dt}}$。

于是

$$c(x,t)=\frac{c_0}{2}\left(1-\mathrm{erf}\,\frac{x}{2\sqrt{Dt}}\right) \tag{6-8}$$

误差函数的性质

$$\mathrm{erf}(x) = \frac{2}{\sqrt{\pi}}\int_0^x \mathrm{e}^{-\lambda^2}\,\mathrm{d}\lambda$$

$$\mathrm{erf}(-x)=-\mathrm{erf}(x)$$

$$\mathrm{erf}(0)=0, \mathrm{erf}(\infty)=1$$

$$1-\mathrm{erf}(x)=\mathrm{erfc}(x)$$

$$\mathrm{erfc}(\infty)=0, \mathrm{erfc}(0)=1$$

式中，$\mathrm{erfc}(x)$称为余误差函数。

若右边的杆的初始浓度不为零，而为 c_1，即初始条件变为 $t=0, x>0, c=c_1$，则解为

$$c(x,t)=c_1+\frac{c_0-c_1}{2}\left(1-\mathrm{erf}\,\frac{x}{2\sqrt{Dt}}\right) \tag{6-9}$$

当测得试样中浓度分布曲线后，根据式(6-8)或式(6-9)可用图解法或查阅数学手册中的误差函数表，求出扩散系数 D 值。

式(6-8)与式(6-9)可分别改写为式(6-10)与式(6-11)，即

$$\frac{2c}{c_0}=1-\mathrm{erf}\left(\frac{x}{2\sqrt{Dt}}\right) \tag{6-10}$$

或

$$\frac{2(c-c_1)}{c_0-c_1}=1-\mathrm{erf}\left(\frac{x}{2\sqrt{Dt}}\right) \tag{6-11}$$

图 6-2 是根据式(6-10)和式(6-11)绘制的曲线，式(6-10)的左边为其左纵坐标；式(6-11)左边为其右纵坐标。由实验测定的扩散一定时间 t 时，位置为 x 处的浓度 c，可从曲线求出相应的$\frac{x}{2\sqrt{Dt}}$值，进而求出 D 值。

与图解法相似，有了式(6-10)或式(6-11)左边的值，由误差函数表，可以求出$\frac{x}{2\sqrt{Dt}}$。

扩散偶法广泛地应用于金属及非金属材料中组元扩散系数的测量。在冶金熔体中用扩散偶法测量扩散系数时，需要选择较细的毛细管，以抑制对流的产生，保证测量精度。

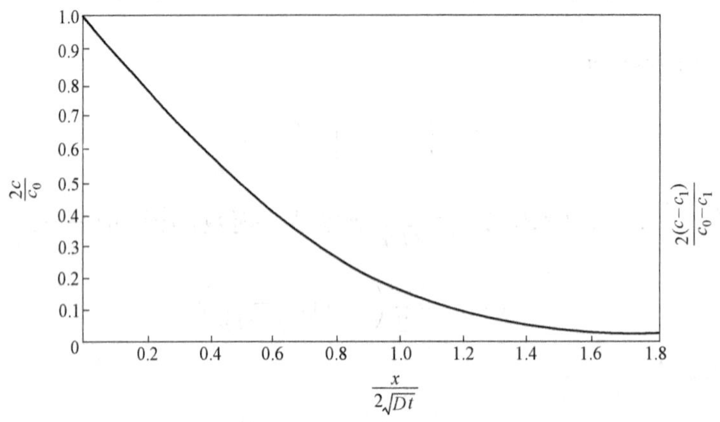

图 6-2　式(6-10)与式(6-11)的曲线图

b　几何面源法

若在初始时刻，仅在两杆(即 $x=0$)有扩散物质存在，其余各处扩散物质浓度皆为零，就属于几何面源、全无限长一维扩散。图 6-3(a)给出的初始条件为

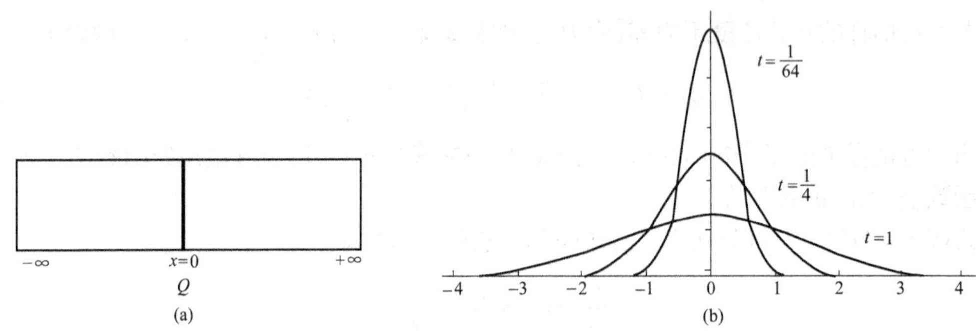

图 6-3　几何面源、全无限长一维扩散

(a)边界条件；(b)浓度分布曲线(扩散时间 $t=1,\frac{1}{4},\frac{1}{64}$，横坐标距离 x 为任意长度位置)

$$t=0, x=0, c=c_0$$

$$x\neq 0, c=0$$

$$Vc_0=Q$$

式中，V 为极薄扩散源的体积；Q 为 $x=0$ 处扩散组元的总量。

边界条件

$$t>0, x\to\infty, c=0; x\to-\infty, c=0$$

由初始及边界条件得到的菲克第二定律的解为

$$c=\frac{Q}{2\sqrt{\pi Dt}}e^{-\frac{x^2}{4Dt}} \tag{6-12}$$

这种方法常用于研究置换原子的自扩散过程，采用放射性示踪剂作为溶质，可以很精确地测量其浓度。如有人测量了 876℃ ^{105}Ag、^{106}Ag 在 Ag 中的自扩散系数。试样扩散退火一段时间后，分段在硝酸中溶解剥离，取溶液测量放射性强度 I。由于稀溶液中放射性强度与放射性溶质浓度成正比，所以

$$\ln\frac{I}{[I]}=\ln\frac{Q}{2\sqrt{\pi Dt}}-\frac{x^2}{4Dt}+\ln A$$

式中，A 为比例系数。由 $\ln I/[I]$ 与 x^2/t 的直线斜率，可以确定扩散系数，从而求得 Ag 的自扩散系数 $D_{Ag}^{*}=8.95\times10^{-5}\exp\left(-\frac{80300}{RT}\right)m^2/s$，其中 $R=8.314J/(mol\cdot K)$。

如果含扩散源的薄片镀在试杆的一端，而不是夹在两杆之间，随后进行的扩散退火就是半无限长一维扩散。扩散只向 $x=+\infty$ 方向进行。

初始条件　$t=0, x=0, c=c_0, Q=Vc_0$；

　　　　　$x>0, c=0$

边界条件　$t>0, x=\infty, c=0$

所得的菲克第二定律的解为　$c=\frac{Q}{\sqrt{\pi Dt}}e^{-\frac{x^2}{4Dt}}$

同样，作 $\ln\frac{c}{[c]}\sim\frac{x^2}{t}$ 图，由直线斜率可求出 D 值。这种方法常用于测定液态金属、熔渣、熔盐体系中的扩散系数。

c　$\widetilde{D}$ 与浓度有关的非稳态扩散

实际的扩散体系中，溶液不是无限稀的，扩散组元的浓度较高，$\widetilde{D}$ 及 D 随浓度而变化。在这种情况下，求菲克第二定律的解更为复杂。玻耳兹曼曾用变量变换法给出它的解，马塔诺(Matano)曾在 1933 年将这种变换应用于解决固态 Ni-Cu 合金中 Cu 的扩散系数与 Cu 的浓度的关系。此后该法得到了广泛的应用，人们称之为玻耳兹曼-马塔诺(Boltzmann-Matano)法或马塔诺法。

当 $\widetilde{D}=f(c)$ 时，菲克第二定律应写为

$$\frac{\partial c}{\partial t}=\frac{\partial}{\partial x}\left(\widetilde{D}\frac{\partial c}{\partial x}\right)=\widetilde{D}\frac{\partial^2 c}{\partial x^2}+\frac{\partial c}{\partial x}\frac{\partial\widetilde{D}}{\partial x} \tag{6-13}$$

令 $\lambda=\frac{x}{\sqrt{t}}$，则 $c=f(\lambda)$

$$\frac{\partial\lambda}{\partial t}=-\frac{\lambda}{2t}, \frac{\partial\lambda}{\partial x}=\frac{1}{\sqrt{t}}$$

$$\frac{\partial c}{\partial t}=\frac{dc}{d\lambda}\cdot\frac{\partial\lambda}{\partial t}=-\frac{\lambda}{2t}\cdot\frac{dc}{d\lambda} \tag{6-14}$$

$$\frac{\partial c}{\partial x}=\frac{\mathrm{d}c}{\mathrm{d}\lambda}\cdot\frac{\partial\lambda}{\partial x}=\frac{1}{\sqrt{t}}\frac{\mathrm{d}c}{\mathrm{d}\lambda} \tag{6-15}$$

$$\frac{\partial\widetilde{D}}{\partial x}=\frac{\mathrm{d}\widetilde{D}}{\mathrm{d}\lambda}\cdot\frac{\partial\lambda}{\partial x}=\frac{1}{\sqrt{t}}\frac{\mathrm{d}\widetilde{D}}{\mathrm{d}\lambda} \tag{6-16}$$

$$\frac{\partial^2 c}{\partial x^2}=\frac{\partial}{\partial x}\left(\frac{1}{\sqrt{t}}\frac{\mathrm{d}c}{\mathrm{d}\lambda}\right)=\frac{\mathrm{d}}{\mathrm{d}\lambda\ \sqrt{t}}\left(\frac{1}{\sqrt{t}}\frac{\mathrm{d}c}{\mathrm{d}\lambda}\right)=\frac{1}{t}\frac{\mathrm{d}}{\mathrm{d}\lambda}\left(\frac{\mathrm{d}c}{\mathrm{d}\lambda}\right) \tag{6-17}$$

将式(6-14) ～式(6-17) 代入式(6-13),得

$$-\frac{\lambda}{2t}\frac{\mathrm{d}c}{\mathrm{d}\lambda}=\frac{\widetilde{D}}{t}\frac{\mathrm{d}}{\mathrm{d}\lambda}\left(\frac{\mathrm{d}c}{\mathrm{d}\lambda}\right)+\frac{1}{\sqrt{t}}\frac{\mathrm{d}c}{\mathrm{d}\lambda}\cdot\frac{1}{\sqrt{t}}\frac{\mathrm{d}\widetilde{D}}{\mathrm{d}\lambda} \tag{6-18}$$

两边同时乘以 $t\mathrm{d}\lambda$ 得到

$$-\frac{\lambda}{2}\mathrm{d}c=\widetilde{D}\mathrm{d}\left(\frac{\mathrm{d}c}{\mathrm{d}\lambda}\right)+\frac{\mathrm{d}c}{\mathrm{d}\lambda}\cdot\mathrm{d}\widetilde{D}$$

$$-\frac{\lambda}{2}\mathrm{d}c=\mathrm{d}\left(\widetilde{D}\frac{\mathrm{d}c}{\mathrm{d}\lambda}\right) \tag{6-19}$$

可以看出,经过 x、t 变量变换,偏微分方程已变成常微分方程。

对于全无限长一维扩散的情况,

初始条件　$t=0,x>0,c=c_2;x<0,c=c_1$

边界条件　$t>0,x=\infty,c=c_2,\left(\frac{\mathrm{d}c}{\mathrm{d}x}\right)_{x=\infty}=0$

$$x=-\infty,c=c_1,\left(\frac{\mathrm{d}c}{\mathrm{d}x}\right)_{x=-\infty}=0$$

将式(6-19)在 c 从 c_1 到 c,x 从 $-\infty$ 到 x 范围内积分

$$-\frac{1}{2}\int_{c_1}^{c}\lambda\mathrm{d}c=\int_{-\infty}^{x}\mathrm{d}\left(\widetilde{D}\frac{\mathrm{d}c}{\mathrm{d}\lambda}\right)=\left(\widetilde{D}\frac{\mathrm{d}c}{\mathrm{d}\lambda}\right)_{x=x}-\left(\widetilde{D}\frac{\mathrm{d}c}{\mathrm{d}\lambda}\right)_{x=-\infty}$$

由边界条件知

$$\left(\frac{\partial c}{\partial x}\right)_{x=-\infty}=0,\left(\frac{\mathrm{d}c}{\mathrm{d}\lambda}\right)_{x=-\infty}=0$$

$$\widetilde{D}=-\frac{\int_{c_1}^{c}\lambda\mathrm{d}c}{2\left(\frac{\mathrm{d}c}{\mathrm{d}\lambda}\right)_{x=x}} \tag{6-20}$$

当 t 为定值时,由 $\lambda=\frac{x}{\sqrt{t}}$得

$$\left(\frac{\mathrm{d}c}{\mathrm{d}\lambda}\right)_{x=x}=\sqrt{t}\left(\frac{\mathrm{d}c}{\mathrm{d}x}\right)_{x=x}$$

代入式(6-20)得到

$$\widetilde{D}=-\frac{1}{2t}\frac{\int_{c_1}^{c}x\mathrm{d}c}{\left(\frac{\mathrm{d}c}{\mathrm{d}x}\right)_{x=x}} \tag{6-21}$$

式(6-21)中$\left(\frac{\mathrm{d}c}{\mathrm{d}x}\right)_{x=x}$是图 6-4 中所示曲线的斜率；$\int_{c_1}^{c}x\mathrm{d}c$ 为 c_1 至 c 的积分面积。由图 6-4 可看出 $x=0$ 表示原始界面，扩散使原点发生移动。需要确定新的界面位置才能求所需的定积分。为此，先对式(6-19)积分

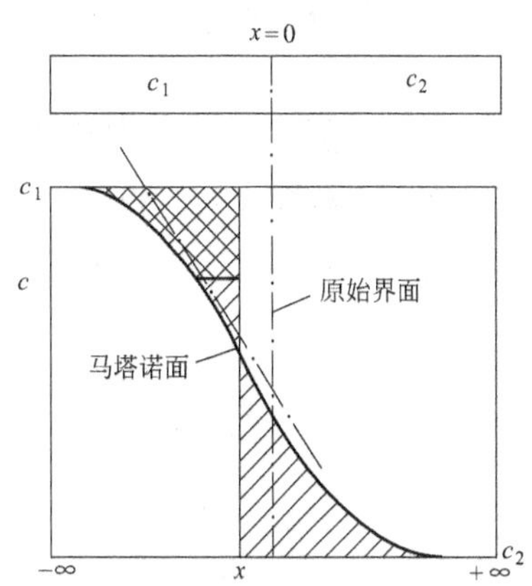

图 6-4 马塔诺(Matano)面示意图

$$-\frac{1}{2}\int_{c_1}^{c_2}\lambda\mathrm{d}c=\int_{-\infty}^{\infty}\mathrm{d}\left(\widetilde{D}\frac{\mathrm{d}c}{\mathrm{d}\lambda}\right)=\left(\widetilde{D}\frac{\mathrm{d}c}{\mathrm{d}\lambda}\right)_{x=+\infty}-\left(\widetilde{D}\frac{\mathrm{d}c}{\mathrm{d}\lambda}\right)_{x=-\infty}$$

边界条件

$$\widetilde{D}\frac{\mathrm{d}c}{\mathrm{d}\lambda}_{x=+\infty}=0,\widetilde{D}\frac{\mathrm{d}c}{\mathrm{d}\lambda}_{x=-\infty}=0$$

得到

$$-\frac{1}{2}\int_{c_1}^{c_2}\lambda\mathrm{d}c=0$$

即

$$\int_{c_1}^{c_2}x\mathrm{d}c=0 \tag{6-22}$$

该式表示图 6-4 中浓度曲线与某一平面所包的上、下两块面积相等。因此能使上、下两块阴影线所示的面积相等的 x 即为新的坐标原点。由这一点作与 x 轴相垂直的面即为马塔诺面。

若以 c_M 表示浓度曲线上马塔诺面的浓度，由式(6-22)，则

$$\int_{c_1}^{c_M}x\mathrm{d}c=-\int_{c_M}^{c_2}x\mathrm{d}c \tag{6-23}$$

结合式(6-21)，得到

$$\int_{c_1}^{c_M}x\mathrm{d}c=-2t\widetilde{D}\frac{\mathrm{d}c}{\mathrm{d}x}=-2tJ_{c=c_M} \tag{6-24}$$

式(6-24)表示马塔诺面两边的积分面积正比于通过马塔诺平面的扩散流密度。因此，原始浓度为 c_1 的试样中，组元通过该面到原始浓度 c_2 试样中的扩散流密度应等于由 c_2 试样中另一组元经马塔诺面到 c_1 试样中的扩散流密度。

当扩散系数 $\widetilde{D}$ 与浓度有关时，求对应于某一浓度 c 的扩散系数 $\widetilde{D}(c)$ 的步骤如下：在保持全无限长一维扩散的边界条件下，在一定温度下，扩散退火一定时间 t。分析不同 x 处的浓度，作浓度分布曲线，用试差法使两边积分相等以确定马塔诺面。求出浓度为 c 处曲线切线的斜率及积分面积 $\int_{c_1}^{c}x\mathrm{d}c$，代入式(6-21)，求出 $\widetilde{D}$ 值。

例题 6-1 图 6-5 是莱尼斯(F. C. Rhines)及梅厄(R. F. Mehl)用 Cu 与 Cu-Al($x_{Al}=0.18$)

合金在 700℃下，用扩散偶法扩散退火 38.4 天后，测得的浓度分布曲线。试求 $x_{Al}=0.04$ 处的互扩散系数。

解　先用试差法使 A、B 两块面积相等以确定马塔诺面。计算 $x_{Al}=0.04$ 处 $\widetilde{D}$ 值时，由图 6-5 计算出积分面积 $\int_0^{0.04} x\mathrm{d}x_{Al}=1.124\times10^{-4}(\mathrm{m})$，在同一浓度处，$\dfrac{\mathrm{d}x}{\mathrm{d}x_{Al}}=-3.7\times10^{-2}(\mathrm{m})$，$0.5t^{-1}=\dfrac{1}{2\times38.4}\mathrm{d}^{-1}=0.01303\mathrm{d}^{-1}$。由于若以摩尔分数代替的体积摩尔浓度，式(6-21)依旧成立，将上述数据代入后得

$$\widetilde{D}=1.303\times10^{-2}\times3.7\times10^{-2}\times1.124\times10^{-4}=5.42\times10^{-8}\mathrm{m}^2/\mathrm{d}=6.27\times10^{-13}\mathrm{m}^2/\mathrm{s}$$

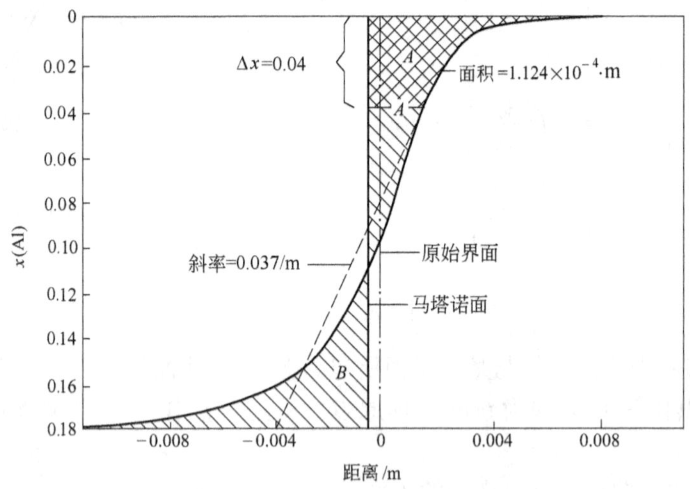

图 6-5　Cu 与 Cu-Al($x_{Al}=0.18$)在 700℃扩散退火 38.4 天的浓度分布曲线

6.2　液体和气体中的扩散

6.2.1　高温熔体中的扩散

有关液体中的扩散理论尚不成熟，原因是对高温熔体结构的认识远不及对固态晶体深入。再者，液体中对流的存在及取样的困难使扩散系数的测量难以实现。采用 X 射线衍射(XRD)、拉曼光谱等实验手段研究液态金属、熔渣、熔盐的结构证明在熔点附近液体与其固态的结构相近。

前苏联弗兰克尔(Я. И. френкель)于 1945 年提出空洞理论，认为高温熔体与晶体类似存在空位，成为空位扩散的通道。但空洞理论难以解释为什么液体扩散的活化能及指前因子 D_0 很小。在 1960 年，埃林(H. Eyring)等人由绝对速率理论出发，提出其扩散活化模型如下

$$D=\frac{k_B T}{\zeta\lambda\eta} \tag{6-25}$$

式中 ζ——与扩散原子在同一平面上的最近邻原子数，对六方晶系或六方密排的液体结构 ζ 值为 6；

λ——相邻晶格点阵位置间的距离；

η——液体的黏度；

k_B——玻耳兹曼常数。可以用液体的黏度估算其扩散系数。

沃耳斯（H. A. Walls）和阿普瑟格洛夫（W. R. Upthegrove）应用埃林等的绝对速度理论的黏度公式为

$$\eta=\frac{N_A h}{V_m}e^{-\frac{\Delta S^*}{R}}e^{\frac{\Delta H^*}{RT}} \tag{6-26}$$

式中，N_A 为阿伏伽德罗常数；h 为普朗克常数；V_m 为摩尔体积；ΔS^* 为活化熵；ΔH^* 为活化焓。认为扩散的活化熵与黏度活化熵相同、扩散的活化焓与黏度的活化焓相同条件下，推导出计算液体金属自扩散系数的公式

$$D=\frac{kT\nu_{conf}^{1/3}}{2\pi hb(2b+1)}\left[\frac{V}{N_A}\right]^{2/3}\exp\left(\frac{\Delta S^*}{R}\right)\exp\left(-\frac{\Delta H^*}{RT}\right) \tag{6-27}$$

式中，ν_{conf}为由扩散粒子周围最近邻质点数所决定的常数（构形参数）；b 为扩散粒子的原子半径与粒子间空穴之比的函数，称几何参数。

应用式(6-27)计算的 Hg、Ga、Sn、In、Zn、Pb、Na、Cd、Cu、Ag 等液体金属的自扩散系数与实验值符合较好。

在估计非电解质液体的扩散系数时，也常采用斯托克斯-爱因斯坦方程。

$$D_A=\frac{k_B T}{6\pi r\eta_B} \tag{6-28}$$

式中，D_A 为溶质 A 在稀溶液 A-B 中的扩散系数；k_B 为玻耳兹曼常数；T 为热力学温度；r 为溶质 A 的粒子半径；η_B 为溶剂的黏度。

对半径较大的粒子或分子通过连续介质的应用是成功的。如扩散粒子与介质粒子半径相差不大时，对式(6-28)进行修正，得到

$$D_{AB}=\frac{k_B T}{4\pi r\eta_B} \tag{6-29}$$

称为萨瑟兰方程，或萨瑟兰—爱因斯坦方程。该式应用于 Na、Hg、In、Ag、Zn、Sn 等金属液的自扩散系数，计算得出的半径值与实测的鲍林(Pauling)的单键金属态半径符合较好。

萨瑟兰公式能够满意地估算熔融的半导体、极性分子液体、缔合分子液体和液态硫等体系中物质的自扩散系数。熔盐的自扩散活化能比金属中的自扩散活化能要大，表 6-1 给出了某些熔盐中的自扩散系数。对于熔渣，可得的实测数据较少。

表 6-1　某些熔盐中的自扩散系数

扩散物质	熔　盐	温度范围/℃	$D_0/m^2 \cdot s^{-1}$	$E_D/kJ \cdot mol^{-1}$	D^*（实测）$/m^2 \cdot s^{-1}$	测量温度/℃
Na	NaCl	845～916	8×10^{-8}	16.72	14.2×10^{-9}	906
Cl	NaCl	825～942	23×10^{-8}	29.70	8.8×10^{-9}	933
Na	$NaNO_3$	315～375	12.88×10^{-8}	20.00	2.00×10^{-9}	328
NO_3	$NaNO_3$	315～375	8.97×10^{-8}	21.62	1.26×10^{-9}	328
Tl	TlCl	487～577	7.4×10^{-8}	19.24	3.89×10^{-9}	502
Zn	$ZnBr_2$	397～650	790×10^{-8}	66.90	0.22×10^{-9}	500

由于对熔盐卤化物、氧化物和硅酸盐的具体结构了解不够，可以借助于斯托克斯—爱因斯坦扩散方程进行粗略的估算。

6.2.2　有机溶剂及水溶液中的扩散

水溶液及有机溶剂中的扩散对湿法冶金，如电解、萃取等过程动力学研究有重要意义。维尔克(C. R. Wilke)和张(P. C. Chang)曾提出极稀二元系 A-B 中溶质组元 A 扩散系数的计算公式

$$D_{AB}^{\infty}=5.9\times10^{-17}(\varphi M_B)^{\frac{1}{2}}\frac{T}{\eta_B V_{m,A}^{0.6}} \tag{6-30}$$

式中，D_{AB}^{∞}为溶质 A 在 A-B 组成的无限稀溶液中的扩散系数，m^2/s；φ 为溶剂 B 的缔合参数；M_B 为溶剂 B 的摩尔质量，kg/mol；T 为热力学温度；η_B 为溶剂 B 的黏度，Pa·s；$V_{m,A}$为正常沸点温度时，溶质 A 的摩尔体积，m^3/mol。

应用式(6-30)的主要困难是难以确定溶剂缔合参数 φ 的值。几种常用溶剂的 φ 值有：水 2.6；甲醇 1.9；乙醇 1.5；苯 1.0；乙醚 1.0；庚烷 1.0。对于非缔合溶剂，$\varphi=1.0$。式(6-30)和许多实验数据符合较好。

对于稀水溶液系统，奥斯莫(D. F. Othmer)等曾提出如下公式计算二元系中溶质的扩散系数

$$D_{AB}^{\infty}=1.76\times10^{-15}\eta_B^{-1.1}V_{m,A}^{-0.6} \tag{6-31}$$

式中，D_{AB}^{∞}的单位为 m^2/s；η_B 单位为 Pa·s；V_A 的单位为 m^3/mol。

例题 6-2　试计算在 25℃丙酮(A)在无限稀的水(B)溶液中的互扩散系数。

解　应用式(6-30)，已知 $\eta_B=8.91\times10^{-4}$ Pa·s；$\varphi_B=2.6$；$V_A=7.4\times10^{-5}m^3/mol$，计算

$$D_{AB}^{\infty}=5.9\times10^{-17}(2.6\times18\times10^{-3})^{1/2}\times\frac{298}{8.91\times10^{-4}\times(7.4\times10^{-5})^{0.6}}=1.28\times10^{-9}m^2/s$$

应用式(6-31)可得

$$D_{AB}^{\infty}=1.76\times10^{-15}\times(8.91\times10^{-4})^{-1.1}(7.4\times10^{-5})^{-0.6}=1.20\times10^{-9}m^2/s$$

可以看出，用式(6-30)及式(6-31)计算的 D_{AB}^{∞}值很相近。

6.2.3　气体中的扩散

气体中的某些扩散规律与在固体和液体中不同。

6.2.3.1　纯气体及混合气体中的扩散

由于气体的特性，在 A、B 两种气体组成的气体混合物中，组元 A 向一个方向的扩散流密度等于组元 B 向相反方向扩散流密度。因此，$D_A = D_B = D_{AB}$。这里用 D_{AB}来表示互扩散系数（注：化学工作者常用 D_{AB}表示 A-B 二元系中 A 的扩散系数）。当然，若存在对流作用，在计算物质迁移的总物质流密度时，常考虑把本体流动项叠加到菲克第一定律的表示式上。

气体扩散系数在低压下与浓度无关，其值在 $10^{-5} \sim 10^{-3}\,m^2/s$ 的范围内。根据气体动力学理论，恰普曼（Chapman）和恩斯阔格（Enskog）曾推导了在 1MPa 压力以下，两种直径不等的球形原子 A 与 B 组成的混合气体的互扩散系数用 cm-g-s 单位制表示的公式

$$D_{AB} = \frac{3}{16} \frac{(4\pi k_B T/m_{AB})^{\frac{1}{2}}}{pn\pi\sigma_{AB}^2 \Omega_{D,AB}} f_D \tag{6-32}$$

式中　D_{AB}——互扩散系数，cm^2/s；

k_B——玻耳兹曼常数，$k_B = 1.38 \times 10^{-16}\,erg/K$；

σ_{AB}——特征长度，cm；

$\Omega_{D,AB}$——扩散的碰撞积分，是无因次数；

p——压力，dyn/cm^2；

m_A、m_B——A、B 分子的质量，$m_{AB} = 2[(1/m_A) + (1/m_B)]^{-1}$；

n——以分子数表示的气体密度，cm^{-3}。

若 m_A、m_B 属同一数量级，f_D 为 1.0 和 1.02 之间的校正项，而与气体组成或相互作用无关。若 m_A、m_B 相差很大，f_D 则在 1.0 和 1.1 之间变化。

当 $\sigma_{L,AB}$ 以 nm 为单位，其余的量 D_{AB}、p 分别以 m^2/s、Pa 为单位，以摩尔质量 M_{AB}(kg/mol)代替 m_{AB}，由式(6-32)得到下式

$$D_{AB} = \frac{5.876 \times 10^{-6} T^{\frac{3}{2}}}{p\sigma_{L,AB}^2 \Omega_{D,AB}} \sqrt{\frac{1}{M_A} + \frac{1}{M_B}} \tag{6-33}$$

若 A 与 B 为同种气体，则由上式可得出小于 1MPa 低压下自扩散系数的计算公式

$$D_{AA}^* = \frac{8.310 \times 10^{-6} T^{\frac{3}{2}}}{p\sigma_{L,AA}^2 \Omega_{D,A}} \sqrt{\frac{1}{M_A}} \tag{6-34}$$

式(6-33)、式(6-34)中 $\Omega_{D,AB}$是与 A、B 分子间相互作用有关的参数，已知它是无因次温度 T_{AB}^*的函数。两个非极性分子间距离为 r，其相互作用的势能可以用伦纳德-琼斯（Lennard-Jones）势函数表示

$$\Psi(r) = 4\varepsilon\left[\left(\frac{\sigma}{r}\right)^{12} - \left(\frac{\sigma}{r}\right)^{6}\right] \tag{6-35}$$

势函数 $\Psi(r)$与距离的关系还可以用图形表示（见图 6-6）。由式(6-35)及图 6-6 可以看

出，当两分子相距较远时，两者相吸，随着距离减小势能逐渐减小至达到最低值 ε，此时对应的是平衡位置（$r=\delta$），随着两分子间距离进一步减小，分子相斥，势能增加。分子的特征直径 σ 即势能 $\Psi(r)=0$ 时的分子间距离。

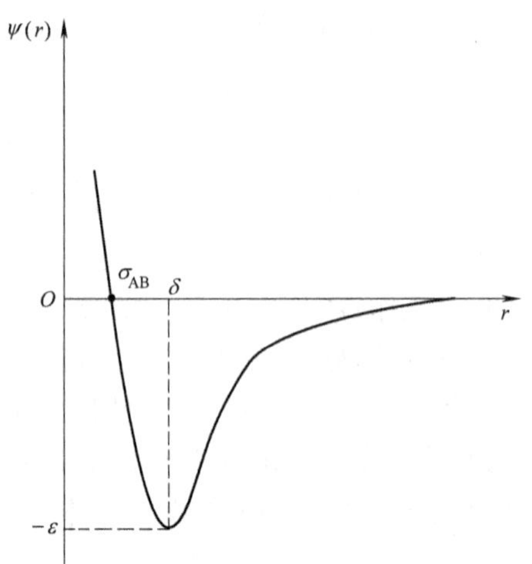

图 6-6　伦纳德—琼斯势函数与分子间距的关系

一般 σ_{AB}取 σ_A 和 σ_B 的算术平均值，σ_A 和 σ_B 可从手册中查出。$\Omega_{D,AB}$仅是无因次温度$k_B T/\varepsilon_{AB}$的函数。$(\varepsilon/k_B)_{AB}$是分子间势能参数的平均值，ε 可用简单的规则估算

$$\varepsilon_{AB}=(\varepsilon_A\varepsilon_B)^{0.5}$$

(ε/k_B)单位为热力学温度单位 K。ε 是特征势能参数，k_B 为玻耳兹曼常数。表 6-2 给出几种常见气体的 σ_d 及 ε/k_B 的值，由此，可以计算 $\sigma_{d,AB}$及无因次温度 T^*。一些研究者提出了不同的算式或以图形表示 $\Omega_{D,AB}$与 T^* 的关系。例如诺菲尔德（P. D. Naufeld）等曾提出较精细的 $\Omega_{D,AB}$与 T^* 的关系式

表 6-2　几种常见气体的与伦纳德-琼斯势函数有关的参数

气　体	σ_d/nm	$\frac{\varepsilon}{k_B}$/K	气　体	σ_d/nm	$\frac{\varepsilon}{k_B}$/K
Ar	0.3542	93.3	H_2O	0.2641	809.1
CO	0.3690	91.7	N_2	0.3798	71.4
CO_2	0.3941	195.2	O_2	0.3470	106.7
H_2	0.2827	59.7			

$$\Omega_{D,AB}=\frac{a}{(T^*)^b}+\frac{c}{\exp(d\cdot T^*)}+\frac{e}{\exp(f\cdot T^*)}+\frac{g}{\exp(h\cdot T^*)} \tag{6-36}$$

式中，$a=1.06036$，$b=0.15610$，$c=0.19300$，$d=0.47635$，$e=1.03587$，$f=1.52996$，$g=1.76474$，$h=3.89411$。

例题 6-3　试计算 N_2-CO_2 混合气体在 590K 及 100kPa 压力下的互扩散系数。

解　从表 6-2 中查出 $\sigma_{d,CO_2}=0.3941$nm，$\sigma_{d,N_2}=0.3798$nm，$\sigma_{d,N_2-CO_2}=(0.3941+0.3798)/2=0.38695$nm；又由表 6-2 查出$\frac{\varepsilon_{CO_2}}{k_B}=195.2$K，$\frac{\varepsilon_{N_2}}{k_B}=71.4$K，则$\frac{\varepsilon_{N_2-CO_2}}{k_B}=195.2^{0.5}\times71.4^{0.5}=118$K。

$T^*=\frac{k_B T}{\varepsilon_{N_2-CO_2}}=\frac{590}{118}=5.0$，代入式(6-36)，$\Omega_{N_2-CO_2}=0.842$，$M_{CO_2}=0.044$kg/mol，$M_{N_2}=0.028$kg/mol。

将这些值代入式(6-33)中

$$D_{N_2-CO_2}=\frac{5.876\times10^{-6}\times590^{\frac{3}{2}}}{10^5\times0.38695^2\times0.842}\sqrt{\frac{1}{0.044}+\frac{1}{0.028}}=5.2\times10^{-5}\mathrm{m^2/s}$$

伊利斯及霍尔森(C. S. Ellis 及 J. N. Holsen)实验测定的 $D_{N_2-CO_2}$ 为 $5.83\times10^{-5}\mathrm{m^2/s}$。并推荐 $\varepsilon_{N_2-CO_2}=134\mathrm{K}$，$\sigma_{N_2-CO_2}=0.3660\mathrm{nm}$，用这些值代入式(6-33)计算得到的 $D_{N_2-CO_2}=5.6\times10^{-5}\mathrm{m^2/s}$，与实测值更接近。

式(6-33)是对非极性的、球形、单原子分子在低密度条件下推导得出的。但实际上，按照式 (6-33)计算，在很宽的温度范围及对大量的双组元气体混合物得出的 D_{AB}值都与实验值符合较好。在 1MPa 以上中高压力范围式(6-33)已不适用，对多组元气体混合物式(6-33)也不适用。

6.2.3.2　气体在多孔介质中的扩散

在冶金及材料制备过程中，经常遇到气体通过多孔介质扩散的问题，如矿石还原或焙烧，粉末冶金中压坯时的放气，及用气相沉积方法进行的材料表面的涂层等。

气体在多孔介质中的扩散由于孔的大小及形状不同可以划分为普通的分子扩散、克努森(Knusen)扩散和表面扩散。

孔径 d 远大于气体分子的平均自由程 $\bar{\lambda}$，$\frac{\bar{\lambda}}{d}\leqslant0.01$ 时，主要是发生普通的分子扩散(或称分子扩散)。气体在多孔介质中进行的这种扩散，从介质的一个侧面到另一个侧面，总的扩散路径要比不存在聚合体(固体介质)时要长。因为孔隙度降低了扩散的有效横截面积，而孔隙的曲折度(用 τ_p 表示)也有降低有效的扩散作用。于是用有效的扩散系数 $D_{AB,eff}$来表示气体混合物 A-B 通过多孔介质时的扩散系数。$D_{AB,eff}$与双组分气体混合物一般的分子扩散系数的关系则可以表示为

$$D_{AB,eff}=\frac{D_{AB}\varepsilon_p}{\tau_p}\tag{6-37}$$

式中，孔隙度 ε_p 是小于 1 的正数；曲折度 τ_p 是大于 1 的数，对于不固结的粒料，τ_p 值在 1.5～2.0范围内，压实的粒料，τ_p 值可达 7～8。τ_p 不是孔隙度的函数，却与粒径的大小、粒度分布和形状有关。曲折度必须要由实验确定。但通过与过去使用过的类似材料得到的结果比较，有可能进行合理和可靠的估算。

气体密度不大，或孔隙直径很小，气体分子平均自由程远大于孔隙直径时$\left(\frac{\bar{\lambda}}{d}\geqslant10\right)$，气体分子与壁面碰撞的几率要远大于分子之间的碰撞几率。此时扩散的阻力主要决定于分子与壁面的碰撞，而分子间的碰撞阻力可以忽略，这种类型的扩散称为克努森扩散。

$$D_K=\frac{2}{3}\bar{r}\,\overline{v_A}\tag{6-38}$$

式中　D_K——克努森扩散系数，$\mathrm{m^2/s}$；

$\bar{r}$——孔隙的平均半径，m；

$\overline{v_A}$——气体 A 的分子的均方根速率，m/s。

由气体分子运动论可知

$$\overline{v_A}=\sqrt{\frac{8RT}{\pi M_A}} \tag{6-39}$$

代入式(6-38)，得

$$D_K=3.07\bar{r}\sqrt{\frac{T}{M_A}} \tag{6-40}$$

式中　M_A——摩尔质量，kg/mol；

T——热力学温度；

R——气体常数，8.314J/(mol·K)。

有两种方法可以判断在多孔介质中起主导作用的是普通的分子扩散还是克努森扩散。一种是计算孔隙的平均半径 $\bar{r}$，将 $\bar{r}$ 与气体分子运动的平均自由程 $\bar{\lambda}$ 作比较。

$$\bar{\lambda}=(\sqrt{2}\pi\cdot d^2\cdot n)^{-1} \tag{6-41}$$

式中　d——分子的碰撞直径，nm；

n——分子浓度，nm^{-3}。

如果 $\bar{r}$ 与 $\bar{\lambda}$ 属同一数量级，或 $\bar{r}$ 比 $\bar{\lambda}$ 仅大一个数量级，则克努森扩散起主导作用。在较高温度下，当 $\bar{r}$ 小于或等于 100nm 时气体分子的尺寸与空隙孔径相比仍然非常小时，克努森扩散就可能起主要作用。

例题 6-4　考察铸钢时金属蒸气扩散到型砂的情况。试计算 1600℃下锰蒸气通过石英砂的扩散系数，假定这时只存在氩气。又已知 1600℃时，$D_{Mn-Ar}=3.4\times10^{-4}m^2/s$。

解　首先需验证克努森扩散所起的作用。利用式(6-40)计算 D_K，对于直径为 0.05cm 数量级的砂粒，取粒间距 $\bar{r}=0.005cm$，则 D_K 为

$$D_K=3.07\times5\times10^{-5}\times\sqrt{\frac{1873}{54.93\times10^{-3}}}m^2/s=2.83\times10^{-2}m^2/s$$

因此 $D_{Mn-Ar}/D_K=\dfrac{3.4\times10^{-4}}{2.83\times10^{-2}}=0.012$

这一结果说明过程为一般的分子扩散控制。

进一步校核，需计算锰蒸气的平均自由程 $\bar{\lambda}_{Mn}$。根据式(6-41)，取 $n=0.448nm^{-3}$，$d=0.24nm$，则

$$\bar{\lambda}=2^{-0.5}(\pi\times0.448\times0.24^2)^{-1}=8.7nm$$

由于孔隙尺寸为 10^4nm 数量级，$\bar{\lambda}_{Mn}$远小于此值。因此，可以肯定，克努森扩散并不重要。

6.2.4　扩散系数和温度的关系

在冶金及材料中的实际体系大多比较复杂，所需的扩散系数数据大部分需要进行实验测

量，按扩散系数和温度之间的经验关系计算所需温度下的扩散系数。扩散系数和温度之间的经验关系为

$$D=D_0\exp\left(-\frac{E_D}{RT}\right) \tag{6-42}$$

式中 E_D——扩散活化能，J/mol；

D_0——频率因子，与 D 的单位同为 $m^2 \cdot s^{-1}$；

D_0，E_D 大体上为常数。式(6-42)适用于固体及液体中各种扩散系数。测出几个不同温度下的扩散系数，代入上式，可求出相应的扩散活化能 E_D 及指前因子 D_0。从而，可计算在实验温度范围内任意温度下的扩散系数。

例题 6-5 表 6-3 给出了 4 个温度下实验测定的[N]在液态铁中的扩散系数，求扩散活化能及指前因子。

表 6-3 氮在液态铁中的扩散系数

温度/ ℃	扩散系数/$m^2 \cdot s^{-1}$	温度/ ℃	扩散系数/$m^2 \cdot s^{-1}$
1550	13.68×10^{-9}	1650	16.14×10^{-9}
1600	14.86×10^{-9}	1700	17.41×10^{-9}

解 $\lg(D/[D])=\lg(D_0/[D])+\left(-\frac{E_D}{2.303R}\right)\left(\frac{1}{T}\right)$

以 $\lg(D/[D])$ 为纵坐标，$1/T$ 为横坐标作图，所得直线的斜率等于$(-E_D/2.303R)$，可以求出扩散活化能 E_D，直线的截距值等于 $\lg(D_0/[D])$。也可以进行坐标变换，令 $\lg(D_0/[D])=y$，$1/T=x$，在计算机上用最小二乘法，求出直线，$y=a+bx$，由 a、b 值求出相应的 D_0 及 E_D 值。

由表 6-3 给出的数据，可得一组 $\lg(D/[D])$ 和 $1/T$ 值，图 6-7 为应用这组数据求 D_0 及 E_D

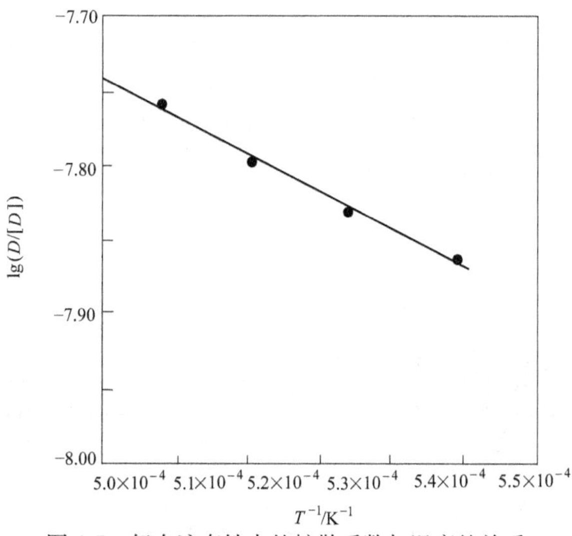

图 6-7 氮在液态铁中的扩散系数与温度的关系

的示意图。

由上图得到直线斜率为－2525，即

$$-E_D/(1.303R)=-2525$$

所以，$E_D=2525\times1.303\times8.314=48.35\text{kJ/mol}$。

由直线的截距得到 $\lg(D_0/[D])=6.479$，$D_0=3.32\times10^{-7}\text{m}^2/\text{s}$。

6.3　互扩散和本征扩散

在实践中接触到不同类型的扩散，诸如自扩散、本征扩散等。扩散的分类方法很多，如分为无相界面的扩散和存在相界面的扩散。其中自扩散、同位素扩散属于前一类，而本征扩散、互扩散属后一类。还有一类称为与外界条件有关的扩散，如表面扩散，毛细管扩散、旋涡扩散等。本节着重讨论互扩散和本征扩散及其相互关系，扩散与体系热力学的关系。

6.3.1　科肯道尔效应与达肯公式——本征扩散与互扩散及相互关系

6.3.1.1　科肯道尔效应

在前述的扩散偶的扩散中，曾假定只有一种组元在扩散，或二元系中一个溶质组元浓度极稀。实际上二元系中另一组元也会由于相反方向上化学势梯度的存在产生相反方向的扩散。两组元的扩散同时存在，互相影响。选择测量坐标系的原点在远离扩散体系处（无穷远），可以得到两组元相互扩散的综合结果，测得的扩散系数称互扩散或化学扩散系数。

实验表明，固体扩散偶界面两侧不同原子的互扩散，会引起界面的移动，即表明扩散体系中不仅有微观扩散流，还存在宏观的扩散流。科肯道尔（Kirkendall）于 1947 年用 Cu-Zn 合金和纯 Cu 组成的扩散偶，进行的互扩散实验证实了这一点。图 6-8 是其实验示意图。在一块黄铜（Cu-Zn 合金）外绕很多圈 Mo 丝作为惰性标记，用电镀法在黄铜外覆盖纯铜，进行长时间的扩散退火。发现黄铜中的 Zn 向外面的镀铜层扩散，外面的 Cu 原子向黄铜中扩散。由于 $D_{Cu}\neq D_{Zn}$，两种原子扩散流密度是不等量的，引起了界面处的惰性标记 Mo 丝的移动，发现在 785℃扩散 56 天后，Mo 丝向黄铜一侧移动 0.124mm，还发现 Mo 丝向内移动的距离与扩散退火时间的平方根成正比。在显微镜下观察扩散后的样品时，发现在界面的黄铜一侧有微孔。

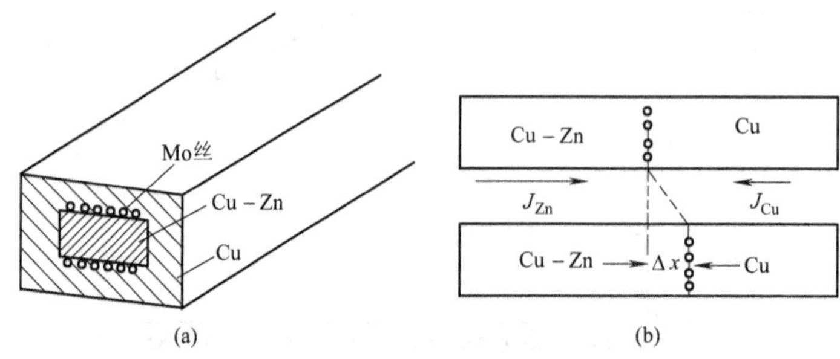

图 6-8　科肯道尔实验示意图

若 Zn 与 Cu 原子是方向相对地等原子扩散，则由于 Zn、Cu 原子体积差异 Zn 原子半径比 Cu 原子半径略大，每边惰性标记仅应向内移动 0.0125mm，实际移动距离 0.124mm，说明 $D_{Zn} > D_{Cu}$，使单位时间内穿过界面进入铜中的 Zn 原子数大于 Cu 原子进入黄铜中的原子数，即 $J_{Zn} > J_{Cu}$，并造成了界面的宏观移动。在黄铜一侧出现了过饱和空位聚集而形成的微孔。后来的许多实验说明，代位固溶体构成的扩散偶样品中，都有界面移动现象。这种现象称科肯道尔效应。

科肯道尔效应表明二元系中存在互扩散，二组元在扩散时不一定是等原子数互换位置。

6.3.1.2　达肯公式

达肯(L. S. Darken) 于 1948 年针对科肯道尔效应推导出了二元系中互扩散系数与其两个单一组元扩散系数的关系式。设有 A、B 两种物质以等截面垂直对接，在界面上放置惰性标记，如图 6-9 所示。当 $D_A \neq D_B$，$J_A \neq J_B$，经长时间扩散退火后，标记会移动。设标记移动速度为 v_x，如将坐标原点取在距标记很远，使实验满足全无限长一维扩散的边界条件，即在扩散期间，A、B 试样的端部不发生扩散。若将坐标原点取在移动的惰性标记所在的晶面上，则观察到通过该面 A 的扩散流密度为

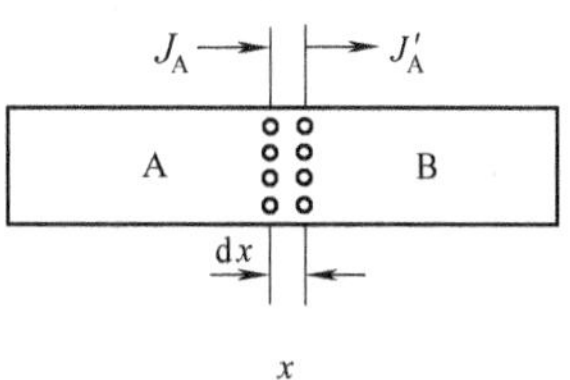

图 6-9　标记移动示意图

$$J_A = -D_A \frac{\partial c_A}{\partial x}$$

但是，当坐标原点取在扩散偶之外时，所观察到的 A 通过 x 处的扩散流密度 $J_{A\infty}$ 为

$$J_{A\infty} = -D_A \frac{\partial c_A}{\partial x} + v_x c_A \tag{6-43}$$

式(6-43)中，用 $J_{A\infty}$ 表示扩散流密度，下标∞强调以距标记无穷远的静止面为基准。式中，右边第一项表示 A 组元质点的扩散引起的物质迁移；第二项是由于 $D_A \neq D_B$，$J_A \neq J_B$，由标记移动标识的本体运动引起的 A 组元的迁移。

组元 A 由 $x + \mathrm{d}x$ 处平面流出的扩散流密度 $J'_{A\infty}$ 为

$$J'_{A\infty} = J_{A\infty} + \frac{\partial J_{A\infty}}{\partial x}\mathrm{d}x = \left(-D_A \frac{\partial c_A}{\partial x} + c_A v_x\right) + \frac{\partial}{\partial x}\left(-D_A \frac{\partial c_A}{\partial x} + c_A v_x\right)\mathrm{d}x$$

组元 A 在 1 · dx 体积内扩散流密度变化为

$$J'_{A\infty} - J_{A\infty} = \frac{\partial}{\partial x}\left(-D_A \frac{\partial c_A}{\partial x} + c_A v_x\right)\mathrm{d}x$$

在垂直于 x 轴的单位面积上(参见图 6-10)，物质平衡可以写为

$$\Delta x\left(\frac{\partial c_A}{\partial t}\right) = J_{A\infty|x} - J_{A\infty|x+\Delta x}$$

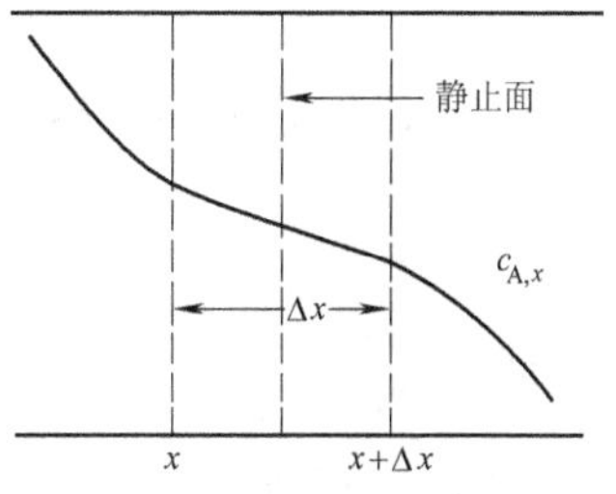

图 6-10　$x \to x + \Delta x$ 微元体上的物质平衡

两边取极限，得

$$\frac{\partial c_A}{\partial t}=-\frac{\partial J_{A\infty}}{\partial x} \tag{6-44}$$

因而得到

$$\frac{\partial c_A}{\partial t}=\frac{\partial}{\partial x}\left(D_A\frac{\partial c_A}{\partial x}-v_x c_A\right) \tag{6-45}$$

及

$$\frac{\partial c_B}{\partial t}=\frac{\partial}{\partial x}\left(D_B\frac{\partial c_B}{\partial x}-v_x c_B\right)$$

设 A-B 二元系中，空位总浓度为常数，则得到扩散体系各处

$$c_A+c_B\equiv c$$

并且

$$\frac{\partial c_A}{\partial t}+\frac{\partial c_B}{\partial t}=\frac{\partial c}{\partial t}$$

可得

$$\frac{\partial c}{\partial t}=\frac{\partial}{\partial x}\left(D_A\frac{\partial c_A}{\partial x}+D_B\frac{\partial c_B}{\partial x}-cv_x\right) \tag{6-46}$$

假设，A、B 组元混合形成二元系时，体积无变化；两种原子半径差别不大，单位体积内 A、B 原子总数及空位浓度不随时间变化，则 $c=$常数，且$\partial c/\partial t=0$，代入式(6-46)，得到

$$\frac{\partial}{\partial x}\left(D_A\frac{\partial c_A}{\partial x}+D_B\frac{\partial c_B}{\partial x}-cv_x\right)=0$$

积分后得

$$D_A\frac{\partial c_A}{\partial x}+D_B\frac{\partial c_B}{\partial x}-cv_x+I=0 \tag{6-47}$$

式中，I 为积分常数。确定 I 的值与坐标原点有关。若原点选在 A 或 B 棒中任意一端，则根据边界条件可知$\frac{\partial c_A}{\partial x|_{x=\infty}}=0$；$\frac{\partial c_B}{\partial x|_{x=\infty}}=0$；无穷远处 $v|_{x=\infty}=0$，由式(6-47)可得积分常数 $I=0$。将积分常数代入式(6-47)得到标记移动速度

$$v_x=\frac{1}{c}\left(D_A\frac{\partial c_A}{\partial x}+D_B\frac{\partial c_B}{\partial x}\right) \tag{6-48}$$

若以 A 和 B 的摩尔分数 x_A、x_B 来代替 c_A、c_B，则式(6-48)可改写为

$$v_x=D_A\frac{\partial x_A}{\partial x}+D_B\frac{\partial x_B}{\partial x}$$

或

$$v_x=(D_A-D_B)\frac{\partial x_A}{\partial x} \tag{6-49}$$

式(6-45)可改写为

$$\frac{\partial x_A}{\partial t}=\frac{\partial}{\partial x}\left[D_A\frac{\partial x_A}{\partial x}-x_A(D_A-D_B)\frac{\partial x_A}{\partial x}\right]$$

整理后，得

$$\frac{\partial x_A}{\partial t}=\frac{\partial}{\partial x}\left(\widetilde{D}\frac{\partial x_A}{\partial x}\right)$$

令

$$\widetilde{D}=x_B D_A+x_A D_B \tag{6-50}$$

式(6-49)与式(6-50)合称为达肯公式。式中 $\widetilde{D}$ 称为互扩散系数或化学扩散系数。D_A、D_B 分别称为 A 和 B 的本征扩散系数或偏扩散系数。互扩散系数 $\widetilde{D}$ 及组元本征扩散系数 D_A、D_B 皆随浓度而变化。要通过实验测定 D_A、D_B 的值，一方面需要测出界面(标记)的移动速度 v_x 值，另一方面由浓度分布曲线确定$\frac{\partial x_A}{\partial x}$的值。再由式(6-49)和式(6-50) 联立求出 D_A 和 D_B。

达肯公式给出了二元系互扩散系数与其组元各自的本征扩散系数的关系。若 A-B 二元系中一个组元的浓度极低，设 $x_B \to 0$，$x_A \to 1$，则由式(6-50)得到

$$\widetilde{D}\cong D_B$$

在这种条件下，互扩散系数与浓度极低组元的本征扩散系数近似相等。

6.3.2　二元系中组元本征扩散系数与热力学活度系数的关系

由菲克第一定律 $J=-D\frac{\partial c}{\partial x}$可知，当$\frac{\partial c}{\partial x}=0$ 时，扩散流密度 $J=0$。这一观点虽能解释许多表观现象，但并不严格。严格说来，扩散的驱动力是化学势梯度。著名的达肯实验可以说明这一点。用 Fe-Si(3.8%)-C(0.48%)与 Fe-C(0.44%)两种钢制成的试棒组成扩散偶，在1050℃扩散退火 13 天。扩散偶退火不同时间时所得的浓度分布及化学势分布表明(图 6-11b、c、d)，扩散过程中碳的浓度变化并不是简单地直接得到 0.46%这一平均值。由于 Fe-Si-C 中硅使 C 的活度增加(活度相互作用系数 $e_C^{Si}=0.08$)，使 C 在 Fe-Si-C 中的化学势比在 Fe-C 中的化学势高得多，因而大量的碳向 Fe-C 一边扩散，使两种合金界面两侧的 C 浓度更不均匀(见图6-11b)。这种情形无法用浓度梯度是扩散的驱动力来解释。若硅不发生扩散，则最终的浓度分布如图 6-11c 中所示。由于硅是置换型扩散，而不同于碳的间隙扩散，因此扩散进行比碳慢得多。在硅发生明显扩散之后，右边的钢块中形成的较高碳浓度要逐渐降低(如图 6-11c 所示)，直至硅和碳的化学势梯度都消失为止(见图 6-11d)。

上述这类扩散组元由浓度低处向浓度高处扩散的现象，称为“爬坡”扩散或逆扩散。由扩散的驱动力是化学势梯度可以解释这一现象。

达肯推导了组元扩散系数和活度系数的关系式，说明了扩散系数这一动力学参数和组元热力学性质之间的内在定量关系。得出对于 A-B 二元系的扩散有如下关系成立：

$$D_A=k_B T B_A\left(1+\frac{\partial \ln\gamma_A}{\partial \ln x_A}\right) \tag{6-51}$$

式中，k_B 为玻耳兹曼常数；γ_A 为组元 A 的活度系数；B_A 为组元 A 的淌度。

同理

$$D_B=k_B T B_A\left(1+\frac{\partial \ln\gamma_B}{\partial \ln x_B}\right) \tag{6-52}$$

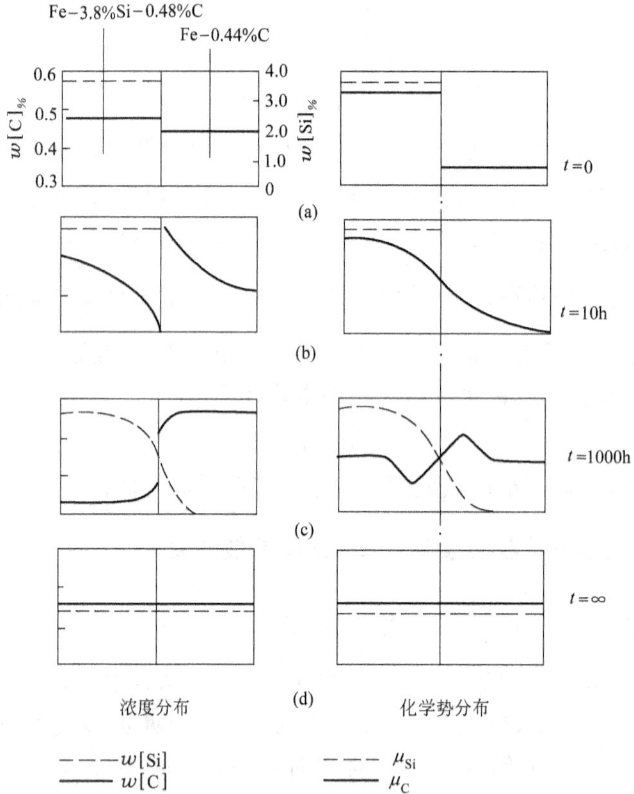

图 6-11　Fe-Si-C 与 Fe-C 合金组成的扩散偶退火不同时间时的浓度分布曲线和化学势曲线示意图

式(6-51)、式(6-52)揭示了组元的本征扩散系数不仅与该组元的淌度有关，与热力学性质——组元的活度系数 γ 也有关。活度系数与溶液中原子间作用力的强弱有关，因此也影响其迁移速度。当 $\dfrac{\partial \ln r_i}{\partial \ln x_i}<-1$，则 $D_i<0$，即扩散沿浓度增加方向进行，出现所谓的“爬坡”扩散现象。由式(6-51)及式(6-52)可知，对于理想溶液 $\gamma_A=1$，$\gamma_B=1$，则组元的本征扩散系数为

$$D_i=k_B TB_i \tag{6-53}$$

即能斯特—爱因斯坦公式，表示理想溶液组元的扩散系数 D 与淌度 B 的关系。

由对二元系溶液，根据吉布斯—杜亥姆(Gibbs-Duhem)方程

$$x_A \partial \ln\gamma_A + x_B \partial \ln\gamma_B = 0$$

可以得到

$$\frac{\partial \ln\gamma_A}{\partial \ln x_A}=\frac{\partial \ln\gamma_B}{\partial \ln x_B} \tag{6-54}$$

因此，式(6-51)与式(6-52)相除，得

$$\frac{D_{\mathrm{A}}}{D_{\mathrm{B}}}=\frac{B_{\mathrm{A}}}{B_{\mathrm{B}}} \tag{6-55}$$

即二元系中，两组元的本征系数之比等于其淌度之比。

6.4　相际传质

6.4.1　传质对反应速率影响的讨论

在均相（气相或液相）反应中，如果在反应器中能迅速实现理想的混合，则可以忽略传质的阻力。否则，必须对传质的影响加以考虑。从宏观上要运用总体的质量守恒方程，从“微观”角度出发，则要应用在“传输原理”中已学过的对流—扩散方程。

冶金过程中的化学反应多为复相反应，很多反应发生在流体和固体之间，或两个不相混溶的流体之间。反应物和产物的物质传输经常是过程的控速步骤。工程上经常假定传质步骤的阻力主要存在于反应界面附近，因此，可以近似地应用传输原理中的边界层概念和理论来讨论界面附近的传质。

本节不拟重复各类边界层中变量分布的求解过程，而是讨论它们的分布特征，以及与传质系数的关系。

6.4.2　边界层概念——层流强制对流中的速度边界层、浓度边界层

由于施加在流体上的外力作用引起的流体流动称为强制对流。在强制对流中的传质称为强制对流传质。

考虑不可压缩流体流过平板，如图 6-12 所示。接近板面处，自由流股（或称本体流动）速度为 u_{b}。板面处有一层不动的液膜，$u_x=0$。由于流体的黏滞作用，在靠近板面处，存在一个速度逐渐降低的区域，该区域称为速度边界层。

若扩散组元在本体中的浓度为 c_{b}，而在板面上的浓度保持为 $c_{\mathrm{A}}=c_0$，如图 6-12 所示。则在本体和板面之间存在一个浓度逐渐变化的区域，该区域称为浓度边界层或扩散边界层。

对于图 6-12 所示边界层中的二维流动，应满足连续性方程及运动方程。同时注意到边界条件为 $y=0,u_x=u_y=0;y=\infty,u_x=u_b$。

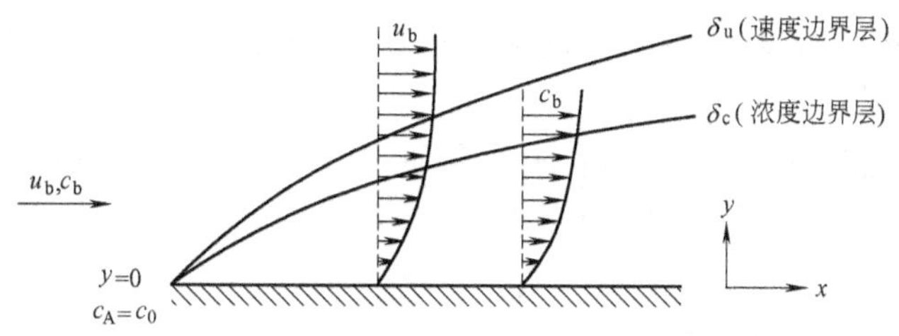

图 6-12　强制对流流过平板形成的速度边界层和浓度边界层

对于强制对流传质，流动不受传质的影响。由于板面附近速度是逐渐降低的，因此速度边界层的厚度是人为规定的。即规定从 $u_x/u_b=0.99$ 到 $u_x=0$ 的板面之间的区域为速度边界层。

根据冯·卡门(Von Karman)动量积分分析

$$\delta_u=4.64\sqrt{\frac{\nu x}{u_b}} \tag{6-56}$$

或

$$\frac{\delta_u}{x}=\frac{4.64}{\sqrt{Re_x}} \tag{6-57}$$

由此可见，速度边界层的厚度 δ_u 与到板端的距离 x 成正比，与雷诺数的平方根成反比；在 ν 和 u_b 都确定的情况下，δ_u 随 x 呈抛物线规律增加。

得到速度边界层后可以求解边界层中的浓度分布。边界条件为，在界面处，$x=0, y=0, c_A=c_0$；$y=\infty, c_A=c_b$。图 6-13 所示为层流强制对流浓度边界层。该图给出了浓度边界层中无因次浓度随 $y(Re_x)^{1/2}$ 的变化规律。该图还表示，这一变化关系与流体的施密特数 Sc 有关。

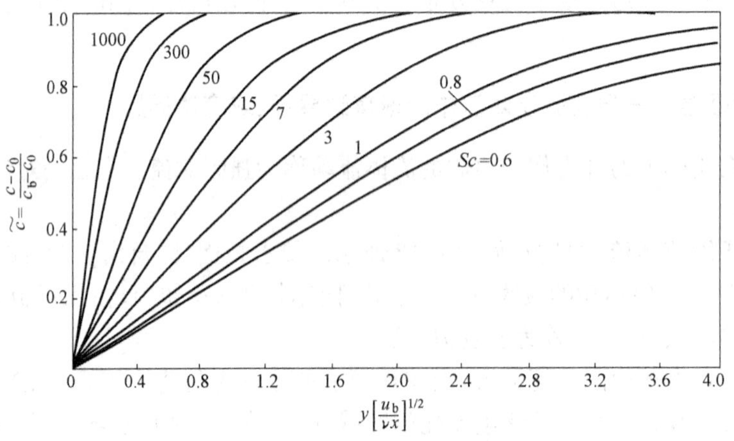

图 6-13　沿平板面上强制对流边界层的浓度分布

前面已说明，浓度边界层厚度的规定与速度边界层相似。把被传递物质的浓度由界面浓度 c_0 变化到为流体内部浓度 c_b 的 99%时的厚度(即 $c=c_b+(c_0-c_b)\times 0.01$)称为浓度边界层，或称为扩散边界层。

在流体以层流状态流过平板的条件下，由传质方程可以求出速度边界层厚度 δ_u 与浓度边界层 δ_c 有如下关系

$$\delta_c/\delta_u=(\nu/D)^{-1/3}=Sc^{-1/3} \tag{6-58}$$

Sc 为施密特数。结合式(6-57)，得

$$\delta_c/x=4.64Re_x^{-1/2}Sc_x^{-1/3} \tag{6-59}$$

若流体的流动不受外力的驱动，而是由于流体自身的密度差，或是由于流体中存在的温度差而形成的密度差引起的，则这种流动称为自然对流。自然对流中速度边界层和浓度边界层内流体的速度分布和浓度分布规律与强制对流不同，其无因次速度分布随传质的格拉晓夫数 Gr_m 变化，还与 Sc 数有关；其无因次的浓度分布也取决于 Gr_m 和 Sc 两个数值。

6.4.3　有效边界层与传质系数

6.4.3.1　有效边界层

在流体参与的异相传质过程中，相界面附近存在速度边界层和浓度边界层。图 6-14 中用粗实线给出两条曲线分别为速度边界层及浓度边界层中的速度分布和浓度分布。图中 c_s 为界面处的浓度，c_b 为浓度边界层外液体本体内的浓度。在浓度边界层中浓度发生急剧变化，边界层厚度 δ_c 不存在明显的界限，使得数学处理上很不方便。在浓度边界层中，同时存在分子扩散和湍流传质。因此在数学上可以做等效处理。在非常贴近与固体的界面处，浓度分布成直线。因此在界面处（即 $y=0$）沿着直线对浓度分布曲线引一切线，此切线与浓度边界层外流体本体内的浓度 c_b 的延长线相交，通过交点作一条与界面平行的平面，此平面与界面之间的区域叫做有效边界层，用 δ_c' 来表示。由图 6-14 可以看出，在界面处的浓度梯度即为直线的斜率

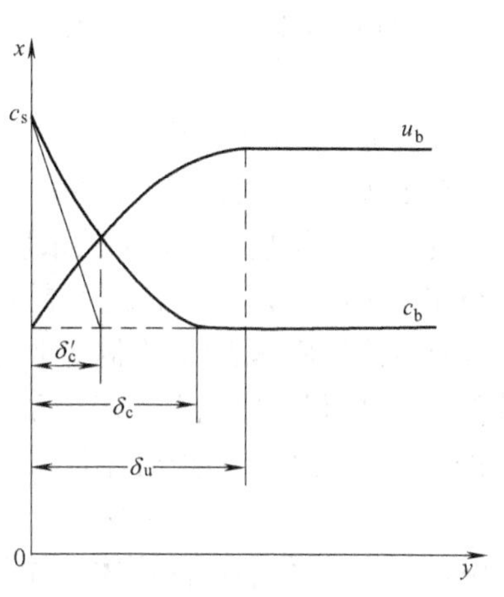

图 6-14　速度边界层、浓度边界层及有效边界层

$$\left(\frac{\partial c}{\partial y}\right)_{y=0}=\frac{c_b-c_s}{\delta_c'} \tag{6-60}$$

有效边界层的定义式是由瓦格纳（C. Wagner）首先提出的

$$\delta_c'=\frac{c_b-c_s}{\left(\frac{\partial c}{\partial y}\right)_{y=0}} \tag{6-61}$$

由于界面处（$y=0$），液体流速 $u_{y=0}=0$，传质以分子扩散一种方式进行，故稳态下，服从菲克第一定律，则垂直于界面方向上的物质流密度即为扩散流密度 J：

$$J=-D\left(\frac{\partial c}{\partial y}\right)_{y=0} \tag{6-62}$$

即使流动处于湍流状态，在 $y=0$ 处，流速 $u_{y=0}=0$，故式(6-62) 同样适用于湍流。将式 (6-61)代入式(6-62)，得到

$$J=\frac{D}{\delta_c'}(c_s-c_b) \tag{6-63}$$

当满足液体本体内的浓度 c_b 不随传质过程变化时，而界面浓度 c_s 又保持为热力学平衡浓

度，如对于固体溶解于液体的过程，界面处液体的浓度总保持固体在该液体中的饱和浓度，则式 (6-63) 为符合菲克第一定律的稳态扩散，这就大大简化了数学处理过程。

虽然在有效边界层理论中应用了稳态扩散方程来处理流体和固体界面附近的传质问题，但有效边界层内仍有液体流动，因此在有效边界层内传质不是单纯的分子扩散一种方式。有效边界层概念实质上是将边界层中的湍流传质和分子扩散等效地处理为厚度 δ_c' 的边界层中的分子扩散。

有效边界层的厚度约为浓度边界层(即扩散边界层)厚度的 2/3，即 $\delta_c'=0.667\delta_c$。对层流强制对流传质，由式(6-59)得出

$$\delta'_c=3.09xRe_x^{-1/2}Sc_x^{-1/3} \tag{6-64}$$

6.4.3.2 传质系数

在解决冶金及材料动力学中大量实际问题时，最感兴趣的往往不是整个体系中的浓度分布，而是在固体表面与流体之间或两个流体之间的传质问题。在讨论了强制对流流过固体表面，在固体和流体界面附近的传质过程后，可以很自然地引入传质系数的概念。传质系数 k_d 的定义由式 (6-65)给出，图 6-15 是其示意图。

$$J=k_d(c_s-c_b) \tag{6-65}$$

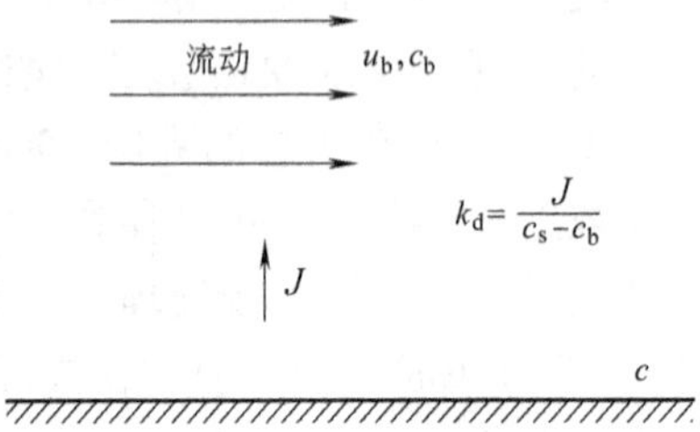

图 6-15 传质系数定义示意图

式中，c_s 为由固体表面向流体本体传输的物质在固体和流体界面的浓度；c_b 为该物质在流体本体内的浓度；J 为界面处扩散流密度，$J=-D(\partial c/\partial x)$。

因此，k_d 表示当 c_s 和 c_b 之差为单位浓度时在固体和流体之间被传输物质的物质流密度。将式(6-63)与式(6-65)联立，得到 k_d 与 δ_c'关系为

$$k_d=\frac{D}{\delta_c'} \tag{6-66}$$

式(6-66)是相际传质过程中最重要的关系式之一。有效边界层的厚度很难测量，一般通过传质系数来反算。

由式(6-65)可知，k_d 的因次为[L]/[t]。由于 k_d 与 D 相联系，扩散系数的 SI 单位为m^2/s，k_d 的单位则为 m/s。

在相似理论中舍伍德数 Sh_x 定义为

$$Sh_x=\frac{k_d x}{D} \tag{6-67}$$

又由式(6-66)得

$$Sh_x=x/\delta_c' \tag{6-68}$$

由式(6-64)及式(6-68)可得到

$$Sh_x=0.324Re_x^{1/2}Sc^{1/3} \tag{6-69}$$

式中，下标 x 表示所讨论的是在坐标 x 处的局部值。由式(6-66)得

$$(k_\mathrm{d})_x=\frac{D}{\delta_\mathrm{c}'}=\frac{D}{x}(0.324Re_x^{1/2}Sc^{1/3}) \tag{6-70}$$

若平板长为 L，在 $x=0\sim L$ 范围内 $(k_\mathrm{d})_x$ 的平均值

$$\begin{aligned}\overline{k}_\mathrm{d} &= \frac{1}{L}\int_0^L(k_\mathrm{d})_x\mathrm{d}x = 0.324\,\frac{D}{L}\left(\frac{\nu}{D}\right)^{1/3}\left(\frac{u}{\nu}\right)^{1/2}\int_0^L x^{-1/2}\mathrm{d}x \\ &=0.647\,\frac{D}{L}\left(\frac{\nu}{D}\right)^{1/3}\left(\frac{uL}{\nu}\right)^{1/2}\end{aligned} \tag{6-71}$$

整理后得

$$\frac{\overline{k}_\mathrm{d}L}{D}=0.647Re^{1/2}Sc^{1/3} \tag{7-72}$$

即

$$Sh=0.647Re^{1/2}Sc^{1/3} \tag{6-73}$$

式(6-71)～式(6-73)适用于流体以层流状态流过平板表面的传质过程。

当流体流动为湍流时，传质系数的计算公式为

$$Sh=0.647Re^{0.8}Sc^{1/3} \tag{6-74}$$

由于流体流动情况的复杂性、反应物的几何形状不规则等，从而使传质系数难以只通过公式计算求得。于是需要根据相似原理，设计特定的实验，通过总结实验结果建立起有关的无因次数群的关系。

特克道根(E. T. Turkdogan)曾总结层流流动情况下，几种传质过程中无因次数间的相互关系和传热过程中无因次数间的相互关系，见表 6-4。

表 6-4 传质和传热的无因次数群间的关系式

流动形态	传质 Sh 准数的平均值($\overline{Sh}$)	传热 Nu 准数的平均值($\overline{Nu}$)
强制对流流体流过平板	$0.664Re^{1/2}Sc^{1/3}$	$0.664Re^{1/2}Pr^{1/3}$
由垂直板产生的自然对流	$0.902\left(\frac{Gr_\mathrm{m}Sc^2}{4(0.861+Sc)}\right)^{\frac{1}{4}}$	$0.902\left(\frac{Gr_\mathrm{h}Pr^2}{4(0.861+Pr)}\right)^{\frac{1}{4}}$
强制对流流体流过球体	$2+0.6Re^{1/2}Sc^{1/3}$	$2+0.6Re^{1/2}Pr^{1/3}$
自然对流流体流过球体	$2+0.6\,Gr_\mathrm{m}{}^{1/4}Sc^{1/3}$	$2+0.6\,Gr_\mathrm{h}{}^{1/4}Pr^{1/3}$
气体喷射到固体表面	$1.01(d/l)^{1/4}Re^{3/4}Sc^{1/3}$	$1.01(d/l)^{1/4}Re^{3/4}Pr^{1/3}$

表 6-4 中需要说明几点：(1)当流速趋近于零即 $Re\to0$ 时，流过球体的传质和传热过程，$\overline{Sh}=2$，$\overline{Nu}=2$；(2)表中第一行的关系式是对平板的前沿（端部）已充分发展了的流动形态的公式，不能应用于静止的流体介质；(3)平板应足够大，否则会出现边界效应，尤其是流速较低时更是如此。

6.4.4 传质系数模型

传质系数是冶金及材料制备过程中最重要的动力学参数。由实验结果曾总结出一些舍伍德数的计算公式，但仅适用于给定实验条件下固体—液体组成的体系中液体一侧的传质系统的估算。有人曾从更为基本的原理或从简化的假设出发，先后提出了几个描述两个流体间或一个流体和一个固体间传质过程的预测模型。在与传质过程有关的变量超出实验条件范围时这些模型还能合理地估算有关的传质系数等参量。

6.4.4.1 双膜传质理论

双膜传质理论是刘易斯(W. K. Lewis)和惠特曼(W. Whitman)于1924年提出的。薄膜理论在两个流体相界面两侧的传质中应用，是最经典的传质理论之一，有4个基本要点。

(1) 在两个流动相(气体/液体、蒸气/液体、液体/液体)的相界面两侧，每个相都有一个边界薄膜(气膜、液膜等)。物质从一个相进入另一个相的传质过程的阻力也集中在界面两侧膜内。

(2) 在界面上，物质的交换处于动态平衡。

(3) 在每相的区域内，被传输的组元的物质流密度(J)，对液体来说与该组元在液体内和界面处的浓度差(c_l-c_i)成正比；对于气体来说，与该组元在气体界面处及气体体内分压差(p_i-p_g)成正比。若传质方向是由一个液相进入另一个气相，则J可以表示为

$$J=k_l(c_l-c_i) \tag{6-75}$$

$$J=k_g(p_i-p_g) \tag{6-76}$$

式中，k_l、k_g为组元在液体、气体中的传质系数；c_l、c_i为组元在液体内、相界面的浓度；p_g、p_i为组元在气体内、相界面的分压。

$$k_l=\frac{D_l}{\delta_l} \tag{6-77}$$

$$k_g=\frac{D_g}{RT\delta_g} \tag{6-78}$$

式中，D_l、D_g为组元在液体、气体中的扩散系数；δ_l、δ_g为液相、气相薄膜的厚度。

(4) 在实际的流体1/流体2组成的体系中，通常每相中的流动都处于湍流状态。但双膜理论认为薄膜中流体是静止不动的，不受流体内流动状态的影响。各相中的传质被看做是独立进行的，互不影响。

在冶金过程中，单相反应不多见，而气/液反应、液/液反应等异相反应相当多，前者如铜锍的吹炼、钢液的脱碳；后者如钢中锰、硅的氧化等钢渣反应。虽然经典的双膜理论有诸多不足之处，但在两流体间反应过程动力学研究中，界面两侧有双重传质阻力的概念至今仍有一定的应用价值。

改进了的双膜理论实际上是有效边界层在两个流体相界面两侧传质中的应用。界面两侧各有一边界层，考虑了在这个边界层中流体运动对质量传输的影响；所在扩散边界层内，同时

考虑在径向和切向方向的对流扩散和分子扩散；边界层的厚度不仅与流体的性质和流速有关，而且与扩散组元的性质有关。

6.4.4.2 溶质渗透理论与表面更新理论

a 溶质渗透理论

黑碧(R. Higbie) 在研究流体间传质过程中曾提出溶质渗透理论模型。渗透理论认为，相间的传质是由流体中的微元完成的。图 6-16 是流体微元流动示意图，流体可看作由许多微元组成。设流体 2 的体内每个微元内某组元的浓度为 c_b，由于自然流动或湍流，若某微元被带到界面与另一流体(流体 1)相接触，如流体 1 中某组元的浓度大于流体 2 相平衡的浓度则该组元从流体 1 向流体 2 微元中迁移。微元在界面停留的时间很短(有人估计约为 0.01～0.1s)，停留时间叫做微元的寿命，以 t_e 表示。经 t_e 时间后，微元又进入流体 2 内。此时，微元内的浓度已增加到 $c_b+\Delta c$，由于微元在界面处的寿命很短，组元渗透到微元中的深度小于微元的厚度，这一传质过程可看做非稳态的一维半无限体扩散过程。

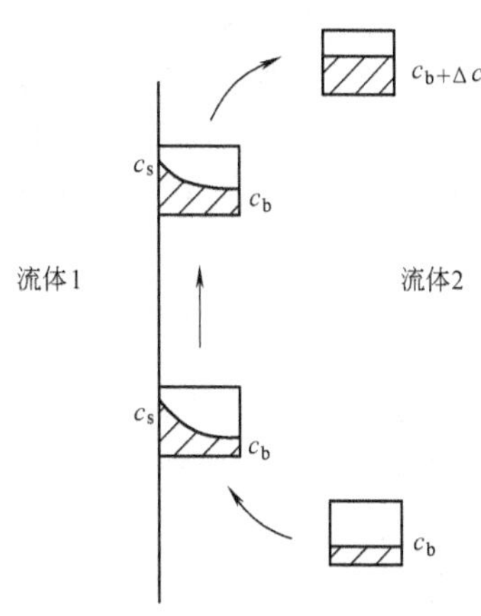

图 6-16 流体微元流动的示意图

半无限体扩散的初始条件和边界条件为

$$t=0, x\geqslant 0, c=c_b$$

$$0<t\leqslant t_e, x=0, c=c_s; x=\infty, c=c_b$$

对半无限体扩散时，菲克第二定律的解为

$$\frac{c-c_b}{c_s-c_b}=1-\mathrm{erf}\left(\frac{x}{2\sqrt{Dt}}\right) \tag{6-79}$$

$$c=c_s-(c_s-c_b)\mathrm{erf}\left(\frac{x}{2\sqrt{Dt}}\right) \tag{6-80}$$

在 $x=0$ 处(即界面上)，组元的扩散流密度

$$J=-D\left(\frac{\partial c}{\partial x}\right)_{x=0}=D(c_s-c_b)\left[\frac{\partial}{\partial x}\left(\mathrm{erf}\frac{x}{2\sqrt{Dt}}\right)\right]_{x=0}$$

$$=D(c_s-c_b)\cdot\frac{1}{\sqrt{\pi Dt}}=\sqrt{\frac{D}{\pi t}}(c_s-c_b) \tag{6-81}$$

在寿命 t_e 时间内的平均扩散流密度

$$\overline{J}=\frac{1}{t_e}\int_0^{t_e}\sqrt{\frac{D}{\pi t}}(c_s-c_b)\mathrm{d}t=2\sqrt{\frac{D}{\pi t_e}}(c_s-c_b) \tag{6-82}$$

根据传质系数的定义 $J=k_d(c_s-c_b)$，得到黑碧的溶质渗透理论的传质系数公式

$$k_d=2\sqrt{\frac{D}{\pi t_e}} \tag{6-83}$$

应强调溶质渗透理论认为，流体 2 的各微元与流体 1 接触时间即寿命 t_e 是一定的，t_e 即代表平均寿命；另外，传质为非稳态。

b 表面更新理论

丹克沃茨(P. V. Danckwerts)认为流体 2 的各微元与流体 1 接触时间即寿命各不相同，而是按 0～∞分布，服从统计分布规律。

设 Φ 表示流体微元在界面上的寿命分布函数，其单位[s^{-1}]，则 Φ 与微元寿命的关系可用图 6-17 表示。

$$\int_0^{\infty} \Phi(t)\,\mathrm{d}t = 1 \qquad (6\text{-}84)$$

该式的物理意义是界面上不同寿命的微元面积的总和为 1，即寿命为 t 的微元面积占微元总面积的($\Phi(t)/1$)。

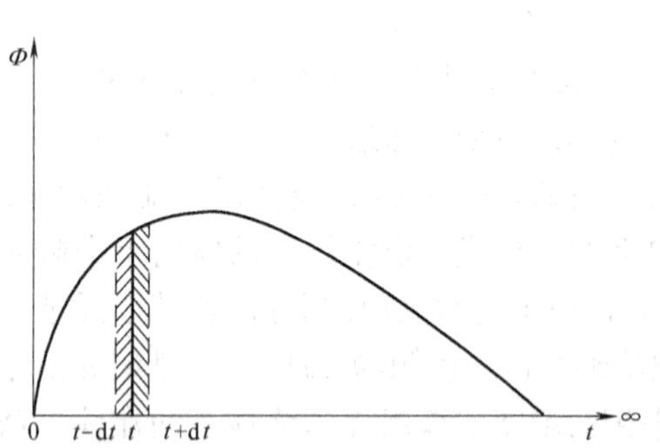

图 6-17　流体微元在界面上的寿命分布函数

以 S 表示表面更新率，即在单位时间内更新的表面积与在界面上总表面积的比例，在 ($t-\mathrm{d}t$)到 t 的时间间隔内，在界面上微元的面积为 $\Phi_t\mathrm{d}t$，在 t 到 $t+\mathrm{d}t$ 这个寿命时间间隔内更新的微元面积为 $\Phi_t\mathrm{d}t(S\mathrm{d}t)$；因此，在 t 至 $t+\mathrm{d}t$ 时间间隔内，未被更新的面积为 $\Phi_t\mathrm{d}t(1-S\mathrm{d}t)$，此数值应等于寿命为 $t+\mathrm{d}t$ 的微元面积 $\Phi_{t+\mathrm{d}t}\mathrm{d}t$，因此

$$\Phi_t\mathrm{d}t(1-S\mathrm{d}t)=\Phi_{t+\mathrm{d}t}\mathrm{d}t$$

$$\Phi_{t+\mathrm{d}t}-\Phi_t=-\Phi_t S\,\mathrm{d}t$$

$$\mathrm{d}\Phi_t/\Phi_t=-S\mathrm{d}t$$

设 S 为一常数，则

$$\Phi=A\mathrm{e}^{-St} \qquad (6\text{-}85)$$

式中 A 为积分常数。由式(6-84) 得

$$\int_0^{\infty} A\mathrm{e}^{-St}\,\mathrm{d}t = 1$$

$$\frac{A}{S}\int_0^{\infty} \mathrm{e}^{-St}\,\mathrm{d}(St) = \frac{A}{S} = 1$$

故 $A=S$，得

$$\Phi(t)=S\mathrm{e}^{-St} \qquad (6\text{-}86)$$

式(6-81)中的扩散(物质)流密度 J 是对微元寿命为 t 的物质流密度。因此，对于构成全部表面积所有各种寿命微元的总物质流密度为

$$J=\int_0^{\infty} J_t\Phi(t)\,\mathrm{d}t=\int_0^{\infty}\sqrt{\frac{D}{\pi t}}(c_s-c_b)S\mathrm{e}^{-St}\,\mathrm{d}t=\sqrt{DS}(c_s-c_b) \qquad (6\text{-}87)$$

根据传质系数的定义，得

$$k_d=\sqrt{DS} \qquad (6\text{-}88)$$

比较不同传质理论所得到的传质系数的表达式有

有效边界层理论、双膜理论

$$k_d = D/\delta_c'$$

黑碧溶质渗透理论公式

$$k_d = 2\sqrt{\frac{D}{\pi t_e}}$$

丹克沃茨表面更新理论公式

$$k_d = \sqrt{DS} = \sqrt{D/t_e}$$

在双膜理论及有效扩散边界层理论中，传质系数 k_d 与扩散系数成正比；在溶质渗透及表面更新理论公式中，$k_d \propto D^{1/2}$。从模型实验中归纳得到的相似准数关系式中，$k_d \propto D^n$，指数 n 随流体的流动状态及周围环境的不同其数值在 0.5～1.0 之间变化。如在层流强制对流传质中，$Sh = a + bRe^c Sc^{1/3}$ 关系式中，其中 a、b、c 均为常数，经简单的变换，得到 $k_d \propto D^{2/3}$。

例题 6-6　电炉氧化期脱碳反应产生 CO 气泡。钢液中 $w[O]_b = 0.05\%$，熔体表面和炉气接触处含氧达饱和 $w[O]_s = 0.16\%$，每秒每 10cm^2 表面逸出一个气泡，气泡直径为 4cm。已知 1600℃ $D_{[O]} = 1\times10^{-8}\,\text{m}^2/\text{s}$，钢液密度为 $7.1\times10^3\ \text{kg/m}^3$。求钢液中氧的传质系数及氧传递的扩散流密度。

解　氧化期钢液脱氧反应为

$$(FeO) = [Fe] + [O] \qquad [C] + [O] = CO_{(g)}$$

每个气泡的截面积为　　$\pi r^2 = 12.5\text{cm}^2$

表面更新的分数为　　$12.5/(10\times1) = 1.25\text{s}^{-1}$

应用表面更新理论，传质系数为　　$k_d = \sqrt{DS} = \sqrt{10^{-8}\times1.25} = 1.12\times10^{-4}\,\text{m/s}$

氧传递的扩散流密度

$$J = k_d(c^s_{[O]} - c^b_{[O]}) = 1.12\times10^{-4}\times\left(\frac{0.11\%\times7.1\times10^3}{16\times10^{-3}}\right) = 5.48\times10^{-2}\,\text{mol}\cdot\text{m}^{-2}/\text{s}$$

习　　题

6-1　一厚 0.01cm 的薄铁板，其一面暴露于 925℃的渗碳性气氛中，因而保持为 $w[C] = 1.2\%$C 的表面浓度，另一面浓度保持为 $w[C] = 0.1\%$。试计算稳态扩散情况下，穿过该薄铁板的碳的扩散流密度。假定扩散系数为一常数与浓度无关，已知 $D = 2\times10^{-11}\,\text{m}^2/\text{s}$，铁的密度 $\rho = 7\times10^3\,\text{kg/m}$。

（答案：$12.84\times10^{-4}\,\text{mol}/(\text{m}^2\cdot\text{s})$）

6-2　应用薄壳平衡法，推导通过空心圆柱体的扩散方程。

（答案：对于稳态，D 与浓度无关的扩散 $\dfrac{c-c_1}{c_1-c_2} = \dfrac{\ln(r/r_2)}{\ln(r_1/r_2)}$，$r_1$：内径，$r_2$：外径；$c_1$、$c_2$ 内外表面浓度。）

6-3　含碳 0.2%C 的低碳钢板置于 982℃ 的渗碳性气氛中，以发生反应

$$2CO = CO_2 + C$$

$CO-CO_2$ 气氛与钢板表面层中 1%C 达到平衡。设钢板内部扩散为过程控速环节，试计算经 2、4、10h 后碳的浓度分布。已知碳在钢中的扩散系数 $D_C=2.0\times10^{-11}m^2/s$。

6-4 实验测定 Zn 在 Sb 中的扩散系数数据如下：

温度/℃	583	530	471	399	326
$D_{Zn}/m^2\cdot s^{-1}$	8.85×10^{-9}	7.43×10^{-9}	6.73×10^{-9}	5.33×10^{-9}	4.32×10^{-9}

求扩散活化能及频率因子。

（答案：$E_D=12.8kJ/mol$，$D_0=5.26\times10^{-8}m^2/s$）

6-5 用一端有平面源的扩散法测定 Ce^{141} 在成分为 $w(CaO)=40\%$、$w(SiO_2)=40\%$ 和 $w(Al_2O_3)=20\%$ 的三元熔渣中的扩散系数，7h 后得到放射性强度分布如下表，求扩散系数 D_{Ce}^*。

x/m	1.126×10^{-3}	2.330×10^{-3}	3.355×10^{-3}	3.775×10^{-3}	4.719×10^{-3}	5.730×10^{-3}
I/次·s^{-1}	142	117	94	89	66	42

（答案：$D_{Ce}^*=2.65\times10^{-10}m^2/s$）

6-6 一限定成分为 $x(Ni)=0.0974$ 和 $x(Ni)=0.4978$ 的金—镍扩散偶在 925℃保持 2.07×10^6s 之久。然后将它切成与原始界面相平行，厚度为 0.075mm 的薄层并分析之。

(1) 利用下表数据，计算 $x(Ni)=0.20$、$x(Ni)=0.30$ 和 $x(Ni)=0.40$ 处的互扩散系数。

No.	x(Ni)	No.	x(Ni)	No.	x(Ni)
11	0.4978	23	0.3140	33	0.1686
12	0.4959	24	0.2974	35	0.1549
14	0.4745	26	0.2587	37	0.1390
16	0.4449	27	0.2411	38	0.1326
18	0.4058	28	0.2249	39	0.1255
19	0.3801	29	0.2138	41	0.1141
20	0.3701	30	0.2051	43	0.1048
21	0.3510	31	0.1912	45	0.0999
22	0.3317	32	0.1792	47	0.0974

(2) 假定在原始界面处插入一些标记，在扩散过程中它由 $x(Ni)=0.285$ 处移动至 $x(Ni)=0.30$ 的成分处。由此，确定在 $x(Ni)=0.30$ 的成分处的互扩散系数及 Au 和 Ni 的本征扩散系数。

答案：(1) $x(Ni)=0.20$，$\widetilde{D}=1.14\times10^{-13}m^2/s$；$x(Ni)=0.30$，$\widetilde{D}=8.06\times10^{-14}m^2/s$；$x(Ni)=0.40$，$\widetilde{D}=5.12\times10^{-14}m^2/s$；

(2) $\widetilde{D}=8.06\times10^{-14}m^2/s$；$D_{Au}=2.79\times10^{-14}m^2/s$；$D_{Ni}=10.31\times10^{-14}m^2/s$。

6-7 装有 30t 钢液的电炉，钢水深度 50cm，1600℃时 Mn 在钢水中的扩散系数为 $1.1\times10^{-8}m^2/s$，钢渣界面上金属锰含量为 0.03%（质量分数），钢液原始[Mn]为 0.3%（质量分数），经过 30 分钟钢液中锰含量降至 0.06%（质量分数）。若氧化期加矿石沸腾时，钢渣界面积等于钢液静止时的 2 倍，求 Mn 在钢液边界层中的传质系数及钢液边界层的厚度。

（答案：$k_d=3.05\times10^{-4}$ m/s，$\delta=0.036$mm）

6-8 1600℃下在电炉内用纯石墨棒插入含碳 0.4%（质量分数）的钢液内测定石墨的溶解线速度（$\Delta x/\Delta t$）$=4.2\times10^{-5}$ m/s，已知密度 $\rho_{石墨}=2250$kg/m，$\rho_{钢液}=7000$kg/m^3，石墨表面钢液的饱和碳浓度可用公式 $w[C]_{\%}=1.34+2.54\times10^{-3}t$ 计算，t 为摄氏温度。试求石墨/钢液边界层内碳的传质系数。（提示：碳通过边界层的传质速率为 $\frac{dn}{dt}=\frac{A\rho_{石墨}\left(\frac{\Delta x}{\Delta t}\right)}{M_C}$，$A$ 为石墨/钢液接触面积；M_C 为碳的摩尔质量。）

（答案：$k_d=2.7\times10^{-4}$ m/s）

6-9 已知 20t 电炉的渣钢界面积为 15m^2，钢液密度 7000kg/m^3，锰在钢液中扩散系数 1.0×10^{-8} m^2/s，边界层厚度 0.003cm。假定锰在渣钢中的分配系数很大，钢液中锰氧化速度的限制性环节是金属液中的扩散。试计算锰氧化 90%所需的时间。

（答案：22min）

思　考　题

6-1 什么是扩散？

6-2 扩散如何分类？

（1）什么是自扩散，什么是同位素扩散，两者有何区别和联系？

（2）什么是本征扩散，什么是互扩散，两者有何区别和联系？

6-3 何谓上坡扩散？试解释二元溶液中组元发生上坡扩散的机理，说明组元本征扩散系数与活度系数的关系。

6-4 层流流动和湍流流动各有什么物理特征，层流和湍流中的传质规律有何异同？

6-5 试说明有效边界层理论的要点。

7 多相反应动力学

7.1 气/固反应动力学

在冶金过程中许多反应属气/固反应。例如,铁矿石还原、石灰石分解、硫化矿焙烧、卤化冶金等。在材料制备及使用过程中,也有不少反应属气/固反应,如金属及合金的氧化和用化学气相沉积法(CVD)制备超细粉或进行材料的涂层等。

在气/固反应动力学研究中,人们曾建立了多种不同的数学模型,如未反应核模型、粒子模型等。其中最主要的是未反应核模型,它获得了较成功和广泛的应用。

7.1.1 气/固反应动力学模型

7.1.1.1 气/固反应机理分析及反应动力学处理的一般方法

气体与无孔隙固体反应物间的反应动力学处理比较简单,模型最早建立。如果原始的固体反应物是致密的或无孔隙的,则反应发生在气/固相的界面上,即具有界面化学反应特征。气/固反应的一般反应式为

$$A_{(g)}+bB_{(s)}=\!=\!=gG_{(g)}+sS_{(s)} \tag{7-1}$$

如铁矿石被 CO 或 H_2 气还原的反应是反应式(7-1)的一个实例。当无气体产物生成时(如金属氧化),上式成为

$$A_{(g)}+bB_{(s)}=\!=\!=sS_{(s)} \tag{7-2}$$

当无固相生成时(如燃烧反应),得到

$$A_{(g)}+bB_{(s)}=\!=\!=gG_{(g)} \tag{7-3}$$

当无气体反应物时(如碳酸盐分解),则得到

$$bB_{(s)}=\!=\!=gG_{(g)}+sS_{(s)} \tag{7-4}$$

以下讨论式(7-1)代表的气/固反应机理,式(7-2)、式(7-3)和式(7-4)表示的反应机理则可以在反应式(7-1)的基础上简化分析得到。

假设图 7-1 中固体反应物 B 是致密的,在 B 和气体 A 之间的如式(7-1)表示的气/固反应由以下步骤组成:

(1) 气体反应物 A 通过气相扩散边界层到达固体反应物表面,称为外扩散。

(2) 气体反应物通过多孔的还原产物(S)层,扩散到化学反应界面,称为内扩散。在气体反应物向内扩散的同时,还可能有固态离子通过固体产物层的扩散。

(3) 气体反应物 A 在反应界面与固体反应物 B 发生化学反应,生成气体产物 G 和固体产物 S。这一步骤称为界面化学反应,由气体反应物的吸附、界面化学反应本身及气体产物的脱附等步骤组成。

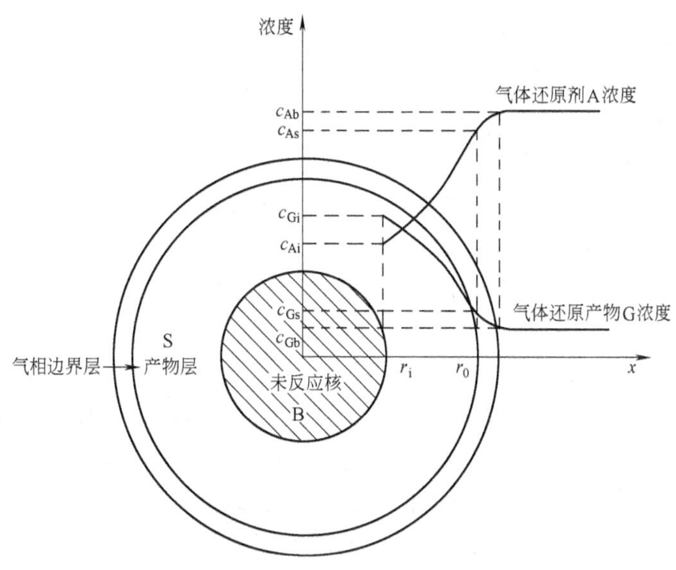

图 7-1　未反应核模型示意图

(4) 气体产物 G 通过多孔的固体产物(S)层扩散到达多孔层的表面。

(5) 气体产物通过气相扩散边界层扩散到气相本体内。

上述步骤中,每一步都有一定的阻力。对于传质步骤,传质系数的倒数 $1/k_d$ 相当于这一步骤的阻力。界面化学反应步骤中,反应速率常数的倒数 $1/k$,相当于该步骤的阻力。对于由前后相接的步骤串联组成的串联反应,则总阻力等于各步骤阻力之和。若反应包括两个或多个平行的途径组成的步骤,如上述第二步骤有两种进行途径,则这一步骤阻力的倒数等于两个平行反应阻力倒数之和。总阻力的计算与电路中总电阻的计算十分相似,串联反应相当于电阻串联,并联反应相当于电阻并联。

对于气/固反应,气体反应物在气相本体浓度与平衡浓度之差是总反应的推动力。总反应速率等于推动力和总阻力之比,这与电路中电流强度等于电动势与总电阻之比类似。

在串联反应中,如某一步骤的阻力比其他步骤的阻力大得多,则整个反应的速率就基本上由这一步骤决定,称为反应速率的控速环节和限制性环节或步骤。在平行反应中,若某一途径的阻力比其他途径小得多,反应将优先以这一途径进行。例如,在上述气/固反应过程的第二步,若固体产物层是多孔的,气体反应物通过固体产物层向内扩散的阻力要比固相中离子扩散小得多,传质过程则主要以气相扩散形式进行。

对于复杂反应,通过分析、计算和实验找出限制性环节,近似地将限制性环节的阻力处理为等于反应总阻力。由反应过程总的推动力与限制性环节阻力之比可近似地得出化学反应的速率。这相当于忽略了其他进行较快步骤的较小的阻力。这些步骤被近似地认为达到平衡。相对于真正的热力学平衡这是一种局部平衡。作为近似处理,对于达到局部平衡的化学反应步骤,可以用通常的热力学平衡常数计算各物质浓度之间的关系。对于传质步骤,达到局部平衡时,边界层和体相内具有均匀的浓度。

以上分析实际上适用于几乎所有的多相反应,如气/液、液/固、液/液反应等。

一般说来,一级反应的活化能和扩散活化能数量级相当,搅拌或提高流速对反应速度有显著影响。高温冶金反应、材料合成过程多数为传质步骤控速,习惯上称为扩散控速。反之,如果反应级数是二级或二级以上,活化能较大,搅拌或提高流速对速率无明显影响,则说明化学反应步骤是限制性环节,称为化学反应控制。

对不存在或找不出唯一的限制性环节的反应过程,常用前面第 5 章中所述的准稳态处理方法。

7.1.1.2　气/固反应的未反应核模型

如式(7-1)表示的反应,假设固体产物层是多孔的,则界面化学反应发生在多孔固体产物层和未反应的固体反应核之间。随着反应的进行,未反应的固体反应核逐渐缩小。基于这一考虑建立起来的预测气/固反应速率的模型称为缩小的未反应核模型,或简称为未反应核模型。大量的实验结果证明了这个模型可广泛应用于如矿石的还原、金属及合金的氧化、碳酸盐的分解、硫化物焙烧等气/固反应。

据此,式(7-1)表示的反应一般有五个串联步骤组成。其中第一及第五步骤为气体的外扩散步骤;第二、四步骤有气体通过多孔固体介质的内扩散步骤;第三步为界面化学反应。下面分别分析这三种不同类型的步骤的特点,推导其速率的表达式及由它们单独控速时,反应时间与反应率的关系。

a　外扩散

如图 7-1 所示球形颗粒的半径为 r_0,气体反应物通过球形颗粒外气相边界层的速率 v_g 可以表示为

$$v_g = -\frac{dn_A}{dt} = 4\pi r_0^2 k_g (c_{Ab} - c_{As}) \tag{7-5}$$

式中,c_{Ab}是气体 A 在气相内的浓度;c_{As}是在球体外表面的浓度;$4\pi r_0^2$ 是固体反应物原始表面积,设反应过程中由固体反应物生成产物过程中总体积无变化,$4\pi r_0^2$ 也是固体产物层的外表面积;k_g 是气相边界层的传质系数,与气体流速、颗粒直径、气体的黏度和扩散系数有关。层流强制对流流体通过球体表面可应用如下经验式

$$\frac{k_g d}{D} = 2.0 + 0.6 Re^{1/2} Sc^{1/3} \tag{7-6}$$

式中,D 是气体反应物的扩散系数;d 为颗粒的直径;Re 为雷诺数;Sc 为施密特数。

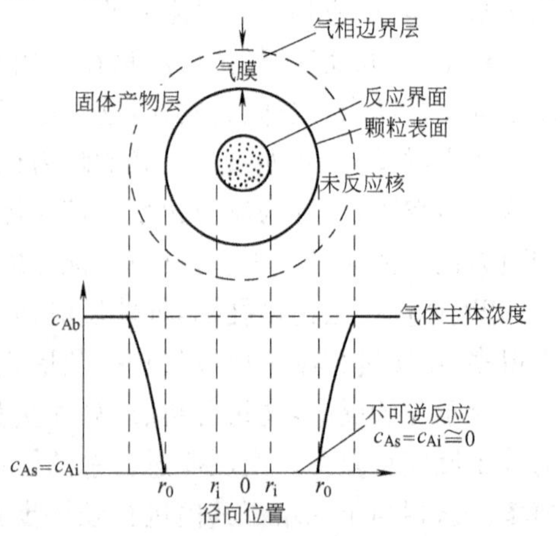

图 7-2　外扩散控制时气相边界层中的浓度分布

在特定的条件下，会出现外扩散阻力大于其他各步阻力的情况。此时气体反应物的浓度见图 7-2。颗粒外表面的浓度 c_{As} 等于未反应核界面上的浓度 c_{Ai}。对可逆反应 c_{Ai} 等于平衡浓度 c_{Ae}。若界面上化学反应是不可逆的，可以认为 $c_{Ai}\cong 0$。因此得到，对于可逆反应

$$v_g = 4\pi r_0^2 k_g (c_{Ab} - c_{Ae}) \tag{7-7}$$

对于不可逆反应

$$v_g = 4\pi r_0^2 k_g c_{Ab} \tag{7-8}$$

A 通过气相边界层的扩散速度应等于未反应核界面上化学反应消耗 B 的速率 v_B。v_B 可表示为

$$v_B = -\frac{dn_B}{bdt} = -\frac{4\pi r_i^2 \rho_B}{bM_B}\frac{dr_i}{dt} \tag{7-9}$$

式中，n_B 为固体反应物 B 物质的量；ρ_B 为 B 的密度；M_B 为 B 的摩尔质量。联立式(7-8)、式(7-9)，并假设反应不可逆，得到

$$-\frac{4\pi r_i^2 \rho_B}{bM_B}\frac{dr_i}{dt} = 4\pi r_0^2 k_g c_{Ab} \tag{7-10}$$

移项积分后，得反应时间 t 与未反应核半径的关系式

$$t = \frac{\rho_B r_0}{3bM_B k_g c_{Ab}}\left[1 - \left(\frac{r_i}{r_0}\right)^3\right] \tag{7-11}$$

反应物 B 完全反应时，$r_i = 0$，则完全反应时间 t_f 为

$$t_f = \frac{\rho_B r_0}{3bM_B k_g c_{Ab}} \tag{7-12}$$

定义反应消耗的反应物 B 的量与其原始量之比为反应分数或转化率，并以 X_B 表示，可以得出

$$\frac{t}{t_f} = 1 - \left(\frac{r_i}{r_0}\right)^3 = X_B \tag{7-13}$$

令 $t_f = a$，则

$$t = aX_B \tag{7-14}$$

对于片状颗粒，也可以用类似方法求得外扩散控速时完全反应时间 t_f

$$t_f = \frac{\rho_B L_0}{bM_B k_g c_{Ab}}$$

式中，L_0 为平板的厚度。

$$\frac{t}{t_f} = X_B$$

令 $t_f = a$，则可得 $t = aX_B$。

已证明对于圆柱体颗粒仍可得 $t = aX_B$ 的关系，相应的 a(即 t_f)值不同，但仍与 ρ_B、M_B、c_{Ab} 及颗粒尺寸有关。

由此可以看出，当外扩散为控速步骤时，达到某一转化率所需的时间与外扩散阻力、颗粒形状、密度、气体浓度等因素有关，与转化率成正比。

b　气体反应物在固相产物层中的内扩散

固相产物层中的扩散即内扩散速率 r_D 可以表示为

$$r_D = -\frac{dn_A}{dt} = 4\pi r_i^2 D_{eff} \frac{dc_A}{dr_i} \tag{7-15}$$

式中，n_A 为气体反应物 A 通过固体产物层的物质的量；D_{eff} 为 A 的有效扩散系数。

气体反应物在多孔产物层中的扩散和在自由空间的扩散不同，有效扩散系数与扩散系数的关系为

$$D_{eff} = \frac{D\varepsilon_p}{\tau} \tag{7-16}$$

式中，ε_p 为产物层的气孔率；τ 为曲折度系数。

产物层中气孔不是直通的，而是如迷宫一般错综分布。因此，气体反应物及产物的扩散路径比直线距离长得多。D_{eff} 的值可以实验测定，也可以用经验公式求出。

式(7-15)只在 c_A 值较小或反应物和产物等分子逆向扩散的前提下成立。在稳态或准稳态条件下，内扩散速率 r_D 可看成一个常数。

对式(7-15)积分

$$\int_{c_{As}}^{c_{Ai}} dc_A = -\frac{1}{4\pi D_{eff}} \frac{dn_A}{dt} \int_{r_0}^{r_i} \frac{dr_i}{r_i^2} \tag{7-17}$$

$$r_D = -\frac{dn_A}{dt} = 4\pi D_{eff} \frac{r_0 r_i}{r_0 - r_i}(c_{As} - c_{Ai}) \tag{7-18}$$

由图 7-3 可以看出，当反应由产物层中气体 A 的内扩散控速时，颗粒表面的浓度 c_{As} 等于在气相本体的浓度 c_{Ab}，$c_{Ab} > c_{Ai}$。对于可逆反应 $c_{Ai} = c_{Ae}$，即平衡时的浓度；对不可逆反应，则 $c_{Ai} \approx 0$。因此，当反应由内扩散控制时，对不可逆反应，式(7-18)应改写为

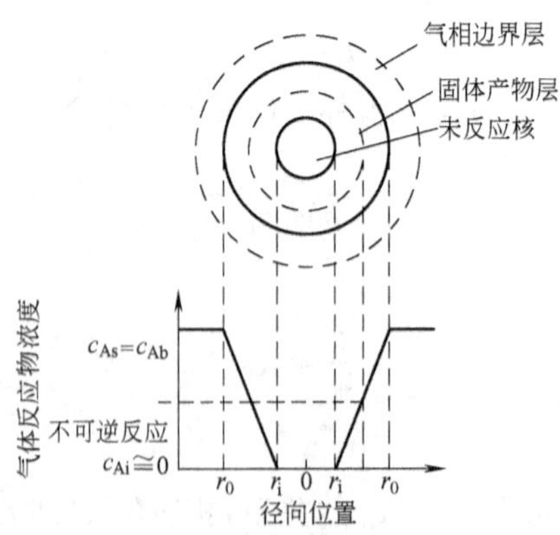

图 7-3　产物层中的内扩散控制时，气体反应物 A 的浓度分布

$$r_D=-\frac{dn_A}{dt}=4\pi D_{eff}\frac{r_0 r_i}{r_0-r_i}c_{Ab} \tag{7-19}$$

由于
$$-\frac{dn_A}{dt}=-\frac{dn_B}{bdt}=-\frac{4\pi r_i^2\rho_B}{bM_B}\frac{dr_i}{dt} \tag{7-20}$$

代入式(7-19)得

$$\frac{4\pi r_i^2\rho_B}{bM_B}\frac{dr_i}{dt}=-4\pi D_{eff}\left(\frac{r_0 r_i}{r_0-r_i}\right)\cdot c_{Ab} \tag{7-21}$$

积分
$$\int_0^t -\frac{bM_B D_{eff}c_{Ab}}{\rho_B}dt=\int_{r_0}^{r_i}\left(r_i-\frac{r_i^2}{r_0}\right)dr_i \tag{7-22}$$

得
$$t=\frac{\rho_B r_0^2}{6bD_{eff}M_B c_{Ab}}\left[1-3\left(\frac{r_i}{r_0}\right)^2+2\left(\frac{r_i}{r_0}\right)^3\right] \tag{7-23}$$

或
$$t=\frac{\rho_B r_0^2}{6bD_{eff}M_B c_{Ab}}[1-3(1-X_B)^{2/3}+2(1-X_B)] \tag{7-24}$$

颗粒完全反应时，$X_B=1$，得完全反应时间 t_f

$$t_f=\frac{\rho_B r_0^2}{6bD_{eff}M_B c_{Ab}} \tag{7-25}$$

令 $t_f=a$，上式可改写为

$$t=a[1-3(1-X_B)^{2/3}+2(1-X_B)] \tag{7-26}$$

或用无因次反应时间表示

$$\frac{t}{t_f}=[1-3(1-X_B)^{2/3}+2(1-X_B)] \tag{7-27}$$

用类似的方法可以得到，对片状颗粒

$$t_f=\frac{\rho_B L_0^2}{2bD_{eff}M_B c_{Ab}}$$

$$\frac{t}{t_f}=X_B^2$$

令 $t_f=a$，可得到

$$t=aX_B^2 \tag{7-28}$$

式(7-28)表示对于片状颗粒，当气/固反应由内扩散控速时，反应时间与反应物的转化率(或称反应分数)成抛物线关系。

已证明对柱状颗粒有如下关系

$$t=a[X_B+(1-X_B)\ln(1-X_B)] \tag{7-29}$$

三种不同颗粒形状对应的完全反应时间 t_f 的值不同，可以用下式统一起来表示

$$t_f=\frac{\rho_B F_p}{2bD_{eff}M_B c_{Ab}}\left(\frac{V_p}{A_p}\right)^2 \tag{7-30}$$

式中，V_p 为固体反应物颗粒的原始体积；A_p 为固体反应物颗粒的原始表面积；F_p 为形状因子。对片状、圆柱及球形颗粒，F_p 相应的值分别为 1、2、3。

c　界面化学反应

对于球形反应物颗粒，在未反应核及多孔产物层界面上，气/固反应的速率为

$$v_B=-\frac{dn_A}{dt}=4\pi r_i^2 k_{rea} c_{Ai} \tag{7-31}$$

当界面化学反应阻力比其他步骤阻力大得多时，过程为界面化学反应阻力控速。此时气体反应物 A 在气相内、颗粒的表面及反应核界面上浓度都相等。其浓度分布见图 7-4。

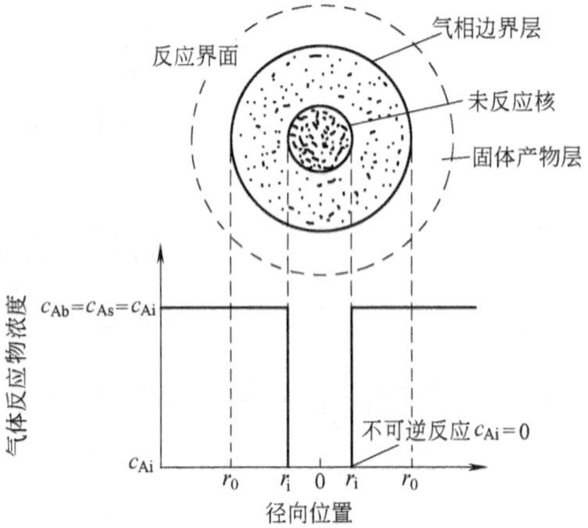

图 7-4　界面化学反应控速时，反应物 A 的浓度分布

界面化学反应控速时，球形颗粒的反应速率方程应为

$$v_B=-\frac{dn_A}{dt}=4\pi r_i^2 k_{rea} c_{Ab} \tag{7-32}$$

式(7-31)、式(7-32)实际上相当于已假设反应为一级不可逆反应。又考虑到

$$-\frac{dn_A}{dt}=-\frac{dn_B}{b dt}=-\frac{4\pi r_i^2 \rho_B}{b M_B}\frac{dr_i}{dt} \tag{7-33}$$

式(3-32)、式(3-33)相等

$$-\frac{4\pi r_i^2 \rho_B}{b M_B}\frac{dr_i}{dt}=4\pi r_i^2 k_{rea} c_{Ab}$$

移项积分

$$-\int_{r_0}^{r_i} dr_i=\int_0^t \frac{b M_B k_{rea} c_{Ab}}{\rho_B} dt$$

得

$$t=\frac{\rho_B r_0}{b M_B k_{rea} c_{Ab}}\left(1-\frac{r_i}{r_0}\right) \tag{7-34}$$

由完全反应时，$r_i=0$、$t=t_f$，得

$$t_f=\frac{\rho_B r_0}{b M_B k_{rea} c_{Ab}} \tag{7-35}$$

$$\frac{t}{t_f}=1-\frac{r_i}{r_0}=1-(1-X_B)^{1/3} \tag{7-36}$$

或令 $t_f=a$，得

$$t=a\left(1-\frac{r_i}{r_0}\right)=a[1-(1-X_B)^{1/3}]$$

d　内扩散及界面化学反应混合控速

当气体流速较大，同时界面化学反应速率与固相产物层内的扩散速率相差不大时，可以忽略气膜中的扩散阻力，认为反应过程由界面化学反应及气体在固相产物层中的内扩散混合控速。

由于忽略外扩散阻力，固体颗粒外表面上反应物 A 的浓度与它在气相本体中的浓度相

等，即 $c_{As}=c_{Ab}$。推导其反应的速率方程。

A 通过固体产物层的扩散

$$J_A=-\frac{dn_A}{dt}=4\pi r_i^2 D_{eff}\frac{dc_A}{dr_i} \tag{7-37}$$

移相积分得
$$\int_{c_{Ab}}^{c_{Ai}} dc_A = \frac{J_A}{4\pi D_{eff}}\int_{r_0}^{r_i}\frac{dr_i}{r_i^2}$$

稳定条件下，J_A 为一定值，积分后得

$$J_A=4\pi D_{eff}(c_{Ab}-c_{Ai})\frac{r_0 r_i}{r_0-r_i} \tag{7-38}$$

在产物层与未反应核界面上的化学反应

$$-\frac{dn_A}{dt}=4\pi r_i^2 k_{rea} c_{Ai} \tag{7-39}$$

在达到稳定时，界面上化学反应速率等于通过固体产物层的内扩散速率，即式(7-38)、式(7-39)相等，于是

$$4\pi D_{eff}\left(\frac{r_0 r_i}{r_0-r_i}\right)\cdot(c_{Ab}-c_{Ai})=4\pi r_i^2 k_{rea} c_{Ai}$$

整理后得

$$c_{Ai}=\frac{D_{eff} r_0 c_{Ab}}{k_{rea}(r_0 r_i-r_i^2)+r_0 D_{eff}} \tag{7-40}$$

将式(7-40)代入式(7-39)，得

$$-\frac{dn_A}{dt}=4\pi r_i^2 k_{rea}\frac{D_{eff} c_{Ab} r_0}{k_{rea}(r_0 r_i-r_i^2)+r_0 D_{eff}} \tag{7-41}$$

又因为
$$-\frac{dn_A}{dt}=-\frac{dn_B}{b dt}=-\frac{4\pi r_i^2 \rho_B}{b M_B}\frac{dr_i}{dt}$$

由以上两式相等，得

$$-\frac{\rho_B}{b M_B}\frac{dr_i}{dt}=\frac{D_{eff} c_{Ab} r_0 k_{rea}}{k_{rea}(r_0 r_i-r_i^2)+r_0 D_{eff}} \tag{7-42}$$

分离变量积分

$$-\frac{k_{rea} D_{eff} c_{Ab} r_0 b M_B}{\rho_B}\int_0^t dt = \int_{r_0}^{r_i}[k_{rea}(r_0 r_i - r_i^2) + r_0 D_{eff}]dr_i \tag{7-43}$$

得

$$\frac{k_{rea} D_{eff} r_0 c_{Ab} b M_B}{\rho_B}t=\frac{1}{6}k_{rea}(r_0^3-3r_0 r_i^2+2r_i^3)-r_0 r_i D_{eff}+r_0^2 D_{eff} \tag{7-44}$$

以 r_0^3 除上式两边并代入 $X_B=1-(r_i/r_0)^3$ 后整理得到

$$\frac{k_{rea} D_{eff} c_{Ab} b M_B}{r_0^2 \rho_B}t=\frac{1}{6}k_{rea}[1+2(1-X_B)-3(1-X_B)^{\frac{2}{3}}]+\frac{D_{eff}}{r_0}[1-(1-X_B)^{\frac{1}{3}}] \tag{7-45}$$

移项整理，得出

$$t=\frac{r_0^2\rho_B}{6bD_{eff}c_{Ab}M_B}\left[1+2(1-X_B)-3(1-X_B)^{\frac{2}{3}}\right]+\frac{r_0\rho_B}{bk_{rea}c_{Ab}M_B}\left[1-(1-X_B)^{\frac{1}{3}}\right] \tag{7-46}$$

式(7-46)给出的是界面化学反应及通过固相产物层的内扩散混合控速时达到一定的反应转化率所需的时间。不难看出式(7-46)相当于式(7-26)和式(7-36)的加和。对片状、圆柱状的固体颗粒可以做出类似的关于反应时间具有加和性的结论。

e　一般的情况

假若外扩散、内扩散及化学反应的阻力都不能忽略，在动力学方程式中应同时考虑这三个因素对速率的贡献。采用类似的方式推导，对球形颗粒可得出下列方程式

$$t=\frac{r_0\rho_B}{3bk_g c_{Ab}M_B}X_B+\frac{r_0^2\rho_B}{6bD_{eff}c_{Ab}M_B}\left[1+2(1-X_B)-3(1-X_B)^{\frac{2}{3}}\right]+\frac{r_0\rho_B}{bk_{rea}c_{Ab}M_B}\left[1-(1-X_B)^{\frac{1}{3}}\right] \tag{7-47}$$

式中，第一、二、三项分别表示外扩散、内扩散及界面化学反应的贡献。可以看出式(7-47)仍然符合加和性原则。

由稳态条件下各步骤的速率相等，联立式(7-5)、式(7-18)、式(7-31)得

$$4\pi r_0^2k_g(c_{Ab}-c_{As})=4\pi D_{eff}\left(\frac{r_0r_i}{r_0-r_i}\right)\cdot(c_{As}-c_{Ai})=4\pi r_i^2k_{rea}c_{Ai} \tag{7-48}$$

上式可以改写为

$$\frac{4\pi r_0^2(c_{Ab}-c_{As})}{\dfrac{1}{k_g}}=\frac{4\pi r_0^2(c_{As}-c_{Ai})}{\dfrac{r_0(r_0-r_i)}{D_{eff}r_i}}=\frac{4\pi r_0^2c_{Ai}}{\dfrac{1}{k_{rea}}\left(\dfrac{r_0}{r_i}\right)^2} \tag{7-49}$$

由和分比性质，可得总反应速率与各步骤速率相等，用 v_t 表示为

$$v_t=\frac{4\pi r_0^2c_{Ab}}{\dfrac{1}{k_g}+\dfrac{r_0(r_0-r_i)}{D_{eff}r_i}+\dfrac{1}{k_{rea}}\left(\dfrac{r_0}{r_i}\right)^2} \tag{7-50}$$

令

$$\frac{1}{k_t}=\frac{1}{k_g}+\frac{r_0}{D_{eff}}\left(\frac{r_0-r_i}{r_i}\right)+\frac{1}{k_{rea}}\left(\frac{r_0}{r_i}\right)^2 \tag{7-51}$$

则

$$v=4\pi r_0^2k_tc_{Ab} \tag{7-52}$$

式中，$1/k_t$ 可以视为各步骤的总阻力，相当于各步骤阻力之和。式(7-51)右边分母中第一、二、三项分别相当于外扩散、内扩散及界面化学反应的阻力。式(7-50)中分子($c_{Ab}-0$)相当于反应的推动力。

以上讨论中假设化学反应是一级不可逆反应，若界面化学反应是一级可逆反应，则化学反应速率

$$v_t=k_{rea+}4\pi r_i^2c_{Ai}-k_{rea-}4\pi r_i^2c_{Gi} \tag{7-53}$$

式中，k_{rea+} 和 k_{rea-} 分别为正、逆反应的速率常数，与标准平衡常数 $K^{\ominus}$ 的关系为：

$$K^{\ominus}=\frac{k_{rea+}}{k_{rea-}}=\frac{c_{Ge}}{c_{Ae}} \tag{7-54}$$

式中，c_{Ge} 为平衡时气体产物的浓度；c_{Ae} 为平衡时气体反应物的浓度。

c_{Ge}和 c_{Ae}数值可以从热力学数据中得到。若反应前后气体分子数不变,即反应式(7-1)中系数 $a=g$ 时,反应前后气相的总浓度不变,则有如下关系

$$c_{Ae}+c_{Ge}=c_{Ai}+c_{Gi} \tag{7-55}$$

由此可得

$$c_{Gi}=c_{Ae}(1+K)-c_{Ai}$$

代入式(7-53),整理后得出

$$v_t=4\pi r_i^2(c_{Ai}-c_{Ae})\frac{k_{rea+}(1+K)}{K} \tag{7-56}$$

将推动力 $c_{Ai}-c_{Ae}$与式(7-56)一起代入式(7-49),整理后得到的速率方程为

$$v_t=\frac{4\pi r_0^2(c_{Ab}-c_{Ae})}{\dfrac{1}{k_g}+\dfrac{r_0(r_0-r_i)}{D_{eff}r_i}+\dfrac{K}{k_{rea+}(1+K)}\left(\dfrac{r_0}{r_i}\right)^2} \tag{7-57}$$

令式中分母为 $1/k_t$,则

$$v_t=4\pi r_0^2(c_{Ab}-c_{Ae})k_t \tag{7-58}$$

可以看出,当平衡常数很大时,反应物的平衡浓度很小,由式(7-57)及式(7-58)可近似地得到式(7-50)及式(7-52)。即式(7-50)、式(7-52)表示的情况是式(7-57)、式(7-58)的一个特例。

对片状和圆柱状颗粒,也可以推导出相应的动力学方程式。

在上面的推导过程中,只考虑了前三步的速率,没有考虑气体产物的内扩散和外扩散两个步骤。由于这两个步骤与前三个步骤是串联关系,可以同样方式考虑五个步骤来推导速率公式,这时总的阻力是五个步骤阻力之和,而推动力不是式(3-57)中的($c_{Ab}-c_{Ae}$),而是 $c_{Ab}-c_{Gb}/K$,c_{Gb}为气体产物在气相主体中的浓度。

若反应级数 n 不等于 1,则相应的微分速率方程中各反应物浓度的一次方项应以其 n 次幂代替。由此得出的计算结果表明,当化学反应不是一级时,再用一级反应的公式来处理就会带来一定的误差。

在分析中,都假设过程是在等温下进行的。实际上,大多数的气/固反应都有明显的放热或吸热。这样,在固体颗粒内部可能出现温度梯度,这不仅要考虑气体和固体颗粒间的对流传热,还要考虑在固体颗粒内的传热。在非等温情况下可能在颗粒内部由于局部温度的升高会产生烧结。另一个伴随发生的问题就是热不稳定性。

7.1.2　气/固反应应用实例

目前,高炉生产中一般采用烧结矿作为含铁原料,较少直接用铁矿石。自 20 世纪 70 年代起,为了降低每吨铁水的燃料消耗,一方面广泛采用高炉喷煤粉技术,另一方面也在积极探索如熔融还原等非高炉炼铁的途径。现代钢铁工业中的另一个重要趋势是以废钢为主要炉料的电炉短流程开始取代转炉长流程炼钢法。为了补充废钢的不足,大量采用不用高炉,而是直接

还原生产的海绵铁。直接还原铁的方法按还原剂分为气基法和煤基法。前者使用气体还原剂,后者使用煤来还原。气基法的还原设备一般为竖炉或流化床,煤基法主要还原设备为回转窑和环转炉。球团的制备一般是在铁精矿中配一定比例的黏结剂,多数还要配一定量的煤粉或焦粉。煤基法直接还原用的球团必须要配煤粉或焦粉。气基法中进行的主要是气体还原铁氧化物的气/固反应。即使在煤基法中,由于气/固反应的动力学条件远比固/固反应要优越,气/固反应动力学对球团还原速率的影响起主要的作用。探求优化的操作工艺同时也促进了铁氧化物的气体还原反应动力学的研究。多名作者曾先后总结已发表的相关的动力学数据,并得出基本一致的结论。认为气体外扩散控速时,活化能一般不超过 10kJ/mol;气体在固体产物层的内扩散控速时,活化能约为 20～30kJ/mol;界面化学反应控制时,活化能为 50～70kJ/mol。固态离子扩散控速时,活化能一般会大于 120kJ/mol,有可能达到 200 余千焦/摩尔。

7.1.2.1 铁氧化物还原动力学

原始矿球由 Fe_2O_3 组成,密度为 4.93×10^3 kg/m^3,气孔率 ε_p 为 0.15,用白金丝悬挂于石英弹簧秤上。在氮气中升温到给定温度后,通以恒压恒流量的纯氢或氮氢混合气体。伴随还原过程的进行,可以连续记录矿球质量的减少值。

若气/固反应过程为混合控制,可以应用式(7-57)来计算还原速率

$$v_t=\frac{4\pi r_0^2(c_{Ab}-c_{Ae})}{\frac{1}{k_g}+\frac{r_0(r_0-r_i)}{D_{eff}r_i}+\frac{K}{k_{rea+}(1+K)}\left(\frac{r_0}{r_i}\right)^2}$$

由式(7-13)给出的 $X_B\sim r_i$ 关系微分得

$$\frac{dX_B}{dt}=-3\,\frac{r_i^2}{r_0^3}\frac{dr_i}{dt} \tag{7-59}$$

设矿球中需要去除的氧的浓度为 d_0 mol/m^3,由物质平衡可以得出

$$v_t dt=-4\pi r_i^2 d_0 dr_i \tag{7-60}$$

$$\frac{dr_i}{dt}=-\frac{v_t}{4\pi r_i^2 d_0} \tag{7-61}$$

将式(7-61)、(7-13)和(7-57)代入式(7-59)中,整理后得出

$$\frac{dX_B}{dt}=\frac{3(c_{Ab}-c_{Ae})}{\left\{\frac{1}{k_g}+\frac{r_0}{D_{eff}}[(1-X_B)^{-\frac{1}{3}}-1]+\frac{K^{\ominus}}{k_{rea+}(1+K^{\ominus})}(1-X_B)^{-\frac{2}{3}}\right\}(r_0d_0)} \tag{7-62}$$

积分,得出 X_B 和 t 之间的关系

$$\frac{X_B}{3k_g}+\frac{r_0}{6D_{eff}}[1-3(1-X_B)^{\frac{2}{3}}+2(1-X_B)]+\frac{K^{\ominus}}{k_{rea+}(1+K^{\ominus})}[1-(1-X_B)^{\frac{1}{3}}]=\frac{(c_{Ab}-c_{Ae})}{r_0d_0}t \tag{7-63}$$

式(7-63)中包括三个速率参数 D_{eff}、k_{rea+} 和 k_g。其中 k_g 可以从相似理论给出的经验关系

$$\frac{k_g d}{D}=2.0+0.6Re^{1/2}Sc^{1/3}$$

估算。当实验温度为 1233K，混合气体中氢的分压 $p_{H2}=0.0405$MPa，氮分压 $p_{N2}=0.0608$MPa。从混合气体的有关公式可以计算出扩散系数 $D=10^{-3}\,m^2/s$，动黏度系数 $\nu=2.39\times10^{-4}\,m^2/s$，矿球直径 $d=1.2\times10^{-2}$m，气体流量(标准状态下)为 50L³/min，炉管直径 7.7×10^{-2}m。从这些数据计算出 $Re=41$，$Sc=0.24$，代入式(7-6)后求出气相边界层中的传质系数 $k_g=0.367$m/s。已知原始矿球由 Fe_2O_3 组成，其密度为 $4.93\times10^3\,kg/m^3$。可以求出单位体积矿石需去除的氧原子的量 $d_0=9.26\times10^4\,mol/m^3$。在 Fe_2O_3 整个还原过程中，FeO 还原为铁这一步骤最困难，在计算平衡常数和气相平衡浓度时，可以只考虑一氧化铁还原为铁的反应。

$$FeO+H_2 \Longrightarrow Fe+H_2O \qquad K_{1233K}=0.627$$

平衡时气相氢气分压为 0.0249MPa，水蒸气分压为 0.0156MPa。

以下的计算中忽略浓度的下标 A，还原率的下标 B，则可以得到

$$c_b-c_e=\frac{1}{8.314\times1233}(0.0405-0.0249)\times10^6=1.522\,mol/m^3$$

通过实验可以测量出不同时间的还原率 X，然后求出有效扩散系数和反应速率常数。

令

$$A=\frac{r_0^2 d_0}{6D_{eff}(c_b-c_e)} \tag{7-64}$$

$$B=\frac{K^{\ominus}\cdot r_0\cdot d_0}{k_{rea+}(1+K^{\ominus})(c_b-c_e)} \tag{7-65}$$

$$F=1-(1-X)^{\frac{1}{3}} \tag{7-66}$$

$$t_1=\frac{r_0 d_0 X}{3k_g(c_b-c_e)} \tag{7-67}$$

把上述关系式代入式(7-63)，整理后得

$$\frac{t-t_1}{F}=A(3F-2F^2)+B \tag{7-68}$$

用$(t-t_1)/F$ 对$(3F-2F^2)$作图，从直线的斜率和截距可以求出有效扩散系数和正反应速率常数。几组典型的实验结果见图 7-5。

对于 1233K 的实验，直线的截距近似于 37，从式 (7-65) 可以求出 $k_{rea+}=0.0317$m/s。直线的斜率为 28，代入式(7-64)得出 $D_{eff}=2.5\times10^{-4}\,m^2/s$。

把上述数据代入下式，可以求出各步骤的阻力

$$\eta_d=\frac{1}{k_g} \tag{7-69}$$

$$\eta_i=\frac{r_0(r_0-r_i)}{D_{eff}r_i} \tag{7-70}$$

$$\eta_c=\frac{K}{k_{rea+}(1+K)}\frac{r_0^2}{r_i^2} \tag{7-71}$$

式中，η_d、η_i 和 η_c 分别表示外扩散、内扩散和化学反应的阻力。从实验结果求出各步骤在不同还原率 X 时的阻力如表 7-1 所示。从表中数据可以看出，随着还原反应的进行，还原反应层逐渐增厚，还原反应界面的面积逐渐减小，内扩散和化学反应的阻力逐渐增大。图 7-6 给出了设总阻力为 1 时，各步骤相对阻力 η_d^+，η_i^+ 和 η_c^+ 的变化。随还原反应的进行，内扩散的阻力逐渐增大，外扩散和化学反应步骤的相对阻力逐渐减小。对一般实验条件，各个步骤的阻力都不可忽略，不能确定一个唯一的限制性环节。

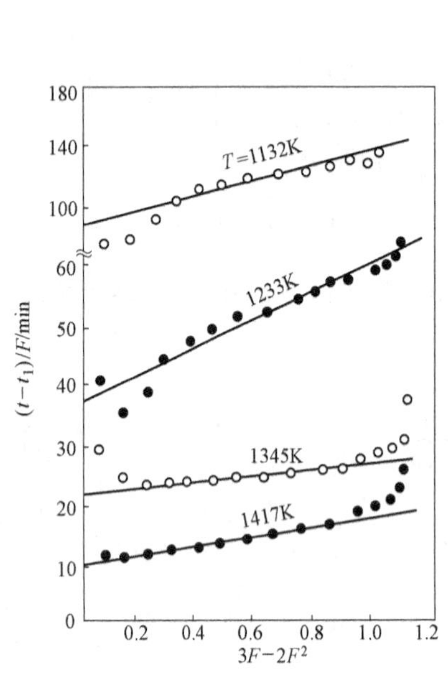

图 7-5 用作图法求反应速率常数和有效扩散系数

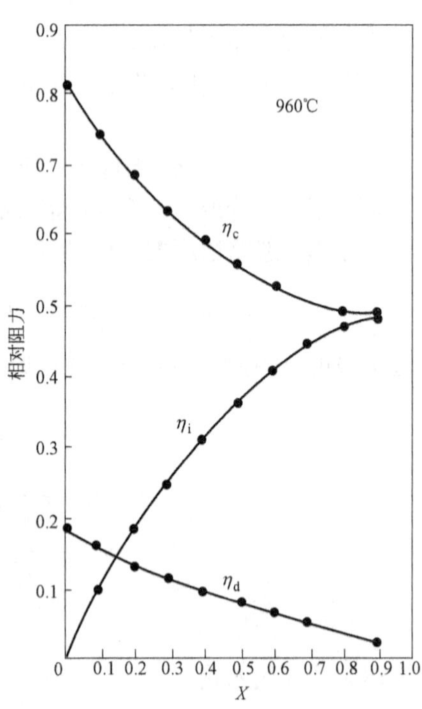

图 7-6 还原反应进行过程中各步骤相对阻力的变化

表 7-1 内扩散、外扩散和化学反应各步骤的阻力

($r_0=6\times10^{-3}$m，$k_g=0.367$m/s，$D_{eff}=2.5\times10^{-4}$m^2/s，$k_{rea+}=3.17\times10^{-2}$m/s)

各步骤阻力/s·m^{-1}	还原率 X					
	0	0.2	0.4	0.8	0.9	1.0
外扩散阻力 η_d	2.72	2.72	2.72	2.72	2.72	2.72
内扩散阻力 η_i	0	3.7	8.9	17.2	34.1	55.4
化学反应阻力 η_c	12.2	14.1	17.1	22.4	35.6	56.6

如果还原的温度较低，而还原气体的流速较大，还原产物层的孔隙度较大时，外扩散和内扩散的阻力可以忽略，整个过程由化学反应控制，式(7-63)可以简化为：

$$r_0 d_0[1-(1-X)^{1/3}]=d_0(r_0-r_i)=\frac{k_{rea+}(1+K^{\ominus})}{K^{\ominus}}(c_b-c_e)t \tag{7-72}$$

这一结论已被实验结果证实。

当还原温度较高，化学反应较快，当固相产物层较为致密，整个过程由内扩散所控制，式(7-63)可以简化为：

$$r_0^2 d_0[1-3(1-X)^{2/3}+2(1-X)]=6D_{eff}(c_b-c_e)t \tag{7-73}$$

较为一般的情况下，外扩散阻力可以忽略，过程由内扩散和化学反应混合控制，式(7-63)可以简化为：

$$\frac{r_0}{6D_{eff}}[1-3(1-X)^{2/3}+2(1-X)]+\frac{K^{\ominus}}{k_{rea+}(1+K^{\ominus})}[1-(1-X)^{1/3}]=\frac{c_b-c_e}{r_0 d_0}t \tag{7-74}$$

在前面的推导中，忽略了固相扩散。如果产物层是致密的，这时只能以固相扩散方式进行还原。实验表明，在氧化铁中铁离子的扩散速率大于氧离子的扩散速率，而在金属铁中，氧离子的扩散速率大于铁离子的扩散速率。在样品表面发生如下反应，以除去样品中的氧

$$(O)+CO=CO_2 \tag{7-75}$$

固相扩散阻力很大，所以整个过程由固相扩散控制。设样品为片状，y 为产物层的厚度，Δc 为产物层内外两面的铁或氧的浓度差。从菲克第一定律和物质平衡可以得出

$$J=-D\frac{\Delta c}{y}=-d_0\frac{dy}{dt} \tag{7-76}$$

式中，d_0 表示样品中需要去除的氧浓度。积分可以得到

$$y=\left(\frac{2D\Delta c}{d_0}t\right)^{1/2}=k_{rea}t^{1/2} \tag{7-77}$$

可见产物层的厚度和时间的平方根成正比，即遵守抛物线规律。有人用磁性氧化铁进行氢还原得到 FeO，二者密度相近，还原产物层是致密的，所得的还原率和时间为抛物线关系。

许多金属的氧化过程，都产生致密的氧化物层，固相扩散是过程的限制性环节，它们也遵从抛物线规律。

7.1.2.2 热重分析在气/固反应动力学中的应用

冶金气/固反应广泛地应用热重分析(TGA)实验方法。对于有显著热效应伴随的反应，还可以采用热重与差热相结合同步实验的方法。现代的热重分析仪可以在不同的温度下连续测量样品的质量，测量可以在恒温、也可以在变温下进行(如以 5～30K/min 速率升温)，可以连续记录、存储样品质量的数据，以图形或数据文件形式输出结果。还可以对样品质量数据进行微分处理。有些设备还存储一些软件，可以应用已知的动力学模型来拟合实验数据，帮助进行机理分析。以下介绍两个应用等温热重方法研究气/固反应动力学的实例。

a Co_3O_4 氢还原

钴是重要的战略物资，钴氧化物的氢还原是制取纯净金属钴的途径之一。获得钴氧化物氢还原的动力学参数对于优化钴氧化物的氢还原工艺具有实际意义。刘建华等曾通过等温和变温的 TGA 实验，研究了 Co_3O_4 粉末氢还原的动力学。

图 7-7a 是根据钴和钴氧化物的热力学数据计算的氢还原钴氧化物的热力学平衡状态图。该图给出了钴和钴氧化物 Co_3O_4 及 CoO 的热力学稳定区。由图可知，在流动的纯氢气氛中可以用 Co_3O_4 还原得到金属钴。考虑到还原过程为界面化学反应控速时，其反应速率和活化能说明该化学反应固有的动力学特性，所以首先设计实验来研究界面化学反应控速时的动力学。实验采用市售的 Co_3O_4，其粉末平均粒径为 0.23μm，粉末的颗粒小，有利于减小固体产物层的厚度和气体通过该产物层内扩散的阻力。每次实验用 15mg 左右的 Co_3O_4 在底面积为 10mm×8mm 的铂坩埚中铺展成薄层。采用足够大的氢气流量，以降低气体扩散的阻力。

在 523～603K 之间 5 个不同温度的热重实验结果如图 7-7b 所示。图中 t 为还原时间；X 为反应（还原）分数，$X=(m_0-m)/(m_0-m_\infty)$，即样品已失去的质量与完全还原为钴应失去质量之比。可以看出，在图 7-7b 中，X 随 t 变化的几条曲线均在 $X=0.23\sim0.26$ 处出现转折。转折点的 X 值与理论计算的 Co_3O_4 还原为 CoO 时相对质量损失一致，表明 Co_3O_4 的氢还原过程分为前后两步，先还原为 CoO，CoO 再还原为 Co。分别处理前后两个步骤的 X-t 关系数据，可以获得反应机理的信息和相关数据。以下以第一步为例说明。

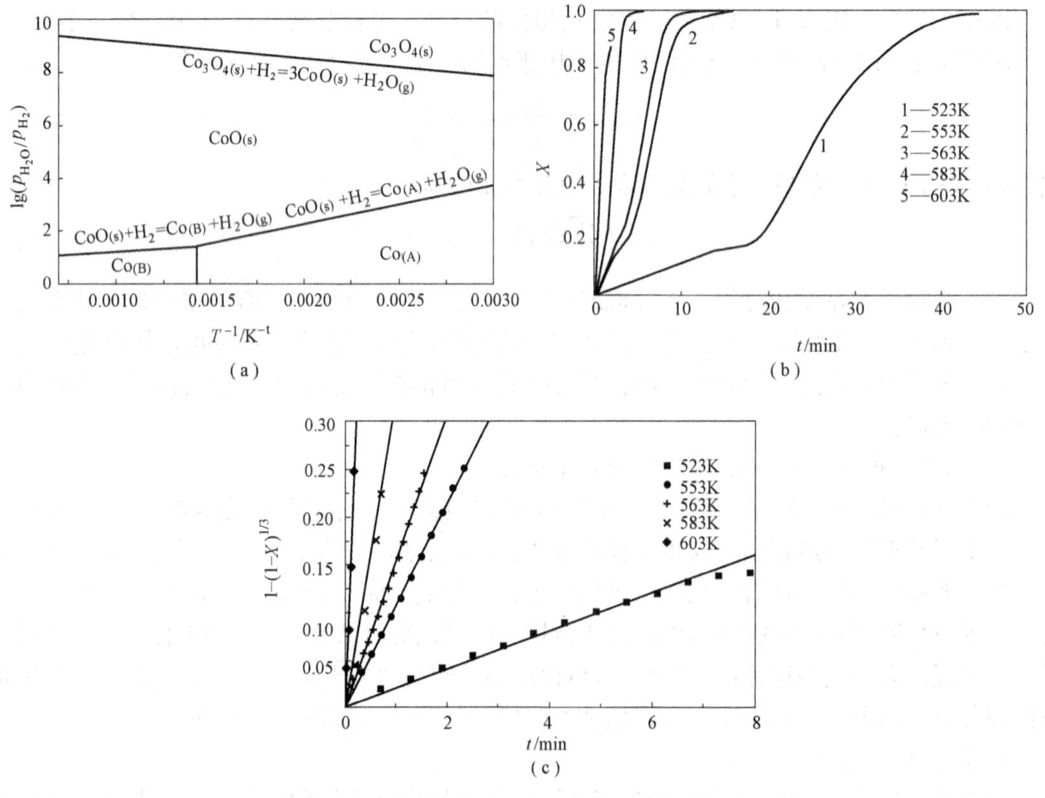

图 7-7 Co_3O_4 的氢还原

(a) 氢还原钴氧化物的热力学平衡状态图；(b) Co_3O_4 氢还原等温热重实验结果；

(c) Co_3O_4 还原为 CoO 步骤的 $1-(1-X)^{1/3}$-t 关系

可以近似地将 Co_3O_4 粉末看成由大量的径粒相同、致密的球体颗粒组成。而且在氢还原过程中，颗粒的粒径不变化，只是出现了空隙、微裂纹，使颗粒的密度有所降低。这样可以应用未反应核模型分析其过程动力学。将图 7-7b 中各热重曲线第一段，即 Co_3O_4 等温还原为 CoO 步骤的 X-t 关系转换为 $1-(1-X)^{1/3}$ 与 t 的关系，得到图 7-7c 图。其中，离散点为实验数据，各条直线为用 $1-(1-X)^{1/3}=kt$ 线性方程拟合的结果。可以看出，拟合获得了高精度。结合球形颗粒的气/固反应的未反应核模型，说明在上述实验条件下，Co_3O_4 还原为 CoO 步骤符合球形颗粒气/固反应界面在化学反应控速时的未反应核模型。

由图 7-7c 中各条直线的斜率可以得到各个实验温度下界面化学反应的速率常数 k 的值。将不同温度相应的 k 值取对数，并作 $\ln k/[k]$ 对 $1/T$ 的阿累尼乌斯图，由此得出 Co_3O_4 等温还原为 CoO 步骤的活化能为 129kJ/mol。用同样的方法对第二步骤的热重实验数据进行分析。结果表明，CoO 还原为 Co 步骤同样为界面化学反应控速，所得的活化能为 88kJ/mol。

b　材料氧化动力学

很多高温冶金设备的材料，如金属外壳或无机非金属耐火材料衬里，要在高温氧化性的气氛下使用。这些材料的抗氧化性能主要决定于材料氧化反应的动力学。在高温下，有些材料中的某些组分还会发生分解，或挥发。材料的氧化、分解和挥发等反应的动力学同样可以应用热重，或者热重结合差热的方法来研究。在材料的研究和试制阶段进行氧化动力学等实验可以考察材料的抗氧化性等性能，帮助进行材料的筛选和成分的优化。

例如，新型高温陶瓷 AlON 是氮化铝和氧化铝的一种固溶体，MgAlON、O'SiaAlON 分别为 Mg-Al-O-N、Si-Al-O-N 四元固溶体。O'SiaAlON-ZrO_2 是在 O'SiaAlON 的基础上添加 ZrO_2 制备的新型复合材料，以提高其高温下的韧性。这些材料在冶金反应器中以显示出良好的应用前景。王习东等曾采用热重实验分析对比这些材料的抗氧化性。图 7-8 为其中 O'SiaAlON-ZrO_2 片状试样在 1373～1673K 5 个温度下热重实验的结果。图中纵坐标 $\Delta m/A$ 为单位表面质量增加。可以看出，每个温度对应的 $\Delta m/A$-时间曲线的起始部分都有一个较短的线性段，其斜率即速率常数随温度升高增大。若线性段斜率记作 k_T，则该段满足 $\Delta m/A=k_c t$。说明氧化初期为界面化学反应控速。在氧化一小段时间后，材料的表面形成了一层较致密的氧化膜，致使氧的扩散阻力增加，氧化速率明显下降。所以，在经过了一段时间过渡后，氧化后期，曲线符合抛物线关系 $(\Delta m/A)^2=k_d t$，说明氧化后期为气体通过氧化产物层的内扩散控速，k_d 为内扩散控速的速率常数。由图 7-8 还看出，温度升高第一段的时间缩短，第二段的时间所占比例增大。图 7-8 同

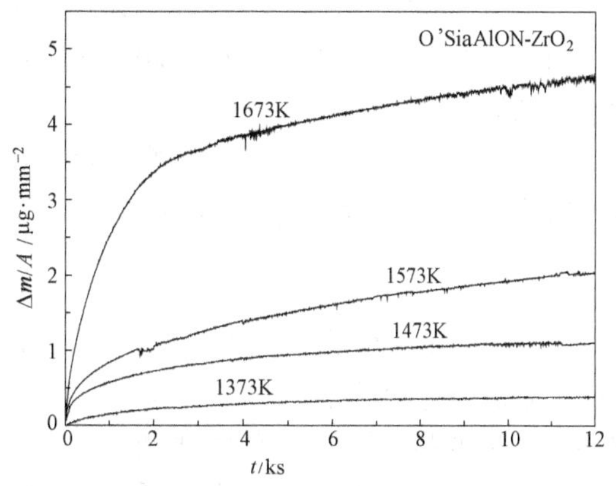

图 7-8　O'SiaAlON-ZrO_2 片状试样的氧化动力学曲线

时反映了高温(高温下无挥发发生的)材料氧化动力学的一些共性。在分段处理前后两段及界面化学反应与扩散混合控速的中间过渡段的数据,可以得到材料氧化三个不同阶段的速率常数 k_c,k_d,k_{mix}。由不同温度的各速率常数,可以计算出氧化过程各阶段的活化能。

7.2 气/液反应动力学

在冶金生产过程中,气/液反应是一类很重要的反应。如转炉炼钢中的脱碳、钢液的真空脱气;有色冶金中的闪速熔炼、铜转炉吹炼得到粗铜等过程均属气/液反应。

很多冶金气/液反应是在分散的气相(即气泡)和连续的液相之间进行,如电弧炉氧化期的脱碳,铜转炉中的铜锍吹炼等。另有一些冶金气/液反应在分散的液相(液滴)和连续的气相间进行,如铜精矿在闪速炉中的造锍熔炼、优质合金钢真空自耗熔炼等。因此,气泡和液滴的行为及气/液间传质对气/液反应过程动力学有重要影响。

7.2.1 气泡行为

7.2.1.1 气泡的生核

要在液相中产生气泡,就需要很高的过饱和度。因为,在液相中产生一个气泡核心需要克服表面张力做功。设液相中有一半径为 R 的球形气泡,其表面积为 $4\pi R^2$,液体的表面张力为 σ,则气泡的表面能为 $4\pi R^2\sigma$。如果这一球形气泡半径增加 $\mathrm{d}R$,表面能增加为:

$$\mathrm{d}G=4\pi\sigma[(R+\mathrm{d}R)^2-R^2]=8\pi\sigma R\cdot\mathrm{d}R+4\pi\sigma\cdot\mathrm{d}R^2\approx8\pi\sigma R\cdot\mathrm{d}R \tag{7-78}$$

根据热力学定律,表面能的增加应等于外力所做的功,即等于反抗表面张力所产生的附加压力所做的功

$$\mathrm{d}G=\delta W_{外}=4\pi R^2 p_{附}\cdot\mathrm{d}R \tag{7-79}$$

将式(7-78)代入式(7-79),得到

$$p_{附}=\frac{2\sigma}{R} \tag{7-80}$$

式中,$p_{附}$ 表示液相中的气泡除受到外界大气压力和液相的静压力外,还必须克服表面张力所产生的附加压力,即气泡内的压力为大气压力、液相静压力及附加压力之和。气泡越小,表面张力所产生的附加压力就越大,形成气泡所需要的过饱和度就越大。例如,在钢液脱碳过程中,钢液和一氧化碳气体之间的表面张力约为 $1.50\mathrm{N\cdot m^{-1}}$。在钢液中要形成一个半径为 10^{-7}m的气泡核心,表面张力所产生的附加压力约为 30MPa。但钢液中碳氧反应产生的一氧化碳压力远小于此值。因此,实际上在钢液中不可能形成一氧化碳气泡的核心。在均匀的液相中,一般来说难以形成气泡的核心。

非均相生核比均相生核要容易实现。例如,炼钢炉衬的耐火材料表面是不光滑的,表面上有大量微孔隙,由于钢水和耐火材料不浸润,接触角大于 90°,约为 120°～160°之间,钢水不完全浸入到耐火材料的微孔隙中,这些微孔隙就成为一氧化碳气泡的天然核心。

应注意,并不是所有的孔隙都能成为气泡产生的核心,只是在一定的尺寸范围内的孔隙才

能成为气泡的发生源，这些孔隙叫做活性孔隙。下面讨论活性孔隙的尺寸范围。

设孔隙是半径为 r 的圆柱形孔隙（见图 7-9），固相与液相间的接触角为 θ。表面张力所产生的附加压力与液体产生的重力方向相反，其数值可由下式计算

$$p_{附}=\frac{2\sigma}{R}=\frac{2\sigma\cos(180-\theta)}{r}=-\frac{2\sigma\cos\theta}{r} \tag{7-81}$$

式中，R 是液相弯月面的曲率半径。如果孔隙中残余气体和炉气相平衡，当表面张力产生的附加压力大于钢水重力所产生的静压力时，钢水就不能充满这一孔隙。显然，当附加压力与静压力相等时，孔隙的尺寸为临界值，即能产生气泡的孔隙最大直径。设液体的密度为 ρ_l，g 为重力加速度，h 为由液体表面到固相表面的高度，则静压力 $p_{静}=\rho_l gh$。

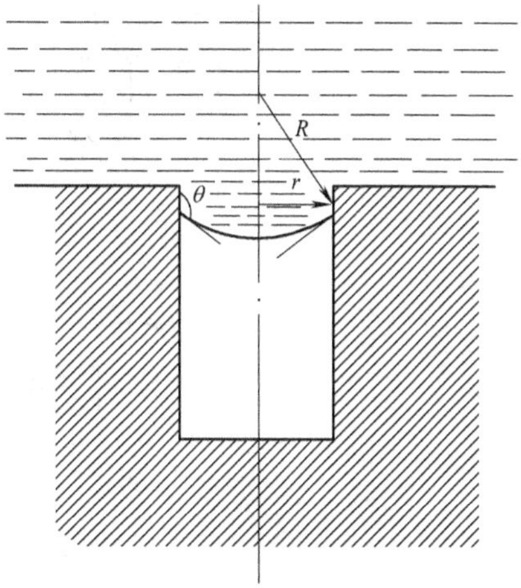

图 7-9　液相与固相孔隙的润湿情况

根据 $p_{附}=p_{静}$，可以求出活性孔隙半径的上限 r_{max}

$$r_{max}=-\frac{2\sigma\cos\theta}{\rho_l gh} \tag{7-82}$$

实际孔隙的半径大于 r_{max} 时，将会被液体填充不能成为气泡核心。

钢液 σ 值约为 1.5N·m^{-1}，θ 角约为 150°，钢液密度为 7200kg·m^{-3}，设熔池深度为 0.5m。将这些数值代入式(7-82)，可以求出炉底耐火材料活性孔隙半径的上限约为 0.074mm。

随着气/液反应的进行，微孔隙中气泡的长大，过程如图 7-10 所示。由于孔隙中气体压力的增大，由(a)到(b)，液面的曲率半径逐渐增大。处于(b)时，曲率半径为无穷大，孔隙处的气体压力需要由 0.1MPa 增加到 0.1MPa 加钢水静压力，而附加压力变为零。由(b)过渡到(c)时，液面的曲率半径由无穷大变为 R，但方向与处于(a)时相反。在(c)时孔隙内的气相压力达到最大值 p_{max}，因为 $p_{附}$ 和液体静压力方向一致。p_{max} 按下式计算

$$p_{max}=p_g+\rho_l gh+\frac{2\sigma\sin\theta}{r} \tag{7-83}$$

式中，p_g 为液面上方气相的压力，通常为 0.1013MPa。若液体为钢水，熔池的深度为 50cm，对于耐火材料上最大的活性孔隙，即 $r_{max}=0.074$mm，由式(7-83)可以求出 $p_{max}=0.157$MPa。

由(c)到(d)时，接触角 θ 维持不变，液面的曲率半径逐渐增大，表面张力产生的附加压力逐渐降低。当活性孔隙内气相扩展到一定程度时，由于浮力的作用，气泡变得不稳定。最后经过阶段(e)，气泡脱离孔隙面而上浮到溶液的表面。若将气/液反应的平衡压力值代替式(7-83)中的 p_{max}，可以求出能产生气泡的微孔隙半径的下限值。

对炼钢中的碳氧反应，如果产生的一氧化碳压力大于 p_{max}，活性孔隙内的气相能够通过阶段(c)，产生一个自由上浮的气泡。相反，就不能产生气泡，碳氧反应也就不能进行。

钢液中碳氧反应产生的一氧化碳平衡压力由下面的公式确定

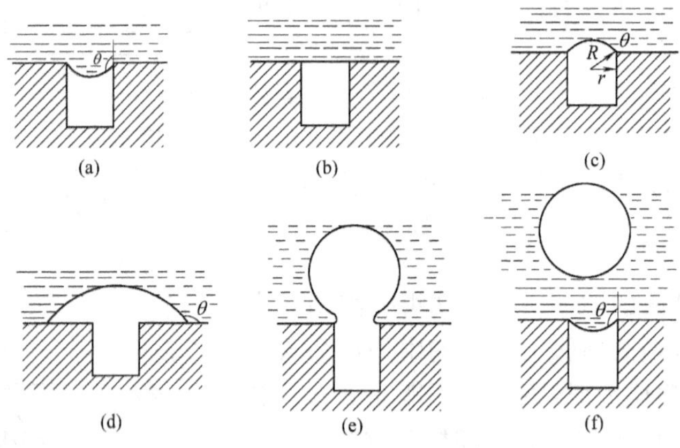

图 7-10　从活性孔隙中产生气泡的过程

$$[C]+[O]=\!=\!=CO_{(g)}$$

$$K^{\ominus}=\frac{p_{CO}}{w[C]_{\%}\cdot w[O]_{\%}p^{\ominus}} \tag{7-84}$$

$$\lg K^{\ominus}=\frac{1168}{T}+2.07$$

式中，$w[C]_{s,\%}$ 和 $w[O]_{s,\%}$ 分别表示气泡表面处钢液中碳和氧浓度的质量分数乘以 100(即质量百分数)。$p_{CO}>p_{max}$ 是碳氧反应得以进行的必要条件。根据实验测定，电炉冶炼低碳钢时，在纯沸腾期，一氧化碳平衡压力为 0.16～0.20MPa。其下限与上面计算的 p_{max} 值 0.157MPa 基本一致。设 $p_{CO}=0.17$MPa，由式(7-83)可以求出活性孔隙的最小半径为 0.059mm。小于 0.059mm 的孔隙，一氧化碳平衡压力(0.17MPa)小于由式(7-83)计算出的 p_{max}，它不能通过阶段(c)，因而不能产生一氧化碳气泡。

应指出，活性孔隙尺度的上下限随生产条件而变化，在钢水表面张力和接触角不变的条件下，炉气压力越小，熔池越浅，活性孔隙上限越大；碳氧反应产生的一氧化碳平衡压力越大，计算得出的活性孔隙尺寸下限越小。

7.2.1.2　气泡上浮过程中的长大

在实际体系中，当气泡穿过液体(或熔体)上升时，由于承受的静压力逐渐降低，其尺寸不断增大。此种效应对处于大气压力下的水溶液或有机溶剂体系来说是不显著的。但液态金属的密度大，即使熔池深度不大，也会引起气泡的明显长大。对于以中等速度膨胀的气泡，气泡内部的压力等于在同一水平上液态所受的静压力。设气泡到喷嘴的垂直距离为 x，气泡的压力为 p_x，则

$$p_x=p_0-\rho_l g x \tag{7-85}$$

式中，p_0 为喷嘴上方的液体所受的压力。已知对球冠形气泡其上升速度为

$$u_t=0.79g^{\frac{1}{2}}V_B^{\frac{1}{6}} \tag{7-86}$$

由于 $u_t = \mathrm{d}x/\mathrm{d}t$，所以

$$\frac{\mathrm{d}x}{\mathrm{d}t} = 0.79 g^{\frac{1}{2}} V_{\mathrm{B}}^{\frac{1}{6}} \tag{7-87}$$

设气泡内的气体应服从理想气体状态方程

$$p_x V_{\mathrm{B}} = p_0 V_0 \tag{7-88}$$

如果喷嘴上方液层的深度为 h，则

$$p_0 = p^{\ominus} + \rho g h \tag{7-89}$$

结合式(7-85)～(7-88)，得到

$$\frac{\mathrm{d}x}{\mathrm{d}t} = 0.79 g^{\frac{1}{2}} \left[\frac{p_0 V_0}{p_0 - \rho_l g x}\right]^{\frac{1}{6}} \tag{7-90}$$

对下列初始条件，在 $t=0$ 时，$x=0$

积分得出

$$t = \frac{1.08}{(p_0 V_0)^{1/6} \cdot \rho_l g^{1/2}} \left[p_0^{\frac{7}{6}} - (p_0 - \rho_l g x)^{\frac{7}{6}}\right], \qquad 其中\ 0 \leqslant x \leqslant h \tag{7-91}$$

根据 t 和 x 的关系式，可以求得上浮过程任意时刻球冠形气泡的体积。对球形气泡可以用类似的方法估计气泡的膨胀情况。

式(7-91)只适用于气泡膨胀速度比较缓慢时的情况。此外，也没有考虑液体中温度变化及气体参与化学反应等复杂情况。若液体(或熔体)上方的压力下降，如液态金属的真空脱气，气泡迅速膨胀，以至于气泡内部的压力要比处于同一水平的液体所受的静压力大，此时式(7-91)不再适用。

7.2.2 炼钢过程中一氧化碳气泡的上浮与长大

电炉中碳氧反应由下列几个相互衔接的步骤组成：

(1) 炉渣中氧化铁迁移到钢渣界面；

(2) 在钢渣界面发生反应

$$(\mathrm{FeO})_{\mathrm{s}} \longrightarrow [\mathrm{Fe}]_{\mathrm{s}} + [\mathrm{O}]_{\mathrm{s}}$$

(3) 钢渣界面上吸附的氧$[\mathrm{O}]_{\mathrm{s}}$向钢液内部扩散；

(4) 钢液内部的碳和氧扩散到一氧化碳气泡表面；

(5) 在一氧化碳气泡表面发生反应

$$[\mathrm{C}]_{\mathrm{s}} + [\mathrm{O}]_{\mathrm{s}} \longrightarrow \mathrm{CO}_{(\mathrm{g})\mathrm{s}} \tag{7-92}$$

(6) 生成的 CO 气体扩散到气泡内部，使气泡长大并上浮，通过钢水和渣进入炉气。

总的脱碳反应为

$$[\mathrm{C}] + (\mathrm{FeO}) \longrightarrow [\mathrm{Fe}] + \mathrm{CO}_{(\mathrm{g})} \tag{7-93}$$

式中的下标 s 表示钢渣界面或气泡表面处的物质。

一氧化碳气泡的形成和长大过程由上述 6 个步骤中的 4、5、6 步骤组成。由于气体的扩散系数比液体扩散系数约大 5 个数量级，第 6 步骤进行很快，可以近似认为气泡表面处的一氧化碳压力等于气泡内部一氧化碳压力。在炼钢温度下化学反应速率很快，第 5 步可以认为达到局部平衡，满足通常的平衡常数关系。由式(7-84)计算得到在 1600℃时的平衡常数

$$K_{1873}^{\ominus}=\frac{p_{CO}/p^{\ominus}}{w[C]_{s,\%}w[O]_{s,\%}}\approx 500 \tag{7-94}$$

气泡长大的控速环节为第 4 步骤，即碳和氧通过边界层的传质。对中、高含碳量的钢液，碳的浓度远大于氧的浓度，碳的最大可能扩散速率可能比氧的要大得多，可以近似地认为氧的扩散是限制性环节。碳在界面处的浓度近似等于钢液内部的浓度，即

$$w[C]_s=w[C] \tag{7-95}$$

一氧化碳的生成速率等于氧通过钢液边界层的扩散速率，即

$$\frac{dn_{CO}}{dt}=k_d A\frac{\rho_{st}}{M_{[O]}}(w[O]-w[O]_s) \tag{7-96}$$

式中，k_d 为氧的传质系数；A 为气泡的表面积；ρ_{st} 为钢液密度；$M_{[O]}$ 为溶解氧的摩尔质量。

氧的界面浓度 $w[O]_s$ 可以从式 (7-94)及(7-95) 联立求出。假定气泡中一氧化碳的压力 $p_{CO}=0.1013$MPa，公式(7-96)中($w[O]-w[O]_s$)即氧浓度与平衡氧浓度之差。该值转换为相应的体积摩尔浓度差后也称为氧的过饱和值，记为 ΔO。上式可以改写为

$$\frac{dn_{CO}}{dt}=k_d A\Delta O \tag{7-97}$$

设气泡中 1mol 一氧化碳的体积为 V_m，气泡体积增大速率为

$$\frac{dV}{dt}=V_m k_d A\Delta O \tag{7-98}$$

设气泡为图 7-11 所示的球冠形，$\theta=55°$，其球冠体积近似为

$$V_B\approx\frac{1}{6}\pi r^3 \tag{7-99}$$

球冠的高度 H 近似等于曲率半径的一半，$H\approx 0.5r$。球冠的表面积近似为

$$A_B\approx 2\pi r^2 \tag{7-100}$$

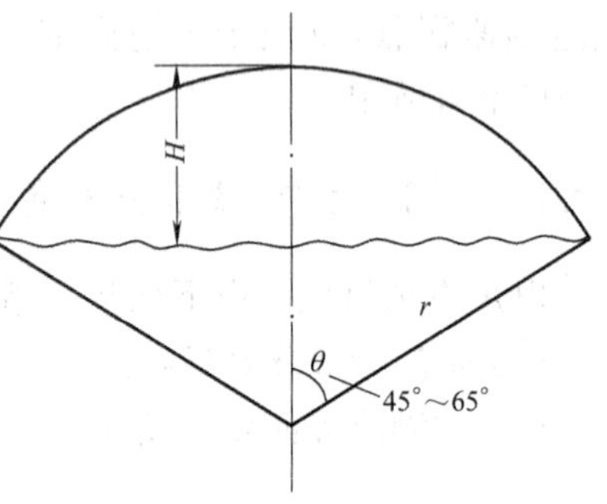

图 7-11　球冠形气泡

式中，r 为球冠的曲率半径。

已知 $Re>1000$，气泡的韦伯数大于 18，奥特斯数大于 40 时，球冠形气泡上升速度为

$$u_t=0.71\sqrt{\frac{gd_B}{2}}\approx\frac{2}{3}(gr)^{0.5} \tag{7-101}$$

从传质的渗透模型可以得出

$$k_d=2\left(\frac{D}{\pi t_e}\right)^{\frac{1}{2}} \tag{7-102}$$

式中的接触时间 t_e 可用下式求得

$$t_e=\frac{H}{u_t}=\frac{1}{2}\frac{r}{u_t} \tag{7-103}$$

从理想气体的状态方程可得

$$V_m=\frac{RT}{p}=\frac{RT}{p_g+\rho gh} \tag{7-104}$$

式中，p 是气泡内一氧化碳压力，等于炉气压力 p_g 与钢水静压力之和。上式中忽略了表面张力产生的附加压力。对直径 1cm 的气泡，其附加压力仅为 6kPa。

将式(7-99)～式(7-104)代入式(7-98)，整理后得出

$$\frac{dr}{dt}=\left(\frac{16RT}{p_g+\rho gh}\right)\cdot\left(\frac{gD^2}{9\pi^2 r}\right)^{\frac{1}{4}}\cdot\Delta O \tag{7-105}$$

气泡上浮速度和熔池深度的关系用下式表示。

$$u_t=\frac{dh}{dt}$$

则有

$$\frac{dr}{dh}=\frac{dr}{dt}\cdot\frac{dt}{dh}=\frac{dr}{dt}\frac{1}{u_t} \tag{7-106}$$

将式(7-105)和式(7-101)代入上式，整理后得出

$$\frac{dr}{dh}=\left(\frac{8RT}{p_g+\rho gh}\right)\cdot\left(\frac{9D^2}{g\pi^2 r^3}\right)^{\frac{1}{4}}\cdot\Delta O \tag{7-107}$$

对上式分离变量积分，得出

$$\int_0^r r^{\frac{3}{4}}\,dr = 8RT\left(\frac{3D}{\pi}\right)^{\frac{1}{2}}\left(\frac{1}{g}\right)^{\frac{1}{4}}\cdot\frac{\Delta O}{\rho g}\cdot\int_0^h\frac{dh}{h+\dfrac{p_g}{\rho g}}$$

$$r=\left\{\frac{14RT}{\sqrt[4]{g}}\left(\frac{3D}{\pi}\right)^{\frac{1}{2}}\cdot\left(\frac{\Delta O}{\rho g}\right)\cdot\left[\ln\left(h+\frac{p_g}{\rho g}\right)-\ln\frac{p_g}{\rho g}\right]\right\}^{\frac{4}{7}} \tag{7-108}$$

在积分时，忽略了炉底产生的气泡核心的体积，即 $h=0$ 时，气泡半径 $r=0$。

式(7-108)是一氧化碳气泡上浮长大过程中半径的计算公式，对应于不同的过饱和值，从公式(7-108)可以计算出气泡在上浮过程中曲率半径(r)的大小。在计算时，有关常数若取如下数值：$T=1873$K；$R=8.314$J/(mol·K)；$D=5\times10^{-9}$m²/s；$g=9.8$m/s²；$\rho=7.2\times10^3$kg/m³；$p_g=1.013\times10^5$Pa。代入这些数值后，全部采用 SI 单位，上式简化为

$$r=5.77\times10^{-3}(\Delta O)^{\frac{4}{7}}\cdot\left(\ln\frac{1.436+h}{1.436}\right)^{\frac{4}{7}} \tag{7-109}$$

设熔池深度 0.5m，根据电化学直接定氧测头测定结果，中、高碳钢氧的过饱和值约为 0.015%～0.025%，取中间值 0.02%并转换为体积摩尔浓度，得 $\Delta O=90$ mol/m³，代入式

(7-109)，从理论上计算得出气泡浮出钢水面时曲率半径为 $r=3.79\times10^{-2}$m。

以上计算说明，从炉底产生的一氧化碳气泡核心在上浮过程中具有非常好的动力学条件，在几秒钟的上浮过程中，可以长大到相当大的尺度。图 7-12 是不同氧的过饱和值对一氧化碳气泡长大的影响。

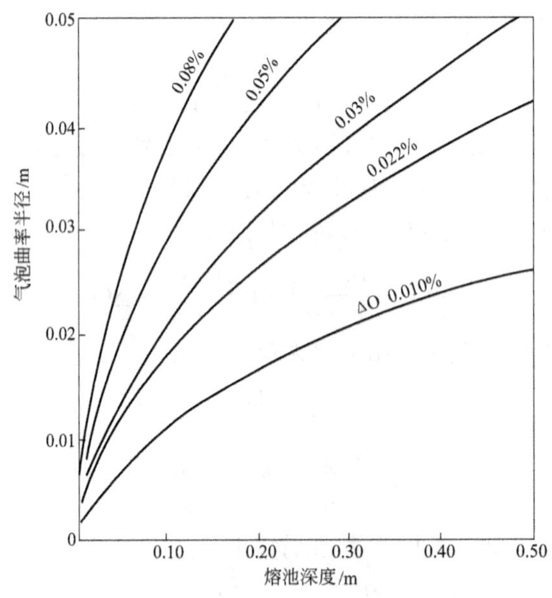

图 7-12　钢液中不同氧过饱和值对一氧化碳气泡长大的影响

7.2.3　碳氧反应速率

讨论上述理论计算在钢液脱碳动力学中的应用时，如能计算炉底气泡的生核频率，结合气泡上浮到表面过程中的长大则能计算出脱碳速率。但至今关于气泡在炉底的生核频率只能进行半定量的讨论。假定单位炉底面积上的生核频率 I 和氧的过饱和值成正比，即

$$I=k\Delta O \tag{7-110}$$

从式(7-109)和式(7-99)可以计算一个气泡的体积为

$$\begin{aligned}V_B&=\frac{1}{6}\pi r^3=\frac{1}{6}\pi\left[5.77\times10^{-3}(\Delta O)^{\frac{4}{7}}\cdot\left(\ln\frac{1.436+h}{1.436}\right)^{\frac{4}{7}}\right]^3\\&=1.00\times10^{-7}(\Delta O)^{\frac{12}{7}}\cdot\left(\ln\frac{1.436+h}{1.436}\right)^{\frac{12}{7}}\end{aligned} \tag{7-111}$$

单位炉底面积上产生的一氧化碳体积为

$$V=IV_B=1.00\times10^{-7}k(\Delta O)^{2.7}\cdot\left(\ln\frac{1.436+h}{1.436}\right)^{1.7}$$

$$=k'(\Delta O)^{2.7}\cdot\left(\ln\frac{1.436+h}{1.436}\right)^{1.7} \tag{7-112}$$

由上式得出，脱碳速率和熔池中氧的过饱和值的2.7次幂成正比。这一结论和电炉的实际情况大体相符。如金(T. King)从30吨电炉的生产数据得出，脱碳速率与ΔO的2.2次幂成正比。

在讨论中，假定钢水中氧的扩散是限制性环节。对应超低碳钢，碳的浓度低而氧浓度高，碳的扩散将成为碳氧反应的限制性环节，这时可以用类似的方法来讨论。

7.2.4 气泡冶金过程动力学讨论

利用气泡和钢液的相互作用来去除钢中某些气体及杂质元素称为“气泡冶金”。如在电炉氧化期，碳氧沸腾产生大量一氧化碳气泡对排除钢中氢、氮等起重要作用。一氧化碳气泡对氢气、氮气相对于真空，氢和氮将扩散到一氧化碳气泡内并随气泡上浮最后排出钢液。钢水和夹杂物是不润湿的，夹杂物会吸附于气泡表面排出钢液。

除了碳氧反应外，从钢包底部鼓入Ar气(或氮气)，也可以降低钢中氢及夹杂物的含量，净化钢液。此外，在冶炼超低碳不锈钢时，采用AOD即氩氧混吹法，可加速碳氧反应促进脱碳过程。

以下将应用气/液反应动力学的基本原理通过典型实例说明这些过程的基本规律。

7.2.4.1 吹氩冶炼超低碳不锈钢

钢中鼓入氩气脱碳的机理是利用氩气的稀释作用，降低气泡中一氧化碳分压，促使碳氧反应的进行，以一氧化碳形式去除钢液中的碳。这个过程由以下三个主要步骤组成：

(1) 溶解在钢中氧和碳通过钢液边界层扩散到气泡的表面，即

$$[O]\longrightarrow[O]^s,[C]\longrightarrow[C]^s;$$

(2) 在氩气泡表面上发生化学反应

$$[O]^s+[C]^s\longrightarrow[CO]^s;$$

(3) 生成的一氧化碳从气泡表面扩散到气泡内部，并随气泡上浮排出。

吹氩冶炼超低碳不锈钢过程中，由于钢液中碳含量很低，可以认为碳在钢液边界层中的扩散是碳氧化反应过程的控速环节。根据传质理论，碳的传质速率

$$\frac{dn}{dt}=Ak_d(c-c_s) \tag{7-113}$$

$$k_d=2\sqrt{\frac{D}{\pi t_e}} \tag{7-114}$$

式中，k_d为钢中碳的传质系数；A为氩气泡的表面积；D为钢中碳的扩散系数；t_e为接触时间；c为钢液中碳的浓度，mol/m^3；c_s为钢液和气泡界面处的浓度，mol/m^3。

由于在1600℃高温下化学反应速率很大，在气泡表面界面化学反应达局部平衡，碳的界

面浓度为

$$w[\mathrm{C}]_{\%}^{\mathrm{s}}=\frac{p_{\mathrm{CO}}/p^{\ominus}}{K_{1873}^{\ominus}w[\mathrm{O}]_{\%}} \tag{7-115}$$

式中，$w[\mathrm{O}]_{\%}$ 为钢中氧的质量百分数；$w[\mathrm{C}]_{\%}^{\mathrm{s}}$ 为氩气泡表面处碳的质量百分数；p_{CO} 为氩气泡中 CO 的分压，Pa；$p^{\ominus}=1.013\times10^{5}\mathrm{Pa}$；$K_{1873}^{\ominus}$ 为 1873K 温度时碳氧反应的平衡常数，已知 $K_{1873}^{\ominus}=500$。

在实际生产中应用式(7-113)，以质量百分数代替摩尔浓度较为方便。两种碳浓度的换算关系为

$$c(\mathrm{mol}\cdot\mathrm{m}^{-3})=\frac{w[\mathrm{C}]\cdot\rho}{M_{\mathrm{C}}}=6\times10^{5}w[\mathrm{C}]=6000w[\mathrm{C}]_{\%} \tag{7-116}$$

式中　M_{C}——碳的摩尔质量，$12\times10^{-3}\mathrm{kg/mol}$；

ρ——钢液密度，取 $7.2\times10^{3}\mathrm{kg/m^{3}}$。

将式(7-116)和式(7-115)代入式(7-113)，得到

$$\frac{\mathrm{d}n}{\mathrm{d}t}=6000k_{\mathrm{d}}A\left(w[\mathrm{C}]_{\%}-\frac{p_{\mathrm{CO}}/p^{\ominus}}{K_{1873}^{\ominus}w[\mathrm{O}]_{\%}}\right) \tag{7-117}$$

碳通过边界层的传质速率等于气泡中一氧化碳的生成速率，由此可得

$$\frac{\mathrm{d}p_{\mathrm{CO}}}{\mathrm{d}t}=\frac{RT\mathrm{d}n}{V\mathrm{d}t} \tag{7-118}$$

代入式(7-117)，分离变量积分

$$\int_{0}^{p'_{\mathrm{CO}}}\frac{\mathrm{d}p_{\mathrm{CO}}}{w[\mathrm{C}]_{\%}-\dfrac{p_{\mathrm{CO}}/p^{\ominus}}{500w[\mathrm{O}]_{\%}}}=6000\frac{RT}{V}Ak_{\mathrm{d}}\int_{0}^{t}\mathrm{d}t$$

计算得

$$\ln\frac{w[\mathrm{C}]_{\%}}{w[\mathrm{C}]_{\%}-\dfrac{p'_{\mathrm{CO}}/p^{\ominus}}{500w[\mathrm{O}]_{\%}}}=12\times\frac{RT}{p^{\ominus}V}Ak_{\mathrm{d}}\frac{t}{w[\mathrm{O}]_{\%}} \tag{7-119}$$

式中，p'_{CO} 是气泡在钢液中停留时间 t 秒后，其中的一氧化碳分压力；A、k_{d} 可根据气泡的尺寸计算。由黑碧的溶质渗透理论得出

$$k_{\mathrm{d}}=2\sqrt{\frac{D}{\pi t_{\mathrm{e}}}} \tag{7-120}$$

其中气泡与钢液的接触时间 t_{e} 可按下式计算

$$t_{\mathrm{e}}=2r/u_{t} \tag{7-121}$$

式中，r 为气泡的半径；u_{t} 为气泡的上浮速度。对于直径大于 1cm 的球冠形气泡，u_{t} 与气泡半径间的关系为

$$u_{t}\approx0.7\sqrt{gr}$$

式中，g 为重力加速度。代入 k_{d}、A 的值以后，可以计算出一个氩气泡的脱氧效果。

若用 α 表示气泡中一氧化碳压力与碳氧平衡压力之比，则

$$\alpha=\frac{p'_{CO}/p^{\ominus}}{500w[C]_{\%}w[O]_{\%}}$$

这一比值 α 称为不平衡参数。在式(7-119)中引入不平衡参数得到

$$\ln\frac{1}{1-\alpha}=12\times\left(\frac{RT}{p^{\ominus}V}\right)Ak_{d}\frac{t}{w[O]_{\%}} \tag{7-122}$$

式(7-122)表示不平衡参数和气泡上浮时间、气泡大小、钢中含氧量之间的关系。

实际操作中关心的是把钢中的碳含量由起始值 $w[C]_{\%}^{\circ}$ 降低到 $w[C]_{\%}^{f}$，需要鼓入多少氩气及需鼓入的氩气量与钢中氧含量的关系。

设一个氩气泡上浮到钢液面由于脱碳反应脱碳的物质量为 dn，则

$$dn=dn_{CO}=\frac{p'_{CO}dV}{RT} \tag{7-123}$$

式中，p'_{CO} 为上浮到钢液面时气泡中一氧化碳的分压；dV 为上浮到钢液面时一个气泡的体积。

设标准状态下该气泡的体积为 dV_0，则

$$dV_0=\frac{273}{1873}dV$$

代入式(7-123)得

$$dn=\frac{p'_{CO}dV_0}{0.0224}\quad(p'_{CO}=1.013\times10^{5}\,\text{Pa};V\text{ 单位为 m}^3) \tag{7-124}$$

一个气泡上浮引起钢液中碳含量的下降为 $dw[C]_{\%}$，dn 与 $dw[C]_{\%}$ 的关系为

$$-dw[C]_{\%}=\frac{M_{[C]}dn}{1000w}\times100=\frac{12\times10^{-4}dn}{w} \tag{7-125}$$

式中　w——钢水量，t；

$M_{[C]}$——[C]的摩尔质量，kg/mol。

由不平衡参数的定义

$$p'_{CO}=\alpha\cdot p_{CO,eq}=\alpha\cdot500w[C]_{\%}w[O]_{\%} \tag{7-126}$$

将式(7-125)、(7-126)代入式(7-124)，整理后得出

$$dV_0=-0.0373\frac{w}{\alpha w[C]_{\%}w[O]_{\%}}dw[C]_{\%} \tag{7-127}$$

由碳氧反应的化学计量关系可得

$$w[O]_{\%}=w[O]_{\%}^{\circ}-\frac{16}{12}(w[C]_{\%}^{\circ}-w[C]_{\%}) \tag{7-128}$$

式中，$w[C]_{\%}^{\circ}$ 和 $w[O]_{\%}^{\circ}$ 分别表示初始的碳和氧的质量百分数，代入式(7-127)并整理得到

$$\int_0^{V_0}dV_0=0.0373\frac{w}{\alpha}\int_{w[C]_{\%}^{\circ}}^{w[C]_{\%}^{f}}\frac{-dw[C]_{\%}}{(w[O]_{\%}^{\circ}-1.33w[C]_{\%}^{\circ}+1.33w[C]_{\%})w[C]_{\%}} \tag{7-129}$$

积分得

$$V_0=86\times10^{-3}\frac{w}{\alpha}\frac{1}{1.33w[C]_\%-w[O]_\%}\times\lg\frac{w[O]_\%w[C]_\%^f}{(w[O]_\%-1.33w[C]_\%+1.33w[C]_\%^f)w[C]_\%}\tag{7-130}$$

式中，$w[C]_\%^f$ 为鼓入 $V_0\mathrm{m}^3$（标态）氩气后钢液中碳的质量百分数。为简化计算，可假设 α 值为常数。

7.2.4.2　中、高碳钢的吹氩脱氧

对于中、高碳钢，钢中碳含量皆大于 0.2%，而氧含量低于碳含量，氧通过钢液边界层的传质是控速环节。可应用前面的讨论方法得到氩气的鼓入量 V_0 与鼓氩前后钢中氧含量的关系

$$V_0=64.5\times10^{-3}\frac{w}{\alpha}\frac{1}{w[C]_\%}\lg\frac{w[O]_\%}{w[O]_\%^f}\tag{7-131}$$

用相近方法可以推导得出式中的不平衡参数 α 的计算公式

$$\ln\frac{1}{1-\alpha}=9\times\left(\frac{RT}{VP^\ominus}\right)A\cdot k_d\frac{1}{w[C]_\%}t\tag{7-132}$$

7.2.4.3　吹氩脱氢过程

钢包吹氩气是一个常用的钢液净化途径。钢液脱氢也包括三个主要步骤，即钢液中的氢通过钢液边界层扩散到氩气泡的表面；在气泡/钢液界面上发生化学反应；反应生成的氢分子扩散到气泡内部并随之上浮排出钢液。但由于钢液中[H]的扩散系数较大，上述三个步骤速度都较快，气泡中 H_2 的分压接近与钢液中[H]相平衡的压力。已知

$$2[H]=\!=\!=H_{2(g)}$$

$$\Delta G^\ominus=-72.950-60.90T\qquad \mathrm{J/mol}$$

$$\lg K^\ominus=\frac{3811}{T}+3.18$$

1600℃时，H_2 的平衡压力

$$p_{H_2}=1.64\times10^5w[H]_\%^2\times0.1013\mathrm{MPa}\tag{7-133}$$

一个氩气泡上浮过程脱氢的量为

$$\mathrm{d}n=2\mathrm{d}n_{H_2}=2p_{H_2}\frac{\mathrm{dV}_0\dfrac{1873}{273}}{RT}\quad\mathrm{mol}$$

一个气泡上浮引起钢液中氢含量的下降为 $\mathrm{d}w[H]_\%$，$\mathrm{d}n$ 与 $\mathrm{d}w[H]_\%$ 的关系为

$$-\mathrm{d}w[H]_\%=\frac{M_{[H]}\mathrm{d}n}{w\times1000}\times100=2p_{H_2}\frac{\left(\dfrac{1873}{273}\right)\mathrm{dV}_0\cdot M_{[H]}}{w\times1000\times RT}\times100\tag{7-134}$$

式中　w——钢液量，t；

$M_{[H]}$——氢原子的摩尔质量，kg/mol；

$\mathrm{d}V_0$——氩气在标态下的体积，m^3。

整理并代入式(7-133)得

$$\mathrm{d}V_0=-\frac{8.314\times273\times w\times10}{1.64\times10^5\times1.013\times10^5\times2\times10^{-3}\times w[H]_\%^2}\mathrm{d}w[H]_\%$$

上式积分后得

$$V_0=6.83\times10^{-4}w\cdot\left[\frac{1}{w[\mathrm{H}]_{\%}^{\mathrm{f}}}-\frac{1}{w[\mathrm{H}]_{\%}^{\mathrm{o}}}\right] \tag{7-135}$$

式中　$w[\mathrm{H}]_{\%}^{\mathrm{o}}$——开始吹氩时钢液中氢的质量百分数；

$w[\mathrm{H}]_{\%}^{\mathrm{f}}$——吹氩结束时钢液中氢的质量百分数。

还可以应用类似的方法推导出吹氩(或氮)过程脱碳反应速率和脱氢速率的关系

$$\frac{\mathrm{d}w[\mathrm{H}]_{\%}}{\mathrm{d}t}=2.73\times10^{4}w[\mathrm{H}]_{\%}^{2}\frac{\mathrm{d}w[\mathrm{C}]_{\%}}{\mathrm{d}t} \tag{7-136}$$

对吹氩去氮也可以导出与式(7-135)、式(7-136)相应的公式。但是气泡中氮分压远不能达到平衡。生产实践证明，吹氩没有明显的脱氮效果。原因可能是脱氮过程动力学规律较复杂。氮的扩散不是唯一的控速环节，界面化学反应也有较大的阻力。

例题 7-1　已知钢液原始氢含量为 $8\times10^{-4}\%$，求在 1600℃将氢含量降至 $4\times10^{-4}\%$时，每吨钢水所需的吹氩量。

解　将式(7-135)两边除以钢包中钢水量 w，得

$$V_0/w=6.83\times10^{-4}\left(\frac{1}{w[\mathrm{H}]_{\%}^{\mathrm{f}}}-\frac{1}{w[\mathrm{H}]_{\%}^{\mathrm{o}}}\right)$$

代入 $w[\mathrm{H}]_{\%}^{\mathrm{o}}$ 及 $w[\mathrm{H}]_{\%}^{\mathrm{f}}$ 值，得

$$V_0/w=6.83\times10^{-4}\left(\frac{1}{4}-\frac{1}{8}\right)\times10^{4}=0.854\quad \mathrm{m^3/t}$$

解得所需的氩气量为每吨钢 $0.854\mathrm{m^3}$(标态)。

例题 7-2　若在钢包吹氩过程中碳含量可视为常数，为 0.5%，不平衡常数 $\alpha=0.5$，计算将钢液中氧含量由 0.004%降至 0.001%每吨钢水所需的吹氩量。

解　由式(7-131)可得单位体积钢液所需的吹氩量

$$V_0/w=64.5\times10^{-3}\frac{1}{\alpha w[\mathrm{C}]_{\%}}\lg\frac{w[\mathrm{O}]_{\%}^{\mathrm{o}}}{w[\mathrm{O}]_{\%}^{\mathrm{f}}}$$

代入 $w[\mathrm{C}]_{\%}$、$w[\mathrm{O}]_{\%}^{\mathrm{o}}$、$w[\mathrm{O}]_{\%}^{\mathrm{f}}$ 值

$$V_0/w=64.5\times10^{-3}\frac{1}{0.5\times0.5}\lg\frac{0.004}{0.001}=0.155\quad \mathrm{m^3/t}$$

解得所需的氩气量为每吨钢 $0.155\mathrm{m^3}$(标态)。

7.2.5　真空冶金过程动力学讨论

真空技术在冶金生产中的应用大体上可以划分为两大类。一类用于钢水的处理，最常应用的有真空铸锭、钢包真空处理、RH 和 DH 真空精炼等，通常称为真空处理；另一类属于真空熔炼过程，如真空自耗熔炼，真空电渣熔炼。

在真空条件下，有良好的去除金属液中溶解的氢、氧等有害杂质的有利条件，提高冶金产品的质量。但是，真空也加速了合金元素的挥发。掌握真空冶金过程动力学，有利于控制这些

过程。

以下介绍真空去气的基本动力学规律。

金属液去气过程的组成步骤为：

(1) 溶解于金属液中的气体原子通过对流和扩散迁移到金属液面或气泡表面；

(2) 在金属液或气泡表面上发生界面化学反应，生成气体分子。这一步骤又包括反应物的吸附，化学反应本身及气体生成物的脱附；

(3) 气体分子通过气体边界层扩散进入气相，或被气泡带入气相，并被真空泵抽出。

根据大多数研究结果，钢液中吸氢、脱氢、脱氧过程由钢液边界层中的传质控制，传质速率

$$\frac{dn}{dt}=Ak_d(c_m-c_m^s) \tag{7-137}$$

式中　A——表面积；

c_m——钢液内部浓度；

c_m^s——气液界面处的浓度。

由物质平衡可得

$$\frac{dn}{dt}=-V\frac{dc_m}{dt} \tag{7-138}$$

式中　V——钢液的体积。

该式说明传质速率等于去气(氢或氧)的速率。

联立式 (7-137)和式(7-138)可得

$$\frac{dc_m}{dt}=-\frac{A}{V}k_d(c_m-c_m^s) \tag{7-139}$$

假设表面浓度 c_{ms} 为常数，积分上式得

$$\ln\frac{c_m-c_m^s}{c_m^o-c_m^s}=-\frac{A}{V}k_dt \tag{7-140}$$

式中，c_m^o、c_m 分别为钢液的原始浓度及真空处理 t 时该元素的浓度。上式中的浓度可以用 $mol\cdot m^{-3}$ 为单位，也可以用质量分数。该式说明，如果脱气过程为传质步骤控制，则表现为一级反应规律，如脱氢和脱氧过程属于这一种机理。

7.3　液/ 液反应动力学

液/液反应是指两个不相溶的液相之间的反应。这类反应对冶金过程十分重要。例如，电炉炼钢过程，从炉内形成钢液熔体开始，直至出钢为止，液/液反应贯穿于整个熔化、氧化和还原过程中。例如，熔化期和氧化期中钢液中 C、Si、Mn、P 及某些合金元素的氧化，就包含有渣中氧化铁和钢中这些元素之间的反应。还原期的脱硫也是渣钢之间的反应。有色冶金也有类似的情况。如湿法提取冶金中用萃取的方法进行分离和提纯就是典型的液/液反应的例子。在火法冶金过程中，鼓风炉炼制粗铅及转炉吹炼粗铜都包含有熔渣和金属熔体之间的液/液反应。

液/液反应机理的共同特点在于，反应物来自两个不同的液相，然后在共同的相界面上发生界面化学反应，最后生成物再以扩散的方式从相界面传递到不同的液相中。寻求这样的反应的规律，较多地应用了双膜理论。

液/液反应的限制性环节一般分为两类。一类以扩散为限制性环节；另一类是以界面化学反应为限制性环节。对这两类不同的反应过程，温度、浓度、搅拌速度等外界条件对速度的影响也是不同的，借此可用来判断限制性环节。

大量事实说明，在液/液反应中，尤其是高温冶金反应中，大部分限制性环节处于扩散范围，只有一小部分反应属于界面化学反应类型。尽管后者代表的反应不多，但其机理研究却很重要，一般说来，处理的难度也较前者大。

7.3.1 金属液/熔渣反应机理的分析

应用双膜理论分析金属液/熔渣反应速率。金属液/熔渣反应主要按以下两种反应进行。

$$[A]+(B^{z+})=(A^{z+})+[B] \tag{7-141}$$

$$[B]+(A^{z-})=(B^{z-})+[A] \tag{7-142}$$

式中，[A]、[B]为金属液中以原子状态存在的组元 A、B；(A^{z+})、(A^{z-})、(B^{z+})、(B^{z-})为熔渣中以正(负)离子状态存在的组元 A、B。

图 7-13 是组元 A 在熔渣、金属液两相中浓度分布示意图。δ_S 与 δ_M 分别为渣相及金属液边界层的厚度；$c_{(A^{z+})}$、$c_{[A]}$分别为其在渣相及金属液中的浓度；$c^*_{(A^{z+})}$为组元 A 在渣膜一侧界面处的浓度；$c^*_{[A]}$为组元 A 在金属液膜一侧界面处的浓度。整个反应包括如下反应步骤：

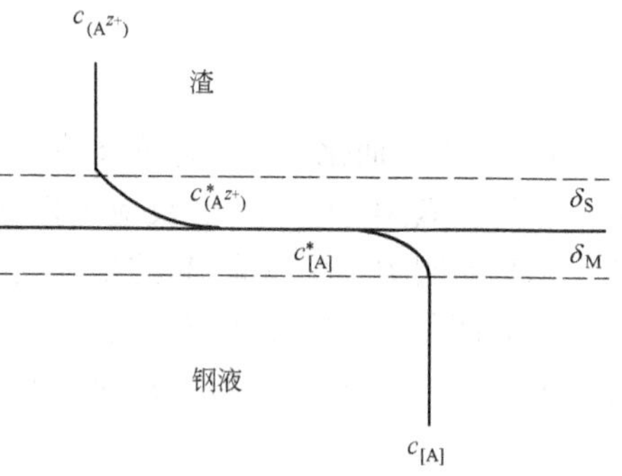

图 7-13 组元 A 在熔渣与金属液中浓度分布示意图

(1) 组元[A]由金属液内穿过金属液一侧边界层向金属液/熔渣界面迁移；

(2) 组元(B^{z+})由渣相内穿过渣相一侧边界层向熔渣/金属液界面的迁移；

(3) 在界面上发生化学反应 (7-141)；

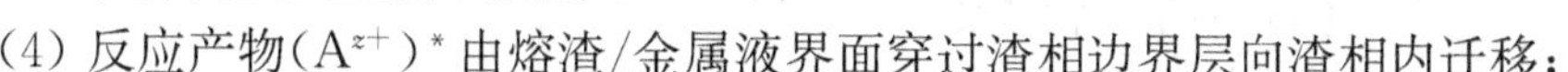

(4) 反应产物$(A^{z+})^*$由熔渣/金属液界面穿过渣相边界层向渣相内迁移；

(5) 反应产物$[B]^*$由金属液/熔渣界面穿过金属液边界层向金属液内部迁移。

在金属液边界层的物质流密度

$$J_{[A]}=k_{[A]}(c_{[A]}-c^*_{[A]}) \tag{7-143}$$

在渣相边界层的物质流密度

$$J_{(A^{z+})}=k_{(A^{z+})}(c^*_{(A^{z+})}-c_{(A^{z+})}) \tag{7-144}$$

如果界面上的化学反应很快，界面上反应达到动态平衡，则

$$\frac{c^{*}_{(A^{z+})}}{c^{*}_{[A]}}=K^{\ominus} \tag{7-145}$$

式中　$K^{\ominus}$——标准平衡常数。

双膜理论假定，界面两侧为稳态传质，即界面上无物质的积累，因此组元 A 在两膜中的物质流密度应相等，即

$$J_{A}=k_{[A]}\left(c_{[A]}-\frac{c^{*}_{(A^{z+})}}{K^{\ominus}}\right)=k_{(A^{z+})}K^{\ominus}\left(\frac{c^{*}_{(A^{z+})}}{K^{\ominus}}-\frac{c_{(A^{z+})}}{K^{\ominus}}\right) \tag{7-146}$$

由上式得出

$$\frac{J_{A}}{k_{[A]}}=c_{[A]}-\frac{c^{*}_{(A^{z+})}}{K^{\ominus}} \tag{7-147}$$

$$\frac{J_{A}}{k_{(A^{z+})}K^{\ominus}}=\frac{c^{*}_{(A^{z+})}}{K^{\ominus}}-\frac{c_{(A^{z+})}}{K^{\ominus}} \tag{7-148}$$

由式(7-147)、(7-148)可消去界面浓度得到

$$J_{A}\left(\frac{1}{k_{[A]}}+\frac{1}{k_{(A^{z+})}K^{\ominus}}\right)=c_{[A]}-\frac{c_{(A^{z+})}}{K^{\ominus}} \tag{7-149}$$

$$J_{A}=\frac{c_{[A]}-\dfrac{c_{(A^{z+})}}{K^{\ominus}}}{\dfrac{1}{k_{[A]}}+\dfrac{1}{k_{(A^{z+})}K^{\ominus}}} \tag{7-150}$$

因此，当界面化学反应速率比渣、金属液两相中的传质速率快得多时，总反应速率由式(7-150)决定。其中分子表示总反应的推动力，分母为阻力，分母中两项分别表示 A 在金属液及渣中的传质阻力。可以看出，这里忽略了组元 B 在金属液及渣中的传质的阻力。

若界面化学反应速率与传质速率相差不很大时，则必须考虑界面化学反应速率对总反应速率的影响，当反应为一级反应时，则正反应速率为

$$v_{+}=k_{\text{rea}+}c^{*}_{[A]} \tag{7-151}$$

逆反应速率为

$$v_{-}=k_{\text{rea}-}c^{*}_{(A^{z+})} \tag{7-152}$$

式中　$k_{\text{rea}+}$、$k_{\text{rea}-}$——正、逆反应的速率常数；

v_{+}、v_{-}——正、逆反应速率。

当正、逆反应速率相等，达到动态平衡时，则

$$\frac{c^{*}_{(A^{z+})}}{c^{*}_{[A]}}=\frac{k_{\text{rea}+}}{k_{\text{rea}-}}=K^{\ominus} \tag{7-153}$$

当正、逆反应速率不相等时，则化学反应净速率为

$$v_{A}=k_{\text{rea}+}c^{*}_{[A]}-k_{\text{rea}-}c^{*}_{(A^{z+})}=k_{\text{rea}+}\left(c^{*}_{[A]}-\frac{c^{*}_{(A^{z+})}}{K^{\ominus}}\right)$$

当总反应达到稳态时，则

$$J_A = k_{[A]}(c_{[A]} - c^*_{[A]}) = k_{(A^{z+})}(c^*_{(A^{z+})} - c_{(A^{z+})}) = k_{rea+}\left(c^*_{[A]} - \frac{c^*_{(A^{z+})}}{K^\ominus}\right) \tag{7-154}$$

采用与式(7-146)～式(7-150)类似的处理比例式的方法可以得出

$$J_A\left(\frac{1}{k_{[A]}} + \frac{1}{k_{(A^{z+})}K^\ominus} + \frac{1}{k_{rea+}}\right) = c_{[A]} - \frac{c_{(A^{z+})}}{K^\ominus}$$

$$J_A = \frac{c_{[A]} - \frac{c_{(A^{z+})}}{K^\ominus}}{\frac{1}{k_{[A]}} + \frac{1}{k_{(A^{z+})}K^\ominus} + \frac{1}{k_{rea+}}} \tag{7-155}$$

与式(7-150)对比，式(7-155)分母中增加了 $1/k_{rea+}$ 项，k_{rea+} 为化学反应速率常数，$1/k_{rea+}$ 表示化学反应步骤的阻力。在这种情况下，总反应速率与两相间的浓度差有关。

在炼钢的高温情况下，一般说来，化学反应速率是很快的，不是过程的限制性环节。总的速率多决定于组元的传质速率。

7.3.2　钢中锰氧化的动力学

钢中锰的氧化从熔化期就开始了。在电炉炼钢过程中，Mn 的氧化主要是通过与渣中(FeO)的相互作用而发生的，这是一个典型的钢渣反应。

$$[Mn] + (FeO) = (MnO) + [Fe] \tag{7-156}$$

从理论上计算 27 吨电炉炼钢过程中，正常沸腾的条件下 Mn 的氧化速率。设炉温为 1600℃，渣的成分为：$w(FeO)=20\%$；$w(MnO)=5\%$，而钢中 Mn 含量为 0.2%，钢的密度 $\rho_{st}=7.0\times10^3 kg/m^3$，渣的密度 $\rho_S=3.5\times10^3 kg/m^3$。渣钢界面积为 $15m^3$，Mn、Mn^{2+}、Fe、Fe^{2+} 的扩散系数 D 以及它们在钢渣界面扩散时边界层厚度 δ 已由实验求得，现分别列于表7-2中的第二、第三两栏中。

渣中(FeO)实际以 Fe^{2+} 及 O^{2-} 两种离子形式存在。O^{2-} 的扩散系数比 Fe^{2+} 大，而且 O^{2-} 的浓度也大大高于 Fe^{2+} 的浓度，故(FeO)的扩散实际上由 Fe^{2+} 的扩散决定，界面上发生的实际是式(7-141)表示的反应类型。整个过程分五步：

(1) 钢中锰原子向钢渣界面迁移；

(2) 渣中 Fe^{2+} 向渣钢界面迁移；

(3) 钢渣界面上发生化学反应

$$[Mn] + (Fe^{2+}) = (Mn^{2+}) + [Fe]$$

(4) 生成的 Mn^{2+} 从界面向渣中扩散；

(5) 生成的 Fe 原子从界面向钢液内扩散。

这个反应是否存在唯一的限制性环节？如果存在，它是五个环节中的哪一个？如能解决这一问题，速度的计算将大为简化。要解决这一问题，可以计算每一步可能有的最大速度，加以比较，进行判定。

第 3 步，即渣钢界面的化学反应，可以不必考虑，因为在 1600℃高温下，化学反应非常迅速，界面化学反应处于局部平衡，不是限制性环节。其余1、2、4、5诸步骤中，哪一步为限制性环节则有待于对各步骤的最大速度的计算来确定。

第1步，Mn在金属中的扩散流密度可由有效边界层理论来确定

$$J_{[Mn]}=\frac{D_{[Mn]}}{\delta_{[Mn]}}(c_{[Mn]}-c^*_{[Mn]}) \tag{7-157}$$

式中　$J_{[Mn]}$——Mn由钢液内部向钢渣界面传递的扩散流密度，mol/(m^2 · s)；

$D_{[Mn]}$——Mn在钢液中的扩散系数，m^2/s；

$\delta_{[Mn]}$——Mn在钢液中扩散时的有效边界面层厚度，m；

$c_{[Mn]}$——Mn在钢液中的浓度，mol/m^3；

$c^*_{[Mn]}$——Mn在钢渣界面上的浓度，mol/m^3。

已知钢渣界面积为A，则Mn在钢液中的扩散速率为

$$\dot{n}=AJ_{[Mn]}=A\frac{D_{[Mn]}}{\delta_{[Mn]}}(c_{[Mn]}-c^*_{[Mn]}) \tag{7-158}$$

界面化学反应进展迅速，近于平衡，各物质在界面上的浓度满足质量作用定律关系，即

$$K^\ominus=\frac{c^*_{(Mn^{2+})}\cdot c^*_{[Fe]}}{c^*_{[Mn]}\cdot c^*_{(Fe^{2+})}} \tag{7-159}$$

式中，$K^\ominus$为平衡常数，其余各项为相应物质在界面上的浓度，以“*”上角标表示。式(7-159)还可以改写为

$$c^*_{[Mn]}=\frac{1}{K^\ominus}\cdot\frac{c^*_{(Mn^{2+})}\cdot c^*_{[Fe]}}{c^*_{(Fe^{2+})}} \tag{7-160}$$

即界面上Mn的浓度由其余各组元在界面的浓度来决定。值得注意的是当Fe、Mn^{2+}和Fe^{2+}的界面浓度分别等于它们在钢、渣相内浓度时，对应的$c^*_{[Mn]}$为最小，其值为

$$c^*_{[Mn]}=\frac{1}{K^\ominus}\cdot\frac{c_{(Mn^{2+})}c_{[Fe]}}{c_{(Fe^{2+})}} \tag{7-161}$$

代入式(7-158)得到

$$\dot{n}_{[Mn]}=A\frac{D_{[Mn]}}{\delta_{[Mn]}}\left(c_{[Mn]}-\frac{1}{K^\ominus}\cdot\frac{c_{(Mn^{2+})}c_{[Fe]}}{c_{(Fe^{2+})}}\right) \tag{7-162}$$

此时对应的Mn扩散速率$\dot{n}_{[Mn]}$为最大。引入浓度商，以Q表示，令

$$Q\equiv\frac{c_{(Mn^{2+})}\cdot c_{[Fe]}}{c_{[Mn]}\cdot c_{(Fe^{2+})}} \tag{7-163}$$

将式(7-163)代入式(7-162)，得出

$$\dot{n}_{[Mn]}=A\frac{D_{[Mn^{2+}]}}{\delta_{[Mn]}}c_{[Mn]}\left(1-\frac{Q}{K^\ominus}\right) \tag{7-164}$$

根据完全相同的推理，可得第2、4、5三环节最大速率的计算公式(7-165)～式(7-167)。

第2步，Fe^{2+}在渣中的扩散的最大速率

$$\dot{n}_{(Fe^{2+})}=A\frac{D_{(Fe^{2+})}}{\delta_{(Fe^{2+})}}c_{(Fe^{2+})}\left(1-\frac{Q}{K^\ominus}\right) \tag{7-165}$$

第 4 步，Mn^{2+} 在渣中的扩散的最大速率

$$\dot{n}_{(Mn^{2+})}=A\frac{D_{(Mn^{2+})}}{\delta_{(Mn^{2+})}}c_{(Mn^{2+})}\left(\frac{K^{\ominus}}{Q}-1\right) \tag{7-166}$$

第 5 步，Fe 原子在钢液中的扩散的最大速率

$$\dot{n}_{[Fe]}=A\frac{D_{[Fe]}}{\delta_{[Fe]}}\cdot c_{[Fe]}\cdot\left(\frac{K^{\ominus}}{Q}-1\right) \tag{7-167}$$

式(7-164)～式(7-167)中各项的 A、D 及 δ 的值分别由表 7-2 中的第一、二、三栏给出。平衡常数 $K^{\ominus}$ 在 1600℃时等于 301(以质量分数乘以 100 表示)，Q 也可由已知条件算出

$$Q=\frac{w(MnO)_{\%}w[Fe]_{\%}}{w[Mn]_{\%}w(FeO)_{\%}}=\frac{5\times100}{0.2\times20}=125$$

因而　$Q/K^{\ominus}=125/301=0.415$，$K^{\ominus}/Q=301/125=2.4$。

已知某元素的百分浓度后可按下式求出浓度

$$c_i=\frac{w(i)_{\%}}{100}\cdot\frac{\rho}{M_i} \tag{7-168}$$

式中　ρ——密度，钢液密度 $\rho_{st}=7.0\times10^3\text{kg/m}^3$，渣的密度 $\rho_{sl}=3.5\times10^3\text{kg/m}^3$；

M_i——i 物质的摩尔质量（$M_{Mn}=0.05494\text{kg/mol}$，$M_{Fe}=0.05585\text{kg/mol}$，$M_{MnO}=0.07094\text{kg/mol}$，$M_{FeO}=0.07185\text{kg/mol}$）；

$$c_{[Mn]}=(0.2/100)\times(7000/0.05494)=255\text{mol/m}^3;$$

$$c_{(Fe^{2+})}=(20/100)\times(3500/0.07185)=0.97\times10^4\text{mol/m}^3;$$

$$c_{(Mn^{2+})}=(5/100)\times(3500/0.07094)=2.45\times10^3\text{mol/m}^3;$$

$$c_{[Fe]}=(100/100)\times(7000/0.05585)=125\times10^3\text{mol/m}^3。$$

将上述数据带入式(5-164)～式(5-167)可得各环节的最大速度。

第 1 步

$$\dot{n}_{[Mn]}=A\frac{D_{[Mn]}}{\delta_{[Mn]}}c_{[Mn]}\left(1-\frac{Q}{K^{\ominus}}\right)=15\times\frac{10^{-8}}{3\times10^{-5}}\times255\times(1-0.415)=0.74\text{mol/s}$$

第 2 步

$$\dot{n}_{(Fe^{2+})}=15\times\frac{10^{-10}}{1.2\times10^{-4}}\times0.97\times10^4\times(1-0.415)=0.071\text{mol/s}$$

第 4 步

$$\dot{n}_{(Mn^{2+})}=15\times\frac{10^{-10}}{1.2\times10^{-4}}\times2.45\times10^3(2.4-1)=0.043\text{mol/s}$$

第 5 步

$$\dot{n}_{[Fe]}=15\times\frac{10^{-8}}{3\times10^{-5}}\times1.25\times10^5(2.4-1)=880\text{mol/s}$$

计算出的结果列入表 7-2 第六栏中。

表 7-2　钢中 Mn 氧化各环节的最大速度步骤

步　骤	渣钢界面积 A/m^2	扩散系数 $D/m^2\cdot s^{-1}$	边界层厚度 δ/m	K/Q	Q/K	最大速率 $\dot{n}/mol\cdot s^{-1}$
1	15	10^{-8}	3×10^{-5}	—	0.415	0.74
2	15	10^{-10}	1.2×10^{-4}	—	0.415	0.071
4	15	10^{-10}	1.2×10^{-4}	2.4	—	0.043
5	15	10^{-8}	3×10^{-5}	2.4	—	880

结果表明第 5 步进行得很快，不可能成为限制性环节。第 1、2、4 步的最大速率虽然不一样，但差别不很大，并不存在一个速率特别慢的环节，因而整个反应速度不能用其中任何一环节的最大速率代替。一般说来，实际速率要比以上列举的诸数值小。

以上分析是在给定条件下的结果，条件发生变化，情况也随之有所改变。例如，刚开始反应时，渣中不存在 MnO($c_{(Mn^{2+})}=0$)，$Q=0$，在此条件下，各环节的最大速率将发生变化。根据式(5-164)～式(5-167)，第 4 步将大为加速，第 1、2 步速率虽有增加但不明显。最慢的步骤将落在第 1、2 步上，尤其是第 2 步，即 Fe^{2+} 的传递将是主要障碍。但如果是通过吹氧或加矿（氧化铁）来进行氧化时，Fe^{2+} 的迁移将大大加速。在此情况下，第 1 步是限制性环节，Mn 的氧化速率可近似地以第一步的速率来考虑。以第 1 步来计算时，去除 Mn 的速率为

$$\dot{n}_{[Mn]}=A\frac{D_{[Mn]}}{\delta_{[Mn]}}(c_{[Mn]}-c^*_{[Mn]})$$

式中，$c^*_{[Mn]}$为与渣中 Mn 成平衡的钢中锰浓度。进一步假设，渣成分与最终平衡成分差别也不大，因而 $c^*_{[Mn]}$的变化不大，可近似地以整个炉子达到平衡时 Mn 成分 $c_{[Mn],eq}$来表示。于是上式成为

$$\dot{n}_{[Mn]}=A\frac{D_{[Mn]}}{\delta_{[Mn]}}(c_{[Mn]}-c_{[Mn],eq}) \tag{7-169}$$

因为

$$\dot{n}_{[Mn]}=-V_{st}\frac{dc_{[Mn]}}{dt}$$

式中，V_{st}为钢液的体积。$c_{[Mn]}$可根据式(7-168)化为质量分数，代入式(7-169)得

$$-\frac{dw[Mn]}{dt}=\frac{AD_{[Mn]}}{V_{st}\delta_{[Mn]}}(w[Mn]-w[Mn]_{eq})$$

假设 $t=0$ 时，Mn 的浓度为 $w[Mn]_i$，反应进行到 t 时，Mn 的浓度为 $w[Mn]_f$，积分上式得到

$$\lg\frac{w[Mn]_i-w[Mn]_{eq}}{w[Mn]_f-w[Mn]_{eq}}=\frac{AD_{[Mn]}}{2.303V_{st}\delta_{[Mn]}}t \tag{7-170}$$

根据式(7-170)计算 Mn 被去除掉 90%时所需要的时间（忽略 $w[Mn]_{eq}$），即

$$\lg\frac{100}{10}=\frac{AD_{[Mn]}}{2.303V_{st}\delta_{[Mn]}}t$$

式中，钢液体积 $V_{st}=27\times10^3/7000m^3=3.87m^3$，其余各系数表 7-2 中已给出，由此算出所需的

时间 t 为

$$t=\frac{2.303\times3.87\times3\times10^{-5}}{15\times10^{-8}}=1790\text{s}=29.8\text{min}$$

在上述条件下，在 27 吨电炉炼钢去除 Mn 的时间约为 30 分钟左右，这一计算结果与实际情况很接近。

7.4　固/液反应动力学

固/液反应是指发生在固相与液相之间的反应。炉渣对耐火材料的侵蚀、炼钢转炉中石灰的溶解、废钢和铁合金的溶解、钢液和合金的凝固、铜转炉中石英的溶解等都属于冶炼过程液、固相间的重要反应。固/液反应速率不仅影响生产率，还会显著影响到冶金产品的质量。如合金凝固过程中界面晶体的生长的形状及凝固后成品的宏观偏析和凝固速率有关。此外，像区域熔炼提纯金属这样一些工艺流程等要考虑凝固速率的影响。

耐火材料在熔渣中的溶解是炉衬侵蚀及炉龄降低的重要原因。耐火材料在渣中的溶解机理及动力学的研究对于提高炉衬的寿命，从而降低冶炼成本有重要意义。另一方面，抗渣侵蚀的研究也是研制新型耐火材料的重要内容。耐火材料和熔渣的相互作用是典型的固/液反应。这类过程一般也都包括化学反应及传质的步骤。界面化学反应和传质过程的规律通常也都适用于熔渣中耐火材料溶解过程动力学的研究。

本节结合耐火材料的抗渣侵蚀讨论固/液反应动力学及其应用。氧化镁质耐火材料是各种碱性炉的主要炉衬材料。本节先介绍耐火材料抗熔渣侵蚀动力学研究的一般方法，再以氧化镁在渣中的溶解为例，介绍固/液反应动力学的应用。最后讨论工业用耐火材料的溶解。

7.4.1　耐火材料抗熔渣侵蚀动力学研究的一般方法

耐火材料抗熔渣侵蚀动力学实验一般分为静态实验和动态实验两类。静态实验主要考察熔渣离子扩散对耐火材料的侵蚀作用。动态实验主要考察强制对流条件下熔渣对耐火材料的侵蚀。无论哪类实验，一般要先将耐火材料加工成圆柱状的样棒。图 7-14 是常用的耐火材料抗熔渣侵蚀动力学实验装置的示意图。进行静态实验时，先将耐火材料样棒在静止的熔渣中浸没一定时间，然后急冷。再用化学方法去除样棒外部的残渣和固体产物层，测量侵蚀后的样棒直径。在离子扩散控制的条件下会得到直径的缩小值 ΔR 与时间的平方根成正比，即符合抛物线方程 $\Delta R=kt^{1/2}$。

实际结果表明，若在液相中存在自然对流或强制对流，溶解会加速。进行动态实验时，将耐火材料的样棒与马达相连，带动样棒以一定的角速度旋转，在熔渣中形成强制对流。旋转速度加快，则样棒的侵蚀加速。一般说来，部分浸入熔渣的试棒，在液体一气体界面处，会更强烈地溶解。这可以由界面处的液相表面张力作用引起自然对流，从而加速溶解过程来解释。动态实验还可以用耐火材料圆盘，在熔渣中侵蚀不同时间后测量圆盘厚度的减小。

在对流传质条件下，可以用下式表示物质流密度 J。

$$J=\frac{\mathrm{d}n/\mathrm{d}t}{A}=\frac{D(c_i-c_\infty)}{\delta(1-c_i\bar{V})} \tag{7-171}$$

式中　c_i——固/液界面溶质浓度，mol/m³；

c_∞——在液体体相内溶质的浓度，mol/m³；

δ——有效边界层厚度；

$\bar{V}$——溶质的偏摩尔体积；

D——溶质穿过界面的有效扩散系数。

式中，δ 可表示为

$$\delta=\frac{c_i-c_\infty}{(\mathrm{d}c/\mathrm{d}y)_{\mathrm{int}}} \tag{7-172}$$

式中，$(\mathrm{d}c/\mathrm{d}y)_{\mathrm{int}}$表示界面上的浓度梯度。

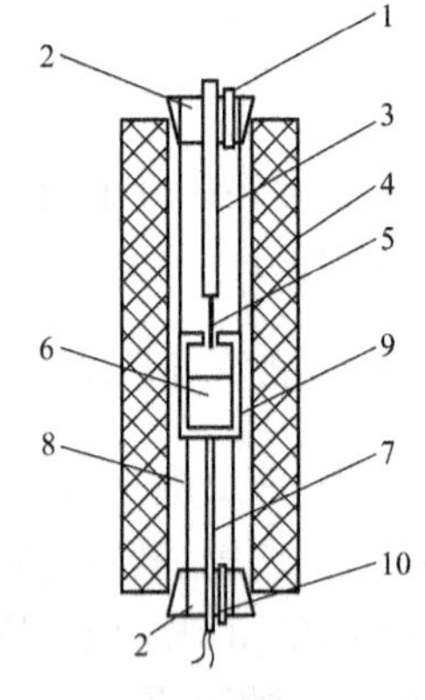

图 7-14　耐火材料的抗熔渣侵蚀实验装置
1—气体入口；2—橡皮塞；3—持样杆；4—高温炉；5—样棒；6—熔渣；7—热电偶；8—耐火材料衬管；9—坩埚；10—气体出口

在强迫对流条件下，耐火材料的溶解速率与液体流动的方式和流率有关。列维奇(B. G. Levich)通过实验归纳出，旋转的圆盘上传质的边界层厚度为

$$\delta=1.611\left(\frac{D}{\nu}\right)^{\frac{1}{3}}\left(\frac{\nu}{\omega}\right)^{\frac{1}{2}} \tag{7-173}$$

式中　ω——角速度，rad/s；

ν——动黏度系数 。

将式(7-173)代入式(7-171)得出，圆盘到液体传质的物质流密度公式为

$$J=\frac{\mathrm{d}n/\mathrm{d}\tau}{A}=0.62D^{\frac{2}{3}}\nu^{-\frac{1}{6}}\omega^{\frac{1}{2}}\frac{(c_i-c_\infty)}{(1-c_i\bar{V})} \tag{7-174}$$

式(7-173)及式(7-174)为列维奇采用厘米-克-秒制单位给出的公式。

一些耐火材料在熔渣中的溶解实验说明，耐火材料溶解速率与其样品转动的角速度的平方根成直线关系，在温度一定、熔渣组成一定条件下，该直线斜率为定值。

如果耐火材料在渣中的溶解实验是在自然对流的条件下进行的，旋转的圆盘或样棒外自然对流传质的边界层则服从自然对流的规律。

耐火材料样品在渣侵蚀试验后，用高分辨率光学显微镜观察急冷后样品断面，判断固体产物层是否存在，测量其厚度。

7.4.2　氧化镁在熔渣中的溶解动力学

张(P. Zhang)等曾经研究在熔渣中氧化镁的溶解动力学。将纯度为 99.9%的 MgO 粉末压成致密(密度为 $3.54\times10^3\,\mathrm{kg/m^3}$)的棒状试样，试验采用 CaO-FeO-SiO_2-CaF_2 熔渣体系，其中，各组元的质量分数依次为 23.5%、45.0%、23.5%和 8.0%。实验装置简图同图 7-14 所示。其中，试棒的直径为 6mm；铁坩埚内径 2.5cm，高 5cm。在 1400℃温度下，试样浸入静止

的熔渣，在达到预定时间后，将试样连同熔渣及坩埚一起取出，放入水中。急冷后，横向切割试样，然后观察其断面。

在光学显微镜下拍摄的断面照片发现，在未溶解的试样和熔渣之间出现了固体产物层。还发现，在 MgO 试棒溶解过程中，其半径 R 逐渐减小，即半径变化 ΔR 逐渐增大；而固体产物层的厚度 Δx 不断增大。图 7-15 是 MgO 试棒在溶解试验后，在断面上固体产物层的示意图。这一观察结果说明，固/液反应是在界面上进行的。经分析得知固体产物层是 FeO 和 MgO 形成单一的固溶体相（$Mg_{1-x}Fe_xO$）。其中，Mg 和 Fe 的浓度随到试棒表面的距离而变化。实验得到的 ΔR、Δx 与时间的平方根之间都呈直线关系。若长度以毫米为单位，时间以秒为单位，相应的关系为

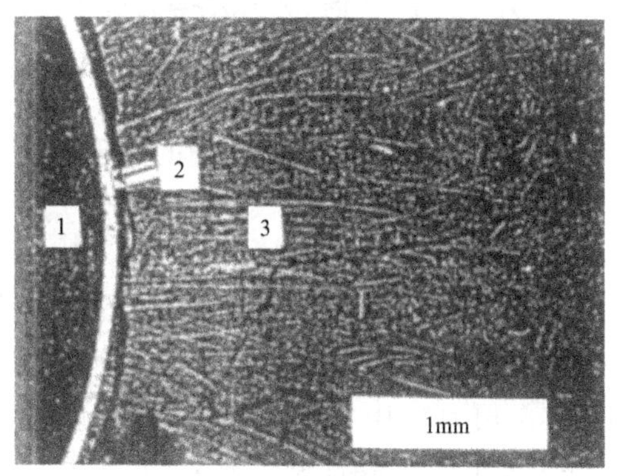

图 7-15 MgO 试棒在熔渣中溶解 1 小时后，断面上固体产物层的示意图

1—未反应的 MgO；2—固体产物；3—渣

$$\Delta x = 0.0019t^{1/2} \pm 0.012$$

$$\Delta R = 0.0024t^{1/2} \pm 0.012$$

上述实验结果说明，MgO 的溶解是扩散控制，其中阳离子的扩散起主要作用。

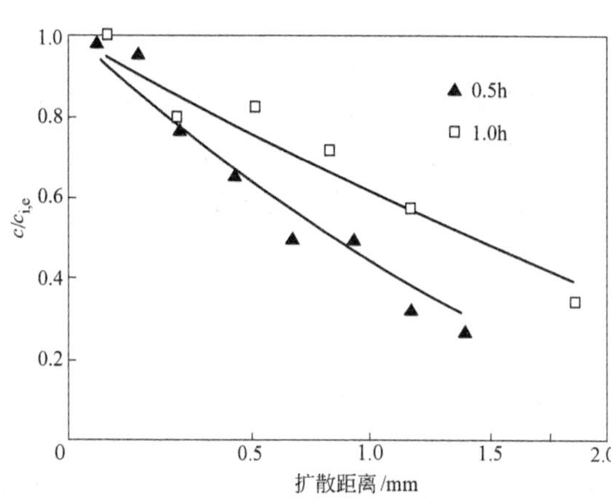

图 7-16 MgO 试棒在 $CaO\text{-}FeO\text{-}SiO_2\text{-}CaF_2$ 熔渣中 1673K 温度下侵蚀 0.5h 和 1h 后渣中 MgO 浓度分布

图 7-16 表示渣中 MgO 浓度与扩散距离的函数关系。图中 MgO 的浓度用无因次浓度 $c/c_{i,e}$ 表示，c 是被测点上 MgO 浓度，$c_{i,e}$ 是十分接近固溶体和渣的界面处固溶体中局部平衡浓度。

当熔渣中 MgO 含量低，其质量分数在 0～3.5%之间时，可以假设 MgO 在渣中扩散系数为常数。若近似地将固溶体和熔渣的界面看成不动的，则 MgO 在渣中的扩散可以看做在一维的半无限体系中的扩散，菲克第二定律的解为

$$\frac{c}{c_{i,e}} = \mathrm{erfc}\frac{x}{2\sqrt{Dt}} \tag{7-175}$$

初始条件：$t=0$ 时，$x>m$，$c=0$；

$t>0$ 时，$x=m, c=c_{i,e}$；

$$x\to\infty, \frac{\partial c}{\partial x}=0$$

式中，m 表示固溶体和熔渣界面的 x 值。

应用图 7-16 给出的实验数据及式(7-175)，可计算出 MgO 在渣中 1673K 的扩散系数的平均值为 $4.49\times10^{-10}m^2/s$。

可认为 MgO 在渣中的溶解过程由两个步骤组成：首先生成 $Mg_{1-x}Fe_xO$ 固溶体；再从固溶体溶解到渣中。这两个步骤都与 Mg^{2+} 及 Fe^{2+} 离子的扩散有关。图 7-17 给出的是 1673K 时 MgO 在渣中溶解 0.5h 及 38h 后，样品分析得到的固溶体中 Mg 和 Fe 的分布。该图说明在固溶体中存在 Mg^{2+} 和 Fe^{2+} 两种离子的反向扩散。图 7-18 表示 MgO 试棒半径的减小 ΔR 与固溶体层厚度增加 Δx 之差与时间的关系。在溶解过程的起始阶段，$(\Delta R-\Delta x)$ 随时间增大，说明固溶体在渣中的溶解比固溶体层的厚度增加快。而在后期，$(\Delta R-\Delta x)$ 随时间而减小，表明固溶体在渣中的溶解比固溶体层厚度增加要慢。这也说明了 MgO 在渣中溶解过程是由生成固溶体及固溶体在渣中溶解的两个步骤混合控制。还可得出相应温度范围内的扩散活化能。改变渣的化学成分，如改变 CaF_2 的含量，可以得出熔渣组分对材料侵蚀速率的影响。应用固溶体中 Mg^{2+} 及 Fe^{2+} 的浓度数据，结合实验条件，确定菲克第二定律偏微分方程的初始及边界条件，可以求出‘FeO’-MgO 系中的互扩散系数。

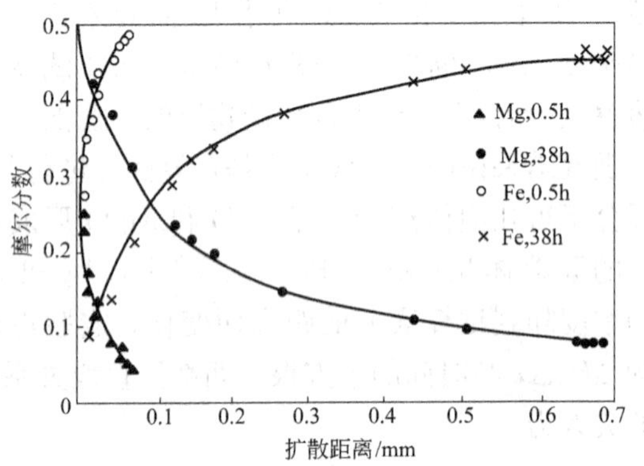

图 7-17　1673K Mg 和 Fe 在 MgO 溶解于熔渣形成固溶体中的分布

7.4.3　白云石及工业耐火材料与渣的相互作用

威廉姆斯(P. Williams)等曾经研究白云石(主要成分为 MgO)与硅酸铁熔体间在 1300℃温度下的相互作用。采用扫描电子显微镜观察侵蚀后急冷的样品。看出白云石和硅酸铁熔体反应形成 $Mg_{1-x}Fe_xO$ 固溶体及铁橄榄石($2FeO\cdot SiO_2$)，而在熔体和固体的界面附近还发现了球状的浮氏体‘FeO’及镁橄榄石—铁橄榄石的结合体。作者认为白云石溶解过程包括两个控速步骤，一是 MgO 向熔体的传输，另一是 Mg^{2+} 穿过镁橄榄石—铁橄榄石区域的扩散。

工业用耐火材料一般表面粗糙，气孔率较大，在和熔渣作用时，不存在规则的反应表面，熔体很容易穿透耐火材料中的气孔进入其内部。由于反应生成的高熔点固体产物堵塞了这些气孔，又在一定程度上阻止了进一步的溶解。虽然这种固/液反应机理比致密的氧化物陶瓷材料溶解过程要复杂，但该实验方法及分析讨论对研究各种耐火材料在熔渣中的侵蚀有普遍意义。

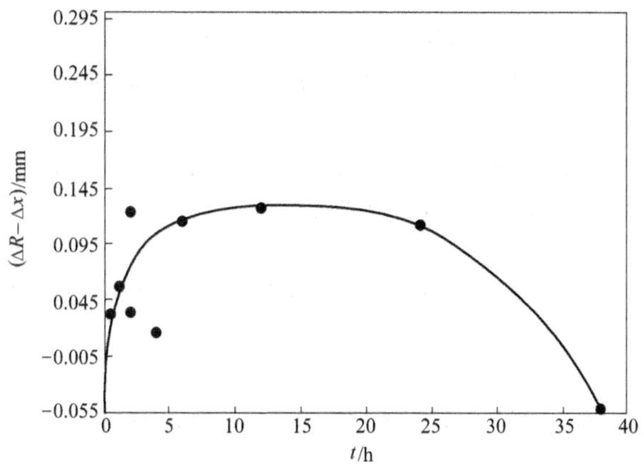

图 7-18　($\Delta R-\Delta x$)与时间的函数关系

在使用条件下，工业用耐火材料，不仅受到熔渣的化学侵蚀，冶炼操作过程中温度的剧烈变化造成的热震动、熔体和气流运动的冲刷与冲击也是必须考虑的。

习　题

7-1　还原性气体以 0.50m/s 速度流过直径 2mm 的球团，还原反应速度的控制环节是还原气体在气相边界层中的扩散。实验测得气体动黏度系数为 $2.0\times10^{-4}\,m^2/s$，扩散系数为 $2.0\times10^{-4}\,m^2/s$，试求传质系数及边界层厚度。可查得气体通过球体具有下列关系：

$$Sh=0.54Re^{1/2}\ (Re>200)$$

$$Sh=2.0+0.16Re^{2/3}\ (Re<200)$$

（答案：$k_d=24.7\times10^{-2}\,m/s$；$\delta=8.1\times10^{-4}\,m$）

7-2　直径为 2mm，密度为 $2.26g/cm^3$ 的球形石墨粒，在 0.1MPa、1145K、含有 10%体积分数 O_2 的静止气流中燃烧。假设燃烧反应：$C+O_2\rightarrow CO_2$ 为一级不可逆反应，速度常数为 0.20m/s。氧在气相中的扩散系数为 $2.0\times10^{-4}\,m^2/s$，$Sh=2.0+0.16Re^{2/3}$，计算完全反应所需的时间(忽略其他气体组分的影响)。

（答案：29min）

7-3　已知 960℃下直径为 $15\times10^{-3}\,m$ 的氧化铁球团在氢气流中被还原，实验测得下列数据：

t/min	4.8	6.0	7.2	9.6	13.2	19.2	27.0
还原率/%	20	30	40	60	70	80	90

验证还原过程是否由界面化学反应控制。

7-4　1000℃，0.1MPa 气压下，在内径为 $7.7\times10^{-2}\,m$ 的炉管中，通入流速为 0.1m/s 的 H_2-N_2 混合气体。已知管中直径为 $1.2\times10^{-2}\,m$ 的 Fe_2O_3 矿球的密度为 $5.18\times10^3\,kg/m^3$，气孔率 0.2，曲折度系数 2.22，混合气体中氢分压为 0.04MPa，氮分压为 0.06MPa，气体扩散系数为 $2\times10^{-3}\,m^2/s$，动黏度系数为 $2.39\times10^{-4}\,m^2/s$，还原反应

$$(1/3)Fe_2O_{3(s)}+H_{2(g)}=\!=\!=(2/3)Fe_{(s)}+H_2O_{(g)}$$

平衡常数和温度关系为

$$\lg K^{\ominus}=-827/T+0.468$$

1000℃下正反应的速率常数为10.6m/s,求还原率为0.8时的还原时间。

（答案:1033s）

7-5 已知钢液对炉壁耐火材料的接触角$\theta=120°$，钢液表面张力为1.45N/m,试计算位于钢液熔池中深度为0.6m处,不为钢液进入的炉底耐火材料内微孔隙的半径。

（答案:0.0347mm）

7-6 钢液在1600℃含有1.0×10^{-3}%氢，熔池的脱碳速率为0.01%(碳的质量分数)/min，计算氢能被去除的最大速率。

（答案:2.73×10^{-4}(%/min)）

7-7 常压下温度为1600℃的钢液$w[H]$为7×10^{-4}%,为使钢液的$w[H]$下降到1×10^{-4}%,需吹入多少氩气(标态)t_{st}^{-1}。

（答案:5.85m^3(标态)/t_{st}）

7-8 试讨论电炉炼钢氧化期脱氮的动力学。氧化期由于[C]、[O]反应生成CO气泡对于钢中的[N]相当于真空，因此,钢液中的[N]随CO气泡上浮，排出。试分析

(1) 电炉炼钢氧化期脱[N]的机理;

(2) 脱[N]速率与脱[C]速率的关系式;

(3) 试计算在1600℃时,脱[C]速率为0.6%/h,$p_{CO}=0.1$MPa条件下,钢液中原始含[N]量为8.0×10^{-3}%，经10分钟后,钢液中的[N]含量为多少?

注:(1) 忽略钢液、炉渣表面的吸氮;

(2) 脱[N]反应未达平衡,不平衡常数$\alpha=0.5$;

(3) 已知$2[N]=N_{2(g)}$, $\Delta G^{\ominus}=-7190-47.77T$　J/mol

（答案:(2) $\frac{dw[N]}{dt}=578\times w[N]^2\frac{dw[C]}{dt}$;(3) 5.47×10^{-3}%）

7-9 渣—钢界面积为15m^2，钢中Mn的扩散系数为$1.0\times10^{-8}m^2/s$，钢液密度7100kg/m^3，边界层厚度$\delta=$0.003cm。已知该冶炼条件下渣/金界面处Mn平衡浓度可以忽略,且金属相内传质是Mn氧化的控制环节,求27吨电炉钢去除90%Mn所需的时间。

（答案:29min）

7-10 碱性炉渣炼钢反应

$$2(MnO)+[Si]=2[Mn]+(SiO_2)$$

平衡常数$K^{\ominus}=1.5$(以质量分数表示浓度)。若渣中含$w(MnO)=5\%$,$w(SiO_2)=34\%$;钢中含$w[Si]=5\%$,$w[Mn]=0.1\%$,$D_{[Si]}=1.0\times10^{-8}m^2/s$,$D_{[Mn]}=1.0\times10^{-8}m^2/s$,$D_{Si^{4+}}=D_{Mn^{2+}}=1.0\times10^{-10}m^2/s$; 渣—钢界面积为8$m^2$，钢液密度7100$kg/m^3$,炉渣密度3500$kg/m^3$,有效边界层厚度$\delta_{[Si]}=\delta_{[Mn]}=0.003$cm，$\delta_{(SiO_2)}=\delta_{(MnO)}=0.012$cm。试讨论1600℃下MnO被Si还原的控速环节。

（答案:MnO在渣相边界层中扩散控速）

7-11 根据图7-16给出的MgO试棒在CaO-FeO-SiO_2-CaF_2熔渣中1673K温度下侵蚀0.5和1小时后渣中MgO浓度分布,计算1673K温度下MgO(Mg^{2+})在该成分的熔渣中扩散系数。

（答案:$4.49\times10^{-10}m^2/s$）

思 考 题

7-1 稳态法如何处理气/固反应动力学问题的？

7-2 未反应核模型有哪些基本假设？

7-3 由外扩散、界面化学反应、内扩散控制的气/固反应各有什么动力学特点？

7-4 高温冶金气/液反应有什么共同的动力学特征？

7-5 试说明气泡冶金去除钢液中气体及非金属夹杂的原理。

7-6 如何设计实验判断液/液反应的控速环节？

7-7 液/液反应有哪些共同的动力学特征？

7-8 固/液反应有哪些共同的动力学特征，对流对固/液反应动力学有何影响？

Ⅲ 冶金电化学

8 电化学概论及电解质

8.1 电化学的研究对象

如何利用化学反应有效地产生电能？如何利用电能来促进特定的化学反应的快速进行？如何利用电能与化学能转换特征来揭示某些反应的规律？回答这些问题是电化学研究的三大主题。因此可以认为，电化学是研究电与化学变化的关系、化学能与电能相互转化规律以及伴随电荷转移的化学现象的一门科学。

图 8-1 为一个示意图，它形象地说明了电化学的基础和研究范围。如图所示，电化学的基础主要源于研究化学变化和能量平衡的化学热力学、研究反应速率和机理的反应动力学、研究物质微观结构的物质结构学和研究固体与液体宏观性质的物性学。电化学的基本理论主要包括双电层、离子传导、电极反应、电极电势和电动势等几个部分。而电化学的应用主要包括化学电源、电解提取与精炼、电镀与腐蚀、电化学计量以及与电极电势和电子迁移相关的氧化还原反应的解析等。

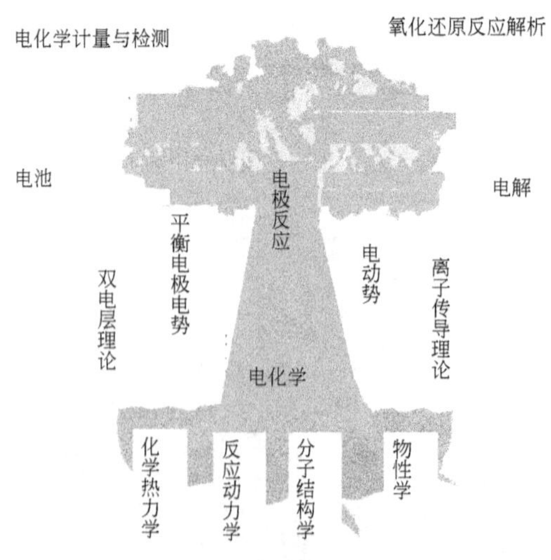

图 8-1 电化学基础与研究范围示意图

任何一个电化学体系的组成都包括电子导体、离子导体和两类导体连接界面，由三者构成一个电子回路，如图8-2所示。两类导体连接的界面称为电极，当电流从电子导体向离子导体流动，电荷的载体必须从电子变成离子，表示电荷的这种转化关系就是电化学反应式，描述两种载流子的电荷传递，称为电极反应。通常将发生氧化反应的电极叫做阳极，把发生还原反应的电极叫做阴极。为了方便起见，通常将电化学装置中电子导体部分称做阳极或阴极。

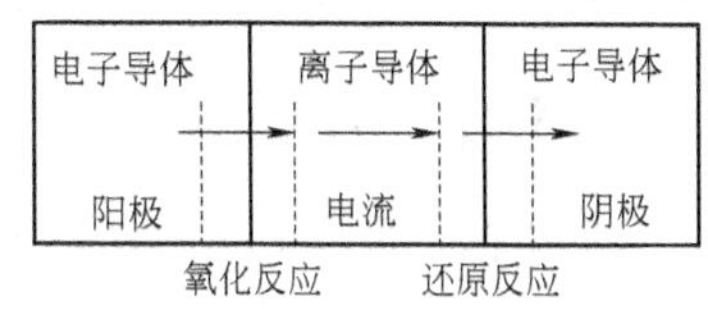

图 8-2 电化学体系的基本构成示意图

还可以把研究对象与应用联系起来，并根据电与化学反应转换的形式不同将电化学体系分为四大类。在第一类中，插入溶液中的两个电极间自由能变化为负值，能自发地通过电流回路对外做功，即将化学能转变为电能，这一类称为原电池，如图 8-3(a)所示。第二类电化学体系利用外部电源促使电极反应发生，即将电能转化为化学能，称为电解池，如图 8-3(b)所示。在第三类电化学体系中，电化学反应能自发进行，但两个电极断路，电荷只在同一电极上转移，相当于一个电容器，不能对外做功。由于电化学势的作用，使两极上电极反应达到平衡，可通过电场确定化学势，称为化学传感器，或称“断路电池”，如图 8-3(c)所示。还有一类称做腐蚀电池或“短路电池”，如图 8-3(d)所示。其中，电化学反应也能自发进行，但相当于两个电极短路，电荷只在同一电极上转移，不能对外做功，只起消耗电极的作用。在电化学体系的一组电极中，电势相对高的叫做正极，电势相对低的叫做负极。对于原电池来说，正极是阴极，负极是阳极；但对于电解池来说，正极是阳极，负极是阴极。有时判断阴极和阳极更为方便，电极反应

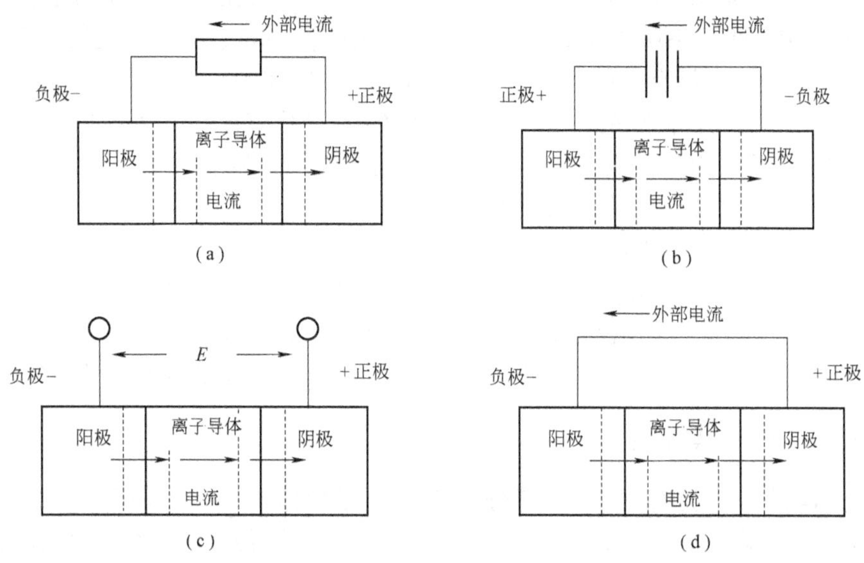

图 8-3 电与化学反应各种转换形式的电化学体系示意图

(a) 原电池；(b) 电解池；(c) 化学传感器；(d) 腐蚀电池

过程中阴离子始终向阳极迁移,阳离子始终向阴极迁移。

8.2 电化学的发展简史

电化学的历史可以追溯到1791年。当年,伽伐尼(Galvani)发表了《不同种类金属片接触引起青蛙肌肉的痉挛现象》一文,最先确认了离子溶液内可以有电流通过,这标志着电化学的诞生。1796年,伏打(Volta)提出了第一类导体(电子导体)和第二类导体(离子导体)的概念。于1799年他将锌片与铜片叠起来,中间用浸有H_2SO_4的毛呢隔开,构成伏打电堆,发明第一个化学电源。尼科尔森(Nicholson)和卡里斯勒(Carlisle)于1800年使用伏打电堆第一次尝试电解水溶液获得成功。

伏打电堆出现后,电流通过导体流动的研究又获得两大成果。一是在物理方面,于1826年建立了欧姆(Ohm)定律;一是在化学方面,于1833年建立了法拉第(Faraday)定律。同时,大量的生产实践和科学实验知识的积累,推动了电化学理论的发展,电化学逐渐形成了一门独立学科。

19世纪70年代,亥姆霍兹(Helmholtz)提出了双电层概念。1887年阿累尼乌斯(Arrhenius)提出了电离学说。1889年能斯特(Nernst)提出电极电势公式,1905年塔菲尔(Tafel)提出了描述电流密度和氢过电势之间的半经验式——塔菲尔公式。这些都对电化学热力学发展做出了重大贡献。

20世纪40年代,前苏联的弗鲁姆金(ФРУМКИН)学派从化学热力学出发,通过新实验技术的应用,在氢析出过程动力学和双电层结构研究方面取得重大进展。随后,鲍克里斯(Bockris),帕森斯(Parsons),康韦(Conway)等也在同一领域做了奠基性的工作。格来亨(Grahame)使用滴汞电极系统研究了两类导体界面的工作。这些成果,大大推动了电化学理论的发展,形成以研究电极反应速率为主的电极过程动力学,构成了现代电化学的主体。

20世纪50年代以后,特别是60年代以来,电化学在非稳态传质过程动力学、表面转化步骤及其复杂电极过程动力学等理论方面和界面交流阻抗法、线性电势扫描法、瞬态测试法等实验技术方面都有了突破性发展,使电化学科学日臻成熟。

进入20世纪80年代以来,工业技术进步和科学研究的深入进一步促进了电化学在应用领域的发展。例如,多种电化学传感器在冶金、化工过程控制中得到广泛应用。在20世纪末、本世纪初,环保领域也大量采用监控有害气体的电化学传感器。作为清洁能源开发的氢电池及各种燃料电池,都是将电化学的原电池理论与现代的先进材料研究相结合的结果。

8.3 电解质溶液及其性质

如前所述,电化学研究对象包括三部分。其中,电子导体属于物理学研究范畴,本书只引用它们得出的结论;离子导体即电解质溶液,属于经典电化学研究范畴,本书对此仅做简单介绍。

电解质溶液是指溶质溶于溶剂,并在一定条件下能形成离子而具有导电能力的物质。电解质溶液又分为水溶液电解质、熔盐电解质和固体电解质。各种电解质又因化合键的类型不同而显示出不同的特点。以共价键结合的电解质只有在溶解过程中溶剂与其相互作用才能形成离子。例如,HCl 属于共价键化合物在水中电离生成络合物。

$$HCl+H_2O=H_3O^++Cl^- \tag{8-1}$$

这种电解质的纯物质是不导电的,溶剂化作用对电解质电离起了重要的作用。而以离子键结合的电解质,是以正、负离子组成的离子晶体,有些在固态下就是离子导体,有些离子键遭到破坏时变成离子导体,还有些在熔化时形成离子导体。

8.3.1 电解质溶液的结构

8.3.1.1 水溶液电解质

水是共价键化合物,一种缔合式液体。水分子中的 O—H 键是极性键,其中, 氧原子电负性很强,其一侧的电子云密集。两个氢原子以 104.5°夹角排在氧原子的两边,构成一种偶极分子,而且极性很强,偶极矩为 6.17×10^{-30}C · m。

液态水是网络状结构,它是聚合水分子通过静电引力作用形成的。但热运动不断将其结构破坏,保持动态平衡。同时,液态水中也存在一些不缔合的游离水分子。当电解质在水中溶解时,电解质的离子与水分子相互作用,这种作用表现在静电作用和化学作用两方面。其中,静电作用是具有离子键的电解质受到溶剂水分子的偶极作用发生电离,同时水分子受离子电场作用而定向取向,在离子周围形成水化壳,增大了离子的有效体积;化学作用是具有共价键的电解质与水发生化学作用后产生导电现象。

电解质与水作用改变了电解质的活度系数以及电导等静态和动态性质。它不仅影响双电层结构,也对电极过程有不可忽略的影响。另外,水溶液中 H^+ 离子和 OH^- 离子具有特殊的迁移方式。它们的运动速率比一般离子要大得多,H^+ 离子运动比其他离子快 5～8 倍,OH^- 离子的运动比其他离子快 2～3 倍。特别是 H^+ 离子在水溶液中是以水合离子 H_3O^+ 形式存在时,除了像一般离子那样在电场作用下定向移动外,还存在一种更快的迁移机理,即质子转移,其绝对运动速率更大。

8.3.1.2 熔盐电解质

熔盐电解质是以阴、阳离子为主体的液体。可以把它看成是溶剂为零的电解质溶液,也可以把它看成离子化的高温溶剂。熔盐具有水溶液不可比拟的导电性,其电导率约是水溶液的 10^8 倍,一般为 $2\sim9\Omega^{-1}\cdot cm^{-1}$,但它仍与水溶液一样是离子传导。在水溶液中,电解质电离是靠溶剂化作用来实现的。而在熔盐中,电解质电离是在高温的作用下克服离子间吸引力形成的。这是熔盐的电导率大的主要原因。

在冶金中,常用的熔盐多是盐的混合物,其熔点低于纯组元盐的熔点。这对于在电解过程中降低能耗和选择材料上是有利的。冶金工业常用的熔盐体系具有相同的阴离子和不同的阳离子,其中阳离子具有相似的或相反的化学和电化学性质。按阴离子可以将这些熔盐分成三种类型:(1)含氯、氟及类卤素,如 LiCl-KCl,NaCl-KCl,MgCl-NaCl-KCl,AlF_3-NaF, LiF-NaF-

KF，NaSCN-KSCN 系等；(2)含氧阴离子，如碳酸盐、硝酸盐、硫酸盐、磷酸盐、硅酸盐和氢氧化物体系等，其中的阳离子主要是碱金属。如 NaOH-KOH，$NaNO_3$-KNO_3，Li_2SO_4-K_2SO_4，Li_2CO_3-Na_2CO_3，$NaPO_3$-KPO_3，K_2SiO_3-Na_2SiO_3 系等；(3)含有机阴离子的熔盐，如甲酸盐和醋酸盐，$KHCO_2$-$NaHCO_2$，KCH_3CO_2-$NaCH_3CO_2$ 系等。

如同水溶液一样，在熔盐中不同的溶质溶解时，也会产生溶剂化现象。这主要表现在静电作用和离子配位作用上。在一定条件下，熔盐溶液中的大多数溶质离子不仅受到周围溶剂离子的静电作用，还处于与溶剂离子的络合状态。溶剂化离子(大多数是络合阴离子)与原有阳离子的电荷符号相反，在电解过程中它们向阳极而不是向阴极迁移。同一金属阳离子的溶剂化离子的性质取决于熔盐溶剂的阴离子。如 Zn(II)在熔融碱金属氯化物中形成 $ZnCl_4^{2-}$，在熔融碱金属氢氧化物中形成 $Zn(OH)_4^{2-}$，在熔融硝酸盐中形成 $Zn(NO_3)_4^{2-}$。通过改变熔盐溶剂，可以改变溶剂化状态，进而达到改变活性的目的。这种改变对于溶液中金属离子与溶剂阴离子形成稳定络合物是十分重要的。

8.3.1.3　固体电解质

固体电解质是指完全或主要由离子迁移而导电的固态导体。按离子传导的性质可分为三类：阴离子导体、阳离子导体和混合离子导体。

从结晶学中可知，实际晶体都有一定程度的缺陷，离子能够通过这些缺陷而发生移动。常见缺陷主要有肖特基(Shottky)空位缺陷和弗林克尔(Frenkel)间隙缺陷。多数固体电解质主要是通过人为加入某些添加剂造成空位而导致离子移动。以 ZrO_2 晶体为例，Zr 是＋4 价，如果加入适量的 CaO，与 ZrO_2 晶体形成固溶体，就变成氧离子空位电解质。其原因是 Ca 是＋2 价，CaO 带到 ZrO_2 晶格中的氧离子减少一半。例如，加入 CaO 使其摩尔分数达 0.15，就会产生摩尔分数 0.075 的 O^{2-} 离子空位。这样，氧离子就能通过氧离子空位移动。这种人为地控制缺陷或空位的方法，在固体电解质制备中很有意义。

在 ZrO_2 中加入 CaO 不仅起到增加氧离子空位的作用，而且能使 ZrO_2 晶体转变成稳定结构的固体电解质。在常温和不太高的温度下，纯 ZrO_2 是单斜晶型。在 1150℃时，会发生晶型转变成为正方晶型，并伴随着 9%的体积收缩，从而出现热震裂。如果加入相似结构的氧化物，如 CaO、MgO、Y_2O_3 或 Sc_2O_3 等，则可形成稳定的置换型固溶体，其膨胀率与温度呈线性关系。

温度和气氛对固体电解质离子传导和电子传导是有影响的。在不同的温度下，固体化合物会出现不同的导电方式，例如 CuCl，γ-CuBr，γ-CuI 离子导电率达 100%时温度分别为 370、390 和 440℃，而在 180℃以下则是纯电子导体。对于 ZrO_2、ThO_2 为基的固体电解质，当摩尔比为 ZrO_2 ∶ CaO＝85 ∶ 15 和 ThO_2 ∶ CaO＝95 ∶ 5，在 1000℃时保持氧离子迁移率大于 0.99，则要求氧分压对数的负值$[-\lg(p_{O_2}/p_{O_2}^{\ominus})]$范围分别为 0～16 和 7～25，过低或过高会出现半导体性质。氧分压过低时，晶格上的氧离子失去电子变成氧原子，并结合成氧分子，晶格中留下氧离子空位和过剩的电子。即发生反应

$$O_O^{\times} \rightarrow \frac{1}{2}O_2 + V_O^{\cdot\cdot} + 2e^- \tag{8-2}$$

当氧分压过高时，则发生下列反应

$$\frac{1}{2}O_2 + V_O^{\cdot\cdot} \rightarrow O_O^{\times} + 2h^{\cdot} \tag{8-3}$$

式中，$h^{\cdot}$ 为电子空位，电子空位所带的电荷与电子所带得电荷相等而符号相反。在外电场作用下，电子逆电场方向移动，电子空位沿电场方向移动，在实际晶体内统称为电子导电。

8.3.2 电解质溶液的电导

对于具有同一组成的电解质溶液液柱 ab，电流 I 沿垂直于断面方向流动时，在 ab 间产生电势差 U。假设电解质溶液的导电性服从欧姆定律，如图 8-4 所示，可以写为

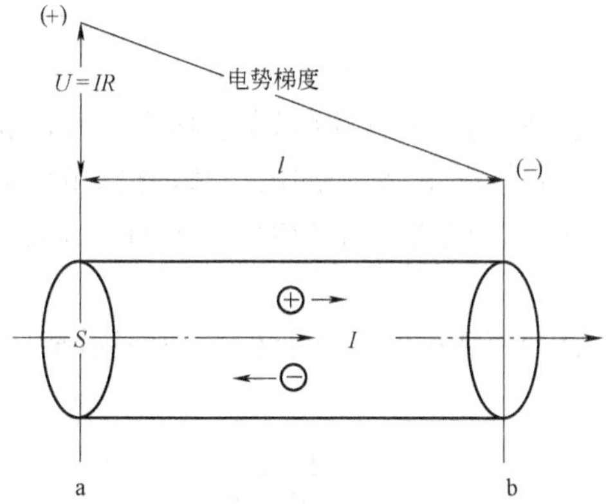

图 8-4 溶液的电导与欧姆定律

$$U = IR = \frac{I \cdot l \cdot \rho}{S} \tag{8-4}$$

式中 R——液柱的电阻，Ω；

l——ab 间距离，m；

S——液柱的断面积，m^2；

ρ——溶液的电阻率，Ω · m。

一般用电阻率的倒数，即电导率 κ，来表示溶液的导电性，S/m。

$$\kappa = \frac{1}{\rho} = \frac{1}{R}\frac{l}{S} \tag{8-5}$$

在电解质溶液内，传输电荷的是溶解于溶液的离子。因此，电解质溶液中的电导率决定于溶液中的所有离子的迁移速率和浓度。电势梯度下离子迁移速率越快或者离子浓度越高，电导率越大。根据溶液内离子迁移所带的电荷，可以导出溶液电导率 κ：

$$\kappa = \sum |z_i| F c_i u_i \tag{8-6}$$

式中　F——法拉第常数，等于 9.65×10^4 C/mol；

z_i——离子 i 的电荷数（正离子 $z_i>0$，负离子 $z_i<0$）；

c_i——溶液内离子浓度，mol • m^{-3}；

u_i——离子淌度，$m^2/(s \cdot V)$，它等于单位电势梯度下离子的迁移速率。

可以看出，溶液的电导率是与溶液中离子浓度有关的量。通过测定某种溶液的电导率，可以了解离子浓度或纯净度等。

为了简化电导率和浓度的关系，引出摩尔电导率 Λ_m 的概念，即

$$\Lambda_m=\frac{\kappa}{c} \tag{8-7}$$

相当于在两个相距 1m、面积相等的平行板电极之间，浓度为 1mol/m^3 电解质溶液所具有的电导率，S • m^2/mol。某一离子的摩尔电导率等于该离子的淌度、电荷数的绝对值和法拉第常数之积。即

$$\Lambda_{m,i}=|z_i|Fu_i \tag{8-8}$$

当溶液无限稀时，离子间的距离很大，可以完全忽略离子间的相互作用，即每个离子的运动都不受其他离子的影响。这种情况下，离子的运动都是独立的，这时电解质溶液的单位化合价摩尔电导（Λ_m/z）等于电解质全部电离后所产生各离子的单位离子价摩尔电导之和[$\Sigma(\Lambda_{m,i}/z_i)$]，即离子独立移动定律。

电解质溶液中电荷的迁移与溶液中所有离子有关，把表示某种离子输送电荷占总电荷量比例称为离子迁移数 t_i，即

$$t_i=\frac{|z_i|c_iu_i}{\Sigma|z_i|c_iu_i} \tag{8-9}$$

离子迁移数是一个通过实验可以测定的量。可以看出，离子的迁移数随电荷的绝对值、离子淌度的增大和浓度提高而变大。离子迁移数不是某种离子固有的性质，它因溶液中存在的其他种类离子及其浓度而变化，而是一个相对的量。

8.3.3　电解质溶液的活度与活度系数

电解质溶液中离子间的相互作用远比非电解质显著，即使在溶液比较稀时，这种作用往往也不容忽视。所以，讨论电解质溶液规律时，有必要以离子的活度代替浓度。电解质具有电中性，电离时同时离解成正离子和负离子，不可能得到单一离子的溶液。所以，单种离子的活度是无法测量的，只能通过测出整个电解质的活度来计算。因此，引出了电解质的平均活度和平均活度系数的概念。

设某一电解质 MA 的电离反应为 $M_{\nu_+}A_{\nu_-}\rightarrow\nu_+M^{z+}+\nu_-A^{z-}$，式中 ν_+、ν_- 分别为正、负离子（M^{z+} 和 A^{z-}）化学计量数。电解质溶液的化学势应为

$$\mu=\nu_+\mu_++\nu_-\mu_- \tag{8-10}$$

式中，μ_+，μ_- 分别为正、负离子的化学势，且

$$\mu_+=\mu_+^\ominus+RT\ln a_+ \tag{8-11}$$

$$\mu_-=\mu_-^\ominus+RT\ln a_- \tag{8-12}$$

式中，a_+、a_-分别为正、负离子的活度。若 $\mu^\ominus=\nu_+\mu_+^\ominus+\nu_-\mu_-^\ominus$，则有

$$\mu=\mu^\ominus+RT\ln a_+^{\nu_+}a_-^{\nu_-} \tag{8-13}$$

当电解质离解产生的离子数$(\nu_++\nu_-)$用 ν 表示时，上式可以写成

$$\mu=\mu^\ominus+RT\ln a_\pm^\nu=\mu^\ominus+RT\ln a \tag{8-14}$$

式中，$a_\pm$，a 分别为电解质的平均活度和活度。

$$a=a_\pm^\nu=a_+^{\nu_+}\cdot a_-^{\nu_-}\text{或 }a_\pm=(a_+^{\nu_+}\cdot a_-^{\nu_-})^{1/\nu} \tag{8-15}$$

若采用质量摩尔浓度 m(mol/kg)，则离子浓度分别为

$$m_+=m\nu_+\text{及 }m_-=m\nu_- \tag{8-16}$$

每一种离子的活度可用其活度系数和浓度的乘积来表示

$$a_+=\gamma_+m_+/m^\ominus \tag{8-17}$$

$$a_-=\gamma_-m_-/m^\ominus \tag{8-18}$$

$m^\ominus$是标准质量摩尔浓度，即 1mol/kg。可得到类似平均活度的电解质平均活度系数$(\gamma_\pm)$和平均浓度$(m_\pm)$的关系式，即

$$\gamma_\pm=(\gamma_+^{\nu_+}\cdot\gamma_-^{\nu_-})^{1/\nu} \tag{8-19}$$

$$m_\pm=(m_+^{\nu_+}\cdot m_-^{\nu_-})^{1/\nu} \tag{8-20}$$

$$a=a_\pm^\nu=(\gamma_\pm\cdot m_\pm/m^\ominus)^\nu \tag{8-21}$$

由于电解质的活度 a 可以实验测定，故可以通过 a 求得平均活度 $a_\pm$ 和平均活度系数 $\gamma_\pm$，并用 $\gamma_\pm$ 近似计算离子活度，即

$$a_+=\gamma_\pm m_+/m^\ominus \tag{8-22}$$

$$a_-=\gamma_\pm m_-/m^\ominus \tag{8-23}$$

在稀溶液中，电解质的平均活度系数与浓度之间存在着一定的规律。

路易斯(Lewis)等在研究大量不同离子价型电解质实验数据的基础上，于 1921 年总结出一个经验规律：电解质平均活度系数 $\gamma_\pm$ 与溶液中离子浓度、离子电荷(z_i)有关，与离子本性无关。并将离子电荷与离子浓度联系在一起，提出了离子强度(I)的定义如下

$$I=\frac{1}{2}\Sigma(m_iz_i^2/m^\ominus) \tag{8-24}$$

而电解质平均活度系数与离子强度的关系为

$$\lg\gamma_\pm=-A'\sqrt{I} \tag{8-25}$$

式中，A'是与温度有关、与浓度无关的常数。这就是离子强度定律。

例题 8-1 已知 25℃时各粒子的摩尔电导为 $\Lambda_{m,H^+}=349.7\text{S}\cdot\text{cm}^2/\text{mol}$，$\Lambda_{m,K^+}=73.5\text{S}\cdot\text{cm}^2/\text{mol}$ 和 $\Lambda_{m,Cl^-}=76.3\text{S}\cdot\text{cm}^2/\text{mol}$。求 25℃时含有 0.001mol/dm³ KCl 和 0.001mol/dm³ HCl 水溶液的电导率。水的电导率可忽略不计。

解 先将已知数据变化成 SI 单位，则

$$\Lambda_{m,H^+}=349.7\times10^{-4}\text{S}\cdot\text{m}^2/\text{mol}$$

$$\Lambda_{m,K^+}=73.5\times10^{-4}\text{S}\cdot\text{m}^2/\text{mol}$$

$$\Lambda_{m,Cl^-}=76.3\times10^{-4}S\cdot m^2/mol$$
$$c_{HCl}=1mol/m^3,c_{KCl}=1mol/m^3$$

该溶液中有两种强电解质电离：

$$KCl\longrightarrow K^++Cl^-$$
$$HCl\longrightarrow H^++Cl^-$$

对完全电离的强电解质有

$$\kappa=\sum|z_i|Fc_iu_i=\sum c_i\Lambda_{m,i}=1\times10^{-4}\times349.7+1\times10^{-4}\times73.5+2\times1\times10^{-4}\times76.3$$
$$=5.758\times10^{-2}S/m$$

例题 8-2　已知 18℃时 $1\times10^{-4}mol/dm^3$ NaI 溶液中加入等量的 NaCl，$\Lambda_{m,I^-}=127S\cdot cm^2/mol$，$\Lambda_{m,Na^+}=50.1S\cdot cm^2/mol$ 和 $\Lambda_{m,Cl^-}=76.3S\cdot cm^2/mol$。求 Na^+ 和 I^- 的离子迁移数。

解　根据 $t_i=\dfrac{|z_i|c_iu_i}{\sum|z_i|c_iu_i}$

$$t_{I^-}=\frac{c_{I^-}\Lambda_{m,I^-}}{c_{I^-}\Lambda_{m,I^-}+c_{Na^+}\Lambda_{m,Na^+}+c_{Cl^-}\Lambda_{m,Cl^-}}$$
$$=\frac{0.1\times127\times10^{-4}}{0.1\times127\times10^{-4}+0.2\times50.1\times10^{-4}+0.1\times76.3\times10^{-4}}=0.418$$

同理

$$t_{Na^+}=0.330$$

例题 8-3　已知下列电解质在其相应浓度下的平均活度系数如下表。试计算电解质溶液的 $a_\pm$。

序　号	1	2	3	4	5
I	HBr	$ZnSO_4$	Na_2SO_4	$BaCl_2$	$Al_2(SO_4)_3$
$m_i/mol\cdot kg^{-1}$	0.200	0.500	0.0200	1.00	1.00
$\gamma_\pm$	0.782	0.063	0.641	0.392	0.0175

解　根据 $m_\pm=(m_+^{\nu_+}\cdot m_-^{\nu_-})^{1/\nu}$，$a_\pm=\gamma_\pm\cdot m_\pm/m^\ominus$ 和 $m_+=m\nu_+$ 及 $m_-=m\nu_-$，可以导出

$$a_\pm=\gamma_\pm m(\nu_+^{\nu_+}\nu_-^{\nu_-})^{1/\nu}/m^\ominus$$

求得

序　号	1	2	3	4	5
$(\nu_+^{\nu_+}\nu_-^{\nu_-})^{1/\nu}$	1	1	$(4)^{1/3}$	$(4)^{1/3}$	$(108)^{1/5}$
$a_\pm$	0.156	0.0315	0.0204	0.622	0.0446

习　题

8-1　测得 298K 时，浓度为 $0.001mol/dm^3$ 氯化钾溶液中 KCl 的摩尔电导为 $1.413\times10^{-2}S\cdot m^2/mol$。作为

溶剂的水的电导率为 1.0×10^{-4}S/m。试计算该溶液的电导率。

(答案:$\kappa=1.423\times10^{-2}$S/m)

8-2 在 291K 的某种稀溶液中,H^+,K^+,Cl^- 等离子的摩尔电导分别为 278S · cm^2/mol,48S · cm^2/mol 和 49S · cm^2/mol。试问在该温度下,在 10V/cm 的电场中各种离子的平均移动速率。

(答案:$u_{H^+}=2.88\times10^{-4}$m/s,$u_{K^+}=4.97\times10^{-5}$m/s,$u_{Cl^-}=5.08\times10^{-5}$m/s)

8-3 在 298K 时,KCl 稀溶液中摩尔电导为 149.82S · cm^2/mol,其中 Cl^- 的迁移数为 0.5095;NaCl 稀溶液的摩尔电导为 126.45S · cm^2/mol,其中 Cl^- 的迁移数为 0.6035。计算各种离子的摩尔电导和离子的淌度。

(答案:$\Lambda_{Cl^-}=7.63\times10^{-3}$S · m^2/mol,$u_{Cl^-}=7.91\times10^{-8}$m/s,$\Lambda_{K^+}=7.35\times10^{-3}$S · m^2/mol,
$u_{K^+}=7.62\times10^{-8}$m/s,$\Lambda_{Na^+}=5.01\times10^{-3}$S · m^2/mol,$u_{Na^+}=5.20\times10^{-8}$m/s)

8-4 在 20℃时,浓度为 0.5mol/dm^3 $CuSO_4$ 溶液的摩尔电导为 126S · cm^2/mol。将该溶液置于正、负极间距离为 10cm 的电解池中,求当电解池中通过 5mA/cm^2 电流密度时,电解池溶液的电压降。

(答案:$U=0.79$V)

8-5 在 0.2mol/kg $ZnCl_2$ 水溶液中含有 0.4mol/kg $Al_2(SO_4)_3$,试计算溶液的离子强度。

(答案:$I=6.6$)

8-6 计算 0.5mol/kg 的 H_2SO_4 溶液和 0.2mol/kg HCl 溶液中电解质的平均活度。已知两者的平均活度系数分别为 0.154 和 0.796。

(答案:$a_\pm(H_2SO_4)=0.122$;$a_\pm(HCl)=0.159$)

思 考 题

8-1 第一类导体和第二类导体有什么区别?

8-2 什么是电化学体系,它包括哪些内容?举例说明。

8-3 能不能说电化学反应就是氧化还原反应,为什么?

8-4 如果说阳离子是正离子,阴离子是负离子,阳极是正极,阴极是负极对吗,为什么?

8-5 水溶液电解质、熔盐电解质和固体电解质在导电机理上有什么不同?

8-6 影响电解质溶液导电性的因素有哪些,为什么?

8-7 电解质活度与电解质平均活度一样吗,为什么?

9 电化学热力学与动力学

9.1 电极电势

如图 9-1 所示，M 是一个由电的良导体组成的球体，所带的电荷均匀分布在球面上。当单位正电荷距离 M 无穷远处时，与 M 相的静电作用力为零。当单位正电荷从无穷远处移至距球面约 $10^{-4}\sim10^{-3}$mm 时，假设它与球体只有库仑力作用，不受短程力影响。从静电学可知，真空中任何一点的电势等于一个单位正电荷从无穷远处移至该处所做的功。这样，可以认为电荷移动这段距离所做的功 W 等于球体带有的净电荷在该处产生的电势。称为球体 M 相的外电势，用 ψ 表示。但是，球体 M 是一个实体，电荷移入 M 相内时还将引起如下两方面的能量变化。

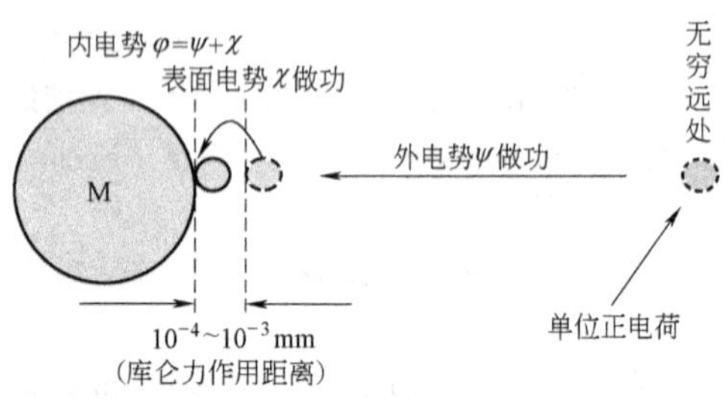

图 9-1　外电势、表面电势和内电势关系示意图

(1) 任一相的表面层中，由于界面上的短程力场引起原子或分子偶极化并定向排列，使表面形成一个偶极子层。单位正电荷穿过该偶极子层需要做功，这一部分功等于 M 相的表面电势的值，表面电势用 χ 表示。所以，将一个单位正电荷从无穷远处移入 M 相所做的电功应该是外电势 ψ 与表面电势 χ 之和，即

$$\varphi=\psi+\chi \tag{9-1}$$

式中，φ 称为 M 相的内电势。

(2) 电荷与 M 相物质间产生化学作用，即短程力作用，需要做化学功。如果进入 M 相的是 1mol 的带电粒子，所做的化学功等于该粒子在 M 相中的化学势 μ_1。

若粒子所带的电量为 ze，其中 z 是粒子所带的电荷数，e 是一个质子所带的电量 1.602×10^{-19}C，则 1mol 带电粒子所做的电功为 $zF\varphi$，F 为法拉第常数。因此，将 1mol 带电粒子移入 M 相所引起的全部能量变化为

$$\mu_i+zF\varphi=\overline{\mu}_i \tag{9-2}$$

式中，$\overline{\mu}_i$ 称为 i 粒子在 M 相中的电化学势。显然

$$\overline{\mu}_i=\mu_i+zF(\psi+\chi) \tag{9-3}$$

电化学势 $\overline{\mu}_i$ 的数值不仅决定于 M 相所带的电荷数量和分布情况，而且与该粒子和 M 相物质的化学本性有关。

对于两个相互接触的相 M 和 L,带电粒子在相间转移将引起自由能变化

$$\begin{aligned}\Delta G_i &= \mu_i^{\mathrm{M}} - \mu_i^{\mathrm{L}} + zF(\varphi^{\mathrm{M}} - \varphi^{\mathrm{L}}) \\ &= \mu_i^{\mathrm{M}} + zF\varphi^{\mathrm{M}} - (\mu_i^{\mathrm{L}} + zF\varphi^{\mathrm{L}}) \\ &= \bar{\mu}_i^{\mathrm{M}} - \bar{\mu}_i^{\mathrm{L}}\end{aligned} \tag{9-4}$$

达到平衡时

$$\Delta G_i = 0, \bar{\mu}_i^{\mathrm{M}} = \bar{\mu}_i^{\mathrm{L}}$$

有

$$\frac{\mu_i^{\mathrm{M}} - \mu_i^{\mathrm{L}}}{zF} = -(\varphi^{\mathrm{M}} - \varphi^{\mathrm{L}}) \tag{9-5}$$

在一定的温度下,式(9-5)的左侧只是浓度或活度的函数,这样在相界面附近形成一种稳定的非均匀电场分布,建立起双电层。

最早对双电层做出解释的是 19 世纪中叶德国物理学家亥姆霍兹,他曾提出固定双电层模型,认为电极相表面上过剩电荷和溶液侧正好与之抵消的相反符号离子像平板电容器一样,以一定的距离分别位于界面两侧,相对峙。进入 20 世纪以后,人们对亥姆霍兹固定双电层模型提出异议,认为相反电荷间的静电引力和引起离子自由扩散的热运动共同决定了从电极表面到溶液内部电荷分布,提出扩散双电层模型。但是,这两个模型都不能单独且充分地说明实验得到的双电层性质。后来,斯特恩综合两模型的合理性部分,考虑在靠近电极附近的溶液一侧存在着亥姆霍兹固定层和扩展到外侧存在着扩散层,提出了现在的双电层模型,如图 9-2 所示。

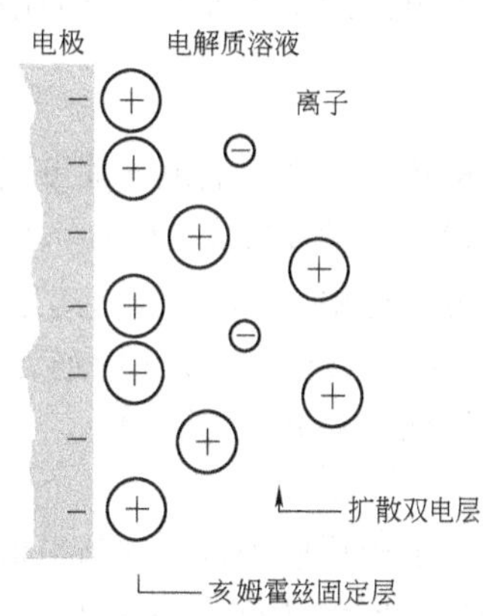

图 9-2 双电层模型示意图

这种在两相界面上产生的电势差,称作相间电势。一般把两类导体即电子导体(电极)和离子导体(电解质溶液)界面所形成的相间电势,称做电极电势,用 $\varphi = \varphi^{\mathrm{M}} - \varphi^{\mathrm{L}}$ 来表示。严格说来,电极电势是从溶液相内部看金属内的静电势,它是一个与界面污染等无关,仅决定于两相性质的量。

9.2 电极反应

电流在原电池或电解池内流动时,在电极(电子导体)上是由自由电子传递电荷,在电解质溶液(离子导体)内,离子的移动传递电荷。在电极和电解质溶液的界面上,通过电极反应,电子和离子间发生电荷交换。电流达到稳态时,这一系列过程必须以相同速率来进行。

9.2.1 反应速率与电流

设有氧化态物质 Ox 和还原态物质 Red 构成的一氧化还原体系 Ox/Red。在电极上,1mol 的 Ox 获取 $z$mol 电子还原成 1mol 的 Red 反应为

$$\mathrm{Ox}+ze^{-}=\!=\!=\mathrm{Red} \tag{9-6}$$

而式(9-6)的逆反应则表示1mol的Red给出$z$mol电子，使其本身被氧化为1mol Ox的变化。

假设在$\mathrm{d}t$时间内，氧化态物质Ox，还原态物质Red和迁移电子e^{-}物质量变化的绝对值，分别为$|\mathrm{d}n_{\mathrm{O}}|$，$|\mathrm{d}n_{\mathrm{R}}|$和$|\mathrm{d}n_{e^{-}}|$，那么它们必须满足如下化学计量关系：

$$|\mathrm{d}n_{\mathrm{O}}|=\frac{1}{z}|\mathrm{d}n_{\mathrm{e}}|=|\mathrm{d}n_{\mathrm{R}}| \tag{9-7}$$

电极反应速率为

$$v=\frac{|\mathrm{d}n_{\mathrm{O}}|}{\mathrm{d}t}=\frac{1}{z}\frac{|\mathrm{d}n_{\mathrm{e}}|}{\mathrm{d}t}=\frac{|\mathrm{d}n_{\mathrm{R}}|}{\mathrm{d}t} \tag{9-8}$$

1mol电子的电量等于$N_{\mathrm{A}}e=96485\mathrm{C}\cdot\mathrm{mol}^{-1}$，$N_{\mathrm{A}}$是阿伏伽德罗常数。根据原电池或电解池的电流强度$I$等于电解质溶液内电荷迁移速率，有

$$I=\frac{|\mathrm{d}Q|}{\mathrm{d}t}=F\frac{|\mathrm{d}n_{\mathrm{e}}|}{\mathrm{d}t}=zFv \tag{9-9}$$

电极反应产生的电流强度与反应速率成正比。

对于化学反应$a\mathrm{A}+b\mathrm{B}=c\mathrm{C}+d\mathrm{D}$，在可逆条件下正、逆方向都能进行时，实际反应速率$v$是正方向速率$v_{正}$和逆方向速率$v_{逆}$差，即$v=v_{正}-v_{逆}$。当$v_{正}>v_{逆}$，$v>0$总反应向正方向进行；$v_{正}<v_{逆}$，$v<0$总反应向逆方向进行。对于电极反应，反应速率$v$等于Ox还原速率$v_{\mathrm{R}}$和Red氧化速率$v_{\mathrm{O}}$之差，即

$$v=v_{\mathrm{R}}-v_{\mathrm{O}} \tag{9-10}$$

对电极反应进行方向与电流强度的符号有一个规定：氧化方向的电流为正，还原方向的电流为负。据此，Red氧化和Ox还原对应的电流强度I_{a}和I_{c}，具有如下关系。

$$I_{\mathrm{a}}=+zFv_{\mathrm{O}}>0 \tag{9-11}$$

$$I_{\mathrm{c}}=-zFv_{\mathrm{R}}<0 \tag{9-12}$$

那么，总电流强度为

$$I=I_{\mathrm{a}}+I_{\mathrm{c}} \tag{9-13}$$

9.2.2 扩散电流

假定Red的氧化速率v_{O}与电极的表面积S和电极表面上Red浓度c_{R}^{0}成正比，同样Ox的还原速率v_{R}也与电极表面积S和电极表面上Ox浓度c_{O}^{0}成正比。那么，氧化速率和还原速率可以写为

$$v_{\mathrm{O}}=k_{\mathrm{O}}Sc_{\mathrm{R}}^{0} \tag{9-14}$$

$$v_{\mathrm{R}}=k_{\mathrm{R}}Sc_{\mathrm{O}}^{0} \tag{9-15}$$

式中，k_{O}，k_{R}分别是氧化和还原方向的速率常数。将式(9-14)、式(9-15)代入式(9-11)至(9-13)，伴随电极反应产生的电流为

$$I_{\mathrm{a}}=zFk_{\mathrm{O}}Sc_{\mathrm{R}}^{0} \tag{9-16}$$

$$I_c = -zFk_R S c_O^0 \tag{9-17}$$

$$I = zFS(k_O c_R^0 - k_R c_O^0) \tag{9-18}$$

$$j = \frac{|I|}{S} = |zF(k_O c_R^0 - k_R c_O^0)| \tag{9-19}$$

式中，j 是电流密度，A/m^2。

式(9-14)～式(9-19)中 Ox 和 Red 浓度是电极/溶液界面上溶液一侧的浓度(称为电极表面浓度)，确切地说不是溶液本体浓度。电极表面浓度在反应进行过程中随时间而变化，它与本体浓度的关系如表 9-1 所示。处于平衡状态时，反应向氧化方向和向还原方向进行的速率相等，电极表面浓度与反应进行的时间无关，通常等于溶液本体浓度。反应向氧化方向进行时，还原态物质 Red 的电极表面浓度随时间而减小，氧化态物质 Ox 的电极表面浓度随时间而增大。反应向还原方向进行时，与此相反。在特殊情况下，反应开始后，电极表面浓度与反应进行方向无关，等于溶液本体浓度。

表 9-1 电极表面浓度 c_O^0，c_R^0 和溶液本体浓度 c_O^b，c_R^b 的关系

电极反应进行方向	电流符号	反应开始后时间	c_O^0	c_R^0
氧化方向	$I>0$	$t=0, t>0$	$=c_O^b, >c_O^b$	$=c_R^b, <c_R^b$
还原方向	$I<0$	$t=0, t>0$	$=c_O^b, <c_O^b$	$=c_R^b, >c_R^b$
平衡状态	$I=0$	与时间无关	$=c_O^b$	$=c_R^b$

现在就电极反应向氧化方向进行时的情况来进行讨论。此时电极表面上还原态物质浓度逐渐减小，氧化态物质浓度逐渐增大。为了使电极反应继续进行，电极表面上要不断补给还原态物质，移去氧化态物质。其补给和移去的动力是电极表面和溶液本体浓度差($c_R^b - c_R^0$ 和$c_O^0 - c_O^b$)。

电极反应的速率常数是电极电势的指数函数，但扩散的速率常数与电极电势无关。例如，Red 因电极反应被氧化时，电极电势达到某种程度以上的正值后，氧化速率常数明显增大，以至于出现 Red 到达电极表面后马上被氧化，Red 稳定态浓度接近于零($c_R^0 \approx 0$)，这时氧化反应速率由电极表面上 Red 供给速率来决定。这种条件下的电流不会随电极电势正值增大而增大，而是达到某一极限值，称为极限电流。由于它是由物质扩散供给电极反应的速率引起的，也称扩散控制的极限电流，或简称扩散电流，用 I_d 来表示：

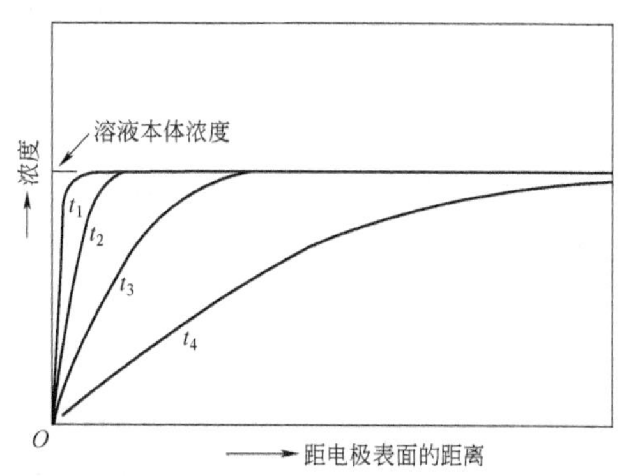

图 9-3 扩散层内浓度梯度随时间变化示意图 ($t_1 < t_2 < t_3 < t_4$)

一般情况下，由于在电极附近存在某种物质的浓度梯度，而发生该物质的扩散。其扩散电流与电极反应物质的扩散系数和电极表面上浓度梯度成正比。当与电极接触的溶液是完全静止时，扩散层随着电极反应时间增长逐渐向溶液内部延伸，电极表面上的浓度梯度也随着时间延长而减小，如图 9-3 所示。根据菲克定律解析电极表面上浓度梯度随时间的变化，可以导出平面电极上扩散电流 I_d 如下：

$$I_d = zFSDc^b(\pi Dt)^{-1/2} \tag{9-20}$$

式中，S 是电极表面积；D 是反应物质的扩散系数；c^b 是溶液内部反应物质浓度；π 是圆周率；t 是反应时间。式(9-20)也称为扩散电流的考特尔关系式。根据以上关系可知，扩散电流与 $t^{-1/2}$ 呈直线关系，这是扩散控制的电流特征。

9.2.3 巴特勒—伏尔默方程

化学反应速率常数 k 与温度的关系，一般可以表示为

$$k = A\exp\left(-\frac{E_a}{RT}\right) \tag{9-21}$$

式中，A 是指前因子；E_a 是活化能；R 是气体常数；T 是热力学温度。

电极反应是存在电势差条件下进行的化学反应，可以认为它的反应速率常数也满足阿累尼乌斯关系式，但其活化能随电极电势而变化。1920 年巴特勒(J. A. V. Butler)从理论上探讨了这个问题，给出了电极反应活化能与电极电势的关系如下：

$$E_{a,O} = E_{a,O}^0 - \alpha_a zF\varphi \tag{9-22}$$

$$E_{a,R} = E_{a,R}^0 + \alpha_c zF\varphi \tag{9-23}$$

以上两式中，$E_{a,O}$和 $E_{a,R}$分别是氧化方向和还原方向的活化能；$E_{a,O}^0$和 $E_{a,R}^0$是电极电势为零时 $E_{a,O}$和 $E_{a,R}$的值；z 是电极反应得失的电子数；α_a 和 α_c 是小于 1 的正系数，两者之和等于 1，即

$$\alpha_a + \alpha_c = 1 \quad (0<\alpha_a<1 \text{ 和 } 0<\alpha_c<1) \tag{9-24}$$

α_a 和 α_c 分别称为氧化方向和还原方向的电化学传递系数。式(9-22)和式(9-23)表示，电极电势越正，氧化方向的活化能越小，还原方向的活化能越大。

将电极反应的活化能代入式(9-21)，整理后导出氧化方向和还原方向的速率常数如下

$$k_O = k_O^0\exp\left(\frac{\alpha_a zF\varphi}{RT}\right) \tag{9-25}$$

$$k_R = k_R^0\exp\left(-\frac{\alpha_c zF\varphi}{RT}\right) \tag{9-26}$$

式中，k_O^0 和 k_R^0 是电极电势为零时氧化方向和还原方向的速率常数，式(9-21)中氧化方向和还原方向的指前因子分别记作 A_O 和 A_R，则有

$$k_O^0 = A_O\exp\left(-\frac{E_{a,O}^0}{RT}\right) \tag{9-27}$$

$$k_R^0 = A_R\exp\left(-\frac{E_{a,R}^0}{RT}\right) \tag{9-28}$$

根据以上关系，电极电势正值越大，氧化方向的速率常数呈指数增大，还原方向的速率常数呈指数减小。式(9-25)～式(9-28)给出的关系称为巴特勒-伏尔默(Butler-Volmer)方程或巴特勒方程。

9.2.4 交换电流

电极电势达到某一特定值，氧化方向速率和还原方向速率相等，电极反应速率为零，这时电极电势 φ 等于平衡电极电势 φ_e，即

$$v=0, v_O=v_R \tag{9-29}$$

下列条件成立

$$I=0, I_a=-I_c=I_0 \tag{9-30}$$

I_0 称为交换电流，其物理意义如图 9-4 所示。

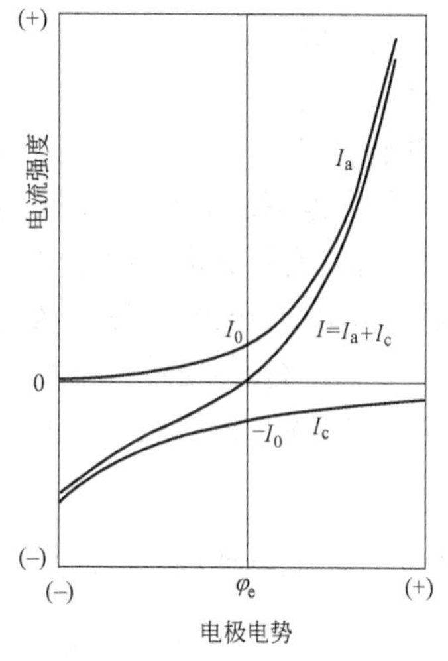

图 9-4 电流—电势关系示意图

从式(9-16)～式(9-18)，式(9-25)，式(9-26)以及式(9-30)进一步推导，可以得出

$$\begin{aligned} I_0 &= zFS\left\{k_O^0 \exp\left(\frac{\alpha_a zF\varphi_e}{RT}\right)\right\}c_{R,e}^0 \\ &= zFS\left\{k_R^0 \exp\left(-\frac{\alpha_c zF\varphi_e}{RT}\right)\right\}c_{O,e}^0 \end{aligned} \tag{9-31}$$

式中，$c_{R,e}^0$ 和 $c_{O,e}^0$ 为 Red 和 Ox 的电极表面上的平衡浓度，分别等于溶液本体的浓度；φ_e 为平衡电极电势。

将式(9-24)中传递系数关系代入式(9-31)，经整理，可导出平衡电极电势的关系式如下。

$$\varphi_e=\varphi_e^{\ominus}-\frac{RT}{zF}\ln\frac{c_R^0}{c_O^0} \tag{9-32}$$

其中

$$\varphi_e^{\ominus}=\frac{RT}{zF}\ln\frac{k_R^0}{k_O^0} \tag{9-33}$$

式中，$\varphi_e^{\ominus}$ 称为标准平衡电极电势，即浓度为标准状态浓度：$c_R^0=1000\text{mol/m}^3$、$c_O^0=1000\text{mol/m}^3$ 条件下的平衡电极电势。式(9-32)是 19 世纪末能斯特首先提出的，称为平衡电极电势的能斯特方程。

另外，将式(9-25)和式(9-26)代入表示电极反应电流与浓度的关系式(9-18)，再除以交换电流 I_0，可以导出表示电流与电极电势关系式。

$$\frac{I}{I_0}=\frac{c_R^0}{c_{R,e}^0}\exp\left(\frac{\alpha_a zF(\varphi-\varphi_e)}{RT}\right)-\frac{c_O^0}{c_{O,e}^0}\exp\left(-\frac{\alpha_c zF(\varphi-\varphi_e)}{RT}\right) \tag{9-34}$$

9.3 平衡电极电势

9.3.1 平衡电极电势

平衡电极电势 φ_e 也称可逆电极电势，或简称平衡电势。那么，什么是可逆电极呢？可逆电极应该具备以下两个条件：(1)电极反应是可逆的。例如 Zn | $ZnCl_2$ 电极是可逆的，电极反

应 $Zn^{2+}+2e^-=Zn$ 的正反应和逆反应速率必须相等。(2)电极在平衡条件下工作。所谓平衡条件就是通过电极的电流等于零或无限小。因此,可以认为,可逆电极是在平衡条件下工作的、电荷交换与物质交换都处于平衡的电极,也称为平衡电极。

任何一个平衡电势都是相对于一定的电极反应而言的。例如,金属锌与含锌离子的溶液所组成的电极 Zn^{2+}/Zn 是一个可逆电极,φ_e 就是反应 $Zn^{2+}+2e^-=Zn_{(s)}$ 的平衡电势。现在以锌电极为例,使之与标准氢电极($p_{H_2}=101325Pa$ 和 $a_{H^+}=1$,规定 $\varphi^{\ominus}_{H^+/H_2}=0$)组成电池,看一下平衡电势的测定和相关热力学计算。

电池结构式　$Pt|H_{2(g)}|H^+(a_{H^+}=1)\parallel Zn^{2+}(a_{Zn^{2+}})|Zn_{(s)}$　(9-35)

正极反应　$Zn^{2+}+2e^-=\!=\!=Zn_{(s)}$　(9-36)

负极反应　$H_2=\!=\!=2H^++2e^-$　(9-37)

电池反应　$Zn^{2+}+H_2=\!=\!=Zn_{(s)}+2H^+$　(9-38)

一般电池写法上规定:负极写在左边,正极写在右边,电解质溶液写在中间;“|”表示不同物相的界面,有接界电势存在;“‖”表示盐桥,溶液与溶液间消除了接界电势;电极要注明物态,要注明温度、压力,否则一般指 298.15K 和标准压力 $p^{\ominus}$,电解质溶液要注明活度。当电池反应是自发进行时,电池电动势为正值。但是,测定某一电极的平衡电势时,习惯上把标准电极放在左边,做负极使用。当电池是可逆的($I\rightarrow 0$),电极消除液界电势后,应有

$$E=\varphi_{Zn^{2+}/Zn}-\varphi_{H^+/H_2} \tag{9-39}$$

式中,E 为电池电动势。根据平衡电势的能斯特公式得

$$E=\left(\varphi^{\ominus}_{Zn^{2+}/Zn}+\frac{RT}{2F}\ln\frac{a_{Zn^{2+}}}{a_{Zn}}\right)-\left(\varphi^{\ominus}_{H^+/H_2}+\frac{RT}{2F}\ln\frac{a^2_{H^+}}{P_{H_2}}\right)$$

$$=E^{\ominus}+\frac{RT}{2F}\ln\frac{a_{Zn^{2+}}\cdot p_{H_2}}{a_{Zn}\cdot a^2_{H^+}} \tag{9-40}$$

式中,$E^{\ominus}=\varphi^{\ominus}_{Zn^{2+}/Zn}-\varphi^{\ominus}_{H^+/H_2}$ 为标准电动势。比较式(9-38)和式(9-40)可以得到电池电动势的能斯特方程通式。

$$E=E^{\ominus}+\frac{RT}{2F}\ln\frac{\prod a^{\nu}_{反应物}}{\prod a^{\nu'}_{生成物}} \tag{9-41}$$

式中,ν、ν' 分别为反应物和生成物的化学计量数。

对于标准氢电极,有 $\varphi_{H^+/H_2}=0$,则在标准状态下可以得出

$$E=\varphi_{Zn^{2+}/Zn}$$

$$=\varphi^{\ominus}_{Zn^{2+}/Zn}+\frac{RT}{2F}\ln\frac{a_{Zn^{2+}}}{a_{Zn}} \tag{9-42}$$

可见,可以根据电池电动势或者通过已知标准电极电势,结合参加电极反应物质的活度都能获得该条件下的电极电势。反之,固定电极反应物质的活度,结合测定的电池电动势,也可以求出标准状态下的电极电势。此外,$\varphi^{\ominus}_{Zn^{2+}/Zn}$ 还可以通过电池反应的标准吉布斯自由能求得。

例如

$$\varphi^{\ominus}_{Zn^{2+}/Zn}=-\frac{\Delta_r G^{\ominus}}{2F} \tag{9-43}$$

式中，$\Delta_r G^{\ominus}$是电池反应的标准吉布斯自由能变化。通过计算和测定获得的各种电极反应的标准电极电势，如表 9-2 所示。

表 9-2 25℃下水溶液中各种电极的标准电极电势及温度系数

电 极 反 应	$\varphi^{\ominus}/V$	$(d\varphi^{\ominus}/dT)_p \times 10^3/V \cdot K^{-1}$
$Li^+ + e^- = Li$	−3.045	−0.59
$K^+ + e^- = K$	−2.925	−1.07
$Ba^{2+} + 2e^- = Ba$	−2.90	−0.40
$Ca^{2+} + 2e^- = Ca$	−2.87	−0.21
$Na^+ + e^- = Na$	−2.714	−0.75
$Mg^{2+} + 2e^- = Mg$	−2.37	0.81
$Al^{3+} + 3e^- = Al$	−1.66	0.53
$2H_2O + 2e^- = 2OH^- + H_2(g)$	−0.828	−0.80
$Zn^{2+} + 2e^- = Zn$	−0.763	0.10
$Fe^{2+} + 2e^- = Fe$	−0.440	0.05
$Cd^{2+} + 2e^- = Cd$	−0.402	−0.09
$PbSO_4 + 2e^- = Pb + SO_4^{2-}$	−0.355	−0.99
$Ni^{2+} + 2e^- = Ni$	−0.250	0.31
$Pb^{2+} + 2e^- = Pb$	−0.129	−0.38
$2H^+ + 2e^- = H_2(g)$	0.0000	0
$Cu^{2+} + e^- = Cu^+$	0.153	0.07
$AgCl + e^- = Ag + Cl^-$	0.2224	−0.66
$Hg_2Cl_2 + 2e^- = 2Hg + 2Cl^-$	0.2681	−0.31
$Cu^{2+} + 2e^- = Cu$	0.337	0.01
$2H_2O + O_2 + 4e^- = 4OH^-$	0.401	—
$I_2 + 2e^- = 2I^-$	0.5346	−0.13
$Hg_2SO_4 + 2e^- = 2Hg + SO_4^{2-}$	0.6153	−0.83
$Fe^{3+} + e^- = Fe^{2+}$	0.771	1.19
$Hg_2^{2+} + 2e^- = 2Hg$	0.789	−0.31
$Ag^+ + e^- = Ag$	0.7991	−1.00
$2Hg^{2+} + 2e^- = Hg_2^{2+}$	0.920	0.10
$Br^{2+} + 2e^- = 2Br^-$	1.0652	−0.61

续表 9-2

电极反应	$\varphi^{\ominus}$/V	$(d\varphi^{\ominus}/dT)_p\times10^3$/V·K^{-1}
$4H^+ + O_2 + 4e^- = 2H_2O$	1.229	−0.85
$MnO_2 + 4H^+ + 2e^- = Mn^{2+} + 2H_2O$	1.23	−0.61
$Cr_2O_7^{2-} + 14H^+ + 6e^- = 2Cr^{3+} + 7H_2O$	1.33	—
$Cl_2 + 2e^- = 2Cl^-$	1.3595	−1.25
$PbO_2 + 4H^+ + 2e^- = Pb^{2+} + 2H_2O$	1.455	−0.25
$Au^{3+} + 3e^- = Au$	1.50	—
$MnO_4^- + 8H^+ + 5e^- = Mn^{2+} + 4H_2O$	1.51	−0.64
$Au^+ + e^- = Au$	1.68	—
$MnO_4^- + 4H^+ + 3e^- = MnO_2 + 2H_2O$	1.695	−0.67

9.3.2 金属的电化学序

对于金属 M 插入金属离子 M^{z+} 水溶液中的电极 $M^{z+}|M$ 与标准氢电极 $H^+|H_2$ 构成的电池反应

$$\frac{z}{2}H_2 + M^{z+} \longrightarrow zH^+ + M \tag{9-44}$$

当 $M^{z+}|M$ 电极的 $\varphi^{\ominus}$ 越负，金属越容易溶于含 H^+ 的水溶液中，越容易产生氢气。把金属的标准电极电势从负到正排列起来，叫做金属的离子化序或电化学序，如图 9-5 所示。也可以排列成表，见表 9-2。

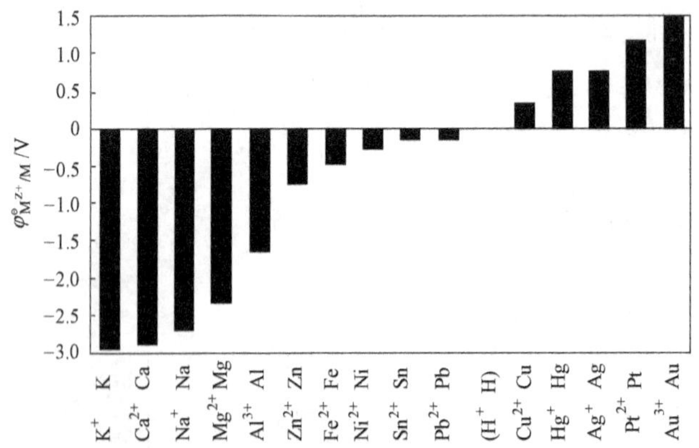

图 9-5　25℃下 $M^{z+}|M$ 电极的标准电极电势(金属的电化学序)

从图中可以获得以下多方面信息：(1)金属的活性。标准电势负的金属比较容易失去电子，是活泼金属。(2)可判断金属溶解顺序。标准电势较正的金属，不易发生腐蚀。(3)指出金属置换次序。金属元素可以置换比它的标准电势更正的金属离子。(4)可初步估计金属析出顺序。阴极优先析出的金属离子应是电极电势较正的。(5)可判断电池的正负极。电极电势较负的为负极。(6)可初步判断氧化还原反应进行的方向。电极电势较负的还原态物质具有较强的还原性,电极电势较正的物质氧化态具有较强的氧化性。

金属电化学序的应用也有一定的局限性。例如,(1)用于热力学判断,只指出了可能性,但无法涉及动力学问题;(2)金属电化学序是相对的、有条件的电化学数据,电极是在水溶液中和标准状态下的相对氢电极的标准电极电势。

9.3.3 电势-pH 图

9.3.3.1 pH 值及测定方法

在处理溶液内反应,特别是水溶液中的化学平衡和反应机理时,应用 pH 值是很方便的。pH 的定义为溶液中氢离子活度的负对数,即

$$pH=-\lg a_{H^+} \tag{9-45}$$

主要采用电动势法测定 pH 值,测定时,可以采用下列电池。

$$Pt,H_2 \mid H^+_{(aq)} \parallel Cl^-(KCl\ 饱和),Hg_2Cl_{2(s)} \mid Hg_{(l)}$$

这个电池由氢电极和饱和甘汞电极组成。氢电极为负极,25℃时电池电动势为

$$E=\varphi_{甘汞}-\varphi_{H^+/H_2}=0.2412-0.05915\lg a_{H^+} \tag{9-46}$$

即

$$E=0.2412+0.05915pH$$

$$pH=\frac{E-0.2412}{0.05915} \tag{9-47}$$

氢电极在使用上有时很不方便,测 pH 值时常采用玻璃电极。

9.3.3.2 电势-pH 图

1945 年波贝克斯(Pourbaix)创立了电势-pH 图。电势-pH 图在水溶液反应的研究及其应用中起了很大的作用。一般先固定温度、固定离子的活度,通常温度取 25℃、活度为 1,制作电势-pH 图。也可根据具体情况而定。图中,对于电势与 pH 值无关的反应,其电势-pH 线平行于 pH 轴;与电势无关的反应的电势-pH 线垂直于 pH 轴;对于电势与 pH 值相关的反应,相应的电势-pH 线为倾斜直线。此外,当反应在水溶液中进行时,必须考虑下列两个反应:

(a)
$$2H^++2e^-=\!=\!=H_2$$

$$\varphi_a=0.06\lg a_{H^+}=-0.06pH \quad (p_{H_2}=p^\ominus)$$

(b)
$$O_2+4H^++4e^-=\!=\!=2H_2O$$

$$\varphi_b=1.23+0.06\lg a_{H^+}=1.23-0.06pH(p_{O_2}=p^\ominus)$$

一般在图上画出两条虚线来表示反应(a)和(b),常称为氢线和氧线,见图 9-6。

现在以金属-H_2O 系中 Ni-H_2O 系为例进行分析。对于 298K 下 Ni-H_2O 系中各反应,可以得到表 9-3 给出的关系。其中固定离子活度不变时,$a_{Ni^{2+}}=1$ 或 10^{-6}的情况,如图 9-6 所示。对于与电子得失无关的反应 $Ni(OH)_2+2H^+=\!=\!=Ni^{2+}+2H_2O$,其 pH 值仅与 $\lg a_{Ni^{2+}}$ 成函数关系,是一条垂直的线。对于与 H^+ 无关的反应 $Ni^{2+}+2e^-=\!=\!=Ni$,其 E 仅与 $\lg a_{Ni^{2+}}$ 成函数关

系，是一条水平线。与 pH 值、H^+、电子得失都相关的反应，如 $Ni(OH)_2+2H^++2e^-$ ══ $Ni+2H_2O$ 等，其 E 与 pH 值和 $\lg a_{Ni^{2+}}$ 成函数关系，表示为斜线。

表 9-3　298K 下 Ni-H₂O 系各反应 φ,pH 和离子活度的关系

反　应	φ,pH,$a_{Ni^{2+}}$ 的关系式
$Ni^{2+}+2e^-$ ══ Ni	$\varphi=-0.24+0.03\lg a_{Ni^{2+}}$
$Ni(OH)_2+2H^+$ ══ $Ni^{2+}+2H_2O$	$pH=6.37-0.5\lg a_{Ni^{2+}}$
$Ni(OH)_2+H^++2e^-$ ══ $Ni+2H_2O$	$\varphi=0.14-0.059pH$
$Ni(OH)_3+H^++e^-$ ══ $Ni(OH)_2+H_2O$	$\varphi=1.48-0.059pH$
$Ni(OH)_3+3H^++e^-$ ══ $Ni^{2+}+3H_2O$	$\varphi=0.23-0.177pH-0.059\lg a_{Ni^{2+}}$

从图 9-6 可知，$a_{Ni^{2+}}=1$ 时，$E>-0.24$ 时，金属 Ni 会溶解。在这个电势以下 Ni 析出。要从溶液中完全沉淀除去 Ni^{2+} 离子（$a_{Ni^{2+}}=10^{-6}$），pH 值必须提到 9.5 以上。此外，在标准压力下 298K 的水，在直线(a)和直线(b)包围的区域内，热力学上可以稳定存在。例如，在任意 pH 值的水溶液中，浸入两片 Pt 板，加上电压，阳极电势达到式(b)的值以上，阳极表面产生氧气；与此同时，阴极电势达到式(a)的值以下，阴极表面产生氢气。Ni ⟶ Ni^{2+} 线在酸性强的情况下位于(a)线的下方，会伴随着 H_2 的产生

$$Ni+2H^+ = Ni^{2+}+H_2 \qquad (9\text{-}48)$$

在酸性弱的情况下位于(a)线的上方，不产生 H_2，由反应

$$Ni+2H^++\frac{1}{2}O_2 = Ni^{2+}+H_2O \qquad (9\text{-}49)$$

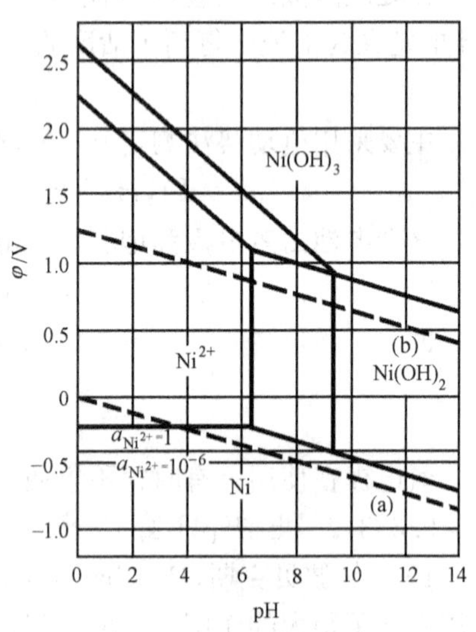

图 9-6　Ni-H₂O 系的电势-pH 图

可以看出 Ni 会溶解。因此，一般来说，其 $M^{z+}+ze^-$ ══ M 线在 $2H^++2e^-$ ══ H_2 线上方的金属，由于氧化而溶解；在 $2H^++2e^-$ ══ H_2 线下方的金属，伴随着产生 H_2 而溶解。像 Ni 与 H_2 线相交的金属，可以通过改变 pH 值，从伴随 H_2 析出溶解向金属氧化溶解转变。相反，溶液中析出金属是水溶液中还原提取过程，应该是位于 $2H^++2e^-$ ══ H_2 线上面。

但是，实际上水的分解电压是 1.7—1.8V，说明水的稳定区域比图 9-6 中(a)、(b)包围的区域要大，这是氧和氢析出的过电势引起的。例如，Zn 在 $2H^++2e^-$ ══ H_2 线的下方，由于氢析出过电势偏大，从水溶液中还是可以还原提取的；但是，Al 在还原析出前由于有水分解，还原提取是困难的。

例题 9-1　写出电池 $Zn|ZnCl_2(0.1mol\cdot dm^{-3}),AgCl_{(s)}|Ag$ 的电极反应和电池反应，并计算该电池 25℃时的电动势。已知 $0.1mol\cdot dm^{-3}$ $ZnCl_2$ 溶液中 $\gamma_\pm=0.5$。

解

$$\text{电极反应:(－)}\ Zn_{(s)} \longrightarrow Zn^{2+} + 2e^-$$
$$(+)2AgCl_{(s)} + 2e^- \longrightarrow 2Ag_{(s)} + 2Cl^-$$

$$\text{电池反应}\ Zn + 2AgCl_{(s)} \longrightarrow Zn^{2+} + 2Ag_{(s)} + 2Cl^-$$

根据电池电动势的能斯特方程 $E = E^{\ominus} + \frac{RT}{2F}\ln\frac{\prod a^{\nu}_{\text{反应物}}}{\prod a^{\nu}_{\text{生成物}}}$

查表得 $E^{\ominus} = \varphi^{\ominus}(Ag|AgCl, Cl^-) - \varphi^{\ominus}(Zn|Zn^{2+}) = 0.222 - (-0.763) = 0.985V$

由于 $z=2$,所以有

$$E = 0.985 + \frac{8.314\times298}{2\times96485}\ln\frac{a_{Zn}\cdot a^2_{AgCl}}{a_{Zn^{2+}}\cdot a^2_{Ag}\cdot a^2_{Cl^-}} = 0.985 - 0.128\ln(a_{Zn^{2+}}\cdot a^2_{Cl^-})$$
$$a_{Zn^{2+}} = \gamma_{\pm}m_{+}/m^{\ominus} = 0.5\times100/1000 = 0.05$$
$$a_{Cl^-} = \gamma_{\pm}m_{-}/m^{\ominus} = 0.5\times200/1000 = 0.10 = 0.5\times200/1000 = 0.10$$
$$E = 0.985 - 0.128\ln(0.05\times0.10^2) = 1.082V$$

例题 9-2 两种不同成分的锌-汞合金电极构成下列电池。

$$Hg-Zn(x_{Zn(1)})|ZnSO_4(aq)|Hg-Zn(x_{Zn(2)})$$

两个电极中 Zn 的摩尔分数 $x_{Zn(1)}$、$x_{Zn(2)}$分别为 2.65×10^{-3}和 8.25×10^{-5}。假定锌—汞电极中 Zn 的活度系数符合亨利定律,求电池在 323K 和 353K 时的电动势。

解

负极反应 $Zn(1) = Zn^{2+} + 2e^-$ $\varphi(1) = \varphi^{\ominus} + \frac{RT}{2F}\ln\frac{a_{Zn^{2+}}}{a_{Zn(1)}}$

正极反应 $Zn^{2+} + 2e^- = Zn(2)$ $\varphi(2) = \varphi^{\ominus} + \frac{RT}{2F}\ln\frac{a_{Zn^{2+}}}{a_{Zn(2)}}$

电池反应 $Zn(1) = Zn(2)$ $E = \varphi(2) - \varphi(1) = \frac{RT}{2F}\ln\frac{a_{Zn(1)}}{a_{Zn(2)}}$

即浓差电池,因两极 Zn 活度的不同而产生电动势。根据 $\gamma_{Zn} = \text{const}$

$$a_{Zn(1)}/a_{Zn(2)} = x_{Zn(1)}/x_{Zn(2)} = 2.65\times10^{-3}/8.25\times10^{-5} = 32.1$$
$$E_{(1)} = 8.314\times323/(2\times96500)\ln32.1 = 0.0483V$$
$$E_{(2)} = 8.314\times353/(2\times96500)\ln32.1 = 0.0527V$$

9.4 电极过程动力学

9.4.1 电极极化

如前所述,处于热力学平衡状态的电极体系,由于氧化反应和还原反应速率相等,电荷交换和物质交换都处于动态平衡之中,净反应速率为零。由于电极上没有电流通过,外电流等于零，这时的电极电势就是平衡电势。相反，电极上有电流通过时，就会有净反应发生，电极电势将偏离平衡电势。这种有电流通过时电极电势偏离平衡电势的现象称为电极极化。例如，在硫酸镍溶液中镍作为阴极电流以不同的电流密度通过时，电极电势的变化如表 9-4 所示，可以看出镍电极的电势随电流密度增大发生了偏离平衡电势的现象。一般用过电势 $\eta=\varphi-\varphi_e$ 表征电极极化程度，这在电极过程动力学中有着重要意义。电极极化的结果，随着电流增大，阴极电势变负，阳极电势变正。这样，阴极过电势始终是负值，阳极上的过电势始终是正值。1905 年塔菲尔等在 H^+ 还原产生氢气中发现电流密度 j 和过电势 η 的关系为

$$\eta=a+b\lg j \tag{9-50}$$

式中，a 和 b 是反应条件决定的常数，被称为塔菲尔公式(Tafel equation)。

表 9-4　镍的阴极电势与电流密度的关系

$j/A\cdot m^{-2}$	0	1.4	2.8	5.6	8.4	12	20	40
$-\varphi_c/V$	0.29	0.54	0.58	0.61	0.62	0.63	0.64	0.65
$-\eta/V$	0	0.25	0.29	0.32	0.33	0.34	0.35	0.36

注：15℃时 0.5mol·dm^{-3} $NiSO_4$，pH=5。

为什么会产生极化？电极体系是两类导体串联组成的体系。没有电流通过时，两类导体中没有载流子的流动，只在电极/溶液界面上存在氧化反应与还原反应的动态平衡及由此产生的相间电势——平衡电势。有电流通过时，外线路和金属电极中有自由电子定向移动，溶液中有正、负离子定向移动，界面上有一定的净电极反应。三种变化使得两种导电方式得以相互转化。这种情况下，只有界面反应速率和溶液中离子传输速率都足够快，才能保持电极过程处于平衡状态，即界面反应能够将电子导体传输到界面的电荷及时地转移给离子导体，不致使电荷在电极表面内侧积累，造成相间电势差的变化。同时，溶液中离子的传输能够使参加反应的离子得到及时补充和离去，不致使电荷在电极表面外侧积累，造成相间电势差的变化。而相对于上述两种电荷传输，电子导体内电子移动速率通常是足够快的。当有电流通过时，在阴极上由于电子流入电极的速率大，会造成负电荷积累；而由于电子流出阳极的速率大，会造成阳极上正电荷的积累。因此，当出现电极极化时，阴极电势向负方向移动，阳极电势向正方向移动，从而偏离了平衡状态。一般认为，电极的极化是电极反应过程阻力的体现，它使得原电池产生的实际电动势小于理论电动势；电解池施加的实际电动势必须大于理论电动势，导致电极过程消耗更多的能量。图 9-7(a)和(b) 分别原电池和电解池中典型电极过程的极化图。可以看出，因电极极化而引起的端电压变化，但尚不能反映溶液欧姆电压降的影响。

9.4.2　电极过程分析

电极过程系电极/溶液界面附近发生的一系列变化的总和。所以，电极过程不是简单的化学反应，而是由一系列性质不同的单元步骤串联或并联组成的复杂过程。在一般情况下，电极

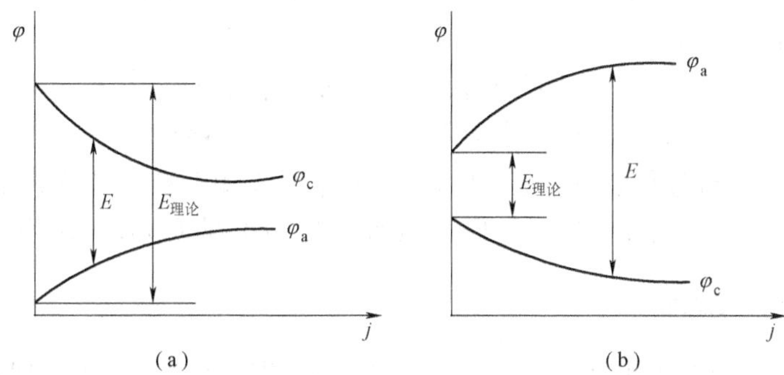

图 9-7 原电池和电解池中电极过程极化曲线示意图

(a)原电池;(b)电解池

过程大致由下列各单元步骤串联组成:

(1) 电解质溶液内的反应物粒子向电极表面液层迁移,称为反应前液相传质;

(2) 反应物在电极表面上发生表面吸附、络合离子配位数的变化等转化,这一步骤没有电子参与反应,称为前置的表面转化步骤或简称前置转化;

(3) 电极/溶液界面上得失电子,形成还原或者氧化反应产物,称为电子迁移或电化学反应;

(4) 生成物在电极表面上发生脱附、复合、分解等转化,称为随后表面转化步骤,或简称随后转化;

(5) 生成物是气相、固相时,在电极表面附近会出现逸出和结晶等现象。如果生成物是可溶性的,则向电解质溶液内部迁移,称为反应后的液相传质。

对于一个具体的电极过程来说,并不一定包含所有上述五个单元步骤,可能只包含其中若干个。但是,任何电极过程必定包括(1)、(3)、(5)三个单元步骤。例如,图 9-8 表示银氰络合离子在阴极还原的电极过程,它包括如下四个单元步骤:

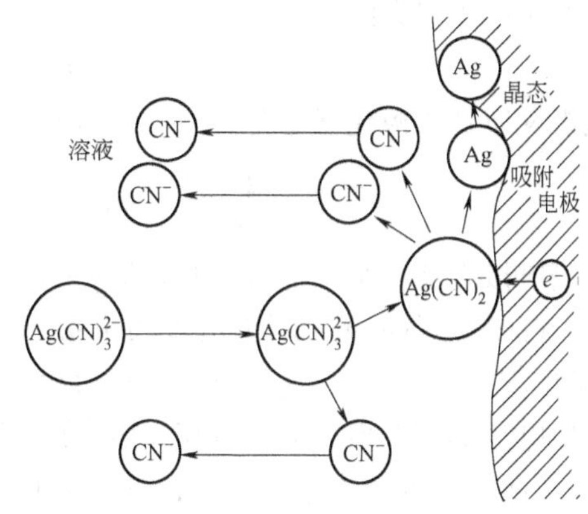

图 9-8 银氰络合离子阴极还原过程示意图

(1) 液相传质

$$Ag(CN)_3^{2-}(\text{溶液内部}) \longrightarrow Ag(CN)_3^{2-}(\text{电极表面附近})$$

(2) 前置转化

$$Ag(CN)_3^{2-} \longrightarrow Ag(CN)_2^{-} + CN^{-}$$

(3) 电化学反应

$$Ag(CN)_2^- + e^- \longrightarrow Ag(\text{吸附态}) + 2CN^-$$

(4) 生成新相或液相传质

$$Ag(\text{吸附态}) \longrightarrow Ag(\text{结晶态})$$

$$2CN^-(\text{电极表面附近}) \longrightarrow 2CN^-(\text{溶液内部})$$

在某些情况的电极过程会更复杂一些，其中的单元步骤本身又可分成几个串联或并联的子步骤。因此，对于一个具体的电极过程，必须结合实验来判断其反应历程。

9.4.3　电极过程的控速步骤

在稳态条件下，当上述几个步骤串联进行时，各步骤实际速率相等，尽管各个单一步骤可能达到的速率各不相同，有些步骤并未能充分发挥出其动力学潜力。在这种情况下，实际反应速率往往取决于各单元步骤中最慢的步骤，称为电极过程的控速步骤。

从本质上讲，电极过程速率由哪个组成步骤控制取决于各组成步骤对电极反应的相对阻力。因此，电极过程控速步骤的动力学特征与极化特征密切相关。浓差极化和电化学极化是常见的极化类型。

浓差极化的控速步骤是液相传质，即单元步骤(1)或/和(5)控速。电化学极化的控速步骤为反应物质在电极表面得失电子的电化学反应，即单元步骤(3)。

9.4.3.1　电化学极化

对于电子得失的电极反应

$$Ox + ze^- \Longrightarrow Red$$

当电极反应处于极化状态时，$\varphi = \varphi_e + \eta$，电极反应速率 $I = I_{净}$。根据式(9-34)可知

$$\frac{I}{I_0} = \frac{c_R^0}{c_{R,e}^0}\exp\left(\frac{\alpha_a zF\eta}{RT}\right) - \frac{c_O^0}{c_{O,e}^0}\exp\left(-\frac{\alpha_c zF\eta}{RT}\right) \tag{9-51}$$

当电极电势为平衡电极电势，即 $\eta = 0$ 时，$I = 0$，表明在平衡电势下没有净反应发生。相反，出现净反应的必要条件是存在过电势，即 $\eta \neq 0$，才会有 $I \neq 0$。因此，过电势是发生电极反应(净反应)的推动力。这一点在电极过程动力学中非常重要，过电势值的高低取决于外电流和交换电流的相对值。当外电流一定，交换电流越大的电极反应，过电势越小，表明反应越容易进行，所需的推动力越小。而相对一定的交换电流，外电流越大，过电势也越大，说明在此条件下提高反应速率，需要更大的推动力。可以认为，交换电流依赖于电极反应本性且能反映电极反应进行的难易程度，它是决定过电势值的高低或产生电极极化的内因。然而，外电流则是决定过电势值的高低或产生电极极化的外因。

对于在高过电势下的电化学极化，一般出现在极化电流远大于交换电流，即 $I \gg I_0$ 的情况下。在电极的极化程度较高时，电极反应的平衡状态会遭到明显破坏。当阴极极化过电势很大时，将 $\eta = \eta_c \ll 0$ 代入式(9-51)，得

$$\frac{c_O^0}{c_{O,e}^0}\exp\left(-\frac{\alpha_c zF\eta_c}{RT}\right) \gg \frac{c_R^0}{c_{R,e}^0}\exp\left(\frac{\alpha_a zF\eta_c}{RT}\right)$$

可以忽略式(9-51)中右边第一项，得

$$I_c=-\frac{c_O^0}{c_{O,e}^0}I_0\exp\left(-\frac{\alpha_c zF\eta_c}{RT}\right) \tag{9-52}$$

上式反映了电极反应的还原速率远远大于氧化速率。另外，电化学极化时 $c_O^0/c_{O,e}^0\approx1$，所以有

$$\eta_c=\frac{2.3RT}{\alpha_c zF}\lg I_0-\frac{2.3RT}{\alpha_c zF}\lg(-I_c) \tag{9-53}$$

同理，当阳极极化过电势很大时，$\eta=\eta_a\gg0$，代入式(9-51)，得

$$\frac{c_O^0}{c_{O,e}^0}\exp\left(-\frac{\alpha_c zF\eta_a}{RT}\right)\ll\frac{c_R^0}{c_{R,e}^0}\exp\left(\frac{\alpha_a zF\eta_a}{RT}\right)$$

可以忽略式(9-51)中右边第二项

$$I_a=\frac{c_R^0}{c_{R,e}^0}I_0\exp\left(\frac{\alpha_a zF\eta_a}{RT}\right) \tag{9-54}$$

反映了电极反应的氧化速率远大于还原速率。同理，电化学极化时 $c_R^0/c_{R,e}^0\approx1$，有

$$\eta_a=-\frac{2.3RT}{\alpha_a zF}\lg I_0+\frac{2.3RT}{\alpha_a zF}\lg I_a \tag{9-55}$$

分别将式(9-53)、式(9-55)与式 (9-50) 相比较，可以发现该它们与式 (9-50) 形式一致。因此，可以认为，塔菲尔公式是巴特勒—伏尔默方程应用的一种特殊形式。从以上比较可以看出 a 和 b 的物理意义如下

当阴极极化时　$b=-\frac{2.3RT}{\alpha_c zF}, a=\frac{2.3RT}{\alpha_c zF}\lg j_0=-b\lg j_0$

当阳极极化时　$b=\frac{2.3RT}{\alpha_a zF}, a=-\frac{2.3RT}{\alpha_a zF}\lg j_0=-b\lg j_0$

一般当电极反应极化电流远小于交换电流，即 $I\ll I_0$ 时，会发生低过电势条件下的电化学极化。这种情况下，只需要使电极电势稍稍偏离平衡电势，就足以推动净反应以 I 速率进行，电极反应仍处于“近似可逆”的状态。取 $\eta\to0$，$c_O^0/c_{O,e}^0\approx1$ 和 $c_R^0/c_{R,e}^0\approx1$，将 $\eta=\eta_c$ 和 $\eta=\eta_a$ 分别代入式(9-51)，对指数部分进行级数展开，取前两项得

$$I_c=I_0(\alpha_a+\alpha_c)\frac{\eta_c zF}{RT} \tag{9-56}$$

$$I_a=I_0(\alpha_a+\alpha_c)\frac{\eta_a zF}{RT} \tag{9-57}$$

由于 $\alpha_a+\alpha_c=1$，可以看出电流很低的情况下，η 与 I 成正比，即

$$\eta=PI \tag{9-58}$$

式中，比例系数 $P=RT/I_0zF$。

综上所述，交换电流很小时，即 $I_0\to0$ 时，电极易极化，极化曲线呈半对数关系；当交换电

流很大时，即 $I_0\to\infty$时，极化曲线为直线关系。这样，已知电极反应的交换电流和电化学迁移系数(α_a 和 α_c)，可以求出任意电流下的电极电势或过电势。反之，已知电极电势或过电势，可以求出电极反应的电流，也就知道了给定条件下电极反应速率的限度。因此，应用电极反应过程的极化规律，可以控制、改进和强化生产过程。

9.4.3.2　浓差极化

在电极反应过程中，反应物通过液相传质不断地向电极表面迁移，生成物又通过液相传质不断离开电极表面，这样才能保证电极过程连续进行。反应物和生成物的传输方式主要有扩散、对流和电迁移。

扩散是当溶液中存在某一组元的浓度梯度，该组元将自发地从高浓度区域向低浓度区域迁移过程。扩散的推动力是扩散区域内存在浓度梯度，确切地说是化学势梯度。

对流是一部分流体与另一部分流体之间的相对流动，在溶液各部分之间的这种相对流动进行的传质过程称为对流传质。对于自然对流传质，其推动力是密度差或温度差，确切地说是能量梯度。

电迁移是电解质溶液中的带电粒子在电场作用下沿着一定的方向移动过程，它的推动力是电场力或者说是电场梯度。

如图 9-9 所示，δ 表示扩散层厚度，对于非稳态扩散过程而言，扩散层厚度随时间而变化。只有稳态扩散过程才有相对稳定或者固定厚度的扩散层。扩散层的厚度，一般在 0.1～0.01mm范围，非常接近于电极表面。由流体力学可知，在如此靠近电极表面的流体中，对流的影响很小，该区域内主要的传质方式是电迁移和扩散。当溶液中当参与反应离子的迁移数很小时，电迁移的影响可以忽略不计。因此，对于在扩散层内的传质，一般只考虑扩散作用。当对流区远离电极表面时，可以认为各种物质浓度与溶液本体浓度相同。在这个区域内，对流传质作用远大于电迁移传质作用，后者的作用可以忽略。对流和扩散两者是串联步骤。由于对流传质速率远大于扩散传质速率，所以液相传质主要由扩散控速，即可以认为，扩散动力学特征可以代表整个液相传质过程动力学特征。

以阴极为例，由于反应物 Ox 在扩散层内的传质形成浓度梯度，如图 9-9 (a)所示。稳态下扩散流密度为

$$j_O = D_O \frac{\partial c_O}{\partial x} \tag{9-59}$$

根据电极反应可知，稳态扩散的电流密度为

$$j_O = zFD_O\left(\frac{\partial c_O}{\partial x}\right)_{x=0} = zFD_O\left(\frac{c_O^b - c_O^0}{\delta_O}\right) \tag{9-60}$$

式中，c_O^b，c_O^0 分别为反应物的本体浓度和电极表面浓度，mol/m^3；δ_O 为反应物有效扩散边界层厚度，m。

通电后 c_O^0 下降，当 $c_O^0=0$ 时，反应物浓度梯度达到最大，扩散速率也最大，此时的扩散电流密度 j_d 为

$$j_d=zFD_O\frac{c_O^b}{\delta_O} \tag{9-61}$$

此时浓差极化称为完全浓差极化，j_d 是理想稳态扩散过程的极限电流密度。将式(9-61)与式(9-60)合并，可得

$$c_O^0=c_O^b\left(1-\frac{j_O}{j_d}\right) \tag{9-62}$$

对于生成物在扩散层内传质的特征，如图 9-9(b)给出的 c_R 分布所示。同理，可以得到如下两式所示的关系。

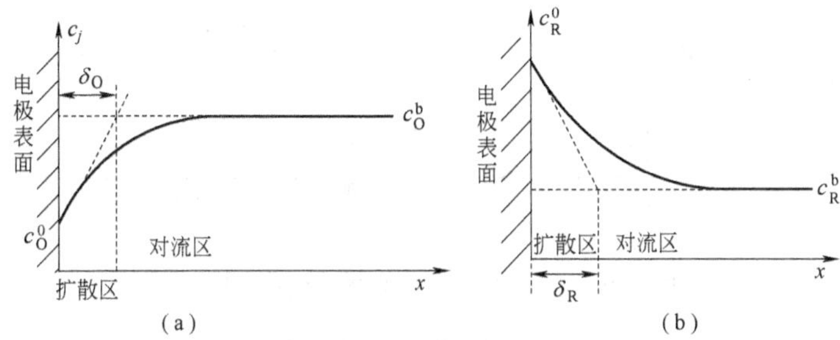

图 9-9 阴极表面附近反应物与生成物浓度分布示意图
(a)反应物浓度分布；(b)生成物浓度分布

$$j_d=zFJ_R=-zFD_R\left(\frac{\partial c_R}{\partial x}\right)_{x=0}=zFD_R\left(\frac{c_R^0-c_R^b}{\delta_R}\right) \tag{9-63}$$

$$c_R^0=c_R^b+\frac{j_R\delta_R}{zFD_R} \tag{9-64}$$

式中，c_R^b，c_R^0 分别为生成物的本体浓度和电极表面浓度，mol/m^3；δ_R 为生成物有效扩散边界层厚度，m。

当浓差极化是控速步骤时，说明电子转移步骤的速率与扩散步骤的速率相比足够快，平衡状态基本未遭到破坏，电极电势服从能斯特方程：

$$\varphi=\varphi^\ominus-\frac{RT}{zF}\ln\left(\frac{\gamma_R c_R^0}{\gamma_O c_O^0}\right) \tag{9-65}$$

电极电势偏离平衡状态主要是电极表面的浓度梯度引起的。

当生成物不溶解时，$a_R=\gamma_R c_R^0/c^\ominus=1$。代入式(9-65)得

$$\varphi=\varphi^\ominus+\frac{RT}{zF}\ln[\gamma_O(c_O^0/c^\ominus)] \tag{9-66}$$

将式(9-62)代入式(9-66)并考虑不存在极化条件下，有

$$\varphi_e=\varphi^\ominus+\frac{RT}{zF}\ln[\gamma_O(c_O^b/c^\ominus)] \tag{9-67}$$

得

$$\varphi=\varphi_e+\frac{RT}{zF}\ln\left(\frac{j_d-j_O}{j_d}\right) \tag{9-68}$$

或

$$\eta=\frac{RT}{zF}\ln\left(\frac{j_d-j_O}{j_d}\right) \tag{9-69}$$

式(9-69)为生成物不溶解时的浓差极化动力学方程。通过这种关系还可以判断电极反应是否处于浓差极化过程，如图 9-10 所示。

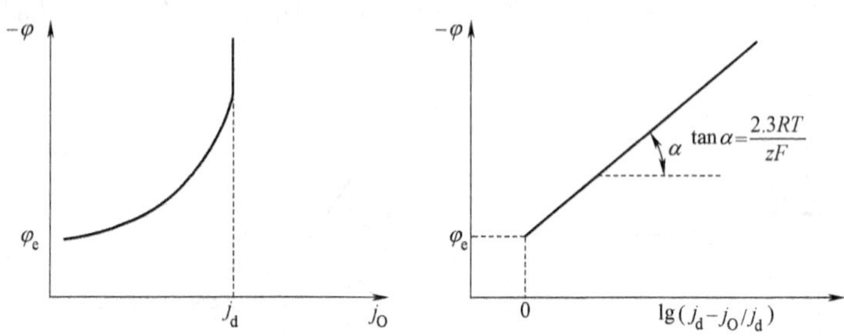

图 9-10　生成不溶物时的浓差极化曲线

当生成物为可溶时，$a_R=\gamma_R c_R^0/c^\ominus\neq1$。假设反应前溶液本体内生成物浓度为零 $c_R^b=0$，由式(9-64)给出的关系可得

$$c_R^0=\frac{j_R\delta_R}{zFD_R} \tag{9-70}$$

将式(9-61)代入式(9-62)得

$$c_O^0=\frac{j_d\delta_O}{zFD_O}\left(1-\frac{j_O}{j_d}\right) \tag{9-71}$$

在稳态条件下，反应物的消耗速率与生成物的生成速率相等，即 $j_O/zF=j_R/zF=j/zF$。把式(9-70)、(9-71)代入式(9-65)，得

$$\varphi=\varphi_{1/2}+\frac{RT}{zF}\ln\left(\frac{j_d-j}{j}\right) \tag{9-72}$$

式中

$$\varphi_{1/2}=\varphi^\ominus+\frac{RT}{zF}\ln\frac{\gamma_O\delta_O D_R}{\gamma_R\delta_R D_O} \tag{9-73}$$

因为 $j=j_d/2$ 时 $\varphi=\varphi_{1/2}$，故 $\varphi_{1/2}$ 称为半波电势。式(9-72)是电极反应生成可溶物时的浓差极化方程，它的浓差极化特征曲线如图 9-11 所示。

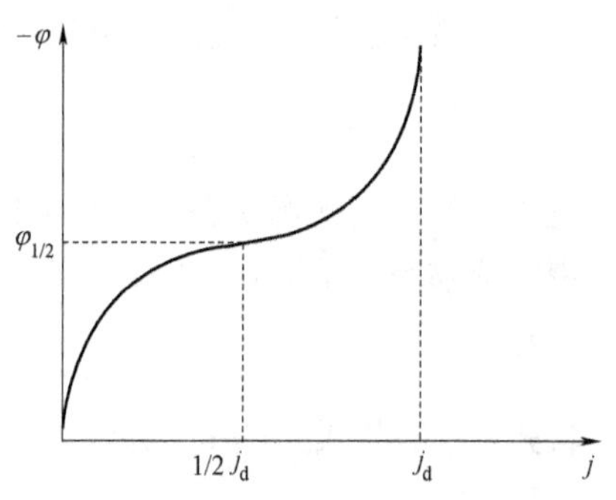

图 9-11　生成可溶物时的浓差极化曲线

除了应用以上函数关系外，还可以通过溶液搅拌和改变电极表面积来判断是否是浓差极化。存在浓差极化时，搅拌可以减小扩散边界层的厚度，j 和

j_d 都随搅拌强度增大而增大。另外，浓差极化时 j 决定于扩散流量，而扩散流量仅与电极表面的表观面积有关，而与比表面无关。

例题 9-3　在 20℃、浓度为 0.1mol/dm³ 的 $ZnCl_2$ 溶液中电解还原锌离子时，阴极过程为浓差极化。已知锌离子的扩散系数为 $1\times10^{-9}m^2/s$，扩散层有效厚度为 $1.2\times10^{-2}cm$。试求：(1)阴极的极限扩散电流密度。(2)测得阴极过电势为 0.029V，相应的阴极电流密度是多少？

解　电极反应：$Zn^{2+}+2e^{-}\longrightarrow Zn$

(1) 稳态浓差极化时，极限扩散电流密度为

$$j_d=zFD\frac{c^b}{\delta}$$

(2) 由于是浓差极化，故阴极过电势就是浓差极化过电势，阴极电流即为扩散电流。所以有

$$\eta=\frac{2.3RT}{2F}\lg\left(1-\frac{j}{j_d}\right)$$

$$\lg\left(1-\frac{j}{j_d}\right)=\frac{2F\eta}{2.3RT}=\frac{-2\times96500\times0.029}{2.3\times8.314\times293}\approx-1$$

$$j/j_d=0.90$$

$$j=0.90j_d=144A/m^2$$

例题 9-4　已知铁的阳极溶解符合塔菲尔公式：$\eta=a+b\lg j$，其中 $b=0.06V$，Fe^{2+} 活度为 1 时铁的电极电势为 −0.28V，试计算氧化方向的电流密度。假定温度为 298K，$j_O=10^{-4}A/m^2$，$\varphi^{\ominus}_{Fe^{2+}/Fe}=-0.4402V$。

解　铁阳极溶解的过电势为

$$\eta_a=\varphi-\varphi_e=-0.28-(-0.44)=0.16V$$

塔菲尔关系式的 a 值

$$a=-b\lg j_0=-0.06\lg10^{-4}=0.24V$$

那么

$$\eta_a=0.24+0.06\lg j_a$$

$$j_a=4.6\times10^{-2}A/m^2$$

习　题

9-1　将 Pt 电极浸于 0.002mol/dm³ $Cr_2(SO_4)_3$，0.001mol/dm³ $K_2Cr_2O_7$ 的酸性溶液中，构成如下的电极：Pt|Cr^{3+}，$Cr_2O_7^{2-}$，H^+。计算 25℃下该电极的电极电势。已知：pH=3，$\gamma_{Cr^{3+}}=0.38$，$\gamma_{Cr_2O_7^{2-}}=0.71$。

（答案：$\varphi=0.951V$）

9-2　电解 1mol/dm³ H_2SO_4 和 0.1mol/dm³ $CuSO_4$ 混合溶液，当 Cu^{2+} 离子浓度降低到 $10^{-7}mol/dm^3$ 时，阴极的电势等于多少？若氢在铜上析出的过电势为 0.23V，试问在不使氢析出的条件下，电极电势最低能达

到多少?

(答案:φ_c=0.160V,φ=-0.21V)

9-3 在298K的$CuSO_4$水溶液($a_{Cu^{2+}}$=0.6)中以150A/m²的电流密度电镀铜。已知铜析出的极化曲线的塔菲尔系数b为-0.08,交换电流密度j_0为0.2A/m²。计算铜析出的电极电势。

(答案:φ=0.1V)

9-4 电池(-)Zn|$ZnCl_2$(1mol·dm^{-3})‖HCl(a=1)|H_2(0.1013MPa),Pt(+),按所表示的正、负极的方向,即在外线路中从正极到负极通过1A/m²的电流时,电池两端的电压为1.24V。如果欧姆电压降为0.1V,1mol/dm³ $ZnCl_2$溶液的平均离子活度系数为$\gamma_\pm$=0.33。求(1)该电池通过上述外电流时,是自发电池(原电池)还是电解池?(2)锌电极上发生的是阴极极化还是阳极极化?(3)若已知氢电极的过电势为0.164V,那么锌电极上的过电势是多少?

(答案:自发的电池,锌电极上发生阴极极化,η=0.199V)

9-5 已知298K下锌从$ZnSO_4$(1mol/dm³)溶液中电解沉淀的速率为300A/m²时,阴极电势为-1.013V。电极过程属于电子转移控速步骤,传递系数α=0.45,离子平均活度系数$\gamma_\pm$=0.044。求该温度下电极反应的交换电流密度。

(答案:j_0=0.19A/m²)

9-6 已知$\alpha_a=\alpha_c$=0.5,z=2,T=298K。求阳极溶解速率等于交换电流密度的过电势。

(答案:η_a=12mV)

9-7 已知25℃时,阴极反应Ox+2e^-→Red受扩散步骤控制,Ox和Red均可溶,c_O^b=100mol/m³,c_R^b=0,扩散层厚度为0.01cm,Ox的扩散系数为1.5×10^{-8}m²/s。求(1)测得j_c=800A/m²时,阴极电势φ_c=-0.12V,问该阴极过程的半波电势是多少?(2)j_c=2000A/m²时,阴极电势是多少?

(答案:$\varphi_{1/2}$=-0.13V,φ=-0.14V)

9-8 在盐酸水溶液中氧的还原反应可以表示为$O_2+4H^++4e^-=2H_2O$,计算O_2的极限扩散电流$j_d(O_2)$和H^+的极限扩散电流$j_d(H^+)$相同时的pH值。假定对于H^+和O_2的扩散层厚度相同,溶液中溶解氧的浓度为c_{O_2}=2.5×10^{-4}mol/dm³,O_2和H^+的扩散系数分别为D_{O_2}=2.2×10^{-9}m²/s,D_{H^+}=10×10^{-9}m²/s。(已知pH=$-\lg a_{H^+}\approx-\lg c_{H^+}$)

(答案:pH=3.7)

思 考 题

9-1 一个电化学体系中通常包括哪些相间电势,它们有哪些共性和区别?

9-2 能不能用普通的电压表测量电动势,为什么?

9-3 稳定的电势就是平衡电势,不稳定的电势就是不平衡电势。这种说法对吗,为什么?

9-4 影响双电层结构的主要因素是什么,为什么?

9-5 什么是电极的极化现象,电极产生极化的原因是什么?试用产生极化的原因解释阴极极化与阳极极化的区别。

9-6 比较电解池和原电池的极化图,并解释两者不同的原因。

9-7 解释扩散电流和交换电流的概念,说明它们的大小对电极极化的影响。

9-8 为什么要引入电极反应速率常数的概念,它与交换电流之间有什么联系和区别?

9-9　过电势的物理意义，它的作用是什么，与哪些因素有关？

9-10　在化学极化条件下推导出极限状态过电势的电流与过电势的关系。

9-11　什么是半波电势，它在电化学应用中有什么意义？

9-12　如何用电化学序分析电极上金属溶解和析出顺序？指出它的局限性。

9-13　举例叙述如何从理论上建立一个电势-pH 图。

10　电化学在冶金及相关领域的应用

10.1　化学电源

化学电源又称为电池，是将化学能转化成电能的装置。电池是电化学在工业上的主要应用之一。电池按其功能的不同又分为原电池（一次电池）、蓄电池（即二次电池，如锂离子电池、镍氢电池）和燃料电池等。电池的应用领域涉及的范围很广，大到航空航天飞行器，如人造卫星、宇宙飞船、飞机等，小到日常生活及通信方面使用的应急电源、驱动电源等。另外，环保型电动汽车正大量地试验用锂离子电池、镍氢电池或燃料电池为电源；国际上采用大功率燃料电池组发电的电站已投入生产。这些新型化学电源作为环保型能源已显示出良好应用前景，这对于减少 SO_2、氮氧化物、CO_2 排放造成的污染及温室效应具有重要意义。

本节主要介绍电池的电化学原理、不同种类的电池及其特性。

10.1.1　电池的工作原理

电池的放电反应本质上是氧化还原反应。将锌板浸入硫酸铜中，即可发生反应

$$Cu^{2+} + Zn \longrightarrow Cu + Zn^{2+} \tag{10-1}$$

该反应能自发进行。如图 10-1 所示，离子化倾向大的锌成为锌离子溶解于硫酸铜溶液。

$$Zn \longrightarrow Zn^{2+} + 2e^- \tag{10-2}$$

放出的电子通过锌板到达铜离子存在处，使之还原，析出铜。

$$Cu^{2+} + 2e^- \longrightarrow Cu \tag{10-3}$$

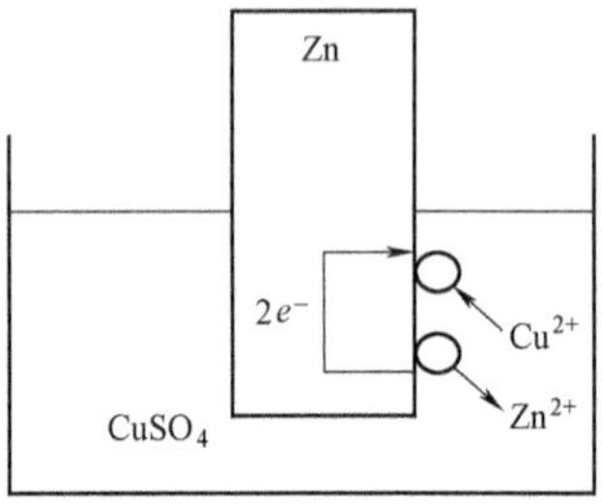

图 10-1　硫酸铜溶液中锌溶解和铜析

尽管反应式(10-2)和反应式(10-3)能够进行，反应过程中也伴随着热量产生，但化学能并不能转换成电能。同样是反应式(10-1)，若使反应式(10-2)和反应式(10-3)分开进行，一端（阳极）锌溶解生成锌离子和电子，发生氧化反应；电子通过某一外接导体传给另一端（阴极）的铜离子，铜离子得到电子发生还原反应；电子在导体上传导转换成电能。即达到化学能转化成电能的目的，构成了熟知的丹尼尔电池，图 10-2 为丹尼尔电池结构图。

如上所述，能将氧化还原反应分解为给出电子的反应和接受电子的反应，使两者分别在各自的电极上进行，两极通过负载连接并获得电能的装置就是电池。因此，构成电池的要素为两个电极和电解质。无论什么样的电池，这些因素都不可缺少。

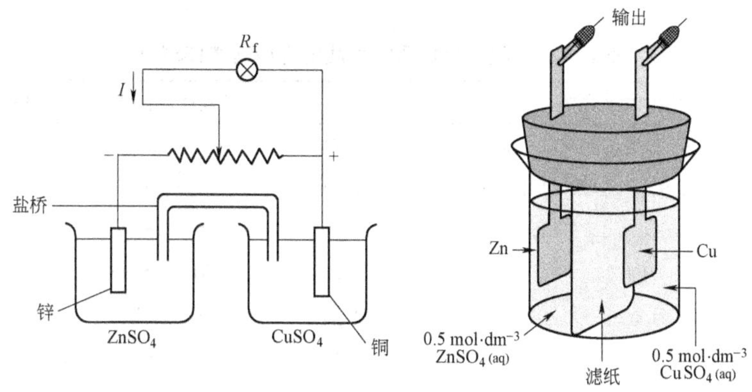

图 10-2　丹尼尔电池的构成

习惯上将发生给出电子反应的电极叫做阳极，将发生接受电子反应的电极叫做阴极。在电池中，充电和放电的电流相反。充电时是正极的电极，而放电时则是负极。使用电池时，正极与负极显得更为重要。本节中，用"+"表示正极，"−"表示负极。正极放电时是阴极，充电时是阳极，负极正好与此相反。

用 φ_c 和 φ_a 分别表示放电时正、负两极的电极电势（即阴极和阳极的电势）。这样，输出电流为零时的电压为

$$E=\varphi_c-\varphi_a \tag{10-4}$$

式中，E 称为电动势。由于电池内部存在内部阻抗，电流从正极流入负极时的端电压 U 比电动势 E 要小。如果外部的负载阻抗为 R、内部阻抗为 r，当电流为 I 时，有如下关系成立。

$$E=I(R+r) \tag{10-5}$$

$$U=IR=E-Ir \tag{10-6}$$

以上两式说明，U 为比 E 低 Ir 的量。

10.1.2　电池的性能

对于实用电池，希望其电动势高；放电时电动势下降及随时间变化小；质量比容量或体积比容量高，活性物质的利用率大；维护方便、贮存性及耐久性优异；价格低廉；不污染环境。但实际上全部满足上述要求是困难的，一般根据电池用途来选择。

由式(10-4)可知，为提高电池的电动势，需使用电子亲和力大、容易还原的（氧化力强的）物质为正极活性物质；而使用电子亲和力小、容易氧化的物质为负极活性材料。常用的正极与负极活性物质如表 10-1 所示。可以看出，以 PbO_2 作正极活性物质时，电极电势最高；以 Li 作负极活性物质时，电极电势最低。若以这两种物质构成电池的正、负极，理论上可得到较高电动势的电池。但是，电池常使用水溶液作为电解质，Li、Na 等强还原剂，易与水发生反应，还不能作电极的活性物质使用。因此，要实现这个选择，必须使用非水溶液、熔融盐或固体电解质

等作电解质。

表 10-1 正极与负极活性物质的电极电势(25℃)

正极活性物质的电极电势			负极活性物质的电极电势	
活性物质	溶液浓度/mol·dm^{-3}	φ_e/V	电极反应	φ_e/V
PbO_2	H_2SO_4 0.5,$PbSO_4$ 饱和	1.595	$Li \longrightarrow Li^+$	−3.03
MnO_2	H_2SO_4 0.025,$MnSO_4$ 0.25	1.46	$Na \longrightarrow Na^+$	−2.71
AgO	NaOH 1.0	0.59	$Mg \longrightarrow Mg^{2+}$	−2.37
Ni_2O_3	KOH 2.8	0.48	$Al \longrightarrow Al^{3+}$	−1.66
MnO_2	KOH 0.1	0.42	$Zn \longrightarrow Zn^{2+}$	−0.736
CuO	NaOH 1.0	0.33	$Fe \longrightarrow Fe^{2+}$	−0.440
HgO	NaOH 0.1	0.17	$Cd \longrightarrow Cd^{2+}$	−0.403
Cl_2	HCl 0.5 H_2SO_4 0.5	1.59	$Pb \longrightarrow PbSO_4$	−0.356
CO_2	H_2SO_4 0.5	1.23	$Zn \longrightarrow ZnO_2^{2-}$	−1.216
Cl_2	HCl 1.0	1.36	$Fe \longrightarrow Fe(OH)_2$	−0.887
纯 HNO_3	95%	1.16	$Cd \longrightarrow Cd(OH)_2$	−0.809

电池在放电时,端电压U总要比电动势低,而充电时它又必须比电动势高,这种现象主要是电池的内阻和电极极化引起的,即

$$U=E+\eta_c-\eta_a-Ir \tag{10-7}$$

考虑正、负极上的极化由浓差极化和电化学极化混合控速,则有

$$U=E+\eta_{c,电}-\eta_{a,电}+\eta_{c,浓}-\eta_{a,浓}-Ir \tag{10-8}$$

将式(9-53)、(9-55)和式(9-69)、(9-72)代入式(10-8)并求导,可以得出电池的极化电阻为

$$\frac{dU}{dI}=-\frac{RT}{\alpha_c zFI}-\frac{RT}{\alpha_a zFI}-\frac{RT}{zF(S_c j_{d,c}-I)}-\frac{RT}{zF(S_a j_{d,a}-I)}-r \tag{10-9}$$

式中,S_c、S_a 分别为正极、负极的电极面积;$j_{d,c}$、$j_{d,a}$分别为正极、负极的极限电流密度。

可以看出,在低电流密度区域内,电池的极化电阻主要由电化学反应电阻构成。如图 10-3 中曲线左端所示,随着电流增加,端电压急剧下降;当电流继续增加时,式(10-9)右边第一项和第二项绝对值减小,电池的极化电阻主要由电池内阻r构成,端电压随电流增加线性下降,如图 10-3 中的线性区所示。如图 10-3 中曲线右端所示,当电流达到电极的极限电流时,电池的极化电阻主要由传质阻力构成,导致端电压迅速下降至零。当极化为零时,电压与电流关系应该是如图 10-3 中虚线所示的平行于电流轴的直线。

在给定的放电条件下,电池放电至终止电压时所放出的电量称为电池的容量。电池的容量性能用单位体积的容量或单位质量的容量来表示,即比容量,Ah/m^3 或 Ah/kg。例如,电池中活性物质的质量比容量为

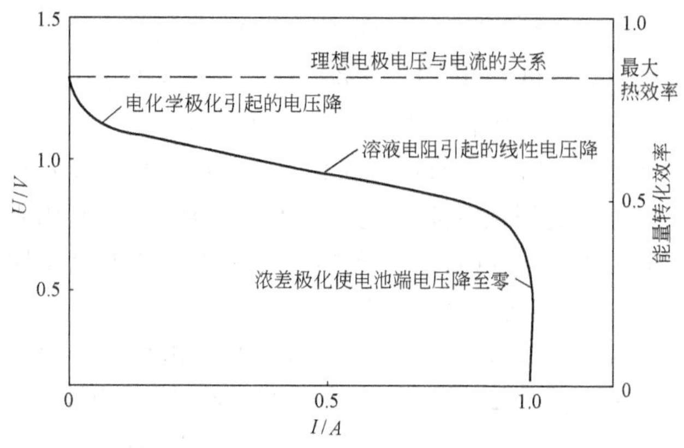

图 10-3 电池端电压、电流与极化类型的关系

$$\frac{zF}{3600M}=\frac{26.8z}{M} \tag{10-10}$$

式中，M 是该物质的摩尔质量，kg/mol，z 是每摩尔物质在放电过程中转移的电子数。

由于在放电过程中，生成物会对电极活性物质进一步放电的影响，往往只有部分活性物质能发生放电反应。活性物质的利用率可表示为

$$\varepsilon_Q=\frac{\int_0^t I\mathrm{d}t}{Q}\times 100\% \tag{10-11}$$

式中，Q 为电池的理论放电量，A·s；I 为电池放电电流，A；t 为放电时间，s。

活性物质的利用率一般在 30%～50%范围内。

10.1.3 原电池

常用的原电池（一次电池）有锌锰干电池、碱锰干电池、锂电池等。正极使用氧化物作为氧化剂，负极使用金属作为还原剂，构成电池。如锌锰干电池用 MnO_2 为正极活性物质，金属 Zn 为负极活性物质。

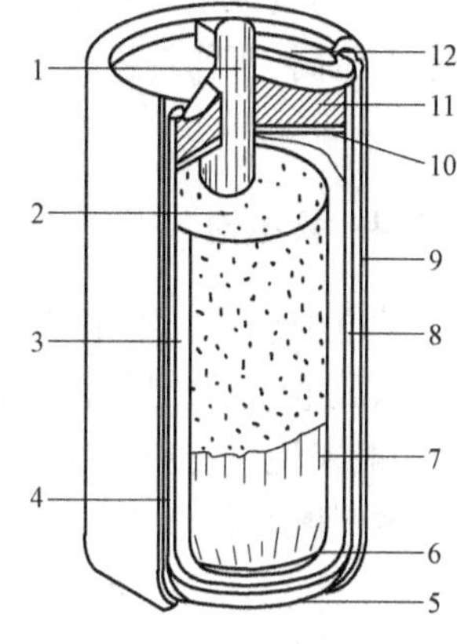

图 10-4 锌锰电池的构造

1—碳电极（+）；2—电芯（MnO_2，C，NH_4Cl，H_2O）；3—电解液（NH_4Cl，H_2O，$ZnCl_2$，淀粉）；4—锌筒；5—金属底板；6—底纸；7—电芯纸托；8—绝缘纸筒；9—金属外壳；10—颈圈纸；11—封口纸；12—金属封口盖

锌锰电池是最早实用化而且被大量生产和使用的电池，其额定电压为 1.5V。这种电池虽然具有伴随着放电端电压降低、不稳定等缺点，但是处理方便、成本低。如图 10-4 所示。锌锰电池以多孔性碳棒为正极；周围是电解液混合二氧化锰、炭粉和氯化铵等正极活性物质；外壳是锌筒负极，在两负极之间有用玉米及小麦粉糊化的胶体电解液。电解液的主要成分是氯化铵和氯化

锌。锌锰电池构成为

$$Zn_{(s)}|NH_4Cl+ZnCl_{2(aq)}|MnO_{2(s)},C \qquad (10\text{-}12)$$

正极反应 $$2MnO_{2(s)}+2H^++2e^-\longrightarrow 2MnOOH_{(s)} \qquad (10\text{-}13)$$

负极反应 $$Zn_{(s)}+2Cl^-\longrightarrow ZnCl_2+2e^- \qquad (10\text{-}14)$$

电池反应 $$2MnO_{2(s)}+2H^++Zn_{(s)}+2Cl^-\longrightarrow 2MnOOH_{(s)}+ZnCl_2 \qquad (10\text{-}15)$$

另一种常用的一次电池是碱锰电池，由于用 KOH 电解质，故其内阻比锌锰电池小，在放电时内阻的变化值也小。碱锰电池具有高的放电电压和平坦的放电特性曲线，适合于高负荷放电。其额定电压为 1.5V。碱锰电池结构为

$$(-)Zn_{(s)}|NaOH\text{ 或 }KOH_{(aq)}+ZnO_{(s)}|MnO_{2(s)}+C(+) \qquad (10\text{-}16)$$

正极反应 $$2MnO_{2(s)}+2H_2O+2e^-\longrightarrow 2MnOOH_{(s)}+2OH^- \qquad (10\text{-}17)$$

负极反应 $$Zn_{(s)}+2OH^-\longrightarrow ZnO_{(s)}+H_2O+2e^- \qquad (10\text{-}18)$$

电池反应 $$2MnO_{2(s)}+H_2O+Zn_{(s)}\longrightarrow 2MnOOH_{(s)}+ZnO_{(s)} \qquad (10\text{-}19)$$

碱锰电池的负极是由锌粉成型而成，位于电池中央，正极活性物质使用高纯电解二氧化锰加入鳞片状石墨作为导电剂。电解液使用 30％的 KOH 水溶液，添加 10％～20％的 ZnO，用来防止锌极腐蚀，提高电池的贮存性能。其电极反应机理比较复杂，有待于进一步研究。

锂电池(一次电池)的研究始于 20 世纪 50 年代，70 年代进入实用化，是一种新型的高能电池。其负极是金属锂，正极用 MnO_2、$SOCl_2$、SO_2 或$(CF_x)_n$ 等。锂电池具有比能量高、电池电压高、工作温度范围宽、贮存时间长等优点，已广泛应用于摄像机、照相机等小型电器。

10.1.4 蓄电池

蓄电池属于二次电池，二次电池与一次电池不同之处是充电过程中正极反应和负极反应都能以放电过程的反方向进行。由于二次电池比一次电池对电极活性物质和电解质要求更苛刻，一般来说它的质量比容量或体积比容量都低于一次电池。使用碱性水溶液为电解质的二次电池叫碱性蓄电池。镍—镉电池是其中具有代表性的例子，其电池结构为

$$Cd\mid Cd(OH)_{2(s)}\mid KOH_{(aq)}\mid Ni(OH)_{2(s)}\mid NiOOH$$

表 10-2 给出常见的二次电池的构成及性能。镍—镉电池是其中重要的一种。此外，镍—氢电池、锂离子电池的研究与应用发展也很快。

表 10-2　常用二次电池的构成及性能

电池	电池构成			工作电压/V	质量比能量/Wh·kg^{-1}	循环寿命/次	使用温度/℃(放电)	充电时间/h	开始产业化时间
	正极活性物质	电解质	负极活性物质						
铅酸蓄电池	PbO_2	H_2SO_4	Pb	2.0	30	200～500	−20～60	8～16	1970 年

续表 10-2

电池	电池构成			工作电压 /V	质量比能量 /Wh·kg^{-1}	循环寿命 /次	使用温度 /℃ (放电)	充电时间 /h	开始产业化时间
	正极活性物质	电解质	负极活性物质						
镍-镉电池	NiOOH	KOH 溶液	Cd	1.2	60	500	−20～65	1.5	1950 年
可充电碱锰电池	MnO_2	KOH(ZnO)	Zn	1.5	80	>25	0～65	2～3	1992 年
镍氢电池	$Ni(OH)_2$	KOH 溶液	AB_5,AB_2 等贮氢合金	1.2	70	500	−20～65	2～4	1990 年
锂离子电池	$LiCoO_2$ 或 $LiMn_2O_4$	例如 1mol/L $LiPF_6$- EC+DEC	层状结构的碳材料等	3.6	100	500～1000	−20～65	3～4	1991 年
聚合物锂离子电池	$LiCoO_2$ 或 $LiMn_2O_4$	例如 PEO+ $LiPF_6$+ DBP	层状结构的碳材料等	2.7	150	100～150		8～15	1999 年

10.1.4.1 锂离子电池

锂离子电池又称为锂离子二次电池。锂离子电池以 $LiCoO_2$ 或 $LiMn_2O_4$ 掺杂改性后的化合物为正极活性物质，层状结构的碳材料如石墨为负极材料。锂离子电池所用的电解质有液态和非流动性电解质两类。根据所用电解质的不同，锂离子电池一般分为液态锂离子电池(LIB)和聚合物锂离子电池(PLIB)。两种锂离子电池的正极、负极材料相同，工作原理相同。液态锂离子电池于已于 1990 开发成功。它具有比能量高、工作电压高、循环寿命长、无污染、安全性能好等优点，现已广泛用于作移动电话、便携式计算机等的电源，并在航空、航天、医疗和通讯设备领域中逐步替代传统的电池。

聚合物锂离子电池属于固态锂离子电池，于 1999 年实现产业化。它除了具有液态锂离子电池的优点外，由于采用了不流动的电解质，还具有安全性更好的优点，可以制成任意形状和超薄型电池，适于作为微型电器的电源，已部分替代了液态锂离子电池。但是，由于固体电解质电阻较大，其循环寿命要低于液态锂离子电池。

很多商品化的锂离子电池的正活性材料采用 $LiCoO_2$，负极采用层状石墨，电池的电化学表示式为

$$(-)C_6 \mid LiPF_6\text{-}EC(1mol/L)+DEC \mid LiCoO_2(+) \quad (10\text{-}20)$$

正极反应

$$LiCoO_2 \underset{\text{放电}}{\overset{\text{充电}}{\rightleftarrows}} Li_{1-x}CoO_2 + xLi^+ + xe^- \quad (10\text{-}21)$$

负极反应
$$6C+xLi^{+}+xe^{-}\underset{放电}{\overset{充电}{\rightleftharpoons}}Li_{x}C_{6} \tag{10-22}$$

电池反应
$$LiCoO_{2}+6C\underset{放电}{\overset{充电}{\rightleftharpoons}}Li_{1-x}CoO_{2}+Li_{x}C_{6} \tag{10-23}$$

锂离子电池实际上是一种锂离子浓差电池，正负电极由两种不同的锂离子嵌入化合物组成。充电时，Li^+ 从正极脱嵌，经过电解质嵌入负极，负极处于富锂态，正极处于贫锂态，同时电子的补偿电荷从外电路供给到负极，保证负极的电荷平衡。放电时则正相反，Li^+ 从负极脱嵌，经过电解质嵌入正极，正极处于富锂态，负极处于贫锂态。正常充放电时，Li^+ 在层状结构的碳材料和层状结构的氧化物的层间嵌入和脱出，一般只引起层面间距的变化，不破坏晶体结构。图 10-5 为锂离子电池的充放电反应示意图。

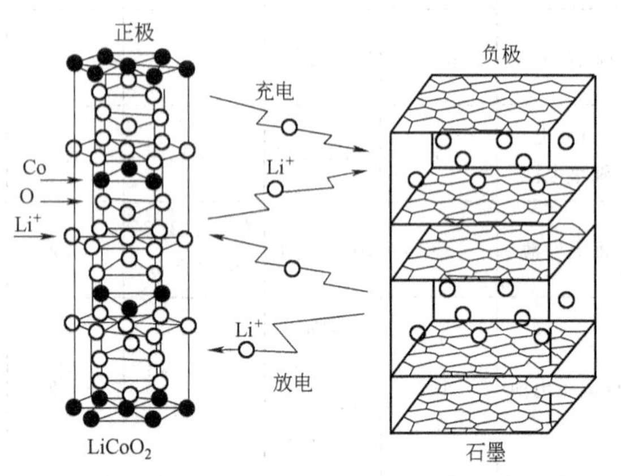

图 10-5　锂离子电池的充放电反应示意图

锂离子电池工作电压较高，为 3～4V，由于工作条件特殊，不能使用水溶液电解质。必须采用离子导电率高、有 0～5V 的宽电化学稳定性窗口、化学稳定性好、黏度小，环境友好的非水电解液。目前，液态锂离子电池所用锂盐—有机溶剂非水电解液体系有多种。表 10-3 所示 1mol/L $LiPF_6$-EC+DEC 为其中具有代表性的一种，其中 EC 表示乙烯碳酸酯，DEC 表示二乙基碳酸酯。聚合物锂离子电池采用锂盐溶解于固体聚合物组成的固体电解质体系，$LiClO_4$ 等盐类溶于聚氧乙烯为其中的一种。有些还采用锂盐溶解于聚合物增塑的凝胶电解质体系。

锂离子电池的研究发展很快，将成为高科技、军工领域的重要化学电源之一。大容量、高功率的动力型锂离子电池将成为环保型电动汽车的电源之一。

10.1.4.2　镍氢电池

氢元素的来源丰富。氢的燃烧产物是水，不造成污染，所以氢能被认为是新世纪的清洁能源，镍氢电池被认为是新型绿色电池。人们常说的镍氢电池实际是指 Ni-MH（镍—金属氢化物）电池。而真正的 Ni-H 电池（镍-氢）则是曾在航空、航天用的高压 Ni-H 电池，其正极为 $Ni(OH)_2$，负极是高压氢气，电解液采用 30％的氢氧化钾溶液。因为它需要高压容器且体积过大，这样的电池显然不适于民用。这里要讨论的镍氢电池是指 Ni-MH 电池。

镍氢电池是以 $Ni(OH)_2$ 为正极，储氢材料为负极的碱性二次电池。镍氢电池的电化学反应如下。

正极反应
$$Ni(OH)_{2}+OH^{-}\underset{放电}{\overset{充电}{\rightleftharpoons}}NiOOH+H_{2}O+e^{-} \tag{10-24}$$

负极反应　　$M+H_2O+e^- \underset{充电}{\overset{放电}{\rightleftharpoons}} MH+OH^-$　　(10-25)

总反应　　$M+Ni(OH)_2 \underset{充电}{\overset{放电}{\rightleftharpoons}} NiOOH+MH$　　(10-26)

可以看出，当过量充电时正极上生成氧：$2OH^- \longrightarrow (1/2)O_2+H_2O+2e^-$；负极上消耗氧：$2MH+(1/2)O_2 \longrightarrow 2M+H_2O$。过量放电时，正极上生成氢：$2H_2O+2e^- \longrightarrow H_2+2OH^-$；负极上消耗氢：$H_2+2OH^- \longrightarrow 2H_2O+2e^-$。无论是充电还是放电，总体上没有发生净变化。镍氢电池可以做成密封型结构。

$Ni(OH)_2$、储氢合金等材料的性能对镍氢电池性能的优劣有决定性影响。$Ni(OH)_2$ 应具有高密度、高活性。从式(10-26)可以看出，实质上，镍氢电池充、放电反应为 $M+H \underset{充电}{\overset{放电}{\rightleftharpoons}} MH$。作为镍氢电池负极材料的储氢合金应有如下特点：吸氢量大，电化学活性好，电极反应的可逆性好，吸、放氢速度快，使电池能快速充、放电，平衡分解压在 $10^2 \sim n\times10^5$ Pa，可达到 1.2V 的平衡电压，且自放电较小。AB_5 型合金 $LaNi_5$ 是早期(1976 年)发现的在室温下能大量吸收氢气的金属间化合物。$LaNi_5$ 吸氢得到 $LaNi_5H_6$，其氢的质量分数达 1.4%，是最先用于镍氢电池的储氢合金。储氢合金现已发展为多个系列，优化其组成以改进其性能是当前很活跃的一个研究领域。

镍氢电池比能量高、循环寿命高、运行过程无污染，能快速充、放电，无记忆效应，是一种很有竞争力的二次电池。作为环保型电动汽车能源的大型镍氢电池，则还要在降低成本、提高使用寿命等方面进行一系列的改进。

10.1.5　燃料电池

10.1.5.1　燃料电池的构造与原理

燃料电池作为一种电化学发电装置提出于 19 世纪。人们先后研发了多种形式的燃料电池。燃料电池与一次电池、二次电池的不同之处是可以连续供给燃料、可以高效地连续发电。

氢氧燃料电池构造如图 10-6 所示，主要由氢电极(负极)、氧电极(正极)和电解质构成。作为电解质可以使用酸或碱水溶液、熔融盐以及固体电解质。例如，使用 KOH 等碱性水溶液电解质时

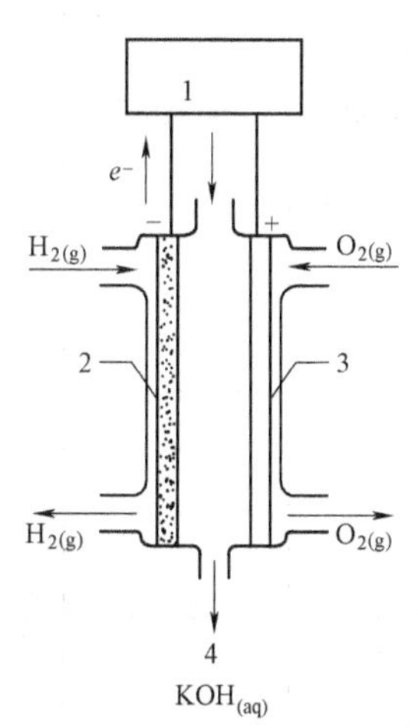

图 10-6　氢氧燃料电池的电极构造
1—电力输出；2—负极；
3—正极；4—电解液

正极反应 $(1/2)O_2+H_2O+2e^- \longrightarrow 2OH^-$　　(10-27)

负极反应　$H_2+2OH^- \longrightarrow 2H_2O+2e^-$　　(10-28)

电池反应　　$H_2+(1/2)O_2 \longrightarrow H_2O$　　(10-29)

可以看出，氢氧燃料电池的产物是水，对环境无污染，也不产生温室气体 CO_2 等，是清洁能源。

式(10-27)和式(10-28)表示的反应与气、液、固三相都有关。因此，反应在电极与电解质交界附近发生，该区域为气、液、固三相区。为了获得充分大的电流，有必要使用多孔性电极，形成稳定的三相区。另外，为了减小电极极化现象，还加入部分催化剂。

使用纯氢为燃料时，采用碱性电解液较合适。但是，由于自然界里不存在纯氢燃料，实际上多采用甲烷、乙醇等碳系燃料改质得到的氢气，其中含有 CO_2 成分，因此不能使用碱性电解质。

无论哪一种类型的燃料电池都是由正极、负极和电解质隔膜组成。燃料电池在工作时发生式(10-27)～式(10-29)所示的电极、电池反应。燃料电池在工作过程中同样会发生极化，造成电势损失。

10.1.5.2　燃料电池分类及特性

燃料电池按电池所采用的电解质分为：碱性燃料电池，一般以氢氧化钾为电解质；磷酸型燃料电池，以浓磷酸为电解质；质子交换膜燃料电池，以全氟或部分氟化的磺酸型质子交换膜为电解质；熔融碳酸盐型燃料电池，以熔融的锂—钾碳酸盐或锂—钠碳酸盐为电解质；固体氧化物燃料电池，以固体氧化锆为氧离子导体，如以氧化钇稳定的氧化锆膜为电解质。有时也按电池使用温度进行分类。其中低温(工作温度低于 100℃)燃料电池，包括碱性与质子交换膜燃料电池；中温燃料电池(工作温度在 100～300℃)，包括培根型碱性燃料电池和磷酸型燃料电池；高温燃料电池(工作温度在 600～1000℃)，包括熔融碳盐燃料电池和固体氧化物燃料电池。

表 10-3　燃料电池分类及性能

电池类型	电解质	导电离子	工作温度/℃	燃　料	氧化剂	2000 年发电机组规模/kW
碱性燃料电池(AFC)	KOH、NaOH	OH^-	室温～200	纯氢	氧气、空气	1～100
质子交换膜燃料电池(PEMFC)	全氟磺酸膜	H^+	室温～100	纯氢交净化重整气	纯　氧	1～300
直接甲醇燃料电池(DMFC)	全氟磺酸膜	H^+	室温～200	CH_3OH	氧气、空气	1～100
磷酸燃料电池(PAFC)	H_3PO_4	H^+	100～200	重整气	空　气	1～2000
熔融碳酸盐燃料电池(MCFC)	$(Li\text{-}K)CO_3$	CO_3^{2-}	600～700	净化煤气重整气天然气	空　气	250～2000
固体氧化物燃料电池(SOFC)	氧化钇稳定的氧化锆	O^{2-}	800～1000	净化煤气天然气	空　气	1～100

燃料电池等温地按电化学式直接将化学能转化为电能，不经过热机过程，因此不受卡诺循环的限制，能量转化效率高（40%～60%）。燃料电池的另一个重要特点是环境友好，几乎不排放氮化物和硫的氧化物。二氧化碳的排放量也比常规发电厂减少40%以上。此外，燃料电池按电化学原理工作，工作时安静、噪声低；运行高度可靠，可作为各种应急电源。燃料电池技术研发非常受重视，被认为是21世纪的洁净、高效的发电技术。

10.1.5.3　固体氧化物燃料电池

固体氧化物燃料电池采用固体氧化物作电解质，多数用6%～10% Y_2O_3 掺杂的氧化锆（YSZ）材料。常温下的纯氧化锆属于单斜晶系，在1150℃转变为四方结构，到2370℃进一步转变为立方萤石结构，并保持到熔点2680℃。Y_2O_3 的引入可以使立方萤石结构从室温到熔点的温度范围内保持稳定，还在氧化锆晶体格内形成大量的 O^{2-} 空位，保持材料整体的电中性，提高离子导电率。这种电解质材料在高温下在电池中起传导 O^{2-} 及分隔氧化剂（如氧）和燃料（如氢）的作用。

电催化是使电极与电解质界面上的电荷转移反应得以加速的一种催化作用，为多相催化。固体氧化物燃料电池的正极电催化剂可采用铂类贵金属。因其价格昂贵，在高温下又易挥发，故很少采用。目前，广泛采用的正极电催化剂为锶掺杂的锰酸镧（LSM，$La_{1-x}Sr_xMnO_3$），一般 x 取值在0.1～0.3之间。LSM还具有良好的电子导电性。固体氧化物燃料电池的负极电催化剂为镍、钴、铂、钌等过渡金属和贵金属。由于镍价低廉，并具有良好的电催化活性，因此，镍成为固体氧化物燃料电池广泛采用的负极电催化剂。

固体氧化物燃料电池的正极反应为 $O_2+4e^- \longrightarrow 2O^{2-}$，氧离子通过电解质隔膜中的氧空位，定向跃迁到负极侧，并与燃料（如氢）发生负极反应 $2O^{2-}+2H_2 \longrightarrow 2H_2O+4e^-$，总反应为 $2H_2+O_2 \longrightarrow 2H_2O$。

图10-7为平板式固体氧化物燃料电池的示意图。其中，双极连接板起连接相邻单电池正极和负极的作用，同时还起着导气和导电的作用，是平板式固体氧化物燃料电池的关键材料之一。双极连接板在高温（900～1000℃）和氧化、还原气氛下必须机械与化学稳定性好、导电率高、与电解质隔膜YSZ的热膨胀系数相近。目前多用钙或锶掺杂的铬酸镧钙钛矿结构的材料（$La_{1-x}Sr_xCrO_3$，简称LCC）；另一类是耐高温的铬—镍合金材料。高温密封材料主要采用玻璃材料，如Prexy玻璃或玻璃/陶瓷复合材料等。

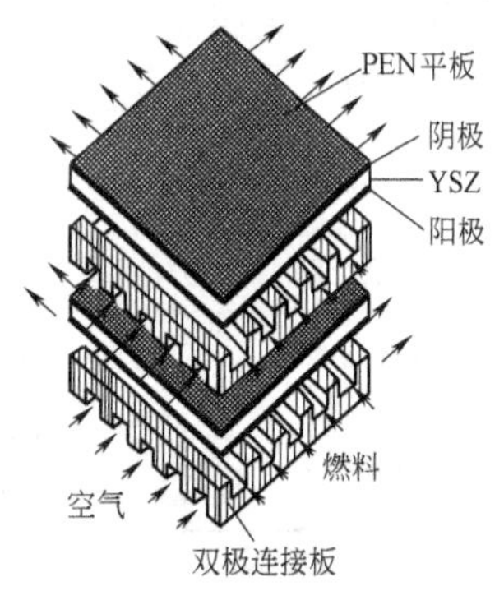

图10-7　平板式固体氧化物燃料电池的示意图

固体氧化物燃料电池具有高效、环境友好的优点。还具有以下特点：采用全固体结构，无使用液体电解质带来的腐蚀和电解液流失问题，可望实现长寿命运行；可以在800～1000℃下工作，不但电催化剂无需采用贵金属，而且还可以直接采用天然气、煤气和碳氢化合物作燃料。固体氧化物燃料电池排出的高质量余热可与蒸汽、燃气轮机等构成联合循环发电系统，会大大提高总发电效率，可以建造中心电站或分散电站。这样，既提高了能源利用率，又能消除对环境的污染。

例题 10-1 镍—镉电池的电池结构为

$$Cd \mid Cd(OH)_{2(s)} \mid KOH_{(aq)} \mid Ni(OH)_{2(s)} \mid NiOOH$$

已知

$$\varphi^{\ominus}_{NiOOH/Ni(OH)_2}=0.52V, \varphi^{\ominus}_{Cd(OH)_2/Cd}=-0.80V,$$

正、负极反应分别为

$$NiOOH_{(s)}+H_2O+e^-=Ni(OH)_{2(s)}+OH^-_{(aq)}, Cd+2OH^-_{(aq)}=Cd(OH)_{2(s)}+2e^-$$

写出电池反应，求出电池的电动势。

解

正极反应

$$\varphi_c=0.52+\frac{RT}{F}\ln\frac{a_{NiOOH}}{a_{Ni(OH)_2}a_{OH^-}}=0.52-\frac{RT}{F}\ln a_{OH^-}$$

负极反应

$$\varphi_a=-0.80-\frac{RT}{F}\ln a_{OH^-}$$

电池反应

$$2NiOOH+2H_2O+Cd=Cd(OH)_2+2Ni(OH)_2$$

$$E=\varphi_c-\varphi_a=0.52+0.80=1.32V$$

10.2 金属的电解提取与精炼

电解是工业上大规模提取和精炼金属的主要方法之一。与其他冶金方法相比，电解法具有产品纯度高、能处理低品位矿石和复杂得多金属矿等特点。表 10-4 给出了工业上用电解法大规模生产的金属品种。可以看出，元素周期表中几乎所有的金属都能用水溶液或熔盐电解方法来提取。

表 10-4 工业上用电解法大规模生产的金属品种

电解体系	电沉积	电解精炼
水溶液电解	Cu，Zn，Co，Ni，Fe，Cr，Mn，Cd，Pb，Sb，Sn，In，Ag 等	Cu，Ni，Co，Sn，Pb，Hg，Ag，Sb，In 等
熔盐电解	Al，Mg，Na，Li，K，Ca，Sr，Ba，Be，B，Th，U，Ce，Ti，Zr，Mo，Ta，Nb 等	

从生产角度考虑，要求产品的质量好、产量高和成本低，而成本低要求有高的电流效率和低的能耗。同时，在电解生产中，还必须考虑资源综合利用和环境保护等问题。所以，首先需要选择最佳的电解质组成，使之具有较好的物理性质、化学性质和电性能，包括导电性好、溶解度大、无毒、价格低廉以及废料容易处理等。其次，需要了解电极反应的条件、速率和机理，寻求最佳的电解工艺技术条件，达到最佳的技术经济指标。

10.2.1　电解池工作原理

如图 10-8(a)所示,若将铁片和锌片分别浸入 $ZnSO_4$ 溶液中,并与外电源接通,就可以构成一个电解池。当电源负极输送过来的电子流入铁电极,溶液中的锌离子在铁电极上得到电子还原为锌原子并沉积在铁片上,即发生反应

$$Zn^{2+}_{(aq)} + 2e^- \longrightarrow Zn_{(Fe极,s)} \tag{10-30}$$

而电源正极连接的锌电极却要通过锌溶解生成锌离子供给电子,即

$$Zn_{(Zn极,s)} \longrightarrow Zn^{2+}_{(aq)} + 2e^- \tag{10-31}$$

这就是金属提纯与镀锌过程。

若将锌片换为不溶电极,同样接通电源,情况则如图 10-8(b)所示,可以构成另外一种电解池。当电源负极输送过来的电子流入铁电极,同样,溶液中的锌离子在铁电极上得到电子还原为锌原子,并沉积在铁片上,即发生反应

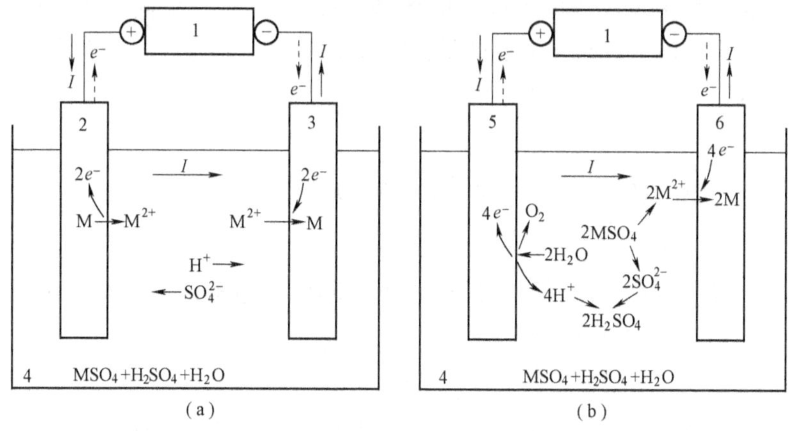

图 10-8　电解原理示意图

(a)金属提纯与电镀;(b)从金属盐溶液中提取金属

1—直流电源;2—阳极(粗金属);3—阴极(纯金属);4—电解液;5—阳极(不溶);6—阴极

$$2Zn^{2+}_{(aq)} + 4e^- \longrightarrow 2Zn_{(Fe极,s)} \tag{10-32}$$

而在电源正极连接的不溶电极上将发生水分解反应,即

$$2H_2O_{(l)} \longrightarrow O_{2(g)} + 4H^+_{(aq)} + 4e^- \tag{10-33}$$

这是金属盐电解提取金属过程的一个典型实例。

电解池是依靠外电源促使电化学反应发生并生成新物质的装置,常称为“电化学物质发生器”,主要用于电镀、提取或精炼金属、电合成等过程。

电解池与原电池是具有类似结构的电化学体系。如在电解池的表示方法中,也是将阳极

写在左边，阴极写在右边；电池反应进行时，阴极上发生还原反应，阳极上发生氧化反应。它们的区别是，原电池中电化学反应是自发的，体系自由能 $\Delta G<0$，电化学反应结果产生对外做功的电能；而电解池中反应并非都是自发的，允许体系自由能 $\Delta G>0$，需要从外部输入能量促使化学反应进行，从而获取新的物质。故从化学能与电能转换来看，电解池与原电池是一对逆过程。由于能量转化方向不同，原电池中阴极是正极，阳极是负极，而电解池中阴极是负极，阳极是正极。两者正好相反。

在电解池中的发生极化现象多数属于浓差极化。只有在某些特殊情况下才出现电化学极化。那么，如何判断电解池中的浓差极化和电化学极化呢？浓差极化的特点是：(1)当外电流断开后，浓差极化会衰减得很慢；(2)电解质浓度较低时，会出现极限电流；(3)搅拌电解质或旋转电极，会使浓差过电势减小。电化学极化的特点是：放电离子的浓度差大小、搅拌与否对化学极化影响不大；发生电化学极化时，电流与过电势的关系多数情况下符合塔菲尔公式。

金属的电解提纯是利用元素在阳极溶解或阴极析出的难易程度不同来生产金属的一种方法。造成金属溶解和析出难易程度不同的因素是电极电势，它与平衡电势和极化程度有关。一般将理论上达到金属溶解和析出需要的最低外加电压(E_r)称为理论分解电压，它等于电解产物和电解液组成电池电动势的负值，即

$$E_r=\varphi_{a,e}-\varphi_{c,e} \tag{10-34}$$

在理论分解电压下，电解所需要做的电功(zFE_r)等于反应的吉布斯自由能变化，即

$$\Delta G=zFE_r \tag{10-35}$$

但是，在一般情况下，在外加电压达到理论分解电压时，电解过程并没有开始。因为，还必须考虑电极极化作用。实际电解电压为

$$E_z=E_r+\eta_{ir} \tag{10-36}$$

式中 η_{ir} 是电解过程不可逆的最小过电势。只有当电压超过了 E_z，才会有电流流动，电解过程才开始进行。以后极化会随着电流增大而成比例地增加。

以金属盐电解提取铜为例，采用酸性的 $CuSO_4$ 溶液为电解液，Pb 作为不溶性阳极，有

阳极反应　$$H_2O_{(l)}\longrightarrow\frac{1}{2}O_{2(g)}+2H^+_{(aq)}+2e^- \quad \varphi^{\ominus}_{H^+/H_2O}=1.229V \tag{10-37}$$

阴级反应　$$Cu^{2+}_{(aq)}+2e^-\longrightarrow Cu_{(s)} \quad \varphi^{\ominus}_{Cu^{2+}/Cu}=0.337V \tag{10-38}$$

电解反应

$$CuSO_{4(aq)}+H_2O\longrightarrow Cu_{(s)}+H_2SO_{4(aq)}+\frac{1}{2}O_2 \quad \Delta G=171658J \tag{10-39}$$

理论分解电压为

$$E_r=\varphi^{\ominus}_{H^+/H_2O}-\varphi^{\ominus}_{Cu^{2+}/Cu}=1.229-0.337=0.89V \tag{10-40}$$

或者

$$E_r=\frac{\Delta G^{\ominus}}{zF}=\frac{171658}{2\times 96485}=0.89\text{V} \tag{10-41}$$

使用 Pb 为阳极，在其表面上引起氧析出，需要一定的过电势 η_{ir,O_2}，实际电解电压为

$$E_z=0.89+\eta_{O_2}-\eta_{Cu}\quad \text{V} \tag{10-42}$$

10.2.2　水溶液电解

以锌金属的电解提取为例。使用不溶性阳极，在含硫酸酸性的 $ZnSO_4$ 水溶液中可以电解提取金属锌，在阴极析出 Zn，阳极产生 O_2，电解液中再生 H_2SO_4。即

$$ZnSO_{4(aq)}+H_{2(g)}=Zn_{(s)}+H_2SO_{4(aq)}+\frac{1}{2}O_{2(g)} \tag{10-43}$$

在不存在杂质的情况下，阴极反应为

$$Zn^{2+}_{(aq)}+2e^-\longrightarrow Zn_{(s)} \tag{10-44}$$

$$2H^+_{(aq)}+2e^-\longrightarrow H_{2(g)} \tag{10-45}$$

在 298K 下，阴极上 Zn 和 H_2 析出的平衡电势分别为

$$\varphi_{Zn^{2+}/Zn}=\varphi^{\ominus}_{Zn^{2+}/Zn}+\frac{RT}{2F}\ln a_{Zn^{2+}}=-0.761+0.0295\lg a_{Zn^{2+}} \tag{10-46}$$

$$\varphi_{H^+/H_2}=\frac{RT}{F}\ln a_{H^+} \tag{10-47}$$

若仅考虑反应的热力学，H_2 比 Zn 先析出，理论上水溶液中析出 Zn 是不可能的。但实际上，在电极过程中，只要有电流通过都会产生极化现象。产生极化现象后的电极电势为

$$\varphi_{Zn^{2+}/Zn}=\varphi^{\ominus}_{Zn^{2+}/Zn}+\frac{RT}{2F}\ln a_{Zn^{2+}}=-0.761+0.0295\lg a_{Zn^{2+}}+\eta_{Zn} \tag{10-48}$$

$$\varphi_{H^+/H_2}=\frac{RT}{F}\ln a_{H^+}+\eta_{H_2} \tag{10-49}$$

$Zn^{2+}\longrightarrow Zn$ 的变化造成的极化可以忽略，过电势很小；但 H_2 在 Zn 极上析出的过电势约 −0.7V，使得两者的电极电势比较接近。因此，通电后与 Zn 相比，H_2 的极化显著增大，导致比 H_2 平衡电极电势小的 Zn 能以大的电流效率在酸性水溶液中析出。影响氢过电势值的因素包括阴极物质种类、纯度、表面状态，离子的浓度、电流密度、电解温度和添加剂等。

当电解液中存在杂质金属元素时，不仅影响析出金属的纯度，还会降低电解过程的电流效率等技术经济指标。在以上例子中，当氢在杂质金属表面比在锌表面上析出的电极电势要高时，在阴极表面杂质金属析出的地方，就会有 H_2 产生，从而降低 Zn 析出的电流效率。而在用水溶液电解法提取金属 Cu 时，由于 Cu 的电极电势相对较高，即便是含有某些杂质的溶液不加处理也可以电解。但是，当用电解法提取如 Zn 和 Mn 等电极电势低的金属时，在提取前必

须去除电极电势高于待提取金属的杂质元素，如 Fe，Cu，Cd，Co 等。

考虑 Zn 的水溶液电解，分别以 Fe，Cu，Al 为阴极。在电解液中，在 Fe，Cu，Al 阴极上析出 Zn 的极化曲线如图 10-9 所示。当这些金属浸在电解液中产生的自然电极电势如图中 a 点所示。当外部有电流流过时，电流密度徐徐增大，阴极电势向负值方向移动，产生的极化曲线为 ab。在这期间有 H_2 先产生，但其速率逐渐降低。到达 b 点时，Zn 开始析出，电势急剧向负的方向移动，曲线 bc 段出现平坦形状，即达到极限电流密度。当电流密度增加到超过此值时，可以促进 Zn 析出。当到达 c 点时，阴极全部(如 Fe，Cu，Al)被 Zn 所覆盖。随着电流增加，极化曲线为 cd 段。在这里，阴极已经是 Zn 面，在达到 d 点后电流密度减小，Zn 阴极上的极化曲线将沿 de 段变化。

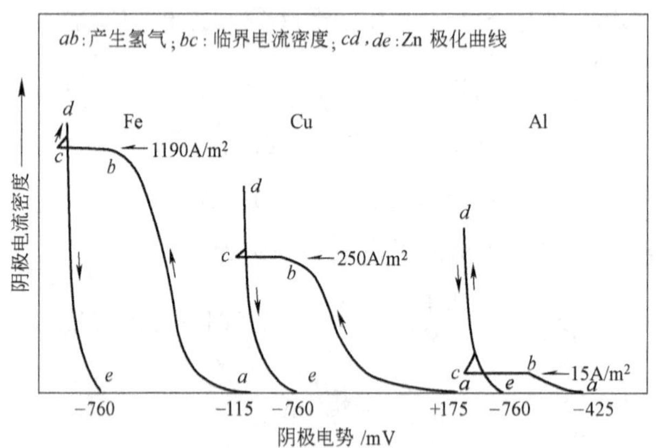

图 10-9　在 Zn 电解液中 Fe，Cu，Al 阴极极化曲线

从图 10-9 中可以看出，对于 H_2 的析出，Fe 阴极的极化程度小，但随着极化曲线变化 H_2 以较高电流密度产生，Zn 很难析出。Cu 阴极极化程度比 Fe 大，虽然电流密度不像 Fe 电极上那样大，但还是很高，用 Fe 作阴极提取金属 Zn 仍然存在问题。相反，以 Al 为阴极时，尽管对 H_2 的析出也产生一定的过电势，当电流通过时，极化程度也较大，但上升的极化曲线中极限电流密度并不高。可见，杂质元素对极限电流密度影响很大。极限电流密度越大，放出的 H_2 耗电越多，而且这一段内不析出 Zn。实际上 Zn 电解时，常把 Al 板作为阴极母板，通电以后几乎不产生 H_2，就被 Zn 所覆盖。也不能使用 Zn 母板，因 Zn 板与液体表面接触的部分容易被阳极放出的 O_2 氧化溶解掉。

总之，杂质元素对 Zn 电解的影响，可以分为四种情况：(1) 比 Zn 电极电势低的元素 Na，K，Mg，Al，Mn 等，在阴极上不析出，也不影响电流效率，但增加电解液中的扩散阻力，增加电耗。(2) 比 Zn 电极电势高且对 H_2 析出产生过电势大的元素，如 Cd，Pb 等会与 Zn 一同析出，使 Zn 的纯度下降。(3) 比 Zn 电极电势高、比 H_2 电极电势低，H_2 析出过电势小的，如 Fe，Co，Ni 等不容易析出。但它们一旦析出，会降低 H_2 析出的过电势，从而产生 H_2，使电流效率下降。(4) 比 H_2 电极电势高、对 H_2 析出产生过电势小的元素，如 Cu，As，Sb 等，会与 Zn 一同析出，使 H_2 析出的过电势降低，促进 H_2 产生，降低电流效率。

10.2.3　熔盐电解

熔盐电解是生产金属铝和稀土金属等的重要手段，这里仅以铝电解为例介绍熔盐电解。现代铝工业生产已经具有很大规模，年产量仅次于钢铁，居于有色金属之首。目前，炼铝的方法普遍采用冰晶石—氧化铝（Na_3AlF_6—Al_2O_3）熔盐电解法。在 1223～1243K 的高温电解槽中通入直流电，在阳极和阴极上发生化学反应，并析出电解产物。在碳阳极上产生 CO_2（70%～80%）＋CO（30%～20%），在阴极上获得纯铝（99.5%～99.8%），铝电解槽结构如图 10-10 所示。

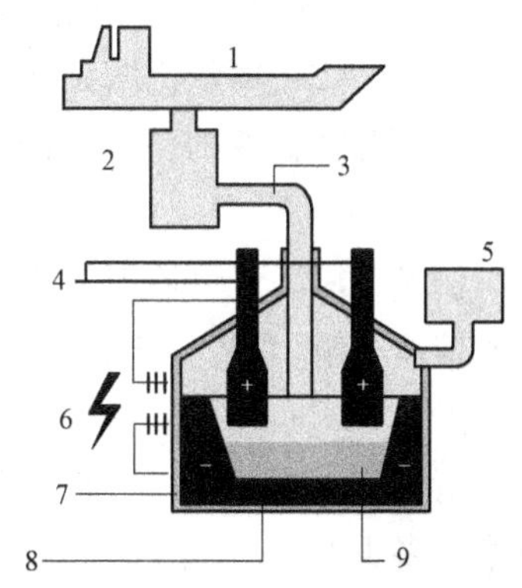

图 10-10　铝电解槽结构示意图

1—氧化铝输送带；2—料仓；3—氧化铝；4—阳极；5—气体除尘器；6—直流电源；7—钢壳；8—阴极；9—铝液

10.2.3.1　阳极反应

实验证明，在适当的电流密度下，铝电解槽的炭阳极上气体产物几乎是纯 CO_2。氧离子（基本上是络合在铝氧氟离子中的离子）在炭阳极上失去电子，发生生成二氧化碳的反应：

$$2O^{2-}_{(络合的)}+C \longrightarrow CO_2+4e^- \qquad (10\text{-}50)$$

该反应包括以下几个步骤。

（1）氧离子越过双电层在阳极上失去电子，生成原子态的氧。

$$O^{2-}_{(络合的)} \longrightarrow O_{(吸附)}+2e^- \qquad (10\text{-}51)$$

（2）吸附氧与炭阳极发生反应，生成碳氧化合物 C_xO。

$$O_{(吸附)}+xC \longrightarrow C_xO \qquad (10\text{-}52)$$

（3）C_xO 分解出 CO_2，仍然吸附在炭阳极上，并脱附。

$$2C_xO \longrightarrow CO_{2(吸附)}+(2x-1)C \qquad (10\text{-}53)$$

$$CO_{2(吸附)} \longrightarrow CO_2\uparrow \qquad (10\text{-}54)$$

10.2.3.2　阴极反应

在冰晶石—氧化铝为主的熔盐中，离子质点有 Na^+，AlF_6^{3-}，AlF_4^-，F^- 及 Al-O-F 型络合离子等。其中，Na^+ 是单体离子，而 Al^{3+} 结合在络合离子里。单一熔融盐电解时，把电荷输送到电极以及电极上放电都是由同一离子完成的。但复合熔盐电解时，多种离子都参与电迁移过程。究竟哪一种阳离子在阴极上放电，哪一种阴离子在阳极上放电，要看它们的电极电势。其他条件相同，阳离子电势愈正，它在阴极上放电的可能性愈大。因此，在阴极上反应析出的主要是铝，即在铝氧氟络合离子中 Al^{3+} 获得三个电子放电：

$$Al^{3+}_{(络合的)}+3e^{-}\longrightarrow Al \tag{10-55}$$

但是，在冰晶石—氧化铝熔盐中，钠和铝析出电极电势的差值，并非固定不变，而是随电解质中 NaF/AlF_3 摩尔比增大、温度升高、氧化铝浓度减小以及阴极的电流密度提高而减小。因此，应特别注意，否则会出现钠与铝同时放电。铝电解的总反应为

$$Al_2O_3+1.5C\longrightarrow 2Al+1.5CO_2\uparrow \tag{10-56}$$

例题 10-2　已知在某一温度下，铝电解用氧化铝（Al_2O_3）作为原料，碳作为还原剂，进行铝的熔盐电解，总的反应为

$$2Al_2O_{3(s)}+3C_{(s)}\longrightarrow 4Al_{(s)}+3CO_{2(g)}\quad \Delta G=1354kJ$$

请回答下列问题：(1)理论分解电压是多少？(2)生产 1t 铝消耗 14000kW・h 电时，能量效率是多少？

解　(1) 对于反应　$2Al_2O_{3(s)}+3C_{(s)}\longrightarrow 4Al_{(s)}+3CO_{2(g)}\quad \Delta G=1354kJ$

$$\Delta G=zFE_r$$

$$E_r=\frac{1354000}{12\times 96500}=1.17V$$

(2) 1mol 的铝理论耗能量 1354/4=338.5kJ，1t 铝理论耗能

$$338.5\times\frac{1000000}{27}=12.54\times 10^{6}kJ=3483\quad kW\cdot h$$

$$3483/14000=24.9\%$$

10.3　化学传感器

化学传感器是一种化学成分检测计量装置，具有小型、简便、反应迅速的特点，其核心部分是将被检测物质的化学量转换为电量的敏感元件。目前，化学传感器的普及程度惊人。在 20 世纪 70 年代初，固体电解质钢液定氧技术已被誉为当代世界钢铁冶金领域三大重要成果之一。现在汽车尾气排放得以控制，减轻了环境污染，化学传感器也功不可没。此外，可以利用化学传感器在热力学研究中测定化合物的标准生成自由能、气相中氧分压。在本书的热力学部分已指出，用氧传感器可以测定液态金属以及熔渣中氧活度。在动力学研究中，化学传感器可以用来测定氧化还原和热分解过程的速率等。

10.3.1　氧传感器

在氧传感器中，使用 YSZ(ZrO_2-Y_2O_3)、CSZ(ZrO_2-CaO)等稳定的氧化锆固体电解质材料的电动势型传感器的应用最为普及。第 2 章中图 2-4 已给出 CaO 稳定化的氧化锆为固体电解质组成的氧浓差电池的示意图。

$$O_2(\mu^{L}_{O_2}),Pt|固体电解质|Pt,O_2(\mu^{R}_{O_2})$$

两电极间产生电动势

$$E=\frac{1}{4F}\int_{\mu_{O_2}^{L}}^{\mu_{O_2}^{R}} t_{ion}\,d\mu_{O_2} \tag{10-57}$$

式中，μ_{O_2}是氧的化学势，上标 L 和 R 分别表示电解质的左、右两侧；F 是法拉第常数；t_{ion}是固体电解质中氧离子的迁移数。

这种氧传感器的结构、特征如图 10-11 所示。利用氧离子在固体电解质内移动的特征，在电解质的两端附上铂黑等多孔电极材料，构成(Ⅰ)型氧浓差电池，在正(阴)、负(阳)极上的电化学反应为

右端的正极上，反应为　　$O_2+4e^-(Pt)\longrightarrow 2O^{2-}$　　(10-58)

右端的负极上，反应为　　$2O^{2-}\longrightarrow O_2+4e^-(Pt)$　　(10-59)

在测量时，不允许被测气体透过固体电解质中气孔和粒界，要求固体电解质在使用温度和氧分压下离子迁移数 t_{ion}约等于 1。对于 CSZ(ZrO_2+CaO)和 YDT($ThO_2+Y_2O_3$)，$t_{ion}\geqslant 0.99$ 的固体电解质传导区域如图 10-12 所示，即为两条直线围成的区域。在实际操作中，通常需要在这个区域内进行。所以，在高氧分压下使用 CSZ 有利，低氧分压下使用 YDT 有利。由式(10-57)可知，在 $t_{ion}=1$ 的条件下产生的电动势为

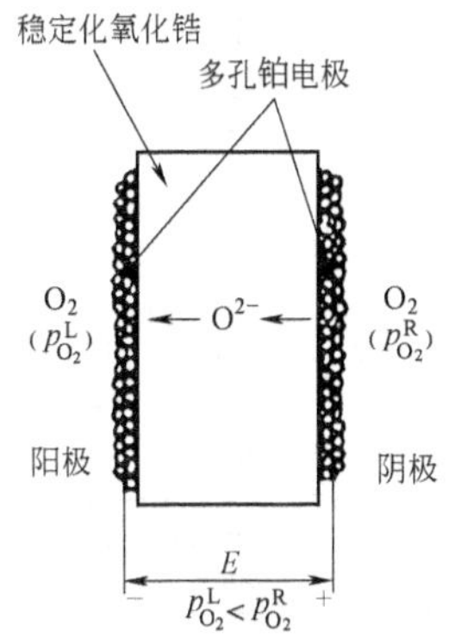

图 10-11　氧浓差电池示意图

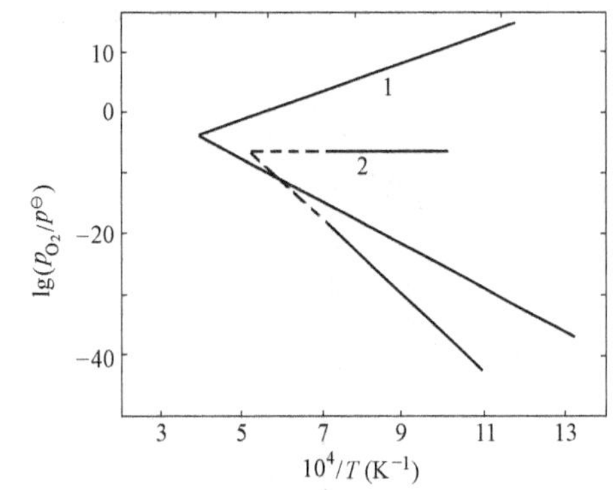

图 10-12　CSZ 和 YDT 的固体电解质传导区域

1—ZrO_2-CaO($x_{CaO}=0.15$)；2—ThO_2-$YO_{1.5}$($x_{YO_{1.5}}=0.15$)

$$E=\frac{1}{4F}(\mu_{O_2}^{R}-\mu_{O_2}^{L})=\frac{RT}{4F}\ln\frac{p_{O_2}^{R}}{p_{O_2}^{L}} \tag{10-60}$$

式中，$p_{O_2}^L$、$p_{O_2}^R$ 分别是左右两端电极的氧分压。

应用式(10-60)，将已知氧分压端的电极作为参比电极，通过测定电池电动势，可知另一端被测电极的氧分压。由第 2 章介绍，已知这类电池称为固体电解质氧浓差电池。

在炼钢过程中，需要了解钢水中溶解氧的活度，以便优化操作，加入适量的脱氧剂来脱氧。传统的定氧操作要先从钢水中取样，淬冷后分析，做起来费工、费时。而使用固体电解质氧浓

差电池后，瞬时就可以获得所需数据。该氧浓差电池的结构如图 10-13 所示。以 Cr/Cr_2O_3 或 Mo/MoO_2 作为参比电极，用配置氧化铝质胶合剂将其封装在稳定氧化锆管前端内。一般在低氧分压下使用 Cr/Cr_2O_3 参比电极，而高氧分压下使用 Mo/MoO_2。以 Mo 丝为引出线。由于氧化锆管前端的外表面直接与被检测钢水接触，所以外侧无需特意安装电极。这样钢水和参比电极间的电势差和环境温度一经确定，就可以计算出氧活度。

20 世纪后期，随着汽车数量迅速增加，汽车尾气的污染日益突出，强化汽车尾气治理引起世界各国广泛重视。相应的积极对策是有效地控制发动机燃烧，使之达到完全燃烧。于是，控制空燃比的氧化锆传感器应运而生。进入发动机的空气和燃料比（A/F）称为实际空燃比，根据燃料燃烧反应计算的空燃比称为理论空燃比$[(A/F)_0]$，两者的比值 λ 相当于空气过剩系数。$\lambda>1$，说明氧过剩，呈氧化性；$\lambda<1$，则呈还原性。实际操作中通过将电动势值反馈至燃料及空气供给系统，使之长时间保持 $\lambda\approx1$。当然，在传感器后面还要设置尾气中碳氢化合物、一氧化碳和氮氧化物的催化净化装置。汽车尾气排放装置中使用的氧传感器断面如图 10-14 所示。管状固体电解质内壁的参比电极通常是多孔质 Pt 涂膜，参比气体是大气。固体电解质材料采用 YSZ 这种具有抗热冲击性能的稳定氧化锆。这类传感器的工作温度应为 300～900℃，温度变化剧烈。检测电极则用 Pt。由于检测极直接和汽车高温尾气接触，为了延长其使用寿命，多用等离子溅射法喷涂约 10μm 厚的（Al_2O_3，$MgO\text{-}Al_2O_3$ 系等材料）保护层。但是，保护层厚度和气孔率会影响传感器的响应速率及输出特性，必须考虑两者兼顾。

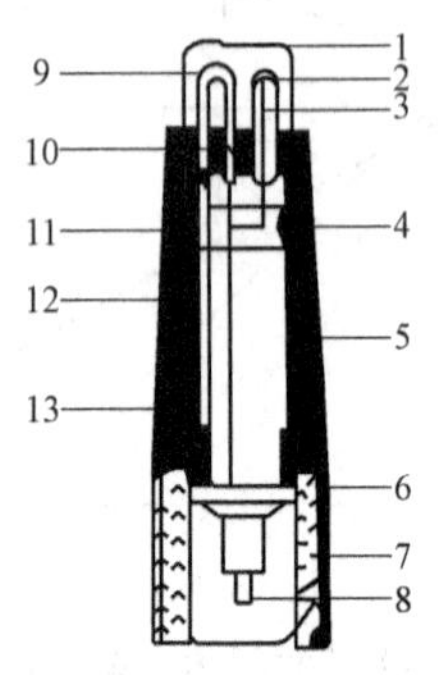

图 10-13　炼钢用固体电解质氧浓差电池结构示意图

1—铝帽；2—ZrO_2（+CaO 或 MgO）；3—$Cr\text{-}Cr_2O_3$ 或 Mo/MoO_2 参比电极；4—冷段保护环；5—铁管；6—耐火防溅层；7—纸管；8—插接件；9—S 形热电偶；10—耐火水泥；11—硅橡胶；12—耐火材料；13—树脂砂

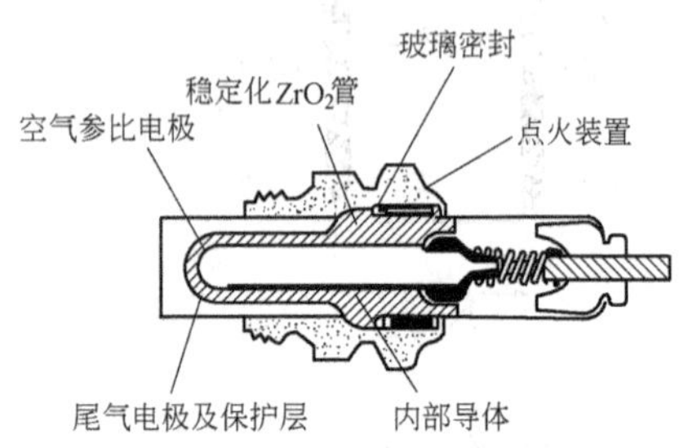

图 10-14　汽车尾气排放装置中使用的氧传感器断面图

10.3.2　离子传感器

在实验测量和某些工业操作控制中经常使用 pH 计。它是利用薄玻璃膜中阳离子传导特性制作的一种离子传感器。一般用离子渗透膜隔开两种电解质溶液，在膜的两侧形成膜电势。若膜的渗透性具有选择性，如氢离子迁移数 $t_{ion}=1$，则 pH 计会显示出与有关渗透性离子的可逆电极等价的性质。电动势 E 可由下式给出：

$$E=\frac{RT}{zF}\ln\frac{a^{\mathrm{I}}}{a^{\mathrm{II}}} \tag{10-61}$$

式中，a^{I}，a^{II} 为溶液中渗透性离子的活度；z 为离子所带电荷数。

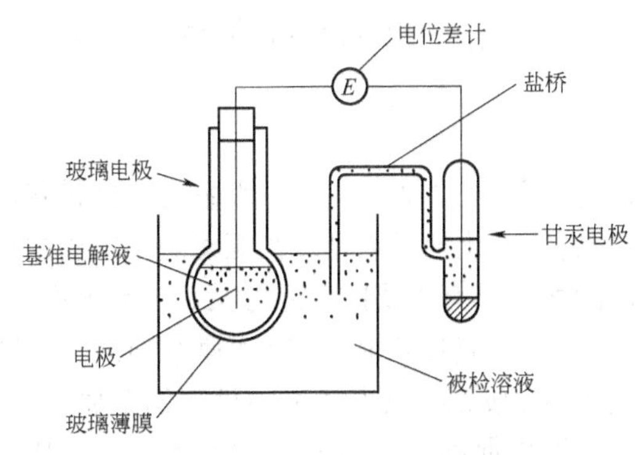

图 10-15　pH 计原理图

图 10-15 为 pH 计的原理图。在阳离子选择性玻璃膜中装有标准电解液构成“玻璃电极”，将该电极浸入被检测溶液中，并与甘汞电极构成测量回路。

固体电解质对离子传输通常是具有选择性的，一般只传输某一种特定离子。因此，用固体电解质取代上述玻璃电极的玻璃膜，可以构成感知特定离子的电极。例如，对 F^- 具有传导性的 LaF_3（或 LaF_3 中掺有 EuF_2）的 F^- 传感器已经实用化，除 OH^- 以外的各种阴离子不影响氟离子浓度的测定，氟离子浓度在 $10^{-2}\sim10^{-5}\mathrm{mol\cdot dm^{-3}}$ 范围内可以有选择地得以测定。对于离子传感器用的固体电解质的要求，不像用于电池上固体电解质那样苛刻，但应尽可能要有较高的离子电导率。离子传感器要求采用廉价的测定体系和快速的响应时间。除此之外，要求电解质不溶于被测电解液并具有较高的机械强度。

10.3.3　其他传感器

比起氧、氢等传感器稍有特殊的是以 SO_x、NO_x 等为主要检测对象的传感器，这些传感器涉及大气污染的治理。人们利用碱金属离子传导性的固体电解质制作 CO_2 和 SO_x、NO_x 传感器。这里仅简述一下 CO_2 传感器。如图 10-16 所示，在 β-Al_2O_3 或 NASICON（钠固体电解质离子导体）烧结体的一端安装网状 Pt 电极，在 Pt 电极上涂一层 Na_2CO_3 膜，在另一端涂一层铂黑，在铂黑上安装上网状 Pt 电极，形成以下原电池。

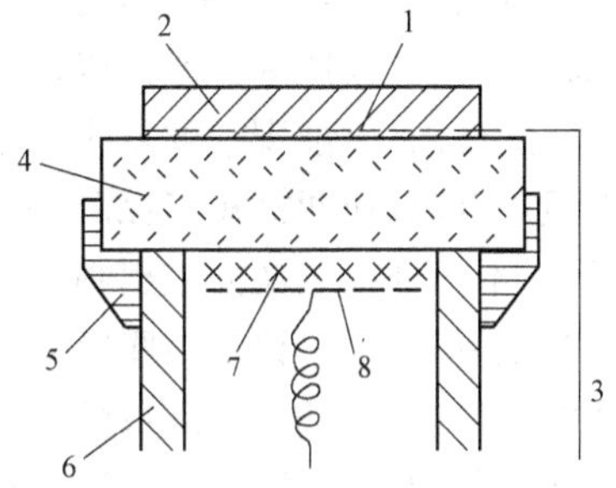

图 10-16　CO_2 传感器结构示意图

1—Pt 电极；2—Na_2CO_3；3—Pt 导线；4—β-Al_2O_3 或 NASICON；5—无机胶；6—石英管；7—铂黑；8—Pt 网

$$CO_2(p_{CO_2}),O_2(p_{O_2}),Na_2CO_3,Pt|\beta\text{-}Al_2O_3\ \text{or NASICON}|Pt,O_2(p_{O_2})$$

在其阳极和阴极与电解质的界面上，会分别依式(10-62)和式(10-63)达到平衡。

$$Na_2CO_3=2Na^++CO_{2+}+\frac{1}{2}O_2+2e^- \tag{10-62}$$

$$2Na^{+}+\frac{1}{2}O_2+2e^{-}=Na_2O(\beta\text{-}Al_2O_3) \quad (10\text{-}63)$$

设 $a_{Na_2CO_3}=1$，则产生的电动势服从以下关系。

$$E=E_0-\left(\frac{RT}{2F}\right)\ln\left(\frac{a_{Na_2O}\cdot p_{CO_2}}{p^{\ominus}}\right) \quad (10\text{-}64)$$

a_{Na_2O}取决于β-Al_2O_3 的组成，可以看做一个常数。实验证明，在 800K 下 E 和 $\ln(p_{CO_2}/p^{\ominus})$呈直线关系。同理，若以 Na_2SO_4 或 $NaNO_3$ 代替上述的 Na_2CO_3，则也可以测定 SO_x 或 NO_x 的浓度。

10.4　金属腐蚀与防护

腐蚀是金属因环境作用自发地形成氧化物、硫化物等的过程。金属腐蚀缩短了材料和设备的使用寿命，例如，车、船、石油管和铁轨等。应用腐蚀电化学可以延缓甚至避免某些腐蚀过程的发生。因而，研究金属腐蚀与防护对国民经济的发展具有重要的实际意义。一般来说，腐蚀是通过金属与环境物质间的界面反应进行的。一旦形成腐蚀产物层，腐蚀速率即由腐蚀产物层内离子迁移所制约，使腐蚀速率逐渐减小。由于这种原因，热力学上不稳定的金属材料，才能得以长期使用。但是，有时材料或环境的不均匀性也促进了局部腐蚀，特别是对于金属保护作用强的材料局部腐蚀更为明显。

金属腐蚀可以分为湿式和干式两种。前者是以电解质溶液为介质，后者腐蚀产物自身是固体电解质。从本质上来说，腐蚀都是电化学现象。由于腐蚀速率受电解质内离子迁移所制约，通常干式腐蚀速率比湿式腐蚀要小。

一般说来，腐蚀现象的发生可以看成是短路电池的结果。比如把锌片和白金片浸入硫酸溶液组成电池，使两极短路，那么两极上显示同一电势，锌电极上产生阳极溶解，白金电极上产生氢气，不对外部做功而放出热。同样，把白金细粒分散到锌片上，锌片浸入酸性溶液，白金粒子上产生氢气，同时锌片被腐蚀，产生氢气的速率与锌片溶解速率具有化学计量关系。这就是腐蚀电化学基础中的局部电池理论。

同时我们已知道，对于锌这类产生氢气速率慢的金属，降低其中的杂质含量会降低腐蚀速率，从而证明了局部电池理论。但是，即使是纯金属，也会出现腐蚀。瓦格纳(Wagner)等发展了局部电池理论，提出了金属腐蚀不一定在物理上分离阳极和阴极，金属的阳极溶解和阴极反应可以在电中性条件下，任意时间和任意场合随机发生。这就是混合电势理论。

根据混合电势理论，腐蚀现象可以分为具有金属特性的阳极溶解反应和环境中氧化性物质的阴极还原反应，即

阳极反应

$$M\longrightarrow M^{z+}+ze^{-} \quad (10\text{-}65)$$

$$M+nH_2O\longrightarrow MO_n+2nH^{+}+2ne^{-} \quad (10\text{-}66)$$

$$M+nH_2O\longrightarrow M(OH)_n+nH^{+}+ne^{-} \quad (10\text{-}67)$$

阴极反应

$$2H^{+}+2e^{-}\longrightarrow H_2\text{(酸性)} \quad (10\text{-}68)$$

$$O_2+4H^{+}+4e^{-}\longrightarrow 2H_2O\text{ (酸性)} \quad (10\text{-}69)$$

$$O_2 + 2H_2O + 4e^- \longrightarrow 4OH^-（碱性） \quad (10\text{-}70)$$

根据阴极反应的特征，还可以分为氢气生成型和氧气消耗型。另外，为了强化金属溶解还可以添加强氧化剂，这样会发生以下阴极反应。

$$Fe^{3+} + e^- \longrightarrow Fe^{2+} \quad （Fe^{3+}溶液） \quad (10\text{-}71)$$

$$2NO_3^- + 2H^+ + 2e^- \longrightarrow NO_2 + H_2O \quad （硝酸溶液） \quad (10\text{-}72)$$

10.4.1 金属腐蚀与电势—pH 图

根据金属标准电极电势可以来判断不同的金属在水溶液中的稳定性顺序。此外，金属的阳极溶解产物通常是由溶液的 pH 值和电势决定的，利用金属—H_2O 体系的电势—pH 图分析金属腐蚀的可能性更为方便。

例如，对于 Fe-H_2O 体系，若已知 Fe、Fe_3O_4、Fe_2O_3 为固相，可以根据表 10-5 中给出的各种反应及其可逆电极电势，绘制成电势—pH 图，如图 10-17 所示。图 10-17 中金属离子活度为 10^{-6}，$p_{H_2}=1.013\times10^5$ Pa，$p_{O_2}=1.013\times10^5$ Pa。可以看出，该图可分三个区域，金属稳定区、金属离子稳定区和金属氢氧化物或氧化物稳定区。三个区域分别对应于金属稳定区、腐蚀区和钝化区。从铁的自发腐蚀来看，氢气生成型腐蚀应该发生在 Fe^{2+} 和 H_2 稳定区域，即直线(H)和直线(1)包围的三角区域；氧气消耗型腐蚀应该发生在 Fe^{2+}、Fe^{3+} 和 H_2O 稳定区域，即直线(O)和直线(H)包围很大的区域。但是，由于水溶液中氧气溶解度小，氧气还原速率慢，一般在 pH 值小于 5 时发生氢气生成型腐蚀，pH 值大于 5 时发生氧气消耗型腐蚀。

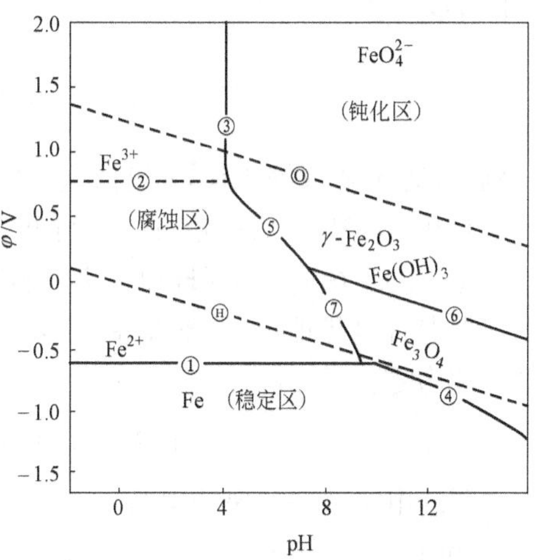

图 10-17 Fe-H_2O 体系的电势—pH 图

表 10-5 Fe-H_2O 体系中反应和可逆电势(298K)

	反 应	$\varphi_e^\ominus$/V
H	$2H^+ + 2e^- = H_2$	$-0.0591pH - 0.0295\lg(p_{H_2}/p^\ominus)$
O	$2H_2O = O_2 + 4H^+ + 4e^-$	$1.228 - 0.0591pH + 0.0148\lg(p_{O_2}/p^\ominus)$
1	$Fe^{2+} + 2e^- = Fe$	$-0.441 + 0.0295\lg a_{Fe^{2+}}$
2	$Fe^{3+} + e^- = Fe^{2+}$	$0.771 + 0.0591\lg(a_{Fe^{3+}}/a_{Fe^{2+}})$
4	$Fe_3O_4 + 8H^+ + e^- = 3Fe + 4H_2O$	$-0.085 - 0.0591pH$
5	$Fe(OH)_3 + 3H^+ + e^- = Fe^{2+} + 3H_2O$	$1.057 - 0.177pH - 0.0591\lg a_{Fe^{2+}}$
6	$3Fe(OH)_3 + H^+ + e^- = Fe_3O_4 + 5H_2O$	$0.276 - 0.0591pH$
7	$Fe_3O_4 + 8H^+ + 2e^- = 3Fe^{2+} + 4H_2O$	$0.983 - 0.236pH - 0.0886\lg a_{Fe^{2+}}$

应用电势-pH 图可以从热力学出发，帮助判断在一定的电势、pH 值条件下腐蚀是否发生。但是，一定要对问题进行具体分析。特别要注意实际的条件（pH 值、离子的活度、温度等）是否真正与图中给出的条件相符。例如，从图 10-17 可以看出，当 pH 值小于 2 时，不会发生钝化。但是，实际上即便在 pH=0 时也会出现钝化现象。其原因是在腐蚀过程中，金属与溶液界面上 pH 值和金属离子浓度上升，结果导致满足了钝化条件。

10.4.2　腐蚀电流与极化曲线

对于金属的腐蚀反应

$$\mathrm{Red}=\mathrm{Ox}+ze^{-} \tag{10-73}$$

如果正、逆向的电流密度分别取 j_+ 和 j_-，那么，在酸性溶液中的电化学极化腐蚀，根据式(9-54)可以写为

$$j=j_+-|j_-|=j_0\left[\exp\left(\frac{\alpha_a zF\eta}{RT}\right)-\exp\left(-\frac{\alpha_c zF\eta}{RT}\right)\right] \tag{10-74}$$

例如，对于金属铁来说，j 包括铁溶解的正逆反应 $j_+(\mathrm{Fe})$、$j_-(\mathrm{Fe})$，氢气离子化的正逆反应 $j_+(\mathrm{H})$ 和 $j_-(\mathrm{H})$。假设各自电流与电势符合式(10-74)的指数关系，同时考虑铁的平衡电势 $\varphi_e(\mathrm{Fe})$ 比氢的平衡电势 $\varphi_e(\mathrm{H})$ 低，获得的部分极化曲线如图 10-18 所示。

根据混合电势理论，在不存在外部电源产生极化的状态（自然浸蚀）下，电极上各部分电流密度之和为零。即

$$j_+(\mathrm{Fe})-|j_-(\mathrm{Fe})|+j_+(\mathrm{H})-|j_-(\mathrm{H})|=0 \tag{10-75}$$

此时的电极电势为腐蚀电势 φ_{cor}。$\varphi(\mathrm{Fe})$ 和 $\varphi(\mathrm{H})$ 的电势差大，而且，在腐蚀条件下，溶液中 Fe^{2+} 和 H_2 的浓度小，故式(10-75)中第 2、3 两项可忽略，则在腐蚀电势下，该式可以写为

$$j_+(\mathrm{Fe})\approx|j_-(\mathrm{H})|=j_{cor} \tag{10-76}$$

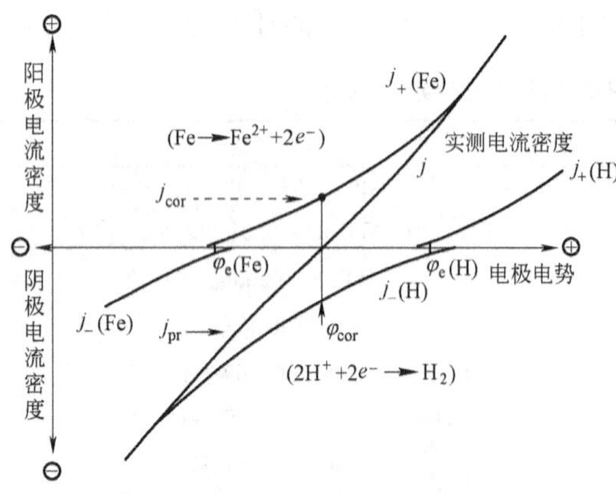

图 10-18　铁腐蚀的部分极化曲线示意图

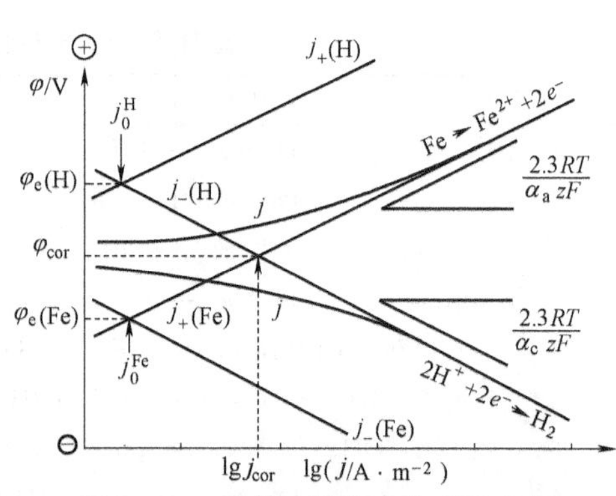

图 10-19　塔菲尔外推法求腐蚀速率

式中，j_{cor}就是腐蚀电流密度，$A \cdot m^{-2}$。虽然，与平衡电势一样，从腐蚀电势的存在并不能观测到外电路电流，但腐蚀电势还要满足使铁的溶解与氢气产生反应同时进行、而且两者电荷得失数相等的关系。此外，图 10-18 是根据式(10-74)获得的，假定它们分别可以表示为指数关系(塔菲尔关系式)，则可以转换为半对数形式，如图 10-19 所示(图中电流密度不带正负号)。图 10-19 称为伊万斯(Evans)极化图。由图可见，局部极化曲线可以用直线来表示。

根据式(10-74)，腐蚀电极的电流密度和电势的关系可以表示为

$$j=j_{cor}\left[\exp\left\{\left(\frac{\alpha'_a zF}{RT}\right)(\varphi-\varphi_{cor})\right\}-\exp\left\{\left(-\frac{\alpha'_c zF}{RT}\right)(\varphi-\varphi_{cor})\right\}\right] \tag{10-77}$$

式中，α'_a，α'_c分别为腐蚀的金属溶解(阳极反应)和氢气产生(阴极反应)的迁移系数，$\alpha'_a+\alpha'_c=1$。当$|\varphi-\varphi_{cor}|\gg RT/\alpha' zF$，即距离$\varphi_{cor}$充分远的电势区域，逆反应可以忽略，测得的外部极化曲线分别与阴极和阳极的局部极化曲线相一致。这样，在塔菲尔关系式成立的情况下，将实测得到的阳极或阴极的极化曲线中塔菲尔直线部分外推，可以从φ_{cor}下的电流密度求得j_{cor}。这种方法称为塔菲尔外推法。当$|\varphi-\varphi_{cor}|=\Delta\varphi\ll RT/\alpha' zF$，即距离$\varphi_{cor}$充分近的电势区域，式(10-77)中指数部分可以展开，就可以得到如下关系：

$$(\Delta\varphi/\Delta j)\varphi_{cor}=R_p=K/j_{cor} \tag{10-78}$$

在距腐蚀电势大约±0.01V 的范围内，测得电流密度与电势呈直线关系，其斜率R_p[极化阻力，$\Omega \cdot m^2$]与j_{cor}成反比。比例常数K因腐蚀体系而异，通常在 298K 时取 0.02～0.05V。这种测定腐蚀速率的方法叫做极化阻抗法。

10.4.3 环境对金属腐蚀的影响

在图 10-20 中利用局部极化曲线示意地给出了 pH 值对金属腐蚀的影响，可以看出随着 pH 值增大，φ_e(H)降低，j_{cor}减小。实际上，阳极极化曲线有时也受 pH 值和阴离子活度的影响，一般并不都像图中所示的那样简单。此外，在酸性溶液内添加氧化剂(Fe^{3+})时，金属的腐蚀速率发生变化，如图 10-21 所示。在溶液中，阴极电流密度等于氢气产生(C)和Fe^{3+}还原(C′)两者之和。由于添加Fe^{3+}，腐蚀电势从φ_{cor}向φ'_{cor}移动，腐蚀电流密度从j_{cor}增大到j'_{cor}。

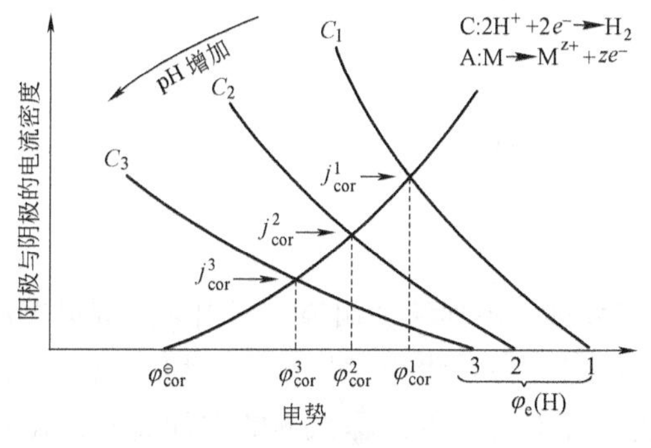

图 10-20 pH 值对金属腐蚀的影响

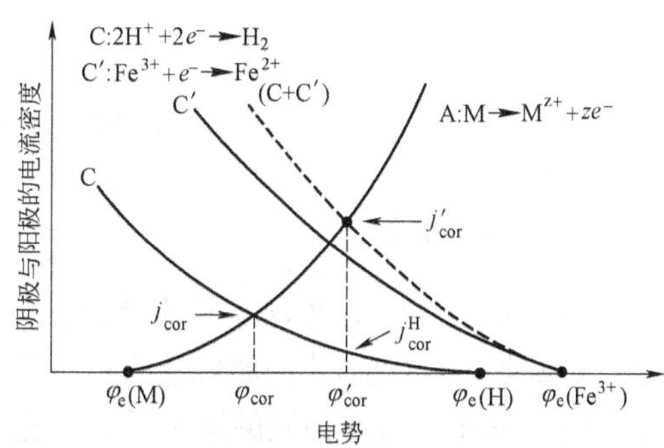

图 10-21 氧化剂对金属腐蚀的影响

不存在 Fe^{3+} 时，氢气产生速率等于 j_{cor}，但添加 Fe^{3+} 后 φ'_{cor} 对应的氢气产生速率变为 j^{H}_{cor}。即添加氧化剂增大了腐蚀速率，但也抑制了氢气产生。

10.4.4　金属的钝化

众所周知，铁在稀硫酸内会被腐蚀，但在浓硫酸内则不被腐蚀，这种现象称为钝化。有趣的是被钝化了的铁，浸入稀硫酸内也不会被腐蚀。我们做这样一个实验，利用恒电势仪在硫酸水溶液中，使铁发生阳极极化。可以看出，在低电势下铁发生活性溶解，当电势上升达到某一电势（钝化电势 φ_F）后，在高电势下铁发生钝化，阳极电流达到极小值。这时，在金属表面上覆盖了 1～10nm 的一层钝化膜（passive film，氢氧化物膜）。

图 10-22 为表述金属在化学上的钝化现象的极化曲线示意图。图中，曲线 A 是铁、镍、铬等钝化金属极化曲线。经过脱氧后的金属，在硫酸等非氧化性溶液中，可以测定获得这些钝化金属极化曲线。在图 10-22 中，C_1，C_2，C_3 分别为在不同的氧化性环境中测定的阴极极化曲线。在比较弱的氧化性环境 C_1 中，腐蚀电势 φ^1_{cor}（曲线 A 和 C_1 的交点）位于活性腐蚀区，随着氧化性增加，腐蚀速率增大。但是，在强氧化性环境 C_3 中，曲线 A 与 C_3 的交点 φ^3_{cor} 位于钝化区，腐蚀速率 j^3_{cor} 非常小。中等的氧化性环境 C_2 中，曲线 A 与两点相交，已经存在钝化膜时，φ^{2p}_{cor} 处于钝化态；如果不存在钝化膜时 φ^2_{cor} 则处于腐蚀活化态。处于 φ^{2p}_{cor} 状态下，一旦钝化膜被物理力等破坏，则不能自发修复，最终移动到 φ^2_{cor} 的状态。相反，在 C_3 环境中，φ^3_{cor} 是惟一的稳定状态，即便钝化膜被破坏，也能自发修复保持钝化态。

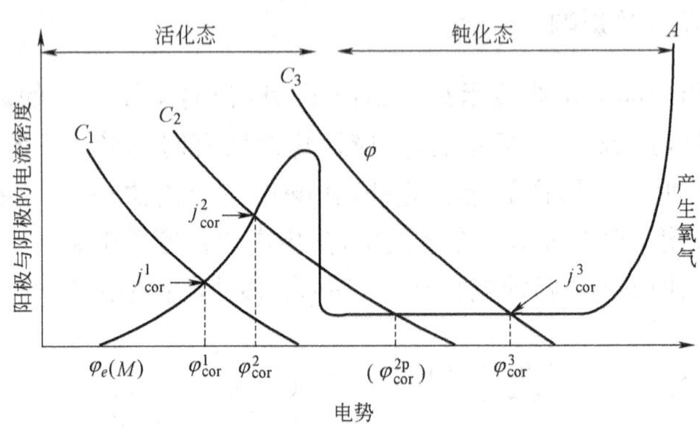

图 10-22　铁的活性态与钝化态

10.4.5　金属的缓蚀

金属防护有多种方法，如利用除氧剂、金属表面处理和添加缓蚀剂等。利用除氧剂可以消耗氧，使腐蚀过程停止，或使腐蚀速率显著降低。例如，在锅炉水中添加还原性物质以及催化剂除掉溶于水的 O_2，使钢铁的腐蚀过程停止，或速率降低至很低。除氧剂的添加量必须足够多到能使溶于水的 O_2 全部或绝大部分消耗掉。金属表面处理指在金属与腐蚀介质接触前通过某种化学或电化学手段，如电镀、喷镀和渗镀等，使金属表面形成一层保护层。缓蚀处理是指添加少量缓蚀剂于腐蚀介质中的方法。少量缓蚀剂的加入能改变金属表面状态或起负催化作用，改变腐蚀过程的阳极或阴极反应机理，使反应的活化能增高，速率常数减小，从而使整个腐蚀过程速率下降。缓蚀剂处理具有添加剂用量小、不改变腐蚀介质中与腐蚀过程有关组分含量等优点。添加缓蚀剂处理时，金属表面状态的改变是在金属与腐蚀介质接触时发生的，有时甚至表面并不形成三维膜。缓蚀剂有多种类型，不同类型缓蚀剂的缓蚀作用机理不同。其中，硅酸盐、磷酸盐等是通过阳极反应或与阳极反应产物金属离子结合，在金属表面上形成金属的难溶盐膜，或由难溶盐转化成金属氧化膜，从而实现缓蚀。

10.5　电化学研究中的常用实验方法

电化学是建立在实验基础上的一门科学。无论电化学体系简单或是复杂，其研究都要先设计出研究方案和组装实验装置，使过程得到简化，通过热力学和动力学参数测定，观测电化学现象，从而揭示电化学过程的本质。电化学过程的计算机模拟也是与各种实验测定相联系的。无论是简单还是复杂的电化学体系，基本上都是由两个电极中间隔一个或多个电解质构成。因此，电化学实验研究主要包括电极电势、电解质性质与传导机理以及电极反应过程的研究。本节介绍几种有代表性的电化学实验研究方法。

10.5.1　动力学参数测定的旋转圆盘电极法

根据传质过程动力学可知，在强制搅拌条件下使溶液沿平面电极表面流动时，扩散层厚度与流速和位置有关。扩散层厚度不同使电极表面附近各处电解质溶液中组元的扩散特征不同。这导致电流密度分布、极化程度等也均不相同。一般情况下，难于进行精确理论计算。但是，实验结果统计表明，存在如下规律

$$\delta \propto D^{1/3} \nu^{1/6} y^{1/2} u_0^{-1/2} \qquad (10\text{-}79)$$

式中　δ——扩散层厚度，m；

D——扩散系数，m^2/s；

ν——溶液的运动黏度系数，m^2/s；

u_0——溶液本体流速，m/s；

y——平面距 $u=u_0$ 处的距离，m。

如果选择旋转圆盘电极，如图 10-23 所示，圆盘电极绕其中心旋转时，电极下方的液体在圆盘中心处上升，与圆盘接近后抛向周边，圆盘中心相当于搅拌起点，圆盘电极转速为 ω 时，有 $u/y=\omega$，u 为圆盘切向速度与 u_0 相当。这表明整个圆盘电极表面各点上扩散层厚度相等，相对应的扩散电流密度是均匀的，使得有关理论计算成为可能。

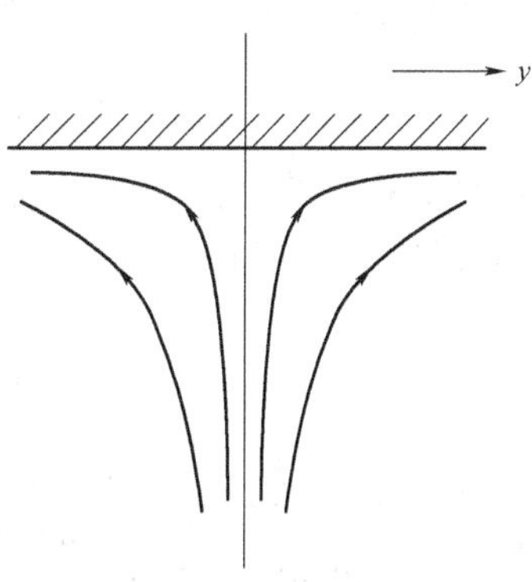

图 10-23　旋转圆盘电极示意图

对于电极反应 $Ox + ze^- \longrightarrow Red$，扩散电流密度和极

限扩散电流密度可以分别导出如下。

$$j=0.62zFD^{2/3}\omega^{1/2}\nu^{-1/6}(c_i^{\mathrm{b}}-c_i^{0}) \tag{10-80}$$

$$j_{\mathrm{d}}=0.62zFD^{2/3}\omega^{1/2}\nu^{-1/6}c_i^{\mathrm{b}} \tag{10-81}$$

式中　c_i^{b}，c_i^{0}——本体中和电极表面上溶液中反应物离子 i 的浓度，$\mathrm{mol/m^3}$；

j，j_{d}——扩散电流密度和极限扩散电流密度，$\mathrm{A/m^2}$；

z——电极反应中离子得失电子数；

F——法拉第常数，96485C/mol。

电极电势的负值 $-\varphi$ 增大可以促进电极反应进行，电极表面上 i 离子浓度减小，扩散电流密度增大，按式(10-80)变化。直至 $c_i^{0}=0$ 时，$j=j_{\mathrm{d}}$，继续改变电极电势扩散电流密度不变，j-($-\varphi$) 曲线出现平台，如图 10-24 所示。另一方面，提高圆盘电极转速，可以减小扩散层厚度，由式(10-81)及图 10-24 可知，j_{d} 将增大。但电极转速不能改变溶液的属性，如 D、ν、c_i^{b} 的值。因此，根据 $j_{\mathrm{d}}\propto\omega^{1/2}$ 关系可以判定电极过程是否受扩散步骤所控制，还可以根据已知的 ω、ν、c_i^{b} 值和测定结果 j_{d} 进一步求出 D 值等。

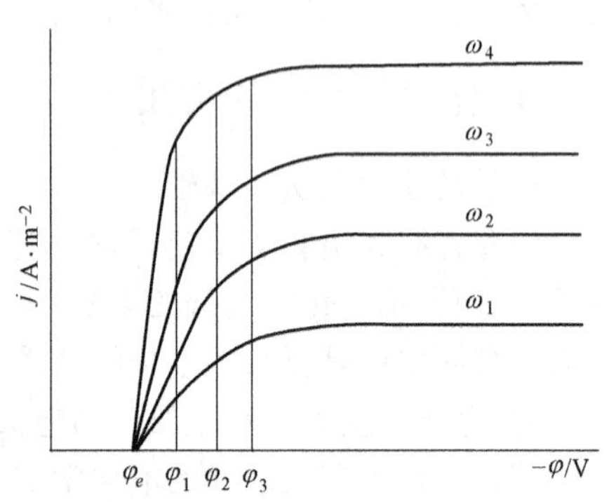

图 10-24　电流密度与电极电势关系曲线

从理论上讲，电极反应阻力包括电化学反应和液相传质阻力两部分，可以表示为

$$\frac{1}{j}=\frac{1}{j_{\mathrm{N}}}+A\omega^{-1/2} \tag{10-82}$$

式中，j_{N} 为电化学极化电流密度；A 为与 ω 无关的常数。

当 $\omega\to\infty$，右边第二项为零，即液相传质阻力可以忽略，这时电流密度等于电化学极化电流密度 $j=j_{\mathrm{N}}$。如果通过实验，在某一指定电势如图 10-24 中的 φ_1，φ_2 或 φ_3 等，获得一系列与 ω 对应的不同 j 值，再以 $1/j\sim\omega^{-1/2}$ 作图，得到一组直线，则直线截距的倒数就是 j_{N}。根据电化学极化电流密度与过电势之间的关系式(9-54)，取 $c_{\mathrm{R}}^{0}=c_{\mathrm{R},e}^{0}$，$c_{\mathrm{O}}^{0}=c_{\mathrm{O},e}^{0}$，$\alpha_{\mathrm{a}}+\alpha_{\mathrm{c}}=1$，则有

$$j_{\mathrm{N}}=j_0\exp\left(\frac{\alpha_{\mathrm{a}}zF\eta}{RT}\right)\left[1-\exp\left(-\frac{zF\eta}{RT}\right)\right] \tag{10-83}$$

如果实验获得了 j_{N} 与 η 的关系，就可以求出交换电流密度和电极反应传递的电子数。例如，整理式(10-83)可得

$$\ln\left[\frac{j_{\mathrm{N}}}{1-\exp\left(-\frac{zF\eta}{RT}\right)}\right]=\ln j_0+\frac{\alpha_{\mathrm{a}}zF\eta}{RT} \tag{10-84}$$

以 $\ln\left[\dfrac{j_{\mathrm{N}}}{1-\exp\left(-\dfrac{zF\eta}{RT}\right)}\right]$-$\eta$ 关系作图获得一条直线，其斜率为 $\alpha_{\mathrm{a}}zF/RT$，与电极反应传递的电子数 z 有关；当 $\eta=0$ 时，所得直线截距为 $\ln j_0$，可见由实验数据可以求得 α_{a} 和 j_0。

10.5.2　电极过程的恒电流单阶跃研究方法

恒电流单阶跃法是应用恒电流仪，通过控制电极电流从零值突变到某一定值 j_K 后保持恒定来研究工作电极的电势随时间变化规律的方法。这一方法也称作即时电势法。

对于电极反应 $Ox+ze^- \longrightarrow Red$，当在工作电极施加一电流阶跃，开始发生非法拉第关系的双电层充电，工作电极的电势迅速向负方向增大到反应物还原时的电势值，电极表面上发生电极反应。由于电极反应的进行，靠近电极表面的溶液中反应物和产物浓度 c_O 和 c_R 将发生变化，c_O 和 c_R 是到电极的距离 x 和时间 t 的函数，可分别表示为 $c_O(x,t)$ 和 $c_R(x,t)$。根据菲克第二定律，有如下关系成立。

$$\frac{\partial c_O(x,t)}{\partial t}=D_O\frac{\partial^2 c_O(x,t)}{\partial x^2} \tag{10-85}$$

$$\frac{\partial c_R(x,t)}{\partial t}=D_R\frac{\partial^2 c_R(x,t)}{\partial x^2} \tag{10-86}$$

在初始时刻，反应物的界面浓度 $c_O(x,t)=c_O^0(0,0)$；生成物在体系中浓度 $c_R(x,t)=c_R(x,0)=0$，即实验开始前溶液中反应物的浓度分布均匀，且无产物存在。反应体系的边界条件为 $c_O(\infty,t)=c_O^0(0,0)$，$c_R(\infty,t)=0$，即随电极反应的进行，距电极表面无穷远处（溶液本体）不出现浓差极化。根据这些条件，可以解出电极表面处反应物浓度随时间的变化。

$$c_O^0=c_O(0,t)=c_O^0(0,0)-\frac{2j_K}{zF}\sqrt{\frac{t}{\pi D_O}} \tag{10-87}$$

可以看出，电极表面上反应物浓度随 $t^{1/2}$ 呈线性变化，如图 10-25 所示。将电极表面处反应物浓度 $c_O(0,t)$ 达到 0 时所经历的时间定义为过渡时间 τ，则

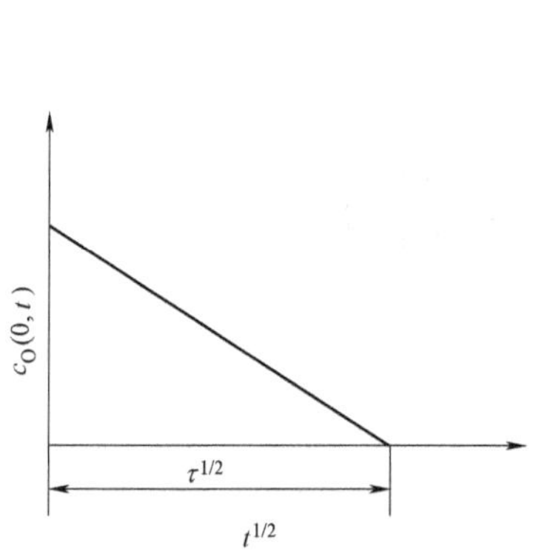

图 10-25　电极表面反应物浓度随时间的变化

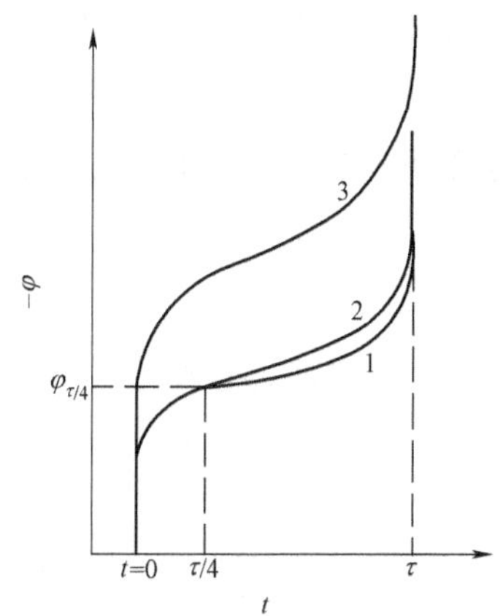

图 10-26　恒电流下电极电势随时间的变化

1—可逆电极反应；2—准可逆电极反应；3—不可逆电极反应

$$\tau=\frac{z^2F^2\pi D_{\mathrm{O}}c_{\mathrm{O}}^0(0,0)^2}{4j_{\mathrm{K}}^2} \tag{10-88}$$

即当 $t\to\tau$ 时，电极表面上反应物浓度降到零。因此，经过这一段时间 τ 后，为了维持极化电流恒定不变，必须有其他的电极反应发生，为了实现新的电极反应，电极将再次被充电，在 φ-t 曲线上会看到电极电势再次发生迅速阶跃，如图 10-26 所示。将式(10-88)代入式(10-87)可以得到另一种形式的表达式如下。

$$c_{\mathrm{O}}^0=c_{\mathrm{O}}^0(0,0)(1-\sqrt{t/\tau}) \tag{10-89}$$

如果反应产物 Red 不溶，该产物在电极表面的浓度可以看作常数，即 $c_{\mathrm{R}}(0,t)=\mathrm{const}$；当反应产物是可溶的，可以推导出

$$c_{\mathrm{R}}^0=c_{\mathrm{R}}(0,t)=c_{\mathrm{R}}^0(0,0)-c_{\mathrm{O}}^0(0,0)\left(\frac{t}{\tau}\right)^{1/2}\left(\frac{D_{\mathrm{O}}}{D_{\mathrm{R}}}\right)^{1/2} \tag{10-90}$$

对于可逆过程的电极反应，当反应产物可溶、且初始浓度为零 $c_{\mathrm{R}}^0(0,0)=0$，根据能斯特方程和式(10-90)可以推导出如下方程

$$\varphi_t=\varphi_{\tau/4}+\frac{RT}{zF}\ln\frac{\sqrt{\tau}-\sqrt{t}}{\sqrt{t}} \tag{10-91}$$

式中

$$\varphi_{\tau/4}=\varphi^{\ominus}+\frac{RT}{zF}\ln\left(\frac{D_{\mathrm{R}}}{D_{\mathrm{O}}}\right)^{1/2}$$

即如图 10-26 所示 $t=\tau/4$ 时的电极电势 $\varphi_{\tau/4}$ 是一个与时间无关的常数，则根据式(10-91)中 φ_t-$\lg\frac{\sqrt{\tau}-\sqrt{t}}{\sqrt{t}}$ 关系作图，可得一条直线。由其斜率可以求出电极反应的电子数 z 和直线的截距 $\varphi_{\tau/4}$。

对于不可逆过程的电极反应，式(9-54)中

$$\frac{c_{\mathrm{O}}^0}{c_{\mathrm{O,e}}^0}\exp\left(-\frac{\alpha_{\mathrm{c}}zF\eta}{RT}\right)\gg\frac{c_{\mathrm{R}}^0}{c_{\mathrm{R,e}}^0}\exp\left(\frac{\alpha_{\mathrm{a}}zF\eta}{RT}\right)$$

而且，$c_{\mathrm{O,e}}^0\approx c_{\mathrm{O}}^0(0,0)$，则

$$\varphi_t=\varphi_{t=0}+\frac{RT}{\alpha_{\mathrm{c}}zF}\ln\frac{\sqrt{\tau}-\sqrt{t}}{\sqrt{\tau}} \tag{10-92}$$

式中

$$\varphi_{t=0}=\varphi_{\mathrm{e}}+\frac{RT}{\alpha_{\mathrm{c}}zF}\ln\left(-\frac{j_0}{j_{\mathrm{K}}}\right)$$

即，$t=0$ 时的电极电势，与时间无关；j_{K} 是还原方向的电流密度，其值小于零。根据式

(10-92)中 φ_t-$\lg\frac{\sqrt{\tau}-\sqrt{t}}{\sqrt{\tau}}$关系作图，可以得到一条直线，其斜率为 $2.303RT/\alpha_c zF$，由此可以求出阴极反应传递系数 α_c，直线截距为 $\varphi_{t=0}$，由此可以求出交换电流。

可见，采用恒电流单阶跃实验方法，测定电极过程的 φ_t-t 曲线，可以判断电极反应是否可逆，并确定相应的电化学参数。

10.5.3　电极过程循环伏安曲线的测量

在循环伏安曲线的测量中，控制电极电势在一定范围内随时间连续变化，达到某一转折点 φ_λ 后，使电极电势以数值相同但符号相反的速率变化，使终点时电极电势得以恢复到起始值。通过测量循环伏安曲线研究电极过程的方法称为循环伏安法。由于循环伏安法是正向扫描到某一电势后紧接着进行反向扫描的，此时电极反应也迅速由正向往逆向进行，反应物与产物的扩散来不及进行，能更多地反映复杂电极过程的电化学信息。

典型的循环伏安曲线如图 10-27 所示。其正向扫描是阴极过程，反向扫描为阳极过程（亦有相反的）。设电极反应为 $Ox+ze^-$ ══ Red，正向扫描时起始电极电势较平衡电极电势为正，开始一段时间里电极上只有较小的双电层充电电流流过。当电势增加达到某一值 φ_i 时，开始发生电极反应 $Ox+ze^-\longrightarrow Red$，反应物在电极表面被还原，反应物自身的浓度降低，致使电极表面的扩散电流增大，电流随电压变化的速率明显加快，伏安曲线呈上升趋势。当电极电势显著超过 φ_i 达到某值时，电极表面的电极反应速率增快，溶液本体中反应物向电极表面附近扩散的过程将跟不上反应物在电极表面的消耗，于是电极表面反应物的浓度下降直至趋于零，电极反应速率完全受扩散步骤控制，此时扩散电流达到最大值，即阴极峰值电流 I_{pc}。此后，随着电极电势进一步向负值方向增大，电极的极化加剧，扩散层厚度不断增加而使电流衰减，得到了具有峰值的电流—电势曲线。当扫描电极电势达到 φ_λ 时，转换为反向扫描，电极电势的负值减小（向电势正值方向移动）。此时，电极附近积聚的还原产物随电极电势变化而逐渐被氧化，其过程与正向扫描过程相似，电流—电势变化关系亦呈现具有一峰值的曲线。于是，正、逆扫描过程构成了一条循环曲线。

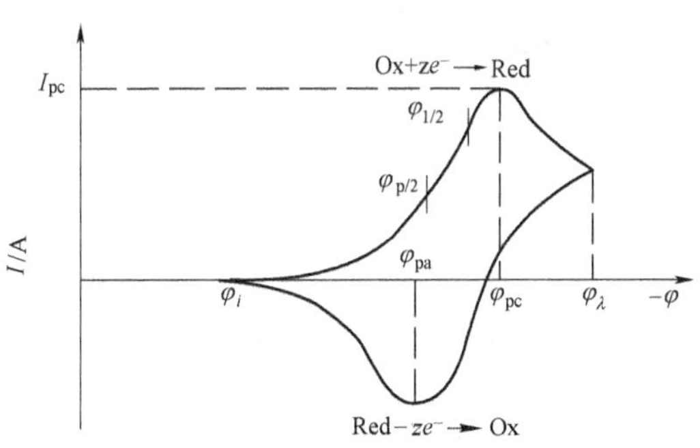

图 10-27　循环伏安特性曲线

在循环伏安法中，开始扫描和终止扫描的电极电势称为起始电势和终止电势，两者都是 φ_i，而 φ_λ 称为扫描转换电势。阴极峰和阳极峰对应的电势称为峰电势，分别为 φ_{pc}和 φ_{pa}，但是峰电流 I_{pc}和 I_{pa}并非是峰位置相对应于零电流基线（$I=0$）的高度，而应扣除其他非电化学反应因素（如非法拉第的充电电流）所造成的背景电流。关于电流基线的确定方法，目前尚无定则，常用的方法是在循环伏安曲线起始电势和转换电势处作邻近一段曲线的切线，以此切线作为阴极电流和阳极电流的基线，如图10-28所示。

对于扩散传质步骤控制的可逆过程，假定电极反应 $Ox+ze^- \longrightarrow Red$ 满足半无限扩散条件，即只考虑工作电极相对于辅助电极的一侧，其他方向均不参与反应（平面电极条件），反应开始前溶液中只含有反应物粒子Ox，且Ox与Red均可溶于溶液。可以推导出，25℃时反应的峰电流为

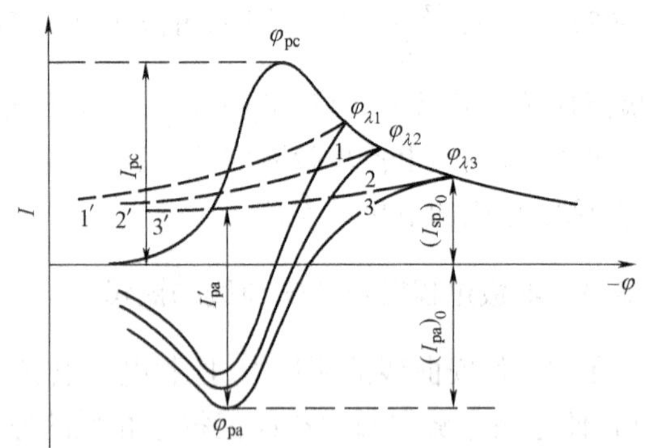

图10-28　不同扫描转移电极电势的循环伏安曲线

$$I_p = 2.69\times10^5 z^{3/2} S D_O^{1/2} v^{1/2} c_O^0(0,0) \tag{10-93}$$

式中，$c_O^0(0,0)=c_O^b$；I_p 为阴极峰电流，A；S 为电极面积，cm^2；v 为电极电势扫描速度，$V\cdot s^{-1}$。

在确定峰电势 φ_p 时，引进它与经典极谱法中半波电势 $\varphi_{1/2}$ 的如下关系式。

$$\varphi_p - \varphi_{1/2} = -28.5/z\ (mV) \tag{10-94}$$

由于峰稍宽时峰电势很难判定，常取 $1/2I_p$ 处的电势，即半峰电势 $\varphi_{p/2}$，$\varphi_{p/2}$ 与 $\varphi_{1/2}$ 的关系为

$$\varphi_{p/2} - \varphi_{1/2} = 28/z\ (mV) \tag{10-95}$$

由式(10-94)和式(10-95)可得

$$\varphi_p - \varphi_{p/2} = -56.5/z \tag{10-96}$$

因此，可以看出可逆电极过程，φ_p 与扫描速度无关，而 I_p 正比于 $v^{1/2}$。此外还有两个重要特性：

$$\varphi_{pa} - \varphi_{pc} = 59/z\ (mV)$$

$$I_{pa} = I_{pc}$$

这样，由实验确定阴极过程和阳极过程的峰电势和峰电流，就可以求出电极反应的传递电子数 z 和半波电势 $\varphi_{1/2}$。另外，根据式(10-93)中 I_p-$v^{1/2}$ 关系，由直线斜率可以求出反应物的扩散系数 D_O。

10.5.4　电化学参数的电极阻抗测定法

在电化学测量中，当采用小幅度的正弦波交流电经电极流动时，电极不仅是一个简单的电阻，而是一个包括电阻、电容和电感等因素的复杂阻抗。采用交流阻抗法，可以测出电极阻抗的绝对值和相位角，从而可以将电极阻抗分解成电极的双电层电容、电荷传递过程中的电极界面反应电阻等，并进一步求得交换电流密度及标准速度常数等电极过程动力学参数，为电极反应研究提供丰富信息。

当正弦波交流电的电流 I 随时间变化：

$$I=I_{m}\cos\omega t \tag{10-97}$$

式中，I_m 为电流的幅值；ω 为正弦波的角频率（$\omega=2\pi f$，f 为频率）；t 为时间。

此交流电流经纯电阻 R 时，根据欧姆定律，在负载电阻 R 上的电压降为

$$U=IR=RI_{m}\cos\omega t=U_{m}\cos\omega t \tag{10-98}$$

说明加在电阻负载上的电压波形在相位上与电流相同。但当电容或电感元件为负载时，有同样的交流电流经过时，加在负载上的电压降为

$$U=U_{m}\cos(\omega t+\Phi) \tag{10-99}$$

可以看出，电压波形的相位发生了变化（式中 Φ 为电压波形与电流波形的相位差，当负载为电容性时，Φ 为负值；当负载为电感性时，Φ 为正值）。同时，电压的幅值 V_m 也与元件的参数及频率有关。

与欧姆定律相似，这里引入阻抗 Z 的概念，Z 为加于负载的交流电压与流经该负载的交流电流之比，即

$$Z=U/I \tag{10-100}$$

在计算交流阻抗时，常用复数来表示。

$$Z=R+jX \tag{10-101}$$

式中，$j=\sqrt{-1}$，实部 R 即电阻；虚部 X 称为电抗，由容抗 X_C 和感抗 X_L 两部分组成，纯电容和纯电感的阻抗分别为 $(C\omega)^{-1}$ 和 ωL。

在交流电通过电解池的情况下，可以将电极界面双电层以及两电极之间看做电容器，把电极本身、溶液及电极反应引起的电流阻力看做纯电阻，从而构成一个如图 10-29(a)所示的交流阻抗，即电极的等效电路。当采用大面积的惰性电极为辅助电极，略去辅助电极的界面阻抗，电解池还可以进一步简化成等效电路，如图 10-29(b)所示。这样，反应电阻 R_D 和双电层电容 C_d 并联，然后与溶液电阻 R_L 串联。那么，该电路的复阻抗为

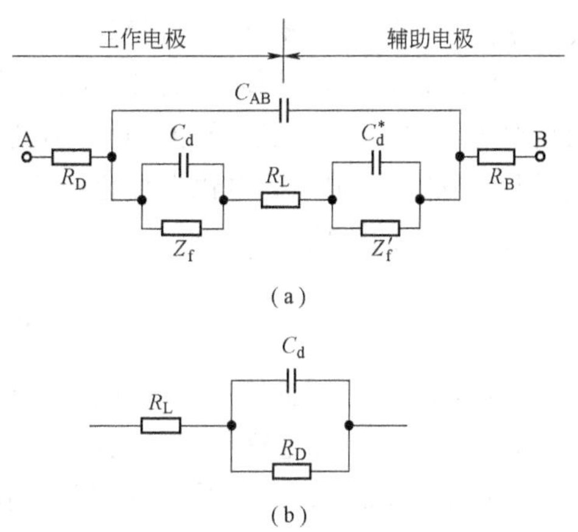

图 10-29 电解池的交流阻抗等效电路

$$Z=R_{L}+\frac{R_{D}}{1+a^{2}}-j\frac{aR_{D}}{1+a^{2}} \tag{10-102}$$

式中，$a=\omega C_{d}R_{D}$。与式(10-101)比较可知，等效电路中交流阻抗的实部与虚部分别为

$$R=R_{L}+\frac{R_{D}}{1+a^{2}} \tag{10-103}$$

$$X=-\frac{aR_{D}}{1+a^{2}} \tag{10-104}$$

合并式(10-103)和式(10-104)消去 a，可得到如下一个圆的曲线方程。

$$\left(R-R_{\mathrm{L}}-\frac{R_{\mathrm{D}}}{2}\right)^2+X^2=\left(\frac{R_{\mathrm{D}}}{2}\right)^2 \tag{10-105}$$

说明电极复数阻抗的实部 R 与虚部 X 之间的关系可以用一圆的方程来表示。应当指出，R 和 X 是频率 ω 的函数，测量不同频率时的 R 和 X 值，在复数平面中应得一半圆，如图 10-30 所示。该半圆的圆心在实轴 R 上，位于 $R_{\mathrm{L}}+R_{\mathrm{D}}/2$ 处，圆的半径为 $R_{\mathrm{D}}/2$，半圆与 R 轴相交于 R_{L} 及 $R_{\mathrm{L}}+R_{\mathrm{D}}$ 两点处。

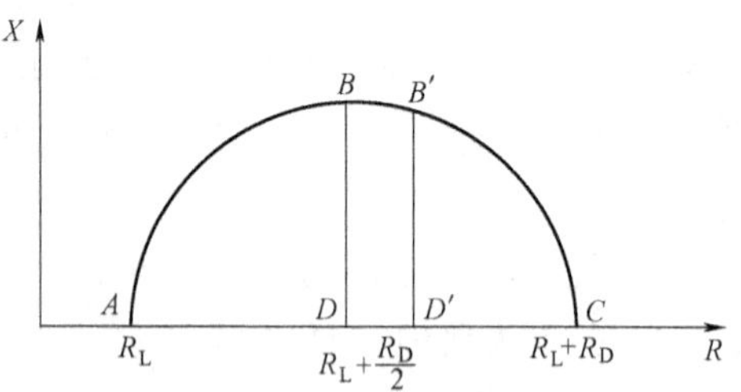

图 10-30 电极阻抗的复平面图

由此可知，从复数平面图可测出等效电路的参数，图中，半圆的直径等于反应电阻 R_{D}，半圆在横坐标上的短截距等于溶液电阻 R_{L}。由于 B 点所对应的横坐标为 $R_{\mathrm{L}}+R_{\mathrm{D}}/2$，根据式(10-103)可知，只有当 $1+a^2=2$ 时才成立，可以得出

$$C_{\mathrm{d}}=\frac{1}{\omega_{\mathrm{B}}R_{\mathrm{D}}} \tag{10-106}$$

式中，ω_{B} 为半圆顶点 B 对应的频率。

交流阻抗法，是采用对称的交变电信号来极化电极，当信号频率足够高时，每半周延续时间足够短，电极上浓度变化不大，同时阳极过程与阴极过程交替进行，也不会出现极化现象积累，相当于低过电势下的电化学极化 $j\ll j_0$，如式(9-61)所示，电化学极化基本处于线性区，电化学极化引起的阻抗为

$$R_{\mathrm{D}}=\frac{\mathrm{d}\eta}{\mathrm{d}j}=\frac{RT}{j_0zF} \tag{10-107}$$

这样，由反应电阻可以求出交换电流密度。电极反应速率常数 K_{s} 是电化学的另一个重要参数，其定义为：当电极电势为反应体系的标准平衡电势及反应粒子为单位浓度时电极反应进行的速率，即 $\varphi=\varphi_{\mathrm{e}}^{\ominus}$ 时反应粒子越过活化能垒的速度。反应粒子为单位浓度，且 $\varphi=\varphi_{\mathrm{e}}^{\ominus}$，由式(9-18)可知，$K_{\mathrm{s}}=k_{\mathrm{O}}=k_{\mathrm{R}}$，即

$$K_{\mathrm{s}}=k_{\mathrm{O}}^0\exp\left(\frac{\alpha_{\mathrm{a}}zF\varphi_{\mathrm{e}}^{\ominus}}{RT}\right)=k_{\mathrm{R}}^0\exp\left(-\frac{\alpha_{\mathrm{c}}zF\varphi_{\mathrm{e}}^{\ominus}}{RT}\right) \tag{10-108}$$

在任意一电极电势 φ 时，由式(9-16)和式(9-17)得

$$j_{\mathrm{a}}=zFK_{\mathrm{s}}c_{\mathrm{R}}^0\exp\left[\frac{\alpha_{\mathrm{a}}zF(\varphi-\varphi_{\mathrm{e}}^{\ominus})}{RT}\right] \tag{10-109}$$

$$j_{\mathrm{c}}=zFK_{\mathrm{s}}c_{\mathrm{O}}^0\exp\left[-\frac{\alpha_{\mathrm{c}}zF(\varphi-\varphi_{\mathrm{e}}^{\ominus})}{RT}\right] \tag{10-110}$$

达到平衡时，$\varphi=\varphi_{\mathrm{e}}$，$c_{\mathrm{R}}^0=c_{\mathrm{R,e}}^0$ 和 $c_{\mathrm{O}}^0=c_{\mathrm{O,e}}^0$，$j_{\mathrm{a}}=j_{\mathrm{c}}=j_0$。由式(9-32)可得

$$\varphi_e - \varphi_e^{\ominus} = -\frac{RT}{zF}\ln\frac{c_{R,e}^0}{c_{O,e}^0} \tag{10-111}$$

整理以上结果可得

$$j_0 = zFK_s c_{O,e}^0\left(\frac{c_{R,e}^0}{c_{O,e}^0}\right)^{\alpha_c} = zFK_s c_{O,e}^{1-\alpha_c} c_{R,e}^{\alpha_c} \tag{10-112}$$

这样，可以通过测定 j_0，$c_{O,e}^0$，$c_{R,e}^0$ 求出 K_s。

由于电导是电阻的倒数，故可采用交流阻抗法测定溶液电导率，有关的实例也很多。

习 题

10-1 写出以下电池表达式所示的铅电池的正、负极电极反应，计算在 298K 的电池电动势。已知电池的结构和其他数据如下：

$$Pb,PbSO_4|4mol\cdot dm^{-3}\ H_2SO_{4(aq)}|PbSO_4,PbO_2,Pb$$

$4mol\cdot dm^{-3}$ H_2SO_4 的平均活度系数为 0.170，同溶液的水蒸气压为 2.47kPa。纯水的水蒸气压为 3.17kPa。

（答案：E= 2.001V）

10-2 以碱性水溶液为电解质的二次电池统称为碱性二次电池。具有代表性的碱性二次电池为镍—铬电池：$Cd|Cd(OH)_2|KOH|Ni(OH)_2,NiOOH$。正负极的标准还原电势：$\varphi^{\ominus}_{NiOOH/Ni(OH)_2}=0.52V$，$\varphi^{\ominus}_{Cd(OH)_2/Cd}=-0.80V$。计算该电池的理论质量效率(或能量密度/$W\cdot h\cdot kg^{-1}$。(假设所有的活性物质用于放电，不考虑电解质的质量)

（答案：239W · h/kg）

10-3 在 298K 电解 30% KOH 的水溶液得到的 H_2 和 O_2，分别计算当 H_2 和 O_2 的压力同为 0.1013MPa 和 1.013MPa 时的理论分解电压。已知：$H_2O_{(l)}=H_{2(g)}+1/2O_{2(g)}$ $\Delta G^{\ominus}=237kJ/mol$，纯水和 30%KOH 水溶液在 298K 的水蒸气压分别为 3.17kPa 和 2.05kPa。

（答案：E=−1.233V，−1.278V）

10-4 尽管锌的平衡电势比氢低许多（−0.763V)，由于氢在锌电极上有很大的过电势，所以在水溶液中可以电解提取金属锌。求在 298K 电解 $0.2mol/dm^3$ H_2SO_4，$1mol/dm^3$ $ZnSO_4$ 水溶液中提取金属锌时，(H^+ 离子和 Zn^{2+} 离子的活度系数分别为 0.35 和 0.043)

(1) 理论分解电压为多少?

(2) Zn 析出的过电势为 0.100V，析出电流为 $600A/m^2$。分别计算用锌和铁作为阴极时的理论电流效率。在锌和铁电极上氢析出的过电势为

在 Zn 阴极上：　　$\eta_{H_2}/[V]=-0.76-0.12\lg(j/[A/m^2])$

在 Fe 阴极上：　　$\eta_{H_2}/[V]=-0.35-0.12\lg(j/[A/m^2])$

（答案：(1) E=1.982V，(2) Zn 阴极上 99%，Fe 阴极上 3.7%）

10-5 用氧化钇稳定的氧化锆固体电解质 ZrO_2-Y_2O_3（YSZ）可以构成作为氧浓度传感器的氧浓差电池，Pt，$O_{2(R)}|YSZ|O_{2(L)}$，Pt。

已知以空气作为参比电极的氧分压 $p_{O_2(R)}=0.0213MPa$。

(1) 写出氧分压和电池电动势之间的关系式。

(2) 如被测气体中的氧分压为 0.1317kPa，在 1000K 下该电池的电动势应是多少？

（答案：0.11V）

10-6 已知镍阳极溶解反应是电化学极化过程，25℃下的塔菲尔斜率 $b=0.052V$，交换电流密度 $j_0=2\times10^{-5}$ A/m^2。求在 Ni^{2+} 离子活度为 1 的溶液中，电极电势为 0.02V 时镍的阳极溶解速率。

（答案：$3.16A/m^2$）

10-7 已知在 25℃下，Fe^{2+} 离子活度为 1 的溶液（pH 值＝3）中，Fe 氧化为 Fe^{2+} 离子的交换电流密度为 $1\times10^{-4}A/m^2$，H_2 在该溶液中析出的交换电流密度为 $1.6\times10^{-3}A/m^2$，Fe 氧化过程和 H^+ 离子还原过程的 b 值分别为 0.06V 和 0.112V。试利用极化曲线图求出 Fe 在该溶液中的腐蚀电势和腐蚀电流密度。

（答案：$\varphi_{cor}=-0.265V$，$j_{cor}=8.18\times10^{-2}A/m^2$）

思考题

10-1 一次电池、二次电池与燃料电池有哪些共同点和不同点？

10-2 电池反应的总效率由哪些部分构成，如何提高电池的反应效率？

10-3 什么叫做活性物质，为什么活性物质不能全部反应用于产生电流？

10-4 $Zn^{2+}+2e^-$ ══ Zn 比 $2H^++2e^-$ ══ H_2 的电极反应标准电极电势低，对于 $ZnSO_4$ 水溶液来说通电后在阴极上 Zn 和 H_2 谁先析出，为什么？

10-5 分析一下铝能否进行水法电解，为什么？

10-6 如何选择阴极材料？试举一例说明。

10-7 水溶液电解和熔盐电解有什么不同，各有哪些优点和不足？

10-8 对传感器的电极反应和标准电极的选择上有什么要求，应该注意哪些方面的问题？

10-9 在传感器中的电极反应会不会出现极化现象，为什么？

10-10 固体电解质在化学传感器中的所起的作用是什么，离子电导率值主要影响传感器的哪些性能？

10-11 什么是腐蚀电势，交换电流密度与腐蚀电流密度有什么区别？

10-12 什么是金属钝化，可以通过哪些途径使金属发生钝化？

10-13 有哪些方法可以使处于活化—钝化不稳定状态的金属进入稳定钝化状态？

附　　录

附录 1　a 单位转换表

物理量	厘米-克-秒单位制 c·g·s			国际单位制 SI			转　　换
	中文名称	英文名称	符　号	中文名称	英文名称	符　号	
能、功 热量	卡 尔　格	calorie erg	cal erg	焦[耳] 焦[耳]	Joule Joule	J J	1cal=4.184J $1\text{erg}=10^{-7}\text{J}$
力	达　因	dyne	dyn	牛[顿]	Newton	N	$1\text{dyn}=10^{-5}\text{N}$
压力 （压强）	大 气 压	atmosphere bar torr	atm bar borr	帕[斯卡] 帕[斯卡] 帕[斯卡]	Pascal Pascal Pascal	$\text{Pa}=\text{N/m}^2$ $\text{Pa}=\text{N/m}^2$ $\text{Pa}=\text{N/m}^2$	$1\text{atm}=1.013\times10^5\ \text{N}\cdot\text{m}^2$ $1\text{bar}=10^5\text{N/m}^2$ $1\text{torr}=133.32\text{N/m}^2$
浓　度	克分子分数	mole fraction	mol/L	摩尔分数	Mole fraction	mol/m^3	$1\text{mol/L}=10^3\text{mol/m}^3$
表面张力	达因/厘米	dyne/cm	dyn/cm	$\frac{\text{牛[顿]}}{\text{米}}$	Newton/meter	N/M	$1\text{dyn/cm}=10^{-3}\text{N/m}$
黏　度	泊	poise	P	帕[斯卡]·秒	Paska·sec	Pa·s	$1\text{poise}=1\text{dyn}\cdot\text{s/cm}^2$ 1poise=0.1Pa·s
质　量	克 克分子	gram gram-mole	g g-mol	公斤 摩[尔]	kilogram mole	kg mol	$1\text{g}=10^{-3}\text{kg}$ 1g−mol=1mol
电流密度	安培/厘米^2	Ampere/cm^2	amp/cm^2	$\frac{\text{安}}{\text{米}^2}$		A/m^2	$1\text{amp/cm}^2=10^4\text{A/m}^2$
扩散系数			cm^2/s	平方米每秒		m^2/s	$1\text{cm}^2/\text{s}=10^{-4}\text{m}^2/\text{s}$
传质系数			cm/s	米每秒		m/s	$1\text{cm/s}=10^{-2}\text{m/s}$

附录 1　b 有用常数表

常　数	cgs 单位	SI 单位
阿伏伽德罗(Avogadro)常数	6.02×10^{23}分子/克分子	$6.02\times10^{23}mol^{-1}$
玻耳兹曼(Boltzmann)常数	3.3×10^{-24}卡/度 1.38×10^{-16}尔格/度	$1.38\times10^{-23}J/K$
法拉第(Faraday)常数	96487 库仑·克当量 23061 卡/(伏·克当量)	96485·309C/mol $9.6485\times10^{4}C/mol$
气体常数 R	1.987 卡/(度·克分子) 8.314×10^{7} 尔格/(度·克分子) 82.07 厘米^3-大气压/(度·克分子) 0.08207 公升-大气压/(度·克分子)	8.314J/(K·mol)
普朗克(Planck)常数	1.584×10^{-34}卡·秒 6.626×10^{-27}尔格·秒	$6.626\times10^{-34}J\cdot s$
理想气体 1 摩尔的体积	22400 厘米^3(0℃,1 大气压)	$2.24\times10^{-2}m^3$ (273K,101325N/m^2)
$R\ln10$	4.575(R=1.987 卡/(度·克分子))	19.147(R=8.314J/(K·mol))

附录 2　一些物质的熔点、熔化焓、沸点、蒸发焓、转变点、转变焓

物　质	熔点/℃	熔化焓 /kJ·mol^{-1}	沸点/℃	蒸发焓 /kJ·mol^{-1}	转变点/℃	转变焓 /kJ·mol^{-1}
Al	660.1	10.47	2520	291.4	—	—
Al_2O_3	2030	527.2	(3300)	—	(1000)	(86.19)
Bi	271	10.89	1564	179.2	—	—
C	(5000)	—	—	—	—	—
Ca	839	8.67	1484	167.1	460	1.00
CaO	2600	(79.50)	(3500)	—	—	—
$CaSiO_3$	1540	(56.07)	—	—	1190	(5.44)
Ca_2SiO_4	2130	—	—	—	675;1420	4.44;3.26
Cd	320.9	6.41	767	99.6	—	—
Cr	1860	(20.9)	2680	342.1	—	—
Cu	1083.4	13.02	2560	304.8	—	—
Fe	1536	15.2	2860	340.4	910;1400	0.92;1.09
FeO	1378	31.0	—	—	—	—

续附录 2

物　质	熔点/℃	熔化焓 /kJ·mol^{-1}	沸点/℃	蒸发焓 /kJ·mol^{-1}	转变点/℃	转变焓 /kJ·mol^{-1}
Fe_3O_4	1597	138.2	—	—	593	—
Fe_2O_3	1457	—	分　解	—	(680);(780)	0.67
Fe_3C	1227	51.46	分　解	—	190	0.67
Fe_2SiO_4	1220	133.9	—	—	—	—
Fe_2TiO_3	1370	11.34	分　解	—	—	—
H_2O	0	6.016	100	41.11	—	—
Mg	649	8.71	1090	134.0	—	—
MgO	2642	77.0	2770	—	—	—
Mn	1244	(14.7)	2060	231.1	718;1100;1138	1.93;2.30;1.80
MnO	1785	54.0	—	—	—	—
Mo	2615	35.98	4610	590.3	—	—
N_2	−210.0	0.720	−195.8	5.581	−237.5	0.23
NaCl	800	28.5	1465	170.4	—	—
Na_2SiO_3	1088	52.3	—	—	—	—
Ni	1455	17.71	2915	374.3	—	—
O_2	−218.8	0.445	−183.0	6.8	−249.5;−229.4	0.0938;0.7436
Pb	327.4	4.98	1750	178.8	—	—
Ti	1667	(18.8)	3285	425.8	882	3.48
Si	1412	50.66	3270	384.8	—	—
SiO_2	1713	15.1	—	—	250	1.3
TiO_2	1840	648.5	—	—	—	—
V	1902	209.3	3410	457.2	—	—
W	3400	(46.9)	5555	(737)	—	—
Zn	419.5	7.2	911	115.1	—	—

附录 3　氧化物的标准生成吉布斯自由能 $\Delta_f G^\ominus$

反　应	温度/K	$\Delta_f G^\ominus$/J·mol^{-1}氧化物
$2Al_{(l)}+\frac{1}{2}O_2 = Al_2O_{(g)}$	1500～2000	$-196650-5464T$
$Al_{(l)}+\frac{1}{2}O_2 = AlO_{(g)}$	1500～2000	$14640-55.69T$
$2Al_{(l)}+\frac{3}{2}O_2 = Al_2O_{3(s)}$	1500～2000	$-1679880+321.79T$

续附录 3

反　应	温度/K	$\Delta_f G^\ominus$/J·mol^{-1}氧化物
$B_{(s)}+\frac{1}{2}O_2 = BO_{(g)}$	1500～2000	−69040−81.30T
$2B_{(s)}+\frac{3}{2}O_2 = B_2O_{3(l)}$	1500～2000	1237840+217.23T
$Ba_{(l)}+\frac{1}{2}O_2 = BaO_{(s)}$	1500～1910	−552290+92.47T
$Ba_{(g)}+\frac{1}{2}O_2 = BaO_{(s)}$	1910～2000	−699770+169.87T
$Be_{(l)}+\frac{1}{2}O_2 = BeO_{(s)}$	1555～2000	
$Ba_{(l)}+\frac{1}{2}O_2 = BaO_{(s)}$	1555～2000	−601450+97.49T
$Ca_{(l)}+\frac{1}{2}O_2 = CaO_{(s)}$	1500～1765	−639520+107.86T
$Ca_{(g)}+\frac{1}{2}O_2 = CaO_{(s)}$	1765～2000	−7896170+191.21T
$C_{(s)}+\frac{1}{2}O_2 = CO_{(g)}$	1500～2000	−117990−84.35T
$C_{(s)}+O_2 = CO_{2(g)}$	1500～2000	−396460+0.08T
$2Ce_{(l)}+\frac{3}{2}O_2 = Ce_2O_{3(s)}$	1500～2000	−1826320+336.64T
$Ce_{(l)}+O_2 = CeO_{2(s)}$	1500～2000	−1029260+214.22T
$Co_{(\gamma)}+\frac{1}{2}O_2 = CoO_{(s)}$	1500～1766	−238070+73.22T
$Co_{(l)}+\frac{1}{2}O_2 = CoO_{(s)}$	1766～2000	−253130+81.71T
$3Co_{(\gamma)}+2O_2 = Co_3O_{4(s)}$	1500～1766	−874040+348.57T
$2Cr_{(s)}+\frac{3}{2}O_2 = Cr_2O_{3(s)}$	1500～2000	−1131980+256.69T
$2Cu_{(l)}+\frac{1}{2}O_2 = Cu_2O_{(l)}$	1502～2000	−146230+60.25T
$Cu_{(l)}+\frac{1}{2}O_2 = CuO_{(s)}$	1500～1720	−167360+96.48T
$Cu_{(l)}+\frac{1}{2}O_2 = CuO_{(l)}$	1720～2000	−153970+88.95T
$Fe_{(\gamma)}+\frac{1}{2}O_2 = FeO_{(s)}$	1500～1650	−261920+63.51T
$Fe_{(\delta)}+\frac{1}{2}O_2 = FeO_{(l)}$	1665～1809	−229490+43.81T
$Fe_{(l)}+(1/2)O_2 = FeO_{(l)}$	1809～2000	−238070+49.45T

续附录 3

反　应	温度/K	$\Delta_f G^\ominus$/J·mol^{-1}氧化物
$2Fe_{(\gamma)}+(3/2)O_2 = Fe_2O_{3(s)}$	1500～1650	$-800400+241.00T$
$2Fe_{(\delta)}+\frac{3}{2}O_2 = Fe_2O_{3(s)}$	1665～1809	$-798940+240.41T$
$3Fe_{(\gamma)}+2O_2 = Fe_3O_{4(s)}$	1500～1650	$-1085540+296.39T$
$3Fe_{(\delta)}+2O_2 = Fe_3O_{4(s)}$	1655～1809	$-1085960+296.69T$
$H_2+\frac{1}{2}O_2 = H_2O_{(g)}$	1500～2000	$-251880+58.33T$
$Mg_{(g)}+\frac{1}{2}O_2 = MgO_{(s)}$	1500～2000	$-731150+205.39T$
$Mn_{(l)}+\frac{1}{2}O_2 = MnO_{(s)}$	1516～2000	$-408150+88.78T$
$3Mn_{(l)}+2O_2 = Mn_3O_{4(s)}$	1516～1833	$-1418590+372.63T$
$Mo_{(s)}+O_2 = MoO_{2(s)}$	1500～2000	$-547270+142.97T$
$Mo_{(s)}+\frac{3}{2}O_2 = MoO_{3(s)}$	1553～2000	$-476140+54.06T$
$2Nb_{(s)}+2O_2 = Nb_2O_{4(s)}$	1500～2000	$-1566910+337.06T$
$2Nb_{(s)}+\frac{5}{2}O_2 = Nb_2O_{5(s)}$	1500～1785	$-1866900+408.19T$
$2Nb_{(s)}+\frac{5}{2}O_2 = Nb_2O_{5(l)}$	1785～2000	$-1746820+340.66T$
$Ni_{(s)}+\frac{1}{2}O_2 = NiO_{(s)}$	1500～1726	$-233890+83.72T$
$Ni_{(l)}+\frac{1}{2}O_2 = NiO_{(s)}$	1726～2000	$-252500+94.60T$
$\frac{1}{2}P_{2(g)}+\frac{1}{2}O_2 = PO_{(g)}$	1500～2000	$-112970+9.54T$
$2P_{2(g)}+5O_2 = P_4O_{10(g)}$	1500～2000	$-3140930+964.83T$
$Si_{(l)}+\frac{1}{2}O_2 = SiO_{(g)}$	1686～2000	$-155230-47.28T$
$Si_{(l)}+O_2 = SiO_{2(g)}$($\beta$-方石英)	1686～1986	$-947680+198.74T$
$Si_{(l)}+O_2 = SiO_{2(l)}$	1883～2000	$-936380+192.80T$
$Sn_{(l)}+\frac{1}{2}O_2 = SnO_{(s)}$	1500～2000	$-282840+103.09T$
$Sn_{(l)}+\frac{1}{2}O_2 = SnO_{(g)}$	1500～2000	$-28450-43.47T$
$Sn_{(l)}+O_2 = SnO_{2(s)}$	1500～1898	$-566930+197.28T$
$Sn_{(l)}+O_2 = SnO_{2(l)}$	1898～2000	$-513170+168.74T$

续附录 3

反　应	温度/K	$\Delta_f G^\ominus$/J·mol^{-1}氧化物
$2Ta_{(s)}+\frac{5}{2}O_2 = Ta_2O_{5(s)}$	1500～2000	$-1989280+393.63T$
$Ti_{(s)}+\frac{1}{2}O_2 = TiO_{(s)}$	1500～1940	$-502500+82.97T$
$Ti_{(s)}+\frac{1}{2}O_2 = TiO_{(g)}$	1500～1940	$26360-76.23T$
$2Ti_{(s)}+\frac{3}{2}O_2 = Ti_2O_{3(s)}$	1500～1940	$-1481140+244.18T$
$3Ti_{(s)}+\frac{5}{2}O_2 = Ti_3O_{5(s)}$	1500～1940	$-2416260+408.74T$
$Ti_{(s)}+O_2 = TiO_{2(s)}$	1500～1940	$-935120+173.85T$
$W_{(s)}+O_2 = WO_{2(s)}$	1500～2000	$-564000+162.84T$
$W_{(s)}+\frac{3}{2}O_2 = WO_{3(s)}$	1500～1743	$-814000+227.90T$
$W_{(s)}+\frac{3}{2}O_2 = WO_{3(l)}$	1743～2000	$-743710+187.65T$
$V_{(s)}+\frac{1}{2}O_2 = VO_{(s)}$	1500～2000	$-401660+74.39T$
$V_{(s)}+\frac{1}{2}O_2 = VO_{(g)}$	1500～2000	$196650-74.39T$
$2V_{(s)}+\frac{3}{2}O_2 = V_2O_{3(s)}$	1500～2000	$-1200810+225.94T$
$2V_{(s)}+2O_2 = V_2O_{4(s)}$	1500～1818	$-1384900+296.23T$
$2V_{(s)}+2O_2 = V_2O_{4(l)}$	1818～2000	$-1262520+227.99T$
$2V_{(s)}+\frac{5}{2}O_2 = V_2O_{5(l)}$	1500～2000	$-1449760+317.27T$
$Zr_{(s)}+O_2 = ZrO_{2(s)}$	1500～2000	$-1079470+177.82T$

附录 4　氧化物标准吉布斯自由能 $\Delta_r G^\ominus$

反　应	温度/K	$\Delta_r G^\ominus$/J·mol$^{-1}O_2$
$\frac{4}{3}Al_{(s)}+O_2 = \frac{2}{3}Al_2O_{3(s)}$	298～932	$-1115450+209.20T$
$\frac{4}{3}Al_{(l)}+O_2 = \frac{2}{3}Al_2O_{3(s)}$	932～2345	$-1120480+214.22T$
$\frac{4}{3}As_{(s)}+O_2 = \frac{2}{3}As_2O_{3(s)}$	298～589	$-435140+178.66T$

续附录 4

反　应	温度/K	$\Delta_r G^{\ominus}$/J·mol^{-1}O$_2$
$\frac{4}{3}As_{(s)}+O_2 = \frac{2}{3}As_2O_{3(l)}$	585～730	$-364430+57.74T$
$\frac{4}{3}As_{(s)}+O_2 = \frac{2}{3}As_2O_{3(g)}$	730～886	$-439740+161.08T$
$\frac{4}{3}As_{(g)}+O_2 = \frac{2}{3}As_2O_{3(g)}$	886～2500	$-423420+142.67T$
$\frac{4}{3}B_{(s)}+O_2 = \frac{2}{3}B_2O_{3(s)}$	298～723	$-838890+167.78T$
$\frac{4}{3}B_{(s)}+O_2 = \frac{2}{3}B_2O_{3(l)}$	723～2313	$-830940+156.48T$
$2Ba_{(s)}+O_2 = 2BaO_{(s)}$	298～983	$-1108760+182.84T$
$2Ba_{(l)}+O_2 = 2BaO_{(s)}$	983～1895	$-1104580+179.08T$
$2Ba_{(g)}+O_2 = 2BaO_{(s)}$	1895～2191	$-1408330+339.32T$
$2Ba_{(s)}+O_2 = 2BaO_{(s)}$	298～1556	$-1196620+199.16T$
$2Ba_{(l)}+O_2 = 2BaO_{(s)}$	1556～2843	$-1150180+196.03T$
$2C_{(石墨)}+O_2 = 2CO_{(s)}$	298～3400	$-232630-167.78T$
$C_{(石墨)}+O_2 = CO_{2(g)}$	298～3400	$-395390+0.08T$
$2Ca_{(s)}+O_2 = 2CaO_{(s)}$	298～1123	$-1267750+201.25T$
$2Ca_{(l)}+O_2 = 2CaO_{(s)}$	1123～1756	$-1279470+211.71T$
$2Ca_{(g)}+O_2 = 2CaO_{(s)}$	1756～2887	$-1557700+369.87T$
$\frac{4}{3}Ce_{(s)}+O_2 = \frac{2}{3}Ce_2O_{3(s)}$	298～1077	$-1195370+189.12T$
$2Co_{(s)}+O_2 = 2CoO_{(s)}$	298～1768	$-477810+171.96T$
$2Co_{(l)}+O_2 = 2CoO_{(s)}$	1768～2078	$-519650+195.81T$
$\frac{4}{3}Cr_{(s)}+O_2 = \frac{2}{3}Cr_2O_{3(s)}$	298～2176	$-746840+170.29T$
$4Cu_{(s)}+O_2 = 2Cu_2O_{(s)}$	298～1357	$-334720+144.77T$
$4Cu_{(l)}+O_2 = 2Cu_2O_{(s)}$	1357～1509	$-324680+137.65T$
$4Cu_{(l)}+O_2 = 2Cu_2O_{(l)}$	1509～2500	$-235140+78.24T$
$2Fe_{(s)}+O_2 = 2FeO_{(s)}$	298～1642	$-519230+125.10T$
$2Fe_{(s)}+O_2 = 2FeO_{(l)}$	1642～1809	$-441410+77.82T$
$2Fe_{(l)}+O_2 = 2FeO_{(l)}$	1809～2000	$-459400+87.45T$
$\frac{4}{3}Fe_{(s)}+O_2 = \frac{2}{3}Fe_2O_{3(s)}$	298～1809	$-540570+170.29T$
$\frac{3}{2}Fe_{(s)}+O_2 = \frac{1}{2}Fe_3O_{4(s)}$	198～1809	$-545590+156.48T$
$\frac{3}{2}Fe_{(l)}+O_2 = \frac{1}{2}Fe_3O_{4(s)}$	1809～1867	$-589110+180.33T$

续附录 4

反　应	温度/K	$\Delta_r G^\ominus$/J • mol^{-1} O_2
$2H_2+O_2 = 2H_2O_{(g)}$	298～3400	−499150+114.22T
$2Mg_{(s)}+O_2 = 2MgO_{(s)}$	298～923	−119660+208.36T
$2Mg_{(l)}+O_2 = 2MgO_{(s)}$	923～1376	−1225910+240.16T
$2Mg_{(g)}+O_2 = 2MgO_{(s)}$	1376～3125	−1428840+387.44T
$2Mn_{(s)}+O_2 = 2MnO_{(s)}$	298～1517	−769860+148.95T
$2Mn_{(l)}+O_2 = 2MnO_{(s)}$	1517～2054	−803750+171.57T
$\frac{2}{3}Mo_{(s)}+O_2 = \frac{2}{3}MoO_{3(s)}$	298～1068	−505080+168.62T
$\frac{2}{3}Mo_{(s)}+O_2 = \frac{2}{3}MoO_{3(l)}$	1068～1530	−448110+117.5T
$\frac{2}{3}Mo_{(s)}+O_2 = \frac{2}{3}MoO_{3(g)}$	1530～2500	−346850+51.88T
$4Na_{(s)}+O_2 = 2Na_2O_{(s)}$	273～371	−824250+236.81T
$4Na_{(l)}+O_2 = 2Na_2O_{(s)}$	371～1156	−843080+287.86T
$4Na_{(g)}+O_2 = 2Na_2O_{(s)}$	1156～1193	−902490+339.32T
$4Na_{(g)}+O_2 = 2Na_2O_{(l)}$	1193～1600	−1197040+585.76T
$4Na_{(g)}+O_2 = 2Na_2O_{(g)}$	1600～2250	−897890+399.15T
$Nb_{(s)}+O_2 = NbO_{2(s)}$	298～3043	−786590+149.79T
$2Ni_{(s)}+O_2 = 2NiO_{(s)}$	298～1725	−476980+168.62T
$2Ni_{(l)}+O_2 = 2NiO_{(s)}$	1725～2257	−457310+157.32T
$\frac{2}{5}P_{2(g)}+O_2 = \frac{2}{5}P_2O_{5(s)}$	298～631	−594130+311.71T
$\frac{2}{5}P_{2(g)}+O_2 = \frac{2}{5}P_2O_{5(l)}$	631～704	−469860+114.64T
$\frac{2}{5}P_{2(g)}+O_2 = \frac{2}{5}P_2O_{5(g)}$	704～2500	−472790+118.83T
$2Pb_{(s)}+O_2 = 2PbO_{(s)}$	298～601	−435140+192.05T
$2Pb_{(l)}+O_2 = 2PbO_{(s)}$	601～1159	−425090+179.08T
$2Pb_{(l)}+O_2 = 2PbO_{(l)}$	1159～1745	−407940+164.01T
$2Pb_{(l)}+O_2 = 2PbO_{(g)}$	1745～2016	+40170−92.47T
$1/2S_{2(g)}+O_2 = SO_{2(g)}$	298～3400	−362330+71.96T
$\frac{1}{3}S_{2(g)}+O_2 = \frac{2}{3}SO_{3(g)}$	298～2500	−304600+107.95T
$Si_{(s)}+O_2 = SiO_{2(s)}$	298～1685	−905840+175.73T
$Si_{(l)}+O_2 = SiO_{2(s)}$	1685～1696	−866510+152.30T
$Si_{(l)}+O_2 = SiO_{2(l)}$	1696～2500	−940150+195.81T
$Sn_{(s)}+O_2 = SnO_{2(s)}$	298～505	−580740+205.43T

续附录 4

反　应	温度/K	$\Delta_r G^{\ominus}$/J·mol^{-1} O_2
$Sn_{(l)}+O_2 = SnO_{2(s)}$	505～2140	$-584090+212.55T$
$Ti_{(s)}+O_2 = TiO_{2(s)}$	298～1940	$-943490+179.08T$
$Ti_{(l)}+O_2 = TiO_{2(s)}$	1940～2128	$-941820+178.24T$
$\frac{4}{3}V_{(s)}+O_2 = \frac{2}{3}V_2O_{3(s)}$	298～2190	$-820900+165.27T$
$\frac{2}{3}W_{(s)}+O_2 = \frac{2}{3}WO_{3(s)}$	298～1743	$-556470+158.57T$
$\frac{2}{3}W_{(s)}+O_2 = \frac{2}{3}WO_{3(l)}$	1743～2100	$-484510+117.15T$
$2Zn_{(s)}+O_2 = 2ZnO_{(s)}$	298～693	$-694540+193.30T$
$2Zn_{(l)}+O_2 = 2ZnO_{(s)}$	693～1180	$-709610+241.64T$
$2Zn_{(g)}+O_2 = 2ZnO_{(s)}$	1180～2240	$-921740+394.55T$
$Zr_{(s)}+O_2 = ZrO_{2(s)}$	298～2125	$-1096210+189.12T$

附录 5　某些反应的标准吉布斯自由能变化 $\Delta_r G^{\ominus}(J)=A+BT$

反　应	A	B	温度/K
$4Ag_{(s)}+S_2 = 2Ag_2S_{(s)}$	−187400	79.5	298～1115
$C_{(石墨)}+S_2 = CS_{2(g)}$	−12970	−7.1	298～2500
$2Ca_{(s)}+S_2 = 2CaS_{(s)}$	−1083200	190.8	298～673
$2Ca_{(l)}+S_2 = 2CaS_{(s)}$	−1084000	192.0	673～1124
$2Cd_{(s)}+S_2 = 2CdS_{(s)}$	−439300	181.2	298～594
$2Cd_{(l)}+S_2 = 2CdS_{(s)}$	−451000	200.8	594～1038
$4Cu_{(s)}+S_2 = 2Cu_2S_{(s)}$	−262300	61.1	298～1356
$2Cu_{(s)}+S_2 = 2CuS_{(s)}$	−225900	143.5	298～900
$2Fe_{(s)}+S_2 = 2FeS_{(s)}$	−304600	156.9	298～1468
$2Fe_{(s)}+S_2 = 2FeS_{(l)}$	−112100	25.9	1468～1809
$2Fe_{(s)}+S_2 = 2FeS_{(s)}$	−180700	186.6	298～1200
$2H_2+S_2 = 2H_2S_{(g)}$	−180300	98.7	298～2500
$2Mn_{(s)}+S_2 = 2MnS_{(s)}$	−535600	130.5	298～1517
$Mo_{(s)}+S_2 = MoS_{2(s)}$	−362300	203.8	298～1780
$4Na_{(l)}+S_2 = 2Na_2S_{(s)}$	−880300	263.2	371～1156
$3Ni_{(s)}+S_2 = Ni_3S_{2(s)}$	−328000	159.0	298～800
$2Pb_{(s)}+S_2 = 2PbS_{(s)}$	−317100	157.7	298～600

续附录 5

反　应	A	B	温度/K
$2Pb_{(l)}+S_2 = 2PbS_{(s)}$	−327200	174.5	600~1392
$2Zn_{(s)}+S_2 = 2ZnS_{(s)}$	−487900	161.1	298~693
$2Al_{(s)}+N_2 = 2AlN_{(s)}$	−603800	194.6	298~932
$2B_{(s)}+N_2 = 2BN_{(s)}$	−507900	182.8	298~2300
$4Cr_{(s)}+N_2 = 2Cr_2N_{(s)}$	−184100	100.4	298~2176
$8Fe_{(s)}+N_2 = 2Fe_4N_{(s)}$	−242700	102.5	298~1809
$3Mg_{(s)}+N_2 = Mg_3N_{2(s)}$	−458600	198.7	298~923
$3H_2+N_2 = 2NH_{3(g)}$	−100800	228.4	298~2000
$\frac{3}{2}Si_{(s)}+N_2 = \frac{1}{2}Si_3N_{4(s)}$	−376600	168.2	298~1680
$2Ti_{(s)}+N_2 = 2TiN_{(s)}$	−671500	187.9	298~1940
$2V_{(s)}+N_2 = 2VN_{(s)}$	−348500	166.1	298~2190
$4Al_{(s)}+3C = Al_4C_{3(s)}$ $4Al_{(l)}+3C = Al_4C_{3(s)}$	−215900 −266500	41.8 96.2	298~932 932~2000
$3Fe_{(s)}+C_{(s)} = Fe_3C_{(s)}$ $3Fe_{(l)}+C_{(s)} = Fe_3C_{(s)}$	26690 10530	−2.48 −10.2	463~1115 1809~2000
$Si_{(s)}+C_{(s)} = SiC_{(s)}$ $Si_{(l)}+C_{(s)} = SiC_{(s)}$	−63760 −114400	7.2 37.2	1500~1686 1686~2000
$Ti_{(\alpha)}+C_{(s)} = TiC_{(s)}$	−183100	10.1	298~1155
$Ti_{(\beta)}+C_{(s)} = TiC_{(s)}$	−186600	13.2	1155~2000
$W_{(s)}+C_{(s)} = WC_{(s)}$	−37660	1.7	298~2000
$Zr_{(s)}+C_{(s)} = ZrC_{(s)}$	−184500	9.2	298~2000
$2Ag_{(s)}+Cl_2 = 2AgCl_{(s)}$	−251000	106.7	298~728
$\frac{2}{3}Al_{(s)}+Cl_2 = \frac{2}{3}AlCl_{3(s)}$ $\frac{2}{3}Al_{(s)}+Cl_2 = \frac{2}{3}AlCl_{3(l)}$	−464000 −455200	161.9 143.5	298~465 465~500
$\frac{1}{2}C_{(s)}+Cl_2 = \frac{1}{2}CCl_{4(s)}$	−51460	66.5	298~2500
$C_{(s)}+\frac{1}{2}O_2+Cl_2 = COCl_{2(g)}$	−221800	39.3	298~2000
$Cu_{(s)}+Cl_2 = CuCl_{2(s)}$	−200400	129.3	298~500
$H_2+Cl_2 = 2HCl_{(s)}$	−188300	12.1	298~2500
$Hg_{(l)}+Cl_2 = HgCl_{2(s)}$	−223400	155.2	298~550
$Mg_{(s)}+Cl_2 = MgCl_{2(s)}$	−631800	158.6	298~932

续附录 5

反　应	A	B	温度/K
$Mg_{(l)}+Cl_2 = MgCl_{2(s)}$	509600	26.4	923～987
$Mg_{(l)}+Cl_2 = MgCl_{2(l)}$	−610900	128.9	987～1367
$\frac{1}{2}Si_{(s)}+Cl_2 = \frac{1}{2}SiCl_{4(l)}$	−307100	88.7	298～330
$\frac{1}{2}Si_{(s)}+Cl_2 = \frac{1}{2}SiCl_{4(g)}$	−297500	59.4	330～1653
$\frac{1}{2}Ti_{(s)}+Cl_2 = \frac{1}{2}TiCl_{4(l)}$	−400000	110.5	298～409
$\frac{1}{2}Ti_{(s)}+Cl_2 = \frac{1}{2}TiCl_{4(g)}$	−379500	60.7	409～1940
$Y_{(s)}+\frac{3}{2}Cl_2 = YCl_{3(s)}$	−967760	227.2	298～994
$Zn_{(l)}+Cl_2 = ZnCl_{2(l)}$	−402500	131.4	693～1005
$Zr_{(s)}+2Cl_2 = ZrCl_{4(g)}$	−871070	116.3	609～2273

附录 6　不同元素溶于铁液生成 $w[i]=1\%$ 溶液的标准溶解吉布斯自由能 $\Delta_{sol}G^{\ominus}$

元　素 i	$\Delta_{sol}G^{\ominus}=RT\ln\gamma_i^0\frac{0.5585}{M_i}$/J·mol^{-1}	γ_i^0(1873K)
$Ag_{(l)}$	$82420-43.76T$	200
$Al_{(l)}$	$-63180-27.91T$	0.029
$B_{(s)}$	$-65270-21.55T$	0.022
$C_{(石墨)}$	$22590-42.26T$	0.57
$Ca_{(g)}$	$-39460+49.37T$	2240
$Ce_{(l)}$	$-54390-46.02T$	0.032
$Co_{(l)}$	$1000-38.74T$	1.07
$Cr_{(l)}$	$-37.70T$	1.0
$Cr_{(s)}$	$19250-46.86T$	1.14
$Cu_{(l)}$	$33470-39.37T$	8.6
$1/2H_{2(g)}$	$36480+30.46T$	—
$Mg_{(g)}$	$117400-31.40T$	91
$Mn_{(l)}$	$4080-38.16T$	1.3
$Mo_{(l)}$	$-42.80T$	1.0
$Mo_{(s)}$	$27610-52.38T$	1.86
$1/2N_{2(g)}$	$3600+23.89T$	—
$Nb_{(l)}$	$-42.68T$	1.0

续附录 6

元　素 i	$\Delta_{sol}G^{\ominus}=RT\ln\gamma_i^0\dfrac{0.5585}{M_i}$/J·mol^{-1}	γ_i^0(1873K)
$Nb_{(s)}$	$23000-52.30T$	1.4
$Ni_{(l)}$	$-23000-31.05T$	0.66
$1/2O_{2(g)}$	$-117150-2.89T$	—
$1/2P_{2(g)}$	$-122170-19.25T$	—
$Pb_{(l)}$	$212550-106.27T$	1400
$1/2S_{2(g)}$	$-135060+23.43T$	—
$Si_{(l)}$	$-131500-17.24T$	0.0013
$Sn_{(l)}$	$15980-44.43T$	2.8
$Ti_{(l)}$	$-40580-37.03T$	0.074
$Ti_{(s)}$	$-25100-44.98T$	0.077
$U_{(l)}$	$-56060-50.21T$	0.027
$V_{(l)}$	$-42260-35.98T$	0.08
$V_{(s)}$	$-20710-45.61T$	0.1
$W_{(l)}$	$-48.12T$	1.0
$W_{(s)}$	$31380-63.60T$	1.2
$Zr_{(l)}$	$-80750-34.77T$	0.014
$Zr_{(s)}$	$-64430-42.38T$	0.016

附录 7　溶于铁液中 1600℃时各元素的 e_i^j

第二元素 i	第三元素 j										
	Ag	Al	As	Au	B	C	Ca	Ce	Co	Cr	Cu
Ag	(−0.04)	−0.08				0.22				(−0.01)	
Al	−0.017	0.045				0.091	−0.047				
As						0.25					
Au											
B					0.038	0.22					
C	0.028	0.043	0.043		0.24	0.14	−0.097		0.0076	−0.024	0.016
Ca		−0.072				−0.34	(−0.002)				
Ce											
Co						0.021			0.0022	−0.022	
Cr	(−0.002)					−0.12			−0.019	−0.0003	0.016
Cu						0.066				0.018	−0.023

续附录 7

第二元素 i	第三元素 j										
	Ag	Al	As	Au	B	C	Ca	Ce	Co	Cr	Cu
H		0.013			0.05	0.06		0	0.0018	−0.0022	0.0005
La											
Mg						(0.15)					
Mn						−0.07					
Mo						−0.097				−0.0003	
N		−0.028	0.018		0.094	0.13			0.011	−0.047	0.009
Nb						−0.49					
Ni						0.042	−0.067			−0.0003	
O		−3.9		−0.005	−2.6	−0.45		−0.57	0.008	−0.04	−0.013
P						0.13				−0.03	0.024
Pb		0.021				0.066			0	0.02	−0.028
S		0.035	0.0041	0.0042	0.13	0.11			0.0026	−0.011	−0.0084
Sb											
Si		0.058			0.20	0.18	−0.067			−0.0003	0.014
Sn						0.37				0.015	
Ta						−0.37					
Ti										0.055	
U		0.059									
V						−0.34					
W						−0.15					
Zr											

第二元素 i	第三元素 j										
	H	La	Mg	Mn	Mo	N	Nb	Ni	O	P	Pb
Ag											
Al	0.24					−0.058			−6.6		0.0065
As						0.077					
Au									−0.11		
B	0.49					0.074			−1.8		
C	0.67		(0.07)	−0.012	0.0083	0.11	−0.06	0.012	−0.34	0.051	0.0079
Ca								−0.044			
Ce	−0.60								−5.03		
Co	−0.14					0.032			0.018		0.003
Cr	−0.33				0.0018	−0.19		0.0002	−0.14	−0.053	0.0083
Cu	−0.24					0.026			−0.065	0.044	−0.0056
H	0	−0.027		−0.0014	0.0022		−0.0023	0	−0.19	0.011	

续附录 7

第二元素 i	第三元素 j										
	H	La	Mg	Mn	Mo	N	Nb	Ni	O	P	Pb
La	-4.3								-4.98		
Mg											
Mn	-0.31			0		-0.091			-0.083	-0.0035	-0.0029
Mo	-0.20					-0.10			-0.0007		0.0023
N				-0.02	-0.011	0	-0.06	0.01	0.05	0.045	
Nb	-0.61					-0.42	(0)		-0.83		
Ni	-0.25					0.028		0.0009	0.01	-0.0035	-0.0023
O	-3.1	-0.57		-0.021	0.0035	0.057	-0.14	0.006	-0.20	0.07	
P	0.21			0		0.094		0.0002	0.13	0.062	0.011
Pb				-0.023	0			-0.019		0.048	
S	0.12			-0.026	0.0027	0.01	-0.013	0	-0.27	0.029	-0.046
Sb						0.043			-0.20		
Si	0.64			0.002		0.09		0.005	-0.23	0.11	0.01
Sn	0.12					0.027			-0.11	0.036	0.35
Ta	-4.4					-0.47			-1.29		
Ti	-1.1					-1.8			-1.8		
U									-6.61		
V	-0.59					-0.35			-0.97		
W	0.088					-0.072			-0.052		0.0005
Zr						-4.1			-2.53		

第二元素 i	第三元素 j									
	S	Sb	Si	Sn	Ta	Ti	U	V	W	Zr
Ag										
Al	0.03		0.0056				0.011			
As	0.0037									
Au	0.0037									
B	0.048		0.078							
C	0.046		0.08	0.041	-0.021			-0.077	-0.0056	
Ca			-0.097							
Ce										
Co	0.0011									
Cr	-0.02		-0.0043	0.009		0.059				
Cu	-0.021		0.027							
H	0.008		0.027	0.0053	-0.02	-0.019		-0.0074	0.0048	
La										
Mg										

续附录 7

第二元素 i	第三元素 j									
	S	Sb	Si	Sn	Ta	Ti	U	V	W	Zr
Mn	−0.048		−0.0002							
Mo	−0.0005									
N	0.007	0.0088	0.047	0.007	−0.032	−0.53		−0.093	−0.0015	−0.63
Nb	−0.047									
Ni	−0.0037		0.0057							
O	−0.133	−0.023	−0.131	−0.011	−0.11	−0.6	−0.44	−0.3	−0.0085	−0.44
P	0.028		0.12	0.013						
Pb	−0.32		0.048	0.057					0	
S	−0.028	0.0037	0.063	−0.0044	−0.0002	−0.072		−0.016	0.0097	−0.052
Sb	0.0019									
Si	0.056		0.11	0.017				0.025		
Sn	−0.028		0.057	0.0016						
Ta	−0.021				0.002					
Ti	−0.11					0.013				
U							0.013			
V	−0.028		0.042					0.015		
W	0.035									
Zr	−0.16									0.022

附录 8　不同元素溶于铜液生成 $w[i]=1\%$溶液的标准溶解吉布斯自由能 $\Delta_{sol}G^{\ominus}$

元　素 i	$\Delta_{sol}G^{\ominus}=RT\ln\gamma_i^0\dfrac{0.6354}{M_i}$/J·mol^{-1}	γ_i^0(1473K)
$Ag_{(l)}$	$16320-44.02T$	3.23
$Al_{(l)}$	$-36110-57.91T$	0.0028
$As_{(g)}$	$-93510-39.50T$	4.8×10^{-4}
$Au_{(l)}$	$-19370-50.58T$	0.14
$Bi_{(l)}$	$24940-63.18T$	1.25
$C_{(石墨)}$	$35770+50.21T$	1.4×10^{5}
$Ca_{(l)}$	$-92880-34.31T$	5.1×10^{-4}
$Cd_{(g)}$	$-107530+53.14T$	15.6
$Cd_{(l)}$	$-7780-42.68T$	0.53
$Co_{(s)}$	$33470-37.66T$	15.4
$Cr_{(s)}$	$46020-36.48T$	43

续附录 8

元　素 i	$\Delta_{sol}G^{\ominus}=RT\ln\gamma_i^0\frac{0.6354}{M_i}$/J · mol^{-1}	γ_i^0(1473K)
$Fe_{(s)}$	54270−47.45T	24.1
$Fe_{(l)}$	38910−38.79T	19.5
$1/2H_{2(g)}$	43510+31.38T	—
$Mg_{(l)}$	−36280−31.51T	0.044
$Mg_{(g)}$	−168200−63.18T	0.08
$Mn_{(s)}$	6490−46.61T	0.53
$Mn_{(l)}$	−8160−36.94T	0.51
$Ni_{(s)}$	27410−48.12T	2.66
$Ni_{(l)}$	9790−37.66T	2.22
$1/2O_{2(g)}$	−85350+18.54T	—
$Pb_{(l)}$	36070−58.62T	5.27
$Pt_{(s)}$	−42680−43.81T	0.05
$1/2S_{2(g)}$	−119660+25.23T	—
$Sb_{(l)}$	−52300−43.51T	0.014
$Si_{(s)}$	−121340−61.42T	0.01
$Si_{(l)}$	−62760−31.38T	0.006
$Sn_{(l)}$	−37240−43.51T	0.048
$V_{(s)}$	117570−75.73T	130
$Zn_{(l)}$	−23600−38.37T	0.146

附录 9　Cu-i-j 系活度相互作用系数

j	Cu-H-j			Cu-O-j			Cu-S-j		
	e_H^j	e_j^H	t/℃	e_O^j	e_j^O	t/℃	e_S^j	e_j^S	t/℃
Ag	0.0006	−0.4	1225	0 −0.005	−0.025	1100～1200 1550			
Al	0.0058	1.4	1225						
Au	0.0003	−0.8	1225	0.015	0.14	1200～1550	0.012	0.053	1150～1200
Co	0.015	−1.1	1150	−0.32 −0.0064 −0.15	−1.2	1200 1550 1600	−0.023	−0.046	1300～1500
Cr	0.0092	−0.7	1550						

续附录 9

j	Cu-H-j			Cu-O-j			Cu-S-j		
	e_H^j	e_j^H	t/℃	e_O^j	e_j^O	t/℃	e_S^j	e_j^S	t/℃
Fe	−0.015	−1.1	1150～1550	−20000/T+10.8	−70000/T+37.7	1200～1350	−125/T+0.042	−248/T+0.08	1300～1500
				−0.226 −0.27		1550 1600			
Mn	−0.006	−0.6	1150						
Ni	−0.026	−1.8	1150～1240	−169/T+0.079	−621/T+0.292	1200～1300	−159/T+0.069	−290/T+0.122	1300～1500
				−0.0029 −0.035		1550 1600			
F	0.088	2.6	1150	6230/T+3.43	−12100/T+6.63	1150～1300			
Pb	0.031	5.5	1100	−0.007	−0.14	1100			
Pt	−0.0084	−2.5	1225	0.057 0.010	0.65	1200 1550	0.019	0.095	1200～1500
S	0.073	2.2	1150	−0.164	−0.33	1206			
Sb	0.031	3.2	1150						
Si	0.042	1.1	1150	−62	−110	1250	0.062	0.055	1200
Sn	0.016	1.4	1100～1300	−0.009	−0.09	1100			
Te	−0.012	−2.1	1150						
Zn	0.029	1.6	1150						

附录 10　某些物质的基本热力学数据

物　质	$-\Delta H_{298}^{\ominus}$ /kJ·mol^{-1}	$-\Delta G_{298}^{\ominus}$ /kJ·mol^{-1}	$S_{298}^{\ominus}$/J·mol^{-1}·K^{-1}	$c_p=a+bT+c'T^{-2}+cT^2$/J·mol^{-1}·K^{-1}				
				a	$b\times10^3$	$c'\times10^{-5}$	$c\times10^6$	温度范围/K
$Ag_{(s)}$	0.00	0.00	42.70	21.30	8.535	1.506	—	298～1234
$AgCl_{(s)}$	127.03	109.66	96.11	62.26	4.184	−11.30	—	298～728
$Ag_2CO_{3(s)}$	81.17	12.24	167.4	79.37	108.160	—	—	298～450
$Ag_2O_{(s)}$	30.57	0.84	121.71	59.33	40.80	−4.184	—	298～500
$Al_{(s)}$	0.00	0.00	28.32	20.67	12.38	—	—	298～932
$AlCl_{3(s)}$	705.34	630.20	110.70	77.12	47.83	—	—	273～466
$AlF_{3(s)}$	1489.50	1410.01	66.53	72.26	45.86	−9.623	—	298～727

续附录 10

物质	$-\Delta H_{298}^{\ominus}$ /kJ·mol^{-1}	$-\Delta G_{298}^{\ominus}$ /kJ·mol^{-1}	$S_{298}^{\ominus}$/J·mol^{-1}·K^{-1}	$c_p=a+bT+c'T^{-2}+cT^2$/J·mol^{-1}·K^{-1}				
				a	$b\times10^3$	$c'\times10^{-5}$	$c\times10^6$	温度范围/K
$Al_2O_{3(s)}$	1674.43	1674.43	50.99	114.77	12.80	−35.443	—	298～1800
$As_{(s)}$	0.00	0.00	35.15	21.88	9.29	—	—	298～1090
$As_2O_{3(s)}$	652.70	576.66	122.70	35.02	203.30	—	—	273～548
$B_{(s)}$	0.00	0.00	5.94	19.81	5.77	−9.21	—	298～1700
$B_2O_{3(s)}$	1272.77	1193.62	53.85	57.03	73.01	−14.06	—	298～723
$Ba_{(\alpha)}$	0.00	0.00	67.78	22.73	13.18	−0.28	—	298～643
$BaCl_{2(s)}$	859.39	809.57	123.60	71.13	13.97	—	—	298～1195
$BaCO_{3(s)}$	1216.29	1136.13	112.10	86.90	48.95	−11.97	—	298～1079
$BaO_{(s)}$	553.54	523.74	70.29	53.30	4.35	−8.30	—	298～1270
$Be_{(s)}$	0.00	0.00	9.54	19.00	8.58	−3.35	—	298～1556
$BeO_{(无定形)}$	598.73	569.55	14.14	21.22	55.06	−8.68	−26.34	298～1000
$Bi_{(s)}$	0.00	0.00	56.53	22.93	10.13	—	—	298～545
$Bi_2O_{3(\alpha)}$	574.04	493.84	151.50	103.50	33.47	—	—	298～800
$Br_{2(g)}$	−30.91	−3.166	245.30	37.36	0.46	−1.29	—	298～2000
$Br_{2(l)}$	0.00	0.00	152.20	71.55	—	—	—	273～334
$C_{(石墨)}$	0.00	0.00	5.74	17.16	4.27	−8.79	—	298～2300
$C_{(金刚石)}$	−1.90	−2.901	2.38	9.12	13.22	−6.20	—	298～1200
$C_2H_{2(g)}$	−226.73	−20.923	200.80	43.63	31.65	−7.51	−6.31	298～2000
$C_2H_{4(g)}$	−52.47	−68.407	219.20	32.63	59.83	—	—	298～1200
$CH_{4(g)}$	74.81	50.749	186.30	12.54	76.69	1.45	−18.00	298～2000
$C_6H_{6(l)}$	−49.04	−124.45	13.20	136.10	—	—	—	298～沸点
$C_2H_5OH_{(l)}$	277.61	174.77	160.71	111.40	—	—	—	298～沸点
$CO_{(g)}$	110.50	137.12	197.60	28.41	4.10	−0.46	—	298～2500
$CO_{2(g)}$	393.52	394.39	213.70	44.14	9.04	−8.54	—	298～2500
$COCl_{2(g)}$	220.08	205.79	283.70	65.01	18.17	−11.14	−4.98	298～2000
$Ca_{(s)}$	0.00	0.00	41.63	21.92	14.64	—	—	298～737
$CaC_{2(s)}$	59.41	64.53	70.29	68.62	11.88	−8.66	—	298～720
$CaCl_{2(s)}$	800.82	755.87	113.80	71.88	12.72	−2.51	—	600～1045
$CaCO_{3(方解石)}$	1206.87	1127.32	88.00	104.50	21.92	−25.94	—	298～1200
$CaF_{2(s)}$	1221.31	116.88	68.83	59.83	30.64	1.97	—	298～1424
$CaO_{(s)}$	634.29	603.03	39.75	49.62	4.52	−6.95	—	298～2888
$Ca(OH)_{2(s)}$	986.21	898.63	83.39	105.30	11.95	−18.97	—	298～1000
$CaS_{(s)}$	476.14	471.05	56.48	42.68	15.90	—	—	273～1000
$CaSiO_{3(s)}$	1584.06	1559.93	82.00	111.5	15.06	27.28	—	298～1463
$Ca_2SiO_{4(s)}$	2255.08	2138.47	120.50	113.60	82.01	—	—	298～948

续附录 10

物　质	$-\Delta H_{298}^{\ominus}$ /kJ·mol^{-1}	$-\Delta G_{298}^{\ominus}$ /kJ·mol^{-1}	$S_{298}^{\ominus}$/J·mol^{-1}·K^{-1}	$c_p=a+bT+c'T^{-2}+cT^2$/J·mol^{-1}·K^{-1}				
				a	$b\times10^3$	$c'\times10^{-5}$	$c\times10^6$	温度范围/K
$CaSO_{4(s)}$	1432.60	1334.84	160.70	70.21	98.74	—	—	298～1400
$Ca_3(PO_4)_{2(s)}$	4137.55	3912.66	236.00	201.80	166.00	−20.92	—	298～1000
$Ca_2CO_3\cdot MgCO_{3(s)}$	2326.30	2152.59	118.00	156.20	80.50	−21.59	—	
$Cd_{(s)}$	0.00	0.00	51.46	22.22	12.30	—	—	298～594
$CdCl_{2(s)}$	391.62	344.25	115.50	66.94	32.22	—	—	298～841
$CdO_{(s)}$	255.64	226.09	54.81	40.38	8.70	—	—	298～1200
$CdS_{(s)}$	149.36	145.09	69.04	53.97	3.77	—	—	298～1300
$Cl_{2(g)}$	0.00	0.00	223.01	36.90	0.25	−2.85	—	298～3000
$Co_{(s)}$	0.00	0.00	30.04	19.83	16.74	—	—	298～700
$CoO_{(s)}$	238.91	215.18	52.93	48.28	8.54	1.67	—	298～1800
$Cr_{(s)}$	0.00	0.00	23.77	19.79	12.84	−0.259	—	298～2176
$CrCl_{3(s)}$	405.85	366.67	115.30	63.72	22.18	—	—	298～1088
$Cr_2O_{3(s)}$	1129.68	1048.05	81.17	119.37	9.20	−15.65	—	298～1800
$Cu_{(s)}$	0.00	0.00	33.35	22.64	6.28	—	—	298～1357
$CuSO_{4(s)}$	769.98	660.87	109.20	73.41	152.90	−12.31	−71.59	298～1078
$CuO_{(s)}$	155.85	120.85	42.59	43.83	16.77	−5.88	—	298～1359
$CuS_{(s)}$	48.53	48.91	66.53	44.35	11.05	—	—	273～1273
$Cu_2O_{(s)}$	170.29	147.56	92.93	56.57	29.29	—	—	298～1509
$Cu_2S_{(s)}$	79.50	86.14	120.90	81.59	—	—	—	298～376
$F_{2(g)}$	0.00	0.00	203.30	34.69	1.84	−3.35	—	298～2000
$Fe_{(s)}$	0.00	0.00	27.15	17.49	24.77	—	—	273～1033
$FeCl_{2(s)}$	342.25	303.49	120.10	79.25	8.70	−4.90	—	298～950
$FeCl_{3(s)}$	399.40	334.03	142.30	62.34	115.10	—	—	298～577
$FeCO_{3(s)}$	740.57	667.69	95.88	48.66	112.10	—	—	298～800
$FeS_{(\alpha)}$	95.40	97.87	67.36	21.72	110.50	—	—	298～411
$FeS_{(\beta)}$	86.15	96.14	92.59	72.80	—	—	—	411～598
$FeS_{2(s)}$	177.40	166.06	52.93	74.81	5.52	−12.76	—	298～1000
$FeSi_{(s)}$	78.66	83.54	62.34	44.85	17.99	—	—	298～900
$FeTiO_{3(s)}$	1246.41	1169.09	105.90	116.60	18.24	−20.04	—	298～1743
$FeO_{(s)}$	272.04	251.50	60.75	50.80	8.614	−3.309	—	298～1650
$Fe_2O_{3(s)}$	825.50	743.72	87.44	98.28	77.82	−14.85	—	298～953
$Fe_3O_{4(s)}$	1118.38	1015.53	146.40	86.27	208.90	—	—	298～866
$Fe_2SiO_{4(s)}$	1479.88	1379.16	145.20	152.80	39.16	−28.03	—	298～1493
$Fe_3C_{(s)}$	−22.59	−18.39	101.30	82.17	83.68	—	—	273～463

续附录 10

物　质	$-\Delta H^{\ominus}_{298}$ /kJ • mol^{-1}	$-\Delta G^{\ominus}_{298}$ /kJ • mol^{-1}	$S^{\ominus}_{298}$/J • mol^{-1} • K^{-1}	$c_p=a+bT+c'T^{-2}+cT^2$/J • mol^{-1} • K^{-1}				
				a	$b\times10^3$	$c'\times10^{-5}$	$c\times10^6$	温度范围/K
$Ga_{(s)}$	0.00	0.00	40.88	25.90	—	—	—	298～303
$Ge_{(s)}$	0.00	0.00	31.17	25.02	3.43	−2.34	—	298～1213
$H_{2(g)}$	0.00	0.00	130.60	27.28	3.26	0.502	—	298～3000
$HCl_{(g)}$	92.31	95.23	186.60	26.53	4.60	2.59	—	298～2000
$H_2O_{(g)}$	242.46	229.24	188.70	30.00	10.71	0.33	—	298～2500
$H_2O_{(l)}$	285.84	237.25	70.08	75.44	—	—	—	273～373
$H_2S_{(g)}$	20.50	33.37	205.70	29.37	15.40	—	—	298～1800
$Hg_{(l)}$	0.00	0.00	76.02	30.38	−11.46	10.15	—	298～630
$Hg_2Cl_{2(s)}$	264.85	210.48	192.50	99.11	23.22	−3.64	—	298～655
$HgCl_{2(s)}$	230.12	184.07	144.50	69.99	20.28	−1.89	—	298～550
$I_{2(s)}$	0.00	0.00	116.14	−50.64	246.91	27.974	—	298～387
$I_{2(g)}$	−62.42	−19.37	260.6	37.40	0.569	−0.619	—	298～2000
$In_{(s)}$	0.00	0.00	57.82	21.51	17.57	—	—	298～249
$K_{(s)}$	0.00	0.00	71.92	7.84	17.19	—	—	298～336
$KCl_{(s)}$	436.68	406.62	82.55	40.02	25.47	3.65	—	298～1044
$La_{(s)}$	0.00	0.00	56.90	25.82	6.69	—	—	298～1141
$Li_{(s)}$	0.00	0.00	29.08	13.94	34.36	—	—	298～454
$LiCl_{(s)}$	408.27	384.05	59.30	41.42	23.40	—	—	298～883
$Mg_{(s)}$	0.00	0.00	32.68	22.30	10.25	−0.43	—	298～923
$MgCO_{3(s)}$	1096.21	1012.68	65.69	77.91	57.74	−17.41	—	298～750
$MgCl_{2(s)}$	641.41	591.90	89.54	79.08	5.94	−8.62	—	298～987
$MgO_{(s)}$	601.24	568.98	26.94	48.98	3.14	−11.44	—	298～3098
$MgSiO_{3(s)}$	1548.92	1462.12	67.78	92.25	32.90	−17.88	—	298～903
$Mn_{(s)}$	0.00	0.00	32.01	23.85	14.14	−1.57	—	298～990
$MnCO_{3(s)}$	894.96	817.62	85.77	92.01	38.91	−19.62	—	298～700
$MnCl_{2(s)}$	482.00	441.23	118.20	75.48	13.22	−5.73	—	298～923
$MnO_{(s)}$	384.93	362.67	59.83	46.48	8.12	−3.68	—	298～1800
$MnO_{2(s)}$	520.07	465.26	53.14	69.45	10.21	−16.23	—	298～528
$Mo_{(s)}$	0.00	0.00	28.58	21.71	6.94	—	—	298～2890
$MoO_{3(\alpha)}$	745.17	668.19	77.82	75.19	32.64	−8.79	—	298～1068
$N_{2(g)}$	0.00	0.00	191.50	27.87	4.28	—	—	298～2500
$NH_{3(g)}$	46.19	16.58	192.3	29.75	25.10	−1.55	—	298～1800
$NH_4Cl_{(s)}$	314.55	203.25	94.98	38.87	160.20	—	—	298～458
$NO_{(g)}$	−90.29	−86.77	210.66	27.58	7.44	−0.15	−1.43	298～3000
$NO_{2(g)}$	−33.10	−51.24	239.91	35.69	22.91	−4.70	−6.33	298～1500

续附录 10

物质	$-\Delta H^{\ominus}_{298}$ /kJ · mol^{-1}	$-\Delta G^{\ominus}_{298}$ /kJ · mol^{-1}	$S^{\ominus}_{298}$/J · mol^{-1} · K^{-1}	$c_p=a+bT+c'T^{-2}+cT^2$/J · mol^{-1} · K^{-1}				
				a	$b\times10^3$	$c'\times10^{-5}$	$c\times10^6$	温度范围/K
$N_2O_{4(g)}$	−9.079	−97.68	304.26	128.32	1.60	−128.6	24.78	298～3000
$Na_{(s)}$	0.00	0.00	51.17	14.79	44.23	—	—	298～371
$NaCl_{(s)}$	411.12	384.14	72.13	45.94	16.32	—	—	298～1074
$NaOH_{(s)}$	428.02	381.96	64.43	71.76	−110.9	—	235.80	298～568
$Na_2CO_{3(s)}$	1130.77	1048.27	138.78	11.02	244.40	24.49	—	298～723
$Na_2O_{(s)}$	417.98	379.30	75.06	66.22	43.87	−8.13	−14.09	298～1023
$Na_2SO_{4(s)}$	1387.20	1269.57	149.62	82.32	154.40	—	—	298～522
$Na_2SiO_{3(s)}$	1561.43	1437.02	113.76	130.29	40.17	−27.07	—	298～1362
$Na_3AlF_{6(s)}$	3305.36	3140.02	238.49	172.27	158.5	—	—	298～834
$Nb_{(s)}$	0.00	0.00	36.40	23.72	2.89	—	—	298～2740
$Nb_2O_{5(s)}$	1902.04	1768.50	137.24	154.39	21.42	−25.52	—	298～1785
$Ni_{(s)}$	0.00	0.00	29.88	32.64	−1.80	−5.59	—	298～630
$NiCl_{2(s)}$	305.43	258.98	97.70	73.22	13.22	−4.98	—	298～1303
$NiO_{(s)}$	248.58	220.47	38.07	50.17	157.23	16.28	—	298～525
$NiS_{(s)}$	92.88	94.54	67.36	38.70	53.56	—	—	298～600
$O_{2(g)}$	0.00	0.00	205.04	29.96	4.184	−1.67	—	298～3000
$P_{(黄)}$	−17.45	−12.01	41.09	19.12	15.82	—	—	298～317
$P_{(赤)}$	0.00	0.00	22.80	16.95	14.89	—	—	298～870
$P_{4(g)}$	−128.74	—	279.90	81.85	0.68	−13.44	—	298～2000
$P_2O_{5(s)}$	1548.08	1422.26	135.98	—	—	—	—	—
$Pb_{(s)}$	0.00	0.00	64.81	23.55	9.74	—	—	298～601
$PbO_{(s)}$	219.28	188.87	65.27	41.46	15.33	—	—	298～762
$PbO_{2(s)}$	270.08	212.48	76.57	53.14	32.64	—	—	298～1000
$PbS_{(s)}$	100.42	98.78	91.21	46.43	10.26	—	—	298～1387
$PbSO_{4(s)}$	918.39	811.62	148.53	45.86	129.70	15.57	—	298～1139
$Rb_{(s)}$	0.00	0.00	75.73	13.68	57.66	—	—	298～312
$S_{(斜方)}$	0.00	0.00	31.92	14.98	26.11	—	—	298～369
$S_{(单斜)}$	−2.07	−0.249	38.03	14.90	29.12	—	—	298～388
$S_{(g)}$	−278.99	−238.50	167.78	21.92	−0.46	1.86	—	298～2000
$S_{2(g)}$	−129.03	−72.40	228.07	35.73	1.17	−3.31	—	298～2000
$SO_{2(g)}$	296.90	298.40	248.11	43.43	10.63	−5.94	—	298～1800
$SO_{3(g)}$	395.76	371.06	256.6	57.15	27.35	−12.91	−7.728	298～2000
$Sb_{(s)}$	0.00	0.00	45.52	22.34	8.954	—	—	298～903
$Sb_2O_{5(s)}$	971.94	829.34	125.10	45.81	240.9	—	—	298～500
$Se_{(s)}$	0.00	0.00	41.97	15.99	30.20	—	—	298～423

续附录 10

物　质	$-\Delta H^{\ominus}_{298}$ /kJ • mol^{-1}	$-\Delta G^{\ominus}_{298}$ /kJ • mol^{-1}	$S^{\ominus}_{298}$/J • mol^{-1} • K^{-1}	$c_p=a+bT+c'T^{-2}+cT^2$/J • mol^{-1} • K^{-1}				
				a	$b\times10^3$	$c'\times10^{-5}$	$c\times10^6$	温度范围/K
$Si_{(s)}$	0.00	0.00	18.82	22.82	3.86	−3.54	—	298～1685
$SiC_{(s)}$	73.22	78.85	16.61	50.79	1.950	−49.20	8.20	298～3259
$SiCl_{4(l)}$	686.93	620.33	41.36	140.16	—	—	—	298～331
$SiCl_{4(g)}$	653.88	587.05	341.97	106.24	0.96	−14.77	—	298～2000
$SiO_{2(\alpha)}$	910.36	856.50	41.46	43.92	38.81	−9.68	—	298～847
$SiO_{2(\beta)}$	875.93	840.42	104.71	58.91	10.04	—	—	847～1696
$SiO_{(g)}$	100.42	127.28	211.46	29.82	8.24	−2.06	−2.28	298～2000
$Sn_{(白)}$	0.00	0.00	51.55	21.95	18.16	—	—	298～505
$Sn_{(灰)}$	−2.51	−4.53	44.77	18.49	26.36	—	—	298～505
$SnCl_{2(s)}$	325.10	281.82	129.70	67.78	38.74	—	—	298～520
$SnO_{(s)}$	285.77	256.69	56.48	39.96	14.64	—	—	298～1273
$SnO_{2(s)}$	580.74	519.86	52.3	73.89	10.04	−21.59	—	298～1500
$Sr_{(s)}$	0.00	0.00	52.3	22.22	13.89	—	—	298～862
$SrCl_{2(s)}$	829.27	782.02	117.15	76.15	10.21	—	—	298～1003
$SrO_{(s)}$	603.33	573.40	54.39	51.63	4.69	−7.56	—	298～1270
$SrO_{2(s)}$	654.38	593.90	54.39	73.97	18.41	—	—	—
$Th_{(s)}$	0.00	0.00	53.39	24.15	10.66	—	—	298～800
$ThCl_{4(s)}$	1190.35	1096.45	184.31	126.98	13.56	−9.12	—	298～679
$ThO_{2(s)}$	1226.75	1169.19	65.27	69.66	8.91	−9.37	—	298～2500
$Ti_{(s)}$	0.00	0.00	30.65	22.16	10.28	—	—	298～1155
$TiC_{(s)}$	190.37	186.78	24.27	49.95	0.98	−14.77	1.89	298～3290
$TiCl_{2(s)}$	515.47	456.91	87.36	65.36	18.02	−3.46	—	298～1300
$TiCl_{4(l)}$	804.16	737.33	252.40	142.79	8.71	−0.16	—	298～409
$TiCl_{4(g)}$	763.16	726.84	354.80	107.18	0.47	−10.55	—	298～2000
$TiO_{2(金红石)}$	944.75	889.51	50.33	62.86	11.36	−9.96	—	298～2143
$U_{(s)}$	0.00	0.00	51.46	10.92	37.45	4.90	—	298～941
$V_{(s)}$	0.00	0.00	28.79	20.50	10.79	0.84	—	298～2190
$V_2O_{5(s)}$	1557.70	1549.02	130.96	194.72	−16.32	−55.31	—	298～943
$W_{(s)}$	0.00	0.00	32.66	22.92	4.69	—	—	298～2500
$WO_{3(s)}$	842.91	764.14	75.90	87.65	16.17	−17.50	—	298～1050
$Zn_{(s)}$	0.00	0.00	41.63	22.38	10.04	—	—	298～693
$Zn_{(l)}$	—	—	—	31.38	—	—	—	693～1184
$Zn_{(g)}$	—	—	—	20.79	—	—	—	298～2000
$ZnO_{(s)}$	348.11	318.12	43.51	48.99	5.10	−9.12	—	298～1600
$ZnS_{(s)}$	201.67	196.96	57.74	50.89	5.19	−5.69	—	298～1200

续附录 10

物　质	$-\Delta H^{\ominus}_{298}$ /kJ · mol^{-1}	$-\Delta G^{\ominus}_{298}$ /kJ · mol^{-1}	$S^{\ominus}_{298}$/J · mol^{-1} · K^{-1}	$c_p=a+bT+c'T^{-2}+cT^2$/J · mol^{-1} · K^{-1}				
				a	$b\times10^3$	$c'\times10^{-5}$	$c\times10^6$	温度范围/K
$Zr_{(s)}$	0.00	0.00	38.91	21.97	11.63	—	—	298～1135
$ZrC_{(s)}$	196.65	193.27	33.32	51.12	3.38	−12.98	—	298～3500
$ZrCl_{4(s)}$	981.98	889.03	173.01	133.45	0.16	−12.12	—	298～710
$ZrO_{2(s)}$	1094.12	1036.43	50.36	69.62	7.53	−14.06	—	298～1478

附录 11　铁系液态金属液中组元自扩散系数

扩散组元 ($w[i]$)	金属熔体($w[i]$)	温度范围/℃	$D_0\times10^8$/m^2 · s^{-1}	E_D/kJ · mol^{-1}	D 值实例$\times10^9$ /m^2 · s^{-1}(℃)
H	Fe	1550～1640	18.6	39.2	150(1600)
H	Fe	1560	521	41.8	330(1560)
H	Fe	—	32	13.8	132(1600)
H	Fe	1550～1720	25.7	17.2	85.6(1600)
H	Fe	—	43.7	17.3	144(1600)
H	Ni	—	—	—	148(1600)
H	Ni+Al	—	—	—	469(1600)
H	Ni+Cu	—	—	—	1094(1600)
H	Ni	1478～1600	74.7	35.8	—
C(0.36%)	Fe	—	—	—	7.5(1700)
C(0.58%)	Fe	—	—	—	58.5(1430)
$C_{饱}$	Fe	1153～1180	—	—	5(1150)
C(2.5%)	Fe	1190～1450	390	67.0	17.5(1500)
C(<0.1%)	Fe	1550～1680	47600	159.0	10(1600)
C(1.5%)	Fe	1190～1450	160	58.6	11(1500)
C(2.0%)	Fe	1400～1500	17.4	38.5	12.7(1500)
C(3.0%)	Fe	1400～1500	63	57.5	7(1400)
C	Fe-Si(3%)	—	—	74.1	25.7(1575)
C(2.7%)	Fe-Si(0.9%)	1350～1500	128	51.9	30.5(1400)
C(2.7%)	Fe-Si(2.1%)	1350～1500	730	68.6	54(1400)
C(2.0%)	Fe-Si(3%)	1370～1500	570	66.5	5.2(14500)
C	Fe-P(8%)	—	—	125.5	19.5(1575)
C(2.5%)	Fe-S(0.08%)	1350～1500	17.4	31.7	18(1400)
C(2.6%)	Fe-Ti(0.1%)	—	—	—	25(1400)
C(3.0%)	Fe-V(1.9%)	1350～1450	1600	83.7	46(1450)
C	Fe-Cr(3.2%)	—	—	46.0	5.6(1190)

续附录 11

扩散组元 ($w[i]$)	金属熔体($w[i]$)	温度范围/℃	$D_0\times10^8/m^2\cdot s^{-1}$	$E_D/kJ\cdot mol^{-1}$	D 值实例$\times10^9$ $/m^2\cdot s^{-1}$(℃)
C(2.6%)	Fe-Mn(6%)	1410～1450	470	72.0	32(1450)
C	Fe-Ni(25%)	—	—	—	38(1575)
C	Ni	—	—	—	48(1575)
N	Fe	1560～1700	10.7	46.0	5.5(1600)
N	Fe	—	—	—	5.6(1600)
N	Fe	1550～1700	183	96.7	3.7(1600)
N	Fe	—	—	73.2	9.2(1600)
N	Fe	1550～1700	—	—	14.9(1600)
O	Fe	1550～1680	33.4	50.2	12.2(1550)
O	Fe	1550～1660	525	104.6	5.2(1550)
O(0.07%)	Fe-C	1550～1650	29.6	36.0	29.2(1000)
O(0.016%)	Fe-工业纯铁	—	—	—	280(1630)
O	Fe	—	—	—	22(1600)
O	Fe	1560～1660	55.9	81.6	2.6(1560)
O	Fe	—	—	—	12(1610)
O	Co	—	—	—	310(1530)
O	Ni	1470～1510	3200	75.3	164(1470)
Al	Fe	—	—	—	3.5(1600)
Al	Fe	—	—	—	2.5(1600)
Al	Fe+O(0.012%)	—	—	—	12.4(1700)
Al	$Fe-C_{饱}$	1250～1500	100	54.4	24.7(1500)
Si(2.5%)	Fe	1550～1650	5	42.7	3.1(1600)
Si	Fe	1260～1420	—	133.9	1.1(1260)
Si(4.4%)	Fe	—	—	—	237(1740)
Si(0.02%)	Fe	1480～1700	14.0	99.2	1.9(1560)
Si(2.2%)	Fe	1550～1725	5.1	38.3	4.1(1560)
Si(12.5%)	Fe	1550～1725	21	55.2	5.7(1560)
Si(20%)	Fe	1550～1725	28	49.8	10.5(1560)
Si(0.3%)	Fe	1500～1600	7.4	58.6	1.42(1530)
Si(0.7%)	$Fe-C_{饱}$	1226～1412	13	30.1	15(1350)
Si(2.5%)	$Fe-C_{饱}$	1400～1600	2.4	34.3	1.9(1350)
Si(0.3%)	$Fe-C_{饱}$	1220～1440	12.7	38.1	7.6(1350)
Si(0.1%)	$Fe-C_{饱}$	1300～1500	23	49.0	8.5(1350)
Si	$Fe-C_{饱}$	1480～1700	1.07	41.8	0.44(1300)
Si(9.3%)	$Fe-C_{饱}$	—	—	—	6.7(1530)
Si(0.02%)	$Fe-C_{饱}$	1400～1500	140	99.2	—

续附录 11

扩散组元($w[i]$)	金属熔体($w[i]$)	温度范围/℃	$D_0\times10^8/m^2\cdot s^{-1}$	$E_D/kJ\cdot mol^{-1}$	D 值实例$\times10^9/m^2\cdot s^{-1}$(℃)
Si	$Fe-C_{饱}$	1370～1450	16	50.2	3.5(1425)
P	Fe	—	—	71.1	3.1(1100)
P(0.02%)	Fe	—	134	99.2	1.9(1550)
P(1.5%)	$Fe-C_{饱}$	1256～1412	31	46.0	9.1(1350)
P	$Fe-C_{饱}$	1400～1600	393	99.2	4.6(1500)
P	$Fe-C_{饱}$	1223～1480	37	46.0	12.2(1350)
S(1%)	Fe	1560～1650	4.9	36.0	4.5(1550)
S(0.02%)	Fe	—	271	99.2	3.9(1550)
S	Fe	—	—	—	17(1660)
S	$Fe-C_{饱}$	1370～1550	1.6	15.9	5.1(1430)
S(0.64%)	$Fe-C_{饱}$	1390～1570	2.8	31.4	3.5(1550)
S(0.9%)	$Fe-C_{饱}$	1300～1430	74	87.9	1.1(1550)
S(2.2%)	$Fe-C_{饱}$	—	—	—	13.5(1400)
S(1%)	$Fe-C_{饱}$	1550～1650	86.5	94.1	2.1(1600)
S(0.02%)	$Fe-C_{饱}$	—	—	—	1.2(1420)
S(0.02%)	$Fe-C_{饱}$	1350～1450	163	119.2	0.4(1450)
Ti	Fe	—	7.47	43.1	0.4(1570)
Ti	Fe+O(0.01%)	1550～1700	83.3	211.7	6(1600)
Ti	$Fe-C_{饱}$	1216～1440	3.2	26.8	4.5(1350)
Ti	$Fe-C_{饱}$	1250～1500	102	73.2	4.4(1350)
Ti	$Fe-C_{饱}$	1480～1700	50	71.1	3(1300)
V(0.3%)	$Fe-C_{饱}$	1240～1450	6.2	30.1	6.6(1350)
V	$Fe-C_{饱}$	1320～1480	81.5	73.2	—
Cr	Fe	—	0.74	29.3	0.4(1570)
Cr	$Fe-C_{饱}$	1350～1550	26.7	66.9	3.3(1550)
Cr	$Fe-C_{饱}$	1480～1700	18.5	60.2	1.8(1300)
Cr	$Fe-C_{饱}$	1380～1480	21.5	64.9	2.1(1420)
Cr	Fe	1430～1480	36.2	72.8	—
Mn	Fe	—	—	—	22(1600)
Mn	Fe	—	46	70.3	3.9(1500)
Mn(0.4%)	Fe	1550～1700	18	54.4	5(1560)
Mn(0.3%)	Fe	1500～1600	2.2	33.5	2.4(1530)
Mn(4.8%)	$Fe-C_{饱}$	—	—	—	8.7(1620)
Mn(2.5%)	$Fe-C_{饱}$	1300～1600	1.93	24.3	3.9(1550)
Mn(1.5%)	$Fe-C_{饱}$	1192～1400	10	36.8	6.4(1350)
Mn(0.2%)	$Fe-C_{饱}$	1300～1500	31.4	43.1	—

续附录 11

扩散组元（$w[i]$）	金属熔体（$w[i]$）	温度范围/℃	$D_0\times10^8/m^2\cdot s^{-1}$	$E_D/kJ\cdot mol^{-1}$	D 值实例$\times10^9$ $/m^2\cdot s^{-1}$(℃)
Fe	Fe-C(2.5%)	1340～1400	100	65.7	9(1400)
Fe	Fe-C(4.6%)	1240～1360	43	51.0	10(1400)
Co	Mn-C	1240～1400	—	123.4	24.5(1500)
Co	Fe	1568～1638	9.4	46.0	4.6(1550)
Co(1%)	$Fe-C_{饱}$	—	194	87.4	4.3(1450)
Co	$Fe-C_{饱}$	1480～1700	20	225.9	2.9(1300)
Ni(1.5%)	$Fe-C_{饱}$	1280～1430	0.9	16.3	3.7(1350)
Ni	$Fe-C_{饱}$	1480～1700	75	58.6	9.7(1350)
Ni	$Fe-C_{饱}$	1350～1550	49.2	67.8	4.3(1450)
Zr	Fe-O(0.01%)	1550～1700	55800	151.0	4.3(1600)
Ce	Fe-O(0.01%)	1550～1700	29.5×10^4	205.0	4.6(1550)
La	Fe-O(0.01%)	1550～1700	17.6×10^4	188.3	5.1(1550)
Nb(0.3%)	$Fe-C_{饱}$	1240～1450	4.5	31.8	4.8(1450)
Mo	Fe	—	19.5	73.2	0.55(1570)
Mo	Fe	—	—	—	1(1600)
Mo	$Fe-C_{饱}$	1480～1700	60	90.0	0.5(1300)
W	Fe	—	85	100.4	1.2(1570)
W	Fe	—	—	—	1(1600)
W	$Fe-C_{饱}$	1240～1500	—	146.4	1.1(1500)
W	$Fe-C_{饱}$	1480～1700	1250	146.4	0.2(1300)

附录 12　非铁二元系金属液中自扩散系数

扩 散 组 元	金属熔体（$w[i]$）	温度范围/℃	$D_0\times10^8/m^2\cdot s^{-1}$	$E_D/kJ\cdot mol^{-1}$
	Pb 中 $w[Cd]$			
Cd	0.025	241～441	19.400	23.41
Cd	0.0913	290～410	18.530	22.13
Pb		289～411	4.923	15.93
Cd	0.174	290～410	11.910	19.03
Pb		291～411	6.573	17.63
Cd	0.31	290～411	8.428	17.91
Pb		292～457	4.214	14.70
Cd	0.45	290～407	10.480	18.23
Pb		290～456	3.353	12.93
Cd	0.69	290～410	6.800	17.05

续附录 12

扩散组元	金属熔体($w[i]$)	温度范围/℃	$D_0\times10^8/m^2\cdot s^{-1}$	$E_D/kJ\cdot mol^{-1}$
Pb		291～455	13.420	20.99
Pb	0.97	340～434	23.660	24.69
	Bi 中 $w[Pb]$			
Bi	0.00255	281～414	465	33.88
Pb		281～414	1200	40.49
	In 中 $w[Pb]$			
In	0.0050	249～544	2.64	9.926
Pb		218～544	2.10	9.287
In	0.015	303～500	3.04	10.67
	In 中 $w[Sn]$			
In	0.010	238～460	3.35	10.90
Sn		237～464	3.19	10.35
In	0.10	200～600	2.44	9.55
In	0.20	200～600	3.26	12.27
Sn		200～600	3.34	11.29
In	0.34	200～600	3.15	10.88
Sn		200～600	2.39	9.61
Sn	0.40	200～600	1.60	7.60
In	0.47	222～386	4.25	11.59
Sn		217～349	1.17	5.77
Sn	0.99	263～467	3.74	12.17
	Hg 中 $w[Zn]$			
Zn	0.00103	10～60	1.1	4.183
Hg	0.00104	10～50	7.8	10.46
Hg	0.00473	10～50	2.7	7.948
Zn	0.00488	10～60	1.8	6.275
Hg	0.01456	10～50	1.5	6.693
Zn	0.01630	10～60	3.4	7.948
	Pb 中 $w[Zn]$			
Zn	0.001	400～550	4.0	13.39
Zn	0.005	400～550	11.0	19.24
Zn	0.010	400～550	19	20.50
Zn	0.015	400～550	13	16.73

附录 13　非金属液中的扩散系数

扩散组元	金属熔体($w[i]$)	温度范围/℃	$D_0\times10^8/m^2\cdot s^{-1}$	$E_D/kJ\cdot mol^{-1}$	D 值实例$\times10^9/m^2\cdot s^{-1}$(℃)
Fe	Mg	800～900	17	10.5	—
Fe	Al	700～900	37	16.7	—
Fe	Zn	470～900	270	36.4	—
Fe	Sn	500～900	19	12.6	—
Fe	Ag	975～1400	11.6	40.0	—
Fe	Cu	—	57	50.2	9.6(1200)
Co	Ag	975～1400	5.8	32.8	—
Co	Cu	—	2.4	37.7	0.9(1100)
Co	Mn	1240～1400	—	155	13.4(1350)
O	Cu	—	160	77	12(1400)
O	Ni	—	—	—	12.6(1511)
O	Ag	—	22	33	12.2(1100)
H	Cu	—	109	8.8	126～525(1200)
H	Ni	—	500	40.6	66～320(1500)
		—	75	35.6	
H	Ag	—	450	5.9	2760(1100)

附录 14　非铁合金液中组元的互扩散系数

金属熔体	温度范围/℃	$D_0\times10^8/m^2\cdot s^{-1}$	$E_D/kJ\cdot mol^{-1}$	D 值实例$\times10^9/m^2\cdot s^{-1}$(℃)
Pb 中 Bi(痕量)－Pb	337～657	9.63	17.0	3.5(343)
Bi 中 Pb(x=0.0025)－Pb	281～414	465	33.9	6.8(343)
Pb 中 Bi(x=0.017)－Pb	345～518	3.37	11.3	4.0(350)
Pb 中 Bi(x=0.527)－Pb	356～560	4.1	39.7	200(350)
Bi－Pb	336～552	6.5	34.1	90(350)
Pb 中 Bi(少量)－Pb	450～600	9.6	17.6	6.3(500)
Sn 中 Bi(少量)－Sn	450～600	13	20.9	4.7(500)
Pb 中 Bi(x=0.1～0.8)－Pb	500	—	—	8.3(x=0.65)
Sn 中 Bi(x=0.1～0.9)－Bi	500	—	—	5.8(x=0.70)
Pb 中 Sn(少量)－Pb	450～600	12	24.7	3.2(500)
Bi 中 Sn(少量)－Bi	450～600	5.2	13.4	6.6(500)

续附录 14

金属熔体	温度范围/℃	$D_0\times10^8/m^2\cdot s^{-1}$	E_D/kJ·mol^{-1}	D 值实例$\times10^9/m^2\cdot s^{-1}$(℃)
Pb 中 Sn(x=0.1～0.7)－Pb	510	—	—	1.7(x=0.55)
Sn(x=0.1)在 PbBi(w[Bi]=10%～20%)中	510	—	—	3.5(10%Bi)
Bi 中 Pb(x=0.0025)－Bi	281～414	0.12	40.5	4.7(343)
Pb 中 Cd(w[Cd]=1%)－Pb	450～600	11	20.1	5.0(500)
Pb 中 Sb(少量)－Pb	450～600	25	26.8	4.1(500)
Sn 中 Sb(少量)－Sn	450～600	3.3	11.7	5.6(500)
Tl(痕量)In 中	156.5～157.8	—	—	2.27(157.5)
Hg 中 Zn(x=0.0163)－Hg	30	—	—	1.70
HgZn(x=0.0142)－HgZn(x=0.0279)	30	—	—	1.31
HgZn(x=0.0162)－HgZn(x=0.0264)	30	—	—	1.39
HgZn(x=0.0287)－HgZn(x=0.0430)	30	—	—	1.22

附录 15　熔渣、熔锍中组元的扩散系数

扩散组元	熔体体系($w_1/w_2/\cdots/w_n$)	温度范围/℃	$D_0\times10^4$ /$m^2\cdot s^{-1}$	E_D /kJ·mol^{-1}	D 值实例$\times10^{10}$ /$m^2\cdot s^{-1}$(℃)
Ca	$CaO-Al_2O_3-SiO_2$(0.40/0.20/0.40)	1350～1450	—	126～293	0.67(1400) 1.9(1500)
Ca	$CaO-Al_2O_3-SiO_2$(0.38/0.20/0.42)	1450～1500	—	134	5.5(1500)
		1300～1600		134	4.1(1450)
Ca	$CaO-SiO_2$(0.55/0.45)	1485～1530	—	～210	0.7(1500)
Ca	$CaO-SiO_2-Al_2O_3$(0.429/0.35/0.211)	1300～1500	—	—	2.9(1500)
Ca	$CaO-SiO_2-Al_2O_3-MgO$ (0.434/0.316/0.195/0.054)	1485～1530	—	—	0.98(1510)
Ca	$CaO-SiO_2-Al_2O_3-FeO-MgO$ (0.21/0.399/0.098/0.191/0.102)	1250～1400	—	140～190	6.5(1400)
Ce	$CaO-SiO_2-Al_2O_3$ (0.3982/0.3895/0.2105)	1350～1450	0.136	146	4.0(1400) 5.4(1450)
	$CaO-SiO_2-Al_2O_3-CeO_2$ (0.3594/0.3633/0.2520/0.0305)	1350～1450	0.017	136	1(1450)
Al	$CaO-SiO_2-Al_2O_3$(0.44/0.44/0.12)	1400～1520	5.4	250	0.7 (1500)
O	$CaO-SiO_2-Al_2O_3$(0.40/0.40/0.20)	1350～1450	4.7	356	6(1430) 19(1500)

续附录 15

扩散组元	熔体体系($w_1/w_2/\cdots/w_n$)	温度范围/℃	$D_0\times10^4$ /$m^2\cdot s^{-1}$	E_D /$kJ\cdot mol^{-1}$	D值实例$\times10^{10}$ /$m^2\cdot s^{-1}$(℃)
Si	$CaO-SiO_2-Al_2O_3$(0.40/0.40/0.20)	1350～1450	—	283	0.1(1430)
					0.2(1500)
F	$CaO-SiO_2-Al_2O_3$(0.38/0.42/0.20)	1450～1500		89	30(1500)
P	$CaO-SiO_2-Al_2O_3$(0.40/0.39/0.21)	1300～1500	—	195	2(1400)
P	$CaO-SiO_2-Al_2O_3$(0.429/0.35/0.211)	1300～1500			4.4
S	$CaO-SiO_2-Al_2O_3$(0.503/0.393/0.104)	1415～1530	1.4	210	2.6(1530)
S	$CaO-SiO_2-Al_2O_3$(0.429/0.35/0.211)	1300～1500			26(1400)
					62(1500)
Ni	$CaO-SiO_2-Al_2O_3-FeO-MgO$ (0.21/0.399/0.098/0.191/0.102)	1250～1400		142～188	7.8(1400)
Fe	$CaO-SiO_2-Al_2O_3$(0.30/0.55/0.15)	1500			2.4—3.1(1500)
Fe	$CaO-SiO_2-Al_2O_3$(0.43/0.35/0.22)	1500			2.1—5.0(1500)
Fe	$CaO-SiO_2-Al_2O_3-CaF_2-FeO$ (0.258/0.24/0.16/0.254/0.0724)	1320～1420	0.017	120	2.9(1420)
Fe	$FeO-SiO_2$(0.61/0.39)	1250～1305		167	96(1275)
Fe	Fe—S(w(S)=0.335)	1150～1238	—	56.9	52.2(1152)
Fe	Fe—Cu—S(0.32/0.40/0.28)	1168～1244	—	57.3	29.4(1168)
Cu	Cu—S(w(S)=0.198)	1160～1256	—	53.5	74.9(1160)
Cu	Fe—Cu—S(0.32/0.40/0.28)	1160～1245	—	82.4	55.2(1160)

参 考 文 献

1 魏寿昆. 冶金过程热力学. 上海:上海科学技术出版社,1980

2 李文超. 冶金热力学. 北京:冶金工业出版社,1995

3 李文超. 冶金与材料物理化学. 北京:冶金工业出版社,2001

4 叶大伦. 冶金热力学. 长沙:中南工业大学出版社,1987

5 陈运生. 物理化学分析. 北京:高等教育出版社,1987

6 车荫昌. 冶金热力学计算的几个问题. 第一届全国冶炼理论学术会议文集,1982,4:122

7 蔡文娟. 物理化学. 北京:冶金工业出版社,1995

8 梁英教. 物理化学(第2版). 北京:冶金工业出版社,1989

9 顾菡珍,叶于浦. 相平衡和相图基础. 北京:北京大学出版社,1991

10 M. Hillert, Diffusion in alloys and Thermodynamics. ,1984;赖和怡,刘国勋译. 合金扩散和热力学. 北京:冶金工业出版社,1984

11 魏寿昆. 活度在冶金物理化学中的应用. 北京:中国工业出版社,1964

12 张圣弼,李道子. 相图——原理、计算及在冶金中的应用. 北京:冶金工业出版社,1986

13 A. M. Alper. Phase Diagrams, Material Sciences and Technology. 1—4. New York, San Francisco, London:. Academic Press, 1970~1976

14 O. Kubaschewski and C. B. Alcock, Metallurgical Thermochemistry. 5th edition. Pergamon Press, New York 1979

15 I. Barin, O. Knacke, O. Kubaschewski. Thermochemical Properties of Inorganic Substances(and Supplement). 1st Edition. Springer-Verlag, Berlin, 1973

16 O. Knacke, O. Kubaschewski, K. Hesselman. Thermochemical Properties of Inorganic Substances. 2nd Edition. Springer-Verlag, Berlin, Düsseldorf, 1991

17 王常珍. 冶金物理化学研究方法(第3版). 北京:冶金工业出版社,2002

18 黄希祜. 钢铁冶金原理(第3版). 北京:冶金工业出版社,2002

19 黄克勤,刘庆国. 固体电解质直接定氧技术. 北京:冶金工业出版社,1993,46

20 梁连科,车荫昌,杨怀,李宪文. 冶金热力学与动力学. 沈阳:东北工学院出版社,1990

21 C. J. B. Fincham and F. D. Richardson, A stoichiometric combustion method for the determination of sulphur in slag, J. Iron and Steel Institute, 1952, 172(Sept.):53

22 J. A. Duffy, M. D. Ingram and I. D. Sommerville: Acid-base properties of molten oxides and metallurgical slags, J. Chem. Soc. , Faraday Trans. I, 1978, 74(6):1410

23 D. J. Sosinsky and I. D. Sommerville: The composition and temperature dependence of the sulfide capacity of metallurgical slags, Metall. Trans. B, 1986, 17B, June: 331

24 R. W. Young, J. A. Duffy and G. J. Hassall et al. :Irommaking and Steelmaking, 1992, 19(3):201.

25 E. T. Turkdogan: Slags and fluxes in ferrous ladle metallurgy, Ironmaking Steelmaking, 1985, 12, (1), 64

26 R. Nilsson, Du Sichen and S. Seetharaman: Scandinavian J. of Metallurgy, June 1996, 25:128.

27 傅献彩,沈文霞,姚天霞. 物理化学(第4版). 下册. 第10章,第11章. 北京:高等教育出版社,1990

28 韩其勇主编. 冶金动力学. 北京:冶金工业出版社,1983

29 J. Crank. Mathematics of Diffusion. Clarendon Press, Oxford ,1975

30 R. A. Rapp. Physicochemistry Measurements in Metals Research, Vol. 4, New York Inter science publishers, 1970

31 R. C. Reid, J. M. Prausnitz and B. E. Poling. The properties of Gases and Liquids. McGraw-Hill, 4th edition, New York, 1987, 577

32 R. C. Bird, W. E. Stewart, E. N. Lightfoot. Transport Phenomena. Wiley, New York, 1960, 74

33 J. Szekely and N. J. Themelis. Rate Phenomena in Process Metallurgy. Wiley-Interscience, New York, 1971, 32

34 J. Szekely, J. W. Evans and H. Y. Sohn. Gas-Solid Reactions. Academic Press, New York, 1976

35 莫鼎成. 冶金过程动力学. 长沙:中南工业大学出版社, 1987, 173

36 高桥　八木　大森. 酸化铁ペレットの水素还原反应速度. 鉄と鋼, 1971, 57(10):1597

37 刘建华, 张家芸, 魏寿昆. Co_3O_4 的氢还原动力学. 金属学报, 2000, 36(8):837

38 X. Wang(王习东), W. Li(李文超) and Seetharaman: Kinetic studies of oxidation of MgAlON and a comparison of the oxidation behaviour of AlON, MgAlON, O'Si AlON-ZrO_2 and BN-ZCM, Zeitschreift Metallkunde, 2002, 93(6): 545

39 G. H. Geiger and D. R. Poirier. Transport Phenomena in Metallurgy. Addison Welsley, 1973; 魏季和译. 冶金中的传热传质现象. 1981, 527

40 G. H. Geiger, and D. R. Poirier. Transport Phenomena in Materials Processing, a publication of TMS, Warrendate, Pennsylvania, 1994, 523

41 E. T. Turkdogan. Processes of Extractive Metallurgy. H. Y. Sohn and M. E. Wadsworth edited, Plenum New York, 1979, 387

42 刘庆国. 氧气底吹转炉鼓氮脱氧过程的动力学讨论. 钢铁, 1978, 13(4):29

43 O. Winkler, R. Bakish. Vacuum Metallurgy. 1971, 337

44 T. B. King, in Electric Furnace Steelmaking. Vol. Ⅱ, Theory and Fundamentals, C. E. Sims edited, Wiley-Interscience, New York, 1963, 346

45 A. R Cooper, J R., W. D. Kingery, Dissolution in Ceramic Systems: I, Molecular diffusion, natural Convection, and forced convection studies of sapphire dissolution in calcium aluminum silicate, J. Am. Ceramic Soc., 1964, 47(1), 37～43

46 B. N. Samaddar, W. D. Kingery and A. R. Cooper, J R., Dissolution in Ceramic Systems: Ⅱ, Dissolution of alumina, mullite, anorthite, and silica in a calcium-aluminum-silicate slag, J. Am. Ceramic Soc., 1964, 47(5), 249～254

47 P. Zhang, and S. Seetharaman, J. Am. Ceramic Soc., 1994, 77(4): 970

48 P. W. Williams, M. Sunderland and G. Briggs, Ironmaking & Steelmaking, 1982, 9(4): 150

49 李荻. 电化学原理. 北京:北京航天航空大学出版社, 1999

50 玉虫伶太, 高桥胜绪. 电化学. 东京:东京化学同人株式会社, 2000

51 日本电化学协会. 电化学. 东京:丸善株式会社, 1988

52 增子舜, 高桥正雄著. 电化学问题与解答. 东京:アブネ技术中心株式会社, 1993

53 蒋汉瀛. 冶金电化学. 北京:冶金工业出版社, 1983

54 王常珍. 固体电解质和化学传感器. 北京:冶金工业出版社, 2000

55 斋藤安俊, 丸山俊夫编译. 固态离子传导. 东京:内田老鹤圃, 1999

56 日本金属学会. 有色金属冶炼. 东京:丸善株式会社, 1980

57 J. W. Hill and R. H. Petrucci, General Chemistry, New Jersey: Prentice Hall, 1999

58 郭炳焜. 锂离子电池. 长沙:中南大学出版社, 2002

59 衣宝廉. 燃料电池. 北京: 化学工业出版社, 2000

60 张圣弼. 冶金物理化学实验. 北京:冶金工业出版社, 1994

61 查全性等. 电极过程动力学导论. 北京:科学出版社, 2002